第二版

Python自動化的樂趣

搞定重複瑣碎&單調無聊的工作

Automate the Boring Stuff with Python, 2nd Edition

Al Sweigart 著／H&C 譯

獻給我的侄子 Jack

作者簡介

Al Sweigart 是位軟體開發專家，也是技術書的作者，現居在美國舊金山。Python 是他最喜歡的程式語言，他也開發了幾個屬於開放原始碼的 Python 模組。他的許多著作都在 https://inventwithpython.com/ 網站中可找到，在創用 CC 授權條款下可免費瀏覽閱讀。他養的貓有 11 磅重了。

技術審校者簡介

Philip James 是位經驗豐富的 Python 專家，也是 Python 社群很常講課的講師，他主講的內容從 Unix 基礎到開放原始碼社群網路等主題。Philip 是 BeeWare 專案的核心開發成員，目前與他的夥伴 Nic 和貓咪 River 住在舊金山灣區。

致謝

書的封面上應該不只列出我的名字，若沒有很多人的協助，我不太可能寫出這本書。首先我想要謝謝 Bill Pollock；我的編輯們 Laurel Chun、Leslie Shen、Greg Poulos、Jennifer Griffith-Delgado 和 Frances Saux；以及 No Starch Press 的其他工作人員，感謝他們珍貴的協助。我也要謝謝本書的技術審校者 Philip James 和 Ari Lacenski，提供了很多好的建議、支持與協助了本書的編修。

非常謝謝 Python 軟體基金會的每個人，感謝他們傑出的工作成果。Python 社群是我在技術業界見過最棒的社群了。

最後，我要謝謝我的家人和朋友們，以及在 Shotwell 的伙伴們，他們體諒了我在寫書時的忙碌生活。乾杯，謝謝您們！

目錄

簡介

Part 1：Python 程式設計基礎

第 1 章　Python 基礎

第 2 章　流程控制

第 3 章　函式

第 4 章　串列

第 5 章　字典與結構化資料

第 6 章　字串的操作

Part 2：自動化專題實作

第 7 章　使用正規表示式進行模式比對

第 8 章　輸入驗證

第 9 章　讀寫檔案

第 10 章　檔案的組織管理

第 11 章　除錯（Debugging）

第 12 章　從 Web 擷取資訊

第 13 章　處理 Excel 試算表

第 14 章　處理 Google 試算表

第 15 章　處理 PDF 與 Word 文件

第 16 章　處理 CSV 檔和 JSON 資料

第 17 章　保持時間、工作排程和程式啟動

第 18 章 發送 Email 和文字簡訊

第 19 章　處理影像圖片

第 20 章　以 GUI 自動化來控制鍵盤和滑鼠

附錄

簡介

「您在二小時內完成的事，我們三個人花了兩天才搞定呀。」在 2000 年左右，我的大學室友在一家電器零售店工作，有時店裡會從競爭店家那收到一份有幾千件商品價格目錄的試算表檔案，由三位員工所組成的小組要印出這份試算表，一一拿來比對他們店裡的商品價格，並記錄下價格比競爭店家賣得貴的所有商品，通常這項工作得花上好幾天的時間。

「各位，您們知道嗎？如果有印出試算表的原始檔案，我可以寫一支程式來幫您們完成這項工作哦。」我的室友告訴他們，當時他看到這幾個人蹲在地上忙著查價格，周圍還散落一堆印出的表單紙張。

幾個小時後，他編寫了一支簡短的程式，從檔案中讀取競爭店家的價格資料，在自己店裡的資料庫中搜尋相同的商品來比對，並記錄下是否比競爭對手的價格高。他當時還是個程式設計新手，花了一些時間在一本程式設計書中查看說明文件，邊學邊寫出這支程式。最後程式實際上只花了幾秒鐘就跑完了，我的室友和他的同事們在那天享受了超長的午休時間。

這就是電腦程式設計的威力，電腦就像把瑞士刀，能幫您完成無數的工作。許多人花了數小時來點按滑鼠和鍵盤輸入來執行著重複的工作，但卻沒有體認到，只要對機器下達正確的指令，就能在幾秒鐘完成這些工作。

本書的適用對象

軟體是我們現在使用的許多工具中的核心：幾乎所有人都在使用社群網路來互動交流，很多人的手機都像是台連上網路的小電腦，現今大多數的辦公室工作都需要操作電腦來完成，因此，程式設計人材的需求很大。一大堆的書籍、互動式網路教室和系統開發新手補習班，都很想要把初學者變成軟體工程師，讓他們都有百萬年薪。

本書並不針對這類人而寫的，而是針對所有其他的人而設計的。

這本書不會讓您變成職業級的軟體開發人員，就像幾堂吉他課程不會讓您成為搖滾巨星。但如果您是辦公室的職員、經理人，在學研究者，或是會使用電腦來工作或娛樂的任何人，您都能在這本書中學到程式設計的基本知識，並能完成下列的這些簡單的自動化工作：

- 搬移並對數千個檔案重新命名，將其分類放入不同的資料夾。
- 填寫線上表單自動化，不用自己打字鍵入。
- 在網站有更新時，從網站下載檔案或複製想要的文字。
- 使用電腦對客戶傳送簡訊通知。
- 更新與美化 Excel 試算表。
- 檢查 Email 並傳送預先寫好的回覆。

這些工作對人來說很簡單，但卻要花很多時間。這些工作大都很零散瑣碎，都有其特殊性而沒有現成的軟體可幫忙完成，但只要有一點程式設計的知識，就能利用電腦來幫您完成這些工作。

本書的程式風格

本書並不是定位成一本參考手冊，而是定位成初學者的指南，書中程式風格有時並不是最佳的實作示範（例如，有些程式會用全域變數），但會折中取捨，好讓程式碼變更簡單，方便學習。本書的目標是讓大家設計寫出能用但也可以馬上丟棄的程式碼，所以不會花太多時間來關心風格和優雅的議題。複雜的程式設計觀念（例如，物件導向程式設計、串列的原理和產生器之類）在本書中不會介紹，因為會增加太多複雜性。程式設計老手可能會覺得本書中有些程式碼可修改得更有效率，但這不是首要考量，本書主要的重心是放在用最少的時間和工作量就能讓程式運作。

什麼是程式設計

在電視劇和電影中，有時會看到程式設計人員在閃動的螢幕中快速輸入一大堆神秘 0 與 1 之類的編碼，但現代的程式設計並沒有這麼神秘。程式設計只是簡單地輸入指令來指示電腦執行的過程，這些指令可能會運算一些數字、會修改文字、會在檔案中搜尋資訊，或利用網路與其他電腦通訊。

所有程式都把基本指令當作積木組件，下列是一些常用的指令，並以自然口語的形式來表示：

「做這個，然後這那個。」

「如果這個條件為真，執行這個動作，不然執行那個動作。」

「依照執行這個動作 27 次。」

「一直做這個，直到條件為真才停止。」

也可把這些積木組件組合起來，作出更複雜的決定，舉例來說，這裡有些程式指令稱為原始程式碼，是用 Python 語言所設計編寫的一個簡單程式。Python 軟體會從這個例子的開端執行每一行程式碼（有些程式只有在 if 特定的條件為真時才執行，或者執行 else 部分的程式），一直到最底部。

```
❶ passwordFile = open('SecretPasswordFile.txt')
❷ secretPassword = passwordFile.read()
❸ print('Enter your password.')
  typedPassword = input()
❹ if typedPassword == secretPassword:
❺     print('Access granted')
❻     if typedPassword == '12345':
❼         print('That password is one that an idiot puts on their luggage.')
  else:
❽     print('Access denied')
```

您或許對程式設計沒有概念，但讀了上述的程式碼範例，也能合理猜出它在做什麼事情。首先，開啟了 SecretPasswordFile.txt 檔❶，讀取了其中的密碼資料❷，隨後提醒使用者（使用鍵盤）輸入一個密碼❸，接著比對這兩個密碼❹，如果相同則程式在螢幕上印出 Access granted❺，隨即檢查密碼是否為 12345❻，如果是則提示說明這不是個好的密碼❼。如果比對兩個密碼後不相同，程式在螢幕上印出 Access denied❽。

什麼是 Python

Python 指的是一種程式語言（包含語法規則，用來設計寫出有效合法的 Python 程式碼），和 Python 直譯器軟體，它讀取程式碼（以 Python 語法寫成），並執行其中的指令。Python 直譯器可從 http://python.org/ 免費下載，有 Linux、macOS 和 Windows 等版本。

Python 的名字的靈感取自於英國超現實喜劇劇團 Monty Python，而不是指「蟒蛇」。Python 程式設計人員被暱稱為 Pythonistas。Monty Python 和蛇的一些參考常出現在 Python 的教學指南和說明文件中。

程式設計人員其實不用懂太多數學

我聽過關於學習程式設計最常見的顧慮，就是大家都認為要懂很多數學知識，事實上大多數程式設計所需要的數學知識大都是基本的算術運算而已。實際上，很會設計程式和很會解數獨遊戲沒什麼太大差別。

要解出數獨問題，數字 1 到 9 必須要填入 9×9 的棋格上的每一欄每一列，以及每個 3×3 的內部方塊中。利用推導和起始數字的邏輯，您就能找到答案。舉例來說，在圖 1 中的數獨問題內，5 出現在第一和第二列，它就不能再出現在這二列中，所以右上角的 3×3 方格中 5 就要放在第三列。由於最左一欄已有 5，所以 5 不能放在 6 的右側，只能放 6 的左側。每次解決一列、一欄或一個方塊，為剩下的部分找出更多數字的線索，當完成一組 1-9 的數字後再繼續完成其他的，這樣很快就能填完整張數獨表格。

5	3			7				
6			1	9	5			
	9	8					6	
8				6				3
4			8		3			1
7				2				6
	6					2	8	
			4	1	9			5
				8			7	9

5	3	4	6	7	8	9	1	2
6	7	2	1	9	5	3	4	8
1	9	8	3	4	2	5	6	7
8	5	9	7	6	1	4	2	3
4	2	6	8	5	3	7	9	1
7	1	3	9	2	4	8	5	6
9	6	1	5	3	7	2	8	4
2	8	7	4	1	9	6	3	5
3	4	5	2	8	6	1	7	9

圖 1　一個新的數獨問題（左圖）和解答（右圖）。雖然用了數字，並不表示要用很多數學知識才能解題（Images © Wikimedia Commons）

只因為數獨問題用了數字，並不表示要精通數學才能解出答案，程式設計也是這種情況。就像解開數獨問題一樣，設計程式需要把問題分解出單個和細部的步驟。相同地，在程式除錯時（是指找出錯誤和修改錯誤），您會耐心觀察程式在做什麼，找出有問題的原因。就和所有其他技能一樣，設計和寫出愈多程式，您就愈能掌握其技巧。

學程式設計並不受年齡限制

第二個關於學習程式設計最常見的顧慮是，覺得自己太老了而無法學習程式設計。我從很多網路評論和留言中看到，不少人認為自己當下想要學習已晚了，因為已經（天啊！）23 歲了。顯然這不是「太老」而無法學習程式設計，因為有很多人在更老的年級都還在學習。

您不需要從小就開始成為很有實力的程式設計師，但是會程式設計的小孩一直給人有神童般的形象。不幸的是我也為這樣的神話做出了貢獻，因為我告訴別人我在讀小學時就開始寫程式了。

但是，現在的程式設計比 1990 年代更容易學習。現今有更多的書籍、更好的網路搜尋引擎，以及更多的社群網站可參考。最重要的是，程式語言本身更容易使用。由於這些原因，**現在大約只要花幾個週末好好學習，就可以學到我從小學到高中畢業所累積的程式設計知識**。說實在的，我並沒有真的因為很早學習而贏在起跑點。

更重要的是對程式設計要有「累積成長的心態」，換句話來說，就是要了解到大家是透過實務應用來累積程式設計的技能。大家都不是一生下來就是程式設計師，現在還不具備程式設計的技能，並不代表以後不能成為專家。

程式設計是創造性的活動

程式設計是創造性的工作，有點像繪畫、寫作、編織，或用樂高積木建構一座城堡。就像在空白畫布上繪畫創作，製作軟體有很多限制，但也有無限可能。

程式設計與其他創造性活動的不同之處是在編寫程式時，您所需要的所有原料都在電腦中，您不用再額外採買畫布、顏料、底片、紗線、樂高積木或電子零件了。就算是十年前的舊電腦也足夠強大來讓我們編寫程式。在程式寫好之後，就能無限制地複製取用，編織好的毛衣只能讓一個人溫暖，但好用的程式卻能很容易地分享到全世界。

本書簡介

本書的 Part 1 為介紹 Python 程式設計的基本概念，Part 2 則是以一些不同的應用實例專題導入，教您用電腦來完成自動化的作業。Part 2 的每一章都有一些範例程式專題讓您實作學習。下面簡單介紹每一章的內容：

Part 1：Python 程式設計基礎

第 1 章：Python 基礎，內容包括表示式、大部分的 Python 指令的基本型別，以及怎麼使用 Python 互動環境來執行程式碼。

第 2 章：流程控制，解釋了如何讓程式決定執行哪些指令，好讓程式碼能聰明地回應不同的情況。

第 3 章：函式，介紹如何定義自己的函式，這樣能把程式碼組織成好管理的區塊。

第 4 章：串列，介紹了串列資料型別，並討論介紹了如何組織管理資料的方法。

第 5 章：字典與結構化資料，介紹了字典資料型別，並示範了更強大的資料組織管理方法。

第 6 章：字串的操作，內容含括處理文字資料（在 Python 中稱為字串）的各種操作。

Part 2：自動化專題實作

第 7 章：使用正規表示式進行模式比對，內容包含 Python 如何使用正規表示式處理字串和搜尋的文字模式。

第 8 章：輸入驗證，本章說明程式如何驗證使用者所提供的資訊，以確保使用者的資料用了正確的格式，不會在程式的其餘部分引起錯誤。

第 9 章：讀寫檔案，本章說明了程式如何讀取文字檔的內容，以及怎麼將資訊儲存到硬碟的檔案中。

第 10 章：檔案的組織管理，本章示範 Python 如何使用比手動操作更快速的複製、搬移、重新命名和刪除大量的檔案，也介紹了壓縮和解壓縮檔案的內容。

第 11 章：除錯，本章示範如何使用 Python 的各種 Bug 搜尋和修復工具。

第 12 章：從 Web 擷取資訊，示範了如何以程式來自動下載網頁，並解析取得資訊，這就是 Web 擷取資訊。

第 13 章：處理 Excel 試算表，本章介紹如何編寫程式來自動化處理 Excel 試算表，如果您需要分析和處理數千個試算表檔案時，這會很有幫忙。

第 14 章：處理 Google 試算表，本章介紹如何使用 Python 來讀取和更新 Google 試算表，這套著名的網路試算表軟體。

第 15 章：處理 PDF 與 Word 文件，本章介紹如何編寫程式來讀取和處理 Word 和 PDF 檔。

第 16 章：處理 CSV 檔和 JSON 資料，繼續說明怎麼設計和編寫程式來處理文件，本章討論的是 CSV 和 JSON 檔案。

第 17 章：保持時間、工作排程和程式啟動，本章說明了 Python 程式怎麼處理時間和日期，如何排程電腦在特定時間執行工作。同時也示範了 Python 程式如何啟動電腦中的其他應用程式。

第 18 章：發送 Email 和文字簡訊，本章介紹了如何設計和編寫程式來傳送 Email 和簡訊。

第 19 章：處理影像圖片，本章解釋了如何設計和編寫程式來處理 JPG 或 PNG 這類的影像圖片。

第 20 章：以 GUI 自動化來控制鍵盤和滑鼠，本章說明如何設計和編寫程式來控制鍵盤和滑鼠，自動化來點按滑鼠和鍵盤的鍵入。

附錄 A：安裝第三方模組，介紹怎麼利用其他模組來擴充 Python 功能。

附錄 B：執行程式，說明如何在 Windows、macOS 和 Linux 中從程式碼編輯器外部執行 Python 程式。

附錄 C：習題解答，提供每一章後習題的解答以及一些額外參考內容。

下載和安裝 Python

可依自己系統的需要從 http://python.org/downloads/ 免費下載 Windows、macOS 或 Ubuntu 的 Python 版本，就算您從該網站的下載頁面下載了最新版本，本書中的相關程式範例應該都能運作。

> NOTE
>
> 請確定您下載的 Python 是 3 以上的版本（例如 3.8.0）。本書中的程式是以 Python 3 以上版本來測試執行的，有部分程式在 Python 2 版中也許不能正常執行。

您必須先了解自己的電腦作業系統是什麼，然後在下載頁面中找到是針對 64 位元或 32 位元系統或特定作業系統的 Python 安裝程式，如果您的電腦是 2007 年之後才購買的，很可能作業系統是 64 位元的，不然就是 32 位元的系統。您可以從下列方法來確定：

- 在 Windows 系統中，點選「**開始→控制台→系統**」，然後檢查系統類型是 64 位元或是 32 位元的。

■ 在 macOS 系統中，進入 Apple 功能表，點選「**About This Mac→More Info→System Report→Hardware**」，然後檢查 Processor Name 欄位。如果是 Intel Core Solo 或 Intel Core Duo，則機器是 32 位元的，如果是其他（Intel Core 2 Duo），則機器是 64 位元的。

■ 在 Ubuntu Linux 系統中，開啟終端機，輸入執行 **uname -m**，結果顯示是 i686 的話是 32 位元的，若是 x86_64 則表示是 64 位元的。

在 Windows 系統中，下載 Python 安裝程式（副檔名為 .msi），連按二下執行，然後依照安裝程式的指引來完成安裝。其步驟大致如下：

1. 選擇 **Install for All User**，然後按下 **Next**。

2. 接受預設的選項，按下 Next 鈕經過多個步驟，完成安裝。

在 macOS 系統中，下載適合您系統版本的 .dmg 檔，連按二下執行，然後依照安裝程式的指引來完成安裝。其步驟大致如下：

1. 當 DMG 套件在新視窗中開啟時，連按二下 Python.mpkg 檔。您可能要輸入系統管理員的密碼。

2. 點按 **Continue**，跳過歡迎部分，按下 **Agree**，同意授權。

3. 在最後的視窗按下 **Install**。

如果是在 Ubuntu 系統中，可從終端機視窗中安裝 Python，步驟大致如下：

1. 開啟終端機。

2. 輸入 **sudo apt-get install python3**

3. 輸入 **sudo apt-get install idle3**

4. 輸入 **sudo apt-get install python3-pip**

下載和安裝 Mu

Python 直譯器是執行 Python 程式所需的軟體，而 Mu 編輯器軟體則是讓我們輸入程式碼的地方，這裡的工作方式很像在文書處理器中輸入內容。讀者可以從 https://codewith.mu/ 下載 Mu。

在 Windows 和 macOS 中，下載適用於自己作業系統的安裝程式，然後連按二下安裝程式檔即可執行安裝。如果您使用的是 macOS，則執行安裝程式時會開啟一個視窗，您必須把其中的 Mu 圖示拖曳到 Applications 檔案夾圖示才能繼續安裝。如果您使用的是 Ubuntu 系統，則需要把 Mu 當作 Python 軟體套件來安裝。在這種情況下，請點按 Download 頁面「Python Package」部分中的「Instructions」按鈕。

啟動 Mu

安裝之後，就可啟動 Mu：

- 在 Windows 7 或更新的版本中，點按 Windows 畫面左下角的開始圖示，在搜尋方塊中輸入 **Mu**，然後選取它。
- 在 macOS 中，開啟 Finder 視窗，點按 **Application**，然後點按 **mu-editor**。
- 在 Ubuntu 系統中，選取 **Applications→Accessories→Terminal**，然後輸入 **python3 -m mu**。

Mu 第一次執行時，會顯示一個「Select Mode」視窗，其中包含選項 Adafruit CircuitPython、BBC micro:bit，Pygame Zero 和 Python 3。請選取 **Python 3**。之後可透過編輯器視窗最上方的「Mode」按鈕來更改模式。

> NOTE
> 請下載 Mu 版本 1.10.0 或更高版本，這樣才能安裝本書所介紹的第三方模組。在撰寫本書時釋出的是 1.10.0 Alpha2 版本（2020 年 4 月），在 Download 頁面中與主要下載連結分開，這項連結單獨列在最上方。

啟動 IDLE

Python 直譯器是執行 Python 程式的軟體，而互動開發環境（IDLE）是輸入程式指令的視窗，像是個文書處理軟體。現在讓我們啟動 IDLE 吧！

- 在 Windows 7 或更新的版本中，按下螢幕左下角的開啟圖示鈕，在搜尋文字方塊中輸入 **IDLE**，再點選顯示在功能表上的 **IDLE (Python GUI)**。
- 在 macOS 中，開啟 Finder 視窗，點按 **Applications**，再點按 **Python 3.8**，隨後點按 IDLE 圖示啟動。
- 在 Ubuntu 中，選取 **Application→Accessories→Terminal**，然後輸入 **idle3**（也許您也可以點按螢幕上的 **Applications**，選取 **Programming**，再按下 **IDLE 3**）。

Shell 互動模式

執行 Mu 時，出現的視窗稱為檔案編輯器（file editor）視窗。可透過點按 REPL 按鈕開啟互動式 Shell 模式。Shell 是個程式，能讓我們在電腦中輸入指令，就像在 macOS 和 Windows 的「終端機」或「命令提示字元」模式一樣。使用 Python 的互動式 Shell 模式，可以輸入讓 Python 直譯器軟體執行的指令。電腦會讀取您輸入的指令並馬上執行。

在 Mu 中的互動式 Shell 視窗會顯示類似下列這般的版本文字訊息，而視窗後半部分都是空的：

```
Jupyter QtConsole 4.3.1
Python 3.6.3 (v3.6.3:2c5fed8, Oct 3 2017, 18:11:49) [MSC v.1900 64 bit
(AMD64)]
Type 'copyright', 'credits' or 'license' for more information
IPython 6.2.1 -- An enhanced Interactive Python. Type '?' for help.

In [1]:
```

如果您執行的是 IDLE，第一次啟動所顯示的是互動式 Shell 視窗，此視窗大部分都是空白，只顯示像下面這樣的文字：

```
Python 3.8.0b1 (tags/v3.8.0b1:3b5deb0116, Jun 4 2019, 19:52:55) [MSC v.1916
64 bit (AMD64)] on win32
Type "help", "copyright", "credits" or "license" for more information.
>>>
```

In [1]: 和 >>> 都是提示符號，書中的範例會使用 >>> 來作為互動式 Shell 的提示符號，因為它最常見，如果您從終端機或命令提示字元模式執行 Python，也一樣會使用 >>> 這個提示符號。In [1]: 這個符號最先由 Jupyter Notebook 使用，這也是個很著名的 Python 編輯器。

舉例來說，在 Python Shell 互動環境中的 >>> 提示符號後面輸入如下指令：

```
>>> print('Hello world!')
```

輸入完這行指令後按下 Enter 鍵，則 Shell 互動模式會顯示如下內容來回應：

```
>>> print('Hello world!')
Hello world!
```

剛剛給電腦下了一條指令，而它也完成了要執行的操作！

安裝第三方模組

有些 Python 程式碼需要在程式中匯入模組。其中某些模組是 Python 內建隨附的，而有些模組則是由 Python 核心開發團隊之外的開發人員所建置的第三方模組。附錄 A 詳細介紹了怎麼使用 pip 程式（在 Windows 中）或 pip3 程式（在 macOS 和 Linux 中）安裝第三方模組。當本書指示您要安裝某個特定的第三方模組時，請查閱參考附錄 A。

如何尋找說明文件

程式設計師很喜歡透過在網路搜尋問題的答案來學習。這與許多人所習慣的學習方式不同，一般人大都是透過親自上課和可回答問題的老師來學習的。把網路當作教室的最大好處是，整個社群的高手們都可以回答您的問題。

實際上，您的問題很可能別人已提問過，這些答案正在線上等著您找出來。如果您遇到某個錯誤訊息或某段程式碼無法正常運作，其實您可能不是第一個遇到這些問題的人，找答案比您所想像的要容易多了。

舉例來說，我們故意製造一些錯誤：在 Shell 互動環境中輸入「**'42' + 3**」，現在您不需要知道這指令是什麼意思，但執行結果會像下列這般：

```
>>> '42' + 3
❶ Traceback (most recent call last):
    File "<pyshell#0>", line 1, in <module>
      '42' + 3
❷ TypeError: Can't convert 'int' object to str implicitly
>>>
```

這裡顯示了錯誤訊息❷，因為 Python 不能理解您輸入的指令，錯誤訊息中的 Traceback 部分❶顯示了 Python 所遇到問題的特定指令和行號，如果您不知怎麼處理這個錯誤訊息，可連上網路來搜尋這條錯誤訊息，在您慣用的搜尋引擎網頁中輸入 **"TypeError: Can't convert 'int' object to str implicitly"**（包含引號），您就會找到一堆連結，其中有許多解釋這條錯誤訊息的資訊，以及什麼原因造成這項錯誤的發生，如圖 2 所示。

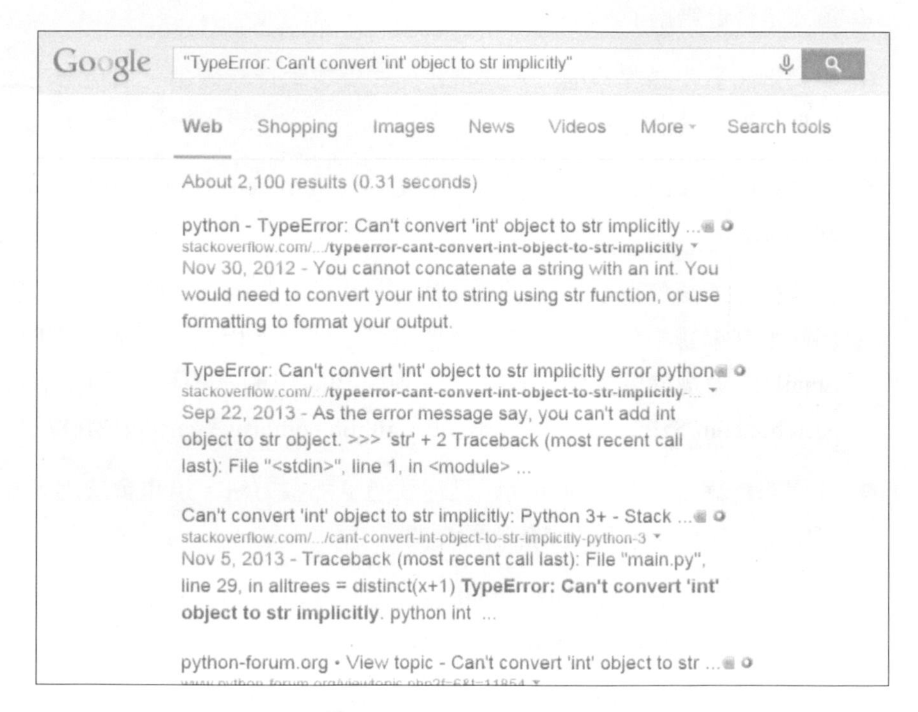

圖 2　使用 Google 搜尋錯誤訊息的結果

您會發現，網路上有一堆人也遇到了同樣的問題，而且已經有好心人回答解決了這個問題。沒人能全面掌握所有程式設計的各種技能，所以所有的軟體開發人員每天都有項重要的工作，那就是上網尋找技術問題的解答。

正確地發問

如果在網路的搜尋中找不到答案，請試著在連到 Stack Overflow 網站的討論區（http://stackoverflow.com/）、或是在 "learnprogramming" subreddit 網站留言板（https://reddit.com/r/learnprogramming/），或一些程式設計討論群組、論壇中提問。但請記住，要問對問題並正確地發問，這有助於讓別人協助您。先閱讀討論區或論壇中的 FAQ（常見問題），了解正確發問的方式。

在提出問題時，請記住下列幾點：

- 說明您想要做的是什麼，而不是只說您做了什麼。這樣能讓幫助您的人知道您是否走錯路了。
- 明確指出發生錯誤的地方，它是在程式每次執行時發生，還是您在做了什麼動作後才發生的。
- 將完整的錯誤訊息和您的程式碼複製貼上 http://pastebin.com/ 或 http://gist.github.com/。

  這些網站能讓您很容易在網路上與別人共享大量的程式碼，程式放在這些網站上其編排格式不會遺失。隨後您可以把貼上程式碼網站的 URL 放入 Email 或論壇的貼文中。例如，下列是我貼出的一些程式碼內容：http://pastebin.com/SzP2DbFx/ 和 https://gist.github.com/asweigart/6912168/。
- 解釋您為解決這個錯誤和問題已經試過了那些方法，這也會讓別人知道您已做了一些功課，而不是無腦的提問。
- 列出您使用的 Python 版本（Python 2 的直譯器和 Python 3 的直譯器有些不同）。最好也說明您所使用的作業系統和版本。
- 如果錯誤在您改了程式之後才出現，請準確指出您到底改了什麼？
- 說明這個錯誤是否在您每次執行這程式時重現，或是它在某些特定操作下才會發生，如果是這樣，要說明一下您做了什麼操作。

請遵守網路的禮節，例如，不要都寫大寫的英文提問，或對試圖幫您的人提出無理的要求。

您可以在 https://autbor.com/help/ 的部落格文章中找到有關如何尋求程式設計協助的更多資訊。也可以在 https://www.reddit.com/r/learnprogramming/wiki/faq/ 上找到關於程式設計常見問題的清單，並可在 https://www.reddit.com/r/cscareerquestions/wiki/index/ 上找到有關從事軟體開發工作的類似清單。

我很喜歡幫助大家發掘 Python 的魅力。我在 https://inventwithpython.com/blog/ 網站中的部落格內寫了不少關於程式設計的教材資料，請隨時連上去查閱參考。另外如果有什麼疑問，您可以利用 al@inventwithpython.com 電子郵件與我連絡。此外，您還可以把問題發佈到 https://reddit.com/r/inventwithpython/，我會盡可能回應。

總結

對大部分的人來說，電腦只是某種裝置設備而不是工具，但如果學會如何設計編寫程式，您就有能力發揮現今這個最強大的工具了，這樣您也會很有成就感。程式設計不是什麼腦科手術，不用那麼精準，對業餘人士來說，設計程式完全可以犯點錯誤和一試再試。

本書是從零開始講述程式設計的基本知識，但您的問題可能超出本書的講解範圍，請記得如何有效正確地提出問題，知道如何去尋找答案對您的程式設計之旅會是無價的工具。

讓我們一起出發吧！

PART I

Python 程式設計基礎

第 1 章

Python 基礎

Python 程式語言有很多的語法結構、標準函式庫和互動式的開發環境等功能。別擔心太難學，您可以略過大多數的內容，只需學習其中一小部分，就能編寫出方便好用的小程式。

不過在您開始編寫程式之前，還要學一些基本的程式設計概念。就像參加魔法學校訓練一樣，您可能認為這些基本概念有點神秘又單調，但只要學會了這些知識和實作方法，就可以像拿著魔法棒一樣指揮電腦完成超讚的工作。

本章有一些實例讓讀者可在互動式 Shell 模式中輸入一些指令和程式，這些稱為 PERL（讀取－求值－輸出循環），執行後馬上可看到結果。利用互動式 Shell 模式來體會學習 Python 的基本指令是很好的開始，請跟著書中的例子動手試一試。邊看書邊動手實作會比只看書中內容更有學習效果。

在互動式 Shell 模式中輸入表示式

我們可以透過啟動 Mu 編輯器來執行互動式 Shell 模式，在閱讀本書「簡介」這章中的設定說明時應已下載和安裝 Mu 編輯器。若在 Windows 中，點開「開始」功能表，輸入「Mu」，然後啟動 Mu 應用程式。若在 macOS 內，開啟「應用程式」檔案夾，然後連按二下 **Mu**。按下 **New** 按鈕，然後把空白的檔案另存為 blank.py。按下 **Run** 按鈕或按 F5 鍵執行此空白檔案時，會開啟互動式 Shell 模式，這個 Shell 會以新的窗格開啟，並顯示在 Mu 編輯器視窗的底部，此時您應該會在互動式 Shell 模式中看到 >>> 提示符號。

請在提示符號輸入 **2 + 2**，讓 Python 做些簡單的運算。Mu 視窗的 Shell 窗格內看起來應該會是下列這般：

```
>>> 2 + 2
4
>>>
```

在 Python 中，2 + 2 稱為「表示式（expression）」，它是語言中最基本的程式指令結構。表示式包括「值」（例如 2）和「運算子」（例如+），然後運算求解（歸併）成單一個值，也就是說，在 Python 程式碼中能用表示式的地方，也一樣可以用單個值來陳述。

在前述的例子中，表示式 2+2 運算求值為單個值 4。沒有用運算子的單個值也被認定為表示式，單個值在運算求解時其實也是它自己，像下面的實例：

```
>>> 2
2
```

出現 Error 也 OK！

如果程式中有電腦無法理解的程式碼內容就會當掉，在 Python 中遇到這種情況會顯示錯誤（Error）訊息。錯誤訊息並不會弄壞電腦啦，所以不要怕犯錯。「當機（Crash）」的意思只是程式在不預期的情況下停止運作了而已，不用太擔心。

> 假如讀者想對錯誤訊息有更深入的了解，可把錯誤訊息文字丟上 Google 之類的網站來搜尋，就能找到更多關於這個錯誤訊息的內容連結。另外也請連到 https://nostarch.com/automatestuff2/ 這裡的連結資源，其中有收集了常見的 Python 錯誤訊息和其解釋說明的清單列表。

Python 表述示中還可使用其他很多的運算子，例如，表 1-1 就列出了 Python 的所有數學運算子。

表 1-1　優先等級從高到低的數學運算子

運算子	運算功能	實例	運算結果...
**	指數	2 ** 3	8
%	模數/餘數	22 % 8	6
//	整除/商數取整	22 // 8	2
/	除法	22 / 8	2.75
*	乘法	3 * 5	15
-	減法	5 - 2	3
+	加法	2 + 2	4

Python 數學運算子的運算順序（也稱為優先等級）和數學是一樣的。** 運算子會第一個先運算，接下是 *、/、// 和 % 運算子，從左而右運算。+ 和 - 運算子最後運算，也是從左而右。如果有需要可用括號來改變其優先順序，運算子和值之間的空格在 Python 中並沒有影響（在每行最前面空格縮排除外），請動手在互動式 Shell 中輸入以下的表示式：

```
>>> 2 + 3 * 6
20
>>> (2 + 3) * 6
30
>>> 48565878 * 578453
28093077826734
>>> 2 ** 8
256
>>> 23 / 7
3.2857142857142856
>>> 23 // 7
3
```

```
>>> 23 %  7
2
>>> 2      +          2
4
>>> (5 - 1) * ((7 + 1) / (3 - 1))
16.0
```

在前述的例子中，您扮演著程式設計師角色輸入表示式，而 Python 則完成較難的運算求解工作，將表示式運算歸併成單一個值。Python 遇到複雜的表示式時會持續對表示式各部分先運算，直到歸併成單一個值為止。如下圖所示。

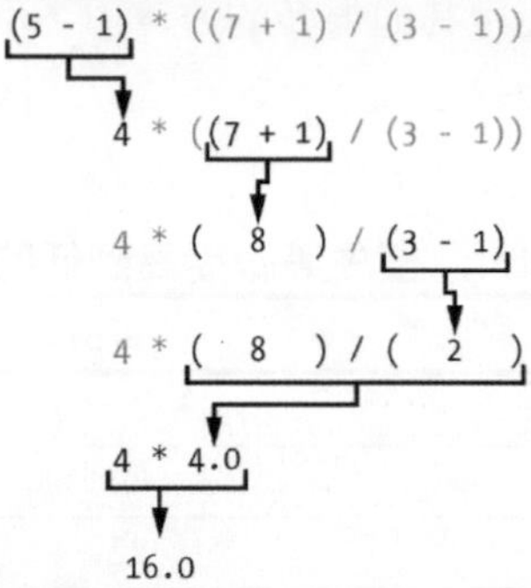

```
(5 - 1) * ((7 + 1) / (3 - 1))
4 * ((7 + 1) / (3 - 1))
4 * (   8   ) / (3 - 1)
4 * (   8   ) / (   2   )
4 * 4.0
16.0
```

把運算子和值放在表示式裡也有規則，是 Python 程式語言最基本的部分，就像我們言語溝通時所用的文法規則一樣。舉例來說：

This is a grammatically correct English sentence.

This grammatically is sentence not English correct a.

第二行的句子很難懂，因為它不合英語的文法規則。同樣地，如果輸入錯誤的 Python 指令，Python 也會看不懂，因此就會顯示錯誤訊息，像下面的例子：

```
>>> 5 +
  File "<stdin>", line 1
    5 +
      ^
SyntaxError: invalid syntax
>>> 42 + 5 + * 2
  File "<stdin>", line 1
    42 + 5 + * 2
             ^
SyntaxError: invalid syntax
```

我們可在互動式 Shell 中輸入某一指令，檢查該指令是否能運作。別擔心會弄壞電腦，最差的情況只是 Python 會顯示錯誤訊息而已。就算是專業的軟體開發工程師在編寫程式碼時，一般也都常會遇到錯誤訊息。

整數、浮點數和字串資料型別

請再記一次，表示式是由值和運算子組成，然後運算歸併成為單一個值。「資料型別（data type）」是「值」的分類，每個值都只屬於某一類的資料型別。表 1-2 列出了 Python 最常見的資料型別，例如，值 -2 和 30 屬於「整數」型別。整數型別（int）表示該「值」為整數，有小數點的數，如3.14就歸類為「浮點數」型別（floats）。請留意一點，雖然 42 是整數型別，但 42.0 則是浮點數型別哦。

表 1-2　常見的資料型別

資料型別	實例
整數	-2, -1, 0, 1, 2, 3, 4, 5
浮點數	-1.25, -1.0, --0.5, 0.0, 0.5, 1.0, 1.25
字串	'a', 'aa', 'aaa', 'Hello!', '11 cats'

Python 程式也可以有文字值，就是「字串」(string 或 strs，發音為"stirs")。字串通常都會單引號（'）括住，例如 'Hello' 或 'Goodbye cruel world!'，這樣 Python 就能知道字串的起始和結尾。另外還可以在兩個單引號之間不放東西，像這樣 ''，這就是「空字串」。關於字串更詳細的說明會第 4 章討論。

假如您看到錯誤訊息 SyntaxError: EOL while scanning string literal，可能是忘了字串尾端要加單引號，如下面的實例：

```
>>> 'Hello world!
SyntaxError: EOL while scanning string literal
```

字串的連接與複製

運算子在運算處理不同資料型別的值時，其意義可能會改變。舉例來說，+ 運算子在運算處理兩個整數或浮點數型別時，它的意義是相加運算子。但是 + 運算子在運算處理兩個字串時，其意義是將兩個字串連接起來的意思，+ 就變成「字串連接」運算子。請在互動式 Shell 環境中輸入以下內容：

```
>>> 'Alice' + 'Bob'
'AliceBob'
```

這個表示式會將兩個字串的文字歸併成為單一個新的字串。不過，若您將一個字串和一個整數型別的值用 + 運算子來操作時，Python 就不知道要怎麼處理了，因此會顯示錯誤訊息。

```
>>> 'Alice' + 42
Traceback (most recent call last):
  File "<pyshell#0>", line 1, in <module>
    'Alice' + 42
TypeError: can only concatenate str (not "int") to str
```

錯誤訊息 can only concatenate str (not "int") to str 告訴我們要用 str 字串型別而不是用 int 整數型別，因為 Python 認為我們試圖將整數 42 連接到字串 'Alice'，這樣並不一致。程式碼的編寫必須先將整數轉換成字串，因為 Python 不會自動轉換。（本章後面「解析您的程式」單元會介紹 str()、int() 和 float() 函式）

對兩個整數或浮點數型別進行運算處理時，* 運算子的作用就是乘法。但 * 運算子用在一個字串和一個整數值時，就變成「字串複製」的作用。請在互動式 Shell 模式中輸入如下的例子，看看結果是什麼：

```
>>> 'Alice' * 5
'AliceAliceAliceAliceAlice'
```

這個表示式會運算求值成為單個字串值，該值是會以式子中的整數值為複製次數對原始字串進行複製。字串的複製是很好用的技巧，但並沒有像字串連接那麼常被大家使用。

* 運算子只能用在兩個數值（乘法），或一個字串和一個整數（字串複製）。不然，Python 會顯示錯誤訊息，如下列這般：

```
>>> 'Alice' * 'Bob'
Traceback (most recent call last):
  File "<pyshell#32>", line 1, in <module>
    'Alice' * 'Bob'
TypeError: can't multiply sequence by non-int of type 'str'
>>> 'Alice' * 5.0
Traceback (most recent call last):
  File "<pyshell#33>", line 1, in <module>
    'Alice' * 5.0
TypeError: can't multiply sequence by non-int of type 'float'
```

上述的例子 Python 是看不懂也不能處理，因為兩個字串不能相乘，對字串進行複製的次數也沒辦法有小數點、幾分之幾的複製方式。

將值存放到變數中

「變數（variable）」就像電腦記憶體中的盒子，可用來存放「值（value）」。如果程式在稍後會用到某個表示式運算的結果，那麼就可以將該結果儲存到變數之中。

指定陳述式

我們可以利用「指定陳述式（assignment statement）」將值儲存到變數中。指定陳述式含有一個變數名稱、一個等號（指定運算子），和要存放的值。如果輸入指定陳述式 spam = 42，那麼變數 spam 會存放整數值 42。

把前述的例子想像成一個貼有標籤的盒子，而其中放了值，如圖 1-1 所示。

圖 1-1　spam = 42 **這個陳述式像是告訴程式「**spam **變數現在放了整數** 42 **在其中」**

舉例來看，請在互動式 Shell 中輸入以下內容：

```
❶ >>> spam = 40
   >>> spam
   40
   >>> eggs = 2
❷ >>> spam + eggs
   42
   >>> spam + eggs + spam
   82
❸ >>> spam = spam + 2
   >>> spam
   42
```

一開始將值存入變數其中的動作，就稱之為變數的初始化（或建立）❶，隨後就可以在表示式中與其化值或變數一起使用❷。如果變數被指定了新的值，原來的就會被蓋過去❸。這就是為什麼上述例子在執行完之後，spam 變數存放的是 42 而不是原來初始的 40。這稱之為「蓋過或覆寫（overwriting）」此變數。接下來再輸入程式碼，試一下對 spam 變數以新字串蓋過去的例子：

```
>>> spam = 'Hello'
>>> spam
'Hello'
>>> spam = 'Goodbye'
>>> spam
'Goodbye'
```

如圖 1-2 的例子，原有 spam 這個盒子放的是 'Hello' 字串，隨後以 'Goodbye' 取代它。

圖 1-2　如果以新值指定到變數中，那變數內舊的值就會被蓋過去

變數名稱

好的變數名稱本身已把該變數存放資料的內涵描述出來了。假設您搬家時，紙箱標的標籤都只寫「東西（stuff）」，那您要找想要的東西時就很困難了。本書所用的例子和許多 Python 的文件中，使用 spam、eggs 和 bacon 等當作一般的變數名稱（主要是受了 Monty Python 所編的 Spam 短劇所影響），但在您自己的程式中，取名時用具有描述性的名稱會有助於提高程式碼的可讀性。

雖然可以為變數取任何名稱，但 Python 在取名上還是有一些限制的。表 1-3 列出了一些合法與不合法的變數名稱使用實例。為變數取任何名字都可以，但要遵守以下 3 條規則：

1. 只能是一個字詞。
2. 只能用英文字母、數字和底線。
3. 不能以數字開頭。

表 1-3　合法與不合法的變數名稱

合法的變數名稱	不合法的變數名稱
current_balance	current-balance (不能用連字符號 -)
currentBalance	current balance (不能有空格)
account4	4account (不能以數字開頭)
_42	42 (不能只是數字)
TOTAL_SUM	TOTAL_$UM (不能用 $ 這種特殊字元)
hello	'hello' (不能用 ' 這種特殊字元)

變數名稱是有區分英文字母大小寫的，也就是說，spam、SPAM、Spam 和 sPaM 是 4 個不同的變數哦。為變數取名時使用小寫字母開頭是 Python 程式風格的慣例。

本書所用的變數名稱方式是以「駝峰式大小寫（camelcase）」命名，而不是「底線式（underscores）」命名。舉例來說，是使用 lookLikeThis，而不是 look_like_this。有些程式老手可能會說，官方的Python程式碼風格是用PEP8，也就是底線式的命名風格。嗯，沒錯，我就是喜歡駝峰式，必竟 PEP8 本身的使用指南就有一段內容就提到「傻傻堅持一致性是頭腦簡單的怪物（A Foolish Consistency Is the Hobgoblin of Little Minds）」：

> 「編寫程式時風格一致性很重要，但更重要的是知道什麼時候不適用。當有疑慮的時候，請相信自己的判斷。」
>
> "Consistency with the style guide is important. But most importantly: know when to be inconsistent—sometimes the style guide just doesn't apply. When in doubt, use your best judgment."

您的第一支程式

雖然在互動式 Shell 中對一次執行一行指令的方式很好用，但若要編寫長一點完整的 Python 程式碼時，最好還是在文字編輯器中先輸入。file editor 和記事本與 TextMate 這類文字編輯器功能差不多，但「file editor」還是有一些特別的功能可以使用。在 Mu 中想要編寫新的程式，可在 Mu 最上方的工具按鈕中按下 **New** 按鈕。

隨即顯示一個新的空白視窗，其中有一閃動的游標等著我們輸入，不過此視窗和互動式 Shell 不同，在 Shell 中只要按 Enter 鍵就會執行 Python 指令。file editor 視窗可讓我們輸入多行指令，也能儲存成檔案，和執行輸入的所有指令。以下兩點可讓我們區分其不同：

- 互動式 Shell 視窗會有 >>> 提示符號。
- file editor 視窗則沒有 >>> 提示符號。

接著是建立您的第一隻程式的時候了。請在 file editor 視窗開啟後，輸入以下內容：

```
❶ # This program says hello and asks for my name.

❷ print('Hello world!')
  print('What is your name?')    # ask for their name
❸ myName = input()
❹ print('It is good to meet you, ' + myName)
❺ print('The length of your name is:')
  print(len(myName))
❻ print('What is your age?')    # ask for their age
  myAge = input()
  print('You will be ' + str(int(myAge) + 1) + ' in a year.')
```

輸入完以上所有程式碼後將它存起來，這樣以後開啟 Mu 時就不用重新輸入。請按下 **Save** 按鈕，在另存新檔對話方塊的檔案名稱方塊中輸入 hello.py，然後按下**存檔**按鈕。

在編寫輸入程式時，記得要隨時存檔，以免當機或不小心退出 Mu 或其他編輯器時，所輸入的程式碼都不見了。在 Windows 和 Linux 上有存檔的快捷鍵 Ctrl-S，在 macOS 上的快捷鍵為 ⌘-S。

檔案存好後，接著來執行。不管是在 Mu 或是在 Python 的 file editor 中，按下 **F5** 鍵程式就會執行，若是以 Python 的 file editor 按下則會顯示互動式 Shell 來執行。請留意，是在 file editor 視窗中按下 **F5** 鍵，而不是在互動式 Shell 中按下。程式執行後會提示輸入，此時請輸入您的名字。在互動式 Shell 中程式執行的輸出會像下面這樣：

```
Python 3.7.0b4 (v3.7.0b4:eb96c37699, May 2 2018, 19:02:22) [MSC v.1913 64 bit
(AMD64)] on win32
Type "copyright", "credits" or "license()" for more information.
>>> ================================ RESTART ================================
>>>
```

```
Hello, world!
What is your name?
Al
It is good to meet you, Al
The length of your name is:
2
What is your age?
4
You will be 5 in a year.
>>>
```

如果沒有更多程式碼要執行，Python 就會「中止（terminates）」，也就是停止執行。（也可以說是 Python 程式跳出了）

我們可以按下檔案視窗的 X 鈕關閉 file editor 視窗。若要重新開啟已存檔的程式碼，在 Mu 中可按下 **Load** 鈕開啟（若在 Python 的 file editor 則可選取 **File→Open...** 指令），這樣會顯示開啟舊檔對話方塊，點選之前存好的程式碼檔 hello.py，再按下「開啟舊檔」鈕。之前存檔的 hello.py 就會在 file editor 視窗開啟並顯示出來。

您可以使用 http://pythontutor.com/ 的 Python Tutor 視覺化工具來查看程式的執行情況。另外也可以在 https://autbor.com/hellopy/ 上看到上面這支程式逐步的執行，請按下 Next 按鈕以瀏覽程式執行的每個步驟，這裡還能夠看到變數值和輸出的變化情況。

解析您的程式

在 file editor 視窗開啟上面這支新程式後，讓我們很快瀏覽一下這程式有用到的 Python 指令，一行一行來解析這支程式的內容。

註釋

下面這一行就稱之為「註釋（comments）」。

```
❶ # This program says hello and asks for my name.
```

Python 在執行時會略過註釋，其功能大多用於編寫程式碼的註解，或是提醒我們所編寫的程式碼是用來做什麼的。上述這行中，# 符號之後的所有文字就是註釋。

程式設計師有時在測試程式碼時，會在某一行程式最前面加上 # 符號，臨時取消這行程式，這稱之為「註釋掉程式碼（commenting out code）」，當我們在測試或試誤程式時還滿有用的。如果想還原該行程式時，把前面的 # 符號刪掉即可。

Python 也會略掉註釋之後的空行，在程式中適當地加入空行來區隔，會讓程式碼更容易閱讀。空行的作用就像書本文章中的段落一樣。

print() 函式

print() 函式的功能是會將括號內的字串顯示在螢幕上。

```
❷ print('Hello world!')
  print('What is your name?') # ask for their name
```

print('Hello world!') 這一行是指把 'Hello world!' 字串印出來。Python 執行到這行程式時，會呼叫 print() 函式，並把字串值傳給（pass）函式，這個傳給函式的值稱之為引數（argument，也就是實際參數）。請留意，' 引號並沒有顯示在螢幕上，引號僅用來標出字串的起始和結尾，並不是字串值的一部分。

> **NOTE**
> 可利用 print 函式在螢幕上印出空行，只要呼叫 print() 即可，括號內空著就可以了。

想要分辨是否為函式名稱，看到名稱後的左右括號是最好認的方法。這就是為什麼本書是寫 print()，而不是僅寫 print。第 2 章的內容會更深入討論函式這個議題。

input() 函式

input() 函式的功能是等待使用者從鍵盤輸入一些文字和按下 Enter 鍵接收。

```
❸ myName = input()
```

呼叫此函式後會取得使用者輸入的字串，而前面的程式碼是要把這個字串值指定給變數 myName。

您可以把呼叫 input() 函式當成表示式，用來取得使用者輸入的任意字串。假如使用者輸入的是 'Al'，那麼這個表示式可看成 myName = 'Al'。

如果呼叫 input() 後出現錯誤訊息，像 NameError: name 'Al' is not defined，則是因為用了 Python 2 而不是 Python 3 來執行這支程式。

印出使用者的名字

接下的 print() 例子中，在括號之間放了表示式 'It is good to meet you, ' + myName。

```
❹ print('It is good to meet you, ' + myName)
```

請記得一點，表示式運算求值後會歸併成單一個值。如果前面 myName 變數❸存放的是 'A1'，那麼這裡的表示式運算求值後會歸併成 'It is good to meet you, A1' 這個字串值，然後此字串值會傳給 print() 印到螢幕上。

len() 函式

我們可以把一個字串（或存有字串的變數）傳給 len() 函式，這個函式就會幫我們求出該字串的字元個數，是一個整數值。

```
❺ print('The length of your name is:')
   print(len(myName))
```

請試著在互動式 Shell 中輸入以下內容：

```
>>> len('hello')
5
>>> len('My very energetic monster just scarfed nachos.')
46
>>> len('')
0
```

就像前述的這些例子，len(myName) 會求得一個整數，然後把它傳給 print() 印在螢幕上。請留意，傳入 print() 的可以是整數值或字串，但如果在互動式 Shell 中輸入以下內容時，會顯示錯誤訊息：

```
>>> print('I am ' + 29 + ' years old.')
Traceback (most recent call last):
  File "<pyshell#6>", line 1, in <module>
    print('I am ' + 29 + ' years old.')
TypeError: can only concatenate str (not "int") to str
```

導致錯誤的原因不是 print() 函式，而是傳給 print() 的那個表示式。如果在互動式 Shell 中輸入這個表示式時，也一樣會顯示錯誤訊息：

```
>>> 'I am ' + 29 + ' years old.'
Traceback (most recent call last):
  File "<pyshell#7>", line 1, in <module>
    'I am ' + 29 + ' years old.'
TypeError: can only concatenate str (not "int") to str
```

Python 顯示錯誤的原因是，+ 運算子只能運算兩個整數，或用來連接兩個字串，整數和字串不能混在一起相加，這樣不符合 Python 的語法。可將整數轉成字串的方式來修正此錯誤。下一小節會討論其作法。

str()、int() 和 float() 函式

如果想連接整數（如 29）和字串再傳給 print() 印出，就需要取得 '29' 字串值，這是指 29 的字串形式。str() 函式可以把傳入的整數值轉換成字串值的形式，如下所示：

```
>>> str(29)
'29'
>>> print('I am ' + str(29) + ' years old.')
I am 29 years old.
```

由於 str(29) 可取得 '29' 字串值，所以 'I am ' + str(29) + ' years old.' 這個表示式會變成以 'I am ' + '29' + ' years old.' 來運算求值，其結果是 'I am 29 years old.'，這也是要傳到 print() 函式的字串值。

str()、int() 和 float() 函式的功用分別是將傳入值變成字串、整數和浮點數型式。請試著在 Shell 中利用這些函式來轉換一些值，看看會有什麼樣的結果：

```
>>> str(0)
'0'
>>> str(-3.14)
'-3.14'
>>> int('42')
42
>>> int('-99')
-99
>>> int(1.25)
1
>>> int(1.99)
1
>>> float('3.14')
3.14
>>> float(10)
10.0
```

前述的實例呼叫了 str()、int() 和 float() 函式，分別傳入不同資料型別的值，結果也分別取得字串、整數和浮點數形式的值。

若想要把整數或浮點數和字串連接起來，str() 函式就很好用。假如有些字串值想拿來進行數學運算，那麼就要用到 int() 函式的功能了。舉例來說，input() 函式的功用是返回字串值，就算使用者輸入的是數字也一樣。在互動式 Shell 中輸入 spam = input()，然後輸入 101。

```
>>> spam = input()
101
>>> spam
'101'
```

儲存在 spam 變數中的值不是整數 101，而是 '101' 字串形式。如果想要利用 spam 中的值來進行數學運算，那麼就要再用 int() 函式把字串值轉換成整數值再存回 spam 中。

```
>>> spam = int(spam)
>>> spam
101
```

此時就可以把 spam 變數當成整數來運算，因為它已不再是字串了。

```
>>> spam * 10 / 5
202.0
```

請留意，如果您不能轉換成整數的值放入 int() 中進行轉換，那麼 Python 會顯示錯誤訊息。

```
>>> int('99.99')
Traceback (most recent call last):
  File "<pyshell#18>", line 1, in <module>
    int('99.99')
ValueError: invalid literal for int() with base 10: '99.99'
>>> int('twelve')
Traceback (most recent call last):
  File "<pyshell#19>", line 1, in <module>
    int('twelve')
ValueError: invalid literal for int() with base 10: 'twelve'
```

如果想對浮點數進行取整數運算，也可用 int() 函式來處理。

```
>>> int(7.7)
7
>>> int(7.7) + 1
8
```

在前一節輸入存檔的 hello.py 程式範例中，最後 3 行使用了 int() 和 str() 函式，分別取得合適的值來運算和呈現。

```
❻ print('What is your age?') # ask for their age
   myAge = input()
   print('You will be ' + str(int(myAge) + 1) + ' in a year.')
```

myAge 變數會存放 input() 函式取得的值。由於 input() 函式取得返回的是字串值（就算輸入的是數字），因此可利用 int(myAge) 將字串值轉換成整數值。這個整數值會在表示式 int(myAge)+1 中運算，也就是加 1。

相加的結果再傳給 str() 函式轉成字串：str(int(myAge) + 1)，這個字串值會與 'You will be ' 和 ' in a year.' 字串連接起來，歸併一個更長的字串值。這個更長的字串最後傳到 print() 內，即可顯示印出在螢幕上。

以前述的例子來看，如果使用者輸入字串 '4'，並存到 myAge 變數中。字串 '4' 會轉換成整數，因此加 1 後結果為整數值 5，隨後 str() 函式又把此結果轉換為字串值，如此一來就能和第二個字串 'in a year.' 連接，產生最終的訊息。這個例子的運算求值過程如下圖所示。

```
print('You will be ' + str(int(myAge) + 1) + ' in a year.')

print('You will be ' + str(int( '4' ) + 1) + ' in a year.')

print('You will be ' + str(   4 + 1      ) + ' in a year.')

print('You will be ' + str(     5        ) + ' in a year.')

print('You will be ' +         '5'         + ' in a year.')

print('You will be 5'                      + ' in a year.')

print('You will be 5 in a year.')
```

文字與數字的相等運算

數字以字串值形式呈現，並不等於其整數值和浮點數值，不過其整數值卻和浮點數值是相等的。

```
>>> 42 == '42'
False
>>> 42 == 42.0
True
>>> 42.0 == 0042.000
True
```

Python 這樣子的區分方式是因為把字串視為文字，而整數值和浮點數值則都視為數字。

總結

我們可以在小算盤中是以數學式來運算，在文書處理軟體中則是輸入文字字串，甚至進行文字字串的複製貼上等處理。但在程式設計中的程式，其基本的建構區域是表示式和組成的值（包括運算子、變數和函式的呼叫），能夠搞定這些元素，就可以利用 Python 編寫程式來操控大量的資料。

請記住本章中所介紹的各種運算子（+、-、*、/、//、% 和 ** 是數學運算子，另外 + 和 * 也可當成字串運算子），以及 3 種資料型別（整數型、浮點數型和字串型）。

本章也介紹了幾個不同的函式。print() 和 input() 函式能處理簡單的文字輸出（到螢幕）和輸入（由鍵盤）。len() 函式可放入字串，它會算出該字串的字元個數。str()、int() 和 float() 函式可以把放入的值轉換成字串、整數和浮點數的形式。

下一章的內容會介紹程式的流程控制，讓 Python 判斷要執行那些程式碼，又在什麼情況下要跳過，甚至符合某些條件時重複執行某些程式碼。學會流程控制，就能編寫出具有判斷能力的聰明程式碼哦。

習題

1. 下面哪些是運算子，哪些是值？

```
*
'hello'
-88.8
-
/
+
5
```

2. 下列哪個是變數，哪個是字串？

```
spam
'spam'
```

3. 請列出 3 種資料型別。

4. 表示式（expression）是由什麼構成？所有表示式的最後結果是什麼？

5. 本章介紹了指定陳述式（statement），如 spam = 10。表示式（expression）和陳述式（statement），有什麼不同？

6. 下列陳述式執行後，變數 bacon 的值什麼？

```
bacon = 20
bacon + 1
```

7. 下列這兩個表示式運算結果是什麼？

```
'spam' + 'spamspam'
'spam' * 3
```

8. 為什麼 eggs 是合法的變數名稱，而 100 卻不合法？

9. 哪 3 個函式可將值轉換成整數型、浮點數型和字串型？

10. 為何下列的表示式會發生錯誤？怎麼修正？

```
'I have eaten ' + 99 + ' burritos.'
```

延伸題：請上網搜尋 len() 函式的 Python 說明文件。該文件在標題為「Build-in Functions」的網頁中。瀏覽一下 Python 還有什麼其他的函式，查一下 round() 函式的功用，並在互動式 Shell 互動環境中試一試。

第 2 章
流程控制

經過前一章的介紹，您已學到單一指令的基礎知識，了解到程式其實就只是一條條的指令程式碼。但程式設計真正的厲害的不只是循序逐一執行這一條條的指令而已。程式可以依據表示式運算求值的結果，判斷是否要跳過、重複某些指令，或從幾條指令中挑出符合條件的指令來執行。實際上，我們在編寫程式時，不會只希望程式從開始第一行循序逐行執行到結尾而已。「流程控制陳述句（Flow control statements）」可以讓我們在編寫程式時加入判斷語法，決定在哪些條件下執行哪些 Python 指令程式碼。

流程控制陳述句與流程圖中使用的符號能直接對應。本章會以一個程式的流程圖實例來貫穿說明。如圖 2-1 所示的流程圖，內容是假如下雨時要怎麼做？順著箭頭指示的路徑由「開始」前進到「結束」。

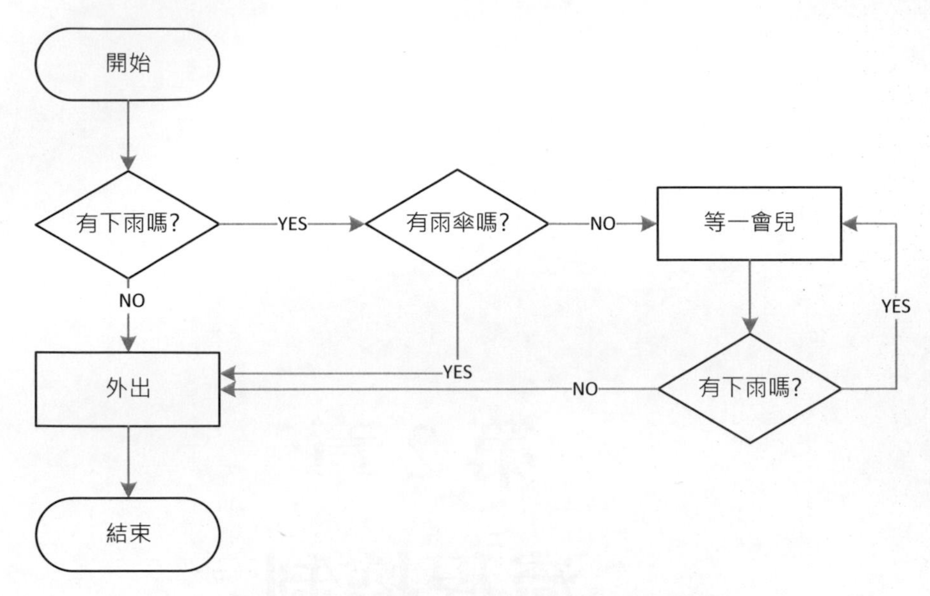

圖 2-1 這是個假如下雨時要怎麼做的流程圖

在流程圖中，一般由「開始」前進到「結束」的路徑不只一種，電腦中的程式碼在執行時也一樣。流程圖中是用「菱形」來表示分支點，其他步驟則用「矩形」表現。開始和結束則是用「圓角矩形」來表示。

在學習流程控制陳述句之前，先學會如何表示 yes 和 no 選項，以及怎樣把這種分支點寫成 Python 的程式碼。為此我們要先搞懂布林值（Boolean Values）、比較運算子（Comparison operators）和布林運算子（Boolean operators）的運用。

布林值

整數、浮點數和字串資料型別有無數種可能的值，但「布林（Boolean）」資料型別只有兩種：True 和 False。（Boolean 的字首是大寫，因為這種資料型別是以數學家 George Boole 來命名的）在當作 Python 程式碼輸入時，布林值 True 和 False 不像字串，不用引號括住，且總是以大寫字母 T 和 F 開頭，後面則都用小寫字母。在互動式 Shell 模式中請輸入以下內容，其中有些指令故意用錯的方式輸入，因此會出現錯誤訊息：

```
❶ >>> spam = True
   >>> spam
   True
```

```
❷ >>> true
   Traceback (most recent call last):
     File "<pyshell#2>", line 1, in <module>
       true
   NameError: name 'true' is not defined
❸ >>> True = 2 + 2
   SyntaxError: can't assign to keyword
```

布林值也和其他值一樣是可以用在表示式中，且能夠存到變數內❶。如果輸入的大小寫有錯❷，或者想要使用 True 和 False 這兩個關鍵字當作變數名稱時❸，Python 都會顯示出錯誤訊息。

比較運算子

比較運算子（Comparison operators），又稱為關係運算子，會比較兩個值，然後產生一個布林值結果。表 2-1 列出各種比較運算子。

表 2-1　各種比較運算子

運算子	意思
==	等於
!=	不等於
<	小於
>	大於
<=	小於等於
>=	大於等於

這些運算子會依據給它們的值來比較並產生 True（真）或 False（假）的結果。現在讓我們試用一下，就從 == 和 != 開始。

```
>>> 42 == 42
True
>>> 42 == 99
False
>>> 2 != 3
True
>>> 2 != 2
False
```

假如 ==（等於）兩側的值一樣，則比較結果為 True。假如 !=（不等於）兩側的值不同，則比較結果為 True。== 和 != 運算子實際上能用於比較所有資料型別的值。

```
>>> 'hello' == 'hello'
True
>>> 'hello' == 'Hello'
False
>>> 'dog' != 'cat'
True
>>> True == True
True
>>> True != False
True
>>> 42 == 42.0
True
❶ >>> 42 == '42'
False
```

請注意，整數和浮點數型別的值永遠不會和其字串型別的值相同。表述式 42 == '42' ❶比較結果為 Fales，就是因為 Python 認定整數 42 與字串的 '42' 是不同的。

```
>>> 42 < 100
True
>>> 42 > 100
False
>>> 42 < 42
False
>>> eggCount = 42
❷ >>> eggCount <= 42
True
>>> myAge = 29
>>> myAge >= 10
True
```

運算子的區分

請留意 == 運算子（等於）有兩個等號，而 = 運算子（指定）則只有一個。這兩個運算子很容易搞混，請記住：

- ◎ == 運算子（等於）是比較兩個是否相同。
- ◎ = 運算子（指定）是將右側的值指定到左側的變數中。

請注意 == 運算子（等於）有兩個字元，就像 != 運算子（不等於）也有兩個字元，別搞混了哦。

您會用比較運算子比較某個變數和另外的某個值。就像在前面例子的 eggCount <= 42 ❶和 myAge >= 10 ❷中一樣（也就是說，除了輸入 'dog' != 'cat' 之外，直接輸入 True 也可以，因為結果一樣）。

布林運算子

and、or 和 not 等 3 個布林運算子是用來比較布林值的。就像比較運算子，它們將表述式運算求值成一個布林值。接下來讓我們研究一下這幾個運算子的細部內容，從 and 運算子開始。

二元布林運算子

and 和 or 運算子都是接受兩個布林值（或表述式），所以被稱為「二元運算子（binary operators）」。如果兩個布林值都是 True，and 運算子會運算求值結果為 True，若不是則為 False。請在互動式 Shell 中輸入某個使用 and 的表述式，看看其執行結果。

```
>>> True and True
True
>>> True and False
False
```

「真值表（tructh table）」列出了布林運算子的所有可能結果。表 2-2 是 and 運算子的真值表。

表 2-2　and 運算子的真值表

表示式	運算求值結果…
True and True	True
True and False	False
False and True	False
False and False	False

從另一方面來說，表示式中只要有一個是 True，or 運算子求值結果就會是 True。只有在兩個都是 False，求值結果才是 False。

```
>>> False or True
True
>>> False or False
False
```

如表 2-3 所示，or 運算子的真值表列出了每一種可能的結果。

表 2-3 or 運算子的真值表

表示式	運算求值結果…
True or True	True
True or False	True
False or True	True
False or False	False

not 運算子

和 and 與 or 不同，not 運算子只用一個布林值（或表示式）來運算求值。not 運算子會求取其相反的布林值。

```
  >>> not True
  False
❶ >>> not not not not True
  True
```

就像在說話和書寫時所使用的雙重否定，not 運算子也可多重巢狀使用❶，這種情況在真正編寫程式時不會太常這樣用。表 2-4 列出了 not 的真值表。

表 2-4 not 運算子的真值表

表示式	運算求值結果…
not True	Fasle
not False	True

布林和比較運算子的混合運用

既然比較運算子求值結果為布林值，因此就可以和布林運算子搭配運用。

請回顧前述內容，and、or 和 not 運算子稱為布林運算子是因為都以布林值來求值，雖然像 4 < 5 這種表示式本身不是布林值，但其求值結果會是布林值，因

此就能搭配使用。請在互動式 Shell 中輸入如下實例：

```
>>> (4 < 5) and (5 < 6)
True
>>> (4 < 5) and (9 < 6)
False
>>> (1 == 2) or (2 == 2)
True
```

電腦會先比較求值左側的表示式，然後再比較求值右側的表示式，有了左右兩個布林值後，再將整個表示式求值歸併成一個布林值。如下所示，這是電腦對表示式 (4 < 5) and (5 < 6) 和的運算求值過程。

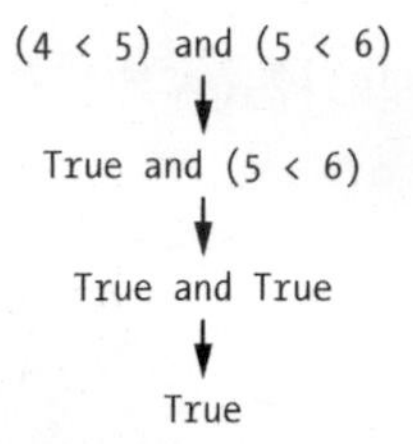

在一個表示式中可使用多個布林運算子，並搭配著比較運算子一起運用。

```
>>> 2 + 2 == 4 and not 2 + 2 == 5 and 2 * 2 == 2 + 2
True
```

布林運算子就像數學運算子一樣有其運算的順序，在任何數學和比較運算子運算求值之後，Python 會先對 not 運算子運算，然後是 and，再來是 or。

流程控制的元素

流程控制一般都是由「條件（condition）」為起始，接著是稱之為「子句（clause）」的程式區塊。在學習 Python 的流程控制語法之前，筆者先說明什麼是條件和程式區塊。

條件

前述所介紹的布林表示式就可看成是條件，「條件」也是一種表示式，只是在流程控制語法中所用的更具體名稱而已。條件總會求出一個布林值 True 或 False。流程控制會依據條件的 True 或 False 來決定做什麼。幾乎所有的流程控制語法都會使用條件來做判斷。

程式區塊

由一行或幾行 Python 程式碼聚成一組，放在「區塊（Block）」中。可依據程式碼行的縮排得知程式區塊的起始和結尾。程式區塊有三個規則：

- 開始縮排的位置為區塊的起始。
- 區塊中也可包含其他區塊。
- 沒有縮排或縮排減少到與外圍包住該區塊的縮排一樣時，這個就是區塊的結尾。

看一些實際的例子更容易理解程式區塊是什麼子，請由下面這一小段遊戲程式碼中找出區塊：

```
name = 'Mary'
password = 'swordfish'
if name == 'Mary':
 ❶ print('Hello Mary')
    if password == 'swordfish':
     ❷ print('Access granted.')
    else:
     ❸ print('Wrong password.')
```

您可以連到 https://autbor.com/blocks/ 觀察這支程式的執行過程。第一個程式區塊❶起始行是 print('Hello Mary')，並包含後面所有的程式行。此程式區塊中又包含有另一個程式區塊，它只有一行程式碼：print('Access granted.')。第三個程式區塊❸也只有一行：print('Wrong password.')。

程式執行

在前一章中介紹的 hello.py 程式內，Python 執行是從最頂端第一行開始，然後循序向下逐條執行。「程式執行（或簡稱執行）」這一詞是指現在的指令被執行。假設把程式碼印在紙上，以手指循序指到紙上程式碼行表示該程式碼行執行，那麼就可以把「手指」想像成是程式執行。

但並不是所有程式都是由上而下循序地執行，如果以手指指到有流程控制陳述句的程式時，那麼手指可能會依據條件跳過某些程式碼，有可能因此跳過整個子句不執行。

流程控制陳述句

現在讓我們討論最重要的流程控制部分：陳述句本身的語法。陳述句在圖 2-1 中是以菱形為代表，它們表示程式要作出的實際決定。

if 陳述句

if 陳述句是最常見到的流程控制語法。if 陳述句的子句（也就是緊接在其後面的區塊）會在條件為 True 時執行。如果條件為 False 時子句會跳過不執行。

以白話來說，if 陳述句是：「如果條件為真則執行子句中的程式碼」。在 Python 中，if 陳述句包含以下內容：

- if 這個關鍵字。
- 條件（就是運算求值為 True 或 False 的表示式）
- 冒號。
- 在其下一行開始縮排的程式區塊（也稱為 if 子句）。

舉例來說，以下這段程式碼為檢查 name 是否為 Alice（假設 name 變數之前已指定了某個值）。

```
if name == 'Alice':
    print('Hi, Alice.')
```

所有流程控制陳述句都是以冒號結尾，並在其後跟著一個新的程式區塊（子句）。上述例子中 if 子句的程式區塊就是 print('Hi, Alice.')。圖 2-2 是這個程式碼實例的流程圖。

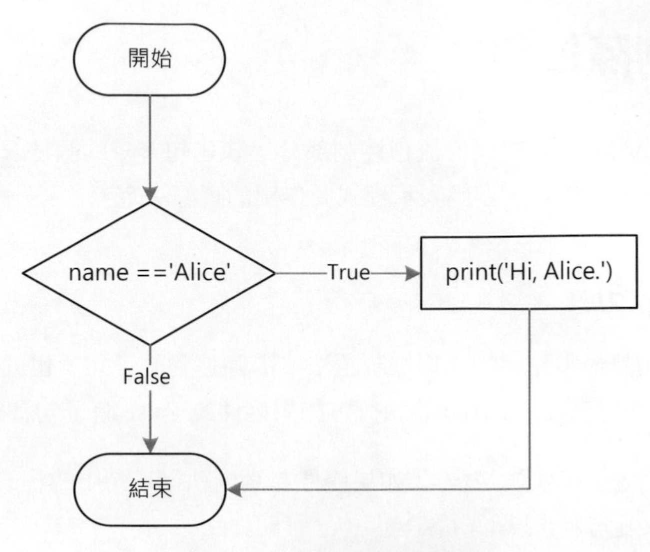

圖 2-2　if 陳述句的流程圖

else 陳述句

if 子句後面有時也可搭配使用 else 陳述句。只有 if 的條件為 False 時，else 子句才會執行。以白話來說：「如果條件為真則執行這段程式碼，否則執行那一段程式碼」。else 陳述句並不包含條件，在編寫程式碼時，else 要包括以下內容：

- else 這個關鍵字。
- 冒號。
- 在其下一行開始縮排的程式區塊（也稱為 else 子句）。

回到前述的 Alice 實例，我們加入 else 陳述句的程式碼，在 name 不是 Alice 時印出不一樣的回應。

```
if name == 'Alice':
    print('Hi, Alice.')
else:
    print('Hello, stranger.')
```

圖 2-3 為這段程式碼的流程圖。

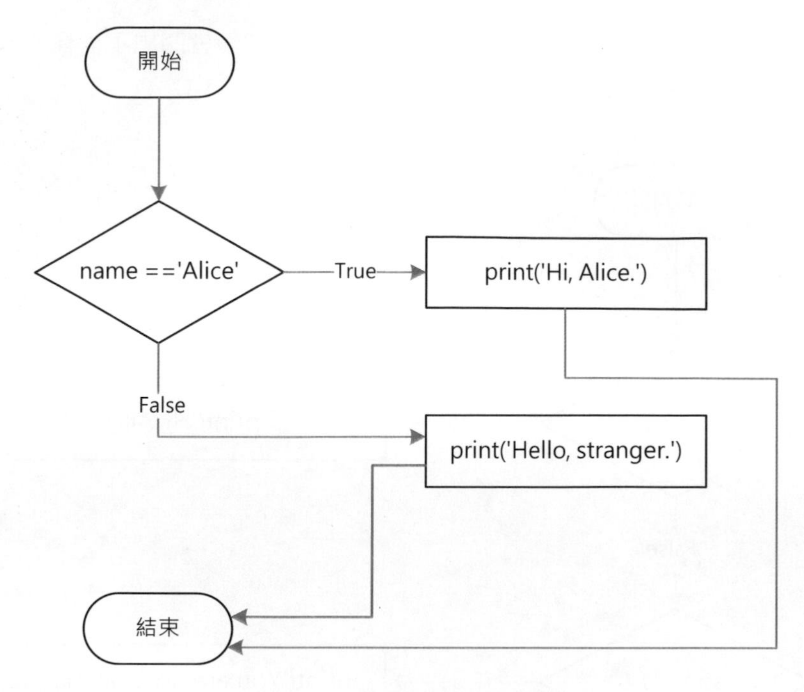

圖 2-3 else 陳述句的流程圖

elif 陳述句

由於只有 if 或 else 其中一個子句會執行，但有時候我們會希望是由「很多」可能的選擇中找一個符合的子句來執行。elif 陳述句的意思是指「else if 否則如果」，通常是放在 if 或另一條 elif 的後面，它提供了另一個條件判斷和選擇，只有在前面的條件為 False 時才會檢查該條件是否符合。在程式碼中，elif 陳述句會含有以下的內容：

- elif 這個關鍵字。
- 一個條件（也就是一個表示式，會運算求值為 True 或 Fasle）。
- 冒號。
- 在其下一行開始縮排的程式區塊（也稱為 elif 子句）。

下面是在檢查 name 的程式中加入 elif 陳述句的實例：

```
if name == 'Alice':
    print('Hi, Alice.')
elif age < 12:
    print('You are not Alice, kiddo.')
```

這個例子加入檢查年齡 age 的條件。如果小於 12，就印出不一樣的東西。如圖 2-4 所示即為此程式的流程圖。

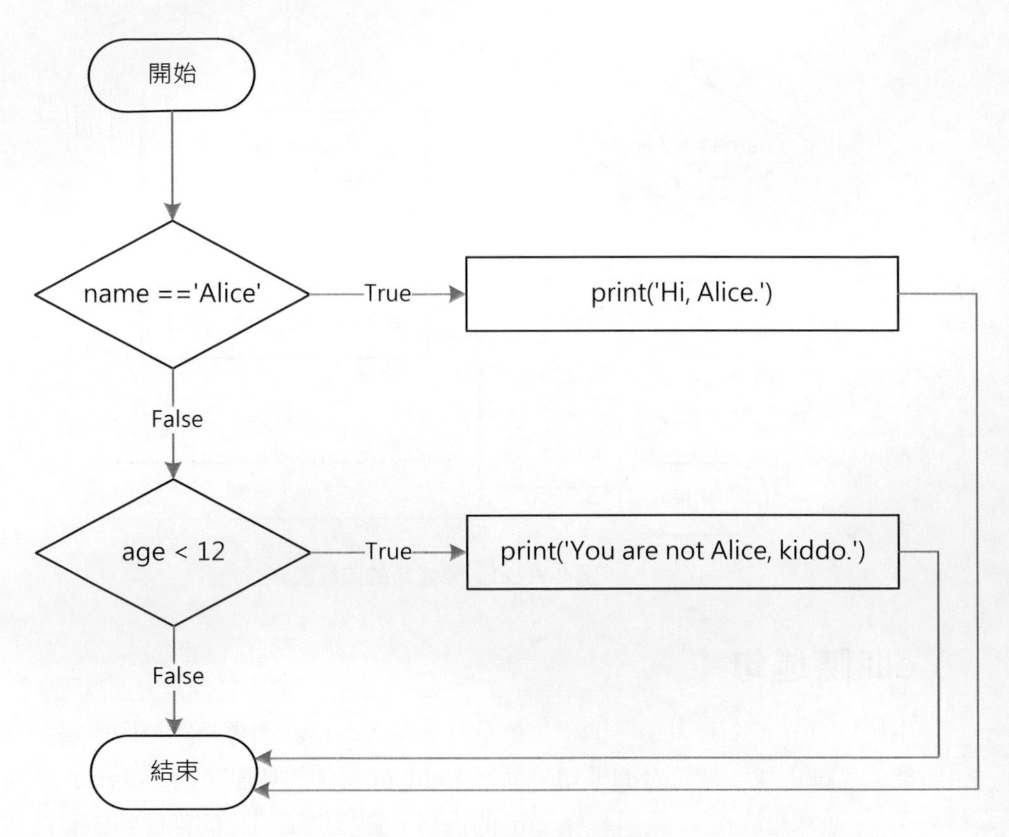

圖 2-4　elif 陳述句的流程圖

如果 name == 'Alice' 是 False，且 age < 12 為 True 時，elif 子句就會執行。但如果兩個條件都為 False 時，那麼兩個子句都會跳過不執行。這個例子的 elif 並「不」保證至少有一個子句會執行。如果程式中有一系列的 elif 陳述句，有可能僅有一條或沒有子句會執行，一旦某個 elif 的條件為 True，剩下的 elif 子句就會自動跳過。接著以一個實例來說明，請開啟新的 file editor 視窗，輸入以下程式碼，並儲存為 vampire.py 檔。

```
name = 'Carol'
age = 3000
if name == 'Alice':
    print('Hi, Alice.')
elif age < 12:
    print('You are not Alice, kiddo.')
```

```
elif age > 2000:
    print('Unlike you, Alice is not an undead, immortal vampire.')
elif age > 100:
    print('You are not Alice, grannie.')
```

您可以連到 https://autbor.com/vampire/ 觀察這支程式的執行過程。這個例子加了另外 2 條 elif 陳述句，讓這個程式依照 age 來判斷印出不同的問候文字。圖 2-5 為這段程式碼的流程圖。

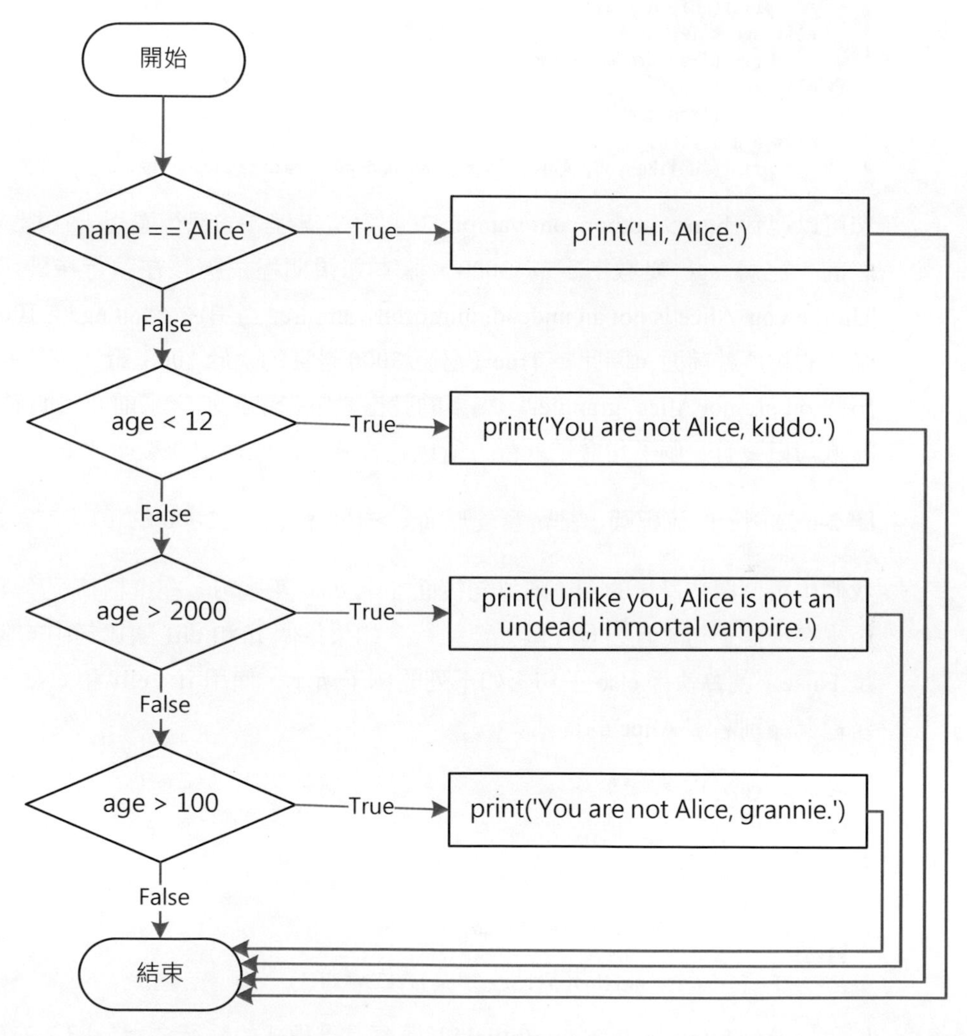

圖 2-5　vampire.py 程式中多重 elif 陳述句的流程圖

然而，elif 陳述句的順序是重要的。這裡舉個例子，重新排列其順序讓程式出現錯誤。回顧前述所說的，一旦找到符合 True 條件，其他剩下的子句會跳過，因此如果把 vampire.py 中某些條件和子句的順序調動，執行時就會發生問題。如下列這樣調動程式碼順序，並將它儲存成 vampire2.py。

```
   name = 'Carol'
   age = 3000
   if name == 'Alice':
       print('Hi, Alice.')
   elif age < 12:
       print('You are not Alice, kiddo.')
❶ elif age > 100:
       print('You are not Alice, grannie.')
   elif age > 2000:
       print('Unlike you, Alice is not an undead, immortal vampire.')
```

您可以連到 https://autbor.com/vampire2/ 觀察這支程式的執行過程。在程式執行之前，已將 age 變數指定為 3000，原本您預期程式應該在執行後顯示印出 'Unlike you, Alice is not an undead, immortal vampire.' 字串。然而 age > 100 這個條件的順序較前面，因此為 True（必竟 3000 是真的大於 100）❶，就先顯示印出 'You are not Alice, grannie.'，剩下的就自動跳過了。別忘了前面說明過，elif 陳述句只會有一個子句會被執行，所以在程式中的順序很重要哦！

圖 2-6 為例子的流程圖，請留意菱形 age > 100 和 age > 2000 的順序交換了。

我們也可選擇在最後的 elif 陳述句後面加上 else 陳述句。在這種情況下可確保至少有一個子句（且只有一個）會執行。如果每個 if 和 elif 陳述句中的條件都是 False，就會執行 else 子句。如下列的例子所示，使用 if、elif 和 else 子句重新編寫識別名字 Alice 的程式：

```
name = 'Carol'
age = 3000
if name == 'Alice':
    print('Hi, Alice.')
elif age < 12:
    print('You are not Alice, kiddo.')
else:
    print('You are neither Alice nor a little kid.')
```

您可以連到 https://autbor.com/littlekid/ 觀察這支程式的執行過程。圖 2-7 所示為這段程式碼的流程圖，我們把這個例子的程式碼儲存成為 littleKid.py 檔。

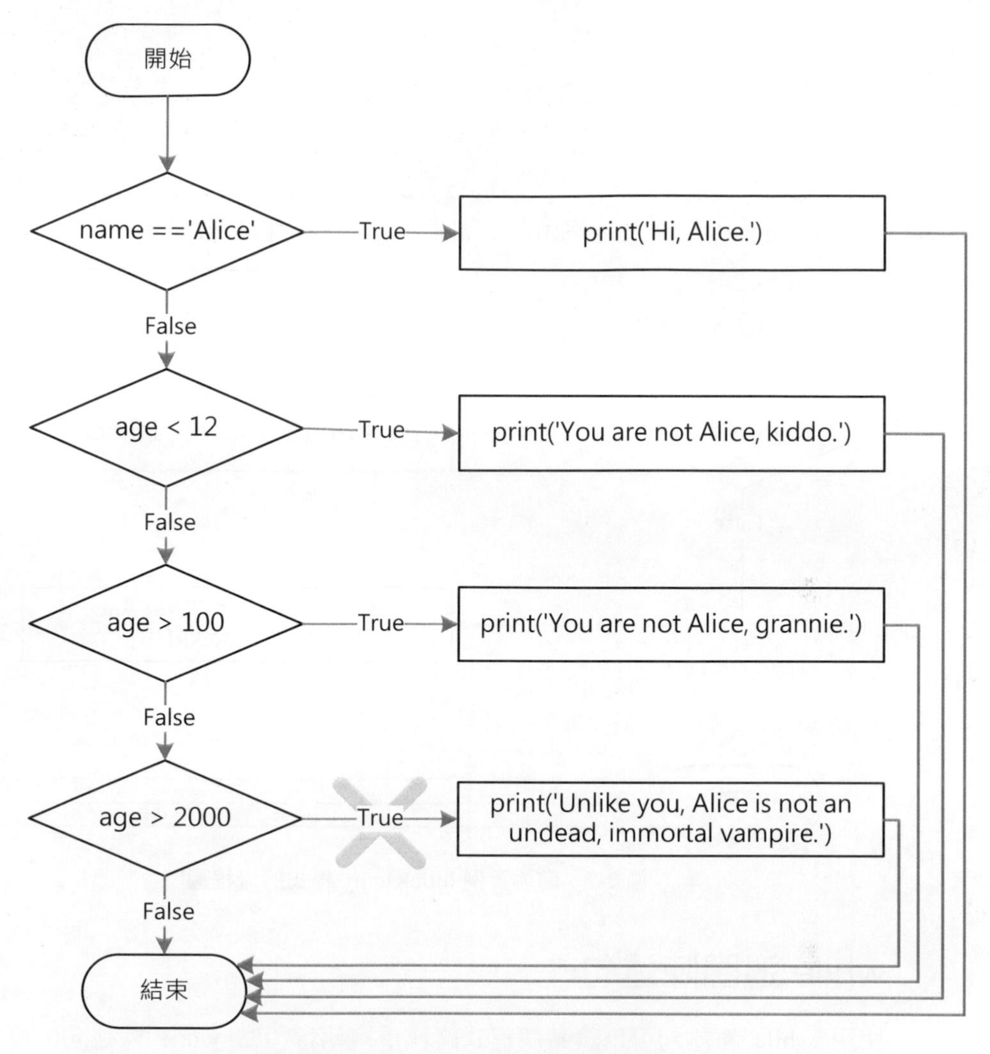

圖 2-6　vampire2.py 的流程圖。圖中打 X 的路徑在邏輯上永遠不會發生，因為如果 age 大於 2000 也一定大於 100

以白話來說，這類型的流程控制結構會使得：「如果第一個條件為 True，執行這個。否則，如果第二個條件為 True，執行那個。要不然執行另外的東西。」如果同時使用這三個陳述句，請記住順序規則以避免圖 2-6 所呈現的錯誤。首先，請記住通常只會有一組 if 陳述句，所有 elif 陳述句都要跟在 if 陳述句之後；其次，如果要確保至少有一組子句會執行，可在最後加上 else 陳述句。

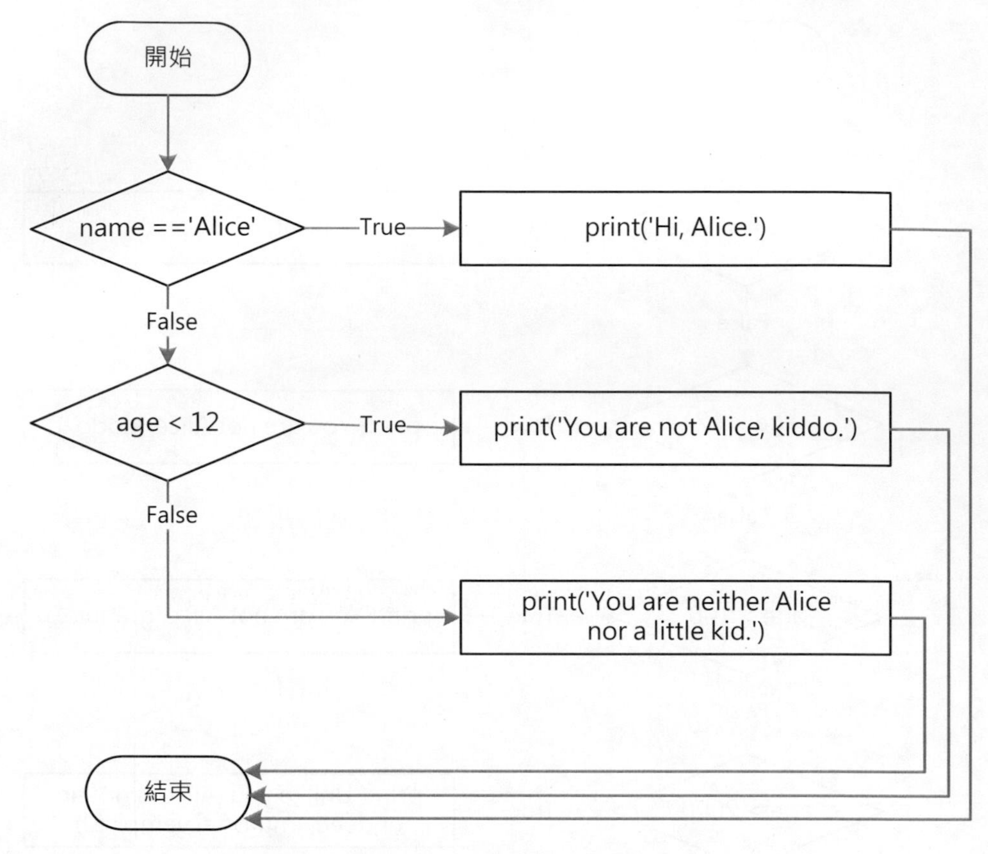

圖 2-7　前述實例 littleKid.py 程式的流程圖

while 迴圈陳述句

使用 while 陳述句可以讓某個程式區塊重複執行。當 while 陳述句的條件為 True，while 子句中的程式碼就會執行。在程式碼中，while 陳述句通常包含以下內容：

- while 這個關鍵字。
- 條件（也就是要求值為 True 或 False 的表示式）
- 冒號。
- 在其下一行開始縮排的程式區塊（也稱為 while 子句）。

讀者可能已發現 while 和 if 陳述句很類似，不同的地方是它們的動作。if 結束時程式會繼續執行 if 之後的陳述句，但 while 子句結束時，程式則跳回到 while

開始之處。while 子句常被稱之為「while 迴圈（while loop）」，或簡稱為「迴圈（loop）」。

接著以實例來探討一下 if 陳述句和 while 迴圈。它們使用同樣的條件，並在符合該條件時執行其子句，以下是 if 的程式碼範例：

```
spam = 0
if spam < 5:
    print('Hello, world.')
    spam = spam + 1
```

下面則是 while 的程式碼範例：

```
spam = 0
while spam < 5:
    print('Hello, world.')
    spam = spam + 1
```

以上兩個例子很類似，if 和 while 都檢查 spam 的值，如果小於 5 時執行其下的二行指令。如果真的執行這兩個範例，其結果非常不同。if 陳述句會輸出「Hello, world.」，而 while 則輸出「Hello, world.」5 次！研究一下圖 2-8 和 2-9 所示的這兩段程式的流程圖，就能找到其原因。

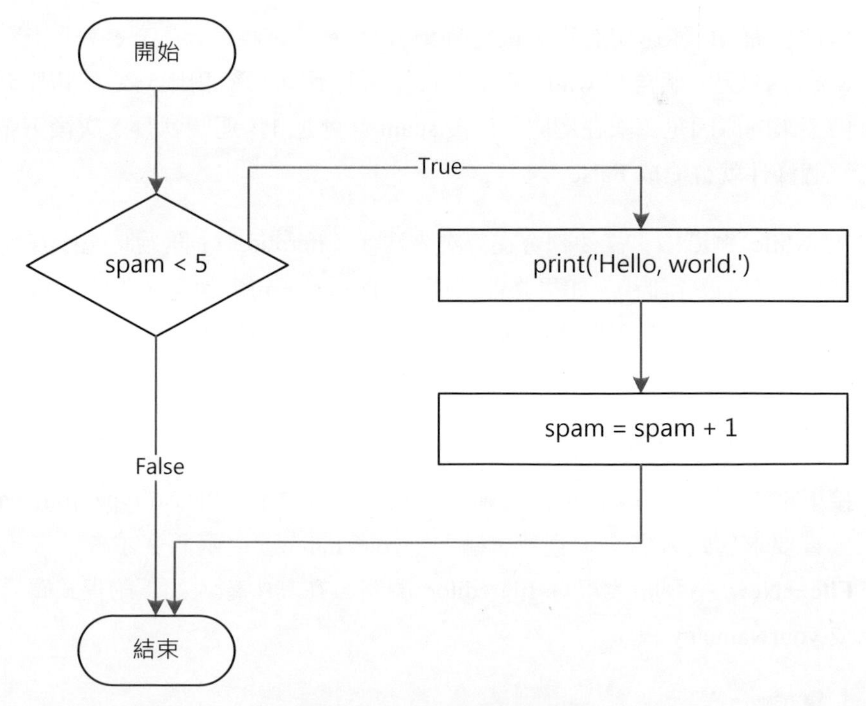

圖 2-8　if 程式的流程圖

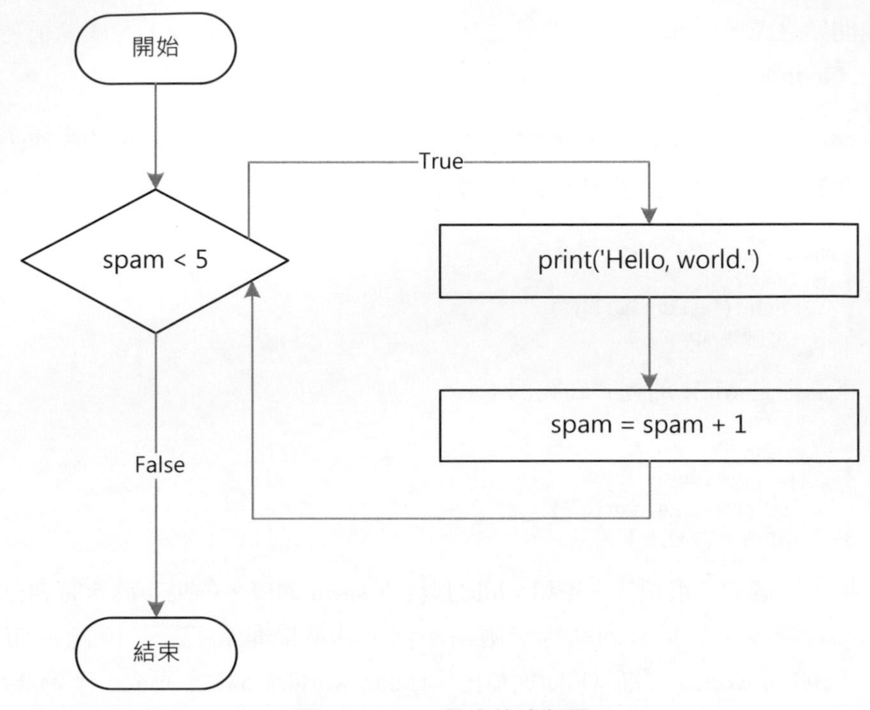

圖 2-9　while 程式的流程圖

這個含有 if 陳述句的程式碼會判斷條件，只有條件為 True 會印出「Hello, world.」。另一個含有 while 陳述句的程式則不同，會印出 5 次。印出 5 次後會停下來的原因是每次在迴圈印出後 spam 都會加 1，迴圈執行 5 次後，spam < 5 這個條件就會變成 False。

在 while 迴圈中，條件總會在每次「迭代（iteration）」開始時先檢查判別（也就是每次迴圈行時）。如果條件判別為 True，子句會執行，然後再檢查判別條件。當條件第一次判別為 False 時，while 子句就會被跳過。

煩人的 while 迴圈

接下來用一個實例來說明，此範例在執行後會顯示「Please type your name.」，一直要求您輸入名字，直到您輸入「your name」這兩個字才會結束。請選取 **File→New** 指令開啟新的 file editor 視窗，在其中輸入如下的程式碼，並儲存成 yourName.py 檔：

```
❶ name = ''
❷ while name != 'your name':
```

```
        print('Please type your name.')
    ❸ name = input()
❹ print('Thank you!')
```

您可以連到 https://autbor.com/yourname/ 觀察這支程式的執行過程。首先，程式將變數 name 指定一個空字串來初始化❶，這樣在條件 name != 'your name' 的判別檢查時會是 True，程式就會進入 while 迴圈的子句❷。

while 子句中的程式碼會顯示 Please type your name.，要求輸入使用者的名字，並指定給 name 變數❸。因為這是 while 子句程式區塊的最後一行程式，因此會回到 while 的開始處重新判別檢查條件，如果 name 中的值「不等於」字串 your name，那麼條件又會是 True，再次進入 while 子句程式區塊中執行。

如果使用者輸入「your name」，while 迴圈的條件就變成 'your name' != 'your name'，判別檢查結果為 False。條件為 False 時程式就會跳過 while 子句，繼續執行其後的部分❹。圖 2-10 為這個範例程式 yourName.py 的流程圖。

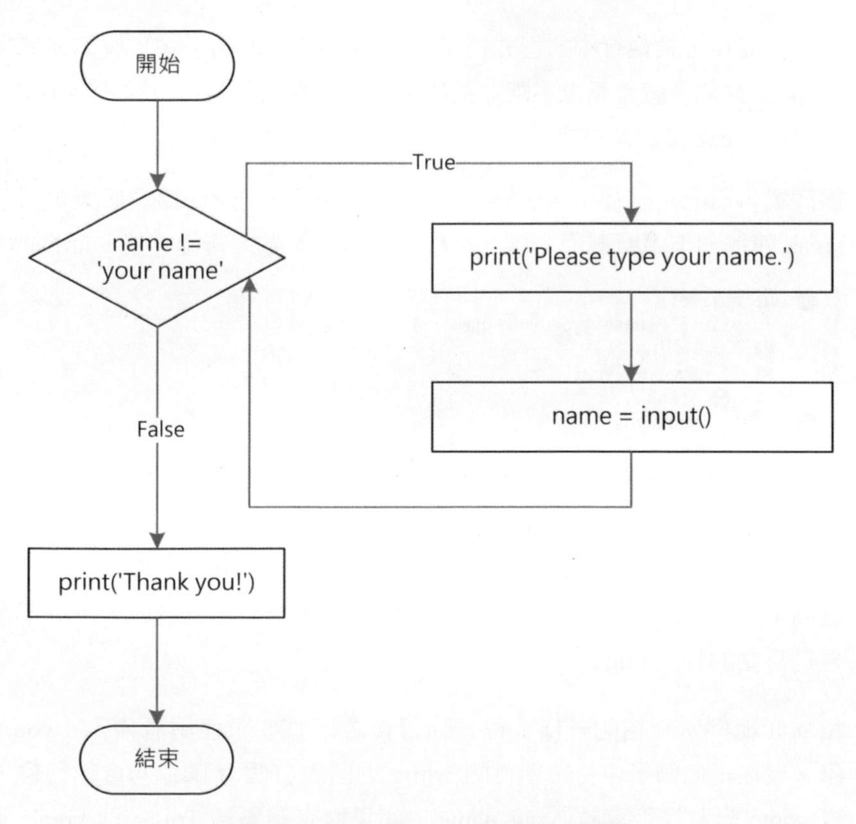

圖 2-10　yourName.py 程式的流程圖

接下來看看執行 yourName.py 程式執行的結果，按 **F5** 鍵執行，輸入幾次 your name 以外的字串，如下所示，最後再輸入程式想要的：

```
Please type your name.
Al
Please type your name.
Albert
Please type your name.
%#@#%*(^&!!!
Please type your name.
your name
Thank you!
```

如果一直都不輸入 your name 這個字串，那麼迴圈的條件永遠都是 True，程式會一定執行永遠問下去。這個例子是呼叫 input() 讓使用者輸入字串以判別檢查條件，但也有些程式例子中，其條件設定為永遠不會變化，這樣在執行後就有可能出問題。接下來讓我們看看如何中斷（break）while 迴圈。

break 陳述句

有一條捷徑可讓執行中的程式提早跳出 while 迴圈的子句。假如在執行時遇到 break 陳述句，就會馬上中斷並跳出 while 迴圈的子句。在程式碼中 break 陳述句只有 break 這個關鍵字。

很簡單，對吧？這裡舉一個範例程式，和前面單元所介紹的功能相同，但用了 break 陳述句來中斷迴圈，以下是程式碼實例，輸入後儲存成 yourName2.py：

```
❶ while True:
      print('Please type your name.')
    ❷ name = input()
    ❸ if name == 'your name':
        ❹ break
❺ print('Thank you!')
```

您可以連到 https://autbor.com/yourname2/ 觀察這支程式的執行過程。第一行的程式❶製造了一個無窮迴圈（infinite loop），這是個條件一直為 True 的 while 迴圈（以 True 當條件的表示式，所以求值結果也是 True）。程式一執行就會進入迴圈中，只有遇到 break 陳述句時才會跳出（無窮迴圈造成「永遠不會」跳出算是常見的程式 bug）。

和前面範例所介紹的一樣，程式執行後會一直要求使用者輸入「your name」❷。現在這個例子中持續執行的 while 迴圈內有個 if 陳述句會執行❸，判斷檢查 name 變數是否等於 'your name'，如果檢查結果為 True，則 break 陳述句會執行❹，因此跳出 while 迴圈，然後執行 print('Thank you!') ❺。如果 if 條件檢查結果不是 True，if 下含有 break 的子句就會跳過，又回到 while 迴圈中，從 while 尾端循環回到陳述句的開始❶。因為 while 條件都是 True，所以又進入迴圈內，再次要求使用者輸入 your name。這個範例程式的流程如圖 2-11 所示。

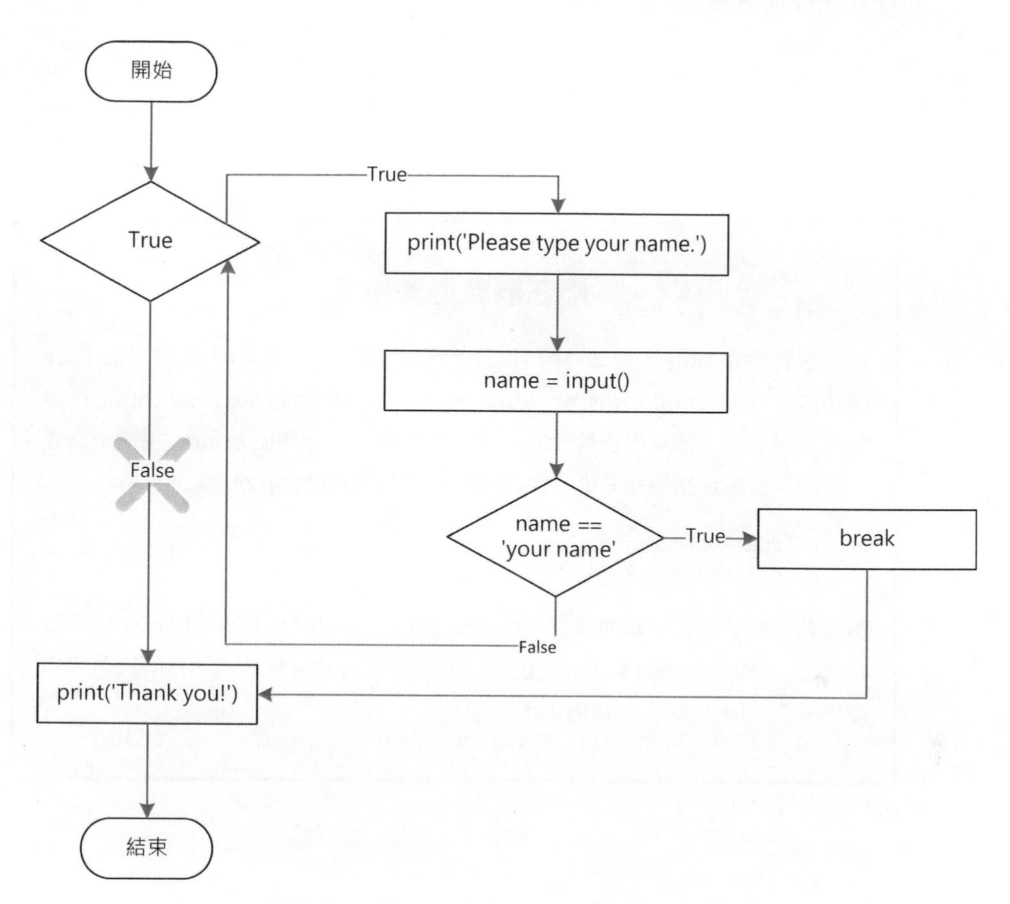

圖 2-11　內有無窮迴圈的流程圖，請留意打 X 路徑在邏輯上永遠不會執行，因為迴圈條件為 True

執行 yourName2.py，使用和前面單元執行 yourName.py 程式一樣內容來輸入測試，執行結果應該和前面範例的反應是一樣的。

continue 陳述句

continue 陳述句和 break 陳述句一樣，都是用在迴圈的內部。如果程式執行時遇到 continue 陳述句時，就會馬上跳回到迴圈的開始處，重新檢查迴圈條件（這和程式執行到迴圈尾端再跳回到開始處是一樣）。

接著使用 continue 編寫一個範例程式，要求輸入名字和密碼。請開啟新的 file editor 視窗，在其中輸入如下的程式碼，並將其儲存成 swordfish.py 檔。

陷在無窮迴圈中？

如果在執行有 bug 的程式，因而陷入無窮迴圈時，可按 Ctrl-C 鍵或從 IDLE 的功能表選取 **Shell→Restart Shell** 指令，這樣會傳送 KeyboardInterrupt 錯誤到程式中，即可中止程式的執行。請試一下，在 file editor 視窗中建立一個簡單的無窮迴圈程式碼，並將它儲存成 infiniteloop.py 檔。

```
while True:
    print('Hello world!')
```

假如執行這個執行，畫面就會一直印出 Hello world!，因為 while 條件一直是 True。如果我們想要馬上停止執行中的程式，就算該程式不是陷入無窮迴圈中，按 Ctrl-C 鍵也一樣能中止執行。

```
while True:
    print('Who are you?')
    name = input()
 ❶ if name != 'Joe':
      ❷ continue
    print('Hello, Joe. What is the password? (It is a fish.)')
 ❸ password = input()
    if password == 'swordfish':
      ❹ break
❺ print('Access granted.')
```

如果使用者輸入的名字不是 Joe ❶，continue 陳述句❷會將執行跳回到 while 迴圈開始處，再次對條件判別，因為是 True，所以又進入迴圈中，一旦執行通過 if 條件，會要求使用者輸入密碼❸。如果輸入的密碼是 swordfish，就會執行 break 陳述句❹以跳出 while 迴圈，然後印出「Access granted.」❺。如果密碼

輸入不是 swordfish，就繼續執行到 while 尾端再跳回到迴圈開始處。這個範例程式的流程圖如圖 2-12 所示。

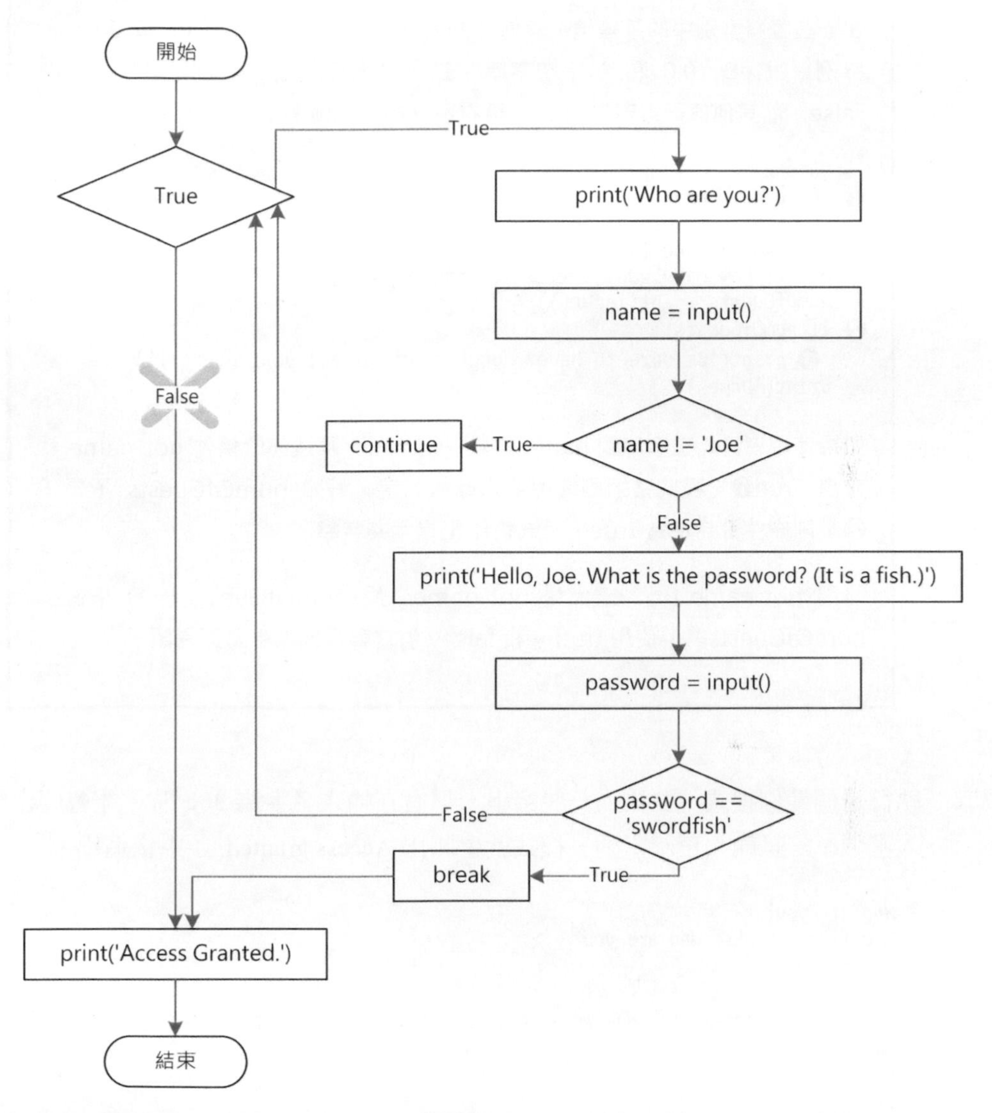

圖 2-12　swordfish.py 程式的流程圖。打 X 的路徑在邏輯上永遠不會執行，因為迴圈條件是 True

真值（TRUTHY）和假值（FALSEY）

在一些資料型別中的某些值，其條件判別檢查時會被認定為 True 或 False。舉例來說，0、0.0 和 ''（空字串）在用於條件判別檢查時，會被判定為 False，而其他值則認定為 True。請看下列的程式範例：

```
   name = ''
❶ while not name:
       print('Enter your name:')
       name = input()
   print('How many guests will you have?')
   numOfGuests = int(input())
❷ if numOfGuests:
    ❸ print('Be sure to have enough room for all your guests.')
   print('Done')
```

如果使用者輸入空字串到 name 變數，則 while 陳述句的條件 not name 就會是 True❶，程式會迴圈繼續要求輸入名字。假如 numOfGuests 不是 0 ❷，則條件會判定為 True，程式會印出提示文字❸。

可用 not name != '' 來代替 not name，用 numOfGuests != 0 來替換 numOfGuests，但使用 truthy 和 falsey 值會讓程式碼更簡潔易讀。

執行這個範例程式，並輸入一些字串，只有在輸入名字為 Joe 時，才會要求輸入密碼，一旦輸入正確密碼，程式就會印出 Access granted. 並中止退出。

```
Who are you?
I'm fine, thanks. Who are you?
Who are you?
Joe
Hello, Joe. What is the password? (It is a fish.)
Mary
Who are you?
Joe
Hello, Joe. What is the password? (It is a fish.)
swordfish
Access granted.
```

您可以連到 https://autbor.com/hellojoe/ 觀察這支程式的執行過程。

for 迴圈與 range() 函式

while 陳述句在條件為 True 時就會一直繼續迴圈。若想要讓某段程式碼區塊重複執行固定次數，那要怎麼處理呢？好好利用 for 迴圈與 range() 函式就能做到這個要求。

在程式碼中，for 陳述句看起來像 for i in range(5) 這樣，需要包含以下內容：

- for 這個關鍵字。
- 一個變數。
- in 這個關鍵字。
- 呼叫 range() 方法，最多傳入 3 個參數。
- 冒號。
- 在其下一行開始縮排的程式區塊（也稱為 for 子句）。

如下建立一個新的範例程式檔，取名為 fiveTimes.py，探討一下 for 迴圈的運作方式。

```
print('My name is')
for i in range(5):
    print('Jimmy Five Times (' + str(i) + ')')
```

您可以連到 https://autbor.com/fivetimesfor/ 觀察這支程式的執行過程。for 迴圈子句中的程式碼執行了 5 次。第一次執行時，i 變數設為 0。子句中的 print() 印出 Jimmy Five Times (0)。Python 執行完 for 子句內所有程式碼的一次迭代後，又回到迴圈的頂端，for 陳述句的變數 i 會加 1。迴圈讓 i 分別設為 0、1、2、3、4，range(5) 會讓子句執行 5 次迭代。變數 i 會逐次由 0 開始遞增加 1，遞增次數是 range() 函式內的整數大小。圖 2-13 為 fiveTimes.py 的流程圖。

執行這個程式後，會進入 for 迴圈在畫面上印出 5 次 Jimmy Five Times 和 i 的值才結束。

```
My name is
Jimmy Five Times (0)
Jimmy Five Times (1)
Jimmy Five Times (2)
Jimmy Five Times (3)
Jimmy Five Times (4)
```

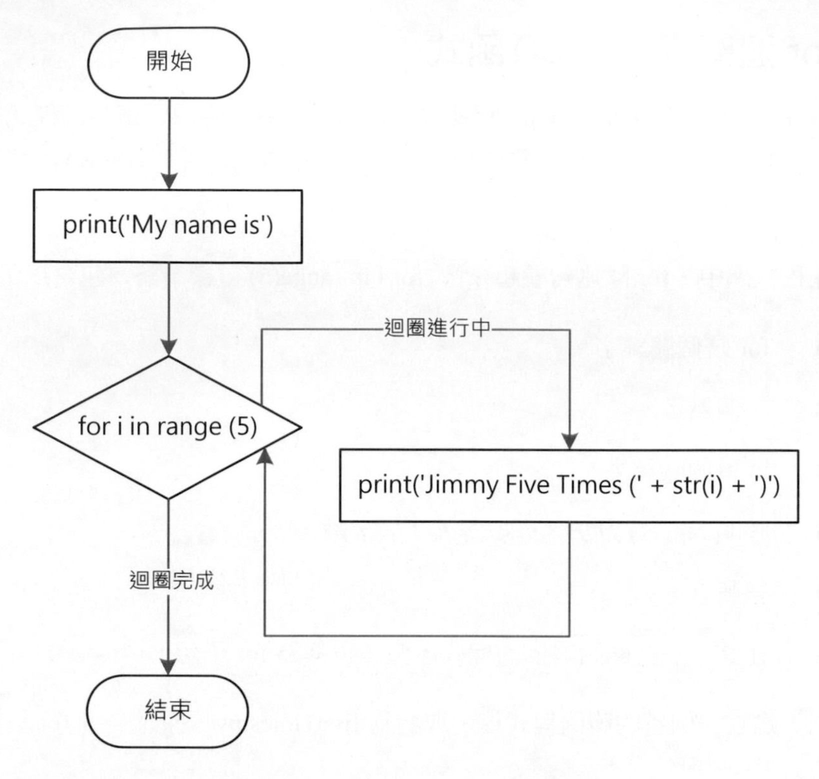

圖 2-13　fiveTimes.py 的流程圖

> **NOTE**
> 使用者也可在 for 迴圈中使用 continue 和 break 陳述句。Continue 陳述句會跳到 for 迴圈計數的下個值，就像程式執行到 for 迴圈尾端再回到開始處跳到下個值的動作一樣。實際上，continue 和 break 只能用在 while 和 for 迴圈，如果用在別的地方，Python 會回報錯誤。

接著以數學家高斯的故事作為另一個 for 實例來說明。在高斯小時候，老師出了一個要花很多時間的作業給全班同學解答，老師要同學們從 0 加到 100，但高斯想到了一個聰明的解法，在幾秒鐘就算出答案了。我們可試著用 for 迴圈來編寫一支 Python 程式來完成這個計算。

```
❶ total = 0
❷ for num in range(101):
    ❸ total = total + num
❹ print(total)
```

結果是 5,050。程式開始時將 total 變數初始化為 0 ❶，然後 for 迴圈❷執行 100 次 total = total + num ❸ 的計算，當迴圈完成 100 次迭代計算，0 到 100 每個整

數都加到 total 變數中，此時 total 就印在螢幕上❹。就算最慢的電腦，執行這支程式也不用 1 秒鐘就能完成。

（小高斯發現的聰明解法是分成 50 對相加為 101 的數字：1+100, 2+99, 3+98, 4+97, …, 50+51。所以等於 50 x 101，也就是 5050。所以這題將整數從 0 加到 100 的結果就是 5050，真是聰明的小孩！）

相同作用的 while 迴圈

實際上可用 while 迴圈作出和 for 迴圈相同的效果，但用 for 會較為簡潔。以下是用 while 迴圈重新編寫 fiveTimes.py 的程式範例：

```
print('My name is')
i = 0
while i < 5:
    print('Jimmy Five Times (' + str(i) + ')')
    i = i + 1
```

您可以連到 https://autbor.com/fivetimeswhile/ 觀察這支程式的執行過程。執行此程式的結果會和使用 for 迴圈的 fiveTimes.py 程式一樣。

放入 range() 函式的起始、停止和步進引數

有些函式可用多個引數（引數用逗號分開）來呼叫，range() 就是其中之。這些引數可改變 range() 的起始和停止整數值，讓迴圈的變數從 0 以外的值起始。

```
for i in range(12, 16):
    print(i)
```

第一個引數是 for 迴圈的變數起始值，第二個是停止的上限值（但小於它）。上述程式執行結果為：

```
12
13
14
15
```

range() 函式也可有第三個引數，前兩個分別是起始和停止值，第三個則是「步進」值。步進是指每次迴圈迭代時變數遞增的值。

```
for i in range(0, 10, 2):
    print(i)
```

以 range(0, 10, 2) 來呼叫執行，結果會變成從 0 數到 8，每次迴圈迭代變數是要加 2。

```
0
2
4
6
8
```

range() 函式在為 for 迴圈產生序列數值上是很有彈性的，舉例來說，還可用負數當作步進引數值，讓迴圈計數變成遞減，而不是遞增。

```
for i in range(5, -1, -1):
    print(i)
```

這個 for 迴圈執行的結果如下：

```
5
4
3
2
1
0
```

以 range(5, -1, -1) 來執行這個 for 迴圈，結果會印出從 5 遞減至 0。

匯入模組

所有的 Python 程式都可呼叫一組稱為「內建函式」的基本函式來使用，包括之前已介紹過的 print()、input() 和 len() 函式。Python 也有一組稱為「標準程式庫」的模組可取用。每個模組都有相關的函式可讓我們嵌入程式中使用，舉例來說，math 模組有很多數學運算相關的函式、random 模組則有隨機數相關的函式…等等。

在開始取用某個模組中的函式之前，必需要用 import 陳述句將讓模組匯入。在程式碼中，import 陳述句要包含以下的內容：

- import 這個關鍵字。
- 模組的名稱。
- 這項內容為選擇性可有可無，如果要匯入的是有多個模組，模組可用逗號分開寫入。

在匯入模組之後，程式中就可取用該模組內的所有函式。接下來以 random 模組為例，取用 random.ranint() 函式。

在 file editor 視窗中輸入以下程式碼，並儲存成 printRandom.py：

```
import random
for i in range(5):
    print(random.randint(1, 10))
```

執行此程式後，畫面上會出現類似如下的結果：

```
4
1
8
4
1
```

不要覆寫蓋過模組名稱

當您在為 Python 程式存檔時，所取的檔案名字最好不要用到 Python 模組相同的名字，例如 random.py、sys.py、os.py，或 math.py 等。如果不小心用了相同的名字，例如用了 random.py 這個名字，那麼在別的程式使用 import random 陳述句時，所匯入的就變成是您寫的 random.py 而不 Python 的 random 模組。這樣就會引發錯誤 AttributeError: module 'random' has no attribute 'randint'，因為您的 random.py 並沒有像真正的 random 模組有提供相關的函式。此外，也不要使用任何 Python 內建函式的名字，例如 print() 或 input() 之類的名字。

這樣的問題雖不常見，但碰到時還真不好解。當您程式設計經驗愈來愈多後，您會認識更多 Python 的模組和函式標準名稱，上述取錯檔案名稱的問題應該就會愈來愈少了。

您可以連到 https://autbor.com/printrandom/ 觀察這支程式的執行過程。random.randint() 函式的功用是隨機求取傳給它的兩個整數之間的一個整數值。因為 randint() 屬於 random 模組，所以必需要在函式名稱前加上 **random.**，告訴 Python 這個函式是在 random 模組之中，可從這裡取用。

下面是 import 陳述句的實例，一次匯入 4 個不同的模組：

```
import random, sys, os, math
```

匯入後我們就可取用這 4 個模組中的所有函式了。將來在本書後面會介紹這些函式的相關內容。

from import 陳述句

還有另一個 import 陳述句的寫法，就是 from 關鍵字之後寫入模組名稱，再加 import 關鍵字和 * 號，例如：from random import *。

使用這種形式的寫法，在匯入後，在程式內呼叫 random 模組中的函式時，不用再加上 random. 當作前置開頭。不過，為了讓程式碼更有可讀性，使用完整的名稱會更好，因此用前述所介紹的普通 import 形式即可。

使用 sys.exit() 提前結束程式的執行

這裡要介紹的最後一個流程控制概念是如何終止程式的執行。一般來說，程式要循序執行到底端才會結束終止，但利用 sys.exit() 函式可讓程式提前終止結束。因為 exit() 函式在 sys 模組中，所以要先匯入 sys 才能取用。

請開啟新的 file editor 視窗，輸入如下程式碼，並儲存成 exitExample.py：

```
import sys

while True:
    print('Type exit to exit.')
    response = input()
    if response == 'exit':
        sys.exit()
    print('You typed ' + response + '.')
```

請在 IDLE 中執行這個程式，此程式有一個無窮迴圈，裡面也沒有 break 陳述句，終止結束這個程式的唯一方法是輸入 exit，讓程式呼叫 sys.exit() 函式。如果 response 變數等於 exit，程式就會結束。由於 response 變數是由 input() 函式取值，所以使用者必需輸入 exit，才符合條件執行 sys.exit() 來結束程式。

一個小型程式實例：猜數字遊戲

之前介紹的程式實例對說明基本概念很有用，現在要把所學的整合在一起，用一個更完整的程式來展現。在本小節中，將會介紹一個簡單的小型猜數字遊戲程式。執行時輸出的樣子如下：

```
I am thinking of a number between 1 and 20.
Take a guess.
10
Your guess is too low.
Take a guess.
15
Your guess is too low.
Take a guess.
17
Your guess is too high.
Take a guess.
16
Good job! You guessed my number in 4 guesses!
```

請開啟新的 file editor 視窗，在其中輸入如下的程式碼，並把它儲存成為 guessTheNumber.py 檔：

```
# This is a guess the number game.
import random
secretNumber = random.randint(1, 20)
print('I am thinking of a number between 1 and 20.')

# Ask the player to guess 6 times.
for guessesTaken in range(1, 7):
    print('Take a guess.')
    guess = int(input())

    if guess < secretNumber:
        print('Your guess is too low.')
    elif guess > secretNumber:
        print('Your guess is too high.')
    else:
        break    # This condition is the correct guess!

if guess == secretNumber:
    print('Good job! You guessed my number in ' + str(guessesTaken) + ' guesses!')
else:
    print('Nope. The number I was thinking of was ' + str(secretNumber))
```

您可以連到 https://autbor.com/guessthenumber/ 觀察這支程式的執行過程。接下來從頭開始一行一行探討這段程式碼範例。

```
# This is a guess the number game.
import random
secretNumber = random.randint(1, 20)
```

開頭首行是一行注釋，說明這個程式是什麼，然後就匯入 random 模組，以便使用 random.randint() 函式隨機取得一個整數讓使用者猜。返回值是 1~20 之間的隨機整數，並存放在 secretNumber 變數中。

```
print('I am thinking of a number between 1 and 20.')

# Ask the player to guess 6 times.
for guessesTaken in range(1, 7):
    print('Take a guess.')
    guess = int(input())
```

印出文字告訴玩家已有一個要猜的數字，並給玩家 6 次猜數字的機會。for 迴圈最多會有 6 次重複，其中程式碼會讓玩家輸入猜測數字，再檢測是否符合。迴圈內先印出 Take a guess 文字後，接著等玩家輸入猜測的數字，由於 input() 函數返回的值是字串型別，所要用 int() 函式把它轉換成整數值，然後存放到 guess 變數內。

```
    if guess < secretNumber:
        print('Your guess is too low.')
    elif guess > secretNumber:
        print('Your guess is too high.')
```

上述幾行程式碼是用來檢查輸入猜測數字 guess 是大於或小於要猜測數字 secretNumber，不論是哪一行狀況都會在螢幕上印出對應的文字。

```
    else:
        break    # This condition is the correct guess!
```

如果輸入猜測數字 guess 並沒有大於或小於要猜測數字 secretNumber，那就是等於（也就是猜對）的意思，這時就中斷跳出 for 迴圈。

```
if guess == secretNumber:
    print('Good job! You guessed my number in ' + str(guessesTaken) + ' guesses!')
else:
    print('Nope. The number I was thinking of was ' + str(secretNumber))
```

在 for 迴圈的後面加入另一個 if…else 陳述句，用來檢查玩家輸入猜測數字 guess 是不是等於猜測數字 secretNumber，並將檢查的結果印在畫面上。這兩種情況都會印出含有整數值的變數（guessTaken 和 secretNumber）。若要在 print() 函式中要將文字字串和整數值連在一起印出，就先要用 str() 函式將整數值轉換成字串型別，在都是字串的情況下可用 + 運算子連接在一起，透過 print() 函式印出。

一個小型程式實例：剪刀、石頭、布

現在就用前面所學到的程式設計概念來建置一個簡單的小型程式，剪刀、石頭、布遊戲，此程式執行的結果會像下列這般：

```
ROCK, PAPER, SCISSORS
0 Wins, 0 Losses, 0 Ties
Enter your move: (r)ock (p)aper (s)cissors or (q)uit
p
PAPER versus...
PAPER
It is a tie!
0 Wins, 1 Losses, 1 Ties
Enter your move: (r)ock (p)aper (s)cissors or (q)uit
s
SCISSORS versus...
PAPER
You win!
1 Wins, 1 Losses, 1 Ties
Enter your move: (r)ock (p)aper (s)cissors or (q)uit
q
```

請開啟新的 file editor 視窗，在其中輸入如下的程式碼，並把它儲存成為 guess rpsGame.py 檔：

```
import random, sys

print('ROCK, PAPER, SCISSORS')

# These variables keep track of the number of wins, losses, and ties.
wins = 0
losses = 0
ties = 0

while True: # The main game loop.
    print(wins, 'Wins,', losses, 'Losses,', ties, 'Ties')
    while True: # The player input loop.
        print('Enter your move: (r)ock (p)aper (s)cissors or (q)uit')
        playerMove = input()
        if playerMove == 'q':
            sys.exit() # Quit the program.
        if playerMove == 'r' or playerMove == 'p' or playerMove == 's':
            break # Break out of the player input loop.
        print('Type one of r, p, s, or q.')

    # Display what the player chose:
    if playerMove == 'r':
        print('ROCK versus...')
    elif playerMove == 'p':
        print('PAPER versus...')
    elif playerMove == 's':
```

```
        print('SCISSORS versus...')

    # Display what the computer chose:
    randomNumber = random.randint(1, 3)
    if randomNumber == 1:
        computerMove = 'r'
        print('ROCK')
    elif randomNumber == 2:
        computerMove = 'p'
        print('PAPER')
    elif randomNumber == 3:
        computerMove = 's'
        print('SCISSORS')

    # Display and record the win/loss/tie:
    if playerMove == computerMove:
        print('It is a tie!')
        ties = ties + 1
    elif playerMove == 'r' and computerMove == 's':
        print('You win!')
        wins = wins + 1
    elif playerMove == 'p' and computerMove == 'r':
        print('You win!')
        wins = wins + 1
    elif playerMove == 's' and computerMove == 'p':
        print('You win!')
        wins = wins + 1
    elif playerMove == 'r' and computerMove == 'p':
        print('You lose!')
        losses = losses + 1
    elif playerMove == 'p' and computerMove == 's':
        print('You lose!')
        losses = losses + 1
    elif playerMove == 's' and computerMove == 'r':
        print('You lose!')
        losses = losses + 1
```

接著讓我們一行一行來了解這個範例程式，首先從最頂端開始：

```
import random, sys

print('ROCK, PAPER, SCISSORS')

# These variables keep track of the number of wins, losses, and ties.
wins = 0
losses = 0
ties = 0
```

一開始先匯入 random 和 sys 模組，讓程式可以呼叫 random.randint() 和 sys.exit() 函式。這裡也設定了三個變數來追蹤玩家的輸、贏和平手次數。

```
while True: # The main game loop.
    print(wins, 'Wins,', losses, 'Losses,', ties, 'Ties')
```

```
while True: # The player input loop.
    print('Enter your move: (r)ock (p)aper (s)cissors or (q)uit')
    playerMove = input()
    if playerMove == 'q':
        sys.exit() # Quit the program.
    if playerMove == 'r' or playerMove == 'p' or playerMove == 's':
        break # Break out of the player input loop.
    print('Type one of r, p, s, or q.')
```

這裡的 while 迴圈裡面還有一個 while 迴圈，第一層的迴圈是遊戲的主迴圈，而在此迴圈為每次迭代玩家玩一次剪刀、石頭、布的過程。第二層迴圈會要求玩家輸入猜拳動作，這裡會一直持續直到玩家輸入 r、p，s 或 q 其中一個作為遊戲的猜拳動作。r、p 和 s 分別對應於石頭、布和剪刀，而 q 則表示玩家要退出遊戲。在選 q 的情況下會呼叫 sys.exit() 並退出程式。如果玩家輸入了 r、p 或 s，則會跳出迴圈。如果輸入別的，程式會提醒玩家輸入 r、p、s 或 q，然後返回迴圈的起點。

```
# Display what the player chose:
if playerMove == 'r':
    print('ROCK versus...')
elif playerMove == 'p':
    print('PAPER versus...')
elif playerMove == 's':
    print('SCISSORS versus...')
```

玩家所輸入的猜拳動作會顯示在畫面上。

```
# Display what the computer chose:
randomNumber = random.randint(1, 3)
if randomNumber == 1:
    computerMove = 'r'
    print('ROCK')
elif randomNumber == 2:
    computerMove = 'p'
    print('PAPER')
elif randomNumber == 3:
    computerMove = 's'
    print('SCISSORS')
```

接下來是讓電腦隨機進行一次猜拳動作。由於 random.randint() 只能返回隨機整數，因此返回的 1、2 或 3 整數值會存放在名為 randomNumber 的變數內。這裡的程式會依據 randomNumber 中的整數值，把對應的'r'、'p'或's'字串指定到 computerMove 變數中，並顯示電腦的猜拳動作。

```
# Display and record the win/loss/tie:
if playerMove == computerMove:
    print('It is a tie!')
```

```
        ties = ties + 1
    elif playerMove == 'r' and computerMove == 's':
        print('You win!')
        wins = wins + 1
    elif playerMove == 'p' and computerMove == 'r':
        print('You win!')
        wins = wins + 1
    elif playerMove == 's' and computerMove == 'p':
        print('You win!')
        wins = wins + 1
    elif playerMove == 'r' and computerMove == 'p':
        print('You lose!')
        losses = losses + 1
    elif playerMove == 'p' and computerMove == 's':
        print('You lose!')
        losses = losses + 1
    elif playerMove == 's' and computerMove == 'r':
        print('You lose!')
        losses = losses + 1
```

最後程式會比對 playerMove 和 computerMove 中的字串，並把結果顯示在畫面上，並對 wins、losses 或 ties 變數進行遞增加 1 的處理。一旦執行結束，就會跳回到主迴圈的開頭，進行下一輪的猜拳遊戲。

總結

利用表示式（也稱為條件）來運算求值為 True 或 False，就可編寫依條件執行某些程式區塊、或跳過某些部分的程式碼。只要某個條件值為 True，就可在迴圈中一次又一次迭代執行某段程式碼。如果想要跳出迴圈或回到迴圈開始處，可用 break 或 continue 陳述句。

善用本章所介紹的流程控制陳述句能讓我們寫出取有智慧判斷的程式。下一章的主題則將介紹另一種流程控制語法，可透過編寫自己的函式來實現。

習題

1. 布林資料型別的兩個值是什麼？如何拼寫？

2. 三個布林運算子分別是什麼？

3. 請寫出每個布林運算子的真值表。

4. 以下表示式運算求取的結果為何？

```
(5 > 4) and (3 == 5)
not (5 > 4)
(5 > 4) or (3 == 5)
not ((5 > 4) or (3 == 5))
(True and True) and (True == False)
(not False) or (not True)
```

5. 有那六個比較運算子？

6. 等於運算子和指定運算子有何不同？

7. 請解釋什麼是條件，可在哪裡使用條件？

8. 請找到下列這段程式碼中的三個區塊：

```
spam = 0
if spam == 10:
    print('eggs')
    if spam > 5:
        print('bacon')
    else:
        print('ham')
    print('spam')
print('spam')
```

9. 請寫出程式碼，如果變數 spam 為 1 則印出 Hello，如果變數為 2 則印出 Howdy，如果變數為其他值，則印出 Greetings!。

10. 如果程式陷入無窮迴圈中，想離開可按什麼組合鍵？

11. 請說明 break 和 continue 的不同之處。

12. 在 for 迴圈中，使用 range(10)、range(0,10) 和 range(0,10,1) 有什麼不同？

13. 請編寫一段程式碼，利用 for 迴圈印出 1 到 10 的整數數字。然後利用 while 迴圈語法寫一個相同作用的程式。

14. 如果名為 spam 的模組中有一個 bacon() 函式，那麼在匯入 spam 模組後，如何在程式中呼叫它來使用。

延伸題：請連上網路搜尋 round() 和 abs() 函式的作用及使用方法。並在互動式 Shell 中試用看看。

第 3 章
函式

從前述的章節中，我們已學習過 print()、input() 和 len() 函式。Python 本身提供了很多像這幾個一樣的內建函式，但我們也可以編寫自己的函式。「函式（function）」其實就像程式內的小小程式。

為了更容易理解函式的運作原理，我們就來新建一個函式。請在 file editor 視窗中輸入如下的程式碼，並儲存成 helloFunc.py 檔：

```
❶ def hello():
   ❷ print('Howdy!')
     print('Howdy!!!')
     print('Hello there.')
❸ hello()
  hello()
  hello()
```

您可以連到 https://autbor.com/hellofunc/ 觀察這隻程式的執行過程。這個例子的第一行是 def 陳述句❶，用來定義名為 hello() 的函式。def 陳述句之後的程式區塊是函式本體❷，這段程式碼在呼叫函式時才會執行，不是在函式第一次定義時執行。

函式之後的三行 hello() 陳述句是呼叫該函式❸，在程式碼內，函式的呼叫就是以函式名稱加上左右括號，如果設有引數則在括號中加入。當程式執行時碰到呼叫函式，就會跳到該函式內的第一行，開始執行該區塊的程式碼內容。當執行到函式尾端，則跳回呼叫函式的那一行，繼續向下執行程式碼。

由於這個例子中呼叫了 3 次 hello() 函式，所以函式中的程式碼就執行了 3 次，以下是執行這個程式的輸出結果：

```
Howdy!
Howdy!!!
Hello there.
Howdy!
Howdy!!!
Hello there.
Howdy!
Howdy!!!
Hello there.
```

函式的主要功用之一是把會重複多次取用的程式碼放在一起，方便日後呼叫使用。如果沒有定義函式，要輸出像前述實例的結果，可以要複製貼上像下面這樣的程式碼：

```
print('Howdy!')
print('Howdy!!!')
print('Hello there.')
print('Howdy!')
print('Howdy!!!')
print('Hello there.')
print('Howdy!')
print('Howdy!!!')
print('Hello there.')
```

一般來說，最好避免用這種複製程式碼的方式，如果一旦要更新程式碼時（例如，發現該段程式中有 bug 要修改更新），就必須記得那裡用了複製的程式碼，並逐一去修改。

隨著程式設計經驗的累積和增長，您常會發現自己都在進行所謂的「消除重複（deduplicating）」程式碼的作業，意思是說，去除程式中一些重複或以複製貼上方式寫入的程式碼。消除重複的程式碼會讓程式更簡短易讀，也更容易更新修改。

def 陳述句和參數

當我們在呼叫 print() 和 len() 函式時，會在括號中傳入一些值，這些值稱之為「引數（arguments）」。我們在編寫自己的函式時也可定義要接收的引數，請開啟 File editor 視窗，並輸入以下實例，並儲存成 helloFunc2.py：

```
❶ def hello(name):
    ❷ print('Hello ' + name)

❸ hello('Alice')
   hello('Bob')
```

執行這個程式後，其結果如下：

```
Hello Alice
Hello Bob
```

您可以連到 https://autbor.com/hellofunc2/ 觀察這隻程式的執行過程。在這個程式所定義的 hello() 函式中有個 name 的參數❶。而「參數（parameter）」是指存放著引數（argument）的變數。當函式帶著引數進行呼叫時，這些引數會存放到參數中。hello() 函式第一次被呼叫時，使用的引數是 'Alice' ❸。程式執行進入函式後，name 變數自動設為 'Alice'，這也就是由 print() 陳述句印到螢幕上的內容❷。

「參數（parameter）」有一項特別的事情要留意：存放在參數中的值在函式返回時就會丟掉。以前面的程式為例，如果在 hello('Bob') 之後再加上一行 print(name)，程式會回報 NameError 錯誤，因為已經沒有 name 這個變數。在呼叫 hello('Bob') 返回之後，變數就丟掉了，因此 print(name) 所引用的 name 變數並不存在。

這跟程式執行結束時，程式中的變數會丟掉是一樣的。在本章後面的內容介紹函式的區域作用範疇時，會說明與介紹其原由。

定義、呼叫、傳入、引數、參數

定義、呼叫、傳送、引數、參數等這幾個名詞術語很容會搞混，讓我們以下列這個程式範例來進行解釋：

```
❶ def sayHello(name):
       print('Hello, ' + name)
❷ sayHello('Al')
```

「定義」函式，指的是建立一個函式，就像 spam = 42 這個指定陳述句會建立 spam 變數，def 陳述句是用來定義 sayHello() 函式❶。在❷這裡的 sayHello('Al') 是「呼叫」剛建好的函式，並將執行轉送到函式程式碼的頂端。此函式呼叫也稱為把字串值 Al「傳送」給函式。在函式呼叫時，傳送給函式的值就是「引數」。引數 A1 指定到名為 name 的區域變數，而讓引數指定的那個變數就是「參數」。

這些名詞術語很容易混淆，但是確切了解其意義後，就能確保您真正掌握了本章的內容。

返回值和 return 陳述句

呼叫 len() 函式時，傳送像 'Hello' 這樣的引數，函式會求值結果為 5 這個整數，這是傳入字串 Hello 的長度（字元數）。一般來說，呼叫函式求值的結果，就稱之為函式的「返回值（return value）」。

利用 def 陳述句新建函式時，可以用 return 陳述句指定要返回什麼值。return 陳述句在程式碼中要含有以下內容：

- return 這個關鍵字。
- 函式要返回的值或表示式。

如果在 return 陳述句中用了表示式，返回值就是表示式運算求值的結果。舉例來說，下列的程式定義了一個函式，會根據傳入的數字引數來進行判斷，並返回不同的字串。請開啟新的 file editor 視窗，輸入以下程式碼並儲存成 magic8 Ball.py 檔：

```
❶ import random

❷ def getAnswer(answerNumber):
    ❸ if answerNumber == 1:
           return 'It is certain'
       elif answerNumber == 2:
           return 'It is decidedly so'
       elif answerNumber == 3:
           return 'Yes'
       elif answerNumber == 4:
           return 'Reply hazy try again'
       elif answerNumber == 5:
```

```
        return 'Ask again later'
    elif answerNumber == 6:
        return 'Concentrate and ask again'
    elif answerNumber == 7:
        return 'My reply is no'
    elif answerNumber == 8:
        return 'Outlook not so good'
    elif answerNumber == 9:
        return 'Very doubtful'

❹ r = random.randint(1, 9)
❺ fortune = getAnswer(r)
❻ print(fortune)
```

您可以連到 https://autbor.com/magic8ball/ 觀察這隻程式的執行過程。當程式啟動時，Python 會先匯入 random 模組❶，然後定義 getAnswer() 函式❷。因為函式是在定義（而不是被呼叫），執行會跳過其中的程式碼。接著是以 1 和 9 為引數來呼叫 random.randint() 函式❹，這樣會從 1 到 9 之間隨機取一個整數（包含 1 和 9），求取得的值會指定存放到 r 變數中。

接著是呼叫 getAnswer() 函式，並以 r 為引數傳入❺。程式執行進入到剛定義的 getAnswer() 函式最頂端❸，r 的值存放到 answerNumber 參數內，然後，依據 answerNumber 中的值來判斷，函式返回符合的字串。隨後程式執行返回到底部剛才呼叫 getAnswer() 函式的那一行❺，返回的字串會指定給 fortune 變數，然後到下一行，當作引數放入 print() 中❻，因此會印到螢幕上。

請留意，因為可以把返回值當作引數傳給另一個函式使用，所以可把下列三行程式碼：

```
r = random.randint(1, 9)
fortune = getAnswer(r)
print(fortune)
```

縮短成一行：

```
print(getAnswer(random.randint(1, 9)))
```

請記住，表示式是值和運算子的組合，函式的呼叫可用在表示式中，因為函式呼叫的結果就是個返回「值」。

None 值

在 Python 中有一個值叫作 None，是「沒有」、「空」值的意思。None 是 NoneType 資料型別的唯一值（其他程式語言可能還有稱 null、nil 或 undefined 的值）。像布林值的 True 和 False 一樣，None 的第一個字母 N 要大寫。

假如要存放某些東西到變數中，又不希望跟真正的值搞混，那麼這個「沒有值」的值會幫得上忙。最常見的 print() 函式之返回值就是 None。print() 函式的功能是在螢幕上印出文字，不需要返回任何值，不像 len() 或 input() 函式。但所有的函式呼叫都要有返回值，所以 print() 就返回 None。請在互動式 Shell 中輸入以下程式碼，看看 print() 的返回值是不是 None。

```
>>> spam = print('Hello!')
Hello!
>>> None == spam
True
```

對於所有沒寫 return 陳述句的函式定義，在執行的背景，Python 都會加上 return None，這種情況很像 while 或 for 迴圈的最後，就算沒寫上 continue，Python 也會在背景（隱式地）以 continue 陳述句結尾。同樣地，如果使用不帶值的 return 陳述句（只有寫 return 這個關鍵字），那麼也是返回 None。

關鍵字引數與 print()

大部分的引數都是以它們在函式呼叫時所放的位置來辨別的。舉例來說，random.randint(1, 10) 和 random.randint(10, 1) 是不同的。random.randint(1, 10) 函式呼叫返回的是 1 到 10 之間隨機的一個整數，第一個引數是範疇的下限，第二引數則是範疇的上限（所以 random.randint(10, 1) 會產生錯誤）。

不過，函式呼叫也會用到「關鍵字引數」，是以關鍵字當開頭來識別。關鍵字引數為選擇性的引數，不一定要用到。舉例來說，print() 函式有 end 和 sep 兩個關鍵字引數可用，功能分別是可以指定在引數尾端或引數之間印出什麼來當作分隔。

如果執行下列程式：

```
print('Hello')
print('World')
```

輸出的結果為：

```
Hello
World
```

兩個字串分別印在分開的兩行，這是因為 print() 預設在傳入的字串引數尾端加入換行符號。不過，我們可以用 end 關鍵字引數來將換行符號改成別的字串，舉例來說，像下面這樣的程式：

```
print('Hello', end='')
print('World')
```

其執行結果為：

```
HelloWorld
```

輸出都印在同一行，因為在 'Hello' 後面不是用預設的換行符號，而是改成空字串 ''。想要讓 print() 函式在印出後不要用換行符號，可利用 end= 這個方法來設定。

同樣地，如果在 print() 函式中傳入多個引數字串值，在印出時預設是以空格來分隔這幾個字串值。在互動式 Shell 中輸入如下程式碼：

```
>>> print('cats', 'dogs', 'mice')
cats dogs mice
```

我們可以用 sep 關鍵字引數，將預設的空格改成別的分隔符號。在互動式 Shell 中輸入如下程式碼：

```
>>> print('cats', 'dogs', 'mice', sep=',')
cats,dogs,mice
```

在編寫定義自己的函式時也可添加關鍵字引數，但還需要先在接下來的兩個章節中學會串列（list）和字典（dictionary）資料型別。現階段只要知道某些函式有選擇性的關鍵字引數，可在函式呼叫時使用。

呼叫堆疊

試著想像一個情景，您與某人聊天八卦。您聊到您的朋友 Alice，然後又談起關於同事 Bob 的故事，但您必須先解釋一下表妹 Carol 的情況。您聊完關於 Carol 的故事後，又聊回 Bob 的話題，當您聊完關於 Bob 的故事後再聊回到 Alice 的話題，但馬上又想起哥哥 David 的事情，因此您講述了關於 David 的事情，最後回去聊完 Alice 的原本話題。這裡的對話交談有點像堆疊（stack）的結構，如圖 3-1 所示。對話交談很像堆疊，是因為現在聊的話題始終位於堆疊的頂端。

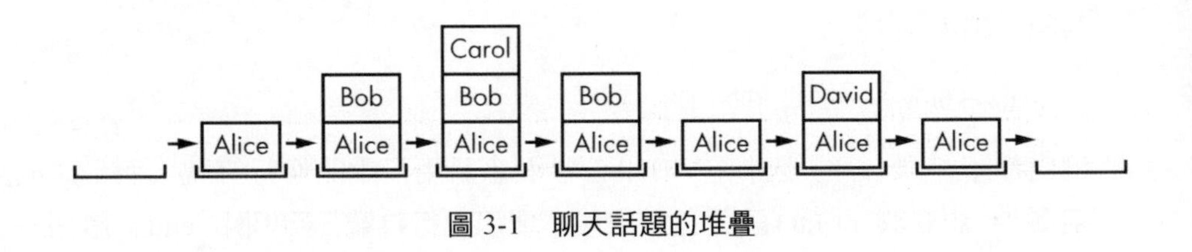

圖 3-1　聊天話題的堆疊

與我們聊天對話很類似，呼叫函式不是到函式頂端的單程執行。Python 會記住在哪行程式碼呼叫了函式，以便執行程式在遇到 return 陳述句時可以返回那一行的位置。如果原本函式呼叫了其他函式，執行時會先返回其他函式呼叫，然後再從原本函式呼叫返回。

開啟 file editor 視窗輸入以下程式碼，並將其另存為 abcdCallStack.py 檔：

```
def a():
    print('a() starts')
    spam = 42
  ❶ b()
  ❷ d()
    print('a() returns')

def b():
    print('b() starts')
    spam = 101
  ❸ c()
    print('b() returns')

def c():
  ❹ print('c() starts')
    print('c() returns')

def d():
```

```
        print('d() starts')
        print('d() returns')

❺ a()
```

執行這隻程式後，其結果會像下列這般：

```
a() starts
b() starts
c() starts
c() returns
b() returns
d() starts
d() returns
a() returns
```

您可以連到 https://autbor.com/abcdcallstack/ 觀察這隻程式的執行過程。當 a() 被呼叫時❺，a() 中會呼叫 b() ❶，然後 b() 中呼叫了 c() ❸。c() 函式沒有呼叫別的函式，在返回到 b() 函式中呼叫的位置❸前會印出「c() starts」❹和「c() returns」字樣。一旦 c() 執行完會返回到 b() 呼叫它的位置向下繼續執行，等 b() 也執行完後返回到 a() 中呼叫 b() 的位置❶，接下來繼續執行下一行呼叫 d() ❷。和 c() 一樣，d() 函式也沒有呼叫別的函式，在返回到 a() 函式中呼叫的位置之前會先印出「d() starts」和「d() returns」字樣，因為 d() 的程式碼都執行完了，接著返回到 a() 函式中呼叫的位置❷，由這個位置繼續往下執行 a() 的最後一行程式，執行後返回到原本呼叫 a() 的位置❺。

呼叫堆疊（call stack）是 Python 記住每個函式呼叫後要在哪個位置返回執行的方式。呼叫堆疊不會儲存在程式的變數中；相反地，Python 是在後台處理。當程式呼叫一個函式時，Python 在呼叫堆疊的頂端建立一個框架物件（frame object）。框架物件儲存原本函式呼叫的行號，好讓 Python 記住返回的位置。如果又進行了另一個函式呼叫，Python 會把另一個框架物件放在呼叫堆疊之上。

當函式呼叫返回時，Python 從堆疊頂端刪除一個框架物件，並把執行移至它儲存行號所指示的位置。請留意，框架物件一直是從堆疊頂端而不是從任何其他位置進行新增和刪除處理的。如圖 3-2 所示，這裡說明了 abcdCallStack.py 程式的呼叫堆疊狀態，顯示了每個函式的呼叫和返回。

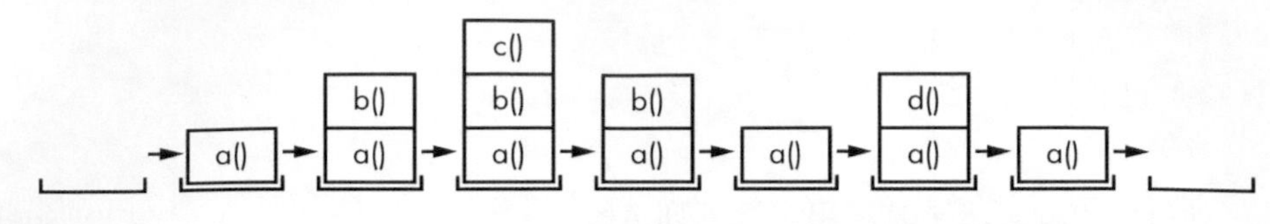

圖 3-2　abcdCallStack.py 中函式呼叫和返回的呼叫堆疊狀態

呼叫堆疊的頂端是目前執行位置所在的函式。當呼叫堆疊為空時，執行回到位於所有函式之外的那一行上。

呼叫堆疊算是技術的細節，讀者在寫程式時並不需要了解到這麼細節的知識。只要理解函式呼叫在返回時會回到其呼叫的位置即可。但是，理解呼叫堆疊能讓您更容易掌握區域和全域的作用範疇，這個概念會在下一節中介紹。

區域和全域作用範疇

在呼叫函式時指定到其中的參數和變數，其作用僅在該函式內的「區域作用範疇（local scope）」。在函式之外指定的變數，其作用域則屬於「全域作用範疇（global scope）」。存在於區域作用範疇的變數，就稱之為「區域變數（local variable）」。存在於全域作用範疇的變數，就稱之為「全域變數（global variable）」。變數必需是這兩者其中之一，不能是區域又是全域變數。

可把「作用範疇（scope）」想成變數的「容器（container）」。當範疇銷毀時，所有保存在該範疇的變數都會丟掉。全域作用範疇只有一個，在程式開始時就建立了。當程式結束終止時，全域作用範疇會銷毀，所有變數也會丟掉。如果不是這樣，在下次執行程式時，變數就還是會保留上次執行的值，這樣會造成混亂。

當呼叫函式時，就會建立一個區域作用範疇。所有指派到這個函式的變數，就作用在這個函式的區域範疇內。當函式返回，區域作用範疇就會被銷毀，變數也會被丟掉。下一次再呼叫函式時，區域變數並不會記得上次呼叫時所存放的內容。

作用範疇的觀念滿重要的，其理由如下列所示：

- 在全域作用範疇中（函式外）的程式碼不能使用區域變數。

- 不過，在區域作用範疇內卻可以存取全域變數。
- 函式區域作用範疇內的程式碼，不能取用其他區域作用範疇中的變數。
- 在不同的作用範疇中可以用相同名字的變數。也就是說，在區域作用範疇中有一個 spam 的區域變數，在全域作用範疇內也可以有一個 spam 的全域變數。

為什麼要在 Python 中有不同的作用範疇，而不是讓所有東西都變成全域變數，原因是當某特定函式被呼叫而有修改了變數時，此函式要與程式其他部分互動只能透過參數和返回值，這樣就能減少造成錯誤的機會。如果程式中只有全域變數，當有個變數放了錯誤的值而讓程式有 bug 發生，那就很難追蹤這個錯誤值是在哪裡產生。這個錯誤值可能在任何地方設定，但程式又上千上百行那麼長時，真的很難找出來！如果是區域變數指定了錯誤值，那很快就知道是哪個函式的區域中出錯了。

在小型程式中都用全域變數沒什麼大問題，但當程式愈寫愈長時，最好改掉都用全域變數這個壞習慣。

區域變數不能用在全域作用範疇內

請探討一下這段程式碼，它執行時會產生錯誤：

```
def spam():
 ❶ eggs = 31337
spam()
print(eggs)
```

如果執行這段程式會顯示以下錯誤訊息：

```
Traceback (most recent call last):
  File "C:/test1.py", line 4, in <module>
    print(eggs)
NameError: name 'eggs' is not defined
```

發生錯誤的原因是 eggs 變數只作用於呼叫 spam() 函式時❶所建立的區域作用範疇內。當執行從 spam 函式返回後，該區域作用範疇就銷毀了，不會有 eggs 變數。此時程式想要執行 print(eggs) 時，Python 就會回報錯誤訊息：NameError: name 'eggs' is not defined，指出 eggs 沒有定義。您可以把它想成當程式在全域作用範疇中執行時，就沒有區域作用範疇，所以就不會有任何區域變數。在全域作用範疇中只能使用全域變數。

區域作用範疇不能取用其他區域作用範疇內的變數

函式被呼叫時會建立一個全新的區域作用範疇，從個函式中再呼叫其他函式時也是一樣。請探討下列這段程式碼：

```
def spam():
  ❶ eggs = 99
  ❷ bacon()
  ❸ print(eggs)

def bacon():
    ham = 101
  ❹ eggs = 0

❺ spam()
```

您可以連到 https://autbor.com/otherlocalscopes/ 觀察這隻程式的執行過程。這段程式開始執行時，會呼叫 spam() 函式❺，建立一個區域作用範疇。區域變數 eggs ❶會被存入 99。然後呼叫 bacon() 函式❷，建立第二個區域作用範疇。程式執行中可同時存在多個區域作用範疇。在第二個區域作用範疇中，區域變數 ham 會被存 101 這個值。區域變數 eggs（與 spam() 函式中的那個 eggs 不同）會被建立並存入 0 ❹。

從 bacon() 函式返回時，呼叫的區域作用範疇和其中的 eggs 變數就會銷毀，而程式繼續在 spam() 函式中執行 print(eggs) ❸。由於呼叫 spam() 函式的區域作用範疇還存在，此作範疇原來 eggs 變數是存入 99，所以印出來的值就是 99。

這個範例的重點是，某個函式中的區域變數與其他函式中的區域變數是完全分隔開來的，就算名稱一樣也完全不相干。

在區域作用範疇中可以存取全域變數

請看下列程式：

```
def spam():
    print(eggs)
eggs = 42
spam()
print(eggs)
```

您可以連到 https://autbor.com/readglobal/ 觀察這隻程式的執行過程。由於在 spam() 函式中沒有定義 eggs 變數，也沒有指定值給 eggs，所以當 spam()函式中使用 eggs 變數時，Python 會認定取用的是全域作用範疇中的那個 eggs 變數，所以這個範例程式從 spam() 中印出的是 42。

區域和全域變數的名稱相同

不想找麻煩，就避免為區域變數和全域變數取相同的名稱。雖然在技術上，Python 認定區域變數和全域變數取相同的名稱是合法，但最好別這樣作。為了觀察程式實際執行的情況，請在 file editor 視窗中輸入以下程式碼，並儲存成 localGlobalSameName.py 檔：

```
def spam():
 ❶ eggs = 'spam local'
    print(eggs) # prints 'spam local'

def bacon():
 ❷ eggs = 'bacon local'
    print(eggs) # prints 'bacon local'
    spam()
    print(eggs) # prints 'bacon local'

❸ eggs = 'global'
bacon()
print(eggs) # prints 'global'
```

執行程式的結果，其輸出如下：

```
bacon local
spam local
bacon local
global
```

您可以連到 https://autbor.com/localglobalsamename/ 觀察這隻程式的執行過程。在這個例子中，實際上有 3 個不同的變數，但讓人疑惑的是都取了相同的 eggs 的名稱：

❶ 這個名為 eggs 的變數僅在呼叫 spam() 函式時存在於該區域作用範疇內。

❷ 這個名為 eggs 的變數僅在呼叫 bacon() 函式時存在於該區域作用範疇內。

❸ 這個名為 eggs 的變數則是存在於全域作用範疇。

由於 3 個獨立的變數都取了相同的名稱，想追蹤了解程式在什麼時候用了哪一個變數會很麻煩，也容易搞混。這就是為什麼要避免在不同作用範疇內取相同變數名稱的原因。

global 陳述句

如果想要在函式內修改全域變數，可利用 global 陳述句。在函式的頂端加了 global eggs 這樣的程式碼，意思就是告訴 Python：「在這個函式中，所用的 eggs 變數是指全域變數，不是在這個函式中又建立一個區域變數」。舉例來說，在 file editor 視窗中輸入如下的程式碼，存成 globalStatement.py：

```
def spam():
 ❶ global eggs
 ❷ eggs = 'spam'

eggs = 'global'
spam()
print(eggs)
```

執行這個程式，最後的 print(eggs) 所印出的是：

```
spam
```

您可以連到 https://autbor.com/globalstatement/ 觀察這隻程式的執行過程。由於 eggs 在 spam()函式頂端有宣告為 global ❶，所以當 eggs 被指定了 'spam' 這個值時❷，其實也是指全域變數的 eggs 被指定了值，並沒有建立區域變數 spam。

這裡有 4 個規則可用來區分某個變數是處在區域或是全域作用範疇：

- 如果變數在全域作用範疇中使用（也就在函式之外），它就是全域變數。
- 如果在函式有對變數宣告 global 陳述句，該變數就是全域變數。
- 此外，假如該變數用在函式內的指定值陳述句，它就是區域變數。
- 如果該變數雖然在函式內，但沒有用在指定值陳述句，它算是全域變數。

為了更容易理解這些規則，下面以一個實例程式來說明，請在 file editor 視窗中輸入如下程式碼，儲存成 sameNameLocalGlobal.py：

```
def spam():
 ❶ global eggs
   eggs = 'spam' # this is the global

def bacon():
 ❷ eggs = 'bacon' # this is a local

def ham():
 ❸ print(eggs) # this is the global
```

```
eggs = 42 # this is the global
spam()
print(eggs)
```

在 spam() 函式內的 eggs 是全域變數，因為函式開始處有宣告 global 陳述句❶。在 bacon() 函式中的 eggs 則是區域變數，因為有用了指定值的陳述句❷。在 ham() 中的 eggs ❸，雖然沒有針對它宣告成 global，但因為沒有用在指定值的陳述句，所以還是全域變數。執行 sameNameLocalGlobal.py，其輸出是：

```
spam
```

您可以連到 https://autbor.com/sameNameLocalGlobal/ 觀察這隻程式的執行過程。在函式中，變數要麼是全域，不然就是區域變數，不會重疊。函式中的程式碼不能先使用 eggs 當區域變數，然後在同一個函式中又宣告它是全域變數。

> **NOTE**
>
> 如果想在函式中修改全域變數中所存放的值，就要先對該變數用 global 陳述句宣告。

在函式內試圖在變數指定值之前就使用它，像下面所示範的程式，那 Python 在執行時會回報錯誤訊息。請在 File editor 視窗中輸入下列程式碼，儲存成 sameNameError.py，執行看看會有什麼結果：

```
  def spam():
      print(eggs) # ERROR!
❶     eggs = 'spam local'

❷ eggs = 'global'
  spam()
```

如果執行前面這段程式碼，系統回報錯誤訊息：

```
Traceback (most recent call last):
  File "C:/sameNameError.py", line 6, in <module>
    spam()
  File "C:/sameNameError.py", line 2, in spam
    print(eggs) # ERROR!
UnboundLocalError: local variable 'eggs' referenced before assignment
```

您可以連到 https://autbor.com/sameNameError/ 觀察這隻程式的執行過程。這個錯誤是因為 Python 看到 spam() 函式內有用了 eggs 的指定值陳述句❶，認定它是區域變數，但函式內的 print(eggs) 是放在 eggs 指定值之前，print() 印出時 eggs 這個區域變數還不存在，雖然函式外有同名的 eggs 全部變數❷，但 Python 不會用它。

把函式視為「黑箱（Black box）」

就函式來說，一般只要知道它的輸入值（參數）和輸出值就好，不用增加自己的負擔去搞清楚和了解這個函式內部是怎麼運作的。當我們以這種高層次的方式來思考函式的應用，就是大家所俗稱的把函式視為「黑箱（Black box）」。

這種思考方式是現代程式設計的基礎，本書後面的內容所介紹的一些模組，其中的函式都是他人所編寫設計，除非好奇想要一探這些模組的原始程式碼，否則您太不需要完整知道它們內部是怎麼運作的，只要知道怎麼用它們就可以了。由於函式不會使用全域變數，並不需要擔心函式的程式碼會影響到程式的其他部分。

例外處理

從現在來看，在 Python 程式中若有錯誤（error）或例外（exception，或稱為異常），意謂著整個程式全當掉出錯。在現實編寫程式時我們並不希望發生這樣的事，相反的，會想要讓程式能偵測錯誤並處理它們，然後讓程式繼續執行不會當掉。

下面舉一個有「除以 0」錯誤的程式範例來說明，請開啟新的 File editor 視窗輸入下列程式碼，並存成 zeroDivide.py：

```
def spam(divideBy):
    return 42 / divideBy

print(spam(2))
print(spam(12))
print(spam(0))
print(spam(1))
```

這個程式定義了 spam() 函式，並給它一個引數來進行運算，並用 print() 印出帶入不同引數值的運算結果。執行此程式會顯示如下的訊息：

```
21.0
3.5
```

```
Traceback (most recent call last):
  File "C:/zeroDivide.py", line 6, in <module>
    print(spam(0))
  File "C:/zeroDivide.py", line 2, in spam
    return 42 / divideBy
ZeroDivisionError: division by zero
```

您可以連到 https://autbor.com/zerodivide/ 觀察這隻程式的執行過程。執行時若某個數嘗試除以 0 時，就會發生 ZeroDivisionError。根據錯誤訊息指示的行號，知道 spam() 中的 return 陳述句內的運算式導致了錯誤的發生。

錯誤可以利用 try 和 except 陳述句來處理。有可能出錯的陳述句可放在 try 子句中，當錯誤發生時，程式的執行會跳轉到接下來的 except 子句起始處。

把前面例子中除以 0 的程式碼放在 try 子句中，而 except 子句中寫入程式碼來處理錯誤發生時想要做的事。

```
def spam(divideBy):
    try:
        return 42 / divideBy
    except ZeroDivisionError:
        print('Error: Invalid argument.')

print(spam(2))
print(spam(12))
print(spam(0))
print(spam(1))
```

當在 try 子句中的程式碼發生錯誤，程式執行會立刻跳轉到 except 子句的程式碼，執行那些程式碼後，又繼續後面的執行，不會當掉停止。執行前述實例的輸出如下所示：

```
21.0
3.5
Error: Invalid argument.
None
42.0
```

您可以連到 https://autbor.com/tryexceptzerodivide/ 觀察這隻程式的執行過程。請留意，把 try 陳述句移到主程式的函式呼叫程式碼區塊內，發生的所有錯誤也會被捉出來。請思考後面這段程式實例，在 try 區塊中進行 spam()呼叫：

```
def spam(divideBy):
    return 42 / divideBy

try:
    print(spam(2))
```

```
    print(spam(12))
    print(spam(0))
    print(spam(1))
except ZeroDivisionError:
    print('Error: Invalid argument.')
```

執行這段程式後的輸出如下所示：

```
21.0
3.5
Error: Invalid argument.
```

您可以連到 https://autbor.com/spamintry/ 觀察這隻程式的執行過程。您會發現 print(spam(1)) 這行並沒有執行，因為一旦捉到例外就會跳轉到最後面 except 子句的程式區塊，並不會再回到 try 子句發現錯誤的位置繼續向下執行。

一個小型程式實例：鋸齒狀圖案

利用之前學到的程式設計概念來建立一隻小型動畫程式。程式會建立一個來回流動顯現的鋸齒狀圖案，直到我們按下 Mu 編輯器的「Stop」按鈕或按 Ctrl-C 才會停止。執行時輸出的樣子如下：

```
    ********
   ********
  ********
 ********
********
 ********
  ********
   ********
    ********
```

請在 file editor 視窗中輸入如下的程式碼，並把它儲存成為 zigzag.py 檔：

```
import time, sys
indent = 0 # How many spaces to indent.
indentIncreasing = True # Whether the indentation is increasing or not.

try:
    while True: # The main program loop.
        print(' ' * indent, end='')
        print('********')
        time.sleep(0.1) # Pause for 1/10 of a second.

        if indentIncreasing:
            # Increase the number of spaces:
            indent = indent + 1
```

```
            if indent == 20:
                # Change direction:
                indentIncreasing = False
        else:
            # Decrease the number of spaces:
            indent = indent - 1
            if indent == 0:
                # Change direction:
                indentIncreasing = True
except KeyboardInterrupt:
    sys.exit()
```

接下來從頭開始一行一行探討這段程式碼範例。

```
import time, sys
indent = 0 # How many spaces to indent.
indentIncreasing = True # Whether the indentation is increasing or not.
```

首先是匯入 time 和 sys 模組，這隻程式用了用了兩個變數：indent 變數用來追蹤 8 個星號之前的縮排空格，indentIncreasing 變數則存放一個布林值，用於決定縮排量是增加還是減少。

```
try:
    while True: # The main program loop.
        print(' ' * indent, end='')
        print('********')
        time.sleep(0.1) # Pause for 1/10 of a second.
```

接下來把程式的其餘部分放在 try 陳述句中。在 Python 程式執行時使用者按 Ctrl-C 鍵，則 Python 會引發 KeyboardInterrupt 例外。如果沒有 try-except 陳述句來捕捉此例外，則程式會當掉並顯示出難看的錯誤訊息。不過我們對於這隻程式是希望透過呼叫 sys.exit()，以乾淨的方式處理 KeyboardInterrupt 例外。（此段程式碼放在程式尾端的 except 陳述句中。）

「while True:」這個無窮迴圈會一直重複執行程式中的指令。這裡用 '' * indent 來印出正確數量的縮排空格，也不想在印出空格後自動加上換行符號，所以把 end = '' 傳入這裡的第個 print() 呼叫中。第二個 print() 呼叫會印出 8 個星號。目前還沒有詳細介紹 time.sleep() 函式，其功用是讓程式暫停十分之一秒。

```
        if indentIncreasing:
            # Increase the number of spaces:
            indent = indent + 1
            if indent == 20:
                indentIncreasing = False  # Change direction
```

接下來要處理下次印出星號時的空格縮排量。如果 indentIncreasing 為 True，則對 indent 加 1。但是一旦縮排累進到 20，則希望縮排減少。

```
        else:
            # Decrease the number of spaces:
            indent = indent - 1
            if indent == 0:
                indentIncreasing = True  # Change direction
```

同時，如果 indentIncreeasing 為 False，則把 indent 減 1。indent 縮排量減到 0 後，則希望縮排量再次遞增。無論哪種方式，程式執行都會跳回到主程式迴圈的開頭，再次印出 8 個星號。

```
except KeyboardInterrupt:
    sys.exit()
```

如果程式執行到 try 區塊中時，使用者按下 Ctrl-C 鍵則將會引發 Keyboard Interrrupt 例外並跳到 except 陳述句進行處理。程式的執行會跳到 except 區塊內執行 sys.exit() 並退出程式。如此一來，就算主程式的迴圈是個無窮迴圈，使用者也能夠關閉程式。

總結

函式是把程式畫分成各個邏輯小組的主要方式。由於函式中的變數都有屬於自己的區域作用範疇，因此函式之間的變數值並不會直接相互影響，這限制了程式碼變更變數值的範圍，對於程式的除錯測試會很有幫助。

函式是幫助我們組織整理程式碼的好工具，我們可以把它當成「黑箱」，以參數形式輸入，以返回值的形式輸出。函式之內的程式碼並不會影響其他函式的變數。

在前面章節中提過，某個錯誤 bug 就可能讓程式當掉。本章介紹了 try 和 except 陳述句的用法，可在偵測到錯誤時設定進行對應的處理，讓程式在面對常見錯誤時能更有彈性地處置。

習題

1. 在程式設計時使用函式來組織程式碼會有什麼好處？
2. 函式中的程式碼何時執行：在函式定義時？還是在被呼叫時？
3. 用什麼陳述句來定義函式？
4. 函式和函式呼叫有什麼不同？
5. 在 Python 程式中有多少個全域作用範疇？有多少個區域作用範疇？
6. 當函式呼叫返回時，會對區域作用範疇中的變數進行什麼處理？
7. 什麼是返回值？返回值可當作表示式的一部分嗎？
8. 如果函式沒有返回陳述句，預值會傳回什麼？
9. 如何宣告函式中某個變數為全域變數？
10. 請說明 None 的資料型別是什麼？
11. 請說明 import areallyourpetsnamederic 陳述句的用途？
12. 如果在名為 spam() 的模組中有一個 bacon() 函式，在匯入 spam 模組後，如何呼叫它？
13. 如何防止程式遇到錯誤時當掉？
14. 請說明 try 子句和 except 子句的運作。

實作專題

請動手練習實作，編寫程式完成以下的任務。

Collatz 序列

設計一個名為 collatz() 的函式，且有一個傳入的 number 參數。如果 number 是偶數，那 collatz() 就印出 number // 2，並返回該數值。如果 number 是奇數，collatz() 印出及返回 3 * number + 1。

接著編寫程式，讓使用者輸入一個整數，然後使用迴圈呼叫 collatz()，直到函式返回值是 1 才結束。（很神奇的是，這個序列對任何整數都有效，利用這個序列遲早會得出 1，即使數學家也不確定為什麼，這個程式所探討就是著名的考拉茲猜想序列（Collatz sequence），有時被稱為「最簡單、最不可能的數學問題」）

記住要把 input() 取得的返回值以 int() 先轉換成整數型別，不然它還是字串。

HINT

如果 number % 2 == 0，number 整數就是偶數，如果 number % 2 == 1，那它就是奇數。

這個範例的輸出看起來像這樣：

```
Enter number:
3
10
5
16
8
4
2
1
```

輸入驗證

在前面的專案中加入 try 和 except 陳述句，檢查使用者輸入非整數字串時要進行的處置。一般情況下，int() 函式在傳入非整數字串時，會產生 ValueError 錯誤，例如，int('puppy') 會回報錯誤訊息。在 except 子句中，印出一條訊息告知使用者必需要輸入一個整數。

第 4 章
串列

在開始編寫設計程式之前，還有一個議題需要學習，那就是串列（list）資料型別及多元組（tuple）。串列及多元組能夠放置多個值，讓編寫程式來處理大量資料時更輕鬆簡單。由於串列本身也可放置其他串列，利用這一點可讓資料以階層式結構來編排放置。

本章將討論串列的基礎知識，也會講解方法（method），方法算是與特定資料型別的值綁定在一起的函式。接著會介紹序列資料型別（如串列、多元組和字串），並比較它們之間有什麼不同。再下一章則會介紹字典（dictionary）資料型別。

串列資料型別

「串列（list）」是一個值，本身包含有多個循序排列的值。而「串列值（list value）」這個專有名詞指的是串列本身（這個值可存放在變數中或傳入函式，就和其他值一樣），而不是指串列值內的東西。串列值看起來像下面這個例子：['cat', 'bat', 'rat', 'elephant']。就像字串值要用單引號來括住字串一樣，串列用左中括弧 [為起始，右中括弧] 為結尾來括住其中的值。串列中的值也稱之為「項目（items）」。項目是以逗號分隔開來的，接下來在互動式 Shell 模式中輸入以下程式碼：

```
>>> [1, 2, 3]
[1, 2, 3]
>>> ['cat', 'bat', 'rat', 'elephant']
['cat', 'bat', 'rat', 'elephant']
>>> ['hello', 3.1415, True, None, 42]
['hello', 3.1415, True, None, 42]
❶ >>> spam = ['cat', 'bat', 'rat', 'elephant']
>>> spam
['cat', 'bat', 'rat', 'elephant']
```

上面的例子中，spam 變數❶依舊是只被指定一個值：串列值，但串列值本身可包含有很多個值。[] 是空串列，沒有值在其中，類似空字串 '' 的概念。

用索引足標取得串列中的單一值

假設有個 ['cat', 'bat', 'rat', 'elephant'] 的串列存放在 spam 變數內，Python 程式碼寫入 spam[0] 可取得 'cat'，spam[1] 可取得 'bat'…以此類推。在串列後中括弧內的整數稱為「索引足標（index）」。串列中第一個值的索引足標是 0，第二個值的索引足標是 1，第三個值的索引足標是 2 … 以此類推。圖 4-1 所示為一個指定給 spam 變數的串列值，下面則標示了用索引足標表示式求取的結果。

```
spam = ["cat", "bat", "rat", "elephant"]
         ↑       ↑       ↑       ↑
    spam[0] spam[1] spam[2] spam[3]
```

圖 4-1　儲存在 spam 中的串列及每個索引足標所指向的值

接著以實例說明，請在互動式 Shell 模式中輸入如下的表示式，先從將串列指定給 spam 變數開始：

```
>>> spam = ['cat', 'bat', 'rat', 'elephant']
>>> spam[0]
'cat'
>>> spam[1]
'bat'
>>> spam[2]
```

```
   'rat'
   >>> spam[3]
   'elephant'
   >>> ['cat', 'bat', 'rat', 'elephant'][3]
   'elephant'
❶ >>> 'Hello ' + spam[0]
❷ 'Hello cat'
   >>> 'The ' + spam[1] + ' ate the ' + spam[0] + '.'
   'The bat ate the cat.'
```

請注意，'Hello ' + spam[0] 表示式❶求值結果為 'Hello ' + 'cat'，因為 spam[0] 求值為 'cat' 字串，所以這個表示式運算求值的結果就是 'Hello cat' ❷。

如果使用的索引足標數字超出了串列中值的個數，Python 會顯示 IndexError 錯誤訊息。

```
>>> spam = ['cat', 'bat', 'rat', 'elephant']
>>> spam[10000]
Traceback (most recent call last):
  File "<pyshell#9>", line 1, in <module>
    spam[10000]
IndexError: list index out of range
```

索引足標必需是整數，不可用浮點數。下列的例子顯示 TypeError 錯誤訊息：

```
>>> spam = ['cat', 'bat', 'rat', 'elephant']
>>> spam[1]
'bat'
>>> spam[1.0]
Traceback (most recent call last):
  File "<pyshell#13>", line 1, in <module>
    spam[1.0]
TypeError: list indices must be integers, not float
>>> spam[int(1.0)]
'bat'
```

串列也可以放入其他串列值，這些串列之中串列內的值，也可透過多重索引足標來存取，例如：

```
>>> spam = [['cat', 'bat'], [10, 20, 30, 40, 50]]
>>> spam[0]
['cat', 'bat']
>>> spam[0][1]
'bat'
>>> spam[1][4]
50
```

第一個索引足標標示用了哪一個串列值，第二個索引足標則標示該串列值內的哪一個值。例如，spam[0][1] 就是 'bat'，即第一個串列中第的第二個值。如果只用一個索引足標，程式則會印出該足標指到的完整串列值。

負數值的索引足標

儘管索引足標是從 0 開始向上遞增，但也可以用負整數作為索引足標。整數值 -1 指的是串列中最後一個索引足標，-2 指的是串列中倒數第二個索引足標…以此類推。請在互動式 Shell 中輸入下列程式碼，看看結果如何：

```
>>> spam = ['cat', 'bat', 'rat', 'elephant']
>>> spam[-1]
'elephant'
>>> spam[-3]
'bat'
>>> 'The ' + spam[-1] + ' is afraid of the ' + spam[-3] + '.'
'The elephant is afraid of the bat.'
```

使用切片取得子串列

使用索引足標（index）可以取得串列中單個值，而「切片（slice）」則可以從串列中取得多個值，其結果是個新的串列。切片也是在中括弧中輸入，和輸入索引足標相同，但切片的格式是兩個整數以分號相隔。請留意索引足標和切片的不同之處：

- spam[2] 是一個帶有索引足標（一個整數）的串列。
- spam[1:4] 則是帶有切片（兩個整數）的串列。

在切片中，第一個整數是切片的起始足標，第二個整數是切片的結尾足標。切片由起始足標向上算起直到結尾足標（但不包含結尾足標），其求值結果為一個新的串列值。請在互動式 Shell 模式中輸入以下程式碼來練習：

```
>>> spam = ['cat', 'bat', 'rat', 'elephant']
>>> spam[0:4]
['cat', 'bat', 'rat', 'elephant']
>>> spam[1:3]
['bat', 'rat']
>>> spam[0:-1]
['cat', 'bat', 'rat']
```

在編寫切片時有些快捷的使用方法可用，可省略切片中冒號兩邊一個足標或者兩邊都省略掉。省略起始足標相當於是從 0 或是串列起始的意思，省略第二個結尾足標相當於使用整個串列長度，也就是切片直到串列最尾端的意思。請在互動式 Shell 模式中輸入如下程式來體會其應用：

```
>>> spam = ['cat', 'bat', 'rat', 'elephant']
>>> spam[:2]
['cat', 'bat']
>>> spam[1:]
['bat', 'rat', 'elephant']
>>> spam[:]
['cat', 'bat', 'rat', 'elephant']
```

使用 len() 取得串列的長度

len() 函式能算出串列中值的個數，也就串列的長度，就像它能算出字串中字元個數（字串的長度）一樣。請在互動式 Shell 模式中輸入如下程式：

```
>>> spam = ['cat', 'dog', 'moose']
>>> len(spam)
3
```

使用索引足標改變串列中的值

一般來說，指定值陳述句左側是變數名稱，就像 spam = 4，但也可以使用串列的索引足標來改變該足標所在位置的值。例如，spam[1] = 'aardvark' 的意思是「將串列 spam 索引足標 1 位置的值指定為字串 'aardvark'」。請在互動式 Shell 模式中輸入如下程式：

```
>>> spam = ['cat', 'bat', 'rat', 'elephant']
>>> spam[1] = 'aardvark'
>>> spam
['cat', 'aardvark', 'rat', 'elephant']
>>> spam[2] = spam[1]
>>> spam
['cat', 'aardvark', 'aardvark', 'elephant']
>>> spam[-1] = 12345
>>> spam
['cat', 'aardvark', 'aardvark', 12345]
```

串列的連接和複製

+ 運算子可以將兩個串列連接起來變成一個新串列，就像它能將兩個字串合併成一個新字串一樣。* 運算子可用在串列和整數的相乘，達成串列的複製處理。請在互動式 Shell 模式中輸入以下程式碼來實作：

```
>>> [1, 2, 3] + ['A', 'B', 'C']
[1, 2, 3, 'A', 'B', 'C']
>>> ['X', 'Y', 'Z'] * 3
```

```
['X', 'Y', 'Z', 'X', 'Y', 'Z', 'X', 'Y', 'Z']
>>> spam = [1, 2, 3]
>>> spam = spam + ['A', 'B', 'C']
>>> spam
[1, 2, 3, 'A', 'B', 'C']
```

使用 del 陳述句刪除串列中的值

del 陳述句能夠刪除串列中索引足標所在的值，串列中某個項目值被刪除後，它後面的所有值都會往前移。接著在互動式 Shell 模式中以實例示範，請輸入以下程式碼來實作：

```
>>> spam = ['cat', 'bat', 'rat', 'elephant']
>>> del spam[2]
>>> spam
['cat', 'bat', 'elephant']
>>> del spam[2]
>>> spam
['cat', 'bat']
```

del 陳述句也可用在一般的變數，直接用 del 即可刪除該變數，其作用就像取消指定，讓變數消失。如果在刪除變數後又想要使用該變數時，系統會回報 NameError 錯誤訊息，表示該變數已不存在。在程式設計實務上，我們幾乎不需要刪除一般變數，del 陳述句絕大部分都用在刪除串列中的值。

串列的運用

在第一次編寫程式時，很容易建立許多獨立的變數來存放一組類似的值。例如，想要存放我所養的貓咪們的名字，可能會寫出這樣的程式碼：

```
catName1 = 'Zophie'
catName2 = 'Pooka'
catName3 = 'Simon'
catName4 = 'Lady Macbeth'
catName5 = 'Fat-tail'
catName6 = 'Miss Cleo'
```

事實上這並不是一種好的程式設計手法。（其實我真的沒養那麼多貓咪啦！）舉個例子來說，如果貓的數量增加，程式就必需增加變數來存放更多的貓咪。這種程式會出現很多重複或相同的程式碼。請開啟 file editor 視窗輸入這段程式碼，並儲存成 allMyCats1.py，研究這個程式，看看有多少重複的程式碼：

```
print('Enter the name of cat 1:')
catName1 = input()
print('Enter the name of cat 2:')
catName2 = input()
print('Enter the name of cat 3:')
catName3 = input()
print('Enter the name of cat 4:')
catName4 = input()
print('Enter the name of cat 5:')
catName5 = input()
print('Enter the name of cat 6:')
catName6 = input()
print('The cat names are:')
print(catName1 + ' ' + catName2 + ' ' + catName3 + ' ' + catName4 + ' ' +
catName5 + ' ' + catName6)
```

其實不必重複使用這個多個變數，只要用一個變數，並以串列值來存放即可。例如，下面是把前面 allMyCats1.py 範例更新改進的版本。這個新版本只用了一個串列就能存放使用者要輸入的貓咪名字。請開啟 file editor 視窗輸入這段程式碼，並儲存成 allMyCats2.py：

```
catNames = []
while True:
    print('Enter the name of cat ' + str(len(catNames) + 1) +
      ' (Or enter nothing to stop.):')
    name = input()
    if name == '':
        break
    catNames = catNames + [name] # list concatenation
print('The cat names are:')
for name in catNames:
    print('  ' + name)
```

執行結果如下所示：

```
Enter the name of cat 1 (Or enter nothing to stop.):
Zophie
Enter the name of cat 2 (Or enter nothing to stop.):
Pooka
Enter the name of cat 3 (Or enter nothing to stop.):
Simon
Enter the name of cat 4 (Or enter nothing to stop.):
Lady Macbeth
Enter the name of cat 5 (Or enter nothing to stop.):
Fat-tail
Enter the name of cat 6 (Or enter nothing to stop.):
Miss Cleo
Enter the name of cat 7 (Or enter nothing to stop.):

The cat names are:
  Zophie
  Pooka
```

```
Simon
Lady Macbeth
Fat-tail
Miss Cleo
```

您可以連到 https://autbor.com/allmycats1/ 和 https://autbor.com/allmycats2/ 觀察這兩隻程式的執行過程。使用串列的好處是，資料都放在一個結構中，程式能更有彈性地處理這些資料，比用一大堆變數來存放更為方便。

在迴圈內使用串列

在第 2 章中已學會了怎麼使用 for 迴圈讓程式區塊重複執行一定的次數。從技術上來看，for 迴圈重複的次數是依照串列中有多少值或是類似串列這種形式的 range() 來執行。例如，下列程式碼：

```
for i in range(4):
    print(i)
```

執行結果為：

```
0
1
2
3
```

因為 range(4) 的返回值很類似串列值，Python 會把它當成像 [0, 1, 2, 3] 的串列值。下列的程式和前面的程式其執行結果相同：

```
for i in [0, 1, 2, 3]:
    print(i)
```

這個 for 迴圈實際上是讓變數 i 依序以 [0, 1, 2, 3] 串列中的值，重複代入子句執行。

有個常見的 Python 技巧，在 for 迴圈中用 range(len(someList)) 來當作迭代重複的條件，這樣會以串列的長度為 range 的索引足標來執行這個迴圈，請在互動式 Shell 模式下輸入以下的程式碼實例，執行看看其結果：

```
>>> supplies = ['pens', 'staplers', 'flame-throwers', 'binders']
>>> for i in range(len(supplies)):
...     print('Index ' + str(i) + ' in supplies is: ' + supplies[i])

Index 0 in supplies is: pens
Index 1 in supplies is: staplers
Index 2 in supplies is: flame-throwers
Index 3 in supplies is: binders
```

前述的例子中使用 range(len(supplies)) 是很便利的作法，因為迴圈內的程式碼可以存取使用索引足標（變數 i）和以索引足標指到串列位置下的值（串列 suplies[i]）。最好的是，for 迴圈條件的 range(len(supplies)) 能用到 supplies 串列下所有的索引足標來迭代重複，不論串列的長度多少都能達成。

in 和 not in 運算子

使用 in 和 not in 運算子可確定某個值是否在串列中。就像其他運算子，in 和 not in 是用在表示式中，其前後各有一個值：前面的是在串列中要搜尋的目標值，後面的是代搜尋的串列。這些表示式運算求值的結果為布林值。請在互動式 Shell 模式下輸入以下的程式碼實例，執行看看其結果：

```
>>> 'howdy' in ['hello', 'hi', 'howdy', 'heyas']
True
>>> spam = ['hello', 'hi', 'howdy', 'heyas']
>>> 'cat' in spam
False
>>> 'howdy' not in spam
False
>>> 'cat' not in spam
True
```

接著舉一個實例說明，下列的程式是讓使用者輸入寵物的名字，然後檢查該名字是在寵物串列之中。請開啟 file editor 視窗輸入下列這段程式碼，並儲存成 myPets.py 檔：

```
myPets = ['Zophie', 'Pooka', 'Fat-tail']
print('Enter a pet name:')
name = input()
if name not in myPets:
    print('I do not have a pet named ' + name)
else:
    print(name + ' is my pet.')
```

執行結果如下所示：

```
Enter a pet name:
Footfoot
I do not have a pet named Footfoot
```

您可以連到 https://autbor.com/mypets/ 觀察這隻程式的執行過程。

多重指定的技巧

多重指定（multiple assignment）是一種快捷的技巧，可在一行程式碼中把串列的多個值指定到多個單獨的變數內。所以請不要以下列方式指定值：

```
>>> cat = ['fat', 'orange', 'loud']
>>> size = cat[0]
>>> color = cat[1]
>>> disposition = cat[2]
```

應該用下列這種快捷方式：

```
>>> cat = ['fat', 'orange', 'loud']
>>> size, color, disposition = cat
```

變數的數量必需和串列的長度完全相等，否則 Python 會顯示 ValueError 的錯誤訊息：

```
>>> cat = ['fat', 'orange', 'loud']
>>> size, color, disposition, name = cat
Traceback (most recent call last):
  File "<pyshell#84>", line 1, in <module>
    size, color, disposition, name = cat
ValueError: not enough values to unpack (expected 4, got 3)
```

在串列中使用 enumerate()函式

在 for 迴圈中除了使用 range(len(someList)) 技術來取得串列中各個項目的整數索引足標值之外，我們還可以呼叫 enumerate() 函式來達成。在迴圈的每次迭代中，enumerate() 會返回兩個值：串列中項目的索引足標值和其項目本身。舉例來說，下列這段程式碼與前面「在迴圈內使用串列」小節最後的程式有相同的效果：

```
>>> supplies = ['pens', 'staplers', 'flamethrowers', 'binders']
>>> for index, item in enumerate(supplies):
...     print('Index ' + str(index) + ' in supplies is: ' + item)

Index 0 in supplies is: pens
Index 1 in supplies is: staplers
Index 2 in supplies is: flamethrowers
Index 3 in supplies is: binders
```

如果在迴圈的區塊中同時需要取得串列中的項目和其項目索引足標值，則使用 enumerate() 函式有很好的效果。

在串列中使用 random.choice() 和 random.shuffle() 函式

random 模組中有幾個能接受以串列為引數的函式。random.choice() 函式會從串列中隨機挑選一個項目返回。請在互動式 Shell 模式中輸入以下內容：

```
>>> import random
>>> pets = ['Dog', 'Cat', 'Moose']
>>> random.choice(pets)
'Dog'
>>> random.choice(pets)
'Cat'
>>> random.choice(pets)
'Cat'
```

我們可把 random.choice(someList) 函式的用法看成是 someList[random.randint(0, len(someList) - 1]) 較短形式的另一種用法。

random.shuffle() 函式會把串列中的項目重新排序，此函式會就地處理串列，不會再生成新的串列。請在互動式 Shell 模式中輸入以下內容：

```
>>> import random
>>> people = ['Alice', 'Bob', 'Carol', 'David']
>>> random.shuffle(people)
>>> people
['Carol', 'David', 'Alice', 'Bob']
>>> random.shuffle(people)
>>> people
['Alice', 'David', 'Bob', 'Carol']
```

增強型指定運算子的應用

在指定值到變數的運算中，有時常會以變數本身來運算。例如，要將 42 指定到 spam 變數之後，可以下列這段程式碼對 spam 值加 1：

```
>>> spam = 42
>>> spam = spam + 1
>>> spam
43
```

還有一種更快捷的方式，那就是以增強型指定運算子 += 來完成前面所述相同的操作：

```
>>> spam = 42
>>> spam += 1
>>> spam
43
```

+、-、*、/ 和 % 運算子都有增強型指定運算子，如表 4-1 所示：

表 4-1　增強型指定運算子

增強型指定陳述句	相同的指定陳述句
spam += 1	spam = spam + 1
spam -= 1	spam = spam - 1
spam *= 1	spam = spam * 1
spam /= 1	spam = spam / 1
spam %= 1	spam = spam % 1

+= 運算子也可用在字串和串列的連接，*= 運算子則可作到字串和串列的複製。請在互動式 Shell 模式下輸入如下程式練習：

```
>>> spam = 'Hello'
>>> spam += ' world!'
>>> spam
'Hello world!'
>>> bacon = ['Zophie']
>>> bacon *= 3
>>> bacon
['Zophie', 'Zophie', 'Zophie']
```

方法

方法（method）與函式（function）其實很像，只是方法是依據值來呼叫使用的。舉例來說，如果有個串列值存放在 spam 變數中，我們可以在這個串列上呼叫 index() 串列方法（後面會進一步解釋），像這樣：spam.index('hello')。方法接在變數值後面，並以句點分隔。

每種資料型別都有自己的一組方法，例如，串列資料型別有些好用的方法可用來搜尋、新增、刪除或操控串列中的值。

使用 index() 方法搜尋串列的值

串列值有個 index() 方法可傳入一個值，假如這個值存在串列中，就會返回該值所在的索引足標，假如這個值不在串列中，Python 會回報 ValueError 錯誤訊息。請在互動式 Shell 模式中輸入以下程式碼來練習：

```
>>> spam = ['hello', 'hi', 'howdy', 'heyas']
>>> spam.index('hello')
0
>>> spam.index('heyas')
3
>>> spam.index('howdy howdy howdy')
Traceback (most recent call last):
  File "<pyshell#31>", line 1, in <module>
    spam.index('howdy howdy howdy')
ValueError: 'howdy howdy howdy' is not in list
```

假如串列中有重複一樣的值，搜尋時會返回第一個找到符合該值的索引足標。請在互動式 Shell 模式中輸入以下內容，留意 index() 返回的是 1，而不是 3：

```
>>> spam = ['Zophie', 'Pooka', 'Fat-tail', 'Pooka']
>>> spam.index('Pooka')
1
```

使用 append() 和 insert() 方法新增值到串列中

想要在串列中新增值，使用 append() 和 insert() 方法即可。請在互動式 Shell 模式中輸入如下的程式碼，呼叫 append() 方法在 spam 變數中新增值：

```
>>> spam = ['cat', 'dog', 'bat']
>>> spam.append('moose')
>>> spam
['cat', 'dog', 'bat', 'moose']
```

前面所提到的 append() 方法呼叫使用後會把引數值加到串列的尾端。insert() 方法則可以在串列任意的索引足標處插入一個值。insert() 方法的第一個引數是新增值的索引足標位置，第二個引數則是要插入的新值。請在互動式 Shell 模式中輸入如下的程式碼：

```
>>> spam = ['cat', 'dog', 'bat']
>>> spam.insert(1, 'chicken')
>>> spam
['cat', 'chicken', 'dog', 'bat']
```

請留意前面的這段程式碼中，是直接使用 spam.append('moose') 和 spam.insert(1, 'chicken')，而不是寫成 spam = spam.append('moose') 和 spam = spam.insert(1, 'chicken')。append() 和 insert() 方法都不會把加入 spam 的新值當成返回值傳回（事實上，append() 和 insert() 方法的返回值是 None，所以別把這 None 返回值指定到變數中）。使用這兩個方法時，串列是會就地（in place）新增值。在本章稍後的內容「可變與不可變資料型別」小節中會更詳細說明就地（in place）修改值的串列。

方法屬於單個資料型別，append() 和 insert() 方法屬於串列方法，只能在串列上使用，不能用在其他字串和整數值上。請在互動式 Shell 模式下輸入以下程式碼，執行後會產生 AttributeError 錯誤訊息：

```
>>> eggs = 'hello'
>>> eggs.append('world')
Traceback (most recent call last):
  File "<pyshell#19>", line 1, in <module>
    eggs.append('world')
AttributeError: 'str' object has no attribute 'append'
>>> bacon = 42
>>> bacon.insert(1, 'world')
Traceback (most recent call last):
  File "<pyshell#22>", line 1, in <module>
    bacon.insert(1, 'world')
AttributeError: 'int' object has no attribute 'insert'
```

使用 remove() 方法刪除串列中的值

傳一個值入 remove() 方法，它就會從呼叫的串列中刪除。請互動式 Shell 模式下輸入以下程式碼：

```
>>> spam = ['cat', 'bat', 'rat', 'elephant']
>>> spam.remove('bat')
>>> spam
['cat', 'rat', 'elephant']
```

如果想要刪除串列中不存在的值，會產生 ValueError 錯誤。請在互動式 Shell 模式下輸入以下程式碼，以一個實例來說明：

```
>>> spam = ['cat', 'bat', 'rat', 'elephant']
>>> spam.remove('chicken')
Traceback (most recent call last):
  File "<pyshell#11>", line 1, in <module>
    spam.remove('chicken')
ValueError: list.remove(x): x not in list
```

如果要刪除的值在串列中有很多個，只有第一個被找到的值會刪除。請在互動式 Shell 模式下輸入以下程式碼：

```
>>> spam = ['cat', 'bat', 'rat', 'cat', 'hat', 'cat']
>>> spam.remove('cat')
>>> spam
['bat', 'rat', 'cat', 'hat', 'cat']
```

如果知道想要刪除的對象在串列那一個索引足標位置，使用 del 陳述句是最方便的。但若知道串列中想要刪除的值，則用 remove() 會更好。

使用 sort() 方法對串列中的值進行排序

數值型的串列或字串型的串列都能用 sort() 方法來排序。請在互動式 Shell 模式下輸入以下程式碼，以一個實例來說明：

```
>>> spam = [2, 5, 3.14, 1, -7]
>>> spam.sort()
>>> spam
[-7, 1, 2, 3.14, 5]
>>> spam = ['ants', 'cats', 'dogs', 'badgers', 'elephants']
>>> spam.sort()
>>> spam
['ants', 'badgers', 'cats', 'dogs', 'elephants']
```

排序時可指定 reverse 關鍵字引數為 True，sort() 方法就會逆序排放。請在互動式 Shell 模式下輸入以下程式碼，以一個實例來說明：

```
>>> spam.sort(reverse=True)
>>> spam
['elephants', 'dogs', 'cats', 'badgers', 'ants']
```

關於 sort() 方法有三點要留意，第一點是，sort() 方法會就地對串列排序。不要寫出 spam = spam.sort() 這類的程式碼，這樣 spam 變數只會存入返回值而已。

第二點是不能對存有數字又存有字串值的串列進行排序，因為 Python 不知道怎麼比較及排序。請在 Shell 模式中輸入以下的程式碼，執行時會顯示 TypeError 錯誤：

```
>>> spam = [1, 3, 2, 4, 'Alice', 'Bob']
>>> spam.sort()
Traceback (most recent call last):
 File "<pyshell#70>", line 1, in <module>
   spam.sort()
TypeError: '<' not supported between instances of 'str' and 'int'
```

第三點，sort() 方法對字串排序時是依照「ASCII 順序」來排的，並不是以實際的字典順序，這表示大寫排在小寫字母之前。因此在排序時，小寫 a 排在大寫 Z 的後面。請在互動式 Shell 模式下輸入以下程式碼：

```
>>> spam = ['Alice', 'ants', 'Bob', 'badgers', 'Carol', 'cats']
>>> spam.sort()
>>> spam
['Alice', 'Bob', 'Carol', 'ants', 'badgers', 'cats']
```

如果想要以一般字典順序來排序，請在呼叫 sort() 方法時，將關鍵字引數 key 指定為 str.lower。

```
>>> spam = ['a', 'z', 'A', 'Z']
>>> spam.sort(key=str.lower)
>>> spam
['a', 'A', 'z', 'Z']
```

這樣指定後，sort() 方法會將串列中所有的項目值都視為小寫，但實際上並沒有改變串列的項目值。

Python 縮排規則的例外

在大多情況下，程式行的縮排讓 Python 辨認它是屬於那個程式區塊，但這個規則有幾個例外要留意。例如，在原始程式碼檔案中，串列可能很長而跨了幾行，這時縮排就不重要了，Python 知道串列是以中括弧括住串列值，沒看到右側中括弧前，就表示串列還沒到結尾。舉例來看，程式碼可以像下列這樣：

```
spam = ['apples',
    'oranges',
                        'bananas',
'cats']
print(spam)
```

當然啦，大多數的人都會遵守 Python 的規範來排放串列的項目內容，讓它們整齊且易讀，就像下一小節神奇八號球程式中 messages 串列這樣。

也可利用行末使用續行字元 \ 來表示一條指令程式碼寫成多行。可把 \ 看成是「這行程式指令接續下一行」。續行字元 \ 後的一行中，是不是使用縮排都沒關係。請看下列這段合法的 Python 程式碼：

```
print('Four score and seven ' + \
      'years ago...')
```

當您想要重新排放某些較長的 Python 程式碼內容以提高可讀性時，上述的這些技巧很有用。

使用 reverse() 方法對串列中的值逆向排序

如果想要快速以逆向排序串列中的項目，則可以呼叫 reverse() 串列方法。請在互動式 Shell 模式下輸入以下內容：

```
>>> spam = ['cat', 'dog', 'moose']
>>> spam.reverse()
>>> spam
['moose', 'dog', 'cat']
```

就和 sort() 串列方法一樣，reverse() 也不會返回新的串列。這就是為什麼不能寫出 spam = spam.reverse() 這樣的陳述句，而是直接寫 spam.reverse() 即可。

程式實例：使用串列的神奇八號球

前一章中已編寫設計過神奇八號球的程式，但用串列可設計出更優雅的版本。不是用很類似的 elif 陳述句，而是透過建立一個串列來處理。請開啟一個新的 file editor 視窗，輸入如下的程式碼，並儲存成 magic8Ball2.py：

```
import random

messages = ['It is certain',
    'It is decidedly so',
    'Yes definitely',
    'Reply hazy try again',
    'Ask again later',
    'Concentrate and ask again',
    'My reply is no',
    'Outlook not so good',
    'Very doubtful']

print(messages[random.randint(0, len(messages) - 1)])
```

您可以連到 https://autbor.com/magic8ball2/ 觀察這隻程式的執行過程。

執行這個程式後會得到和前面的 magic8Ball.py 程式範例一樣的結果。

請留意範例程式中 messages 索引足標的表示式：random.randint(0, len(messages) - 1)。這裡是利用隨機數當作索引足標，不用擔心 messages 串列的長度大小，因為取得的隨機數會介於 0 和 len(messages) - 1 之間。這個方法的好處是很容易可直接在串列中新增或刪除字串項目值，而不需要去改其他程式碼。假如未來要更新程式就可以少改幾行，造成錯誤的機會也比較小。

序列式資料型別

串列並不是唯一呈現循序排列值的資料型別。舉例來說，字串和串列其實很相似，我們可以把字串看成是單個字元的串列。Python 序列式資料型別包括串列、字串、由 range() 返回的範圍物件，和多元組（本章後面的「多元組資料型別」小節會詳細介紹）。對串列的各種操作也都可以用在字串上：依照索引足標位置取得、切片、用在 for 迴圈、用在 len() 內，以及用在 in 和 not in 運算子中。請在互動式 Shell 模式下輸入以下程式碼，看看實際執行的結果：

```
>>> name = 'Zophie'
>>> name[0]
'Z'
>>> name[-2]
'i'
>>> name[0:4]
'Zoph'
>>> 'Zo' in name
True
>>> 'z' in name
False
>>> 'p' not in name
False
>>> for i in name:
...     print('* * * ' + i + ' * * *')


* * * Z * * *
* * * o * * *
* * * p * * *
* * * h * * *
* * * i * * *
* * * e * * *
```

可變與不可變資料型別

串列與字串有一個重要的方法是不相同的。串列是「可變（mutable）」資料型別，串列的值可新增、刪除或修改。但字串則是「不可變（immutable）」，它不能對其中某字元重新指定值，若嘗試對字串中的一個字元進行修改，會出現 TypeError 錯誤訊息。請在互動式 Shell 模式中輸入如下的程式碼：

```
>>> name = 'Zophie a cat'
>>> name[7] = 'the'
Traceback (most recent call last):
  File "<pyshell#50>", line 1, in <module>
    name[7] = 'the'
TypeError: 'str' object does not support item assignment
```

要改變字串的正確方法是利用切片和連接，從舊的字串中複製想要的部分來建立新的字串，請在互動式 Shell 模式中輸入如下的程式碼：

```
>>> name = 'Zophie a cat'
>>> newName = name[0:7] + 'the' + name[8:12]
>>> name
'Zophie a cat'
>>> newName
'Zophie the cat'
```

我們利用切片 [0:7] 和 [8:12] 來指出這部分是要用的字元，請留意，原來的字串 'Zophie a cat' 並沒有被修改，因為字串是不可變的。

雖然串列值是可變的，但下列這段程式碼中的第二行並不是修改串列 eggs：

```
>>> eggs = [1, 2, 3]
>>> eggs = [4, 5, 6]
>>> eggs
[4, 5, 6]
```

這個 eggs 變數中的串列值並不是改變，而是整個以新的串列值（[4, 5, 6]）取代了舊的串列值。如圖 4-2 所示。

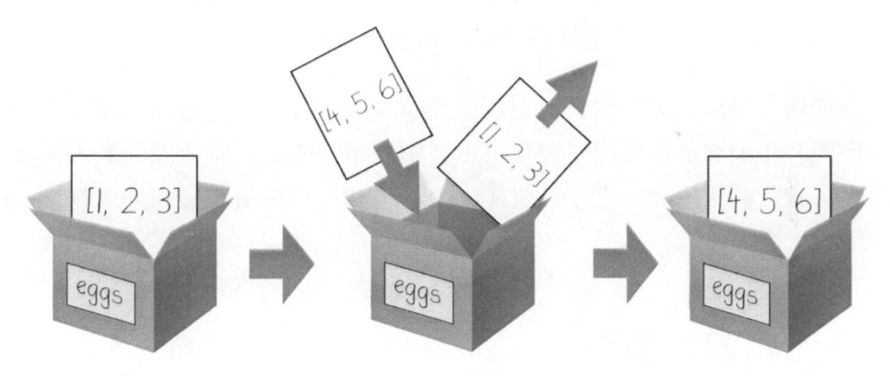

圖 4-2　當 eggs = [4, 5, 6] 執行時，eggs 的內容會被新的串列值取代

如果您是希望以修改的方式來變更 eggs 中原來的串列，可以用下列的方式：

```
>>> eggs = [1, 2, 3]
>>> del eggs[2]
>>> del eggs[1]
>>> del eggs[0]
>>> eggs.append(4)
>>> eggs.append(5)
>>> eggs.append(6)
>>> eggs
[4, 5, 6]
```

在這個實例中，eggs 最後的串列與它開始的串列是一樣的，只是串列中的值被修改了，而不是被取代。圖 4-3 示範了這個實例的圖解，前 7 行程式所進行的 7 次修改。

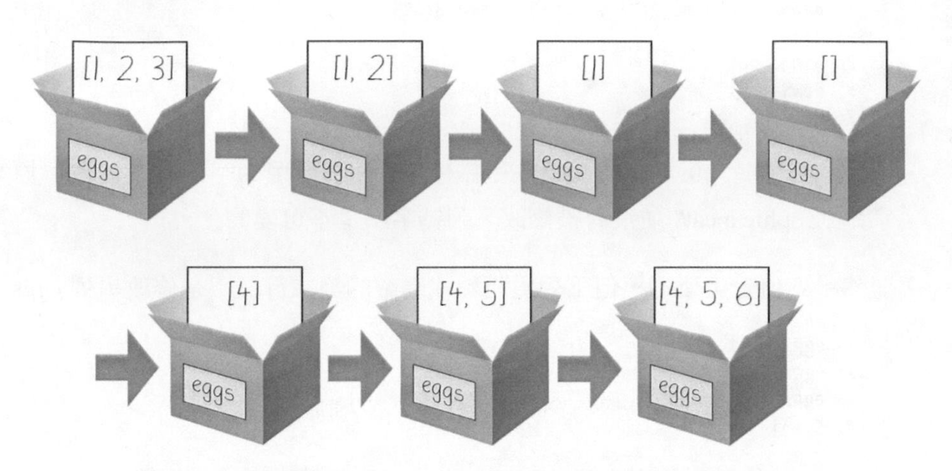

圖 4-3　del 陳述句和 append() 方法在串列原地修改了其中的值

變更可變資料型別的值（像前述例子中使用 del 陳述句和 append() 方法所做的處理），是就地修改，並不是以新的串列值來取代變數的值。

硬要區分可變和不可變資料型別並沒有太大的意義，不過在本章後面的「傳入參照」小節會解釋使用可變和不可變引數來呼叫函式時所產生的不同行為。首先，讓我們來研究一下多元組（tuple）資料型別，這是種串列資料型別的不可變形式。

多元組資料型別

多元組（tupe，或譯元組）資料型別幾乎和串列資料型別一樣，只有兩處不同。首先，多元組輸入時是用小括弧 () 括住，而不是用中括弧 []。請在互動式 Shell 模式中輸入如下的程式碼：

```
>>> eggs = ('hello', 42, 0.5)
>>> eggs[0]
'hello'
>>> eggs[1:3]
(42, 0.5)
>>> len(eggs)
3
```

多元組和串列主要的不同在於，多元組和字串一樣是不可變的。多元組的值不能新增、刪除或修改。請在互動式 Shell 模式中輸入如下的程式碼，留意會顯示 TypeError 錯誤訊息：

```
>>> eggs = ('hello', 42, 0.5)
>>> eggs[1] = 99
Traceback (most recent call last):
  File "<pyshell#5>", line 1, in <module>
    eggs[1] = 99
TypeError: 'tuple' object does not support item assignment
```

如果多元組中只有一個值，可在括弧內該值的後面加上一個逗號，Python 就會知道是多元組，不然會被認定為只是普通括號內輸入一個值而已。逗號會讓 Python 知道這是個多元組（不像其他程式語言，在 Python 中串列或多元組中最後項目加上逗號作結尾是合法的）。請在互動式 Shell 模式中輸入如下的程式碼，看看兩者的區別：

```
>>> type(('hello',))
<class 'tuple'>
>>> type(('hello'))
<class 'str'>
```

使用了多元組就是要讓您知道這裡不想改變這個串列的值。如果想要永遠不會改變值的串列，就用多元組來存放。使用多元組而不使用串列的第二個好處是因為它們不會改變，內容不會變化，Python 可進行最佳化，讓使用多元組的程式會比使用串列的程式更快。

使用 list() 和 tuple() 函式來轉換型別

就像 str(42) 會傳回 '42'，是整數 42 以字串型別呈現。將值傳入 list() 和 tuple() 函式會返回其串列和多元組的版本。在互動式 Shell 模式中輸入如下的程式碼，請留意返回值與傳入值已變成不同的資料型別：

```
>>> tuple(['cat', 'dog', 5])
('cat', 'dog', 5)
>>> list(('cat', 'dog', 5))
['cat', 'dog', 5]
>>> list('hello')
['h', 'e', 'l', 'l', 'o']
```

如果多元組想要有個可變的串列版本，使用上述函式就很容易將多元組轉換成串列。

參照

如您所見，變數「存放」了字串和整數值。但這種解釋只是簡化了 Python 的實際動作。從技術上來說，變數是存放參照（reference），而此參照所指到位置是它儲存的值在電腦記憶體的位置。請在互動式 Shell 模式中輸入以下內容：

```
>>> spam = 42
>>> cheese = spam
>>> spam = 100
>>> spam
100
>>> cheese
42
```

我們把 42 指定給 spam 變數，實際上是電腦的記憶體中建立一個 42 的值，然後把指到這個值的「參照」存到 spam 變數。當我們複製 spam 中的值並將它指定給 cheese 變數，實際上複製的是參照而已。spam 和 cheese 變數都指到電腦記憶體中 42 這個值的位址。隨後把 spam 的值改變為 100，建立一個 100 的值並把指到這個值的「參照」存到 spam 變數。這不會影響 cheese 中的值。整數是不可變的值，改變 spam 變數實際上是指到記憶體中完全不同值的位址。

但是，串列就不是這樣的情況，因為串列值是可變的。以下這些程式範例會讓這個概念更容易理解，請互動式 Shell 模式中輸入如下的程式碼：

```
❶ >>> spam = [0, 1, 2, 3, 4, 5]
❷ >>> cheese = spam  # The reference is being copied, not the list.
❸ >>> cheese[1] = 'Hello!'  # This changes the list value.
   >>> spam
   [0, 'Hello!', 2, 3, 4, 5]
   >>> cheese  # The cheese variable refers to the same list.
   [0, 'Hello!', 2, 3, 4, 5]
```

這裡的輸出可能會讓您覺得奇怪。程式碼中只改了 cheese 串列，但似乎 cheese 和 spam 串列同時都修改了。

在建立串列時❶，是將對它的參照指定給了 spam 變數，在第二行❷則只複製了 spam 串列參照並指定給 cheese，而不是複製串列值本身。這意思是說，存放在 spam 和 cheese 中的參照現在都指向同一個串列，其實私底下只有一個串列，因為串列並沒有真的複製出來。因此當我們修改 cheese 變數的內容時❸，也等於修改了 spam 所指向的同一個串列。

請記住，變數就像個裝著某種值的盒子。本章前面所展示的圖解曾顯示串列是在盒子中，這並不很正確，因為串列變數實際上並沒有裝著串列，而是裝了對串列的「參照」（這些參照會有個 Python 實際使用的 ID 數字位址，但請先別管它們）。以盒子來比喻變數，圖 4-4 為串列指定給 spam 變數時的圖解情況。

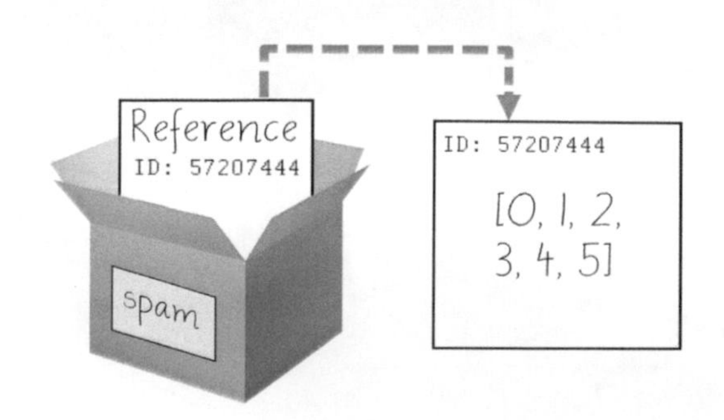

圖 4-4　spam=[0, 1, 2, 3, 4, 5] 是存放了串列的參照而不是實際的串列

接著在圖 4-5 中，spam 的參照複製指定給了 cheese。只有新的參照被建立並指定到 cheese 中，不是建立新的串列。請注意，這兩個參照都有相同的位址數字，都指向同一個串列。

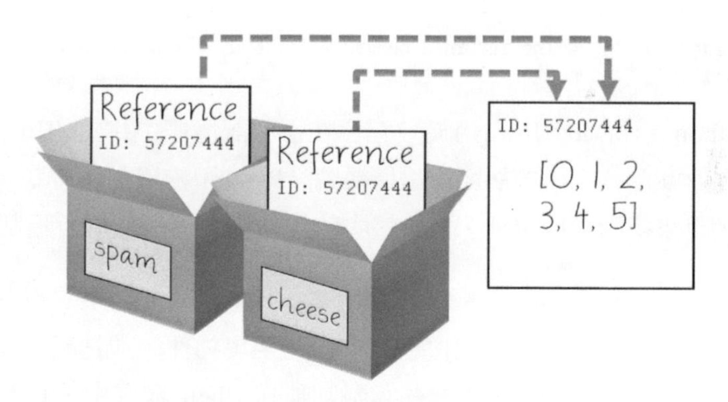

圖 4-5　spam = cheese 是複製指定了參照，而不是串列本身

當我們變更 cheese 所指向的串列時，spam 指向的串列是相同的，所以也發生變化。因為 cheese 和 spam 都指向同一個串列，如圖 4-6 所示。

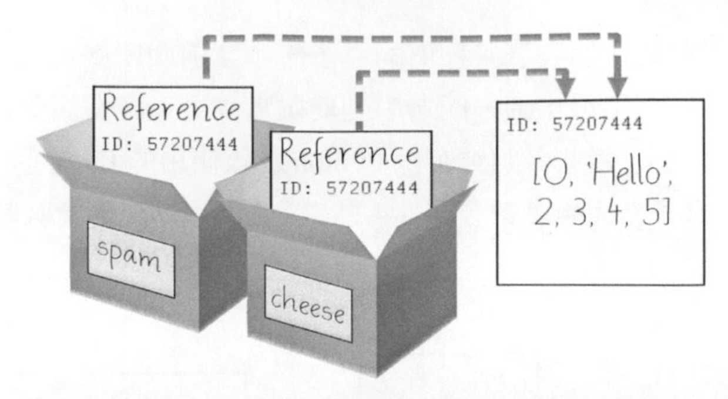

圖 4-6 cheese[1]= 'Hello!' 修改了兩個變數所指向的串列

雖然 Python 變數在技術上來說是裝了值的參照，但大家通常還是會說，變數存放了這個值。

身份和 id() 函式

您可能想知道為什麼上一節中使用可變串列的怪異行為不會發生在整數或字串之類不可變的值上。我們可以使用 Python 的 id() 函式來了解這一點。Python 中的所有值都有一個唯一的身份標識，能透過 id() 函式獲得這個身份標識。請互動式 Shell 模式中輸入如下的內容：

```
>>> id('Howdy')  # The returned number will be different on your machine.
44491136
```

當 Python 執行 id('Howdy') 時，它會在電腦記憶體中建立 'Howdy' 字串。id() 函式會返回儲存字串的記憶體位址編號。Python 依據當時電腦中有空閒的記憶體位元組來選用存放位址，因此每次執行此程式，存放的位址都會有所不同。

像所有字串一樣，'Howdy' 是不可變的，不能更改。如果「更改」變數中的字串，則會在記憶體中的其他位址建立新的字串物件，並把新字串的參照放到變數中。舉例來說，把下列內容輸入到互動式 Shell 模式中，查看 bacon 所參照字串的身份標識是有變更的：

```
>>> bacon = 'Hello'
>>> id(bacon)
44491136
>>> bacon += ' world!'  # A new string is made from 'Hello' and ' world!'.
>>> id(bacon)  # bacon now refers to a completely different string.
44609712
```

不過，串列是可以更改的，因為它們是可變的物件。append() 方法不會建立新的串列物件，是以現有的串列物件來更改，我們稱這個為「就地更改物件」。

```
>>> eggs = ['cat', 'dog']  # This creates a new list.
>>> id(eggs)
35152584
>>> eggs.append('moose')  # append() modifies the list "in place".
>>> id(eggs)  # eggs still refers to the same list as before.
35152584
>>> eggs = ['bat', 'rat', 'cow']  # This creates a new list, which has a new identity.
>>> id(eggs)  # eggs now refers to a completely different list.
44409800
```

如果兩個變數都參照同一個串列（如上一節中的 spam 和 cheese），而且串列值本身有發生變化，那麼這兩個變數均會受到影響，因為它們都參照到同一個串列。append()、extend()、remove()、sort()，reverse() 和其他串列方法是會就地更改串列本身。

Python 的自動垃圾收集器會刪除那些沒有被變數參照的值，這樣就能釋放記憶體空間。在 Python 中我們是不用管垃圾收集器是怎麼運作的，這樣就簡單多了，而在其他程式語言中的手動記憶體管理很容易造成錯誤。

傳入參照

想要理解引數如何傳入函式，參照就特別重要。當函式被呼叫時，引數的值會複製給參數變數。以串列來看（字典在下一章討論），這意謂著參數用的是參照的副本。接著以一個例子說明，請開啟一個新的 file editor 視窗，輸入以下程式碼，並存成 passingReference.py：

```
def eggs(someParameter):
    someParameter.append('Hello')

spam = [1, 2, 3]
eggs(spam)
print(spam)
```

請注意，當 eggs() 被呼叫時，並沒有將返回值指定給 spam，而是直接就地修改了串列。執行後會顯示如下的輸出：

```
[1, 2, 3, 'Hello']
```

雖然 spam 和 someParameter 分別都用了參照，但都是指向相同的串列，這就是為什麼函式內呼叫 append('Hello') 方法後會對串列產生改變。

請記住這一點：不要忘了 Python 處理串列和字典變數時是採用這種方式，否則您會設計出有 Bug 的程式。

copy 模組的 copy() 和 deepcopy() 函式

雖然在處理串列和字典時，傳入參照是最方便的方法，但如果函式修改了傳入的串列和字典，但您可能不希望變動原來的串列和字典。為此，Python 提供了 copy 模組，其中 copy() 和 deepcopy() 函式很好用。第一個函式 copy.copy() 可用來複製串列或字典這類可變值，它不是只複製其參照而已。請在互動式 Shell 模式中輸入如下的內容：

```
>>> import copy
>>> spam = ['A', 'B', 'C', 'D']
>>> id(spam)
44684232
>>> cheese = copy.copy(spam)
>>> id(cheese)  # cheese is a different list with different identity.
44685832
>>> cheese[1] = 42
>>> spam
['A', 'B', 'C', 'D']
>>> cheese
['A', 42, 'C', 'D']
```

現在 spam 和 cheese 變數各個指向不同的串列，這就是為什麼在把 42 指定到索引足標 1 的位置時，只有 cheese 指向的串列修改了。圖 4-7 所示，兩個變數的參照 ID 位址數字不同，它們分別指向不同的串列。

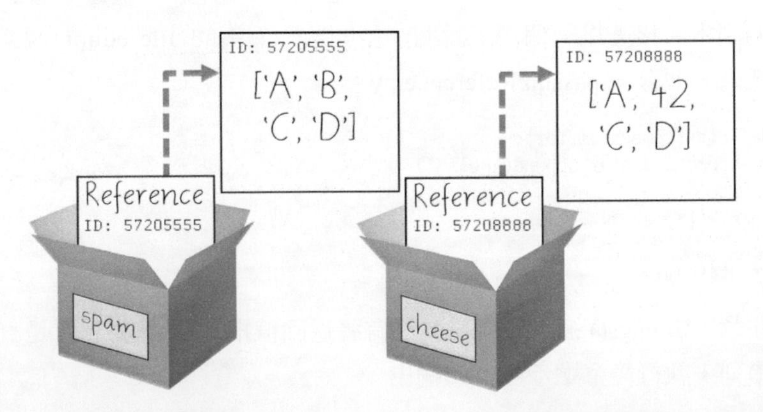

圖 4-7　cheese = copy.copy(spam) 建立了第二個串列，可與原串列分開來修改

如果要複製的串列中含有串列，那就要使用 copy.deepcopy() 函式來處理了。deepcopy() 函式可深入複製其內部的串列。

一個小型程式實例：康威生命遊戲

康威生命遊戲（Conway's Game of Life）就是細胞自動機的一個例子：有一組規則控制著由離散細胞組成的行為。在實務中，這會建立一個漂亮的動畫以供查看。我們可以方格紙上以方格代表細胞來繪製每個狀態，實心方格代表「存活」，空方格將為「死亡」。如果某個方格有兩個或三個存活的方格相鄰，那麼它就能維持存活到下一步。如果某個死亡方格正好有三個存活的方格相鄰，那麼下一步它就能復活。各個其他方格在下一步都有可能進入死亡或保持死亡的狀態。我們可以在圖 4-8 中看到每個步驟進展的示範。

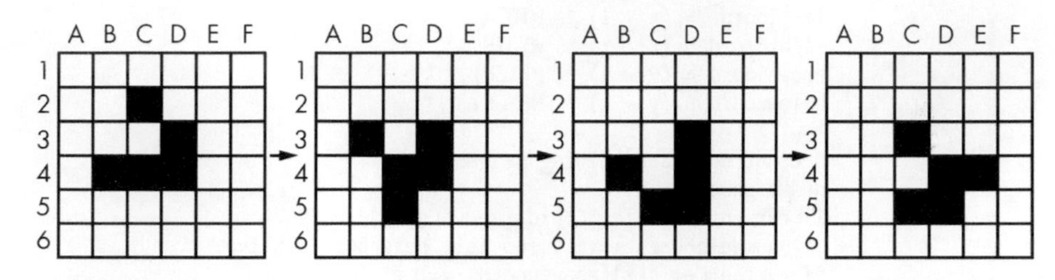

圖 4-8　康威生命遊戲模擬的 4 個步驟

就算規則很簡單，但還是會出現許多令人驚訝的行為。康威生命遊戲中的模式可以移動、自我複製，甚至模仿 CPU。但是，在所有這些複雜的基礎上作更進一步探究時，發現這只是個相當簡單的程式。

我們可以使用串列中再存放串列來表示二維欄位。內部串列代表方格的一欄，方格位置存放 # 字串代表存活，而存放 ' ' 空格字串代表死亡。請在 file editor 中鍵入下列原始程式碼，並另存為 conway.py 檔。如果您還不太了解所有程式碼的工作原理，那也沒關係，只需先輸入，後續會有注釋和解說：

```
# Conway's Game of Life
import random, time, copy
WIDTH = 60
HEIGHT = 20

# Create a list of list for the cells:
nextCells = []
for x in range(WIDTH):
    column = [] # Create a new column.
    for y in range(HEIGHT):
        if random.randint(0, 1) == 0:
            column.append('#') # Add a living cell.
        else:
```

```
            column.append(' ') # Add a dead cell.
    nextCells.append(column) # nextCells is a list of column lists.

while True: # Main program loop.
    print('\n\n\n\n\n') # Separate each step with newlines.
    currentCells = copy.deepcopy(nextCells)

    # Print currentCells on the screen:
    for y in range(HEIGHT):
        for x in range(WIDTH):
            print(currentCells[x][y], end='') # Print the # or space.
        print() # Print a newline at the end of the row.

    # Calculate the next step's cells based on current step's cells:
    for x in range(WIDTH):
        for y in range(HEIGHT):
            # Get neighboring coordinates:
            # `% WIDTH` ensures leftCoord is always between 0 and WIDTH - 1
            leftCoord  = (x - 1) % WIDTH
            rightCoord = (x + 1) % WIDTH
            aboveCoord = (y - 1) % HEIGHT
            belowCoord = (y + 1) % HEIGHT

            # Count number of living neighbors:
            numNeighbors = 0
            if currentCells[leftCoord][aboveCoord] == '#':
                numNeighbors += 1 # Top-left neighbor is alive.
            if currentCells[x][aboveCoord] == '#':
                numNeighbors += 1 # Top neighbor is alive.
            if currentCells[rightCoord][aboveCoord] == '#':
                numNeighbors += 1 # Top-right neighbor is alive.
            if currentCells[leftCoord][y] == '#':
                numNeighbors += 1 # Left neighbor is alive.
            if currentCells[rightCoord][y] == '#':
                numNeighbors += 1 # Right neighbor is alive.
            if currentCells[leftCoord][belowCoord] == '#':
                numNeighbors += 1 # Bottom-left neighbor is alive.
            if currentCells[x][belowCoord] == '#':
                numNeighbors += 1 # Bottom neighbor is alive.
            if currentCells[rightCoord][belowCoord] == '#':
                numNeighbors += 1 # Bottom-right neighbor is alive.

            # Set cell based on Conway's Game of Life rules:
            if currentCells[x][y] == '#' and (numNeighbors == 2 or numNeighbors == 3):
                # Living cells with 2 or 3 neighbors stay alive:
                nextCells[x][y] = '#'
            elif currentCells[x][y] == ' ' and numNeighbors == 3:
                # Dead cells with 3 neighbors become alive:
                nextCells[x][y] = '#'
            else:
                # Everything else dies or stays dead:
                nextCells[x][y] = ' '
    time.sleep(1) # Add a 1 second pause to reduce flickering.
```

接著從頭開始逐行來看看這支程式的內容。

```
# Conway's Game of Life
import random, time, copy
```

```
WIDTH = 60
HEIGHT = 20
```

首先我們匯入相關模組，讓程式可以使用 random.randint()、time.sleep()，和 copy.deepcopy() 等函式。

```
# Create a list of list for the cells:
nextCells = []
for x in range(WIDTH):
    column = [] # Create a new column.
    for y in range(HEIGHT):
        if random.randint(0, 1) == 0:
            column.append('#') # Add a living cell.
        else:
            column.append(' ') # Add a dead cell.
    nextCells.append(column) # nextCells is a list of column lists.
```

細胞自動機的第一步完全是隨機的。我們需要建立一個串列中的串列資料結構來儲存代表存活細胞或死亡細胞的 '#' 和 ' ' 字串，它們在這個二維串列中的位置就等同於在畫面方格上的座標位置。內層串列代表一欄細胞。起始細胞是用 random. randint(0, 1) 的呼叫，隨機挑選存活與死亡，機率各半。

我們把二維串列放在一個名為 nextCells 的變數中，因為在主程式迴圈中的第一步是把 nextCells 複製到 currentCells 中。對於這個二維串列資料結構，x 座標從左側的 0 開始，向右遞增，而 y 座標從上方的 0 開始，向下遞增。因此，nextCells[0][0] 所代表的是畫面左上角的那一格細胞，而 nextCells[1][0] 則代表其右側的細胞，nextCells[0][1] 代表其下方的細胞。

```
while True: # Main program loop.
    print('\n\n\n\n\n') # Separate each step with newlines.
    currentCells = copy.deepcopy(nextCells)
```

主程式迴圈的每次迭代是細胞自動機的一個步驟。在每個步驟中，我們都會把 nextCells 複製到 currentCells，在畫面上印出 currentCells，然後使用 currentCells 中的細胞來運算 nextCells 中細胞的狀態。

```
    # Print currentCells on the screen:
    for y in range(HEIGHT):
        for x in range(WIDTH):
            print(currentCells[x][y], end='') # Print the # or space.
        print() # Print a newline at the end of the row.
```

嵌套的二層 for 迴圈可確保在畫面上印出整列細胞的狀態，一列細胞印出之後以 print() 印出換行。我們對 nextCells 中的每一列都重複這項操作。

```
    # Calculate the next step's cells based on current step's cells:
    for x in range(WIDTH):
```

```
        for y in range(HEIGHT):
            # Get neighboring coordinates:
            # `% WIDTH` ensures leftCoord is always between 0 and WIDTH - 1
            leftCoord  = (x - 1) % WIDTH
            rightCoord = (x + 1) % WIDTH
            aboveCoord = (y - 1) % HEIGHT
            belowCoord = (y + 1) % HEIGHT
```

接下來，需要使用兩層嵌套的 for 迴圈來運算出下一步每個細胞的狀態。細胞的生死狀態取決於與它相鄰的細胞，因此先計算出目前 x 和 y 座標在左、右、上方和下方的細胞方格的索引足標值。

% 模除運算子在這裡能處理起出邊界要「環繞」到另一側的狀況。最左欄 0 這個細胞的左側鄰居會是 0 - 1 或 -1，要讓它環繞到最右側一欄的索引足標值 59 上，我們使用表示式 (0 - 1) % WIDTH 來計算。由於 WIDTH 為 60，因此這個表示式的計算結果為 59。這種處理技術也適用於右側、上方和下方的相鄰方格座標值。

```
            # Count number of living neighbors:
            numNeighbors = 0
            if currentCells[leftCoord][aboveCoord] == '#':
                numNeighbors += 1 # Top-left neighbor is alive.
            if currentCells[x][aboveCoord] == '#':
                numNeighbors += 1 # Top neighbor is alive.
            if currentCells[rightCoord][aboveCoord] == '#':
                numNeighbors += 1 # Top-right neighbor is alive.
            if currentCells[leftCoord][y] == '#':
                numNeighbors += 1 # Left neighbor is alive.
            if currentCells[rightCoord][y] == '#':
                numNeighbors += 1 # Right neighbor is alive.
            if currentCells[leftCoord][belowCoord] == '#':
                numNeighbors += 1 # Bottom-left neighbor is alive.
            if currentCells[x][belowCoord] == '#':
                numNeighbors += 1 # Bottom neighbor is alive.
            if currentCells[rightCoord][belowCoord] == '#':
                numNeighbors += 1 # Bottom-right neighbor is alive.
```

若想要決定 nextCells[x][y] 上的細胞是存活或死亡的狀態，這裡需要計算目前細胞 currentCells[x][y] 所擁有的存活鄰居數量。這一系列的 if 陳述句會檢查目前細胞方格的 8 個鄰居的狀態，只要有存活的鄰居就對 numNeighbors 加 1。

```
            # Set cell based on Conway's Game of Life rules:
            if currentCells[x][y] == '#' and (numNeighbors == 2 or numNeighbors == 3):
                # Living cells with 2 or 3 neighbors stay alive:
                nextCells[x][y] = '#'
            elif currentCells[x][y] == ' ' and numNeighbors == 3:
                # Dead cells with 3 neighbors become alive:
                nextCells[x][y] = '#'
            else:
                # Everything else dies or stays dead:
```

```
            nextCells[x][y] = ' '
    time.sleep(1) # Add a 1 second pause to reduce flickering.
```

現在知道了 currentCells[x][y] 這個細胞所擁有的存活鄰居數量，這樣就能決定要把 nextCells[x][y] 設成為 '#' 或 ''。在我們巡遍所有可能的 x 和 y 座標之後，這隻程式會透過呼叫 time.sleep(1) 來暫停 1 秒。然後，程式執行返回到主程式迴圈的起始處，以繼續下一步。

已經發現了幾種模式，其名稱為「滑翔機」、「螺旋槳」或「重量級太空船」等。如圖 4-8 所示，滑翔機模式所產生的是每四步往對角線「移動」一次。我們可以透過 conway.py 程式，改換下列這行來建立滑翔機模式，請把：

```
        if random.randint(0, 1) == 0:
```

換成：

```
        if (x, y) in ((1, 0), (2, 1), (0, 2), (1, 2), (2, 2)):
```

利用網路搜尋引擎，可找到很多於關於使用康威生命遊戲製作的有趣裝置。我們可以在 https://github.com/asweigart/pythonstdiogames 找到其他文字形式版本的簡短 Python 程式。

總結

串列是很好用的資料型別，能讓我們在編寫程式時處理一組可修改的值，而且僅用一個變數就搞定。在本書後面的章節中，將看到一些程式都是用串列來完成工作。沒有串列，這些工作會變困難，甚至不可能完成。

串列是可變的序列式資料型別，意思是它們的內容是可以修改。多元組和字串雖然在某些方面像串列，但它們是不可變的，不能隨意修改。裝有多元組或字串的變數，能被新的多元組或字串覆蓋取代，但這不是就地修改原來的值，並不像 append() 和 remove() 方法使用在串列上的作法。

變數不直接存放串列值，僅存放對串列的「參照」而已。在複製變數或將串列當成呼叫函式的引數時，這個觀念很重要。因為複製的僅是串列的參照，所以對該串列的修改都可能會影響到程式中其他參照了的變數。如果想要對變數中的串列進行修改，但又不希望改到原來的串列，可利用 copy() 和 deepcopy() 函式來協助。

習題

1. 什麼是 []？
2. 怎麼將 'hello' 指定到串列中第 3 個索引足標的位置，串列是存放在 spam 變數中。（假設變數中裝了 [2, 4, 6, 8, 10] 這個串列）

接下來三題都假設 spam 裝了 ['a', 'b', 'c', 'd'] 串列。

3. 請問 spam[int(int('3' * 2) // 11)] 結果為何？
4. 請問 spam[-1] 結果為何？
5. 請問 spam[:2] 結果為何？

接下來三題都假設 bacon 裝了 [3.14, 'cat', 11, 'cat', True] 串列。

6. 請問 bacon.index('cat') 結果為何？
7. 請問 bacon.append(99) 會讓 bacon 串列值變成什麼？
8. 請問 bacon.remove('cat') 會讓 bacon 串列值變成什麼？
9. 串列的連接和複製的運算子是什麼？
10. 比較 append() 和 insert() 串列方法有何不同？
11. 從串列中刪除值有哪兩種方法？
12. 請說明串列值和字串的幾個相似之處？
13. 串列和多元組有什麼分別？
14. 如果多元組中只有一個整數 42，如何表示這個多元組？
15. 如何將串列值轉換成多元組的型式？如何將多元組轉換成串列值的型式？
16. 「裝有」串列的變數，實際上並不是真的直接存放串列，那麼它到底裝了什麼？
17. 請比較 copy.copy() 和 copy.deepcopy() 有何不同？

實作專題

為了練習與實作，請依照下列需求編寫設計程式。

對程式碼加逗號

假設串列如下：

```
spam = ['apples', 'bananas', 'tofu', 'cats']
```

編寫一個函式，它以一個串列值為引數，返回串列中所有項目的字串，以逗號和空格作分隔，並在最後一個項目之前加上「and」。舉例來說，將前面 spam 串列傳入函式，將返回 'apples, bananas, tofu, and cats'。這個函式應該要能處理任何傳入的串列。確定要測試把空串列 [ ] 傳入函式的情況。

投擲硬幣的運氣

這個實作練習將嘗試做一個實驗。假設您投擲硬幣 100 次，正面（head）時寫下「H」，背面（tail）則寫下「T」，這樣建立一個看起來像「T T T T T H H H H T T」的串列。如果以人來手動進行 100 次隨機投擲硬幣，則可能會出現正反交替的結果，例如「H T H T H H T H T T」，因為對人類而言是隨機的，但在數學上就不是隨機的。就算極有可能發生真正隨機的硬幣正反面投擲情況，但以人的手動實驗幾乎很少在一列中寫下 6 個正面或 6 個反面這種情況。可想見人類在隨機性方面並不是很精確的。

請編寫一隻程式，找出隨機生成的正和反面串列表中，出現 6 個正面或 6 個反面的頻率。這隻程式把實驗分為兩部分：第一部分是生成隨機挑選的正面（heads）和反面（tails）值的串列；第二部分則檢查其中是否有 6 個正面或 6 個反面的情況。把所有這些程式碼放入一個迴圈中，重複這項實驗 10,000 次，這樣我們就可以找出投擲硬幣時出現連續 6 個正或反的機會。以下是一些提示，呼叫 random.randint(0, 1) 函式會有 50% 的機會返回 0 值，50% 的機會返回 1 值。

可利用下列這個範本來完成這個習作：

```
import random
```

```
numberOfStreaks = 0
for experimentNumber in range(10000):
    # Code that creates a list of 100 'heads' or 'tails' values.

    # Code that checks if there is a streak of 6 heads or tails in a row.
print('Chance of streak: %s%%' % (numberOfStreaks / 100))
```

當然，這只是個預估的實驗，但 10,000 次算是個不錯的樣本量了。雖然有些數學知識能為我們提供精準的答案，而且可節省編寫程式的麻煩，但身為程式設計師，您知道的，數學方面沒有很好啦，所以寫個程式來實驗一下吧！

字元圖片網格

假設有一個串列內含另一個串列，內層串列的每個值都是含有單個字元的字串，例如：

```
grid = [['.', '.', '.', '.', '.', '.'],
        ['.', 'O', 'O', '.', '.', '.'],
        ['O', 'O', 'O', 'O', '.', '.'],
        ['O', 'O', 'O', 'O', 'O', '.'],
        ['.', 'O', 'O', 'O', 'O', 'O'],
        ['O', 'O', 'O', 'O', 'O', '.'],
        ['O', 'O', 'O', 'O', '.', '.'],
        ['.', 'O', 'O', '.', '.', '.'],
        ['.', '.', '.', '.', '.', '.']]
```

我們可以把 grid[x][y] 想成一幅以 x 和 y 座標畫上字元的圖片，原點 (0,0) 在左上角，向右 x 座標遞增，向下 y 座標遞增。

複製前面的網格值，設計印出如下圖樣的程式。

```
..OO.OO..
.OOOOOOO.
.OOOOOOO.
..OOOOO..
...OOO...
....O....
```

提示：程式需要用到迴圈和巢狀迴圈，印出 grid[0][0]，然後 grid[1][0]，再來 grid[2][0]⋯，以此類推直到 grid[8][0] 完成第一列，接著是換行再印。隨著程式印出 grid[0][1]、grid[1][1]、grid[2][1]⋯以此類推，程式最後印到 grid[8][5]。

如果您不希望每次呼叫 print() 後會自動換行，記得在呼叫 print() 時傳入關鍵字 end=。

第 5 章
字典與結構化資料

本章將探討字典資料型別，這個型別提供了一種很有彈性的存取與整理資料的方式。隨後會結合字典與前一章中關於串列的知識，學習如何建立資料結構來對井字遊戲進行建模處理。

字典資料型別

就像串列，「字典（dictionary）」也是很多值的匯集，但不像串列要用索引足標，字典的索引可以用許多不同的資料型別，不是只有整數而已。字典的索引被稱之為「鍵（key）」，利用「鍵」與「值」關聯在一起，這種關係稱為「鍵－值對（key-value pair）」。

在程式中，字典的輸入寫法是要用大括弧 {}。請在互動式 Shell 模式下輸入如下程式碼：

```
>>> myCat = {'size': 'fat', 'color': 'gray', 'disposition': 'loud'}
```

這行程式是將字典指定給 myCat 變數，此字典的鍵（key）是 'size'、'color' 和 'disposition'。這些鍵相對應的值分別是 'fat'、'gray' 和 'loud'。可利用它們的鍵來存取這些值。

```
>>> myCat['size']
'fat'
>>> 'My cat has ' + myCat['color'] + ' fur.'
'My cat has gray fur.'
```

字典可用整數值當作鍵，就像串列利用整數值作為索引足標，但這個鍵不必從 0 開始，它們可以是任何數字。

```
>>> spam = {12345: 'Luggage Combination', 42: 'The Answer'}
```

字典與串列

不像串列，字典中的項目是沒有順序的。在 spam 的串列中，第一個項目是 spam[0]，但在字典中則沒有所謂的「第一個」項目。就算兩個串列中的內容相同，若存放的順序不一樣，那這兩個串列還是會判別為不相同，因此串列中項目的順序也是很重要的。但在字典中，鍵－值對的存放順序並不重要。請在互動式 Shell 模式中輸入以下程式碼：

```
>>> spam = ['cats', 'dogs', 'moose']
>>> bacon = ['dogs', 'moose', 'cats']
>>> spam == bacon
False
>>> eggs = {'name': 'Zophie', 'species': 'cat', 'age': '8'}
>>> ham = {'species': 'cat', 'age': '8', 'name': 'Zophie'}
>>> eggs == ham
True
```

由於字典中的鍵－值對項目並沒有順序性，因此不能像串列那樣切片。

假若想要存取字典中不存在的鍵，則會顯示 KeyError 錯誤訊息。就像串列中用了「超出」索引足標的數字界限時也會顯示 IndexError 錯誤訊息。請在互動式 Shell 模式中輸入以下程式碼，因為輸入了不存在的 'color' 鍵，請留意畫面中顯示的錯誤訊息：

```
>>> spam = {'name': 'Zophie', 'age': 7}
>>> spam['color']
Traceback (most recent call last):
  File "<pyshell#1>", line 1, in <module>
```

```
    spam['color']
KeyError: 'color'
```

雖然字典是沒有順序的，但卻可以用任意值當成「鍵」，這能讓我們用強大的方式來整理資料。假設您希望程式存放朋友生日的資料，就可用一個字典，並以名字當成鍵，生日當成值配對在一起。請開啟新的 file editor 視窗，輸入如下的程式碼，並儲存成 birthdays.py：

```
❶ birthdays = {'Alice': 'Apr 1', 'Bob': 'Dec 12', 'Carol': 'Mar 4'}

  while True:
      print('Enter a name: (blank to quit)')
      name = input()
      if name == '':
          break

    ❷ if name in birthdays:
        ❸ print(birthdays[name] + ' is the birthday of ' + name)
      else:
          print('I do not have birthday information for ' + name)
          print('What is their birthday?')
          bday = input()
        ❹ birthdays[name] = bday
          print('Birthday database updated.')
```

您可以連到 https://autbor.com/bdaydb/ 觀察這隻程式的執行過程。首先是建立一個初始的字典，將它存放在 birthdays 變數中❶。用 in 關鍵字來作判別，看看輸入的名字是否為「鍵」存在字典內❷。如果名字在字典中，可用中括弧 [] 括住鍵來存取關聯的值❸。如果名字不在字典內，則可用同樣的中括弧 [] 語法和指定運算子來新增❹。

這個範例程式執行結果如下所示：

```
Enter a name: (blank to quit)
Alice
Apr 1 is the birthday of Alice
Enter a name: (blank to quit)
Eve
I do not have birthday information for Eve
What is their birthday?
Dec 5
Birthday database updated.
Enter a name: (blank to quit)
Eve
Dec 5 is the birthday of Eve
Enter a name: (blank to quit)
```

當然，在程式執行結束離開後，剛才在程式內輸入的所有資料都會被清掉。本書第 9 章會介紹說明如何將資料儲存在硬碟的檔案內。

Python 3.7 版中字典內容的順序

儘管它們並沒有排序的概念，也沒有所謂「第一個」鍵 - 值對的說法，但是如果想要以它們來建立一個序列值，在 Python 3.7 及更新的版本中，字典能記住其鍵 - 值對內容的插入順序。舉例來說，請留意以 eggs 和 ham 字典轉製成的串列，其中項目的順序與字典輸入的順序相同：

```
>>> eggs = {'name': 'Zophie', 'species': 'cat', 'age': '8'}
>>> list(eggs)
['name', 'species', 'age']
>>> ham = {'species': 'cat', 'age': '8', 'name': 'Zophie'}
>>> list(ham)
['species', 'age', 'name']
```

字典仍然是無有順序的，因為我們無法用 eggs[0] 或 ham[2] 之類的整數索引足標來存取其中的項目。我們不應該依賴這種方式，因為舊版本的 Python 中的字典不會記住鍵 - 值對原本的插入順序。例如，當我們在 Python 3.5 版中執行下列程式碼時，請留意串列與字典的鍵 - 值對的插入順序並不相符：

```
>>> spam = {}
>>> spam['first key'] = 'value'
>>> spam['second key'] = 'value'
>>> spam['third key'] = 'value'
>>> list(spam)
['first key', 'third key', 'second key']
```

key()、value() 和 items() 方法

這裡介紹 3 個字典方法：key()、value() 和 items()，其功用為將字典中鍵、值和鍵－值對等類似串列的值返回。這些方法返回的值並不是真的串列，它們不能修改，也沒有 append() 方法可用，但這些資料型別（dict_keys、dict_values 和 dict_items）可用於 for 迴圈。請在互動式 Shell 模式中輸入以下程式碼，實際體會一下這些方法的運作原理：

```
>>> spam = {'color': 'red', 'age': 42}
>>> for v in spam.values():
...     print(v)

red
42
```

在這裡的例子中，for 迴圈重複迭代了 spam 字典內每個值，for 迴圈也可以重複迭代每個鍵或鍵－值對：

```
>>> for k in spam.keys():
...     print(k)

color
age
>>> for i in spam.items():
...     print(i)

('color', 'red')
('age', 42)
```

利用 keys()、values() 和 items() 方法，for 迴圈可分別重複迭代字典中的鍵、值和鍵－值對。請留意 items() 方法返回的 dict_items 值中會含有鍵和值配對的多元組（tuple）。

如果想要透過這些方法取得真正的串列，就要把這些返回類似串列的值再傳入 list 函式來轉換。請在互動式 Shell 模式中輸入以下程式碼：

```
>>> spam = {'color': 'red', 'age': 42}
>>> spam.keys()
dict_keys(['color', 'age'])
>>> list(spam.keys())
['color', 'age']
```

list(spam.keys()) 這行程式碼接受 keys() 方法返回的 dict_keys 值，並傳入 list() 內來轉換，這樣可得到一個串列：['color', 'age']。

我們也可以透過多重指定值的技巧在 for 迴圈中將鍵和值指定給不同的變數，請在互動式 Shell 模式中輸入以下程式碼：

```
>>> spam = {'color': 'red', 'age': 42}
>>> for k, v in spam.items():
...     print('Key: ' + k + ' Value: ' + str(v))

Key: age Value: 42
Key: color Value: red
```

檢查字典中某個鍵或值是否存在

請回顧前一章的內容，in 和 not in 運算子能夠檢查值是否在串列之中，也可同樣利用這些運算子來檢查某個鍵或值是否在字典內。請在互動式 Shell 模式中輸入以下程式碼：

```
>>> spam = {'name': 'Zophie', 'age': 7}
>>> 'name' in spam.keys()
True
>>> 'Zophie' in spam.values()
True
>>> 'color' in spam.keys()
False
>>> 'color' not in spam.keys()
True
>>> 'color' in spam
False
```

請留意前面的例子，'color' in spam 這行是 'color' in spam.keys() 的簡化的版本。一般來說，如果想檢查某個值是否為字典中的鍵值，可以利用關鍵字 in（或 not in）來檢查字典。

get() 方法

在存取某個鍵所對應的值之前，先要檢查該鍵是否存在字典中的動作還滿麻煩的。還好字典有 get() 方法可簡化這些動作，它有兩個引數：要取得值所對應的鍵，以及如果該鍵不存在時要返回的備用值。

請在互動式 Shell 模式中輸入以下程式碼：

```
>>> picnicItems = {'apples': 5, 'cups': 2}
>>> 'I am bringing ' + str(picnicItems.get('cups', 0)) + ' cups.'
'I am bringing 2 cups.'
>>> 'I am bringing ' + str(picnicItems.get('eggs', 0)) + ' eggs.'
'I am bringing 0 eggs.'
```

由於 picnicItems 字典中沒有 'eggs' 鍵，get() 方法返回的預設值為 0。若不使用 get()，程式執行會產生錯誤訊息，如下所示：

```
>>> picnicItems = {'apples': 5, 'cups': 2}
>>> 'I am bringing ' + str(picnicItems['eggs']) + ' eggs.'
Traceback (most recent call last):
  File "<pyshell#34>", line 1, in <module>
    'I am bringing ' + str(picnicItems['eggs']) + ' eggs.'
KeyError: 'eggs'
```

setdefault()方法

假如您需要在字典中為某個不存在的鍵來設定預設值，其程式碼看起來會像下列所示：

```
spam = {'name': 'Pooka', 'age': 5}
if 'color' not in spam:
    spam['color'] = 'black'
```

setdefault() 方法提供了以一行程式就能搞定的方式，第一個要傳入 setdefault() 方法的引數是要檢查是否存在的鍵；第二個引數則是如果該鍵不存在時要設定的值。如果檢查該鍵存在字典中時，則此方法會返回該鍵的值。請在互動式 Shell 模式中輸入以下程式碼：

```
>>> spam = {'name': 'Pooka', 'age': 5}
>>> spam.setdefault('color', 'black')
'black'
>>> spam
{'color': 'black', 'age': 5, 'name': 'Pooka'}
>>> spam.setdefault('color', 'white')
'black'
>>> spam
{'color': 'black', 'age': 5, 'name': 'Pooka'}
```

上面的例子中，第一次呼叫 setdefault() 方法時，spam 變數內的字典為：{'color': 'black', 'age': 5, 'name': 'Pooka'}。由於 'black' 值設定給 'color' 鍵，該方法設定後返回值 'black'。當再次呼叫 spam.setdefault('color', 'white') 時，因為字典中已有 'color' 鍵存在，所以 'color' 鍵的值並「不會」設為 'white'，只會返回原來值 'black'。

setdefault() 是用來檢查確定某個鍵是否已存在字典中的快捷方法。下列有個小範例程式，其功能為計算字串中每個字元出現的次數。請開啟新的 file editor 視窗，輸入下列程式碼並儲存成 charaterCount.py 檔：

```
message = 'It was a bright cold day in April, and the clocks were striking
thirteen.'
count = {}

for character in message:
 ❶ count.setdefault(character, 0)
 ❷ count[character] = count[character] + 1

print(count)
```

您可以連到 https://autbor.com/setdefault/ 觀察這隻程式的執行過程。程式以迴圈重複迭代 message 變數的字串中的每個字元，計算每個字元的出現次數。對 count 字典呼叫 setdefault() 方法❶確定鍵有存在字典中（預設值設定為 0），這樣在執行 count[character] = count[character] + 1 ❷時就不會丟出錯誤訊息。這個程式執行結果如下：

```
{' ': 13, ',': 1, '.': 1, 'A': 1, 'I': 1, 'a': 4, 'c': 3, 'b': 1, 'e': 5, 'd': 3,
'g': 2, 'i': 6, 'h': 3, 'k': 2, 'l': 3, 'o': 2, 'n': 4, 'p': 1, 's': 3, 'r': 5, 't':
6, 'w': 2, 'y': 1}
```

從輸出結果來看，小寫 c 字元出現了 3 次，空格字元出現了 13 次，大寫字母 A 出現了 1 次。無論 message 變數中裝了什麼樣的字串，這個範例程式都能運作，即使變數存放的字串有百萬個字元也一樣能執行！

印出美觀好看的結果

如果程式中匯入 pprint 模組，就可叫用 pprint() 和 pformat() 函式幫我們把字典的值以美觀整齊的配置印出。如果想要讓字典中的項目顯示的比 print() 印出的結果還整齊漂亮，這兩個方函式就很有用了。請如下列所示修改前面的範例 characterCount.py 檔，並把改好的存成 prettyCharacterCount.py 檔：

```
import pprint
message = 'It was a bright cold day in April, and the clocks were striking
thirteen.'
count = {}

for character in message:
    count.setdefault(character, 0)
    count[character] = count[character] + 1

pprint.pprint(count)
```

您可以連到 https://autbor.com/pprint/ 觀察這隻程式的執行過程。這個程式執行所印出顯示在畫面的結果會很美觀好看又整齊，鍵－值對是經過排序的：

```
{' ': 13,
 ',': 1,
 '.': 1,
 'A': 1,
 'I': 1,
 --省略--
 't': 6,
 'w': 2,
 'y': 1}
```

如果字典本身又含有串列或字典，pprint.pprint() 函式就特別有用。

假如希望要顯示印出的文字存成字串，而不是顯示在螢幕上，那就要呼叫 pprint.pformat()。下列這兩行程式碼有相同的效用：

```
pprint.pprint(someDictionaryValue)
print(pprint.pformat(someDictionaryValue))
```

利用資料結構形塑真實世界的事物

在還沒有網路之前，世界兩端的玩家還是有辦法一起下棋。下棋的玩家在家裡設好棋盤，然後以寄信方式輪流寄出描述了每一步棋的明信片。要做到這一點，就需要能夠清楚明白地記下棋盤的狀態和每一步棋的移動。

在「代數記譜法（algebraic chess notation）」中，棋盤空間是由數字和字母組成的座標來識別。如圖 5-1 所示。

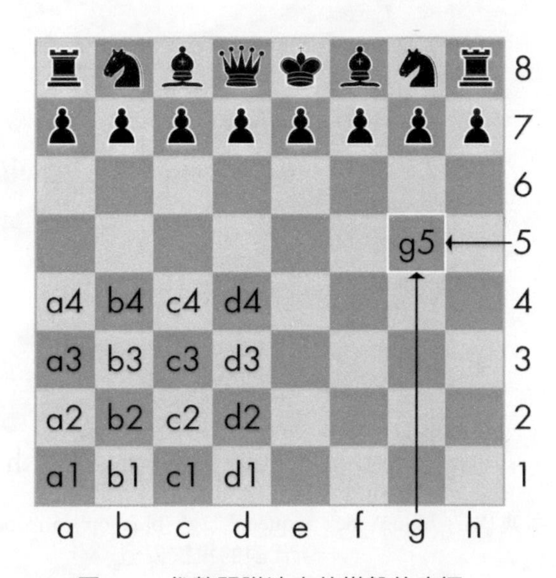

圖 5-1　代數記譜法中的棋盤的座標

棋子是以字母來代表：K（King）代表王，Q（Queen）代表皇后，R（Rook）代表城堡，B（Bishop）代表主教，N（Knight）代表騎士。下棋移動的描述是用棋子的字母和要移到的目的座標位置。以一對移動的描述代表一回合（白方先下），舉例來說，簡譜「2. Nf3 Nc6」是指棋局第二回合，白方將騎士移到 f3，黑方將騎士移到 c6。

代數記譜法還有很多細節，但只要知道其重點，那就是我們不需要真的面對面站在棋盤前，用這種記述方式可以清楚明白地描述下棋的狀態。對手在哪裡都無所謂，實際上，如果記憶力夠好，連真的棋盤都不需要，只要讀對手寄來的下棋移動位置，在心中棋盤就可下棋。

電腦有很強的記憶能力。現今電腦中的程式很容易就能儲存數百萬個像「2. Nf3 Nc6」的字串。這就是為何電腦不用真的棋盤就能下棋，電腦能用資料數據來塑模表示棋盤，編寫設計程式就能使用這個模型。

這個例子會用串列和字典。利用它們就能對真實世界塑模，例如字典 {'1h': 'bking', '6c': 'wqueen', '2g': 'bbishop', '5h': 'bqueen', '3e': 'wking'} 所代表的棋盤模型如圖 5-2 所示。

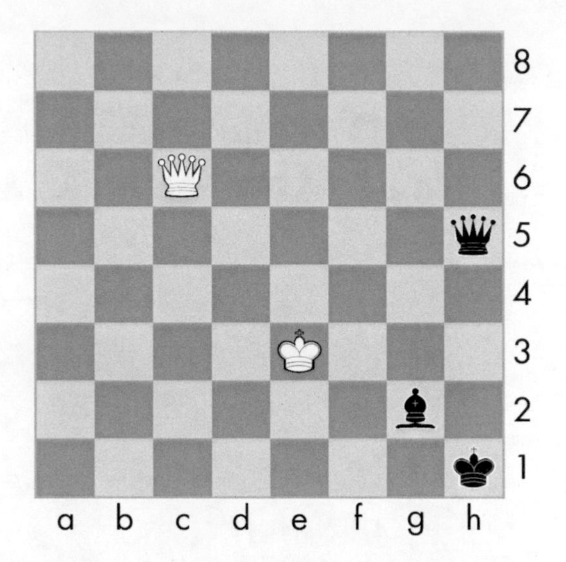

圖 5-2 字典{'1h': 'bking', '6c': 'wqueen', '2g': 'bbishop', '5h': 'bqueen', '3e': 'wking'} 所代表的棋盤模型

接下來舉一個實例，用比西洋棋更簡單的「井字棋」為例來介紹其應用。

井字棋

井字棋就是我們常玩的 OOXX 遊戲。看起來像個大的井字符號（#），有 9 格，可以放 X、O 或空白。若使用字典來表示棋盤，可為每格分配一個字串鍵（key），如圖 5-3 所示。

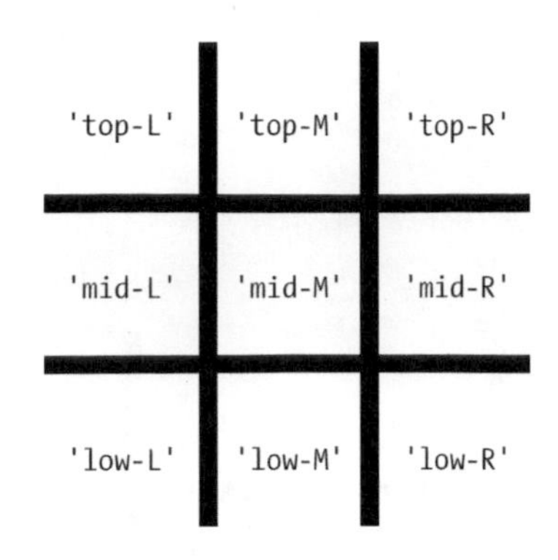

圖 5-3　井字棋盤的棋格和對應的鍵（key）

可利用字串值來表示棋格的內容：'X'、'O'、或 ' '（空白字元）。有 9 格所以需要儲存 9 個字串，用一個字典就能做到這件事。'top-R' 鍵的字串表示右上角，'low-L' 鍵的字串表示左下角，'mid-M' 鍵的字串表示正中央，以上類推。

這個字典就是井字棋盤的資料結構，把這個字典的棋盤存入 theBoard 變數中。請開啟新的 file editor 視窗，輸入如下的程式碼，並儲存成 ticTacToe.py 檔：

```
theBoard = {'top-L': ' ', 'top-M': ' ', 'top-R': ' ',
            'mid-L': ' ', 'mid-M': ' ', 'mid-R': ' ',
            'low-L': ' ', 'low-M': ' ', 'low-R': ' '}
```

存放在 theBoard 變數中的資料結構，其棋盤如圖 5-4 所示。

圖 5-4　都放入「空白」的井字棋盤

由於 theBoard 變數中每個鍵對應的值都是單個空白字元，所以這個字典代表著一個完全乾淨的棋盤。如果玩家在正中央畫了 X，可用下列這個字典來表示：

```
theBoard = {'top-L': ' ', 'top-M': ' ', 'top-R': ' ',
            'mid-L': ' ', 'mid-M': 'X', 'mid-R': ' ',
            'low-L': ' ', 'low-M': ' ', 'low-R': ' '}
```

上述存在 theBoard 變數中的資料結構，其井字棋盤如圖 5-5 所示。

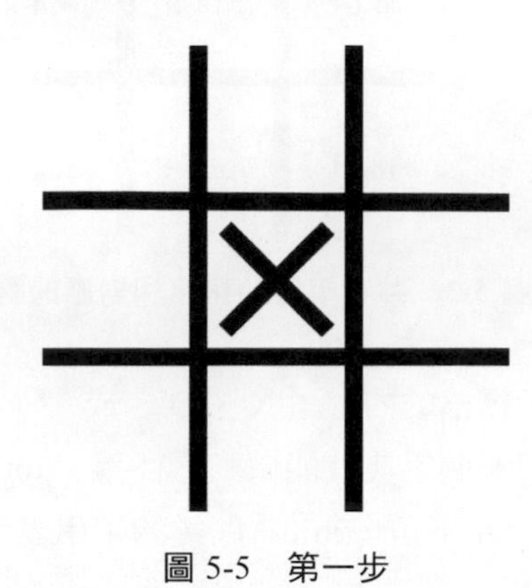

圖 5-5　第一步

某個玩家以 O 在棋盤頂端連成一線獲勝，那字典的表示如下：

```
theBoard = {'top-L': 'O', 'top-M': 'O', 'top-R': 'O',
            'mid-L': 'X', 'mid-M': 'X', 'mid-R': ' ',
            'low-L': ' ', 'low-M': ' ', 'low-R': 'X'}
```

這個存在 theBoard 變數中的資料結構，其井字棋盤如圖 5-6 所示。

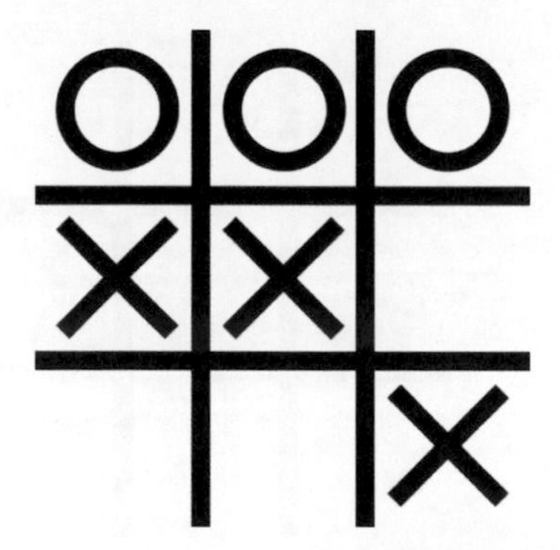

圖 5-6　玩家 O 獲勝

當然，玩家只看到印在畫面上的內容，而不是變數內容。接著建立一個函式，功能是將棋盤字典印到螢幕上。請將下列新的程式碼再加到 ticTacToe.py 中：

```
theBoard = {'top-L': ' ', 'top-M': ' ', 'top-R': ' ',
            'mid-L': ' ', 'mid-M': ' ', 'mid-R': ' ',
            'low-L': ' ', 'low-M': ' ', 'low-R': ' '}
def printBoard(board):
    print(board['top-L'] + '|' + board['top-M'] + '|' + board['top-R'])
    print('-+-+-')
    print(board['mid-L'] + '|' + board['mid-M'] + '|' + board['mid-R'])
    print('-+-+-')
    print(board['low-L'] + '|' + board['low-M'] + '|' + board['low-R'])
printBoard(theBoard)
```

您可以連到 https://autbor.com/tictactoel/ 觀察這隻程式的執行過程。執行這個程式，printBoard() 函式會印出空白的棋盤。

```
 | |
-+-+-
 | |
-+-+-
 | |
```

printBoard() 函式能處理傳入的任何井字棋資料結構，請試著將程式碼改成如下的樣子：

```
theBoard = {'top-L': 'O', 'top-M': 'O', 'top-R': 'O', 'mid-L': 'X', 'mid-M': 'X',
'mid-R': ' ', 'low-L': ' ', 'low-M': ' ', 'low-R': 'X'}

def printBoard(board):
    print(board['top-L'] + '|' + board['top-M'] + '|' + board['top-R'])
    print('-+-+-')
    print(board['mid-L'] + '|' + board['mid-M'] + '|' + board['mid-R'])
    print('-+-+-')
    print(board['low-L'] + '|' + board['low-M'] + '|' + board['low-R'])
printBoard(theBoard)
```

您可以連到 https://autbor.com/tictactoel2/ 觀察這隻程式的執行過程。執行程式的結果如下：

```
O|O|O
-+-+-
X|X|
-+-+-
 | |X
```

由於建立了資料結構來表示井字棋盤，也設計了 printBoard() 中的程式來解譯這個資料結構，所以就有了這個程式，它就對井字棋遊戲塑模的成果。我們也可以用不同的表示方式來整理資料結構（例如，使用 'TOP-LEFT' 這種鍵來取代'top-L'），但只要程式能處理這個資料結構，就能正確執行您想要的運作。

舉例來說，printBoard() 函式預期傳入的井字棋資料結構是含有 9 個鍵對應 9 個空格的字典，假如傳入的字典少了 'mid-L' 鍵，那程式就不能運作了。

```
O|O|O
-+-+-
Traceback (most recent call last):
  File "ticTacToe.py", line 10, in <module>
    printBoard(theBoard)
  File "ticTacToe.py", line 6, in printBoard
    print(board['mid-L'] + '|' + board['mid-M'] + '|' + board['mid-R'])
KeyError: 'mid-L'
```

接著新增程式碼，允許玩家輸入下棋的走法。修改的 ticTacToe.py 如下所示：

```
theBoard = {'top-L': ' ', 'top-M': ' ', 'top-R': ' ', 'mid-L': ' ', 'mid-M': ' ',
'mid-R': ' ', 'low-L': ' ', 'low-M': ' ', 'low-R': ' '}

def printBoard(board):
    print(board['top-L'] + '|' + board['top-M'] + '|' + board['top-R'])
    print('-+-+-')
    print(board['mid-L'] + '|' + board['mid-M'] + '|' + board['mid-R'])
    print('-+-+-')
    print(board['low-L'] + '|' + board['low-M'] + '|' + board['low-R'])
turn = 'X'
for i in range(9):
❶  printBoard(theBoard)
    print('Turn for ' + turn + '. Move on which space?')
❷  move = input()
❸  theBoard[move] = turn
❹  if turn == 'X':
        turn = 'O'
    else:
        turn = 'X'
printBoard(theBoard)
```

您可以連到 https://autbor.com/tictactoel3/ 觀察這隻程式的執行過程。新加入的程式碼在每一步新的下法之前會印出棋盤❶，然後取得目前玩家的下棋走法❷，更新棋盤❸，接著換人❹，進入下一步。

程式執行後的結果如下所示：

```
 | |
-+-+-
 | |
-+-+-
 | |
Turn for X. Move on which space?
mid-M
 | |
-+-+-
 |X|
```

```
-+-+-
 | |

--省略--

O|O|X
-+-+-
X|X|O
-+-+-
O| |X
Turn for X. Move on which space?
low-M
O|O|X
-+-+-
X|X|O
-+-+-
O|X|X
```

上述的程式並不是個完整的井字棋遊戲（例如，不會檢查是否已獲勝），但已足夠用來說明如何在程式中使用資料結構。

> NOTE
>
> 如果您想要完整的井字棋程式的原始程式碼及相關介紹，請連到下列網址查詢：http://nostarch.com/automatestuff2/，在 Additional Online Resources 中有相關連結。

巢狀嵌套的字典和串列

從前述的實例中，對井字棋塑模滿簡單的：棋盤只需一個內含 9 個鍵－值對的字典。但如果對更複雜的事物塑模時，可能就需要更複雜的方式，例如字典或串列中要放入其他字典或串列這種巢狀嵌套的結構。串列比較適合用在含有一組有序的值，而字典則適用於以關聯配對的鍵與值。例如下面的程式實例，所使用的字典中還存放入其他的字典，是用來記錄去野餐的人和帶的食物。totalBrought() 函式能存取這個資料結構，計算所有客人帶來食物的加總。

```
allGuests = {'Alice': {'apples': 5, 'pretzels': 12},
             'Bob': {'ham sandwiches': 3, 'apples': 2},
             'Carol': {'cups': 3, 'apple pies': 1}}

def totalBrought(guests, item):
    numBrought = 0
 ❶ for k, v in guests.items():
     ❷ numBrought = numBrought + v.get(item, 0)
    return numBrought

print('Number of things being brought:')
```

```
print(' - Apples         ' + str(totalBrought(allGuests, 'apples')))
print(' - Cups           ' + str(totalBrought(allGuests, 'cups')))
print(' - Cakes          ' + str(totalBrought(allGuests, 'cakes')))
print(' - Ham Sandwiches ' + str(totalBrought(allGuests, 'ham sandwiches')))
print(' - Apple Pies     ' + str(totalBrought(allGuests, 'apple pies')))
```

您可以連到 https://autbor.com/guestpicnic/ 觀察這隻程式的執行過程。在 totalBrought() 函式中 for 迴圈重複迭代 guests 中每個鍵－值對❶，在這個迴圈中客人的名字指定給 k 變數，所帶來食物的項目則指定給 v 變數，如果參數是字典中有存在的鍵（key），它的值（數量）會加到 numBrought ❷。如果參數不是鍵（key），get() 方法會返回 0，也加到 numBrought。

程式執行後的結果如下：

```
Number of things being brought:
 - Apples         7
 - Cups           3
 - Cakes          0
 - Ham Sandwiches 3
 - Apple Pies     1
```

為那麼簡單的事物塑模，還要傷腦筋設計編寫出程式來處理，您可能覺得太麻煩，但請想一想，這個 totalBrought() 函式能輕鬆處理存放了數千名客人和他們帶來的數千種的食物的字典，用這種資料結構來存放資訊，並用 totalBrought() 來處理，可是會節省很多時間哦！

只要程式能正確地處理這個資料模型，您可以用自己喜歡的方式來設計資料結構對事物建立模型。在剛開始編寫程式時，不要太在意什麼是「正規」的塑模方法。隨著經驗的累積，您就會找到有效率的方法，但最為重要的是塑模的資料模型能符合程式處理上的需要。

總結

你已在本章中學到了字典的所有相關知識。串列和字典能夠存放多重的值，這些值也包括字典或串列。字典很有用，它可以把項目（鍵－key）關聯對應到另一些項目（值－value）。不像串列只能存放一系列有序的值。字典的值（value）是用中括弧來存取的，這點和串列一樣。字典不只能用整數值當鍵（key），也能用浮點數、字串或多元組來當鍵（key）。透過將程式中的值整理組織成資料結構，就能為真實世界的事物塑模，井字棋遊戲就是一個實例。

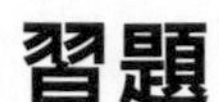

習題

1. 空字典的程式碼要怎麼寫出來？

2. 一個存了鍵為 'foo'，對應值為 '42' 的字典是長什麼樣子？

3. 字典和串列的主要分別是什麼？

4. 如果 spam 是 {'bar':100}，當嘗試存取 spam['foo'] 時會顯示什麼？

5. 假如要把字典指定到 spam 變數之中，則表示式 'cat' in spam 和 'cat' not in spam.keys() 有什麼不同？

6. 假如要把字典指定到 spam 變數之中，則表示式 'cat' in spam 和 'cat' not in spam.values() 有什麼不同？

7. 下列這段程式碼的簡寫為何？

```
if 'color' not in spam:
    spam['color'] = 'black'
```

8. 什麼模組和函式可用來印出美觀整齊的字典值？

實作專題

為了練習與實作，請依照下列需求編寫設計程式。

西洋棋字典驗證器

在本章中，我們使用了字典值 {'1h': 'bking', '6c': 'wqueen', '2g': 'bbishop', '5h': 'bqueen', '3e': 'wking'} 代表棋盤。請編寫一個名為 isValidChessBoard() 的函式，此函式有一個字典引數，能判斷字典值的棋盤是否為合法有效來返回 True 或 False 值。

合法有效的棋盤只能有一位代表黑棋的國王和一位代表白棋的國王。每位玩家最多只能有 16 個棋子和最多 8 個兵，而且所有棋子必須放置到從 '1a' 到 '8h' 的有效棋盤空間內。也就是說，棋子不能放在 '9z' 這個位置上。棋子名稱是

以 'w' 或 'b' 開頭，分別代表白棋或黑棋，然後是 'pawn'、'knight'、'bishop'、'rook'、'queen' 或 'king'。此功能應檢測錯誤何時導致棋盤不正確。

幻想遊戲的倉庫

假如您正在設計好玩的電動，用來存放玩家物品倉庫的資料結構是個字典，其中鍵（key）為字串，用來描述物品，而值（value）則是個整數值，代表數量。例如，字典 {'rope': 1, 'torch': 6, 'gold coin': 42, 'dagger': 1, 'arrow': 12} 是指玩家有 1 條繩索（rope）、6 個火把（torch）、42 個金幣（gold）、1 把短劍（dagger）和 12 支箭（arrow）。

編寫一個名為 displayInventory() 的函式，能接受剛才的物品倉庫字典，並顯示如下：

```
Inventory:
12 arrow
42 gold coin
1 rope
6 torch
1 dagger
Total number of items: 62
```

提示：可利用 for 迴圈來重複走訪取得字典中所有的鍵（key）。

```
# inventory.py
stuff = {'rope': 1, 'torch': 6, 'gold coin': 42, 'dagger': 1, 'arrow': 12}

def displayInventory(inventory):
    print("Inventory:")
    item_total = 0
    for k, v in inventory.items():
        # FILL IN THE CODE HERE
    print("Total number of items: " + str(item_total))

displayInventory(stuff)
```

把串列匯整到字典中

假如殺掉一條龍的所獲得戰利品的字串串列為：

```
dragonLoot = ['gold coin', 'dagger', 'gold coin', 'gold coin', 'ruby']
```

請編寫一個 addToInventory(inventory, addedItems) 函式，其中 inventory 參數為字典，代表玩家的物品倉庫（像前面所說明的項目一樣），addedItems 參數則是串列，像上面的 dragonLoot。addToInventory() 函式會把 addedItems 串列的物品加到 inventory 倉庫中，然後返回已更新過物品倉庫字典。請注意，串列可含有多個相同的項目值。程式碼大概念像這樣：

```
def addToInventory(inventory, addedItems):
    # your code goes here

inv = {'gold coin': 42, 'rope': 1}
dragonLoot = ['gold coin', 'dagger', 'gold coin', 'gold coin', 'ruby']
inv = addToInventory(inv, dragonLoot)
displayInventory(inv)
```

前述程式（加上前一個 displayInventory() 函式）執行結果如下所示：

```
Inventory:
45 gold coin
1 rope
1 ruby
1 dagger

Total number of items: 48
```

第 6 章
字串的操作

文字是程式會去處理的最常見的一種資料形式。我們已經學過如何利用 + 運算子將兩個字串連接在一起，但字串的操作不只這些，還有很多應用，例如，可從字串中擷取部分字串、新增或刪除空格、大小寫的轉換、驗證字串格式是否正確等；甚至還可以編寫 Python 程式存取剪貼簿來進行複製和貼上的處理。

在本章中都會講解這些內容及其他應用，隨後會有二個程式設計專題：一個是簡單的剪貼簿程式，可用來儲存多個文字的字串，另一個是文字格式的自動化處理。

字串的處理

讓我們來看一下 Python 提供在程式中寫入、印出和存取字串的方法。

字串常值

在 Python 程式碼中輸入字串值很直接：就是用單引號左右括住字串值即可，但如果字串值內有用到單引號時怎麼辦？直接輸入 **'That is Alice's cat.'** 是不行的，因為 Python 判別這個字串到 Alice 就是結尾了，剩下的 s cat' 就變成不合法的 Python 程式碼。那要怎麼處理呢？以下有幾種方式可解決。

雙引號

字串可以用雙引號 " 作為括住字串值的起始和結尾，用法和單引號一樣。使用雙引號的好處之一是字串中可以用單引號字元。請在互動式 Shell 模式下輸入以下程式碼：

```
>>> spam = "That is Alice's cat."
```

由於字串是以雙引號括住，所以 Python 知道其中的單引號是字串的一部分，並不會視為字串的結尾。但是，如果字串中需要有單引號和雙引號同時存在的話，就要用轉義字元來協助了。

轉義字元

轉義字元（escape character）可讓我們輸入一些不太能放在字串裡的字元。轉義字元就是一條反斜線（\），放在想輸入的特殊字元的前面（雖然變成反斜線和字元兩個成一組，但只會視為一個字元）。例如，單引號是「\'」表示。在以單引號括住的字串中就可以這樣使用。請在互動式 Shell 模式下輸入以下程式碼來體會轉義字元的運用結果：

```
>>> spam = 'Say hi to Bob\'s mother.'
```

Python 了解 Bob\'s 中的單引號前有個反斜線，所以不會把它視為字串的結尾。使用轉義字元 \' 和 \" 就能讓我們在字串中輸入單引號和雙引號了。

表 6-1 列出了可用的轉義字元。

表 6-1　轉義字元

轉義字元	印出
\'	單引號
\"	雙引號
\t	定位空格
\n	換行
\\	反斜線

請在互動式 Shell 模式下輸入以下內容：

```
>>> print("Hello there!\nHow are you?\nI\'m doing fine.")
Hello there!
How are you?
I'm doing fine.
```

原始字串

若在字串開始的引號之前加上 r 字母，這個字串就會變成「原始字串（raw string）」。原始字串會完全忽視引號內的轉義字元，使用 print() 印出時也會把反斜線也一起印出。請在互動式 Shell 模式下輸入以下程式碼：

```
>>> print(r'That is Carol\'s cat.')
That is Carol\'s cat.
```

由於這是原始字串，Python 會把反斜線也視為字串的一部分，而不當成轉義字元。如果輸入的字串中會用到很多反斜線，例如用來表示 Windows 檔案路徑的 r'C:\Users\Al\Desktop'，或在下一章所介紹的正規表示式（regular expression）的字串，這個原始字串就很有幫助。

使用三重引號的多行字串

雖然可以使用 \n 轉義字元讓字串換行，但三重引號的多行字串更好用。在 Python 中多行字串是以三個單引號或三個雙引號括住，在三重引號括住之間的所有引號、定位空格或換行，都會被認為是字串的一部分，Python 程式碼縮排的規則也不適用於多行字串。

請開啟新的 file editor 視窗，輸入以下的程式碼：

```
print('''Dear Alice,

Eve's cat has been arrested for catnapping, cat burglary, and extortion.

Sincerely,
Bob''')
```

請將這段程式儲存為 catnapping.py 檔並執行，其結果如下：

```
Dear Alice,

Eve's cat has been arrested for catnapping, cat burglary, and extortion.

Sincerely,
Bob
```

請注意 Eve's 中的引號字元並不用加轉義字元。但在多行字串中，還是可用使用反斜線來轉義來雙引號或單引號。下列的所呼叫的 print() 會印出與前面相同的文字，這是沒有使用多行字串的版本：

```
print('Dear Alice,\n\nEve\'s cat has been arrested for catnapping, cat
burglary, and extortion.\n\nSincerely,\nBob')
```

多行注釋

雖然用一個 # 字元就可以表示這一行為注釋，但如果要做多行的注釋時，可用下列 Python 程式範例所示範的三重雙引號用法：

```
"""This is a test Python program.
Written by Al Sweigart al@inventwithpython.com

This program was designed for Python 3, not Python 2.
"""

def spam():
    """This is a multiline comment to help
    explain what the spam() function does."""
    print('Hello!')
```

字串的足標與切片

字串和串列一樣都能用索引足標和切片來擷取其中想要的部分。接下來把字串 'Hello world!' 當成串列來看，字串中每個字元都是一個串列的項目值，有其對應的索引足標編號。

```
' H  e  l  l  o     w  o  r  l  d  !  '
  0  1  2  3  4  5  6  7  8  9  10 11
```

字元計數也包含空格和驚嘆號，所以 'Hello world!' 有 12 個字元，H 的索引足標為 0，! 的索引足標為 11。請在互動式 Shell 模式下輸入以下程式碼：

```
>>> spam = 'Hello world!'
>>> spam[0]
'H'
>>> spam[4]
'o'
>>> spam[-1]
'!'
>>> spam[0:5]
'Hello'
>>> spam[:5]
'Hello'
>>> spam[6:]
'world!'
```

指定一個索引足標即可得到讓索引足標對應位置的字元。如果用從某索引足標到另一索引足標的範圍來指定，開始的索引足標有包含在內，但結尾的索引足標則不包含。假設 spam 變數中存放了字串 'Hello world!'，spam[0:5] 切片的結果為 'Hello'。利用 spam[0:5] 取得的子字串包含 spam[0] 到 spam[4] 的字元內容，但不包含 spam[5]。

請留意一點，字串切片並沒有修改原來的字串，我們可從某個變數中取得字串的切片，再指定到另一個變數中。請在互動式 Shell 模式下輸入以下程式碼：

```
>>> spam = 'Hello world!'
>>> fizz = spam[0:5]
>>> fizz
'Hello'
```

利用切片並將結果的子字串存到另一個變數中，如此可以保留原有的字串，又有擷取下的子字串，這樣能方便其快速存取。

字串的 in 和 not in 運算子

就像串列一樣，字串也能使用 in 和 not in 運算子。in 或 not in 表示式是在其左右加兩個字串來比對，運算求值結果為布林值的 True 或 False。請在互動式 Shell 模式中輸入如下的程式碼：

```
>>> 'Hello' in 'Hello World'
True
>>> 'Hello' in 'Hello'
True
>>> 'HELLO' in 'Hello World'
False
>>> '' in 'spam'
True
>>> 'cats' not in 'cats and dogs'
False
```

這些表示式是比對左側的字串是否存在右側的字串中（會精準完整比對，且有區分大小寫）。

把字串放入其他字串中

把字串放入其他字串中是程式設計時很常見的操作。到目前為止，我們一直都是使用 + 運算子來執行字串的連接操作：

```
>>> name = 'Al'
>>> age = 4000
>>> 'Hello, my name is ' + name + '. I am ' + str(age) + ' years old.'
'Hello, my name is Al. I am 4000 years old.'
```

但這種方式需要大量乏味的輸入工作。還有一種更簡單的處理方法，那就是使用「字串插值（string interpolation）」，以字串內的 %s 運算子充當標記，並由字串後的值代替插入。字串插值的好處之一是不必呼叫 str() 即可把值轉換為字串。請在互動式 Shell 模式中輸入如下的內容：

```
>>> name = 'Al'
>>> age = 4000
>>> 'My name is %s. I am %s years old.' % (name, age)
'My name is Al. I am 4000 years old.'
```

Python 3.6 版開始有了 f-strings 功能，這種字串很像字串插值，不同之處在於使用大括號代替 %s，並將表示式直接放在大括號內。與原始字串一樣，f 字串在起始引號前面加上 f 當作前置。請在互動式 Shell 模式中輸入以下內容：

```
>>> name = 'Al'
>>> age = 4000
>>> f'My name is {name}. Next year I will be {age + 1}.'
'My name is Al. Next year I will be 4001.'
```

要記得放入前置的 f 字母，不然大括號和其中內容都會原樣呈現：

```
>>> 'My name is {name}. Next year I will be {age + 1}.'
'My name is {name}. Next year I will be {age + 1}.'
```

好用的字串方法

有些字串方法能分析字串，或建立轉換的字串。本節會介紹我們可能會常用的字串方法。

upper()、lower()、isupper() 和 islower() 等字串方法

upper() 和 lower() 會將原字串的所有字母轉換大小寫並返回轉好的新字串。字串中非字母的字元則保持原樣不變。

請在互動式 Shell 模式中輸入如下的程式碼：

```
>>> spam = 'Hello world!'
>>> spam = spam.upper()
>>> spam
'HELLO WORLD!'
>>> spam = spam.lower()
>>> spam
'hello world!'
```

請留意一點，這些方法並沒有改變字串本身，而是返回新的字串。如果要改變原本的字串，就必須要以該字串呼叫 upper() 或 lower()，然後再將返回的新字串指定給存放原來字串的變數。這就是為什麼要用 spam = spam.upper()，這樣才能改變 spam 原來的字串，而不是只用 spam.upper()（就像如果 eggs 變數中存了 10，寫出 eggs + 3 並不會改 eggs 的值，但寫出 eggs = eggs + 3 就會改變 eggs 的值）。

如果需要進行大小寫無關的比對時，upper() 和 lower() 方法就能幫上忙。字串 'great' 和 'GREat' 是不相等的，但在下列的例子中，使用者輸入 Great、GREAT 或 grEAT 都沒關係，因為字串會先被轉換成小寫。

```
print('How are you?')
feeling = input()
if feeling.lower() == 'great':
    print('I feel great too.')
else:
    print('I hope the rest of your day is good.')
```

執行這隻程式時會先顯示問題，讓使用者輸入各種 great 的大小寫變化，例如 GREat，程式還是會印出「I feel great too.」。若在程式中加入能處理多種輸入情況或錯誤的程式碼，例如處理大小寫不一致的情況，這會讓程式更好用且更不會失誤。

```
How are you?
GREat
I feel great too.
```

您可以連到 https://autbor.com/convertlowercase/ 觀察這隻程式的執行過程。如果字串中至少有一個字母，且所有字母都是大寫或小寫，isupper() 和 islower() 方法就會對應地返回布林值 True，否則就返回 False。請在互動式 Shell 模式中輸入如下的程式碼，並注意每個方法所返回的布林值：

```
>>> spam = 'Hello world!'
>>> spam.islower()
False
>>> spam.isupper()
False
>>> 'HELLO'.isupper()
True
>>> 'abc12345'.islower()
True
>>> '12345'.islower()
False
>>> '12345'.isupper()
False
```

因為 upper() 和 lower() 方法會返回字串，所以也能夠在那些返回的字串上繼續呼叫字串方法，這樣做的表示式看起來就像一串的呼叫方法鏈。請在互動式 Shell 模式中輸入如下的程式碼：

```
>>> 'Hello'.upper()
'HELLO'
>>> 'Hello'.upper().lower()
'hello'
>>> 'Hello'.upper().lower().upper()
'HELLO'
>>> 'HELLO'.lower()
'hello'
>>> 'HELLO'.lower().islower()
True
```

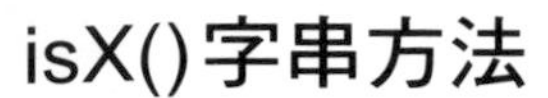

isX()字串方法

除了 islower() 和 isupper() 之外，還有幾個字串方法的名字是以 is 開頭，這些方法會依照其描述字串的特質進行比對並返回布林值。以下是一些常用 isX 的字串方法：

- 如果字串只含有字母且不是空的，isalpha() 方法會返回 True。
- 如果字串只含有字母和數字且不是空的，isalnum() 方法會返回 True。
- 如果字串只含有數字且不是空的，isdecimal() 方法會返回 True。
- 如果字串只含有空格、定位空格和換行，且不是空的，isspace() 方法會返回 True。
- 如果字串只含有大寫字母開頭，而後面都是小寫字母的單字，istitle() 方法會返回 True。

請在互動式 Shell 模式中輸入如下的程式碼：

```
>>> 'hello'.isalpha()
True
>>> 'hello123'.isalpha()
False
>>> 'hello123'.isalnum()
True
>>> 'hello'.isalnum()
True
>>> '123'.isdecimal()
True
>>> '    '.isspace()
True
>>> 'This Is Title Case'.istitle()
True
>>> 'This Is Title Case 123'.istitle()
True
>>> 'This Is not Title Case'.istitle()
False
>>> 'This Is NOT Title Case Either'.istitle()
False
```

如果需要驗證使用者的輸入，isX() 字串方法能幫上很多忙。舉例來說，下列的程式範例是以迴圈重複詢問使用者年齡和密碼，直到輸入驗證為有效的內容為止。請開啟新的 file editor 視窗，輸入以下程式碼並存成 validateInput.py：

```
while True:
    print('Enter your age:')
    age = input()
    if age.isdecimal():
        break
    print('Please enter a number for your age.')

while True:
    print('Select a new password (letters and numbers only):')
    password = input()
    if password.isalnum():
        break
    print('Passwords can only have letters and numbers.')
```

在第一個 while 迴圈中，會要求使用者輸入年齡，並將輸入存到 age 變數中。如果 age 是合法有效值（數字）就跳出第一個 while 迴圈，移到第二個 while 迴圈，提問密碼。如果輸入的年齡不是有效合法值，會顯示告知使用者需要輸入數字，並再次要求輸入年齡。在第二個 while 迴圈中要求輸入密碼，並將輸入存到 password 變數中，如果輸入的是字母或數字則跳出迴圈，如果不是則顯示告知使用者要輸入字母或數字的文字訊息，並再次要求輸入密碼。

執行程式的結果如下：

```
Enter your age:
forty two
Please enter a number for your age.
Enter your age:
42
Select a new password (letters and numbers only):
secr3t!
Passwords can only have letters and numbers.
Select a new password (letters and numbers only):
secr3t
```

您可以連到 https://autbor.com/validateinput/ 觀察這隻程式的執行過程。以變數呼叫 isdecimal() 和 isalnum() 方法就能驗證存放在這些變數中的值是否只有數字、是否為字母或數字。在這個程式裡，驗證檢測幫我們回絕「forty two」這種輸入而接受「42」；回絕「secr3t!」而接受「secr3t」。

startswith() 和 endswith() 字串方法

如果以字串來呼叫 startswith() 和 endswith() 方法，並以字串相符的起始字元和結尾字元傳入其中，則這兩個方法會返回 True，不然就返回 False。請在互動式 Shell 模式中輸入如下的程式碼來體會一下其用法：

```
>>> 'Hello world!'.startswith('Hello')
True
>>> 'Hello world!'.endswith('world!')
True
>>> 'abc123'.startswith('abcdef')
False
>>> 'abc123'.endswith('12')
False
>>> 'Hello world!'.startswith('Hello world!')
True
>>> 'Hello world!'.endswith('Hello world!')
True
```

如果要檢查比對字串的起始或結尾部分是否等於另一個字串，而不是比對整個字串時，這兩個方法會比 == 運算子更好用。

join() 和 split() 字串方法

如果想要把某個字串與串列中的內容連接起來變成新的字串，join() 方法能幫得上忙。以某個字串來呼叫 join() 方法，並把串列傳入其中，則結果會返回新的字串，這個字串是把呼叫的字串與傳入的串列中的每個項目值連接在一起。請在互動式 Shell 模式中輸入如下的程式碼，以實例來體會一下其用法：

```
>>> ', '.join(['cats', 'rats', 'bats'])
'cats, rats, bats'
>>> ' '.join(['My', 'name', 'is', 'Simon'])
'My name is Simon'
>>> 'ABC'.join(['My', 'name', 'is', 'Simon'])
'MyABCnameABCisABCSimon'
```

請留意一點，呼叫 join() 方法的字串會放入到串列中每個項目字串值之間，例如，如果以 ',' 字串呼叫 join(['cats', 'rats', 'bats'])，會返回 'cats, rats, bats'。

也請記住，join() 方法是針對一個字串來呼叫的，且要傳入一個串列值（這個方法很容易不小心搞錯）。split() 方法所做的事則正好相反：它對一個字串呼叫其方法，然後傳回串列。請在互動式 Shell 模式中輸入如下的程式碼：

```
>>> 'My name is Simon'.split()
['My', 'name', 'is', 'Simon']
```

在預設的情況下，字串 'My name is Simon' 會依照各種空白來分割，空白包括空格字元、定位字元或換行字元。這些空白字元並不會放入返回的串列中的字串項目內。此外，也可傳入分割字元到 split() 方法，指定它依照其傳入的分割字元來對字串進行分割。請在互動式 Shell 模式中輸入如下的程式碼，以實例來體會一下其用法：

```
>>> 'MyABCnameABCisABCSimon'.split('ABC')
['My', 'name', 'is', 'Simon']
>>> 'My name is Simon'.split('m')
['My na', 'e is Si', 'on']
```

有個常見的 split() 用法是對某段多行的字串以換行字元來進行分割，例如下列的實例，請在互動式 Shell 模式中輸入如下的程式碼：

```
>>> spam = '''Dear Alice,
How have you been? I am fine.
There is a container in the fridge
that is labeled "Milk Experiment".

Please do not drink it.
Sincerely,
Bob'''
>>> spam.split('\n')
['Dear Alice,', 'How have you been? I am fine.', 'There is a container in the
fridge', 'that is labeled "Milk Experiment".', '', 'Please do not drink it.',
'Sincerely,', 'Bob']
```

把換行轉義字元 '\n' 傳入 split() 方法，就會依照換行字元來對 spam 變數內多行字串進行分割，返回串列中的每個項目就對應著剛才多行字串的每一行。

使用 partition() 方法來分割字串

partition() 字串方法會把字串分割成三個部分，分別是分隔字串之前的字串、分隔字串和分隔字串之後的字串。此方法在呼叫它的字串中搜尋傳入的分隔字串，然後返回含有三個子字串的多元組：分隔字串之前的字串、分隔字串和分隔字串之後的字串。請在互動式 Shell 模式中輸入以下內容：

```
>>> 'Hello, world!'.partition('w')
('Hello, ', 'w', 'orld!')
>>> 'Hello, world!'.partition('world')
('Hello, ', 'world', '!')
```

如果傳給 partition() 的分隔字串在 partition() 呼叫的字串中出現很多個，則會以第一個出現的分隔字串為中心來拆分：

```
>>> 'Hello, world!'.partition('o')
('Hell', 'o', ', world!')
```

如果找不到分隔字串，則返回的多元組中會以原本整個字串為第一個項目，第二和第三個項目為空字串：

```
>>> 'Hello, world!'.partition('XYZ')
('Hello, world!', '', '')
```

這裡可以使用多重指定的技巧來處理，把返回內容指定到三個變數中：

```
>>> before, sep, after = 'Hello, world!'.partition(' ')
>>> before
'Hello,'
>>> after
'world!'
```

當我們需要把某個字串以特定分隔字串分割為之前、分隔字串和之後三個部分時，partition() 方法最適合的拿來用。

使用 rjust()、ljust() 和 center() 方法對齊文字

rjust() 和 ljust() 方法會返回以空格填入作為對齊的新字串，第一個引數為整數，這個整數就是靠右靠左對齊時要插入的空格和原字串加起來的長度。請在互動式 Shell 模式中輸入如下的程式碼：

```
>>> 'Hello'.rjust(10)
'     Hello'
>>> 'Hello'.rjust(20)
'               Hello'
>>> 'Hello World'.rjust(20)
'         Hello World'
>>> 'Hello'.ljust(10)
'Hello     '
```

'Hello'.rjust(10) 是會返回總長度為 10 的字串，因為 'Hello' 有 5 個字元，由於是靠右對齊，所以在它左側會加上 5 個空格字元，這樣就達到長度為 10 且靠右對齊的效果。

rjust() 和 ljust() 方法的第二個引數可指定一個填入字元，用以代替預設的空格字元。請在互動式 Shell 模式中輸入如下的程式碼：

```
>>> 'Hello'.rjust(20, '*')
'***************Hello'
>>> 'Hello'.ljust(20, '-')
'Hello---------------'
```

center() 字串方法與 rjust() 和 ljust() 方法類似，它的功用為置中對齊，所以空格或填入字元是放入原字串左右以達到靠中對齊的效果。請在互動式 Shell 模式中輸入如下的程式碼：

```
>>> 'Hello'.center(20)
'       Hello        '
>>> 'Hello'.center(20, '=')
'=======Hello========'
```

如果想要印出有留正確的空格來對齊的表格式資料，上述介紹的方法就特別有用。請開啟一個新的 file editor 視窗，輸入如下的程式碼，並儲存成 picnic Table.py 檔：

```
def printPicnic(itemsDict, leftWidth, rightWidth):
    print('PICNIC ITEMS'.center(leftWidth + rightWidth, '-'))
    for k, v in itemsDict.items():
        print(k.ljust(leftWidth, '.') + str(v).rjust(rightWidth))

picnicItems = {'sandwiches': 4, 'apples': 12, 'cups': 4, 'cookies': 8000}
printPicnic(picnicItems, 12, 5)
printPicnic(picnicItems, 20, 6)
```

您可以連到 https://autbor.com/picnictable/ 觀察這隻程式的執行過程。在這個範例程式中定義了 printPicnic() 方法，可接受一個資訊字典，並利用 center()、rjust() 和 ljust() 方法來讓資料以整齊的表格形式顯示印出。

傳入 printPicnic() 的字典是 picnicItems，在字典中有 4 個三明治、12 個蘋果、4 個杯子和 8000 塊餅乾。我們希望將這些資訊整理成兩欄，項目的名稱在左側，數量靠右。

到做到這樣的效果，就需要定出左欄和右欄的寬度。把字典與寬度這些值一起傳入 printPicnic() 中處理。

printPicnic() 方法接受 3 個引數：字典、leftWidth 為左欄寬度、rightWidth 為右欄寬度。印出的標題為 PICNIC ITEMS，在表格頂端置中對齊。隨即用 for 迴圈走訪整個字典，每一行印出一個「鍵－值對」，其中鍵（key）以句點填入並靠左對齊，而值（value）以空格填入並靠右對齊。

在定義 printPicnic() 方法後，也定義了 picnicItems，並呼叫 printPicnic() 兩次，傳入不同的左右欄寬度。

執行這個程式，野餐用品會印出兩次。第一次左欄寬度為 12 個字元，右欄寬度為 5 個字元。第二次分別為 20 個和 6 個字元寬度。

```
---PICNIC ITEMS--
sandwiches..    4
apples......   12
cups........    4
cookies..... 8000
-------PICNIC ITEMS-------
sandwiches..........     4
apples..............    12
cups................     4
cookies.............  8000
```

就算各項目字串長度大小不一，也可使用 rjust()、ljust() 和 center() 方法來確定字串能整齊對齊。

使用 strip()、rstrip() 和 lstrip() 刪除空白字元

有時想要刪除在字串中左邊、右邊或兩邊的空白字元（空格、定位字元或換行），那這些方法能幫上忙。strip() 字串方法會把呼叫它的字串開頭和尾端多餘的空白字元去掉，返回新的字串。rstrip() 和 lstrip() 方法則是刪除右側或左側的空白字元。

請在互動式 Shell 模式中輸入如下的程式碼：

```
>>> spam = '    Hello World     '
>>> spam.strip()
'Hello World'
>>> spam.lstrip()
'Hello World '
>>> spam.rstrip()
'    Hello World'
```

這些方法有個可選用的字串引數，該引數可指定要刪除的哪些字元。請在互動式 Shell 模式中輸入如下的程式碼：

```
>>> spam = 'SpamSpamBaconSpamEggsSpamSpam'
>>> spam.strip('ampS')
'BaconSpamEggs'
```

將 'ampS' 傳入 strip() 方法，讓它把變數中所存放的字串從兩側找出 a、m、p 和大寫 S，並將其刪除。傳入 strip() 方法的字串中，字元的順序並不重要：strip('ampS') 的作用和 strip('mapS') 或 strip('Spam') 都一樣。

使用 ord() 和 chr() 函式處理字元的數字值

電腦把資訊儲存成位元組（二進位字串），這表示需要把文字轉換為數字。因此，每個文字字元都有一個對應的數字值，稱為 Unicode 內碼（code point 也有人稱碼位）。舉例來說，「A」內碼為 65、「4」為 52、「！」為 33。我們可以使用 ord() 函式取得某個字元的內碼值，並使用 chr() 函式取得某個整數內碼值所對應的字元。請在互動式 Shell 模式中輸入以下內容：

```
>>> ord('A')
65
>>> ord('4')
52
>>> ord('!')
33
>>> chr(65)
'A'
```

當我們需要對字元進行排序或數值運算時，這兩個函式很好用：

```
>>> ord('B')
66
>>> ord('A') < ord('B')
True
>>> chr(ord('A'))
'A'
>>> chr(ord('A') + 1)
'B'
```

Unicode 和內碼的細節內容還有很多，但是這些細節不在本書的討論範圍。如果您想要了解更多資訊，建議您連到 https://youtu.be/sgHbC6udIqc 網站觀看 Ned Batchelder 在 2012 年的 PyCon 演講：「Pragmatic Unicode, or, How Do I Stop the Pain?」

使用 pyperclip 模組複製與貼上字串

pyperclip 模組中有 copy() 和 paste() 函式，可向電腦系統中的剪貼簿傳送或接收文字。將程式的輸出傳送到剪貼簿中，這樣就很容易貼到郵件、文書處理程式或其他軟體內。

pyperclip 不是 Python 內建的模組，要先安裝才能使用。請參考附錄 A 中安裝第三方模組的指南。安裝 pyperclip 模組後，請在互動式 Shell 模式中輸入如下的程式碼：

```
>>> import pyperclip
>>> pyperclip.copy('Hello world!')
>>> pyperclip.paste()
'Hello world!'
```

當然，如果這個程式之外的某個軟體改變了剪貼簿的內容，那麼 paste() 函式貼回的就是改變後的內容。舉例來說，我把文章中一段話複製到剪貼簿，然後再呼叫 paste()，結果看起來會像下面這樣：

```
>>> pyperclip.paste()
'For example, if I copied this sentence to the clipboard and then called paste(), it
would look like this:'
```

在 MU 之外執行 Python 程式腳本

到目前為止都是在互動式 Shell 模式和 Mu 的 file editor 視窗中執行 Python 程式腳本，但是每次執行某個腳本時，都必須要經歷開啟 Mu 和 Python 腳本的不方便，幸運的是還有個快捷方式，可讓我們更容易建立和執行 Python 腳本。這些步驟在 Windows、macOS 和 Linux 上有點不同，但每一種都在附錄 B 中有說明。請參考附錄 B，學習怎麼快捷便利地執行 Python 腳本，並能夠對腳本傳入命令提示行的引數。（使用 Mu 時不能向程式傳入命令提示行的引數。）

程式專題：多重剪貼簿自動處理訊息

如果您要使用類似的措詞語句回覆大量的電子郵件，免不了要進行很多重複的輸入操作。也許您已保留了含有這些措詞語句的文字檔，可方便您使用剪貼簿輕鬆地複製和貼上。不過剪貼簿一次只能處理一項訊息文句，這不是很方便。讓我們使用一個可以儲存多組措詞語句的程式，讓這些作業處理更容易些。

STEP 1：程式設計與資料結構

您想要使用命令提示行配合簡短的關鍵字詞引數，例如 agree 或 busy 來執行這隻程式。與關鍵字詞相關的訊息文句會被複製到剪貼簿內，以便讓使用者可以將其貼上到電子郵件內。這樣一樣，使用者就可放置較長而詳細的訊息文句，不必每封信都要重新輸入。

> **本章專題**
>
> 這是本書的第一個「章內專題」，隨後的每個章節都會有一些專題示範該章介紹的概念。這些專題的編寫設計方式會讓讀者從開啟一個新的 file editor 視窗開始，然後學到完整且能運作的程式。請像在互動式 Shell 模式中的例子一樣，不要只看這裡專題的內容，還要上機實際操作看看！

開啟一個新的 file editor 視窗，把程式存成 mclip.py 檔。請在程式的開頭用一行 #! 作為開端（詳見附錄 B），為這個程式寫一些簡潔的描述文字當作注釋說明。由於希望將關鍵字詞和訊息文句關聯配對，因此以字串的方式利用字典來儲存，這個字典將是打理關鍵字詞和訊息文句的資料結構，設計好的程式碼應該會像下列所示的樣子：

```
#! python3
# mclip.py - A multi-clipboard program.

TEXT = {'agree': """Yes, I agree. That sounds fine to me.""",
        'busy': """Sorry, can we do this later this week or next week?""",
        'upsell': """Would you consider making this a monthly donation?"""}
```

STEP 2：處理命令提示行引數

命令提示行引數會被存放在 sys.argv 變數中（請參考附錄 B 取得更多關於如何在程式中使用命令提示行引數的說明）。sys.argv 串列中的第一個項目會是個含有程式檔名的字串（'mclip.py'），第二個項目應該是第一個命令提示行引數。以這個專題程式來說，這個引數就是想要取得對應訊息文句的關鍵字詞。因為命令提示行引數是必要的，所以當使用者忘記加上引數（也就是說，如果 sys.argv 串列中少於兩個項目值），程式要顯示使用方法的訊息來提醒。編寫設計好的程式碼應該像如下所示：

```
#! python3
# mclip.py - A multi-clipboard program.

TEXT = {'agree': """Yes, I agree. That sounds fine to me.""",
        'busy': """Sorry, can we do this later this week or next week?""",
        'upsell': """Would you consider making this a monthly donation?"""}

import sys
if len(sys.argv) < 2:
    print('Usage: python mclip.py [keyphrase] - copy phrase text')
    sys.exit()

keyphrase = sys.argv[1] # first command line arg is the keyphrase
```

STEP 3：複製正確的措詞文句

現在已把關鍵字詞稱當成字串存放在 keyphrase 變數中了，接著就要確定它是不是 TEXT 字典中的鍵（key），如果是，可利用 pyperclip.copy() 把鍵配對的值複製到剪貼簿中（使用 pyperclip 模組前要先匯入）。請注意，其實並不是真的需要 keyphrase 變數，在程式中所有使用 keyphrase 變數的地方都可以直接使用 sys.argv[1] 來替代，不過使用名為 keyphrase 的變數會讓程式更易懂，不像這個神秘的 sys.argv[1]。

編寫設計好的程式碼應該像如下所示：

```
#! python3
# mclip.py - A multi-clipboard program.

TEXT = {'agree': """Yes, I agree. That sounds fine to me.""",
        'busy': """Sorry, can we do this later this week or next week?""",
        'upsell': """Would you consider making this a monthly donation?"""}

import sys, pyperclip
if len(sys.argv) < 2:
    print('Usage: py mclip.py [keyphrase] - copy phrase text')
    sys.exit()

keyphrase = sys.argv[1] # first command line arg is the keyphrase

if keyphrase in TEXT:
    pyperclip.copy(TEXT[keyphrase])
    print('Text for ' + keyphrase + ' copied to clipboard.')
else:
    print('There is no text for ' + keyphrase)
```

這個新的程式碼會在 TEXT 字典中搜尋關鍵字詞，如果該關鍵字詞為字典中的鍵（key），那就能取得對應的值，並將它複製到剪貼簿中，然後印出一行訊息說明，告知已複製了措詞文句值。如果關鍵字詞不在字典中，則印出一行訊息告知沒有這個關鍵字詞。

這已是滿完整的程式碼了，利用附錄 B 中的說明即可輕鬆啟動命令提示行程式，這樣就有了一個快捷的方法將關鍵字詞對應的措詞文句訊息複製到剪貼簿中。如果需要換新的措詞訊息，則需要修改原始程式內 TEXT 字典中的值。

在 Windows 中可製作批次檔，可按下鍵盤的 WIN+R 鍵開啟「執行」對話方塊來執行這個批次檔程式（請參考附錄 B 所介紹的批次檔相關說明）。請利用記事本或其他文字處理軟體，在其中輸入如下的內容，並存成 mclip.bat 檔，放在 C:\Windows 目錄下：

```
@py.exe C:\path_to_file\mclip.py %*
@pause
```

有了這個批次檔，按下鍵盤的 WIN+R 鍵開啟「執行」對話方塊，在對話方塊中輸入「mclip 關鍵字詞」，例如 mclip agree，即可執行這個程式。

程式專題：在 Wiki 標記中新增項目符號

在編輯維基百科的文章時，可建立項目清單，每個項目各佔一行，且在每行開頭放置一個 * 星號。假如項目清單非常多，且每項都的前面都要加上星號，那麼我們可以選擇以手動方式逐行在開頭加入星號，或是利用 Python 腳本程式，讓這項工作自動完成。

bulletPointAdder.py 腳本會從剪貼簿中取得文字，在每一行開頭加上星號和空格，然後將新的文字貼回剪貼簿。例如，如果我複製下列這段文字到剪貼簿（維基百科的「List of Lists of Lists」）：

```
Lists of animals
Lists of aquarium life
Lists of biologists by author abbreviation
Lists of cultivars
```

然後執行 bulletPointAdder.py 程式，那麼剪貼簿中就會變成如下所示：

```
* Lists of animals
* Lists of aquarium life
* Lists of biologists by author abbreviation
* Lists of cultivars
```

這幾行文字前都加了星號和空格，變成有項目符號的清單，此時可貼回編輯中的維基百科文章內。

STEP 1：從剪貼簿中複製和貼上

bulletPointAdder.py 程式要完成以下這些事情：

1. 從剪貼簿貼上文字。
2. 對它進行加工處理。
3. 將新的文字複製到剪貼簿。

第 2 步需要一點技巧，但第 1 和第 3 步就很簡單，只要使用 pyperclip.copy() 和 pyperclip.paste() 函式即可。首先要設計寫出程式中第 1 和第 3 步的部分，輸入如下程式碼，並儲存成 bulletPointAdder.py 檔：

```
#! python3
# bulletPointAdder.py - Adds Wikipedia bullet points to the start
# of each line of text on the clipboard.

import pyperclip
text = pyperclip.paste()

# TODO: Separate lines and add stars.

pyperclip.copy(text)
```

TODO 注釋是提醒要記得完成這個加工處理的程式。接下來的內容實際上就是要完成這部分的程式。

STEP 2：分離文字中的每一行，並加上星號

呼叫 pyperclip.paste() 函式會返回剪貼簿中的所有文字，是一大堆的字串。如果我們使用前述維基百科「List of Lists of Lists」為例子，那麼返回存放在 text 變數中的字串會像這樣：

```
'Lists of animals\nLists of aquarium life\nLists of biologists by author
abbreviation\nLists of cultivars'
```

在字串中的換行符號 \n 在這段文字印出到剪貼簿或從剪貼簿貼上時，會顯示為換行，因此這段文字會變成很多行。如果想要在每一行開頭都加上星號，請留意這個字串中是有很多「行」的。

雖然可以先寫出搜尋字串內 \n 換行字元的程式，然後在它後面加上星號和空格，但還有更簡捷的做法，那就是使用 split() 方法來分割字串成為串列，分割成的串列內每一項目就是原來字串的一行，所以對串列中每項目前加星號和空格即可。

編寫設計好的程式碼應該像如下所示：

```
#! python3
# bulletPointAdder.py - Adds Wikipedia bullet points to the start
# of each line of text on the clipboard.

import pyperclip
text = pyperclip.paste()

# Separate lines and add stars.
lines = text.split('\n')
for i in range(len(lines)):    # loop through all indexes in the "lines" list
    lines[i] = '* ' + lines[i] # add star to each string in "lines" list

pyperclip.copy(text)
```

這裡是依照換行字元來分割文字以取得串列，其中每個項目就是文字中的一行，我們將串列存放在 lines 變數內，然後以 for 迴圈走訪 lines 中的每個項目，然後在每一行的開頭連接加上一個星號和空格。處理後的 lines 串列內的每個字串項目都加上了星號和空格。

STEP 3：連接修改過的行

lines 串列現在已存放著修改好的行，每行都以星號開頭。使用 pyperclip.copy() 函式是需要用字串，而不是字串值的串列。要取得這個字串，就要將 lines 傳給 join() 方法來連接串列中的每個項目字串，連接後整個串列的項目都會合併成一個長字串，編寫設計好的程式碼應該像如下所示：

```
#! python3
# bulletPointAdder.py - Adds Wikipedia bullet points to the start
# of each line of text on the clipboard.

import pyperclip
text = pyperclip.paste()

# Separate lines and add stars.
lines = text.split('\n')
for i in range(len(lines)):    # loop through all indexes for "lines" list
    lines[i] = '* ' + lines[i] # add star to each string in "lines" list
text = '\n'.join(lines)
pyperclip.copy(text)
```

執行程式後，會取代原本在剪貼簿中的文字，變成新的文字每一行都以星號開頭。這個專題程式就算完成了，請先複製一些文字到剪貼簿中，然後再試著執行這個程式吧。

就算不想要自動化處理像這個專題的工作，但也可能有其他的文字處理工作想要自動化處理，例如：刪除每行結尾的空格、或將文章中的英文字母轉換其大小寫。不管需要是什麼，都可以利用剪貼簿作為輸入或輸出。

一個小型程式實例：兒童黑話遊戲

兒童黑話（Pig Latin）是一種在英語上加一點規則讓發音改變而變造英語單字的遊戲。如果單字以母音開頭，則單字 yay 會添加到這個單字的尾端。如果單字以子音或輔音叢（例如 ch 或 gr）開頭，則該子音或輔音叢會移到單字的尾端，再加上 ay。

寫出來的兒童黑話程式執行後的輸出如下：

```
Enter the English message to translate into Pig Latin:
My name is AL SWEIGART and I am 4,000 years old.
Ymay amenay isyay ALYAY EIGARTSWAY andyay Iyay amyay 4,000 yearsyay oldyay.
```

這隻程式是透過本章所介紹的方法來變更字串。請在 file edtior 視窗中輸入以下程式碼，並將檔案另存為 pigLat.py：

```
# English to Pig Latin
print('Enter the English message to translate into Pig Latin:')
message = input()

VOWELS = ('a', 'e', 'i', 'o', 'u', 'y')

pigLatin = [] # A list of the words in Pig Latin.
for word in message.split():
    # Separate the non-letters at the start of this word:
    prefixNonLetters = ''
    while len(word) > 0 and not word[0].isalpha():
        prefixNonLetters += word[0]
        word = word[1:]
    if len(word) == 0:
        pigLatin.append(prefixNonLetters)
        continue

    # Separate the non-letters at the end of this word:
    suffixNonLetters = ''
    while not word[-1].isalpha():
```

```
        suffixNonLetters += word[-1]
        word = word[:-1]

    # Remember if the word was in uppercase or title case.
    wasUpper = word.isupper()
    wasTitle = word.istitle()

    word = word.lower() # Make the word lowercase for translation.

    # Separate the consonants at the start of this word:
    prefixConsonants = ''
    while len(word) > 0 and not word[0] in VOWELS:
        prefixConsonants += word[0]
        word = word[1:]

    # Add the Pig Latin ending to the word:
    if prefixConsonants != '':
        word += prefixConsonants + 'ay'
    else:
        word += 'yay'

    # Set the word back to uppercase or title case:
    if wasUpper:
        word = word.upper()
    if wasTitle:
        word = word.title()

    # Add the non-letters back to the start or end of the word.
    pigLatin.append(prefixNonLetters + word + suffixNonLetters)

# Join all the words back together into a single string:
print(' '.join(pigLatin))
```

讓我們逐行討論這隻程式，首先從最頂端開始：

```
# English to Pig Latin
print('Enter the English message to translate into Pig Latin:')
message = input()

VOWELS = ('a', 'e', 'i', 'o', 'u', 'y')
```

一開始會詢問使用者，讓使用者輸入要轉譯為兒童黑話的英文文字。也會建立存放所有母音小寫字母（包括 y）的常數，這個常數存放的是個字串的多元組。在後面的程式中會使用到這個常數。

接著會建立 pigLatin 變數來存放轉譯過去的兒童黑話：

```
pigLatin = [] # A list of the words in Pig Latin.
for word in message.split():
    # Separate the non-letters at the start of this word:
    prefixNonLetters = ''
    while len(word) > 0 and not word[0].isalpha():
```

```
        prefixNonLetters += word[0]
        word = word[1:]
    if len(word) == 0:
        pigLatin.append(prefixNonLetters)
        continue
```

每個單字當作一個字串，因此我們呼叫 message.split() 以取得分割開的單字串列，而串列中的項目就是單獨的字串。'My name is AL SWEIGART and I am 4,000 years old.' 字串使用 split() 方法分割之後會返回串列：['My', 'name', 'is', 'AL', 'SWEIGART', 'and', 'I', 'am', '4,000', 'years', 'old.']。

我們需要移除每個單字開頭和結尾中所有非字母的字元，以便讓像 'old.' 這樣的字串可以轉譯為 'oldyay.'，而不是 'old.yay'。我們會把這些非字母的字元存放到名為 prefixNonLetters 的變數中。

```
    # Separate the non-letters at the end of this word:
    suffixNonLetters = ''
    while not word[-1].isalpha():
        suffixNonLetters += word[-1]
        word = word[:-1]
```

在單字的第一個字元上呼叫 isalpha() 的迴圈能確定是否應該把單字中這個字元刪除並將其連接到 prefixNonLetters 尾端。如果整個單字都是由非字母的字元所組成，例如 '4,000'，則可以直接將其附加到 pigLatin 串列內，然後繼續到下一個單字進行轉譯處理。我們還需要把非字母放回到 word 字串的尾端。此段程式碼與上一個迴圈很類似。

接下來會程式會確定該單字是否為大寫或是標題大寫，這樣可以在單字轉譯成兒童黑話之後能恢復回原本的大寫：

```
    # Remember if the word was in uppercase or title case.
    wasUpper = word.isupper()
    wasTitle = word.istitle()

    word = word.lower() # Make the word lowercase for translation.
```

for 迴圈中的剩下的程式碼，是使用小寫版本的 word 來進行處理。

若想要把 sweigart 之類的單字轉譯為 eigart-sway，我們需要刪掉單字開頭的所有子音：

```
    # Separate the consonants at the start of this word:
    prefixConsonants = ''
    while len(word) > 0 and not word[0] in VOWELS:
```

```
        prefixConsonants += word[0]
        word = word[1:]
```

我們使用一個類似於前面從 word 開頭刪除非字母的迴圈，只是現在這裡是提取子音並將其儲存到名為 prefixConsonants 的變數內。

如果單字的開頭有子音，則子音會提取到 prefixConsonants 中，我們應該把這個變數和字串 'ay' 連接到 word 的尾端。不然 word 就是以母音為開頭，這樣就只需要連接 'yay' 字串即可：

```
    # Add the Pig Latin ending to the word:
    if prefixConsonants != '':
        word += prefixConsonants + 'ay'
    else:
        word += 'yay'
```

請回想一下，之前已經用 word = word.lower() 把 word 設定為其小寫的形式。但如果 word 最初是大寫或標題大寫，則此段程式碼會把 word 轉換回原來的大寫形式：

```
    # Set the word back to uppercase or title case:
    if wasUpper:
        word = word.upper()
    if wasTitle:
        word = word.title()
```

在 for 迴圈的尾端，我們會把這個單字原本的前置或後置中非字母的字元附加到 pigLatin 串列中：

```
    # Add the non-letters back to the start or end of the word.
    pigLatin.append(prefixNonLetters + word + suffixNonLetters)

# Join all the words back together into a single string:
print(' '.join(pigLatin))
```

迴圈結束後，這裡會呼叫 join() 方法把字串串列組合成單一個字串。而這個字串會傳給 print()，在畫面上顯示出轉譯好的兒童黑話。

您可以在 https://github.com/asweigart/pythonstdiogames/上找到其他類似這個程式的簡短文字版本 Python 程式。

總結

文字是一般常見的資料形式，Python 內建了許多好用的字串方法，可幫忙處理存放在字串中的文字。在設計和編寫 Python 程式時，很有可能都會用到取得索引足標、切片和字串方法。

目前我們設計的程式好像還不太複雜，因為還沒有用到圖形使用者界面，沒有圖片和彩色的文字。到目前為止的程式中都是用 print() 來顯示文字，利用 input() 讓使用者輸入文字，但是，使用者其實可利用剪貼簿快速輸入大量文字，這種方式讓程式在設計時有了能操控大量文字的能力。這種處理文字的程式可能沒有好看的視窗或圖形界面，但卻能快速完成大量的工作。

操控大量文字的另一方式是直接從硬碟中讀寫檔案。在第 9 章的內容中就會學到如何利用 Python 來讀寫檔案。

前面的內容幾乎已涵蓋了 Python 程式設計的所有基本概念！在本書的其餘部分中將會繼續探討新的知識和概念，但目前我們已經具備足夠的知識和技能，可以開始編寫一些讓工作自動化的好用程式。如果想要查閱以我們所學的基本知識和概念所建構的這些簡短、簡單的 Python 程式集，請連到 https://github.com/asweigart/pythonstdiogames/ 網站取得。嘗試以手動方式複製各個程式的原始程式碼，然後進行修改來查看這樣會怎麼影響程式的運作。理解程式的工作原理後，可試著從零開始重新建立程式。無需真的完全重建原始程式碼，但可把焦點放在程式能完成什麼工作即可。

您可能認為還沒有足夠的 Python 知識來完成下列這些程式：下載網頁、更新試算表或發送文字訊息之類的工作，但這些工作都能藉由 Python 好用的模組來協助完成！這些模組是由其他程式高手所編寫完成的，所提供的功能可以讓我們輕鬆完成上述所列的這些工作。因此，讓我們學習怎麼編寫設計實用的程式來完成工作的自動化處理。

習題

1. 什麼是轉義字元？
2. 轉義字元 \n 與 \t 是什麼？
3. 怎麼在字串中放入一個反斜線字元 \？
4. 字串 "Howl's Moving Castle" 是合法的字串。為什麼單字中的單引號沒有使用轉義字元卻沒有問題？
5. 如果不想要在字串中加 \n，怎麼寫出一個含有換行的字串？
6. 下列表示式運算求值結果為何？
   - `'Hello world!'[1]`
   - `'Hello world!'[0:5]`
   - `'Hello world!'[:5]`
   - `'Hello world!'[3:]`
7. 下列表示式運算求值結果為何？
   - `'Hello'.upper()`
   - `'Hello'.upper().isupper()`
   - `'Hello'.upper().lower()`
8. 下列表示式運算求值結果為何？
   - `'Remember, remember, the fifth of November.'.split()`
   - `'-'.join('There can be only one.'.split())`
9. 什麼字串方法可用在字串的靠右、靠左、置中對齊？
10. 怎麼去掉字串開頭或結尾的空白字元？

實作專題

為了練習與實作，請依照下列需求編寫設計程式。

表格列印程式

請設計一個名稱 printTable() 的函式，它能接受巢狀嵌入的串列，此串列內又含有串列，串列中則為多個項目的字串值。此函式能將串列以整齊的表格型式（三欄式且每欄靠右對齊）印出顯示在畫面上。假設所有內層的串列都含有數量相同的項目字串值，舉例來說，這個巢狀嵌入的串列如下所示：

```
tableData = [['apples', 'oranges', 'cherries', 'banana'],
             ['Alice', 'Bob', 'Carol', 'David'],
             ['dogs', 'cats', 'moose', 'goose']]
```

printable() 接著此串列後會如下所示印出：

```
  apples Alice  dogs
 oranges   Bob  cats
cherries Carol moose
  banana David goose
```

提示：程式碼要先找到每個內層串列中最長的字串，這樣整欄就以最長寬度來設定，如此的寬度才能放下所有字串。可將每欄最大的寬度存放在一個整數的串列中。printTable() 函式的起始可以是 colWidths = [0] * len(tableData)，建立一個 colWidths 串列來存放與 tableData 串列中內層串列數量相同的 0 值，如此一來，colWidths[0] 存放 tableData[0] 中最長字串的寬度，而 colWidths[1] 存放 tableData[1] 中最長字串的寬度，以此類推。然後找到 colWidths 串列中最大的值，決定將那個整數寬度傳入 rjust() 字串方法來進行靠右對齊。

Zombie Dice 遊戲

程式規劃型遊戲（Programming games）是一種遊戲類型，玩家無需直接玩遊戲，而是編寫機器人程式來自主玩遊戲。這裡筆者建立了一個 Zombie Dice 模擬器，這隻程式可以讓程式設計師在製作遊戲 AI 時練習活用他們的技能。Zombie Dice 機器人可以很簡單，但也可以很複雜，非常適合課堂實作練習或挑戰個人程式設計實力。

Zombie Dice 是 Steve Jackson Games 所設計的一款快速而有趣的骰子遊戲。玩家是殭屍，試圖盡量多吃點人類的大腦，但被射三槍就會死掉。杯子裡有 13 個骰子，骰子各面分別為大腦、腳印和散彈槍三種。骰子有顏色區分，每種顏色發生事件的機率都不同。每個骰子都有兩面是腳印，但是帶有綠色骰子有三面是大腦一面是散彈槍，紅色骰子則有三面是散彈槍一面是大腦，而黃色骰子則各有二面的大腦和散彈槍。在每個玩家的回合上執行以下操作：

1. 把 13 個骰子放入杯子中。玩家從杯子中隨機抽出三個骰子，然後擲骰子。玩家一直都是要擲三個骰子。

2. 擲完之後擱置一邊，計算骰子有多少個大腦（人類的大腦被吃掉）和散彈槍（人類的反擊）。如果累計出現三把散彈槍會自動以 0 分結束玩家的回合（無論出現過多少了大腦）。如果散彈槍的數量為 0 到 2 把，則可以根據玩家意願繼續擲骰子或選擇結束這回合，若選結束則可計算得分，每個大腦算一分。

3. 如果玩家決定繼續擲骰子，則以腳印的骰子重新投擲。請記住，玩家一直都是要擲三個骰子。如果要投擲的腳印骰子少於三個，那就必須從杯子中抽出骰子來補齊。玩家可能會繼續擲骰子，直到出現三把散彈槍（會變 0 分）或所有 13 個骰子都被擲出為止。玩家可能不會只重擲一個或兩個骰子，也可能不會停止中間重擲。

4. 當某個玩家累積達到 13 個大腦時，其餘玩家就結束這一回合。累積大腦最多的人就算贏。如果出現平局，平局的玩家可再玩一局來決勝。

Zombie Dice 具有「得寸進尺」效果的遊戲機制：擲骰子的次數越多，得到大腦的機會就越多，但也越有可能出現三把散彈槍而失去一切。一旦玩家達到 13 分，其餘的玩家也結束這一回合（有可能被追趕上），遊戲就結束。得分最高的玩家獲勝。可連到 https://github.com/asweigart/zombiedice/ 網站，其中可找到完整的規則說明。

請按照附錄 A 中的說明，利用 pip 安裝 zombiedice 模組。您可以透過互動式 Shell 模式來執行以下命令，使用某些預先製好的機器人來執行模擬器示範：

```
>>> import zombiedice
>>> zombiedice.demo()
Zombie Dice Visualization is running. Open your browser to http://
localhost:51810 to view it.
Press Ctrl-C to quit.
```

該程式會啟動您的 Web 瀏覽器，會顯示如圖 6-1 所示的畫面。

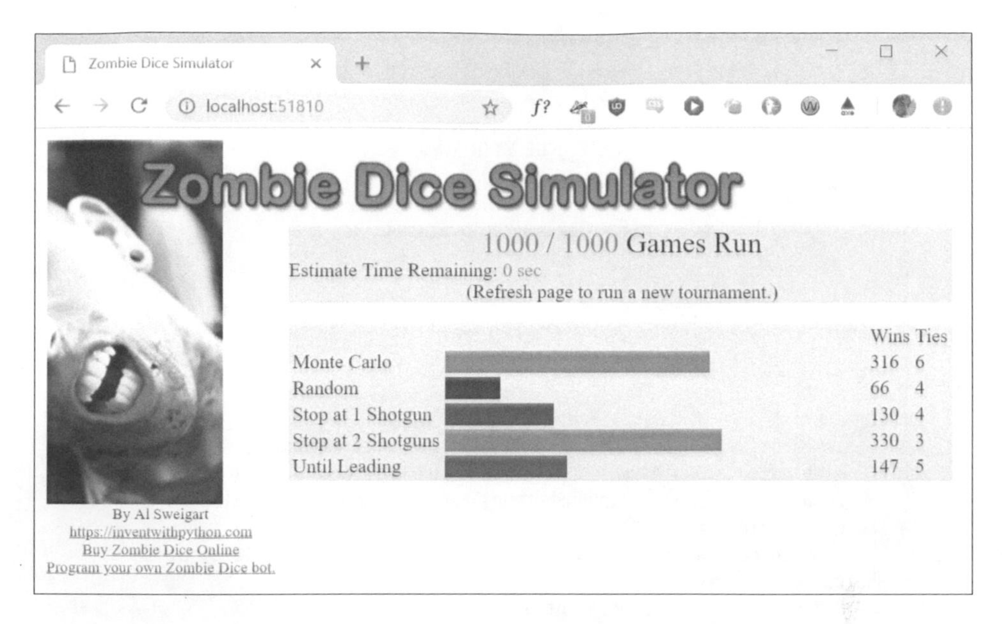

圖 6-1　Zombie Dice Simulator 的網頁使用者介面

您會透過使用 turn() 方法編寫一個類別來建立機器人，而這個機器人在輪到投擲骰子時會被模擬器呼叫使用。類別程式碼超出了本書討論的範圍，因此已經在 myzombie.py 程式中幫您設定了類別程式碼，這隻程式放在本書可下載的範例壓縮檔中，下載網址為 https://nostarch.com/automatestuff2/。編寫方法本質上與編寫函式是相同的，您可以把 myZombie.py 程式中的 turn() 程式碼當作樣板來使用。在這個 turn() 方法內，您希望 Zombie Dice 程式投擲骰子的次數就是呼叫 zombiedice.roll() 函式的次數。

```
import zombiedice

class MyZombie:
    def __init__(self, name):
        # All zombies must have a name:
        self.name = name

    def turn(self, gameState):
        # gameState is a dict with info about the current state of the game.
        # You can choose to ignore it in your code.

        diceRollResults = zombiedice.roll() # first roll
        # roll() returns a dictionary with keys 'brains', 'shotgun', and
        # 'footsteps' with how many rolls of each type there were.
        # The 'rolls' key is a list of (color, icon) tuples with the
        # exact roll result information.
        # Example of a roll() return value:
```

```
        # {'brains': 1, 'footsteps': 1, 'shotgun': 1,
        # 'rolls': [('yellow', 'brains'), ('red', 'footsteps'),
        # ('green', 'shotgun')]}

        # REPLACE THIS ZOMBIE CODE WITH YOUR OWN:
        brains = 0
        while diceRollResults is not None:
            brains += diceRollResults['brains']

            if brains < 2:
                diceRollResults = zombiedice.roll() # roll again
            else:
                break

zombies = (
    zombiedice.examples.RandomCoinFlipZombie(name='Random'),
    zombiedice.examples.RollsUntilInTheLeadZombie(name='Until Leading'),
    zombiedice.examples.MinNumShotgunsThenStopsZombie(name='Stop at 2
Shotguns', minShotguns=2),
    zombiedice.examples.MinNumShotgunsThenStopsZombie(name='Stop at 1
Shotgun', minShotguns=1),
    MyZombie(name='My Zombie Bot'),
    # Add any other zombie players here.
)

# Uncomment one of the following lines to run in CLI or Web GUI mode:
#zombiedice.runTournament(zombies=zombies, numGames=1000)
zombiedice.runWebGui(zombies=zombies, numGames=1000)
```

turn() 方法用了兩個參數：self 和 gameState。可以在最初的幾個殭屍機器人中先忽略這些參數，在想要了解更多資訊時，再去查閱線上文件以取得更多詳細的訊息。turn() 方法應對初始投擲至少呼叫一次 zombiedice.roll()。然後，根據機器人使用的策略，再根據需要多次呼叫 zombiedice.roll()。在 myZombie.py 檔案中，turn() 方法呼叫 zombiedice.roll() 兩次，這意味著無論投擲結果如何，殭屍機器人始終會在每回合擲兩次骰子。

zombiedice.roll() 的返回值告知程式碼骰子投擲的結果。返回值是個有四個「鍵」的字典。其中的三個鍵為 'shotgun'、'brains'，和 'footsteps'，對應的整數值表示擲出這些圖案次數。第四個 'rolls' 鍵對應一個值，這個值為每次擲骰子的多元組串列。多元組中含有兩個字串：索引足標 0 這裡為的骰子顏色，在索引足標 1 這裡為骰子圖案。請查看 turn() 方法定義中注釋的範例。如果這個機器人已經擲出了三把散彈槍，則 zombiedice.roll() 會返回 None。

請試著編寫幾個機器人來玩 Zombie Dice，並比較看看它們與其他機器人的結果。具體來說，請試著建立下列這些機器人：

- 一個在第一輪之後會隨機決定它是否會繼續或停止的機器人
- 一個在擲出兩個大腦後會停止的機器人
- 一個在擲出兩把散彈槍後停止的機器人
- 一個在初始時決定擲一次到四次的機器人，但如果擲出兩把散彈槍則停止
- 一個在擲出散彈槍次數多於大腦次數時會停止的機器人

透過模擬器執行上述這些機器人，並觀察它們之間的比較結果。我們還可以連到 https://github.com/asweigart/zombiedice/ 上查看一些預製機器人的程式碼範例。如果在現實中玩這個桌遊，那麼這裡千上萬個的模擬器會提供一些參考，程式執行的結果告訴您，想要取勝最好的策略之一是：擲出兩把散彈槍就停止。但是我們人呀，總是想要得寸進尺、試試運氣...

PART II
自動化專題實作

第 7 章
使用正規表示式進行模式比對

您可能已經很熟悉按下 CTRL-F 鍵，再輸入要尋找的字詞來搜尋文字中想找的目標。「正規表示式（Regular expression）」更好用，它能夠指定某種模式來比對搜尋。假如您想要尋找某家公司的電話，且是在美國或加拿大，那麼電話的格式是 3 位數字，然後是一個連字符號，再加 4 位數字（也有是以 3 位數字的區域號碼為起始）。因此以我們來判斷時，當您看到 415-555-1234 這樣的數字就知道它是電話號碼，而 4,155,551,234 就判斷不是電話號碼。

我們每天都在識別各種不同的文字模式：email 地址中有@符號、美國的社會安全碼有 9 位數字和 2 個連字符號、網站的 URL 通常帶有句點和斜線、新聞標題會用標題大小寫、社群媒體標籤是以 # 開頭不包含空格，不勝枚舉。

正規表示式很有用，但除了程式設計人員外，就算大多數的文字編輯器或文書處理軟體（MS Word 或 OpenOffice）的尋找與取代功能也能用正規表示式來協助處理，卻很少人善用它。正規表示式能節省很多時間，不僅對軟體使用者，連程式設計人員也很適用。實際上，技術作家 Cory Doctorow 就說過，在教程式設計之前，應該要先教正規表示式：

> 「會用 [正規表示式] 意味著能以 3 步就解決問題，而不需要花費 3,000 步才能搞定。當您是個技術咖時，那您按幾次按鍵就能解決問題，而其他人可能要弄好幾天才搞定，而且還容易出錯。」[1]

在本章中，會從編寫程式開始，先不用正規表示式來搜尋文字模式，然後再利用正規表示式，讓程式變得更簡捷。筆者會先講解以基本正規表示式的比對，然後再介紹更深入強大的功能，例如字串的取代，和建立屬於自己的字元類型。最後本章結尾是程式專題，設計編寫一個程式，能夠從一段文字中自動擷取電話號碼和 email 地址。

不使用正規表示式的尋找文字模式

假設我們想要在字串中尋找出美國電話號碼，也知道其模式為：3 個數字，1 個連字符號，3 個數字，1 個連字符號，再加 4 個數字。例如：415-555-4243。

我們設計一個名為 isPhoneNumber() 的函式，用它來檢查字串在比對時是否符合此模式，然後返回 True 或 False。請開啟一個新的 file editor 視窗，輸入如下的程式碼，並存成 isPhoneNumer.py 檔：

```
def isPhoneNumber(text):
 ❶ if len(text) != 12:
        return False
    for i in range(0, 3):
     ❷ if not text[i].isdecimal():
            return False
 ❸ if text[3] != '-':
        return False
    for i in range(4, 7):
     ❹ if not text[i].isdecimal():
            return False
```

[1] Cory Doctorow, “Here’s what ICT should really teach kids: how to do regular expressions,” Guardian, December 4, 2012, http://www.theguardian.com/technology/2012/dec/04/ict-teach-kids-regular-expressions/.

```
❺ if text[7] != '-':
        return False
    for i in range(8, 12):
     ❻ if not text[i].isdecimal():
            return False
❼ return True

print('415-555-4242 is a phone number:')
print(isPhoneNumber('415-555-4242'))
print('Moshi moshi is a phone number:')
print(isPhoneNumber('Moshi moshi'))
```

執行程式後的結果為：

```
415-555-4242 is a phone number:
True
Moshi moshi is a phone number:
False
```

isPhoneNumber() 函式的程式碼進行幾項檢查，看看 text 中的字串是否為合法有效的電話號碼。如果其中任一項檢查不過，函式就返回 False。程式碼會先檢查驗證該字串是否剛好為 12 個字元❶。然後檢查區域號碼（就是 text 中的前 3 個字元）是否為數字❷。函式剩下的部分檢查該字串是否符合電話號碼的模式：號碼一定要在區域號碼後出現一個連字符號❸，再 3 個數字❹，然後是另一個連字符號❺，最後是 4 個數字❻。如果都通過了所有的檢查驗證，則返回 True❼。

以 '415-555-4242' 為引數呼叫 isPhoneNumer() 函式會返回 True。若以 'Moshi moshi' 為引數呼叫 isPhoneNumer() 則返回 False，在第一個檢查中就沒通過，因為 'Moshi moshi' 不是 12 個字元。

如果處理的字串更長，要尋找字串中這種文字模式則要加入更多的程式碼才行。使用下列的程式碼取代前述 isPhoneNumber.py 中最後 4 行的 print() 函式：

```
message = 'Call me at 415-555-1011 tomorrow. 415-555-9999 is my office.'
for i in range(len(message)):
 ❶ chunk = message[i:i+12]
 ❷ if isPhoneNumber(chunk):
        print('Phone number found: ' + chunk)
print('Done')
```

執行這個程式時結果如下所示：

```
Phone number found: 415-555-1011
Phone number found: 415-555-9999
Done
```

在 for 迴圈的每次重複迭代中，從 message 變數擷取 12 個字元為新的一段指定到 chunk 變數❶。例如，在第一次重複迭代中，i 是 0，chunk 被指定的值為 message[0:12]（就是 'Call me at 4' 字串）。在下一次重複迭代中，i 是 1，chunk 被指定的值為 message[1:13]（就是'all me at 41'字串）。換句話說，for 迴圈每次迭代中，chunk 會有以下的值：

- 'Call me at 4'
- 'all me at 41'
- 'll me at 415'
- 'l me at 415-'
- ... 以此類推

將 chunk 傳入 isPhoneNumber()，檢查是否符合電話號碼的模式❷。如果符合，就印出這段文字。

繼續以迴圈巡遍 message 所有字元，最後 chunk 中存放的 12 個字元就會是電話號碼。以迴圈巡遍字串中所有字元，檢查每段取出的 12 個字元，如果有滿足 isPhoneNumber() 的 chunk 內容就印出來。當迴圈巡完 message 所有字元，會印出 Done 字樣。

在這個例子中的 message 內的字串很短，但有可能字串長達數百萬字元，不過程式執行的時間也不用一秒就完成。使用正規表示式來尋找電話號碼的類似程式，其執行時間也很快速就能完成，但用正規表示式來設計編寫程式會簡潔快速很多。

使用正規表示式來尋找文字模式

前一小節所介紹的電話尋找程式雖然能運作，但卻用了很多迴圈的程式碼，做的事也有限，其中 isPhoneNumber() 函式有 17 行之多，卻只能尋找一種電話號碼的模式，若碰到像 415.555.4242 或 (415) 555-4242 這類電話號碼格式時怎麼辦呢？如果電話號碼中有分機，例如 415-555-4242 x99 時又怎麼辦呢？這類電話在 isPhoneNumber() 函式中檢查驗證時都不會通過。程式需要新增編寫更多程式碼來協助處理更多的額外模式，還好有更簡便的方法能協助這樣的需求。

正規表示式（Regular expressions）可縮寫成 regex，是文字模式的描述方法。舉例來說，\d 是一個正規表示式，表示一位數字字元，也就是代表任何一位 0 到 9 的數字。Python 用正規表示式 \d\d\d-\d\d\d-\d\d\d\d 就能做到前面所介紹的 isPhoneNumber() 函式的模式驗證比對功能：3 個數字、1 個連字符號、3 個數字、1 個連字符號、4 個數字；除了上述的電話號碼模式外，任何其他字串都不會符合 \d\d\d-\d\d\d-\d\d\d\d 正規表示式。

正規表示式的運用可能會複雜很多，例如，在一模式後再加上大括弧括住 3（{3}），意思是說要「比對這個模式 3 次」，所以把前面的正規表示式縮短編寫成 \d{3}-\d{3}-\d{4}，也是有相同的意思，一樣是比對電話號碼的模式。

建立 Regex 物件

Python 中所有正規表示式的函式都在 re 模組內，請在互動式 Shell 模式中輸入如下指令，匯入模組：

```
>>> import re
```

NOTE

在本章後面的大多數例子中都要用到 re 模組，所以請記住在編寫的每個腳本程式碼的起始處要先匯入，或是在重新啟動 IDLE 時，也一樣要先匯入，不然會出現 NameError:name 're' is not defined 的錯誤訊息。

傳入代表正規表示式示的字串值到 re.compile() 中，會返回一個 Regex 模式物件（或簡稱 Regex 物件）。

要建立一個符合電話號碼模式的 Regex 模式物件，請在互動式 Shell 模式中輸入如下內容。（還記得前面提過 \d 表示「一個數字字元」，而\d\d\d-\d\d\d-\d\d\d\d 即是正確電話號碼模式的正規表示式。）

```
>>> phoneNumRegex = re.compile(r'\d\d\d-\d\d\d-\d\d\d\d')
```

這樣 phoneNumRegex 變數就存放了一個 Regex 物件。

比對 Regex 物件

Regex 物件的 search() 方法可尋找傳入的字串，搜尋比對符合該正規表示式所有的內容。如果比對字串中沒有找到符合該正規表示式，則 search() 方法會返回 None。如果找到了，則返回一個 Match 物件。Match 物件有個 group()方法，會返回被尋找字串中實際比對符合的文字（後面的內容會解釋 group 的分組功能）。請在互動式 Shell 模式中輸入以下實例，實際體會一下執行結果：

```
>>> phoneNumRegex = re.compile(r'\d\d\d-\d\d\d-\d\d\d\d')
>>> mo = phoneNumRegex.search('My number is 415-555-4242.')
>>> print('Phone number found: ' + mo.group())
Phone number found: 415-555-4242
```

mo 這個變數名稱是個很常見的通用名字，此變數準備讓 Match 物件使用。前面的例子在乍看之下很複雜，但比前一小節的 isPhoneNumber.py 程式簡潔很多，執行的效果是一樣。

在這裡，我們把希望用來比對的模式傳入 re.compile() 中，取得 Regex 物件存放在 phoneNumRegex 變數內，然後在以 phoneNumRegex 呼叫 search() 方法，並傳入想要尋找的字串，其尋找的結果將會存放在 mo 變數內。在這個例子中，我們知道可在字串中找到符合此模式的內容，所以我們知道會返回一個 Match 物件，知道 mo 內存放了 Match 物件而不是空值 None，我們就可以用 mo 變數來呼叫 group() 方法，將比對符合的結果返回。將 mo.group() 寫入 print() 陳述句中，就能顯示印出完整的比對結果：Phone number found: 415-555-4242。

正規表示式比對的重點回顧

在 Python 中使用正規表示式需要幾個步驟，但每步都很簡單。

1. 先用 import re 匯入正規表示式模組。
2. 使用 re.compile() 函式建立 Regex 物件（記得用原始字串）。
3. 對 Regex 物件的 search() 方法傳入想要尋找的字串，在找到時會返回一個 Match 物件。
4. 呼叫 Match 物件的 group() 方法，返回實際比對符合的字串。

NOTE

我鼓勵讀者在互動式 Shell 模式中輸入範例程式碼來體會，但更希望讀者能利用網頁式的正規表示式測試程式，這類網頁應用程式能清楚示範正規表示式怎麼與輸入的一段文字來進行比對，我所推薦的網頁測試程式網址為：https://pythex.org/。

活用正規表示式進行更多模式比對

現在您已學會使用 Python 建立和尋找正規表示式物件的基本步驟，接下來可以嘗試更強大的模式比對功能了。

利用括號來分組

若想要把區域號碼從電話號碼中分開，可在正規表示式中加上括號來進行分組：(\d\d\d)-(\d\d\d-\d\d\d\d)，隨後可用 group() 方法從某個分組中取得比對符合的文字。

正規表示式字串內的第 1 對括號為第 1 組，第 2 對括號為第 2 組。將整數 1 或 2 傳入 group() 方法即可抓取比對符合文字的不同組別。若對 group() 傳入 0 或不傳則會返回整個比對符合的文字。請在互動式 Shell 模式中輸入如下內容：

```
>>> phoneNumRegex = re.compile(r'(\d\d\d)-(\d\d\d-\d\d\d\d)')
>>> mo = phoneNumRegex.search('My number is 415-555-4242.')
>>> mo.group(1)
'415'
>>> mo.group(2)
'555-4242'
>>> mo.group(0)
'415-555-4242'
>>> mo.group()
'415-555-4242'
```

如果想要一次取得所有分組，可使用 groups() 方法，請留意 groups 這個字是有加 s 的複數形式。

```
>>> mo.groups()
('415', '555-4242')
>>> areaCode, mainNumber = mo.groups()
>>> print(areaCode)
415
>>> print(mainNumber)
555-4242
```

由於 mo.groups() 返回的是含有多個值的多元組，所以可利用多重指定的技巧將每個值分別指定給獨立的變數，就像前面的程式碼：areaCode, mainNumber = mo.groups()。

括號在正規表示式中有特別的意義，但如果我們需要在文字中比對括號時該怎麼辦呢？例如，想要比對的電話號碼可能將區域號碼放在一對括號內，在這種情況下需要使用反斜線和括弧。請在互動式 Shell 模式中輸入如下程式內容：

```
>>> phoneNumRegex = re.compile(r'(\(\d\d\d\)) (\d\d\d-\d\d\d\d)')
>>> mo = phoneNumRegex.search('My phone number is (415) 555-4242.')
>>> mo.group(1)
'(415)'
>>> mo.group(2)
'555-4242'
```

在傳入 re.compile() 的原始字串內的 \(和 \) 將會比對實際的 () 括號字元。在正規表示式中，以下這些字元具有特別的意義：

```
. ^ $ * + ? { } [ ] \ | ( )
```

如果想要把這些字元用在您的文字模式中，則需要加上反斜線來轉義：

```
\. \^ \$ \* \+ \? \{ \} \[ \] \\ \| \( \)
```

要仔細檢查是否有在正規表示式中正確地轉義括號 \(和 \)。如果執行後接收到關於「missing)」或「unbalanced parenthesis」這種缺少括號的錯誤訊息，則表示可能忘記加轉義的反斜線，例如以下示例：

```
>>> re.compile(r'(\(Parentheses\)')
Traceback (most recent call last):
    --省略--
re.error: missing ), unterminated subpattern at position 0
```

該錯誤消息告訴您，在 r'(\(Parentheses\)' 字串的索引足標 0 的位置有一個左括號，但字串最後卻缺少其對應的右括號。

使用管道比對多個分組

| 字元稱為「管道（pipe）」，在想要進行多個表示式的比對時可使用。舉例來說，正規表示式 r'Batman|Tina Fey' 會比對 'Batman' 或 'Tina Fey'。

如果 Batman 和 Tina Fey 都出現在要尋找的字串中，第一次比對符合的文字將當成 Match 物件返回。請在互動式 Shell 模式中輸入如下程式碼：

```
>>> heroRegex = re.compile (r'Batman|Tina Fey')
>>> mo1 = heroRegex.search('Batman and Tina Fey.')
>>> mo1.group()
'Batman'
```

```
>>> mo2 = heroRegex.search('Tina Fey and Batman.')
>>> mo2.group()
'Tina Fey'
```

NOTE

使用 findall() 方法可找到「所有」比對符合的內容，在本章後面的「findall() 方法」小節會討論。

我們也可利用管道來設定正規表示式中多個模式的比對，例如，想要比對 'Batman'、'Batmobile'、'Batcopter' 和 'Batbat' 中任一個都符合，其模式為字串都以 Bat 開頭，所以只要指定一次前置文字即可，利用括號就能達成。請在互動式 Shell 模式中輸入如下程式碼：

```
>>> batRegex = re.compile(r'Bat(man|mobile|copter|bat)')
>>> mo = batRegex.search('Batmobile lost a wheel')
>>> mo.group()
'Batmobile'
>>> mo.group(1)
'mobile'
```

呼叫 mo.group() 後返回了完整比對符合的文字 'Batmobile'，而 mo.group(1) 則只要返回第 1 個括號分組內比對符合的文字 'mobile'。利用管道字元和分組括號就可指定多種可選用的模式來讓正規表示式去比對。

如果要比對的內容是管道字元本身，就要用到反斜線來轉義：\|。

使用問號作為可選擇性的比對

有時要比對的模式中是可選擇性的，也就是說，問號表示不論該內容是否存在，正規表示式都會比對為符合。? 字元表示它前面的括號分組在這模式中是可選擇性的。請在互動式 Shell 模式中輸入如下實例程式碼來體會：

```
>>> batRegex = re.compile(r'Bat(wo)?man')
>>> mo1 = batRegex.search('The Adventures of Batman')
>>> mo1.group()
'Batman'

>>> mo2 = batRegex.search('The Adventures of Batwoman')
>>> mo2.group()
'Batwoman'
```

正規表示式中的 (wo)? 部分是指模式 wo 是可選擇性的分組，在比對時，wo 是否出現都可以。這就是為什麼正規表示式會在比對時找到符合的 'Batman' 和 'Batwoman'。

利用前述的電話號碼實例來說明，可在正規表示式中尋找含有區號和不含區號的電話號碼，請在互動式 Shell 模式中輸入如下程式碼：

```
>>> phoneRegex = re.compile(r'(\d\d\d-)?\d\d\d-\d\d\d\d')
>>> mo1 = phoneRegex.search('My number is 415-555-4242')
>>> mo1.group()
'415-555-4242'

>>> mo2 = phoneRegex.search('My number is 555-4242')
>>> mo2.group()
'555-4242'
```

可把 ? 字元看成「這個問號前的分組比對符合一次或零次都可以」。

假如需要比對真正的 ? 字元時，可用反斜線轉義：\?。

使用星號比對符合零次或多次

*（星號）意義為「比對符合零次或多次」，也就是說在星號前的分組，在要尋找的文字中有出現任意次。可以不出現，或著重複出現很多次。請看下列 Batman 的例子：

```
>>> batRegex = re.compile(r'Bat(wo)*man')
>>> mo1 = batRegex.search('The Adventures of Batman')
>>> mo1.group()
'Batman'

>>> mo2 = batRegex.search('The Adventures of Batwoman')
>>> mo2.group()
'Batwoman'

>>> mo3 = batRegex.search('The Adventures of Batwowowowoman')
>>> mo3.group()
'Batwowowowoman'
```

以 'Batman' 來說，正規表示式 (wo)* 部分比對 wo 結果為 0。以來 'Batwoman' 說，正規表示式 (wo)* 部分比對 wo 結果為 1。以 'Batwowowowoman' 來說，正規表示式 (wo)* 部分比對 wo 結果為 4。

假如需要比對真正的 * 字元時，可用反斜線轉義：*。

使用加號比對符合一次或多次

*（星號）意義為「比對符合零次或多次」，+（加號）意義則為「比對符合一次或多次」。星號不要求分組一定要在比對的字串中出現，但加號不同，加號前的分組必須「至少出現一次」。這不是可選擇性的。請在互動式 Shell 模式中輸入如下實例程式碼來比較與前一小節星號正規表示式的不同：

```
>>> batRegex = re.compile(r'Bat(wo)+man')
>>> mo1 = batRegex.search('The Adventures of Batwoman')
>>> mo1.group()
'Batwoman'

>>> mo2 = batRegex.search('The Adventures of Batwowowowoman')
>>> mo2.group()
'Batwowowowoman'

>>> mo3 = batRegex.search('The Adventures of Batman')
>>> mo3 == None
True
```

正規表示式 Bat(wo)+man 比對 'The Adventures of Batman' 字串時找不到符合的結果，因為至少 wo 要出現一次，所以返回 None。

假如需要比對真正的 + 字元時，可用反斜線轉義：\+。

使用大括弧指定比對符合次數

如果想要在比對時針對某分組指定符合的次數，可在正規表示式中該分組後面加上大括弧，並在大括弧中填入次數。舉例來說，正規表示式 (Ha){3} 在比對 'HaHaHa' 字串時就符合，但 'HaHa' 則不符合，因為 (Ha) 分組只出現 2 次。

大括弧內不只能填入一個數字，還可指定範圍，也就是大括弧中填入第一個數字為下限最小值，再輸入逗號分隔，再填入第二個數字為上限最大值。例如，正規表示式 (Ha){3,5} 在比對 'HaHaHa'、'HaHaHaHa'、'HaHaHaHaHa' 字串時都符合。

也可以不寫入第一個或第二個數字，也就是不設最小或最大值。例如，(Ha){3,} 是指在比對符合 3 次以上。(Ha){,5} 是指在比對符合 5 次以內。大括弧可讓正規表示式更簡短。以下兩個正規表示式相同：

```
(Ha){3}
(Ha)(Ha)(Ha)
```

以下這兩個正規表示式也相同：

```
(Ha){3,5}
((Ha)(Ha)(Ha))|((Ha)(Ha)(Ha)(Ha))|((Ha)(Ha)(Ha)(Ha)(Ha))
```

請在互動式 Shell 模式中輸入如下程式碼：

```
>>> haRegex = re.compile(r'(Ha){3}')
>>> mo1 = haRegex.search('HaHaHa')
>>> mo1.group()
'HaHaHa'

>>> mo2 = haRegex.search('Ha')
>>> mo2 == None
True
```

這個例子中，(Ha){3} 在比對 'HaHaHa' 字串時就符合，但 'Ha' 則不符合，所以 search() 返回 None。

貪婪與非貪婪比對

在字串 'HaHaHaHaHa' 中，因為 (Ha){3,5} 在比對時找到 3 個、4 個、5 個 Ha 都符合，您可能會想，為什麼在前面大括弧的例子中，Match 物件呼叫的 group() 會返回 'HaHaHaHaHa'，而不是其他短的可能結果。必竟 'HaHaHa' 和 'HaHaHaHa' 也在比對時都符合正規表示式 (Ha){3,5}。

Python 的正規表示式預設是「貪婪（greedy）」的，這意味著在有含糊多重意義的情況下，會盡可能找到最長符合比對的字串。大括弧的「非貪婪（non-greedy）」版本則會盡可能找到最短符合比對的字串，設定的方式是在結束（右側）的大括弧後面加上一個問號。

請在互動式 Shell 模式中輸入如下程式碼，並留意在尋找相同字串時，大括弧的貪婪形式與非貪婪形式之間有什麼不同：

```
>>> greedyHaRegex = re.compile(r'(Ha){3,5}')
>>> mo1 = greedyHaRegex.search('HaHaHaHaHa')
>>> mo1.group()
'HaHaHaHaHa'

>>> nongreedyHaRegex = re.compile(r'(Ha){3,5}?')
>>> mo2 = nongreedyHaRegex.search('HaHaHaHaHa')
>>> mo2.group()
'HaHaHa'
```

請注意問號在正規表示式中可能有兩種意含：宣告用非貪婪比對，或表示該分組為可選擇性的，這兩種意含是完全不同的。

findall() 方法

除了 search() 方法之外，Regex 物件還有一個 findall() 方法。search() 方法會返回一個 Match 物件，此物件內含有尋找比對字串中「第一次」找到符合的文字。findall() 方法則返回一組字串，這組字串為尋找比對字串中所有符合的文字內容。在互動式 Shell 模式中輸入如下程式碼，看一下 search() 返回的 Match 物件只內有第一次找到的符合文字：

```
>>> phoneNumRegex = re.compile(r'\d\d\d-\d\d\d-\d\d\d\d')
>>> mo = phoneNumRegex.search('Cell: 415-555-9999 Work: 212-555-0000')
>>> mo.group()
'415-555-9999'
```

反過來說，findall() 則不是返回一個 Match 物件，只要在正規表示式中沒有分組，它會返回一個字串串列。串列中的每個字串都是一段被找到比對符合的文字，會與正規表示式相配。請在互動式 Shell 模式中輸入如下程式碼：

```
>>> phoneNumRegex = re.compile(r'\d\d\d-\d\d\d-\d\d\d\d') # has no groups
>>> phoneNumRegex.findall('Cell: 415-555-9999 Work: 212-555-0000')
['415-555-9999', '212-555-0000']
```

如果在正規表示式中有分組，那麼 findall() 會返回一個多元組的串列。每個多元組代表一個比對符合的內容，其中的項目就是正規表示式中每個分組的比對字串。請在互動式 Shell 模式中輸入如下程式碼，看看 findall() 的效果（請留意，編譯的正規表示式有用括弧來分組）：

```
>>> phoneNumRegex = re.compile(r'(\d\d\d)-(\d\d\d)-(\d\d\d\d)') # has groups
>>> phoneNumRegex.findall('Cell: 415-555-9999 Work: 212-555-0000')
[('415', '555', '9999'), ('212', '555', '0000')]
```

彙整 findall() 方法的返回結果，請記住以下重點：

1. 如果傳入一個沒有分組的正規表示式來呼叫 findall() 方法，例如 \d\d\d-\d\d\d-\d\d\d\d，則返回一個比對符合的字串串列，例如 ['415-555-9999', '212-555-0000']。

2. 如果傳入一個有分組的正規表示式來呼叫 findall() 方法，例如 (\d\d\d)-(\d\d\d)-(\d\d\d\d)，則返回一個比對符合的多元組串列（每個分組對應一個字串），例如 [('415', '555', '9999'), ('212', '555', '0000')]。

字元分類

在前述內容所提到的電話號碼的正規表示式實例中，您已知道\d 表示是任意數字，也就是說，\d 是正規表示式 (0|1|2|3|4|5|6|7|8|9) 的速記。這裡還有許多這類「字元分類的速記」，如表 7-1 所示。

表 7-1　一般常見字元分類的速記程式碼

字元分類速記	表示
\d	0~9 的任何數字
\D	除了 0~9 的數字以外的任何字元
\w	任何字母、數字或底線字元（可想成是比對單字字元）
\W	除了字母、數字和底線以外的任何字元
\s	空格、定位符號或換行符號（可想成是比對空白字元）
\S	除了空格、定位符號和換行符號以外的任何字元

字元分類對於縮短正規表示式很有幫助，字元分類 [0-5] 只比對數字 0 到 5，這比輸入 (0|1|2|3|4|5) 簡潔很多。請注意，\d 比對的是數字，而 \w 比對的是數字、字母和底線，但是沒有僅比對字母的速記字元。（雖然我們可以使用 [a-zA-Z] 字元分類來處理，如下所述。）

請在互動式 Shell 模式中輸入如下程式碼，以實例來體會：

```
>>> xmasRegex = re.compile(r'\d+\s\w+')
>>> xmasRegex.findall('12 drummers, 11 pipers, 10 lords, 9 ladies, 8 maids, 7 swans,
6 geese, 5 rings, 4 birds, 3 hens, 2 doves, 1 partridge')
['12 drummers', '11 pipers', '10 lords', '9 ladies', '8 maids', '7 swans', '6
geese', '5 rings', '4 birds', '3 hens', '2 doves', '1 partridge']
```

正規表示式 \d+\s\w+ 所比對的文字有一個或多個數字（\d+），接著是一格空白字元（\s），然後是一個或多個字母、數字、底線字元（\w+）。findall() 方法會返回所有正規表示式比對符合的字串，並放在一個串列中。

建立屬於自己的字元分類

有時候想要比對某組字元，但 Python 提供的字元分類速記（\d、\s、\w 等）範圍太廣，此時可用中括弧 [] 來定義屬於自己的字元分類。例如，字元分類 [aeiouAEIOU] 能比對找出所有母音的字元，大小寫都包括。請在互動式 Shell 模式中輸入如下程式碼：

```
>>> vowelRegex = re.compile(r'[aeiouAEIOU]')
>>> vowelRegex.findall('Robocop eats baby food. BABY FOOD.')
['o', 'o', 'o', 'e', 'a', 'a', 'o', 'o', 'A', 'O', 'O']
```

也可利用連字符號指定字母或數字的範圍。例如，字元分類 [a-zA-Z0-9] 會比對找出所有小寫字母、大寫字母和數字。

請留意一點，在中括弧內普通的正規表示式符號不會被解譯執行，意思是說，您不需要在前面加上反斜線轉義像「.、*、?、或 ()」等字元。舉例來說，字元分類 [0-5.] 會比對找出 0 到 5 的數字和句點，不需要寫成 [0-5\.]。

在字元分類的左側中括弧後寫上插入符號（^），可取得相反的字元分類。相反的字元分類意思是比對找出不在這個字元分類之外的所有字元。請在互動式 Shell 模式中輸入如下程式碼，以實例來體會：

```
>>> consonantRegex = re.compile(r'[^aeiouAEIOU]')
>>> consonantRegex.findall('Robocop eats baby food. BABY FOOD.')
['R', 'b', 'c', 'p', ' ', 't', 's', ' ', 'b', 'b', 'y', ' ', 'f', 'd', '.', ' ',
'B', 'B', 'Y', ' ', 'F', 'D', '.']
```

這個例子不是要比對尋找母音字元，而是找出母音字元以外的所有字元。

^ 字元和 $ 字元

在正規表示式的起始處加上 ^ 字元，表示比對符合是發生在被尋找文字的起始處。同樣地，可在正規表示式的結尾處加上 $ 字元，表示該字串要以這個正規表示式的模式結尾才行。可同時使用 ^ 和 $ 字元，表示整個字串都要符合該模式，也就是說，只找出符合該字串的某個部分也是不行的。

舉例來說，正規表示式 r'^Hello' 是要比對找出符合以 'Hello' 為起始的字串，請在互動式 Shell 模式中輸入如下程式碼：

```
>>> beginsWithHello = re.compile(r'^Hello')
>>> beginsWithHello.search('Hello world!')
<_sre.SRE_Match object; span=(0, 5), match='Hello'>
>>> beginsWithHello.search('He said hello.') == None
True
```

正規表示式 r'\d$' 是要比對找出以數字 0 到 9 為結尾的字串，請在互動式 Shell 模式中輸入如下程式碼：

```
>>> endsWithNumber = re.compile(r'\d$')
>>> endsWithNumber.search('Your number is 42')
<_sre.SRE_Match object; span=(16, 17), match='2'>
>>> endsWithNumber.search('Your number is forty two.') == None
True
```

正規表示式 r'^\d+$' 是要比對找出從開頭到結尾都是數字 0 到 9 的字串，請在互動式 Shell 模式中輸入如下程式碼：

```
>>> wholeStringIsNum = re.compile(r'^\d+$')
>>> wholeStringIsNum.search('1234567890')
<_sre.SRE_Match object; span=(0, 10), match='1234567890'>
>>> wholeStringIsNum.search('12345xyz67890') == None
True
>>> wholeStringIsNum.search('12 34567890') == None
True
```

前述例子中最後兩個 search() 所示範的就是使用了 ^ 和 $ 後，要整個字串都必需符合該正規表示式全都是數字的要求。

我常會搞混 ^（caret）和 $（dollar）字元的意思和順序，這裡有個助記的方法：「Carrots cost dollars（紅蘿蔔要花錢）」，把 ^（caret）想成紅蘿蔔（carrot），這樣會提醒我 ^（caret）字元在前面，而 $（dollar）是在後面。

萬用字元

在正規表示式中「.（句點）」字元稱為「萬用字元（wildcard）」，可比對尋找除了換行符號之外的所有字元。請在互動式 Shell 模式中輸入如下程式碼，以實例來體會：

```
>>> atRegex = re.compile(r'.at')
>>> atRegex.findall('The cat in the hat sat on the flat mat.')
['cat', 'hat', 'sat', 'lat', 'mat']
```

請記住，句點字元在比對時對應的是一個字元，所以這就是為什麼這個例子中，在比對 flat 這個字時，最後比對符合的是「lat」。假如需要比對真正的 . 字元時，可用反斜線轉義：\.。

使用 .* 比對尋找所有字元

有時想要比對找出所有的內容，例如，想要比對找出 'First Name:' 後面所有的文字，接著在 'last Name:' 後面所有的文字也一要比對找出。此時可利用 .* 來指定。回顧一下，. 字元的意思是「除了換行符號之外的所有單個字元」，而 * 字元的意思是「前置的字元出現零次或多次以上」。

請在互動式 Shell 模式中輸入如下程式碼：

```
>>> nameRegex = re.compile(r'First Name: (.*) Last Name: (.*)')
>>> mo = nameRegex.search('First Name: Al Last Name: Sweigart')
>>> mo.group(1)
'Al'
>>> mo.group(2)
'Sweigart'
```

.* 用的是「貪婪」模式：會比對找出盡可能最多的文字。若要改成「非貪婪」模式來比對所有文字時，可使用 .*?（句點星號問號）。就像在使用大括弧時一樣的設定方式，以 ? 問號告知 Python 要用非貪婪模式來進行比對尋找。請在互動式 Shell 模式中輸入如下程式碼，看看貪婪和非貪婪模式有什麼不同：

```
>>> nongreedyRegex = re.compile(r'<.*?>')
>>> mo = nongreedyRegex.search('<To serve man> for dinner.>')
>>> mo.group()
'<To serve man>'

>>> greedyRegex = re.compile(r'<.*>')
>>> mo = greedyRegex.search('<To serve man> for dinner.>')
>>> mo.group()
'<To serve man> for dinner.>'
```

前面實例中的兩個正規表示式的意思大致都可看成「比對找出 <，接著任意字到 > 字元」。但比對字串 '<To serve man> for dinner.>' 可找到兩個 > 字元。在非貪婪模式的正規表示式中，Python 會比對找出最短可能的字串：'<To serve man>'。在貪婪模式的中，Python 會比對找出最長可能的字串：'<To serve man> for dinner.>'。

使用 . 字元比對找出換行符號

.* 的用法在比對尋找時會找出除了換行符號之外的所有東西，若想要連換行符號也要比對進去，可利用傳入 re.DOTALL 當作 re.compile( ) 的第二個引數，這樣在比對尋找時所有東西都符合，也包括換行符號。

請在互動式 Shell 模式中輸入如下程式碼：

```
>>> noNewlineRegex = re.compile('.*')
>>> noNewlineRegex.search('Serve the public trust.\nProtect the innocent.
\nUphold the law.').group()
'Serve the public trust.'

>>> newlineRegex = re.compile('.*', re.DOTALL)
>>> newlineRegex.search('Serve the public trust.\nProtect the innocent.
\nUphold the law.').group()
'Serve the public trust.\nProtect the innocent.\nUphold the law.'
```

正規表示式 noNewlineRegex 在建立時並沒有對 re.compile() 傳入 re.DOTALL，所在比對尋找時會找出所有內容，直到第一個換行符號為止。而 newlineRegex 在建立時有對 re.compile() 傳入 re.DOTALL，比對尋找時會找出所有內容，包括換行符號。這就是為什麼 newlineRegex.search() 能比對找出整句字串，其中也包括換行符號。

彙整複習正規表示式所使用的符號

本章介紹了許多標示方法，這裡快速彙整並複習一下所學的內容：

- ? 可比對找出符合前面分組中正規表示式零次或一次。
- * 可比對找出符合前面分組中正規表示式零次或多次。
- + 可比對找出符合前面分組中正規表示式一次或多次。
- {n} 可比對找出符合前面分組中正規表示式 n 次。
- {n,} 可比對找出符合前面分組中正規表示式 n 次以上。
- {,m} 可比對找出符合前面分組中正規表示式 0 到 m 次。
- {n,m} 可比對找出符合前面分組中正規表示式 n 次以上，最多 m 次。
- {n,m}? 或 *? 或 +? 為使用非貪婪模式來比對。

- ^spam 是指字串要以 spam 為開頭。
- spam$ 是指字串要以 spam 為結尾。
- . 比對找出所有字元，但換行符號除外。
- \d、\w 和 \s 分別為比對找出數字、單字和空白。
- \D、\W 和 \S 分別為比對找出數字以外、單字以外和空白以外的所有字元。
- [abc] 比對找出中括弧內指定的字元（也就是 a、b、c）。
- [^abc] 比對找出中括弧內指定字元以外的任意字元（也就是 a、b、c 以外的字元）。

比對時不區分大小寫

一般來說，正規表示式會依您指定的大小寫來比對尋找文字。例如，下列的正規表示式會比對尋找完全不同的字串：

```
>>> regex1 = re.compile('Robocop')
>>> regex2 = re.compile('ROBOCOP')
>>> regex3 = re.compile('robOcop')
>>> regex4 = re.compile('RobocOp')
```

但有時我們只關注在比對的字母，並不在意大小寫的區分。因此，若想要讓正規表示式不區分大小寫，可以 re.IGNORECASE 或 re.I 當作第二個引數傳入 re.compile() 中。請在互動式 Shell 模式中輸入如下程式碼：

```
>>> robocop = re.compile(r'robocop', re.I)
>>> robocop.search('Robocop is part man, part machine, all cop.').group()
'Robocop'

>>> robocop.search('ROBOCOP protects the innocent.').group()
'ROBOCOP'

>>> robocop.search('Al, why does your programming book talk about robocop so
much?').group()
'robocop'
```

使用 sub() 方法取代字串

正規表示式不僅能比對找出文字模式，還能夠用新的文字取代原有的這些模式。Regex 物件的 sub() 方法要傳入兩個引數，第一個引數是用來取代找出的內容，第二個引數是正規表示式要比對處理的字串。sub() 方法會返回取代完成後的字串。

請在互動式 Shell 模式中輸入如下程式碼，以實例來說明：

```
>>> namesRegex = re.compile(r'Agent \w+')
>>> namesRegex.sub('CENSORED', 'Agent Alice gave the secret documents to Agent
Bob.')
'CENSORED gave the secret documents to CENSORED.'
```

有時可能會需要用到比對找到的文字本身作為取代的一部分，因此在 sub() 的第一個引數中可輸入 \1、\2、3…等等，這個意思是「輸入分組 1、2、3…等的文字當作替換取代的文字」。

舉例來說，假設想要刪改隱藏密探的名字，只顯示名字的第一個字母，那就要使用正規表示式 Agent (\w)\w* 先找到探員名字，並以 r'\1****' 當作第一個引數傳入 sub() 中。字串內的 \1 會以分組 1 找到符合的字母來當作取代的文字，分組 1 就是正規表示式中的 (\w) 分組。

```
>>> agentNamesRegex = re.compile(r'Agent (\w)\w*')
>>> agentNamesRegex.sub(r'\1****', 'Agent Alice told Agent Carol that Agent Eve knew
Agent Bob was a double agent.')
A**** told C**** that E**** knew B**** was a double agent.'
```

管理複雜的正規表示式

如果要比對尋找的文字模式很簡單，使用原本的正規表示式就可以了。但假如要比對尋找的文字模式十分複雜，那麼正規表示式可能會變得很長、也很難懂。您可以在正規表示式中加入空白和注釋，並告知 re.compile() 忽略空白和注釋，這樣就能減輕正規表示式太長太複雜的問題。可藉由將 re.VERBOSE 當作第二個引數傳入 re.compile() 中，開啟「詳細模式（verbose mode）」。

如此一來就不用像下列這樣寫出難懂的正規表示式了：

```
phoneRegex = re.compile(r'((\d{3}|\(\d{3}\))?(\s|-|\.)?\d{3}(\s|-|\.)\d{4}
(\s*(ext|x|ext.)\s*\d{2,5})?)')
```

可將正規表示式改成多行來呈現，並加上注釋，如下列所示：

```
phoneRegex = re.compile(r'''(
    (\d{3}|\(\d{3}\))?            # area code
    (\s|-|\.)?                    # separator
    \d{3}                         # first 3 digits
    (\s|-|\.)                     # separator
    \d{4}                         # last 4 digits
    (\s*(ext|x|ext.)\s*\d{2,5})?  # extension
    )''', re.VERBOSE)
```

請留意，在前面的例子中用了三個單引號（'''）來建立多行式的字串，如此一來就能讓正規表示式的定義放在多行中，讓可讀性變高。

正規表示式字串中的注釋規則和一般的 Python 程式碼相同：以 # 符號開頭，接著是注釋內容，這行注釋會被忽略，而且，在呈現正規表示式的多行字串內，為了對齊而使用的多餘空白也會被忽略，不會當成比對的文字模式。這樣能讓我們好好整理過長的正規表示式，使其更易讀易懂。

組合使用 re.IGNORECASE、re.DOTALL 和 re.VERBOSE

假如想要在正規表示式中使用 re.VERBOSE 模式加上注釋，還希望用 re.IGNORECASE 忽略大小寫，不幸的是 re.compile() 函式只能接受一個值當作其第二個引數，那怎麼辦呢？可利用管道字元（|）把 re.IGNORECASE、re.DOTALL 和 re.VERBOSE 組合起來，就能突破這個限制了。管道字元（|）就是大家熟知的「位元或（bitwise or）」運算子。

因此想要讓正規表示式不區分大小寫，且比對尋找時包含換行符號，可這樣編寫 re.compile()：

```
>>> someRegexValue = re.compile('foo', re.IGNORECASE | re.DOTALL)
```

把三個選項都放入第二個引數的寫法如下：

```
>>> someRegexValue = re.compile('foo', re.IGNORECASE | re.DOTALL | re.VERBOSE)
```

這個語法有點舊，是源自於早期的 Python 版本。位元運算子的詳細說明超出本書的範圍，若想要取得更多訊息，可連到 http://nostarch.com/automatestuff2/ 的 Additional Online Resources 中的第 7 章尋找。還有很多其他選項可當成第二個引數傳入 re.compile() 中，但都不常用，您可以從前述的額外網路資源中找到更多細節和說明。

程式專題：電話號碼和 Email 的擷取程式

假設您被指派一項無聊的工作，要在一篇很長的網頁或文章中找出所有電話號碼和 Email 地址，如果以手動的方式可能要花很多時間。若有個程式可以在剪貼簿的文字中尋找電話號碼和 Email，那麼只要按下 Ctrl-A 鍵選取所有文字，再按下 Ctrl-C 鍵複製到剪貼簿中，再執行這個程式，讓它找出電話和 Email，並取代掉剪貼簿中原有的文字。

當您在接到一個新的專案時，很容易就想直接開始寫程式了，但最好還是先退一步，想一下整個專案的全貌。我建議先從描繪較高層次的計劃，想清楚程式需要什麼樣的東西。別急著思考真正的程式怎麼寫，先描繪出草圖大架構。

舉例來說，電話號碼和 Email 擷取程式需要完成以下的工作：

1. 從剪貼簿取得文字。
2. 找出文字中所有的電號碼和 Email。
3. 將找出的內容貼上剪貼簿取代原有的文字。

現在可以開始思考怎麼用程式碼來完成工作了。程式碼需要做以下的事情：

1. 使用 pyperclip 模組複製和貼上字串。
2. 建立兩個正規表示式，一個用來比對尋找電話號碼，一個用來比對尋找 Email。
3. 以這兩個正規表示式比對找到所有符合的內容。
4. 將比對符合的字串整理好，存放到一個字串中好用來貼上。
5. 如果在文字中都找不到符合的內容，請顯示訊息告知。

上述的清單就像程式專題的路線圖，在設計程式時可分別針對每一步投入心力，每一步都能好好管理，而且這些描述能讓我們知道怎麼用 Python 去完成。

STEP 1：建立比對電話號碼的正規表示式

首先要建立一個正規表示式來尋找比對電話號碼，請開啟一個新的檔案，輸入如下的程式碼，並存成 phoneAndEmail.py：

```
#! python3
# phoneAndEmail.py - Finds phone numbers and email addresses on the clipboard.

import pyperclip, re

phoneRegex = re.compile(r'''(
    (\d{3}|\(\d{3}\))?                # area code
    (\s|-|\.)?                        # separator
    (\d{3})                           # first 3 digits
    (\s|-|\.)                         # separator
    (\d{4})                           # last 4 digits
    (\s*(ext|x|ext.)\s*(\d{2,5}))?    # extension
    )''', re.VERBOSE)

# TODO: Create email regex.

# TODO: Find matches in clipboard text.

# TODO: Copy results to the clipboard.
```

TODO 注釋只是程式的骨架，等要寫入真的程式碼時再去掉。

電話號碼的模式是一個「可選擇性」的區域號碼起頭，所以區碼分組後加一個問號（?），由於區碼只有 3 個數字（\d{3}），或有括弧括住的 3 個數字（\(\d{3}\)），所以用管道符號（|）連起來。可在這多行的正規表示式部分加上注釋 #Area code，好協助我們了解「(\d{3}|\(\d{3}\))?」是用來比對什麼的。

電話號碼分隔字元可以是空格（\s）、連字符號（-）或句點（\.），所以這部分也要用管道符號（|）連起來。接下來的正規表示式部分就很簡單了：包括 3 個數字，另一個分隔字元，4 個數字。最後的部分是可有可無的分機號碼，包括：任意數量的空格，ext、x 或 ext.，任意數量的空格，2 到 5 位數字。

NOTE

在正規表示式中容易把含有括號 () 分組和轉義括號 \(\) 混淆。如果執行後接收到關於「missing)」或「unbalanced parenthesis」這種缺少括號的錯誤訊息，請再次檢查是否有正確使用括號。

STEP 2：建立比對 Email 的正規表示式

還要建立一個正規表示式來尋找比對 Email，程式碼如下所示：

```
#! python3
# phoneAndEmail.py - Finds phone numbers and email addresses on the clipboard.
import pyperclip, re

phoneRegex = re.compile(r'''(
--省略--

# Create email regex.
emailRegex = re.compile(r'''(
 ❶ [a-zA-Z0-9._%+-]+      # username
 ❷ @                      # @ symbol
 ❸ [a-zA-Z0-9.-]+         # domain name
   (\.[a-zA-Z]{2,4})      # dot-something
   )''', re.VERBOSE)

# TODO: Find matches in clipboard text.

# TODO: Copy results to the clipboard.
```

Email 的使用者名稱部分❶是一個或多個字元，可能含有：小寫和大寫字母、數字、句點、底線、百分比、加號或連字符號。這些可能的內容可放入一個字元分類：[a-zA-Z0-9._%+-]。

網域名稱和使用者名稱是以 @ 分隔❷，網域名稱❸允許的字元分類較少一點，只能有字母、數字、句點和連字符號：[a-zA-Z0-9.-]。最後是「dot-com」的部分（技術上是稱之為最上層網域名稱），實際上這可以表示是「點任何東西（dot-anything）」，有 2 至 4 個字元。

email 格式有許多奇怪的規則，上述的正規表示式不可能比對找出所有合法的 email 地址，但絕大多數典型的 email 格式都能比對處理。

STEP 3：
在剪貼簿的文字中找到所有比對符合的內容

現在已經指定好電話號碼和 email 的正規表示式了，隨即可讓 Python 的 re 模組來處理這項工作，尋找比對剪貼簿內文字所有符合的內容。pyperclip.paste() 函式將取得一個字串，此字串即為剪貼簿中的文字，findall() 方法將返回一個多元組的串列。

這部分的程式如下所示：

```
#! python3
# phoneAndEmail.py - Finds phone numbers and email addresses on the clipboard.

import pyperclip, re

phoneRegex = re.compile(r'''(
--省略--

# Find matches in clipboard text.
text = str(pyperclip.paste())

❶ matches = []
❷ for groups in phoneRegex.findall(text):
      phoneNum = '-'.join([groups[1], groups[3], groups[5]])
      if groups[8] != '':
          phoneNum += ' x' + groups[8]
      matches.append(phoneNum)
❸ for groups in emailRegex.findall(text):
      matches.append(groups[0])

# TODO: Copy results to the clipboard.
```

每個比對符合的結果對應一個多元組，每個多元組則包含正規表示式中每個分組的字串，請回顧一下剛才的內容，分組 0 比對找出整個正規表示式，所以在多元組中索引足標 0 這個位置的分組即是想要的內容。

在❶處所看到的就是準備要將所比對符合的結果用來存放的串列變數，名稱為 matches，一開始初始化為空的串列，再來是幾個 for 迴圈。就以 Email 來說，每次比對符合即新增分組 0 ❸。但以電話號碼來說，就不只想新增分組 0 而已。雖然程式可以「偵測」幾種不同格式的電話號碼，但您希望新增的電話號碼是單一且標準的格式。phoneNum 變數含有一個字串，是由比對符合的文字中的分組 1、3、5 和 8 所組成❷。（這些分組為區域號碼、前 3 個數字、後 4 個數字和分機號碼）

STEP 4：
所有比對符合的內容連接成一個字串給剪貼簿

現階段 email 和電話號碼已經作成字串串列放在 matches 變數中，您希望把它放到剪貼簿內。pyperclip.copy() 函式只能接收單個字串值，不能是字串的串列，所以要在 matches 中呼叫 join() 方法來連接。

為了要更容易看到程式的運作，讓我們把所有找到的符合內容都印在螢幕上，如果沒找到電話號碼或 Email，也會印出訊息告知使用者。

這部分的程式如下所示：

```
#! python3
# phoneAndEmail.py - Finds phone numbers and email addresses on the clipboard.

--省略--
for groups in emailRegex.findall(text):
    matches.append(groups[0])

# Copy results to the clipboard.
if len(matches) > 0:
    pyperclip.copy('\n'.join(matches))
    print('Copied to clipboard:')
    print('\n'.join(matches))
else:
    print('No phone numbers or email addresses found.')
```

執行程式

以 http://nostarch.com/contactus/ 網頁的內容為例子，先打開瀏覽器，連到該網址，按下 Ctrl-A 鍵選取網頁所有文字，再按下 Ctrl-C 鍵複製到剪貼簿中。此時執行程式，其結果如下所示：

```
Copied to clipboard:
800-420-7240
415-863-9900
415-863-9950
info@nostarch.com
media@nostarch.com
academic@nostarch.com
info@nostarch.com
```

關於一些類似程式的想法

識別文字的模式（可利用 sub() 方法來取代找到的內容）有很多潛在的應用可發揮：

- 比對找出以 http:// 或 https:// 為開頭的網站 URL。
- 清理不同的日期格式（例如 3/14/2019、03-14-2019 和 2019/3/14），以單一標準格式取代。

- 刪改敏感的訊息，例如社會保險號碼或信用卡號碼。
- 找出常見的打字錯誤，例如單字間多了空格、不小心重複的單字，或句子結尾多了個驚嘆號等。這些都是煩人的錯誤啊！！

總結

雖然用電腦尋找文字很快，但還是需要精確告知電腦要找什麼才行。正規表示式就是讓我們能精確指定要尋找比對的文字模式。事實上，一些文書處理或試算表軟體也提供了尋找取代的功能，可讓我們使用正規表示式進行尋找。

Python 內建的 re 模組能讓我們編譯 Regex 物件，也有幾種方法可呼叫使用：search() 可尋找比對單個符合的結果，findall() 則可尋找比對所有符合的結果，sub() 可尋找比對並進行取代。

還有很多本章沒介紹到的正規表示式語法，讀者可連到 Python 官網的文件中找到更多相關內容：https://docs.python.org/3/library/re.html。另外一個教學指南網站：http://www.regular-expressions.info/ 也有很多有用的資源。

現在您已學到如何操控和比對字串了，接下來的內容要學習如何在您電腦的硬碟中讀寫檔案。

習題

1. 建立 Regex 物件的函式是什麼？
2. 在建立 Regex 物件時為何要用原始字串？
3. 請問 search() 方法會返回什麼？
4. 利用 Match 物件怎麼取得比對找到該模式的實際字串？
5. 建立的 r'(\d\d\d)-(\d\d\d-\d\d\d\d)' 正規表示式中，分組 0 是什麼？分組 1 是什麼？分組 2 是什麼？
6. 括號和句點在正規表示式語法中有什麼特別的意義？如何指定正規表示式比對找出真的括號和句點字元？

7. 請問用什麼來決定 findall() 方法能返回一個字串的串列，或是字串多元組的串列？

8. 在正規表示式中，管道字元（|）代表什麼意義？

9. 在正規表示式中，問號字元（?）有哪兩種意義？

10. 在正規表示式中，+ 和 * 字元有何不同？

11. 在正規表示式中，{3} 和 {3,5} 有何不同？

12. 在正規表示式中，\d、\w 和 \s 字元分類速記是什麼意思？

13. 在正規表示式中，\D、\W 和 \S 字元分類速記是什麼意思？

14. 請問 .* 和 *? 有什麼不同？

15. 比對尋找所有數字和小寫字母的字元分類語法是什麼？

16. 怎麼讓正規表示式不區分大小寫？

17. 句點（.）字元一般是比對尋找什麼？如果 re.DOTALL 當作第二個引數傳入 re.compile() 中，又會比對尋找什麼？

18. 如果 numRegex = re.compile(r'\d+')，那麼 numRegex.sub('X', '12 drummers, 11 pipers, five rings, 3 hens') 會返回什麼？

19. 將 re.VERBOSE 當作第二個引數傳入 re.compile() 會有什麼效果？

20. 怎麼編寫一個正規表示式來比對尋找每 3 位就有一個逗號（,）的數字？它要能夠比對找到以下數字：

    - `'42'`
    - `'1,234'`
    - `'6,368,745'`

    但不能比對找到：

    - `'12,34,567'`（逗號是在兩位數字之間）
    - `'1234'`（沒有逗號）

21. 請寫出一個正規表示式可比對找出姓為 Watanabe 的完整姓名？可以假設名字總是會在姓之前，且是以標題大寫字母開頭的單字。此正規表示式可比對找到：

    - 'Satoshi Watanabe'
    - 'Alice Watanabe'
    - 'Robocop Watanabe'

    但不能比對找到：

    - 'satoshi Watanabe'（名字不是大寫字母開頭）
    - 'Mr. Watanabe'（名字中有不是字母的字元）
    - 'Watanabe'（沒有名字）
    - 'Satoshi watanabe'（姓的單字不是大寫字母開頭）

22. 請寫出一個正規表示式可比對找出一個句子，該句子的第一個單字是 Alice、Bob 或 Carol，第二個單字是 eats、pets 或 throws，第三個單字是 apples、cats 或 baseballs。句子是以句點結束。此正規表示式不區分大小寫，能比對找到如下：

    - 'Alice eats apples.'
    - 'Bob pets cats.'
    - 'Carol throws baseballs.'
    - 'Alice throws Apples.'
    - 'BOB EATS CATS.'

    但不能比對找到：

    - 'Robocop eats apples.'
    - 'ALICE THROWS FOOTBALLS.'
    - 'Carol eats 7 cats.'

實作專題

為了練習與實作，請依照下列需求編寫設計程式。

檢測日期

請編寫一個可以檢測 DD/MM/YYYY 日期格式的正規表示式。假設日期的範圍是 01 到 31，月份的範圍是 01 到 12，年份的範圍是 1000 到 2999。請留意，如果日期或月份是一位數字，則前置會放 0。

正規表示式不必檢測各個月份或閏年的正確日期；此表示式可接受不存在的日期，例如 31/02/2020 或 31/04/2021。接著把這些字串儲存到名為 month、day 和 year 的變數中，並編寫其他程式碼來檢測它是否為有效日期。4 月、6 月、9 月和 11 月只有 30 天，2 月為 28 天，其餘月份為 31 天。閏年的 2 月有 29 天。閏年的算法是該年除以 4 可整除且除以 100 不可整除，另一個是該年可除以 400 可整除。請留意，這裡的算式只要盡量作出大小合理的正規表示式來檢測是否為有效合法的日期。

檢測強式密碼

設計一個函式使用正規表示式來確認使用者傳入的密碼字串是強式密碼。強式密碼的定義是：長度不少於 8 個字元，同時要含有大小寫字元，至少有一位數字。這可能要用多個正規表示式來驗證字串，以確定其密碼的強度。

strip() 方法的正規表示式版本

設計一個函式，其功能和 strip() 方法一樣，可接受一個字串來處理。如果只傳入要去除的字串而沒有其他參數，功能變成去除字串首尾多餘的空白字元。函式的第二個參數是指定要從字串中刪除的字串。

第 8 章
輸入驗證

輸入驗證（input validation）程式會檢查使用者所輸入的值，例如從 input() 函式取得的文字，其格式是否正確。舉例來說，如果您希望使用者輸入年齡，則程式就不應該接受無意義的答案，像負數（超出可接受的整數範圍）或單字（資料型別錯誤）就不接受。輸入驗證還能防止錯誤或安全漏洞。假設我們實作了一個 withdrawFromAccount() 函式，該函式接受要從帳戶中減去金額的引數，那就需要確保這個金額是正數。如果 withdrawFromAccount() 函式從帳戶中減去的金額為負數，則「提款」反而變成讓帳戶加錢！

通常，我們透過反複詢問使用者輸入的方式，一直到輸入的值驗證通過為有效合法的文字才停止，如以下範例所示：

```
while True:
    print('Enter your age:')
    age = input()
    try:
        age = int(age)
    except:
        print('Please use numeric digits.')
        continue
    if age < 1:
        print('Please enter a positive number.')
        continue
    break

print(f'Your age is {age}.')
```

執行上述程式時，其結果可能會像下列這般：

```
Enter your age:
five
Please use numeric digits.
Enter your age:
-2
Please enter a positive number.
Enter your age:
30
Your age is 30.
```

執行此段程式碼時，系統會提示輸入年齡，直到輸入的是有效合法的值為止。這樣可以確保在退出 while 迴圈時，age 變數中為有效合法的值，合法值才不會讓程式當掉。

但是，為程式中的每個 input() 呼叫編寫輸入驗證程式碼還蠻無聊的。而且還有可能會漏掉某些情況，讓無效的輸入值通過檢查。在本章中，我們將學習如何使用第三方的 PyInputPlus 模組來進行輸入驗證的處理。

PyInputPlus 模組

PyInputPlus 模組含有和 input() 類似的多種資料輸入函式：數字、日期、email 地址等。如果使用者輸入了無效的值，例如格式錯誤的日期或超出預期範圍的數值，則 PyInputPlus 會像上一節中程式再次提示他們輸入。PyInputPlus 還有其他好用的功能，例如限制提示使用者的次數、要求使用者在時間的限制內輸入回應。

PyInputPlus 不是內建的 Python 標準程式庫，因此必須使用 pip 單獨安裝。若想要安裝 PyInputPlus，請從命令提示模式中執行 pip install --user pyinputplus。附錄 A 中含有關於安裝第三方模組的完整說明。若想要檢查 PyInputPlus 是否已正確安裝，請在互動式 Shell 模式中匯入：

```
>>> import pyinputplus
```

如果在匯入模組時沒有出現任何錯誤訊息，則表示它已成功安裝。

PyInputPlus 具有幾種用於不同類型輸入的函式：

inputStr()　類似內建的 input() 函式，但具有一般的 PyInputPlus 功能。我們還可以傳入自訂的驗證功能。

inputNum()　確定使用者輸入的是數字並返回 int 或 float 型別的數值，數字中若有小數點則返回 float 型別。

inputChoice()　確定使用者輸入的是所提供的選項之一。

inputMenu()　與 inputChoice() 類似，但此函式提供了帶有編號或字母選項的功能表。

inputDatetime()　確定使用者輸入的是日期和時間。

inputYesNo()　確定使用者輸入的是 yes 或 no 這個回應。

inputBool()　與 inputYesNo() 類似，但是只接受 True 或 False 回應並返回布林值。

inputEmail()　確定使用者輸入的是有效合法的 email 地址。

inputFilepath()　確定使用者輸入的是有效合法的檔案路徑和檔案名稱，還可以選擇檢查這個檔案是否存在。

inputPassword()　類似內建的 input() 函式，但是使用者輸入時只會顯示 * 字元，因此不會在螢幕上顯示密碼或其他敏感資訊。

如果使用者輸入的是不合法的值，這些函式會自動再次提示要求使用者輸入符合的值：

```
>>> import pyinputplus as pyip
>>> response = pyip.inputNum()
five
```

```
'five' is not a number.
42
>>> response
42
```

每次要呼叫 PyInputPlus 函式時，import 陳述句中的 as pyip 程式碼能讓我們不必再輸入 pyinputplus 這麼長的單字，直接使用較短的 pyip 別名即可。如果看一下上述的範例，就會發現這裡與 input() 不同，這些函式返回的是 int 或 float 值：42 和 3.14，而不是 '42' 和 '3.14' 這樣的字串。

正如可以把字串傳給 input() 當作提示文字，我們也可以把字串傳給 PyInputPlus 函式的 prompt 關鍵字引數來當作顯示的提示文字：

```
>>> response = input('Enter a number: ')
Enter a number: 42
>>> response
'42'
>>> import pyinputplus as pyip
>>> response = pyip.inputInt(prompt='Enter a number: ')
Enter a number: cat
'cat' is not an integer.
Enter a number: 42
>>> response
42
```

利用 Python 的 help() 函式是可以查詢到這些函式更多的相關資訊。舉例來說，help(pyip.inputChoice) 會顯示 inputChoice() 函式的使用說明資訊。其完整的文件可在 https://pyinputplus.readthedocs.io/ 網站中找到。

與 Python 內建的 input() 函式不同，PyInputPlus 函式都具有一些用來對輸入值進行驗證的附加功能，後續的內容會進行介紹說明。

min、max、greaterThan 和 lessThan 關鍵字引數

接受 int 和 float 數的 inputNum()、inputInt() 和 inputFloat() 函式還具有 min、max、bigThan 和 lessThan 等關鍵字引數，可用於指定有效合法值的範圍。以實例來說明，請在互動式 Shell 模式中輸入以下內容：

```
>>> import pyinputplus as pyip
>>> response = pyip.inputNum('Enter num: ', min=4)
Enter num:3
Input must be at minimum 4.
Enter num:4
>>> response
```

```
4
>>> response = pyip.inputNum('Enter num: ', greaterThan=4)
Enter num: 4
Input must be greater than 4.
Enter num: 5
>>> response
5
>>> response = pyip.inputNum('>', min=4, lessThan=6)
Enter num: 6
Input must be less than 6.
Enter num: 3
Input must be at minimum 4.
Enter num: 4
>>> response
4
```

這些關鍵字引數要不要用都可以，但如果有提供，則輸入值不能小於 min 引數或大於 max 引數（但可以等於它們）。同樣地，輸入值必須大於 greaterThan 並且小於 lessThann 引數（但不能等於它們）。

blank 關鍵字引數

在預設的情況下，除非將 blank 關鍵字引數設定為 True，否則在輸入時不允許有空白：

```
>>> import pyinputplus as pyip
>>> response = pyip.inputNum('Enter num: ')
Enter num:(在這裡輸入空白)
Blank values are not allowed.
Enter num: 42
>>> response
42
>>> response = pyip.inputNum(blank=True)
(在這裡輸入空白)
>>> response
''
```

如果想要讓輸入變成可選擇性的，請使用 blank = True，這樣使用者就算不輸入任何內容也沒問題。

limit、timeout 和 default 關鍵字引數

預設的情況下，PyInputPlus 函式會一直（或在程式執行時）持續要求使用者輸入有效合法的值。如果想要讓某個函式在經過一定次數的嘗試，或在一定的時間後就停止要求使用者輸入，那可以使用 limit 和 timeout 關鍵字引數。對 limit

關鍵字引數傳入一個整數就可決定 PyInputPlus 函式依這個整數值的次數來要求使用者輸入有效合法的值，超過該整數值時就停止。對 timeout 關鍵字引數傳入一個整數可決定 PyInputPlus 函式要求使用者在這個整數值的秒數時間內要輸入有效合法值，超過時間即停止。

如果使用者未能輸入有效合法的值，則這些關鍵字引數會導致函式引發 RetryLimitException 或 TimeoutException 例外處理。請在互動式 Shell 模式以下面的內容為例來體會：

```
>>> import pyinputplus as pyip
>>> response = pyip.inputNum(limit=2)
blah
'blah' is not a number.
Enter num: number
'number' is not a number.
Traceback (most recent call last):
--省略--
pyinputplus.RetryLimitException
>>> response = pyip.inputNum(timeout=10)
42 (輸入後等待 10 秒)
Traceback (most recent call last):
    --省略--
pyinputplus.TimeoutException
```

當我們使用這些關鍵字引數時也傳入 default 關鍵字引數，則這個函式會返回預設值而不是引發例外。請在互動式 Shell 模式中輸入以下內容：

```
>>> response = pyip.inputNum(limit=2, default='N/A')
hello
'hello' is not a number.
world
'world' is not a number.
>>> response
'N/A'
```

上面的 inputNum() 函式不會引發 RetryLimitException 例外，而是返回指定到 defult 關鍵字引數的字串 'N/A'。

allowRegexes 和 blockRegexes 關鍵字引數

這裡也可以使用正規表示式來指定輸入的合法和不合法的條件。關鍵字 allowRegexes 和 blockRegexes 關鍵字可指定正規表示式的字串串列來當作條件，確定 PyInputPlus 函式是接受或拒絕某些輸入的內容。舉例來說，把以下的程式碼輸入到互動式 Shell 模式中，讓 inputNum() 除了接受一般常規的數字值之外，還能接受羅馬式數字：

```
>>> import pyinputplus as pyip
>>> response = pyip.inputNum(allowRegexes=[r'(I|V|X|L|C|D|M)+', r'zero'])
XLII
>>> response
'XLII'
>>> response = pyip.inputNum(allowRegexes=[r'(i|v|x|l|c|d|m)+', r'zero'])
xlii
>>> response
'xlii'
```

當然，這裡的正規表示式僅影響 inputNum() 函式所接受使用者輸入的字母，此函式還是可以接受無效排序的羅馬數字，例如 'XVX' 或 'MILLI' 這類無效的羅馬數字，因為 r'(I|V|X|L|C|D|M)+' 正規表示式能接受這些字串。

另外還可以使用 blockRegexes 關鍵字引數來指定正規表示式為條件，設定讓 PyInputPlus 函式在輸入時不接受的字串。請在互動式 Shell 模式中輸入以下內容，設定讓 inputNum() 函式不接受偶數值：

```
>>> import pyinputplus as pyip
>>> response = pyip.inputNum(blockRegexes=[r'[02468]$'])
42
This response is invalid.
44
This response is invalid.
43
>>> response
43
```

如果同時指定 allowRegexes 和 blockRegexes 引數，則 allow 的串列會覆蓋 block 的串列。例如，在互動式 Shell 模式中輸入如下內容，允許使用 'caterpillar' 和 'category'，但不允許含有 'cat' 一詞的任何內容：

```
>>> import pyinputplus as pyip
>>> response = pyip.inputStr(allowRegexes=[r'caterpillar', 'category'],
blockRegexes=[r'cat'])
cat
This response is invalid.
catastrophe
This response is invalid.
category
>>> response
'category'
```

PyInputPlus 模組中的這些函式能讓我們省掉編寫繁瑣的輸入驗證程式碼。不過 PyInputPlus 模組還有更多相關應用和詳細內容，在本小節中沒有詳細列出。讀者可連到 https://pyinputplus.readthedocs.io/ 網站查看完整說明文件。

把自訂的驗證函式傳入 inputCustom() 中

我們可以透過把函式傳給 inputCustom() 的方式，可自訂編寫執行自己定義的驗證邏輯。舉例來說，假設我們希望使用者輸入一系列數字，而這些數字的總和為 10。系統並沒有 pyinputplus.inputAddsUpToTen() 這樣的函式，但我們可以自己建立，此函式如下：

- 接受使用者所輸入的內容為單個字串引數
- 如果字串驗證失敗會引發例外
- 如果 inputCustom() 應該返回沒變的字串，則返回 None（或沒有 return 的陳述句）
- 如果 inputCustom() 返回的字串與使用者輸入的字串不同，則返回非 None 值
- 當作第一個引數傳入 inputCustom()

例如，我們建立自己的 addsUpToTen() 函式，然後把它其傳入 inputCustom()。請留意，函式的呼叫應用看起來會像是 inputCustom(addsUpToTen) 這樣，而不是 inputCustom(addsUpToTen())，因為我們是把 addUpToTen() 函式本身傳遞給 inputCustom()，而不是呼叫 addsUpToTen() 傳遞其返回值。

```
>>> import pyinputplus as pyip
>>> def addsUpToTen(numbers):
      numbersList = list(numbers)
      for i, digit in enumerate(numbersList):
        numbersList[i] = int(digit)
      if sum(numbersList) != 10:
        raise Exception('The digits must add up to 10, not %s.' %
(sum(numbersList)))
      return int(numbers) # Return an int form of numbers.

>>> response = pyip.inputCustom(addsUpToTen) # No parentheses after
addsUpToTen here.
123
The digits must add up to 10, not 6.
1235
The digits must add up to 10, not 11.
1234
```

```
>>> response # inputStr() returned an int, not a string.
1234
>>> response = pyip.inputCustom(addsUpToTen)
hello
invalid literal for int() with base 10: 'h'
55
>>> response
```

inputCustom() 函式還支援常用的 PyInputPlus 功能特性，例如 blank、limit、timeout、default、allowRegexes 和 blockRegexes 關鍵字引數。如果要編寫用於驗證有效合法輸入的正規表示式很難或不可能寫出（例如前面的「加起來等於 10」的這個範例），那麼編寫自訂驗證函式再傳入的方式就非常有用。

程式專題：讓人抓狂的程式

讓我們使用 PyInputPlus 建立一個能執行以下操作的簡單程式：

1. 詢問使用者是否想知道怎麼讓人抓狂，例如列出問句「Want to know how to keep a idiot busy for hours?」。（想知道怎麼讓一個笨蛋白忙一場嗎？）
2. 如果使用者回答 no，就退出。
3. 如果使用者回答 yes，則跳轉到步驟 1。

當然，我們不知道使用者是否會輸入 "yes" 或 "no" 以外的內容，所要需要執行輸入驗證。使用者也能夠輸入 "y" 或 "n" 短式回應，不用完整單字也較方便。PyInputPlus 的 inputYesNo() 函式能為我們處理這個問題，無論使用者輸入什麼樣大小寫的 yes 或 no 字母，都返回小寫的 'yes' 或 'no' 字串值。

在執行程式時，可能會出現下列這樣的內容：

```
Want to know how to keep an idiot busy for hours?
sure
'sure' is not a valid yes/no response.
Want to know how to keep an idiot busy for hours?
yes
Want to know how to keep an idiot busy for hours?
y
Want to know how to keep an idiot busy for hours?
Yes
Want to know how to keep an idiot busy for hours?
YES
Want to know how to keep an idiot busy for hours?
YES!!!!!!
```

```
'YES!!!!!!' is not a valid yes/no response.
Want to know how to keep an idiot busy for hours?
TELL ME HOW TO KEEP AN IDIOT BUSY FOR HOURS.
'TELL ME HOW TO KEEP AN IDIOT BUSY FOR HOURS.' is not a valid yes/no response.
Want to know how to keep an idiot busy for hours?
no
Thank you. Have a nice day.
```

請開啟一個新的 file editor 標籤視窗，並另存為 idiot.py 檔。然後依序輸入如下程式碼：

```
import pyinputplus as pyip
```

這是要匯入 PyInputPlus 模組，由於 pyinputplus 有點長，所以取一個較短的別名 pyip 來代替。

```
while True:
    prompt = 'Want to know how to keep an idiot busy for hours?\n'
    response = pyip.inputYesNo(prompt)
```

接下來的 True: 會讓 while 變成無窮迴圈一直持續，直到 break 陳述句才跳出。在這個迴圈中，我們呼叫了 pyip.inputYesNo() 來確保這個函式在輸入有效合法值時才返回。

```
    if response == 'no':
        break
```

pyip.inputYesNo() 的呼叫確保了返回值不是 yes 就是 no。如果返回的是 no，程式就會中斷並跳開無窮迴圈，繼續執行最後一行，印出一句感謝問候字樣：

```
print('Thank you. Have a nice day.')
```

如果使用者輸入的不是 no，則迴圈會一直持續。

我們還可以利用傳入 yesVal 和 noVal 關鍵字引數傳入 inputYesNo() 函式來使用非英語語言的 yes 或 no 回應值。舉例來說，下列程式為中文版本的幾行程式內容：

```
    prompt = '想知道怎麼讓一個笨蛋白忙一場嗎？\n'
    response = pyip.inputYesNo(prompt, yesVal='是', noVal='否')
    if response == '否':
```

程式專題：乘法測驗

PyInputPlus 的功能對於建立定時乘法測驗很有用。透過將 allowRegexes、blockRegexes、timeout 和 limit 關鍵字引數設定到 pyip.inputStr() 函式中，我們就可以用 PyInputPlus 完成大部分的程式實作。我們需要編寫的程式碼越少，編寫程式的速度就越快。讓我們建立一隻程式，向使用者提出 10 個乘法問題，設定有效合法的輸入值就是問題的正確答案。請開啟一個新的 file editor 標籤視窗，然後把檔案另存為 multiplicationQuiz.py 檔。

首先匯入 pyinputplus、random 和 time。我們會追蹤程式要問多少個問題以及使用者回答多少正確答案，分別使用變數 numberOfQuestions 和 correctAnswers 存放。for 迴圈會反覆迭代隨機產生 10 個乘法問題：

```
import pyinputplus as pyip
import random, time

numberOfQuestions = 10
correctAnswers = 0
for questionNumber in range(numberOfQuestions):
```

在 for 迴圈內，程式會排選兩個個位數來相乘。我們會使用這些數字建立一個 #Q: N × N = 的題目來提示使用者，其中 Q 是問題編號（1 到 10），N 是要相乘的兩個數字。

```
    # Pick two random numbers:
    num1 = random.randint(0, 9)
    num2 = random.randint(0, 9)
    prompt = '#%s: %s x %s = ' % (questionNumber, num1, num2)
```

pyip.inputStr() 函式會搞定此測驗程式的大多數功能。我們對 allowRegexes 傳入的引數是帶有正規表示式字串 '^%s$' 的串列，其中 %s 會替換為正確的答案。^ 和 % 字元可確保答案是以正確的數字開頭和結尾，PyInputPlus 會從使用者回應的開頭和結尾來進行修剪所有空格，以防使用者無意間按下了多餘的空白。我們對 blocklistRegexes 傳入的引數是 ('.*', 'Incorrect!') 的串列。多元組中的第一個字串是比對符合正規表示式的每個可能字串。因此，如果使用者的回答與正確答案不相符，則程式會拒絕接收使用者提供的答案。在這種情況下，會顯示字串 'Incorrect!'，並提示使用者再次回答。另外，timeout 設定為 8，而 limit 設定為 3，確保使用回答時效只有 8 秒，且只能有 3 次回答的機會：

```
    try:
        # Right answers are handled by allowRegexes.
        # Wrong answers are handled by blockRegexes, with a custom message.
        pyip.inputStr(prompt, allowRegexes=['^%s$' % (num1 * num2)],
                              blockRegexes=[('.*', 'Incorrect!')],
                              timeout=8, limit=3)
```

如果使用者超過 8 秒的時間才回答，就算答案正確，pyip.inputStr() 也會引發 TimeoutException 例外。如果使用者回答錯誤 3 次以上，則會引發 RetryLimit Exception 例外。這兩種例外類型都在 PyInputPlus 模組中，因此需要在這些例外前面加上「pyip.」：

```
    except pyip.TimeoutException:
        print('Out of time!')
    except pyip.RetryLimitException:
        print('Out of tries!')
```

請記住，else 區塊與跟在 if 或 elif 區塊後面的方式一樣，是可以選擇性地跟在最後一個 except 區塊後面的。如果 try 區塊中未引發任何例外，則會執行 else 區塊中的程式碼。在我們的例子中，這表示如果使用者輸入正確的答案，程式碼就會執行：

```
    else:
        # This block runs if no exceptions were raised in the try block.
        print('Correct!')
        correctAnswers += 1
```

無論顯示「Out of time!」、「Out of try!」或「Correct!」這三個訊息中的哪一個，我們都要在 for 迴圈的尾端放置 1 秒的時間暫停，好讓使用者有時間閱讀。在程式問完了 10 個問題，且 for 迴圈繼續之後，就向使用者展示出他們回答多少正確答案：

```
    time.sleep(1) # Brief pause to let user see the result.
print('Score: %s / %s' % (correctAnswers, numberOfQuestions))
```

PyInputPlus 有足夠的彈性，在需要使用者從鍵盤輸入有效合法值的各種程式中都能使用它，正如本章中的程式所展示的各種應用。

總結

我們很容易忘了編寫輸入驗證的程式碼，但是沒有它，程式很可能會出現各種錯誤。我們期望使用者輸入的值可能和他們實際輸入的值是完全不同的，而我們的程式必須夠強健能處理這些例外情況。我們可以用正規表示式來建立自己的輸入驗證程式碼，但在一般的情況下，直接用現有模組（如 PyInputPlus）會更容易。我們以 import pyinputplus as pyip 來匯入 pyinputplus 模組，並取 pyip 為別名，以便在呼叫模組的函式時可輸入較短的別名。

PyInputPlus 具有各種輸入的功能，包括只接受輸入值為字串、數字、日期、yes/no、True/False、電子郵件和檔案等。input() 返回的值都是字串型別，但是 PyInputPlus 的這些函式會以適當的資料型別來返回值。inputChoice() 函式允許選擇幾個預選的選項之一，而 inputMenu() 可加上數字或字母以便快速選擇。

所有這些函式都具有以下標準功能：可從兩側刪掉空格，使用 timeout 和 limit 關鍵字引數設定 timeout 和 limit，以及把正規表示式的字串串列傳給 allow Regexes 或 blockRegexes 來處理允許或排除特定的回應值。我們不再需要自己動手編寫乏味的 while 迴圈來檢查輸入的值是否有效合法，並在不合法時提示使用者錯誤的原因，使用 PyInputPlus 所提供的函式就能直接搞定。

如果 PyInputPlus 模組的函式還不能滿足您的需求，您仍然希望 PyInputPlus 提供更多功能，則可呼叫 inputCustom() 並傳入自訂的驗證函式供 PyInputPlus 使用。https://pyinputplus.readthedocs.io/en/latest/ 上的文件完整列出了 PyInputPlus 的函式和其他相關功能。PyInputPlus 線上文件中的介紹說明很豐富，比本章內容多很多。不用重新設計輪子了，直接學習使用此模組會讓我們省下不少編寫和除錯程式碼的工作。

現在我們已擁有處理和驗證文字的專業知識，是時候學習如何在電腦的硬碟中讀取和寫入檔案了。

習題

1. PyInputPlus 是否為 Python 標準程式庫中的模組呢？
2. 為什麼一般會使用 import pyinputplus as pyip 來匯入 PyInputPlus 呢？
3. inputInt() 和 inputFloat() 有什麼區別？
4. 如何使用 PyInputPlus 確保使用者輸入的是 0 到 99 之間的整數？
5. 傳入 allowRegexes 和 blockRegexes 關鍵字引數的是什麼？
6. 如果 3 次輸入都是空白，inputStr(limit = 3) 會做什麼處理？
7. 如果 3 次輸入都是空白，inputStr(limit = 3, default ='hello') 會做什麼處理？

實作專題

為了練習與實作，請依照下列需求編寫設計程式。

三明治製作機

請編寫一隻程式，詢問使用者對三明治的偏好。此程式要使用 PyInputPlus 來確保有效合法的輸入值，例如：

- 對麵包類使用 inputMenu()：wheat、white 或 sourdough。
- 對蛋白質類使用 inputMenu()：chicken、turkey、ham 或 tofu。
- 使用 inputYesNo() 詢問使用者是否要加起司。
- 如果要加起司，請使用 inputMenu() 函式來詢問要加的起司類型：cheddar、Swiss 或 mozzarella。
- 使用 inputYesNo() 詢問是否要加 mayo、mustard、lettuce 或 tomato。
- 使用 inputInt() 詢問想要多少個三明治。確保輸入的數字為 1 或更大。

列出每個選項的價格，並在使用者輸入選擇後讓程式顯示總共要花多少錢。

編寫自己的乘法測驗

想要看看 PyInputPlus 為我們做了多少輸入的處理工作，請嘗試不匯入這個模組，並由自己重新建立乘法測驗程式。這隻程式要向使用者提示 10 個乘法問題，範圍從 0×0 到 9×9。您需要實作以下功能：

- 如果使用者輸入正確的答案，程式會顯示「Correct!」1 秒鐘，然後轉到下一個問題。
- 使用者有 3 次輸入正確答案的機會，3 次之後程式會移到下一個問題。
- 問題顯示 8 秒鐘之內要回答，超過 8 秒後即使使用者輸入了正確的答案，此問題也被標記為答錯。

請將您所編寫的程式碼與本章前面「程式專題：乘法測驗」中使用 PyInputPlus 的程式碼進行比較。

第 9 章
讀寫檔案

在程式執行時變數是存放資料的好途徑，但如果想要在程式結束後資料仍能保存著，就需要將資料存到檔案中了。您可把檔案的內容想像就是一個字串值，其大小可能是幾個 GB。在本章中將學到如何利用 Python 在硬碟上建立、讀取和儲存檔案。

檔案與檔案路徑

檔案有兩個很重要的關鍵性質：「檔名」（通常是一個單字）和「路徑」。路徑指示了檔案在電腦中的位置。舉例來說，我的 Windows 筆電中有個檔名為 projects.docx 的檔案，其路徑為 C:\Users\AL\Documents。檔名中句點後的部分是「副檔名」，告知檔案是什麼類型。projects.docx 是一個 Word 檔案，User、AL 和 Documents 都是「資料夾（也就是目錄）」。資料夾中可包含其他資料夾。例如，projects.docx 檔案放在 Documents 資料夾中，該資料夾又在 AL 資料夾內，而 AL 資料夾又在 Users 資料夾之中。圖 9-1 為這個資料夾的組織階層結構。

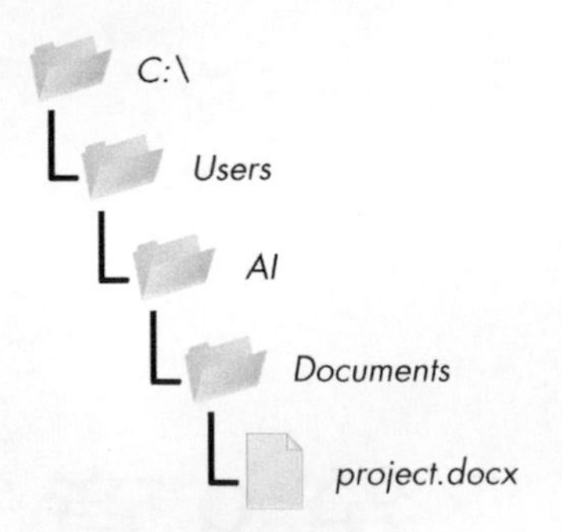

圖 9-1　檔案在資料夾中的階層結構

路徑中的 C:\ 是「根目錄」，內含所有其他資料夾。在 Windows 系統中，根目錄是 C:\，也稱為 C: 碟。在 macOS 和 Linux 系統中，根目錄是 /。本書內筆者用的是 Windows 系統的根目錄 C:\。如果您用的是 macOS 或 Linux，在互動式 Shell 模式中輸入例子時，請改用 / 代替。

附加的掛載裝置，如 DVD 或 USB 磁碟，在不同的作業系統上顯示的也不相同。在 Windows 中會以新的、以字母為代號的裝置呈現，像是 D:\ 或 E:\。在 macOS 中則會以新資料夾呈現，並放在 /Volumes 資料夾下。在 Linux 內則以新資料夾呈現，放在 /mnt（"mount"）資料夾下。還有一點請留意，雖然資料夾名稱和檔案名稱在 Windows 和 macOS 是不分大小寫的，但在 Linux 上則有區分大小寫。

> NOTE
> 由於您的電腦系統與筆者的電腦不同，可能有不同的檔案和資料夾，在本章中的範例內不需要完全遵照其路徑，請依照您電腦系統的路徑來處理即可。

Windows 上的反斜線與 macOS 和 Linux 上的斜線

在 Windows 系統中，路徑的書寫是用反斜線（\）當作資料夾之間的分隔符號。但在 macOS 和 Linux 系統不同，它們是用斜線（/）作為路徑的分隔符號。如果想要讓程式能在所有作業系統中都能執行，在設計 Python 腳本程式時要能處理這兩種情況。

幸運的是用 pathlib 模組中的 Path() 函式來處理這件事很簡單。如果將某個檔案和路徑上的資料夾名稱的字串傳入這個函式，Path() 會返回檔案路徑的字串，且以系統正確的分隔符號來分隔資料夾和檔名，請在互動式 Shell 模式中輸入如下的程式碼：

```
>>> from pathlib import Path
>>> Path('spam', 'bacon', 'eggs')

WindowsPath('spam/bacon/eggs')
>>> str(Path('spam', 'bacon', 'eggs'))
'spam\\bacon\\eggs'
```

請留意，匯入 pathlib 的方式是以 from pathlib import Path 來執行的，如果不這樣匯入，則每次在程式中要用到 Path 的地方都要輸入 pathlib.path。這種額外的輸入不僅重複而且多餘。

在 Windows 系統中的互動式 Shell 模式中執行這個例子時，Path('usr', 'bin', 'spam') 會返回 WindowsPath('spam/bacon/eggs')。雖然 Windows 使用的是反斜線，但在互動式 Shell 模式中的 WindowsPath 還是用斜線來呈現，因為開放原始碼的開發者還是習慣用 Linux 系統反斜線。

如果要取得路徑的簡單文字字串，則可以傳入到 str() 函式來轉換，在上面的範例中該函此返回 'spam\\bacon\\eggs'（請注意，反斜線有兩個是因為每個反斜線都要用一個反斜線來轉義）。如果我在 Linux 中呼叫這個函式，則 Path() 會返回一個 PosixPath 物件，該物件傳給 str() 轉換會返回 'spam/bacon/eggs'。（POSIX 是針對類 Unix 作業系統（如 Linux）的一組標準。）

這些 Path 物件（實際上是 WindowsPath 或 PosixPath 物件，具體取決於您的作業系統）會傳給本章介紹的幾個與檔案相關的函式來使用。舉例來說，下面的實例是將資料夾路徑加到一個檔名串列中的各個檔案名稱上：

```
>>> from pathlib import Path
>>> myFiles = ['accounts.txt', 'details.csv', 'invite.docx']
>>> for filename in myFiles:
        print(Path(r'C:\Users\Al', filename))
C:\Users\Al\accounts.txt
C:\Users\Al\details.csv
C:\Users\Al\invite.docx
```

在 Windows 中，反斜線用來分隔目錄，因此不能用在檔名中。但可以在 macOS 和 Linux 系統的檔名中使用反斜線。因此，雖然 Path(r'spam\eggs') 在 Windows

中是指兩個單獨的資料夾（或是指 spam 資料夾中的 eggs 檔），但在 macOS 和 Linux 中，這個命令可能指一個名為 spam\eggs 的資料夾（或檔案）。因此，在 Python 程式碼中都使用斜線來表示是最理想的（本章其餘部分都會繼續用斜線來表示）。pathlib 模組會確保它一直都能在所有作業系統中執行。

請留意，Python 3.4 版引入了 pathlib 來替換舊的 os.path 函式。Python 標準程式庫模組從 Python 3.6 也支援此功能，但是如果您使用的是舊版 Python 2 版本，建議您使用能讓您在 Python 2.7 上使用 pathlib 功能的 pathlib2。附錄 A 中有介紹怎麼使用 pip 安裝 pathlib2 的說明。每當我用 pathlib 替換較舊的 os.path 函式，我都會在書中做簡短的提示。我們可以在 https://docs.python.org/3/library/os.path.html 中找到較舊的函式說明。

使用 / 運算子來加入路徑

通常我們都是用 + 運算子把兩個整數或浮點數相加，例如表示式 2 + 2，其求值結果為整數值 4。不過我們也可以使用 + 運算子來連接兩個字串值，例如表示式 'Hello' + 'World'，其求值結果為字串值 'HelloWorld'。同樣地，我們一般會用 / 運算子來進行除法運算，但也可以用來組合 Path 物件和字串。使用 Path() 函式建立 Path 物件後，使用 / 運算子來修改 Path 物件是很好用的。

舉例來說，在互動式 Shell 模式中輸入以下內容：

```
>>> from pathlib import Path
>>> Path('spam') / 'bacon' / 'eggs'
WindowsPath('spam/bacon/eggs')
>>> Path('spam') / Path('bacon/eggs')
WindowsPath('spam/bacon/eggs')
>>> Path('spam') / Path('bacon', 'eggs')
WindowsPath('spam/bacon/eggs')
```

/ 運算子與 Path 物件一起使用，能讓路徑連接變得像字串連接一樣容易。與使用字串連接或 join() 方法相比，這種處理方式更安全，就像我們在下面範例中所做的那樣：

```
>>> homeFolder = r'C:\Users\Al'
>>> subFolder = 'spam'
>>> homeFolder + '\\' + subFolder
'C:\\Users\\Al\\spam'
>>> '\\'.join([homeFolder, subFolder])
'C:\\Users\\Al\\spam'
```

使用這段程式碼的腳本並不安全，因為反斜線僅適用於 Windows。我們可以加上一條 if 陳述句來檢查 sys.platform（返回的字串會描述電腦用了什麼作業系統），然後再決定要使用哪種斜線，但是在需要的地方套用這種自訂程式碼可能會造成不一致且容易出錯。

無論您的程式碼要在什麼作業系統上執行，pathlib 模組都可以透過重新使用 / 除法運算子正確連接路徑來解決這些問題。下面的範例使用此策略來連接與上一個範例相同的路徑：

```
>>> homeFolder = Path('C:/Users/Al')
>>> subFolder = Path('spam')
>>> homeFolder / subFolder
WindowsPath('C:/Users/Al/spam')
>>> str(homeFolder / subFolder)
'C:\\Users\\Al\\spam'
```

使用 / 運算子連接路徑時，唯一要記住的是前兩個值之一必須是 Path 物件。

如果您在互動式 Shell 模式中輸入如下內容，Python 會回執錯誤訊息：

```
>>> 'spam' / 'bacon' / 'eggs'
Traceback (most recent call last):
  File "<stdin>", line 1, in <module>
TypeError: unsupported operand type(s) for /: 'str' and 'str'
```

Python 在處理 / 運算子時順序是從左到右，且運算求值結果為 Path 物件，因此最左側的第一個或第二個值必須是 Path 物件，這樣整個表示式才能運算求值為 Path 物件。 / 運算子和 Path 物件無論怎麼運算求值，其最終結果還是 Path 物件。

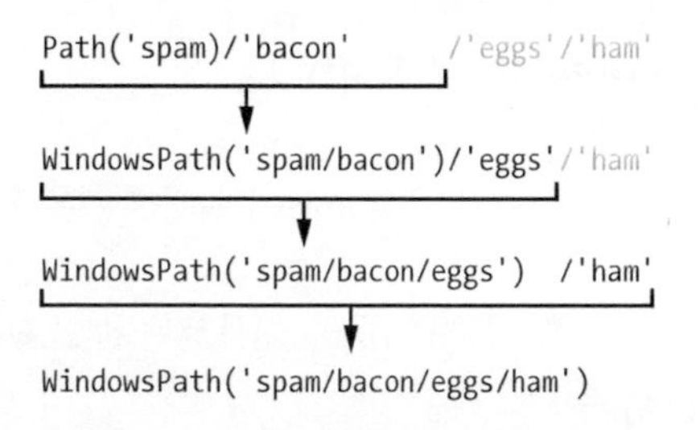

如果您看到像前面所顯示的 TypeError: unsupported operand type(s) for /: 'str' and 'str' 錯誤訊息，則需要在表示式的左側放置一個 Path 物件。

/ 運算子替換了舊式的 os.path.join() 函式，我們可以從 https://docs.python.org/3/library/os.path.html#os.path.join 網站了解更多相關訊息。

目前的工作目錄

每個執行在電腦中的程式都有其目前的工作目錄（current working directory），或簡稱 cwd，任何不是從根目錄開始的檔名或路徑，都會假設成在目前的工作目錄下。

> NOTE
> 雖然「資料夾（folder）」是「目錄（directory）」較新的講法，但請注意，目前工作目錄（或稱目前目錄）是標準的用語，並沒有目前工作資料夾這樣的說法。

利用 Path.cwd() 函式可取得目前工作目錄的字串值，並可用 os.chdir() 來切換變更。請在互動式 Shell 模式中輸入如下的程式碼：

```
>>> from pathlib import Path
>>> import os
>>> Path.cwd()
WindowsPath('C:/Users/Al/AppData/Local/Programs/Python/Python37')'
>>> os.chdir('C:\\Windows\\System32')
>>> Path.cwd()
WindowsPath('C:/Windows/System32')
```

目前工作目錄是設定為 C:\Users\Al\AppData\Local\Programs\Python\Python37，所以檔案 project.docx 是指 C:\Users\Al\AppData\Local\Programs\Python\Python37\project.docx。如果將目前工作目錄切換到 C:\Windows\System32，這個檔案就被解釋為是 C:\Windows\System32\project.docx。

如果要切換更改過去的目前工作目錄不存在，則 Python 會顯示錯誤訊息。

```
>>> os.chdir('C:/ThisFolderDoesNotExist')
Traceback (most recent call last):
  File "<stdin>", line 1, in <module>
FileNotFoundError: [WinError 2] The system cannot find the file specified:
'C:/ThisFolderDoesNotExist'
```

pathlib 中並沒有更改工作目錄的函式，因為在程式執行時更改目前工作目錄有可能會引起細微的錯誤。

os.getcwd() 函式是舊版的方法，也可取得目前工作目錄當作字串返回。

Home 目錄

使用者在電腦上都會有一個用於存放自己檔案的資料夾，該資料夾就稱為家目錄（home directory）或家資料夾（home folder）。可透過呼叫 Path.home() 取得家目錄的 Path 物件：

```
>>> Path.home()
WindowsPath('C:/Users/Al')
```

家目錄位於特定的位置，具體取決於我們所使用的作業系統：

- 在 Windows 中，家目錄位於 C:\Users 下。
- 在 Mac 中，家目錄位於 /Users 下。
- 在 Linux 中，家目錄通常位於 /home 下。

您的腳本程式大概都會具有在家目錄下讀寫檔案的權限，因此可以在這個位置放置 Python 程式要使用的檔案。

絕對與相對路徑

有兩種指定檔案路徑的方式。

- 「絕對路徑」是從根目錄開始。
- 「相對路徑」是相對於程式的目前工作目錄。

另外還有點（.）和點點（..）資料夾，這兩者不是真正的資料夾，而是能在路徑中使用的特別名稱。點（.）當作資料夾名稱來用時是指「這個資料夾」的縮寫，而點點（..）的意思是「上層資料夾（父層資料夾）」。

圖 9-2 是資料夾和檔案的例子。如果目前工作目錄設在 C:\bacon，這些資料夾和檔案的相對目錄則如圖 9-2 所示。

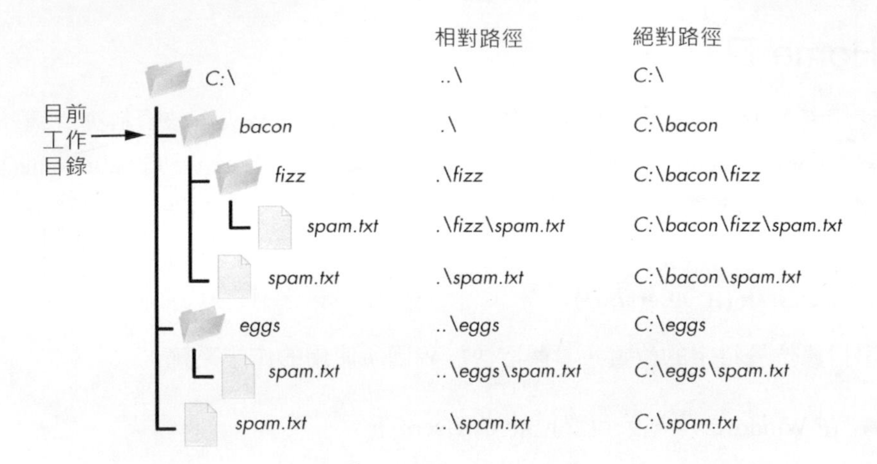

圖 9-2　在工作目錄 C:\bacon 中的資料夾和檔案的相對路徑

「\.」在相對路徑的開始處是選擇性可使用或不使用，舉例來說，.\spam.txt 和 spam.txt 都是指到相同的檔案。

使用 os.makedirs() 建立新資料夾

程式可以利用 os.makedirs() 函式來建立新的資料夾（目錄），請在互動式 Shell 模式中輸入如下程式碼：

```
>>> import os
>>> os.makedirs('C:\\delicious\\walnut\\waffles')
```

這不只是建立 C:\delicious 資料夾，也會在 C:\delicious 下建立 walnut 資料夾，然後在 C:\delicious\walnut 中再建立 waffles 資料夾，換句話說，os.makedirs() 會建立所有必要的中間層資料夾，好確保完整路徑的存在。圖 9-3 為這個資料夾的階層結構。

圖 8-3　os.makedirs('C:\\delicious \\walnut\\waffles') 的結果

若想要以 Path 物件來建立目錄，可呼叫 mkdir() 方法來處理。舉例來說明，下列這個範例會在我的電腦的家資料夾中建立一個 spam 資料夾：

```
>>> from pathlib import Path
>>> Path(r'C:\Users\Al\spam').mkdir()
```

請留意，mkdir() 一次只能建立一個目錄。它不會像 os.makedirs() 一樣同時建立多個子目錄。

處理絕對路徑和相對路徑

pathlib 模組提供了檢查傳入的路徑是否為絕對路徑的方法，它也會把相對路徑轉成絕對路徑返回。

如果是絕對路徑，則在 Path 物件上呼叫 is_absolute() 方法會返回 True；如果是相對路徑，則返回 False。舉例來說，請在互動式 Shell 模式中輸入以下內容，讀者可以使用自己電腦中的檔案和資料夾，而不要用下面列出的檔案和資料夾來試一試：

```
>>> Path.cwd()
WindowsPath('C:/Users/Al/AppData/Local/Programs/Python/Python37')
>>> Path.cwd().is_absolute()
True
>>> Path('spam/bacon/eggs').is_absolute()
False
```

要從相對路徑取得絕對路徑，可以把 Path.cwd() / 放在相對 Path 物件的前面。畢竟，當我們講「相對路徑」時，幾乎都是指相對於目前工作目錄的路徑。請在互動式 Shell 模式中輸入以下內容：

```
>>> Path('my/relative/path')
WindowsPath('my/relative/path')
>>> Path.cwd() / Path('my/relative/path')
WindowsPath('C:/Users/Al/AppData/Local/Programs/Python/Python37/my/relative/path')
```

如果相對路徑是相對於目前工作目錄之外的其他路徑，則只需用這個其他路徑來替換 Path.cwd()。以下範例用家目錄而不是目前工作目錄來取得絕對路徑：

```
>>> Path('my/relative/path')
WindowsPath('my/relative/path')
>>> Path.home() / Path('my/relative/path')
WindowsPath('C:/Users/Al/my/relative/path')
```

os.path 模組也有一些好用的函式可處理絕對和相對路徑：

- 呼叫 os.path.abspath(path) 會返回引數的絕對路徑的字串，這是把相對路徑轉換成絕對路徑的簡易方法。
- 呼叫 os.path.isabs(path)，如果引數為絕對路徑則返回 True，如果引數是相對路徑則返回 False。
- 呼叫 os.path.relpath(path, start) 會返回從 start 路徑到 path 的相對路徑的字串。如果沒有傳入 start，就使用目前工作目錄作為開始路徑。

請在互動式 Shell 模式中輸入如下的程式碼：

```
>>> os.path.abspath('.')

'C:\\Users\\Al\\AppData\\Local\\Programs\\Python\\Python37'
>>> os.path.abspath('.\\Scripts')
'C:\\Users\\Al\\AppData\\Local\\Programs\\Python\\Python37\\Scripts'
>>> os.path.isabs('.')
False
>>> os.path.isabs(os.path.abspath('.'))
True
```

由於在呼叫 os.path.abspath() 時，C:\Users\Al\AppData\Local\Programs\Python\Python37 是工作目錄，因此點（.）資料夾所代表的絕對路徑是 'C:\\Users\\Al\\AppData\\Local\\Programs\\Python\\Python37'。

請在互動式 Shell 模式中輸入 os.path.relpath() 的呼叫：

```
>>> os.path.relpath('C:\\Windows', 'C:\\')
'Windows'
>>> os.path.relpath('C:\\Windows', 'C:\\spam\\eggs')
'..\\..\\Windows'
```

如果相對路徑與這個路徑位於同一父資料夾內，但它是位在其他路徑的子資料夾中，例如 'C:\\Windows' 和 'C:\\spam \\eggs'，則可以使用點（.）表示法返回到父資料夾。

擷取檔案路徑的各個部分

給定一個 Path 物件，就可以利用 Path 物件的幾個屬性把檔案路徑的不同部分提取成字串。這些功能對於在現有檔案路徑上建構新檔案路徑是很有用的。這些屬性如圖 9-4 所示。

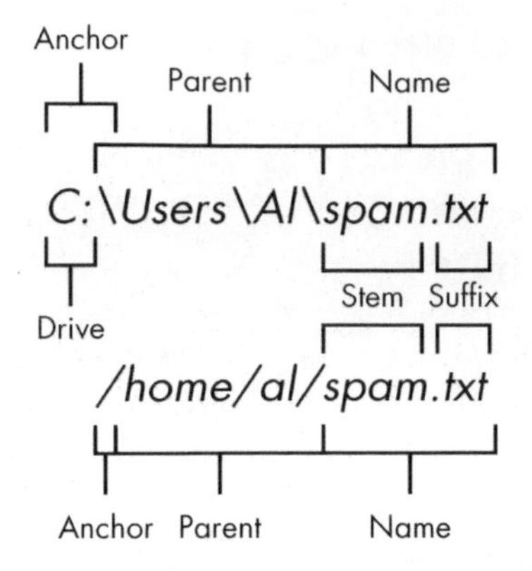

圖 9-4 Windows（上方）和 macOS/Linux（下方）檔案路徑的各個部分

檔案路徑的各個部分包含：

- anchor 為檔案系統的根資料夾所在。
- 在 Windows 中，drive 是個單獨的字母，通常代表了實體的硬碟或其他儲存裝置。
- parent 是個含有檔案的資料夾。
- name 為檔名，由 stem（基本名稱）和 suffix（副檔名）所組成。

請留意 Windows 的 Path 物件有 drive 屬性，但 macOS 和 Linux 的 Path 物件則沒有。drive 屬性並不包括第一個反斜線。

若想要體驗從檔案路徑擷取各個屬性的值，請在互動式 Shell 模式中輸入如下內容：

```
>>> p = Path('C:/Users/Al/spam.txt')
>>> p.anchor
'C:\\'
>>> p.parent # This is a Path object, not a string.
WindowsPath('C:/Users/Al')
>>> p.name
'spam.txt'
>>> p.stem
'spam'
>>> p.suffix
'.txt'
>>> p.drive
'C:'
```

除了 parent 之外，這些屬性求值結果大都是簡易的字串值，parent 屬性求值結果為另一個 Path 物件。

parents 屬性（與 parent 屬性不同）會對 Path 物件的祖先層資料夾進行求值，祖先層級則以整數索引編號來表示：

```
>>> Path.cwd()
WindowsPath('C:/Users/Al/AppData/Local/Programs/Python/Python37')
>>> Path.cwd().parents[0]
WindowsPath('C:/Users/Al/AppData/Local/Programs/Python')
>>> Path.cwd().parents[1]
WindowsPath('C:/Users/Al/AppData/Local/Programs')
>>> Path.cwd().parents[2]
WindowsPath('C:/Users/Al/AppData/Local')
>>> Path.cwd().parents[3]
WindowsPath('C:/Users/Al/AppData')
>>> Path.cwd().parents[4]
WindowsPath('C:/Users/Al')
>>> Path.cwd().parents[5]
WindowsPath('C:/Users')
>>> Path.cwd().parents[6]
WindowsPath('C:/')
```

舊版的 os.path 模組也有類似的功能可擷取路徑不同的部分並寫成字串值。呼叫 os.path.dirname(path) 會返回一個字串，該字串中含有 path 引數中最後一個反斜線之前的所有路徑內容。呼叫 os.path.basename(path) 也會返回一個字串，該字串含有 path 引數中最後一個反斜線之後的所有內容。路徑的目錄名稱和基本名稱的概要如圖 9-5 所示。

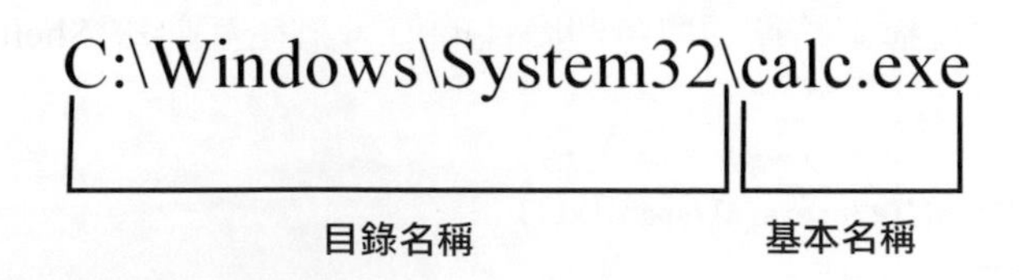

圖 9-5　基本名稱在路徑中最後一個反斜線之後，和檔名一樣。目錄名稱則是路徑最後一個反斜線之前的所有內容

舉個例子來說明，請在互動式 Shell 模式中輸入如下的程式碼：

```
>>> path = 'C:\\Windows\\System32\\calc.exe'
>>> os.path.basename(path)
'calc.exe'
>>> os.path.dirname(path)
'C:\\Windows\\System32'
```

假如同時都要路徑的目錄名稱和基本名稱，則只呼叫 os.path.split() 最得一個多元組，其中會有兩個字串，如下所示：

```
>>> calcFilePath = 'C:\\Windows\\System32\\calc.exe'
>>> os.path.split(calcFilePath)
('C:\\Windows\\System32', 'calc.exe')
```

請留意，我們也可以建立一個多元組，在其中放入呼叫 os.path.dirname() 和 os.path.basename()，則其返回值放入多元組也有同樣的效果。

```
>>> (os.path.dirname(calcFilePath), os.path.basename(calcFilePath))
('C:\\Windows\\System32', 'calc.exe')
```

但使用 os.path.split() 是較好的簡捷方法。

同樣要留意的是，os.path.split() 沒辦法把一個檔案路徑照每個資料夾分割開，如果有這樣的需求，可用 split() 字串方法將 os.sep 中的字串進行分割（是 os 中的 sep 而不是 os.path），在不同的作業系統中執行程式，os.sep 變數會設定正確的資料夾分隔斜線，在 Windows 中會用 '\\'，而在 macOS 和 Linux 中則用 '/'，分割之後返回含有各別資料夾的串列。

例如，請在互動式 Shell 模式中輸入如下內容：

```
>>> calcFilePath.split(os.sep)
['C:', 'Windows', 'System32', 'calc.exe']
```

在 macOS 和 Linux 系統中返回的串列中第一個項目是空字串：

```
>>> '/usr/bin'.split(os.path.sep)
['', 'usr', 'bin']
```

split() 字串方法會返回內含該路徑各個部分的串列。

找出檔案大小和資料夾內容

一旦能處理檔案的路徑，就可以搜尋特定的檔案和資料夾的資訊。os.path 模組提供一些好用的函式可協助找出檔案大小的位元數，以及找出指定資料夾中某個檔案或子資料夾。

- 呼叫 os.path.getsize(path) 會返回 path 引數中檔案的大小位元組。
- 呼叫 os.listdir(path) 會返回檔案名稱的串列，該串列為 path 引數下所有的檔案（請注意哦，這個函式在 os 模組中，而不是 os.path）。

下面的例子是筆者在互動式 Shell 模式中嘗試使用這些函式的結果：

```
>>> os.path.getsize('C:\\Windows\\System32\\calc.exe')
27648
>>> os.listdir('C:\\Windows\\System32')
['0409', '12520437.cpx', '12520850.cpx', '5U877.ax', 'aaclient.dll',
--省略--
'xwtpdui.dll', 'xwtpw32.dll', 'zh-CN', 'zh-HK', 'zh-TW', 'zipfldr.dll']
```

從這裡可看到筆者的電腦中 calc.exe 檔案大小為 27,648 位元組，而在其 C:\Windows\System32 下有超多檔案，如果想知道某個目錄下所有檔案的大小位元組數，可同時使用 os.path.getsize() 和 os.listdir()。

```
>>> totalSize = 0
>>> for filename in os.listdir('C:\\Windows\\System32'):
      totalSize = totalSize + os.path.getsize(os.path.join('C:\\Windows\\System32',
      filename))
>>> print(totalSize)
2559970473
```

當 for 迴圈巡遍整個 C:\Windows\System32 資料夾中的每個檔案時，totalSize 變數會累加每個檔案的位元組數。請留意一點，範例中在呼叫 os.path.getsize() 時使用了 os.path.join() 來連接資料夾名稱和目前的檔名。os.path.getsize() 返回的數值會累加到 totalSize 變數中。在迴圈巡遍完所有檔案後，會印出 totalSize，顯示 C:\Windows\System32 資料夾的檔案總共大小的位元組數。

使用 Glob 模式修改檔案串列

如果要處理某些特定檔案，使用 glob() 方法比 listdir() 更簡單。Path 物件有一個 glob() 方法，能根據 glob 模式列出資料夾的內容。glob 模式就像命令提示的命令，大都能使用正規表示式的簡化形式來呈現。glob() 方法會返回 generator 物件（這個物件不在本書的討論範圍），需要將其傳入 list()，以便能在互動式 Shell 模式中查閱：

```
>>> p = Path('C:/Users/Al/Desktop')
>>> p.glob('*')
<generator object Path.glob at 0x000002A6E389DED0>
>>> list(p.glob('*')) # Make a list from the generator.
[WindowsPath('C:/Users/Al/Desktop/1.png'), WindowsPath('C:/Users/Al/
Desktop/22-ap.pdf'), WindowsPath('C:/Users/Al/Desktop/cat.jpg'),
  --省略--
WindowsPath('C:/Users/Al/Desktop/zzz.txt')]
```

星號（*）代表的是「任意個字元」，因此 p.glob('*') 返回 generator，內容為存放在 p 的路徑中所有檔案。

與正規表示式一樣，我們可以建立較複雜的表示式：

```
>>> list(p.glob('*.txt') # Lists all text files.
[WindowsPath('C:/Users/Al/Desktop/foo.txt'),
  --省略--
WindowsPath('C:/Users/Al/Desktop/zzz.txt')]
```

glob 模式 '*.txt' 會返回以任意個字元所組成開頭的檔案，但只要以 '.txt' 字串（即文字檔的副檔名）結尾即可。

與星號相反，問號（?）代表單個任意字元：

```
>>> list(p.glob('project?.docx')
[WindowsPath('C:/Users/Al/Desktop/project1.docx'), WindowsPath('C:/Users/Al/
Desktop/project2.docx'),
  --省略--
WindowsPath('C:/Users/Al/Desktop/project9.docx')]
```

glob 表示式 'project?.docx' 會返回 'project1.docx' 或 'project5.docx' 等，但不會返回 'project10.docx'，因為 ? 僅比對符合單個字元，因此並比對時兩個字元的字串 '10' 並不符合。

最後，我們還可以結合使用星號和問號來建立更複雜的 glob 表示式，如下列範例所示：

```
>>> list(p.glob('*.?x?')
[WindowsPath('C:/Users/Al/Desktop/calc.exe'), WindowsPath('C:/Users/Al/
Desktop/foo.txt'),
  --省略--
WindowsPath('C:/Users/Al/Desktop/zzz.txt')]
```

glob 表示式 '*.?x?' 會返回帶有任何名稱和副檔名為任何三個字元（但中間字元為'x'）的檔案。

透過挑選具有特定屬性的檔案，glob() 方法能讓我們更輕鬆地在要執行某些操作的目錄中指定檔案。我們還可以使用 for 迴圈巡遍 glob() 所返回的 generator：

```
>>> p = Path('C:/Users/Al/Desktop')
>>> for textFilePathObj in p.glob('*.txt'):
...     print(textFilePathObj) # Prints the Path object as a string.
...     # Do something with the text file.
...
C:\Users\Al\Desktop\foo.txt
```

```
C:\Users\Al\Desktop\spam.txt
C:\Users\Al\Desktop\zzz.txt
```

如果要對目錄中的每個檔案執行某些操作，則可用 os.listdir(p) 或 p.glob('*') 來進行配合。

檢查路徑的合法性

假如給定了不存在的路徑，很多 Python 函式會當掉並顯示錯誤。幸運的是，Path 物件有方法可檢查給定路徑是否存在，以及判別它是檔案還是資料夾。假設變數 p 含有 Path 物件，則可能會出現以下情況：

- 如果路徑存在，則呼叫 p.exists() 會返回 True；否則，返回 False。
- 如果路徑存在且是檔案，則呼叫 p.is_file() 會返回 True，否則返回 False。
- 如果路徑存在且是目錄，則呼叫 p.is_dir() 會返回 True，否則返回 False。

在筆者的電腦中，當我在互動式 Shell 模式內嘗試這些方法時，會得到以下的結果：

```
>>> winDir = Path('C:/Windows')
>>> notExistsDir = Path('C:/This/Folder/Does/Not/Exist')
>>> calcFile = Path('C:/Windows
/System32/calc.exe')
>>> winDir.exists()
True
>>> winDir.is_dir()
True
>>> notExistsDir.exists()
False
>>> calcFile.is_file()
True
>>> calcFile.is_dir()
False
```

我們可以利用 exist() 方法檢查是否有 DVD 或隨身碟掛載到電腦上。例如，若想在裝有 Windows 的電腦上檢查是否有 D:\ 的隨身碟，可以使用以下方法：

```
>>> dDrive = Path('D:/')
>>> dDrive.exists()
False
```

哦！看來我忘了插入隨身碟了。

舊版的 os.path 模組可以利用 os.path.exits (path)、os.path.isfile(path) 和 os.path.isdir(path) 函式來完成相同的工作，這裡的功能與 Path 函式很類似。從 Python 3.6 版開始，這些函式可以接受 Path 物件，也可以接受檔案路徑的字串。

檔案的讀寫過程

在熟悉了怎麼處理資料夾和相對路徑之後，就可以指定檔案的位置來進行讀寫的操作。接下來幾個小節會介紹適用於處理純文字檔的函式。「純文字檔（Plaintext file）」只含有基本文字字元，不會有字型、大小和色彩等訊息。副檔名為 .txt 的文字檔，以及副檔名為 .py 的 Python 腳本程式檔，兩者都是純文字檔的例子，都可以用 Windows 的記事本或 macOS 的 TextEdit 應用軟體開啟。您的程式能夠輕易地讀取純文字檔的內容，把它們當作普通的字串值來處理。

所有其他檔案的類型大都是「二進位檔（Binary files）」，例如文書處理的檔案、PDF、圖檔、試算表檔和執行檔等都是二進位檔案格式。如果用記事本或 TextEdit 來開啟二進位檔時，內容看起來會像是亂碼，如圖 9-6 所示。

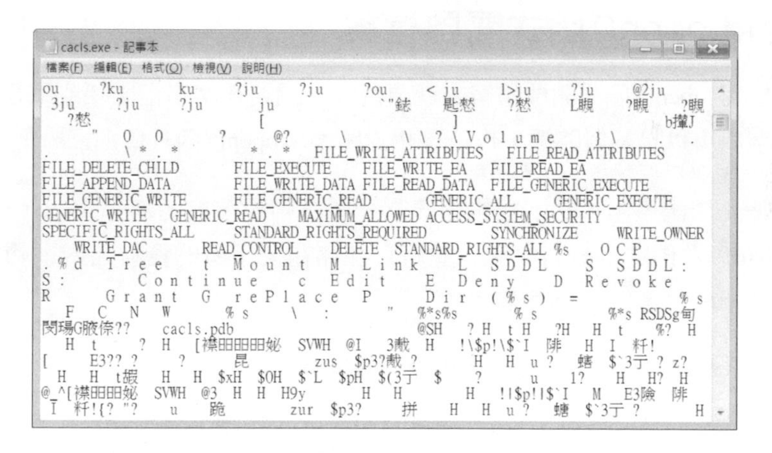

圖 9-6　在記事本中開啟 Windows 下的 calc.exe 程式

由於不同類型的二進位檔都要用自己的方式來處理，本書不會討論直接讀寫原始的二進位檔。還好是許多模組會讓二進位檔的處理變容易，本章後續的內容會介紹其中一個 shelve 模組。pathlib 模組的 read_text() 方法會返回文字檔全部內容的字串。而 write_text() 方法以傳給它的字串來建立一個新的文字檔（或覆蓋現有檔案）。請在互動式 Shell 模式中輸入以下內容：

```
>>> from pathlib import Path
>>> p = Path('spam.txt')
>>> p.write_text('Hello, world!')
13
>>> p.read_text()
'Hello, world!'
```

這些方法的呼叫會建立一個內容為 'Hello, world!' 的 spam.txt 檔。write_text() 返回的 13 表示已將 13 個字元寫入檔案中（通常我們會忽略這項資訊）。read_text() 的呼叫會以字串形式讀取並返回新檔案的內容：'Hello, world!'。

請記住，這些 Path 物件方法僅提供與檔案的基本互動處理。寫入檔案更常見的方式涉及使用 open() 函式和 File 物件。要在 Python 中讀寫檔案有 3 個步驟：

1. 呼叫 open() 函式返回 File 物件。
2. 呼叫 File 物件的 read() 或 write() 方法。
3. 呼叫 File 物件的 close() 方法關閉檔案。

我們在以下內容會針對這幾個步驟作更詳細的說明。

使用 open() 函式開啟檔案

想要用 open() 函式開啟檔案，就要傳入一個路徑字串指出要開啟檔案位置。路徑字串可以是絕對路徑，也可是相對路徑。open() 函式會返回一個 File 物件。

試著先用記事本或文字編輯器建立一個文字檔，取名為 hello.txt，輸入 **Hello world!** 當作文字檔的內容，並將它儲存在使用者的資料夾內。隨後在互動式 Shell 模式內輸入如下內容：

```
>>> helloFile = open(Path.home() / 'hello.txt')
```

open() 函式也可以接受字串，若在 Windows 系統下，請在互動式 Shell 模式內輸入如下內容：

```
>>> helloFile = open('C:\\Users\\your_home_folder\\hello.txt')
```

如果在 macOS 下，請在互動式 Shell 模式內輸入如下內容：

```
>>> helloFile = open('/Users/your_home_folder/hello.txt')
```

以上的例子中，請將 your_home_folder 改成讀者自己電腦中的使用者資料夾。舉例來說，我的電腦中使用者名稱為 AL，所以在 Windows 系統下執行以上範例時是輸入 'C:\\Users\\AL\\ hello.txt'。請留意，open() 函式在 Python 3.6 版只能接受 Path 物件，若是較早的版本，open() 函式需要傳入字串。

上述指令都會以「讀取純文字模式（簡稱讀取模式）」來開啟檔案。當檔案以讀取模式開啟時，Python 只能從檔案中讀資料，不能以任何方式寫入或修改。在 Python 中開啟檔案時預設的模式即為讀取模式，如果不想依賴 Python 預設模式，也可明確指定模式，在呼叫 open() 時以第二個引數 'r' 傳入即是明確指定。因此 open('/Users/AL/ hello.txt', 'r') 和 open('/Users/AL/hello.txt') 做的事是一樣的。

呼叫 open() 會返回 File 物件，該物件代表著電腦中的一個檔案，File 物件只是 Python 中的另一種型別的值，就像已熟悉的串列（list）和字典（dic）。在前面的例子中已將 File 物件存放到 helloFile 變數內，現在當我們需要讀取或寫該檔案時，就可呼叫 helloFile 變數中 File 物件的方法。

讀取檔案內容

開啟後已有一個 File 物件了，因此可以開始從中讀取內容。如果想要將整個檔案的內容讀取存成一個字串值，可用 File 物件的 read() 方法。繼續前面的例子中存放在 helloFile 內 hello.txt 的 File 物件，請在互動環境內輸入如下內容：

```
>>> helloContent = helloFile.read()
>>> helloContent
'Hello world!'
```

如果把檔案的內容看成是單一個的大型字串，read() 方法返回的就是儲存在檔案中的字串。

除了上述方法外，另外還有個 readlines() 方法可從檔案取得一個字串的串列。串列內的每個字串是檔案中的一行文字。舉另一個例子來說明，在 hello.txt 檔案相同的目錄下，建立一個 sonnet29.txt 的檔案，內容文字為：

```
When, in disgrace with fortune and men's eyes,
I all alone beweep my outcast state,
And trouble deaf heaven with my bootless cries,
And look upon myself and curse my fate,
```

確定上述內容有分成四行，然後在互動式 Shell 模式下輸入如下程式碼：

```
>>> sonnetFile = open('sonnet29.txt')
>>> sonnetFile.readlines()
[When, in disgrace with fortune and men's eyes,\n', ' I all alone beweep my outcast
state,\n', And trouble deaf heaven with my bootless cries,\n', And look upon myself
and curse my fate,']
```

請留意每個字串值都以換行符號 \n 為結尾，除了檔案的最後一行沒有 \n 之外。與單一個大型的字串相比，這個分行字串的串列通常用比較容易處理。

寫入檔案

Python 允許我們將內容寫入檔案，其方法與 print() 函式將字串「印」到螢幕上很類似，但如果開啟檔案時使用讀取模式的話，就不能寫入檔案。我們需要用「寫入純文字模式（簡稱寫入模式）」或「新增純文字模式（簡稱新增模式）」來開啟檔案。

寫入模式會從頭開始覆蓋原有的檔案，就像使用一個新值覆蓋一個變數的值。請以 'w' 字串為第二個引數傳入 open() 來以寫入模式開啟檔案。另一個新增模式則會在已有的檔案尾端新增文字，可想像成向一個變數中的串列新增內容，而不是完全覆蓋那個變數。請以 'a' 字串為第二個引數傳入 open() 來以新增模式開啟檔案。

如果 open() 開啟的檔案不存在，不管用寫入模式或新增模式都會建立一個新的空檔案。在讀取或寫入檔案後，記得呼叫 close() 方法關閉，這樣才能再次開啟該檔案。

接著把這些概念合在一起，在互動式 Shell 模式內輸入如下內容來練習：

```
>>> baconFile = open('bacon.txt', 'w')
>>> baconFile.write('Hello world!\n')
13
>>> baconFile.close()
>>> baconFile = open('bacon.txt', 'a')
>>> baconFile.write('Bacon is not a vegetable.')
25
>>> baconFile.close()
>>> baconFile = open('bacon.txt')
>>> content = baconFile.read()
>>> baconFile.close()
>>> print(content)
Hello world!
Bacon is not a vegetable.
```

一開始會以寫入模式開啟 bacon.txt，由於電腦中並沒有 bacon.txt 檔，Python 會建立一個新的。在開啟的檔案上呼叫 write()，將字串引數 'Hello world! \n' 傳入 write() 中，將字串寫入檔案並返回寫入的字元個數，包括換行符號，然後關閉檔案。

若要將文字新增到檔案已有的內容下，而不是取代剛寫入字串的檔案，就要以新增模式開啟檔案，寫入 'Bacon is not a vegetable.' 後關閉。最後要將檔案的內容印到螢幕上，先以預設的讀取模式開啟，再呼叫 read() 將讀到的 File 物件指定到 content 變數中，關閉檔案，再印出 content。

請注意一件事，write() 方法不像 print() 函式會在字串尾端自動加入換行符號，write() 要自己加入換行符號。

從 Python 3.6 版開始，還可以把 Path 物件而不是檔案名稱字串傳給 open() 函式來開啟。

使用 shelve 模組來儲存變數

使用 shelve 模組可將 Python 程式中的變數儲存到二進位的 shelf 檔案內。如此一來，程式就可以從硬碟中取回變數的資料。shelve 模組讓我們在程式中新增了「儲存」和「開啟」功能。例如，如果要執行某程式並輸入一些組態設定，可將組態設定先儲存到 shelf 檔案內，然後讓程式下一次執行時載入使用。

請在互動式 Shell 模式內輸入如下內容：

```
>>> import shelve
>>> shelfFile = shelve.open('mydata')
>>> cats = ['Zophie', 'Pooka', 'Simon']
>>> shelfFile['cats'] = cats
>>> shelfFile.close()
```

要運用 shelve 模組讀寫資料，先要 import 匯入，呼叫 shelve.open() 函式並傳入檔名，隨後會將返回值存放到一個變數內。我們可把變數 shelf 值當成字典一樣來修改，當完成處理後要對這個值呼叫 close() 關閉。這裡的例子中，shelf 值儲存在 shelfFile 變數，我們建立了一個串列 cats，並寫成 shelfFile['cat'] = cats，將該串列儲存在 shelfFile 中當作 'cat' 鍵所關聯的值（像字典的用法），最後在 shelfFile 上呼叫 close()。請留意，從 Python 3.7 版開始就必須把檔名當作字串傳給 open() shelf 方法，不能傳 Path 物件。

在 Windows 系統中執行前述的程式碼，則在目前工作目錄中會有 3 個新檔案：mydata.bak、mydata.dat 和 mydata.dir。若在 macOS 系統中執行，則只會建立一個 mydata.db 檔。

這些二進位檔內含了儲存在 shelf 中的資料，這些二進位檔的格式並不重要，只需知道 shelve 模組能做那些事，並不需要知道是怎麼運作的。此模組讓我們不用擔心怎麼把程式的資料儲存到檔案中。

您的程式隨後可以用 shelve 模組重新開啟這些檔案並讀取其資料。shelf 值不必設定讀取模式或寫入模式來開啟，因為在開啟後是能讀取及寫入的。請在互動式 Shell 模式內輸入如下內容：

```
>>> shelfFile = shelve.open('mydata')
>>> type(shelfFile)
<class 'shelve.DbfilenameShelf'>
>>> shelfFile['cats']
['Zophie', 'Pooka', 'Simon']
>>> shelfFile.close()
```

在上述的這個範例中，我們開啟了 shelf 檔來檢查資料是否有正確儲存。輸入 shelfFile['cat'] 會返回之前所儲存的同一個串列，所以我們知道該串列有好好地儲存在檔案中，最後呼叫 close() 關閉。

就像字典，shelf 值有 key() 和 value() 方法可用，會返回 shelf 中鍵（key）和值（value）的值，這個值和串列很相似。由於這些方法返回很像串列的值，但不是真的串列，所以要將它們傳入 list() 函式以取得真正串列的格式。請在互動式 Shell 模式內輸入如下內容：

```
>>> shelfFile = shelve.open('mydata')
>>> list(shelfFile.keys())
['cats']
>>> list(shelfFile.values())
[['Zophie', 'Pooka', 'Simon']]
>>> shelfFile.close()
```

建立檔案時用純文字的格式，對將來要在記事本或文字編輯器這樣的軟體中讀取是很有用的，但如果從 Python 程式中儲存資料，那就要用 shelve 模組。

使用 pprint.pformat() 函式儲存變數

請回顧一下第五章中「印出美觀好看的結果」小節，pprint.pprint() 函式能將串列或字典中的內容「美觀整齊」地印到螢幕上，而 pprint.pformat() 函式會返回同樣的文字字串而不會印出來，這個字串的格式呈現不僅易讀，同時也是合法有效的 Python 程式碼。假如您有一個儲存在變數中的字典，想要把這個變數和其內容儲存起來方便日後取用，那麼用 pprint.pformat() 函式會返回一個字串讓您寫入 .py 的檔案中。這個檔案會成為您的專屬模組，當您需要取用儲存在其中的變數時，匯入後就能使用。

請在互動式 Shell 模式內輸入如下內容作為範例來練習：

```
>>> import pprint
>>> cats = [{'name': 'Zophie', 'desc': 'chubby'}, {'name': 'Pooka', 'desc':
'fluffy'}]
>>> pprint.pformat(cats)
"[{'desc': 'chubby', 'name': 'Zophie'}, {'desc': 'fluffy', 'name': 'Pooka'}]"
>>> fileObj = open('myCats.py', 'w')
>>> fileObj.write('cats = ' + pprint.pformat(cats) + '\n')
83
>>> fileObj.close()
```

在這個例子中，我們匯入 pprint 來使用 pprint.pformat()，然後將字典的串列指定存到 cats 變數中，為了讓 cats 中的串列能在關閉互動式 Shell 模式後，將來還可取用，由於 pprint.pformat() 能返回成一個字串，當我們把 cats 中的資料傳入 pprint.pformat() 即可取得其字串形式，這樣就很容易將字串寫入檔案中，我們為檔案取名為 myCats.py。

Import 陳述式匯入的模組本身就是 Python 腳本程式碼，使用 pprint.pformat() 取得的字串儲存成一個 .py 檔，這個檔案就是個可以匯入的模組，像其他模組一樣都能用 import 匯入使用。

由於 Python 腳本程式碼本身僅是加上 .py 副檔名的純文字檔，您的 Python 程式也能建立其他 Python 程式，因此可把這類檔案匯入到腳本程式碼中使用。

```
>>> import myCats
>>> myCats.cats
[{'name': 'Zophie', 'desc': 'chubby'}, {'name': 'Pooka', 'desc': 'fluffy'}]
>>> myCats.cats[0]
{'name': 'Zophie', 'desc': 'chubby'}
>>> myCats.cats[0]['name']
'Zophie'
```

建立 .py 檔（而不是用 shelve 模組儲存變數）的好處是因為這是個文字檔，所以任何人都可以用簡單的文字編輯器來讀取或修改其內容。但對於大多數的應用，利用 shelve 模組來將變數儲存到檔案還是比較好的方式。只有基本資料型別（如整數、浮點數、字串、串列和字典等）可以作為簡單的文字寫入檔案內，但像 File 物件就不能編碼成文字。

程式專題：考卷的隨機產生器

假設您是位班上有 35 名學生的地理老師，且想要出個美國各州首府的考題來進行小考。唉，班上有幾個搗蛋鬼不知道會不會作弊，所以想要以隨機方式調整考題的順序，這樣每份考卷都是唯一的，讓任何人都不能從別人那裡抄答案。想當然爾，以手工方式出題會累死人又無聊，好在您會一點 Python。

下面是程式要處理的事：

1. 建立 35 份不同的考卷。
2. 每份考卷建立 50 個多選題，且考題順序隨機。
3. 每題都有一個正確答案和 3 個隨機錯誤答案，且順序隨機。
4. 將考卷寫到 35 個文字檔中。
5. 將解答寫到 35 個文字檔中。

也就是說程式碼要能處理下列的事：

1. 將各州和其首府儲存在一個字典中。
2. 對考卷文字檔和答案文字檔呼叫 open()、write() 和 close()。
3. 利用 random.shuffle() 隨機取得問題和多重選項的順序。

STEP 1：將考題資料儲存在一個字典中

第一步先建立腳本程式的骨架，並填入考題的相關資料。請建立一個檔案名稱為 randomQuizGenerator.py 的檔案，其內容大致如下：

```
#! python3
# randomQuizGenerator.py - Creates quizzes with questions and answers in
# random order, along with the answer key.

❶ import random

# The quiz data. Keys are states and values are their capitals.
❷ capitals = {'Alabama': 'Montgomery', 'Alaska': 'Juneau', 'Arizona': 'Phoenix',
'Arkansas': 'Little Rock', 'California': 'Sacramento', 'Colorado': 'Denver',
'Connecticut': 'Hartford', 'Delaware': 'Dover', 'Florida': 'Tallahassee',
'Georgia': 'Atlanta', 'Hawaii': 'Honolulu', 'Idaho': 'Boise', 'Illinois':
'Springfield', 'Indiana': 'Indianapolis', 'Iowa': 'Des Moines', 'Kansas':
'Topeka', 'Kentucky': 'Frankfort', 'Louisiana': 'Baton Rouge', 'Maine':
'Augusta', 'Maryland': 'Annapolis', 'Massachusetts': 'Boston', 'Michigan':
'Lansing', 'Minnesota': 'Saint Paul', 'Mississippi': 'Jackson', 'Missouri':
'Jefferson City', 'Montana': 'Helena', 'Nebraska': 'Lincoln', 'Nevada':
'Carson City', 'New Hampshire': 'Concord', 'New Jersey': 'Trenton', 'New
Mexico': 'Santa Fe', 'New York': 'Albany', 'North Carolina': 'Raleigh',
'North Dakota': 'Bismarck', 'Ohio': 'Columbus', 'Oklahoma': 'Oklahoma City',
'Oregon': 'Salem', 'Pennsylvania': 'Harrisburg', 'Rhode Island': 'Providence',
'South Carolina': 'Columbia', 'South Dakota': 'Pierre', 'Tennessee':
'Nashville', 'Texas': 'Austin', 'Utah': 'Salt Lake City', 'Vermont':
'Montpelier', 'Virginia': 'Richmond', 'Washington': 'Olympia', 'West
Virginia': 'Charleston', 'Wisconsin': 'Madison', 'Wyoming': 'Cheyenne'}

# Generate 35 quiz files.
❸ for quizNum in range(35):
    # TODO: Create the quiz and answer key files.

    # TODO: Write out the header for the quiz.

    # TODO: Shuffle the order of the states.

    # TODO: Loop through all 50 states, making a question for each.
```

由於程式要隨機編排問題和答案選項的順序，所以要匯入 random 模組❶，好取用其中的函式。capitals 變數❷內含一個字典，以美國各州為鍵（key），以各州首府為值（value）。因為要建立 35 份考卷，所以實際產生考卷和答案檔案的程式碼（先暫時以 TODO 注釋）會放在 for 迴圈中，迴圈重覆 35 次❸（這個數字可依需求變更產生想要的任何數量的考卷檔）。

STEP 2：建立考卷檔和弄亂考題順序

現在是填入 TODO 內容的時候了。

在迴圈中的程式碼會重覆執行 35 次（每次產生一份考卷），因此在迴圈中只需考量一份考卷的內容。首先建立一個真的考卷檔案，該檔案需要唯一的檔名，且有某種標準的標題在上面，要預留出空位讓學生填寫姓名、日期和班級。然後需要取得隨機編排的各州的串列，隨後將用它來建立考卷的問題和解答。在 randomQuizGenerator.py 中加入以下程式碼：

```
#! python3
# randomQuizGenerator.py - Creates quizzes with questions and answers in
# random order, along with the answer key.

--省略--

# Generate 35 quiz files.
for quizNum in range(35):
    # Create the quiz and answer key files.
 ❶ quizFile = open(f'capitalsquiz{quizNum + 1}.txt', 'w')
 ❷ answerKeyFile = open(f'capitalsquiz_answers{quizNum + 1}.txt', 'w')

    # Write out the header for the quiz.
 ❸ quizFile.write('Name:\n\nDate:\n\nPeriod:\n\n')
    quizFile.write((' ' * 20) + f'State Capitals Quiz (Form{quizNum + 1})')
    quizFile.write('\n\n')

    # Shuffle the order of the states.
    states = list(capitals.keys())
 ❹ random.shuffle(states)

    # TODO: Loop through all 50 states, making a question for each.
```

考卷的檔名是以 capitalsquiz<N>.txt，其中 <N> 是該考卷的唯一編號，來自於 for 迴圈的計數器 quizNum。至於 capitalsquiz<N>.txt 的解答也會儲存一個取名為 capitalsquiz_answers<N>.txt 的文字檔中。每次迴圈時 f'capitalsquiz{quizNum + 1}.txt' 和 f'capitalsquiz_answers{quizNum + 1}.txt' 中的 {quizNum + 1} 占位會被唯一的編號數值所取代，因此第一份考卷和解答會是 capitalsquiz1.txt 和 capitalsquiz_answers1.txt。在❶和❷中呼叫 open() 函式會以 'w' 當作第二個引數的寫入模式來開啟和建立。

❸這裡的 write() 陳述句建立了考卷的標題，有讓學生填寫的內容。最後使用 random.shuffle() 函式❹建立美國各州的隨機串列，該函式會重新隨機編排串列中的值。

STEP 3：建立答案選項

這個步驟要為每個問題產生答案選項，是 A 到 D 的多重選項。您需要建立另一個 for 迴圈來產生考卷的 50 個問題的內容，然後在後面嵌入第三個 for 迴圈對每個問題產生多重選項。程式碼讓它看起來像下列這般：

```
#! python3
# randomQuizGenerator.py - Creates quizzes with questions and answers in
# random order, along with the answer key.

--省略--

    # Loop through all 50 states, making a question for each.
    for questionNum in range(50):

        # Get right and wrong answers.
      ❶ correctAnswer = capitals[states[questionNum]]
      ❷ wrongAnswers = list(capitals.values())
      ❸ del wrongAnswers[wrongAnswers.index(correctAnswer)]
      ❹ wrongAnswers = random.sample(wrongAnswers, 3)
      ❺ answerOptions = wrongAnswers + [correctAnswer]
      ❻ random.shuffle(answerOptions)

        # TODO: Write the question and answer options to the quiz file.

        # TODO: Write the answer key to a file.
```

正確答案很容易取得，它是 capitals 字典❶中的一個值。這個迴圈會巡遍弄亂過的 states 串列中的州，從 states[0] 到 states[49]，在 capitals 中找到每個州，並將該州對應的首府值儲存到 correctAnswer 變數中。

錯誤答案選項的串列就比較棘手了，可從 capitals 字典中複製所有的值❷，刪掉正確答案❸後從該串列中隨機選三個值❹。random.sample() 函式會讓取得這種選項容易些，它的第一個引數是您要從中選擇的串列，第二個引數是希望選擇值的個數。完整的答案選項串列是這 3 個錯誤答案選項和正確答案選項的連結❺。最後，答案選項要隨機排列❻，這樣正確答案才不會固定在 D 選項。

STEP 4：將內容寫入考卷和解答檔案中

接下來的就是將考題寫入考卷檔，而答案寫入解答檔內。讓程式看起來像下列這般：

```
#! python3
# randomQuizGenerator.py - Creates quizzes with questions and answers in
# random order, along with the answer key.

--省略--

    # Loop through all 50 states, making a question for each.
    for questionNum in range(50):
        --省略--

        # Write the question and the answer options to the quiz file.
```

```
        quizFile.write(f'{questionNum + 1}. What is the capital of
{states[questionNum]}?\n')
      ❶ for i in range(4):
          ❷ quizFile.write(f"  {'ABCD'[i]}.{ answerOptions[i]}\n")
        quizFile.write('\n')

        # Write the answer key to a file.
      ❸ answerKeyFile.write(f"{questionNum + 1}.
{'ABCD'[answerOptions.index(correctAnswer)]}")
    quizFile.close()
    answerKeyFile.close()
```

以一個從整數 0 到 3 走訪的 for 迴圈，將答案選項寫入 answerOptions 串列❶。❷這裡的 'ABCD'[i] 表示式將 'ABCD' 字串看成是陣列，在迴圈的每次重複迭代中會分別求值為 'A'、'B'、'C' 和 'D'。

最後一行❸，answerOptions.index(correctAnswer) 表示式會在隨機排列的答案選項中找到正確答案的整數索引足標，而且'ABCD'[answerOptions.Index(correctAnswer)] 會將運算求值為正確答案的字母寫入解答檔中。

在執行這個程式後，下面是 capitalsquiz1.txt 檔的樣子。不過您執行的結果和這裡看到的會不同，因為是呼叫 random.shuffle() 隨機排列的結果。

```
Name:

Date:

Period:

                    State Capitals Quiz (Form 1)

1. What is the capital of West Virginia?
    A. Hartford
    B. Santa Fe
    C. Harrisburg
    D. Charleston

2. What is the capital of Colorado?
    A. Raleigh
    B. Harrisburg
    C. Denver
    D. Lincoln

--省略--
```

其對應的 capitalsquiz_answers1.txt 文字檔看起來像下列這般：

```
1. D
2. C
3. A
4. C
--省略--
```

程式專案：多重剪貼簿

讓我們使用使用 shelve 模組重寫第 6 章中的「多重剪貼簿」程式。使用者現在可以儲存新字串以載入到剪貼簿而無需修改原始程式碼。這個「多重剪貼簿」會取名為 mcb.pyw（因為輸入 mcb 比 multiclipboard 簡潔多了）。.pyw 副檔名是 Python 執行該程式時不會顯示終端視窗（詳情請見附錄 B）。

這個程式會利用一個關鍵字來儲存每段剪貼簿的文字，例如，當執行 py mcb.pyw save spam 時，剪貼簿中目前的內容會用關鍵字 spam 存放。再執行 py mcb.pyw spam 時，可將這段存在 spam 中的文字重新放到剪貼簿內。如果使用者忘了有用過那些關鍵字時，可透過執行 py mcb.pyw list，可將所有關鍵字的串列複製到剪貼簿中。

下列是程式要處理的事：

1. 要檢查有沒有在命令提示行引數中加入關鍵字。
2. 如果引數是 save，那就將剪貼簿的內容存到關鍵字中。
3. 如果引數是 list，那就將所有關鍵字複製到剪貼簿中。
4. 如果引數不是 save 和 list，那就將關鍵字內容複製到剪貼簿中。

換句話說，程式碼要能做到下列的事情：

1. 從 sys.argv 讀取命令提示行引數。
2. 讀寫剪貼簿。
3. 儲存並載入 shelf 檔。

如果您用的是 Windows 系統，可建立一個 mcb.bat 的批次檔，很容易透過「執行」視窗來執行這個腳本程式。mcb.bat 批次檔含有下列內容：

```
@pyw.exe C:\Python36\mcb.pyw %*
```

STEP 1：注釋和設定 shelf

我們從設計腳本程式的骨架開始，其中包含一些注釋和基本的設定。請讓程式碼像下列這般：

```
#! python3
# mcb.pyw - Saves and loads pieces of text to the clipboard.
❶ # Usage: py.exe mcb.pyw save <keyword> - Saves clipboard to keyword.
#        py.exe mcb.pyw <keyword> - Loads keyword to clipboard.
#        py.exe mcb.pyw list - Loads all keywords to clipboard.

❷ import shelve, pyperclip, sys

❸ mcbShelf = shelve.open('mcb')

# TODO: Save clipboard content.

# TODO: List keywords and load content.

mcbShelf.close()
```

把一般使用方法的訊息放在檔案頂端的注釋內是很常見的做法❶。如果忘了怎麼執行這個腳本程式時，就可以看看這些注釋說明來回憶其用法。接著是匯入模組❷，複製和貼上都要用到 pyperclip 模組，讀取命令提示行引數則需要用到 sys 模組。shelve 模組也要準備好，當使用者希望儲存一段剪貼簿上的文字時，就需要將它儲存到 shelf 檔中。隨後當使用者想要把文字複製回剪貼簿時，就要開啟 shelf 檔，將它重新載入到程式中。這個 shelf 檔取名字時會有個前置的 mcb 字樣❸。

STEP 2：使用關鍵字來儲存剪貼簿內容

這個程式要可做的事情會依據使用者的選擇而不同，看是希望儲存文字到關鍵字，或是要載入文字到剪貼簿內，還是列出已有的關鍵字。首先讓我們來處理第一種情況。請讓程式碼看起像下列這般：

```
#! python3
# mcb.pyw - Saves and loads pieces of text to the clipboard.
--省略--

# Save clipboard content.
❶ if len(sys.argv) == 3 and sys.argv[1].lower() == 'save':
      ❷ mcbShelf[sys.argv[2]] = pyperclip.paste()
elif len(sys.argv) == 2:
 ❸ # TODO: List keywords and load content.

mcbShelf.close()
```

如果第一個命令提示行引數（是在 sys.argv 串列索引足標 1 的位置）是 'save' 字串❶，第二個命令提示行引數就是儲存剪貼簿目前內容的關鍵字。關鍵字會當作 mcbShelf 中的鍵（key），而值（value）就是剪貼簿上的文字內容❷。

如果只有一個命令提示行引數，就假設該引數為 'list'，不然就是要載入文字內容到剪貼簿上的關鍵字。❸的位置是隨後會實作的程式碼，現在先以 TODO 注釋說明。

STEP 3：列出關鍵字和載入關鍵字內容

最後的部分讓我們實作出剩下的兩種情況。使用者想要從關鍵字載入剪貼簿文字，或想要列出所有可用的關鍵字，程式碼看起來像下列這般：

```
#! python3
# mcb.pyw - Saves and loads pieces of text to the clipboard.
--省略--

# Save clipboard content.
if len(sys.argv) == 3 and sys.argv[1].lower() == 'save':
        mcbShelf[sys.argv[2]] = pyperclip.paste()
elif len(sys.argv) == 2:
        # List keywords and load content.
 ❶ if sys.argv[1].lower() == 'list':
     ❷ pyperclip.copy(str(list(mcbShelf.keys())))
    elif sys.argv[1] in mcbShelf:
     ❸ pyperclip.copy(mcbShelf[sys.argv[1]])

mcbShelf.close()
```

如果只有一個命令提示行引數，先檢查是不是 'list' ❶，如果是則表示 shelf 鍵的串列字串會被複製到剪貼簿❷。使用者可將這個串列複製到開啟的文字編輯器內查看。

如果不是 'list'，則可假設該命令提示行引數是一個關鍵字，如果這個關鍵字是 shelf 中的某個鍵（key），就可將這個鍵對應的值載入到剪貼簿內❸。

到這裡告一段落了，執行這個範例程式有幾個不同的步驟，看您電腦系統是那一種而定。請參考附錄 B，了解不同作業系統的作法。

假設有支密碼管理程式，它將密碼儲存在一個字典內，若變更密碼時要修改原始程式碼中的字典，這有點不理想，因為一般使用者不太想要去更改原始程式碼，而且每次修改程式的原始碼時有可能不小心造成新的 Bug，因此，將程式的資料儲存在別的地方而不是存在原始程式碼內，這樣就可讓使用者更容易使用這個程式，也更不會出錯。

總結

檔案是放在資料夾（也稱目錄）中，路徑描述了檔案的位置。執行在電腦上的每個程式都會有一個目錄工作目錄，可以此讓我們以目前的位置來指定檔案的相對路徑，並不需要每次都用完整的絕對路徑。Pathlib 和 os.path 模組中有許多函式可用來操控檔案路徑。

您編寫的程式可以直接操控文字檔的內容，open() 函式可開啟這樣檔案，將其內容讀取成一個大型字串（使用 read() 方法），或讀取成分行式的串列（使用 readlines() 方法），open() 函式能以寫入模式或新增模式開啟檔案，寫入模式會覆蓋原有開啟新的文字檔，而新增模式則會在原有文字檔尾端新增內容。

在前面幾章中，有談到利用剪貼簿在程式中取得大量文字，不用透過手動輸入。本章則更進一步教您使用程式直接讀取硬碟上的檔案，因為用檔案存放資料比用剪貼簿更穩當許多。

在下一章中，您將學到如何操控檔案的相關處理，學會怎麼複製、刪除、重新命名、搬移檔案等的處理。

習題

1. 什麼是相對路徑？
2. 什麼是絕對路徑？
3. 在 Windows 系統中 Path('C:/Users') / 'AL' 求值結果為何？
4. 在 Windows 系統中 'C:/Users') / 'AL' 求值結果為何？
5. 請問 os.getcwd() 和 os.chdir() 函式能做什麼？
6. 請問 . 和 .. 資料夾是什麼？
7. 在 C:\bacon\eggs\spam.txt 中，目錄名稱為何？基本名稱為何？
8. 可以傳入 open() 函式的三種「模式」引數是什麼？
9. 如果已有的檔案以寫入模式開啟時會怎樣？

10. 請問 read() 和 readlines() 方法有何區別？

11. 請問 shelf 值與什麼資料結構相類似？

實作專題

為了練習與實作，請依照下列需求編寫設計程式。

擴充版的多重剪貼簿

請擴充本章介紹的剪貼簿程式的功能，新增一個 delete <keyword> 命令提示行引數，這能夠從 shelf 中刪除指定的關鍵字。再新增一個 delete 命令提示行引數，其功能為刪除所有關鍵字。

Mad Libs 填字遊戲

建立一個 Mad Libs 填字遊戲程式，它會讀取文字檔，並讓使用者在該文字檔中出現 ADJECTIVE、NOUN、ADVERB 或 VERB 等單字的地方加上自己的文字。以下列這個文字檔為例：

```
The ADJECTIVE panda walked to the NOUN and then VERB. A nearby NOUN was unaffected
by these events.
```

程式會找到這些出現的單字，並提示使用者取代它們。

```
Enter an adjective:
silly
Enter a noun:
chandelier
Enter a verb:
screamed
Enter a noun:
pickup truck
```

取代後的文字檔內容如下：

```
The silly panda walked to the chandelier and then screamed. A nearby pickup truck
was unaffected by these events.
```

此結果會印出在螢幕上，並儲存成一個新的文字檔。

正規表示式的尋找

請設計一個程式，會開啟指定資料夾中所有的.txt 檔案，依據使用者提供的正規表示式來尋找比對文字檔，找到符合的任意行，並將結果印在螢幕上。

第 10 章
檔案的組織管理

在前面的章節中你已學到如何在 Python 中建立和寫入新檔案，您的程式已能夠組織管理硬碟上已存在的檔案。也許您曾經有過這樣的經驗，要在資料夾中數十、數百、甚至於數千個檔案下，以手動的方式進行複製、改名字、搬移或壓縮等的處理。也可能想要進行下列這些工作：

- 在某個資料夾及其所有子資料夾中，只複製其中所有的 pdf 檔。
- 想對某個資料夾中的所有檔案，刪除檔案名稱中有編號的檔案，例如 spam001.txt、spam002.txt、spam003.txt 等。
- 將數個資料夾的內容壓縮成一個 ZIP 檔案（這算是個簡單的備份系統）。

所有這類無聊的工作都能用 Python 來達成自動化，可藉由在電腦編寫程式來完成這些工作，您就可以轉變成為工作效率很高的檔案管理者，且不會出錯。

當您開始要處理檔案時，會發現若能看到檔案的副檔名（.txt、.pdf、.jpg 等）會很有幫助。在 OS X 和 Linux 系統中，檔案管理員可能會自動顯示副檔名，但在 Windows 系統中，預設是不顯示檔案的副檔名，因此要顯示副檔名，請點選「**開始→控制台→外觀及個人化→資料夾選項**」，在「檢視」標籤中的「進階設定」內，不要勾選「**隱藏已知檔案類型的副檔名**」核取方塊。

shutil 模組

shutil（或稱為 shell 工具）模組中含有一些函式可讓您在 Python 程式中複製、搬移、改名和刪除檔案。若要使用 shutil 的函式，先要 import shutil。

檔案和資料夾的複製

shutil 模組提供了可以複製檔案和整個資料夾的函式。

呼叫 shutil.copy(source, destination)，將 source 路徑位置的檔案複製到 destination 位置的資料夾（source 和 destination 都是字串）。如果 destination 是檔案名稱，則它會以這個新名稱複製過去。此函式會返回一個字串，該字串為複製過去檔案的路徑。

請在互動式 Shell 模式中輸入如下程式碼，看看 shutil.copy() 的執行結果：

```
  >>> import shutil, os
  >>> from pathlib import Path
  >>> p = Path.home()
❶ >>> shutil.copy(p / 'spam.txt', p / 'some_folder')
  'C:\\Users\\Al\\some_folder\\spam.txt'
❷ >>> shutil.copy(p / 'eggs.txt', p / 'some_folder/eggs2.txt')
  WindowsPath('C:/Users/Al/some_folder/eggs2.txt')
```

第一個 shutil.copy() 呼叫會把 C:\Users\Al\spam.txt 檔複製到 C:\Users\Al\some_folder 資料夾內，返回的是剛才複製過去新檔案的路徑。請留意，這裡只指定了目的地的資料夾❶，所以會延用 spam.txt 檔名複製過去成新檔名。第二個 shutil.copy() 的呼叫❷也會把 C:\Users\Al\eggs.txt 檔複製到 C:\Users\Al\some_folder 資料夾內，但用了新的檔名 eggs2.txt。

shutil.copy() 會複製檔案，shutil.copytree() 則會複製整個資料夾，以及在該資料夾中的所有子資料夾和檔案。呼叫 shutil.copytree(source, destination)，將 source 路徑的資料夾及其內含的資料夾和檔案複製到 destination 路徑的資料夾內。source 和 destination 引數都是字串，此函式會返回一個字串，該字串為複製過去的新資料夾路徑。

請在互動式 Shell 模式中輸入如下程式碼：

```
>>> import shutil, os
>>> from pathlib import Path
>>> p = Path.home()
>>> shutil.copytree(p / 'spam', p / 'spam_backup')
WindowsPath('C:/Users/Al/spam_backup')
```

呼叫 shutil.copytree() 會建立一個新的 spam_backup 資料夾，其中的內容就和複製來源的 spam 資料夾中一樣。這樣就完成了珍貴的 spam 資料夾的備份作業。

檔案和資料夾的搬移和改名

呼叫 shutil.move(source, destination) 可將 source 路徑的資料夾搬移到 destination 路徑，並返回搬移新位置的絕對路徑的字串。

如果 destination 指到資料夾，則 source 檔案會搬移到 destination 中，並保留原來的檔案名稱，在互動式 Shell 模式中輸入如下程式碼，以實例來說明：

```
>>> import shutil
>>> shutil.move('C:\\bacon.txt', 'C:\\eggs')
'C:\\eggs\\bacon.txt'
```

假設在 C:\ 目錄中已有一個 eggs 的資料夾，那麼這個例子中呼叫 shutil.move() 所做的事就是：「把 'C:\bacon.txt' 檔搬到 'C:\eggs' 資料夾中」。

如果 C:\eggs 中已有一個 bacon.txt 檔，那它會被蓋過去。由於使用這種方式搬移很容易不小心覆蓋檔案，所以在使用 shutil.move() 時要多留意小心。

destination 路徑也可指定一個檔案名稱，下面的例子中是把 source 的檔案搬移並改名。

```
>>> shutil.move('C:\\bacon.txt', 'C:\\eggs\\new_bacon.txt')
'C:\\eggs\\new_bacon.txt'
```

這行指令是說：「把 C:\bacon.txt 檔搬到 C:\eggs 資料夾中，並把 bacon.txt 檔名改成 new_bacon.txt」。

前面的例子都假設在 C:\ 目錄下已有 eggs 資料夾，假若沒有 eggs 資料夾不存在，則 shutil.move() 會把 bacon.txt 改名成 eggs 檔。

```
>>> shutil.move('C:\\bacon.txt', 'C:\\eggs')
'C:\\eggs'
```

這裡的例子，move()在 C:\ 目錄下找不到 eggs 資料夾，所以假設 destination 指的是檔案而非資料夾，所以 bacon.txt 文字檔就被改名為 eggs（是個沒有.txt 副檔名的文字檔）。這樣的結果可能不是您想要的，這可能是程式中很難發現的 Bug，因為很爽快地呼叫 move() 處理一些事情，但結果卻和您期望不同，這是使用 move() 時要小心注意的原因。

最後一點，在構成 destination 的資料夾結構必須要存在電腦中，不然 Python 會顯示錯誤訊息，請在互動式 Shell 模式中輸入如下程式碼，以實例來說明：

```
>>> shutil.move('spam.txt', 'c:\\does_not_exist\\eggs\\ham')
Traceback (most recent call last):
  --省略--
FileNotFoundError: [Errno 2] No such file or directory: 'c:\\does_not_exist\\
eggs\\ham'
```

Python 在 does_not_exit 目錄中尋找子目錄 eggs 和 ham，因為沒有找到不存在的目錄，所以就不能將 spam.txt 檔搬移到指定的路徑。

永久刪除檔案和資料夾

利用 os 模組中的函式可刪除一個檔案或一個空資料夾，但利用 shutil 模組則可刪除一個資料夾及其所有內容。

- 呼叫 os.unlink(path) 可刪除 path 路徑指到的檔案。
- 呼叫 os.rmdir(path) 可刪除 path 路徑指到的資料夾，但該資料夾必須是空的資料夾，其中不能有檔案或子資料夾。
- 呼叫 shutil.rmtree(path) 可刪除 path 路徑指到的資料夾，該資料夾中所有檔案和子資料夾也都會被刪除掉。

在程式中使用這些函式要很小心，可在第一次執行程式時先注釋掉這些呼叫的程式碼，並先用 print()顯示會被刪除的檔案。這樣可讓您檢查一下有沒有弄錯。下列是個 Python 程式範例，原本要刪除掉有.txt 副檔名的檔案，但有個地方輸入錯誤（粗體顯示），結果就刪成了**.rxt** 檔。

```
import os
from pathlib import Path
```

```
for filename in Path.home().glob('*.rxt'):
    os.unlink(filename)
```

如果系統中剛好有重要的檔案是 .rxt 為副檔名，那就會被不小心的錯誤給永遠刪掉了，因此在執行這樣的程式前，可先用注釋和 print() 來做一次確認：

```
import os
from pathlib import Path
for filename in Path.home().glob('*.rxt'):
    #os.unlink(filename)
    print(filename)
```

這裡的 os.unlink() 被注釋掉，所以 Python 不會執行，取而代之的是 print() 將要處理的檔案先印出來。先執行這個版本的程式會讓您知道，您不小心是讓程式把 .rxt 檔給刪掉，而不是 .txt。

在確認程式照我們的想法正確運作後，再刪除 print(filename) 那行程式碼，把 os.unlink(filename) 注釋去掉，再次執行程式時就會正確地刪除想要刪的檔案。

使用 send2trash 模組的安全刪除

因為 Python 內建的 shutil.rmtree() 函式不能復原刪除掉的檔案和資料夾，所以使用上有點不安全。因此在刪除檔案和資料夾時，用更好的第三方 send2trash 模組會更保險一些。可在終端視窗（如 Windows 的命令提示字元視窗）中執行 pip install --user send2trash 安裝該模組（詳情請參考附錄 A 如何安裝第三方模組的內容）。

使用 send2trash 會比 Python 一般的刪除函式要安全許多，因為它會將資料夾和檔案先放到電腦的資源回收筒，而不是直接永久刪掉。如果因程式的 Bug 或打錯字，使用 send2trash 刪除掉了不是我們想刪的東西時，可到資源回收筒中把它們還原。

安裝 send2trash 後，請在互動式 Shell 模式中輸入如下程式碼：

```
>>> import send2trash
>>> baconFile = open('bacon.txt', 'a') # creates the file
>>> baconFile.write('Bacon is not a vegetable.')
25
>>> baconFile.close()
>>> send2trash.send2trash('bacon.txt')
```

一般來說，您應該都要用 send2trash.send2trash() 函式來刪除檔案和資料夾，由於是將刪除內容送到資源回收筒，可讓我們稍後還原，因此不像永久刪除那樣會釋放出硬碟空間，如果想要讓程式釋放硬碟空間，就要用 os 和 shutil 來刪除檔案和資料夾。請記住一點，send2trash() 函式只是將檔案送到資源回收筒，但不能讓檔案從回收筒去掉。

走訪目錄樹

假設您想要對某個資料夾中的所有檔案更改檔名，包含讓資料夾中所有子資料夾下的所有檔案都一起修改。換句話說，您想要走訪巡遍目錄樹，處理所有遇到的檔案。想設計編寫程式來完成這件工作需要一點技巧，幸運的是 Python 提供了函式可替我們處理這個過程。

如圖 10-1 所示的範例，這是 C:\delicious 資料夾及其內容：

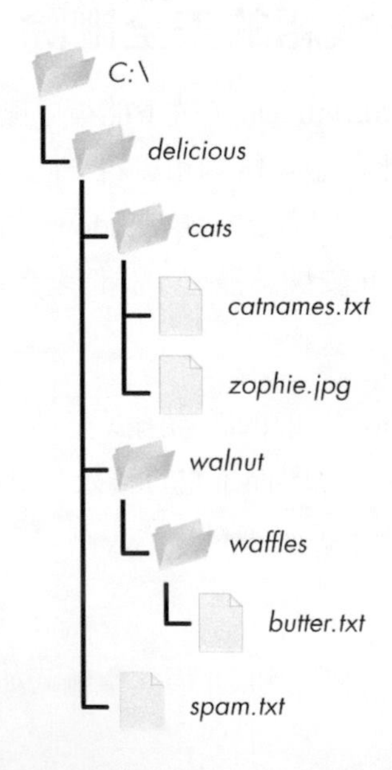

圖 10-1　一個資料夾範例，內含 3 個資料夾和 4 個檔案

這裡有個範例程式，會以圖 10-1 的目錄樹來使用 os.walk() 函式。

```
import os
```

```
for folderName, subfolders, filenames in os.walk('C:\\delicious'):
    print('The current folder is ' + folderName)

    for subfolder in subfolders:
        print('SUBFOLDER OF ' + folderName + ': ' + subfolder)

    for filename in filenames:
        print('FILE INSIDE ' + folderName + ': '+ filename)

    print('')
```

傳入到 os.walk() 函式的是個資料夾路徑的字串值，並在 for 迴圈陳述句中用 os.walk() 函式走訪巡遍整個目錄樹，就像用 range() 函式巡遍某個範圍的數字是一樣的。但不同於 range()，os.walk() 在迴圈的每次重覆迭代中會返回 3 個值：

- 目前資料夾名稱的字串。
- 目前資料夾中子資料夾的字串的串列。
- 目前資料夾中檔案的字串的串列。

（目前資料夾是指 for 迴圈目前重覆迭代的那個資料夾，程式的目前工作目錄不會因為 os.walk() 而改變。）

就像在程式碼 for i in range(10): 中可自由選用變數 i 當作迴圈的判別變數，我們也可以自由選擇前面例子中所列的 3 個變數名稱，筆者這裡用了 folder name、subfolders 和 filename。

此範例程式執行的結果如下所示：

```
The current folder is C:\delicious
SUBFOLDER OF C:\delicious: cats
SUBFOLDER OF C:\delicious: walnut
FILE INSIDE C:\delicious: spam.txt

The current folder is C:\delicious\cats
FILE INSIDE C:\delicious\cats: catnames.txt
FILE INSIDE C:\delicious\cats: zophie.jpg

The current folder is C:\delicious\walnut
SUBFOLDER OF C:\delicious\walnut: waffles

The current folder is C:\delicious\walnut\waffles
FILE INSIDE C:\delicious\walnut\waffles: butter.txt.
```

由於 os.walk() 返回字串的串列儲存在 subfolders 和 filename 變數內，因此可以在它們自己的 for 迴圈中使用這些變數，讀者可以自己編寫想用的程式碼替換範例中的 print() 函式。（或者說，如果不需要也可刪掉 for 迴圈。）

使用 zipfile 模組壓縮檔案

您可能已知道 ZIP 檔案格式（有.zip 副檔名的檔案），這種檔案內放了許多其他檔案的壓縮內容。壓縮會讓檔案縮小其佔用空間，對於在網路上傳輸會很有用。由於一個 ZIP 檔案可壓入許多檔案和子資料夾，因此就變成一種方便的檔案打包方式，這種檔案也稱之為「歸檔檔案（archive file）」，可當作電子郵件的附件或其他用途。

Python 程式可使用 zipfile 模組中函式來建立和開啟（或解壓縮）ZIP 檔。假設有一個名為 example.zip 的壓縮檔，其內容結構如圖 10-2 所示。

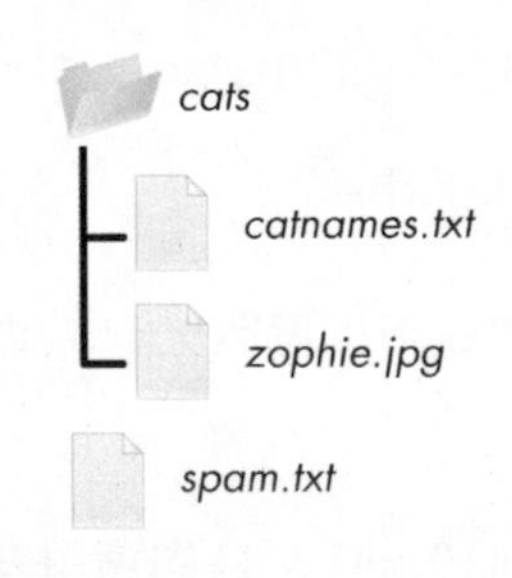

圖 10-2　example.zip 的壓縮內容

讀者可連到 http://nostarch.com/automatestuff2/ 下載這個 ZIP 檔，或是利用讀者電腦上已有的 ZIP 來完成接下來要學習的操作。

讀取 ZIP 檔

若要想讀取 ZIP 檔中的內容，先要建立一個 ZipFile 物件（請留意 Z 和 F 是大寫），ZipFile 物件在概念上與 File 物件很類似，在第 8 章中曾看過 open() 函式返回的 File 物件：這是一些值，程式要透過它們與檔案互動交流。要建立 ZipFile 物件就要呼叫 zipfile.ZipFile() 函式，對它傳入一個 .zip 壓縮檔名字的字串。請留意，zipfile 是 Python 模組的名稱，ZipFile() 則是函式名稱。

請在互動式 Shell 模式中輸入如下程式碼，以實例來示範：

```
>>> import zipfile, os
>>> from pathlib import Path
```

```
>>> p = Path.home()
>>> exampleZip = zipfile.ZipFile(p / 'example.zip')
>>> exampleZip.namelist()
['spam.txt', 'cats/', 'cats/catnames.txt', 'cats/zophie.jpg']
>>> spamInfo = exampleZip.getinfo('spam.txt')
>>> spamInfo.file_size
13908
>>> spamInfo.compress_size
3828
❶ >>> f'Compressed file is {round(spamInfo.file_size / spamInfo
.compress_size, 2)}x smaller!'
)
'Compressed file is 3.63x smaller!'
>>> exampleZip.close()
```

ZipFile 物件有個 namelist() 方法，可返回 ZIP 檔內含的所有檔案和資料夾的字串的串列，這些字串可傳給 ZipFile 物件的 getinfo() 方法，然後返回一個關於特定檔案的 ZipInfo 物件。ZipInfo 物件有自己的屬性，例如表示位元大小的 file_size 和 compress_size，它們分別代表原來檔案大小和壓縮後檔案大小。ZipFile 物件代表整個壓縮檔，而 ZipInfo 物件則代表存在該壓縮檔內每個檔案的有用資訊。

❶位置的那行指令會計算出 example.zip 的壓縮效率，使用壓縮後檔案大小除以原來檔案的大小，並印出這些資訊到螢幕上。

從 ZIP 檔解壓縮

ZipFile 物件的 extractall() 方法可讓 ZIP 檔解壓縮所有的檔案和資料夾，並放到目前的工作目錄中。

```
>>> import zipfile, os
>>> from pathlib import Path
>>> p = Path.home()
>>> exampleZip = zipfile.ZipFile(p / 'example.zip')
❶ >>> exampleZip.extractall()
>>> exampleZip.close()
```

執行這段程式後，example.zip 的內容會被解壓縮到 C:\。再者，您也可以對 extractall() 傳入一個資料夾路徑名稱，就會將內容解壓縮到該資料夾內，這樣就不會解壓縮到目前工作目錄中。如果傳入 extractall() 方法的資料夾不存在，那系統會自動建立。舉例來說，如果用 exampleZip.extractall('C:\\delicious') 來代替❶這行的程式呼叫，那麼就會把 example.zip 的內容解壓縮到 C:\delicious 資料夾中。

ZipFile 物件的 extrall() 方法可讓我們從 ZIP 檔案中解壓檔某個檔案，請繼續在互動環境模式中看下列這個示範：

```
>>> exampleZip.extract('spam.txt')
'C:\\spam.txt'
>>> exampleZip.extract('spam.txt', 'C:\\some\\new\\folders')
'C:\\some\\new\\folders\\spam.txt'
>>> exampleZip.close()
```

傳給 extract() 的字串必須是 namelist() 返回字串串列中的某一個。另外也可傳給 extract() 第二個引數，指定解壓縮過去的資料夾路徑，而不是解壓縮到目前工作目錄。如果第二個引數指定的資料夾路徑不存在，Python 會幫您建立。extract() 的返回值就是解壓縮後檔案的絕對路徑。

建立和新增到 ZIP 檔中

若要建立壓縮 ZIP 檔，必須要以「寫入模式」開啟 ZipFile 物件，第二個引數要傳入 'w'（就像在 open() 函式中傳入 'w'，是以寫入模式開啟文字檔）。

如果對 ZipFile 物件的 write() 方法傳入一個路徑，Python 會壓縮該路徑所有的檔案到 ZIP 檔中。write() 方法的第一個引數是要新增的檔案名稱字串，第二個引數是「compress_type」壓縮類型參數，告知電腦以那一種演算法來壓縮檔案，可設定成 zipfile.ZIP_DEFLAED 這種較常用的壓縮方式（deflate 壓縮演算法對各種類型的資料都有很好的壓縮效率）。請在互動式 Shell 模式中輸入如下程式碼：

```
>>> import zipfile
>>> newZip = zipfile.ZipFile('new.zip', 'w')
>>> newZip.write('spam.txt', compress_type=zipfile.ZIP_DEFLATED)
>>> newZip.close()
```

這段程式範例是要建立一個新的 ZIP 檔，並取名為 new.zip，其壓縮的內容是 spam.txt。

請記住一件事，就像寫入檔案一樣，寫入模式會覆蓋刪掉 ZIP 檔中原有的內容。如果只想要把檔案壓縮到原有的 ZIP 檔內，則在 zipfile.ZipFile() 方法以 'a' 為第二個引數傳入，用「新增模式」來開啟 ZIP 檔。

程式專題：將美式風格日期的檔案改名為歐式風格日期

假設您收到老闆寄給您上千封檔案，而檔名編入了美式風格日期（MM-DD-YYYY），而您需要將這些檔名編入的日期改名成為歐式風格（DD-MM-YYYY）。若以手動的方式來完成這個無聊的工作可能要好幾天才能搞定，這時需要設計一個程式來幫您處理。

下列是程式要處理的事：

1. 檢查目前工作目錄中所有檔案名稱，尋找檔名中有美式風格日期的檔案。
2. 如果找到符合，則將改檔名，交換月份和日期的位置成為歐式風格日期。

也就是程式碼要處理下列這些事：

1. 建立正規表示式來識別美式風格日期的文字模式。
2. 呼叫 os.listdir() 找出工作目錄中所有的檔案。
3. 以迴圈走訪巡遍每個檔名，利用正規表示式檢查比對檔名中是否有日期。
4. 如果含有日期，使用 shutil.move() 修改檔名。

對這個程式專題，請開始一個新的 file editor 視窗，將編寫設計好的程式碼存成 renameDate.py 檔。

STEP 1：針對美式風格日期格式建立正規表示式

程式的第一個部分是先要匯入必要的模組，並建立一個正規表示式來識別 MM-DD-YYYY 格式的日期。程式中 TODO 注釋是要提醒這程式還要設計那些功能。在 IDLE 環境中很容易以按下 Ctrl-F 鍵尋找到 TODO。設計好的程式碼應該要看起像下列的內容：

```
   #! python3
   # renameDates.py - Renames filenames with American MM-DD-YYYY date format
   # to European DD-MM-YYYY.

❶ import shutil, os, re
```

```
   # Create a regex that matches files with the American date format.
❷ datePattern = re.compile(r"""^(.*?) # all text before the date
       ((0|1)?\d)-                     # one or two digits for the month
       ((0|1|2|3)?\d)-                 # one or two digits for the day
       ((19|20)\d\d)                   # four digits for the year
       (.*?)$                          # all text after the date
       """, re.VERBOSE❸)

   # TODO: Loop over the files in the working directory.

   # TODO: Skip files without a date.

   # TODO: Get the different parts of the filename.

   # TODO: Form the European-style filename.

   # TODO: Get the full, absolute file paths.

   # TODO: Rename the files.
```

從本章內容，您已學到可用 shutil.move() 函式來改檔名：這個函式的引數是想要改名的舊檔名，以及新的檔名。由於這個函式在 shutil 模組中，所以要先匯入模組❶。

在為檔案改名之前要先找到要改名的檔案有哪些。檔名中若有像 spam4-4-1984.txt 和 01-02-2014eggs.zip 這類的日期，就要改檔名，若檔名中沒有日期的檔案就會忽略，例如 littlebrother.epub 這種會被略過。

可使用正規表示式來找出識別的模式。在開始時先匯入 re 模組後，呼叫 re.compile() 建立 Regex 物件❷。以 re.VERBOSE 為第二個引數❸傳入會讓正規表示式字串中允許使用空白字元和注釋，讓正規表示式更易讀。

正規表示式字串以 ^(.*?) 起始，從檔名的起始處開始尋找比對日期出現之前的任何文字。((0|1)?\d) 會分組尋找比對月份。第一個數字可以是 0 或 1，所以正規表示式會比對找到 12 當作 12 月份，也會比對找到 02 當作 2 月份。這個數字是可選擇性可有可無的，以此四月份可以是 04 或 4。日期的分組是 ((0|1|2|3)?\d)，其比對邏輯和前述相類似，3、03 和 31 都是合法有效的日期數字（是的，這個正規表示式可能會接受一些無效不合法的日期格式，例如 4-31-2014、2-29-2013 和 0-15-2014 等，日期有許多特例容易漏掉，但這個實例為簡化起見，這裡的正規表示式夠用能找出日期即可）。

雖然 1885 是個有效的年份，但您的需求 ((19|20)\d\d) 只是要比對找出 20 世紀和 21 世紀的年份而已，可防止程式不小心比對找出非日期的檔名，這種檔名和日期格式很相似，例如 10-10-1000.txt。

正規表示式的 (.*?)$ 部分會比對找出日期之後的任何文字。

STEP 2：比對找出檔名中日期部分

接下來的程式要以迴圈走訪巡編 os.listdir() 返回的檔名字串串列，使用前面的正規表示式來尋找比對。檔名不含日期的檔案會被略過。如果檔名含有日期，比對找出的文字會存在幾個變數內。請以下列的程式碼來替換程式中前三個 TODO：

```
#! python3
# renameDates.py - Renames filenames with American MM-DD-YYYY date format
# to European DD-MM-YYYY.

--省略--

# Loop over the files in the working directory.
for amerFilename in os.listdir('.'):
    mo = datePattern.search(amerFilename)

    # Skip files without a date.
❶   if mo == None:
     ❷ continue

❸   # Get the different parts of the filename.
    beforePart = mo.group(1)
    monthPart  = mo.group(2)
    dayPart    = mo.group(4)
    yearPart   = mo.group(6)
    afterPart  = mo.group(8)

--省略--
```

如果 search() 方法返回的 Match 物件是 None ❶，那 amerFilename 中的檔名就不是正規表示式比對符合的檔名，continue 陳述句❷會跳過迴圈剩下的部分，跳向下個檔名。

如果返回不是 None，則正規表示式會分組比對不同的字串，找到符合的部分分別儲存到 beforePart、monthPart、dayPart、yearPart 和 afterPart 的變數中❸，這些變數中的字串將在下一步中使用，用來重新組成歐式風格的日期格式。

為了讓分組編號直覺易懂，試著從頭讀取這個正規表示式，每遇到一個左括弧則計數加 1。先不考慮程式碼，只寫出該正規表示式中的架構，這有助於讓分組得好懂，例如：

```
datePattern = re.compile(r"""^(1) # all text before the date
    (2 (3) )-                     # one or two digits for the month
    (4 (5) )-                     # one or two digits for the day
    (6 (7) )                      # four digits for the year
    (8)$                          # all text after the date
    """, re.VERBOSE)
```

這個例子裡，編號 **1** 到 **8** 代表該正規表示式中的分組，編排出這個正規表示式的架構，其中只有括弧和分組編號，在設計編寫程式碼剩下的部分前，先以這種呈現方式能讓您更清楚搞懂所寫的正規表示式的內含。

STEP 3：重組新檔名並更改其檔名

在這個最後一步裡，要把前一步產生的變數的字串重新連接，將其變成歐式風格的日期：日期是在月份之前。請用下面範例程式碼替換了程式中的最後 3 個 TODO：

```
   #! python3
   # renameDates.py - Renames filenames with American MM-DD-YYYY date format
   # to European DD-MM-YYYY.

   --省略--

       # Form the European-style filename.
❶      euroFilename = beforePart + dayPart + '-' + monthPart + '-' + yearPart +
                      afterPart

       # Get the full, absolute file paths.
       absWorkingDir = os.path.abspath('.')
       amerFilename = os.path.join(absWorkingDir, amerFilename)
       euroFilename = os.path.join(absWorkingDir, euroFilename)

       # Rename the files.
❷      print(f'Renaming "{amerFilename}" to "{euroFilename}"...')
❸      #shutil.move(amerFilename, euroFilename)   # uncomment after testing
```

將重組連接的字串存放在 euroFilename 變數中❶，然後 amerFilename 中原來的檔名和新的 euroFilename 變數傳給 shutil.move() 函式，將讓檔案改名❸。

這個範例程式先將呼叫 shutil.move() 那行用 # 注釋掉，以 print() 將要改名的檔案印在螢幕上❷，這樣的執行能讓您先確認檔案改名是否正確。確定後再把 shutil.move() 行前的 # 注釋去掉，再次執行此程式時，檔案名就會真的更改。

關於類似程式的一些想法

這裡還有一些其他的需求，可能會讓您需要對大量的檔案修改名稱：

- 想在檔案名稱前加上前置文字，例如：加上 spam_，把 eggs.txt 檔改成 spam_eggs.txt。
- 將內含有歐式風格日期的檔名改成美式風格日期。
- 刪掉檔名中有 0 的字元，例如 spam0042.txt 改成 spam42.txt。

程式專題：將某個資料夾備份到一個 ZIP 檔中

假設您正在開發一個專案，相關檔案都存在 C:\AlsPythonBook 資料夾內，您怕會出錯弄丟檔案，所以想要把整個資料夾壓成一個 ZIP 檔，當成「快照」式的備份。您想要儲存不同的版本，希望 ZIP 檔的檔名每次壓製時都有變化，例如 AlsPythonBook_1.zip、AlsPythonBook_2.zip、AlsPythonBook_3.zip…等，雖然可以手動的方式來做，但好像有點煩人，而且有可能不小心壓錯 ZIP 和編錯編號。如果能執行一個程式來完成這件工作就變得輕鬆簡單許多。

針對這個專題，請開啟一個新的 file editor 視窗，將這個專題的程式碼儲存成 backupToZip.py 檔。

STEP 1：搞清楚 ZIP 檔的檔名

這項功能的所有程式碼都會放在 backupToZip() 函式中，這樣就能讓整個函式更容易複製貼上到其他需要這項功能的 Python 程式內。在這個程式尾端會呼叫函式進行備份。請設計出像下列這般的程式碼：

```
   #! python3
   # backupToZip.py - Copies an entire folder and its contents into
   # a ZIP file whose filename increments.

❶ import zipfile, os

   def backupToZip(folder):
       # Backup the entire contents of "folder" into a ZIP file.

       folder = os.path.abspath(folder) # make sure folder is absolute
```

```
❷   # Figure out the filename this code should use based on
    # what files already exist.
    number = 1
❸   while True:
        zipFilename = os.path.basename(folder) + '_' + str(number) + '.zip'
        if not os.path.exists(zipFilename):
            break
        number = number + 1

❹   # TODO: Create the ZIP file.

    # TODO: Walk the entire folder tree and compress the files in each folder.
    print('Done.')

backupToZip('C:\\delicious')
```

先完成基本的工作：寫上 #! 注釋行，描述這隻程式的功能，再來是匯入 zipfile 和 os 模組❶。

定義 backupToZip()函式，只接收一個參數：folder，這個參數是個字串路徑，指向要壓縮備份的資料夾。此函式會決定它在建立 ZIP 檔時使用什麼檔名，然後建立這個 ZIP 檔，迴圈走訪巡遍 folder 資料夾，將每個子資料夾和檔案都壓到 ZIP 檔案中。在原始程式碼中先以 TODO 注釋寫入這些步驟，提醒稍後要完成的工作❹。

第一部分使用 folder 的絕對路徑的基本名稱為這個 ZIP 檔取名字。如果要備份的資料夾為 C:\delicious，則 ZIP 檔的名稱應該是 delicious_N.zip，第一次執行這個程式時 N=1，第二次執行時 N=2，以此類推。

可利用檢查 delicious_1.zip 是否存在，再檢查 delicious_2.zip 是否存在，逐一檢查下去來確定 N 是什麼。使用 number 變數來代表 N ❷，在一個迴圈內不斷遞增，並呼叫 os.path.exists() 來檢查是否存在❸。第一個不存在的檔案出現時就 break 迴圈，這樣就找到新 ZIP 檔的檔名編號。

STEP 2：建立新的 ZIP 檔

接著讓我們建立 ZIP 檔，程式看起來像下列這般：

```
#! python3
# backupToZip.py - Copies an entire folder and its contents into
# a ZIP file whose filename increments.

--省略--
    while True:
```

```
        zipFilename = os.path.basename(folder) + '_' + str(number) + '.zip'
        if not os.path.exists(zipFilename):
            break
        number = number + 1

    # Create the ZIP file.
    print(f'Creating {zipFilename}...')
❶   backupZip = zipfile.ZipFile(zipFilename, 'w')

    # TODO: Walk the entire folder tree and compress the files in each folder.
    print('Done.')

backupToZip('C:\\delicious')
```

現在新的 ZIP 檔的檔名存在 zipFilename 變數中，就可呼叫 zipfile.ZipFile() 建立這個 ZIP 檔，確定 'w' 有以第二個引數傳入 zipfile.ZipFile() 中❶，這樣就可以寫入模式開啟建立 ZIP 檔。

STEP 3：走訪巡遍目錄樹並加到 ZIP 檔中

現在要使用 os.walk() 函式來列出資料夾及子資料夾中的所有檔案。程式看起來像下列這般：

```
#! python3
# backupToZip.py - Copies an entire folder and its contents into
# a ZIP file whose filename increments.

--省略--

    # Walk the entire folder tree and compress the files in each folder.
❶   for foldername, subfolders, filenames in os.walk(folder):
        print(f'Adding files in {foldername}...')
        # Add the current folder to the ZIP file.
      ❷ backupZip.write(foldername)
        # Add all the files in this folder to the ZIP file.
      ❸ for filename in filenames:
            newBase = os.path.basename(folder) + '_'
            if filename.startswith(newBase) and filename.endswith('.zip')
                continue   # don't backup the backup ZIP files
            backupZip.write(os.path.join(foldername, filename))
    backupZip.close()
    print('Done.')


backupToZip('C:\\delicious')
```

可在 for 迴圈中使用 os.walk() ❶，在每次重覆迭代中會返回目前的資料夾名稱、這個資料夾中的子資料夾，和這個資料夾內的檔名。

在 for 迴圈中這個資料夾被加到 ZIP 檔內❷，巢狀嵌套的 for 迴圈會走訪巡遍 filenames 串列中的每個檔案❸，每個檔案也都會被加到 ZIP 檔內，但以前建立的備份檔除外。

這個程式如果執行後，它產生的輸出看起來應該像下列這般：

```
Creating delicious_1.zip...
Adding files in C:\delicious...
Adding files in C:\delicious\cats...
Adding files in C:\delicious\waffles...
Adding files in C:\delicious\walnut...
Adding files in C:\delicious\walnut\waffles...
Done.
```

第二次執行這個程式時，會將 C:\delicious 中的所有檔案都壓進一個 ZIP 檔內，並取名為 delicious_2.zip，檔名編號以此類推。

關於類似程式的一些想法

設計一些程式能走訪巡遍某個目錄樹結構，將檔案加到壓縮的 ZIP 檔中。例如，您可以設計程式處理下列這些事：

- 走訪巡遍某個目錄樹，將特定副檔名（例如.txt 或.py 檔）的檔案壓起來，其他的檔案則排除。
- 走訪巡遍某個目錄樹，將不是 .txt 和 .py 檔的其他檔案都壓縮歸檔。
- 在某個目錄樹中尋找內含檔案數最多或佔用空間最大的資料夾。

總結

就算您是個電腦使用老手，也可能要用滑鼠或鍵盤手動處理一些檔案。現在的檔案管理軟體能在處理少量的檔案時很方便，但有時候如果用這類軟體也要花上幾個小時才能完成某些檔案處理的工作。

os 和 shutil 模組提供了一些函式可用來複製、搬移、改名和刪除檔案。在刪除檔案時，您可以利用 send2trash 模組將檔案刪到資源回收筒中，而不是永久地刪除。在編寫設計程式來處理檔案時，最好先以#注釋掉執行時真的會複製／搬移／改名／刪除的程式碼行，呼叫 print() 先印出要處理的檔案，這樣可在執行程式時先確認要處理的是哪些檔案。

一般來說，您不僅需要對某個資料夾中的檔案進行操作，也要對其所有下層的子資料夾進行處理。os.walk() 函式能幫得上忙，可走訪巡遍整個資料夾，這樣您就能專注於程式需要進行的檔案處理。

zipfile 模組有一個方法可讓 Python 壓縮和解壓縮 ZIP 歸檔。與 os 和 shutil 模組中的檔案處理函式一起使用，就很容易把硬碟上任意位置的一些檔案打包起來。和一堆單獨的檔案比起來，這些 ZIP 歸檔更容易上傳到網路，或是以電子郵件來傳送。

本書前面幾章都有列出範例的原始程式碼讓您參考，但如果您要設計編寫自己的程式時，在第一次可能還不太完美，會有些錯誤，下一章會介紹一些 Python 模組，能幫您對程式進行分析和除錯，這樣就能讓程式更正確完美地執行。

習題

1. 請說明 shutil.copy() 和 shutil.copytree() 有何不同？
2. 什麼函式可用來對檔案改名？
3. 請問 send2trash 和 shutil 模組中的刪除函式有可不同？
4. 在 ZipFile 物件中有一個 close() 方法，就像 File 物件的 close() 方法。那 ZipFile 物件的什麼方法相當於 File 物件的 open() 方法呢？

實作專題

為了練習與實作，請依照下列需求編寫設計程式。

選擇性複製

請設計編寫一個程式，能走訪巡遍某個目錄樹，尋找出特定副檔名（例如.pdf或.jpg）的檔案。不論這些檔案在哪裡，都將它們複製到一個新的資料夾中。

刪除不需要的檔案

一般常見的情況是，有些不需要且巨大的檔案或資料夾佔用了硬碟許多空間，如果您想要釋放出這些空間，那刪除掉不想要的大型檔案會最有效。但您必須先要找出這些大型檔案。

請設計編寫一個程式，能走訪巡遍某個目錄樹，尋找出特別大的檔案或資料夾，例如，超過 100MB 的檔案（請回想一下本章內容，要取得檔案的大小時可利用 os 模組的 os.path.getsize()）。將這些檔案的絕對路徑印到螢幕上。

刪除檔案中有問題的編號

請設計編寫一個程式，能在某個資料夾中找到所有帶有特定前置編號的檔案，例如 spam001.txt、spam002.txt 等，並定出有問題或漏掉的編號（例如有 spam001.txt 和 spam003.txt，少了 spam002.txt）。讓這個程式對所有後面的檔案改名，補上漏掉的編號。

再附加個挑戰的題目，請再設計一個程式，在一些連續編號的檔案中，空出一些編號以便加入新的檔案。

第 11 章
除錯（Debugging）

現在的您已學了夠多的內容了，已有能力設計編寫更複雜的程式，但在這個過程中可能會在程式內發現一些不是那麼容易搞定的錯誤（bugs）。本章會介紹一些工具和技巧，可用於尋找程式中錯誤（bugs）的根源，協助您更快更容易搞定這些錯誤。

程式設計師之間流傳著一個笑話：「編寫程式占了整個程式設計工作量的 90%，而除錯（debugging）占了另外的 90%。」

電腦只會依照您的指示來做事，它沒辦法猜懂您的想法，做您想要做的事。就算是專業級的程式設計師也常會在程式中弄出一些錯誤，如果您的程式出問題了，也別沮喪。

還好有些工具和技巧能幫確認您的程式在做什麼，以及哪裡出了問題。首先，您要查閱日誌（logging）和斷言（assertion），這兩個功能可協助您早點發現錯誤。一般來說，愈早捉到錯誤就愈容易修復。

再來您要學會使用除錯器（debugger）。除錯器是 Mu 的一項功能，它可以一條一條執行程式指令，在程式執行時讓我們有機會檢查變數的值，並追蹤程式執行時值的變化。這比全速執行程式慢很多，但能夠協助您查看程式執行時實際值的情況，不必透過原始程式碼來推測值的內容。

丟出例外

當 Python 試著執行不合法的程式指令時會丟出例外異常的錯誤訊息。在第 3 章中已學過如何使用 try 和 except 陳述句來處理 Python 的例外，這種程式能從您預期的例外中回復，不過您也可以在程式碼中丟出自己設計的例外錯誤訊息。丟出例外的意思是說：「停止執行在此函式中的程式碼，讓程式執行跳轉到 except 陳述句」。

丟出例外是用 raise 陳述句來處理。raise 陳述句在程式碼中要含有以下內容：

- raise 關鍵字。
- 呼叫 Exception() 函式。
- 傳入 Exception() 函式的字串，此字串為要顯示出來的有用錯誤訊息。

舉例來說，在互動式 Shell 模式中輸入以下內容：

```
>>> raise Exception('This is the error message.')
Traceback (most recent call last):
  File "<pyshell#191>", line 1, in <module>
    raise Exception('This is the error message.')
Exception: This is the error message.
```

如果沒有用 try 和 except 陳述句替代丟出例外的 raise 陳述句，則此程式會當掉，並顯示例外的錯誤訊息。

一般來說是呼叫函式的程式要知道怎麼處理例外，而不是函式自己要處理。因此 raise 陳述句大都在函式內，而 try 和 except 陳述句則在呼叫該函式的程式中。請開啟一個新的 file editor 視窗，輸入如下的程式碼為範例，並檔案儲存成 boxPrint.py 檔：

```
def boxPrint(symbol, width, height):
    if len(symbol) != 1:
      ❶ raise Exception('Symbol must be a single character string.')
```

```
    if width <= 2:
     ❷ raise Exception('Width must be greater than 2.')
    if height <= 2:
     ❸ raise Exception('Height must be greater than 2.')

    print(symbol * width)
    for i in range(height - 2):
        print(symbol + (' ' * (width - 2)) + symbol)
    print(symbol * width)

for sym, w, h in (('*', 4, 4), ('O', 20, 5), ('x', 1, 3), ('ZZ', 3, 3)):
    try:
        boxPrint(sym, w, h)
 ❹ except Exception as err:
     ❺ print('An exception happened: ' + str(err))
```

您可以連到 https://autbor.com/boxprint 觀察這隻程式的執行過程。這個例子裡我們定義了 boxPrint() 函式，可接受一個字元、寬度和高度三個引數，此函式會依照傳入的寬度和高度，並用字元來建立一個小框盒的圖型，這個框盒會印到螢幕上。

假設我們想要的字元是單一個字元，且寬度和高度要大於 2。如果不能滿足這些條件的話就丟出例外。隨後當我們用不同的引數呼叫 boxPrint() 時，try/except 陳述句就會處理不合法的引數了。

這個程式使用了 except 陳述句的 except Exception as err 形式❹。如果 boxPrint() 返回的是個 Exception 物件❶❷❸，那這條陳述句就會將它存到 err 變數內。Exception 物件可傳給 str() 轉換成字串，好製作出對使用者更友善的錯誤訊息❺。請執行 boxPrint.py 程式，其結果如下所示：

```
****
*  *
*  *
****
OOOOOOOOOOOOOOOOOOOO
O                  O
O                  O
O                  O
OOOOOOOOOOOOOOOOOOOO
An exception happened: Width must be greater than 2.
An exception happened: Symbol must be a single character string.
```

使用 try 和 exception 陳述句能讓您能更優雅地處理錯誤，而不會讓程式整個死當掉。

取得 Traceback 的字串

如果 Python 碰到錯誤時會產生一些錯誤，就稱為「Traceback（回溯）」。Traceback 含有錯誤訊息、導致錯誤的程式碼行號，以及引起該錯誤的函式呼叫的序列。這個序列稱為「呼叫堆疊（call stack）」。

請在 Mu 中開啟一個新的 file editor 視窗，然後輸入如下的程式碼，並儲存成 errorExample.py 檔：

```
def spam():
    bacon()

def bacon():
    raise Exception('This is the error message.')

spam()
```

如果執行 errorExample.py 時，其輸出結果如下：

```
Traceback (most recent call last):
  File "errorExample.py", line 7, in <module>
    spam()
  File "errorExample.py", line 2, in spam
    bacon()
  File "errorExample.py", line 5, in bacon
    raise Exception('This is the error message.')
Exception: This is the error message.
```

從 Traceback 中可看到該錯誤發生在第 5 行，在 bacon() 函式內。這個特別的呼叫 bacon() 函式是來自第 2 行，在 spam() 函式中，而 spam() 的呼叫則在第 7 行。在有多個位置呼叫函式的程式內，呼叫堆疊能協助我們確定哪個呼叫引發了錯誤。

只要丟出的例外沒有被處理，Python 就會顯示 traceback。您也可以呼叫 traceback.format_exc() 來取得其字串的形式。如果您想要得到例外的 traceback 訊息，但也希望用 except 陳述句優雅地處理該例外時，這個函式就能幫上忙。在呼叫該函式之前，要先匯入 Python 的 traceback 模組。

舉例來說，除了讓程式在例外發生時當掉停住之外，還可將 traceback 訊息寫入日誌檔內，並讓程式繼續執行，隨後在準備程式除錯時，可檢查日誌檔。請在互動式 Shell 模式中輸入下列程式碼：

```
>>> import traceback
>>> try:
...       raise Exception('This is the error message.')
except:
...       errorFile = open('errorInfo.txt', 'w')
...       errorFile.write(traceback.format_exc())
...       errorFile.close()
...       print('The traceback info was written to errorInfo.txt.')


111
The traceback info was written to errorInfo.txt.
```

write() 方法的返回值是 111，因為有 111 個字元寫入檔案中。Traceback 文字會被寫入 errorInfo.txt 中。

```
Traceback (most recent call last):
  File "<pyshell#28>", line 2, in <module>
Exception: This is the error message.
```

在後面的「日誌」小節中，我們將會學會怎麼使用 logging 模組，此模組的功能可以讓我們更有效率、更簡單地把錯誤資訊寫入文字檔中。

斷言（assertion）

「斷言（assertion）」是個健全性的檢查，用以確保程式不會有什麼明顯的錯誤。這些健全性的檢查是由 assert 陳述句來執行，如果檢查失敗就會丟出 AssertionError 例外。assert 陳述句在程式碼中要含有以下內容：

- assert 關鍵字。
- 條件（求值為 True 或 False 的表示式）。
- 逗號。
- 當條件為 False 時要顯示的字串。

用白話來說，assert 陳述句所表示的是：「我斷言（assert）這個條件成立，否則，某處就存有錯誤，因此請立即停止該程式。」以實例來說，在互動式 Shell 模式中輸入以下內容：

```
>>> ages = [26, 57, 92, 54, 22, 15, 17, 80, 47, 73]
>>> ages.sort()
>>> ages
[15, 17, 22, 26, 47, 54, 57, 73, 80, 92]
```

```
>>> assert
ages[0] <= ages[-1] # Assert that the first age is <= the last age.
```

此處的 assert 陳述句斷言 ages 中的第一項應小於或等於最後一項。這是健全性檢查；如果 sort() 中的程式碼沒有錯誤，且能完成排序工作，則該斷言為真。

因為 ages[0] <= ages[-1] 表示式的運算求值結果為 True，所以 assert 陳述句不執行任何操作。

但是，假設我們的程式碼中有錯誤。假設的是不小心呼叫了 reverse() 串列方法，而不是 sort() 串列方法。當我們在互動式 Shell 模式中輸入以下內容時，assert 陳述句將引發 AssertionError：

```
>>> ages = [26, 57, 92, 54, 22, 15, 17, 80, 47, 73]
>>> ages.reverse()
>>> ages
[73, 47, 80, 17, 15, 22, 54, 92, 57, 26]
>>> assert ages[0] <= ages[-1] # Assert that the first age is <= the last age.
Traceback (most recent call last):
  File "<stdin>", line 1, in <module>
AssertionError
```

不像對例外的處理，程式不需要用 try 和 except 來處理 assert 陳述句。如果 assert 失敗判別為 False 時，程式就該當掉停住，這種快速的反應能縮短產生錯誤和注意到錯誤的時間。這樣能減少為了尋找引發錯誤的程式而需要檢查的程式碼數量。

斷言功能是針對的是程式設計者所犯的錯誤，而不是使用者所引起的錯誤。斷言功能應該只在程式開發中發揮作用，使用者永遠都不會在完成的程式中看到斷言錯誤訊息。對於程式可能會在其正常執行過程中所遇到的錯誤（例如找不到檔案或使用者輸入不合法的資料），丟出例外的處理方式會比較好，而不是使用 assert 陳述句來檢測。我們不應使用 assert 陳述句來引發例外處理，因為使用者可以選擇關閉斷言功能。如果我們使用 python -O myscript.py，而不是用 python myscript.py 來執行 Python 程式腳本，Python 會將跳過 assert 陳述句。使用者在開發程式且在需要最佳效能的作業設計中執行程式時，可能會需要暫時停用斷言功能。（在大多數的情況下，最好讓斷言功能保持啟用狀態。）

斷言功能也不能替代全面測試。舉例來說，如果之前的 ages 範例設定為 [10, 3, 2, 1, 20]，則 assert ages[0] <= ages[-1] 斷言處理不會注意到串列未排序，因為只有在 ages 第一項小於或等於最後一項時會引發，這是它唯一檢測的內容。

在模擬紅綠燈號中使用斷言

假設您在設計一個交通紅綠燈號的模擬程式，代表路口燈號的資料結構是字典，以 'ns' 和 'ew' 為鍵（key）來分別代表南北向和東西向的燈號。這些鍵的值可以是 'green'、' yellow' 或 'red' 之一。程式碼如下所示：

```
market_2nd = {'ns': 'green', 'ew': 'red'}
mission_16th = {'ns': 'red', 'ew': 'green'}
```

這兩個變數分別代表 Market 街和第 2 街路口，以及 Mission 街和第 16 街路口。在程式專案開始時，您想要設計一個 switchLights() 函式，可接收路口字典作為引數來切換紅綠燈號。

首先，把 switchLights() 函式想成只要將每種燈號顏色按順序切換到下一種燈號顏色：'green' 值應該切換到 'yellow'，'yellow' 值應該切換到 'red'，而 'red' 值應該切換到 'green'。將這樣的想法實作成程式碼時，看起來像下列這般：

```
def switchLights(stoplight):
    for key in stoplight.keys():
        if stoplight[key] == 'green':
            stoplight[key] = 'yellow'
        elif stoplight[key] == 'yellow':
            stoplight[key] = 'red'
        elif stoplight[key] == 'red':
            stoplight[key] = 'green'

switchLights(market_2nd)
```

您可能已經發覺這個程式的問題了，但先假裝沒注意到，而且假設您也已寫了剩下數千行的這個模擬系統的程式。當此系統上線執行時，程式也許沒當掉，但模擬中路口的車早就撞成一團了。

因為您已寫了一大堆程式，可能不知道 bug 出在哪裡，也許是模擬汽車的程式中，或是在模擬司機的程式中。您可能要花數小時追蹤除錯，才能找到 switch Lights() 函式出了問題。

如果在編寫 switchLights() 時加了 asset，確保至少有一個紅綠燈號是 'red'，在函式的底端寫入如下的程式碼：

```
assert 'red' in stoplight.values(), 'Neither light is red! ' + str(stoplight)
```

有了這個 assert 陳述句，程式就會停住，並顯示錯誤訊息：

```
Traceback (most recent call last):
  File "carSim.py", line 14, in <module>
    switchLights(market_2nd)
  File "carSim.py", line 13, in switchLights
    assert 'red' in stoplight.values(), 'Neither light is red! ' + str(stoplight)
❶ AssertionError: Neither light is red! {'ns': 'yellow', 'ew': 'green'}
```

這裡最重要的一行是❶ AssertionError。雖然程式當掉停住並不是您想要的，但它卻能馬上指出了健全性檢查失敗：有兩個方向都沒有 'red'，意味著兩個方向車都可以走，所以會撞成一團了。在程式執行中能盡早找到健全性檢查失敗，可省下以後更大量的除錯工作。

日誌（logging）

如果您曾在程式中加入 print() 陳述句，在程式執行時輸出某些變數的值，那就很像使用了記錄日誌的方式來對程式碼除錯測試。記錄日誌是一種很好的方式來了解程式運作中發生了什麼事情，以及其運作的順序。Python 的 logging 模組可讓我們很容易建立自訂的訊息記錄。這些日誌的訊息會描述程式執行時當跳到呼叫 logging 函式後，會列出您所指定的任意變數當時的值。換句話說，日誌訊息部分若不見的話，就表示程式中某部分的程式碼被跳過而未執行。

使用 logging 模組

要使用 logging 模組在程式執行時將日誌訊息顯示在畫面上，請將下列的程式碼放到程式的頂端（但要在 Python 的 #! 下面）：

```
import logging
logging.basicConfig(level=logging.DEBUG, format=' % (asctime)s - % (levelname)s
- % (message)s')
```

您不用太擔心它的運作原理，基本上當 Python 記錄某個事件的日誌時，會建立一個 LogRecord 物件，會存放關於該事件的相關訊息。logging 模組的函式能讓您指定想要看到的 LogRecord 物件的細部內容，以及將其展示出來的方式。

假設您設計了一個函式來計算數的階乘，在數學中，4 的階乘是 1×2×3×4，等於 24。7 的階乘是 1×2×3×4×5×6×7，等於 5040。請開啟一個新的 file editor 視窗，輸入如下的程式碼。在這其中有個 bug，但您也會放入一些日誌訊息來協助您搞清楚出問題的地方。請將此程式儲存成 factorialLog.py 檔。

```
import logging
logging.basicConfig(level=logging.DEBUG, format=' % (asctime)s - % (levelname)s
- % (message)s')
logging.debug('Start of program')

def factorial(n):
    logging.debug('Start of factorial(%s%%)' % (n))
    total = 1
    for i in range(n + 1):
        total *= i
        logging.debug('i is ' + str(i) + ', total is ' + str(total))
    logging.debug('End of factorial(%s%%)' % (n))
    return total

print(factorial(5))
logging.debug('End of program')
```

在這個範例裡，當我們想要印出日誌訊息時會使用 logging.debug() 來處理。這個 debug() 函式會呼叫 basicConfig() 來印出一行訊息。這行訊息的格式是在 basicConfig() 函式中指定的，而且也包含我們傳入到 debug() 函式的訊息。呼叫 print(factorial(5)) 是原來程式中的一部分，所以就算系統停用日誌訊息，其結果也會顯示出來。

這個程式的執行結果如下所示：

```
2019-05-23 16:20:12,664 - DEBUG - Start of program
2019-05-23 16:20:12,664 - DEBUG - Start of factorial(5)
2019-05-23 16:20:12,665 - DEBUG - i is 0, total is 0
2019-05-23 16:20:12,668 - DEBUG - i is 1, total is 0
2019-05-23 16:20:12,670 - DEBUG - i is 2, total is 0
2019-05-23 16:20:12,673 - DEBUG - i is 3, total is 0
2019-05-23 16:20:12,675 - DEBUG - i is 4, total is 0
2019-05-23 16:20:12,678 - DEBUG - i is 5, total is 0
2019-05-23 16:20:12,680 - DEBUG - End of factorial(5)
0
2019-05-23 16:20:12,684 - DEBUG - End of program
```

factorial() 函式對 5 的階乘返回 0，這結果是錯的，for 迴圈應該使用從 1 到 5 的數來乘以 total 的值才對，但 logging.debug() 顯示的日誌訊息中指出 i 變數從 0，而不是從 1 開始。由於 0 乘以任何數都是 0，因此接下來的重覆迭代中，total 的值都是錯的。日誌訊息提供了像麵包屑導航可追蹤的足跡，幫您搞清楚在哪時候開始出錯。

請將程式碼中的「for i in range(n+1):」改成「for i in range(**1,** n+1):」後，再次執行程式，其結果如下所示：

```
2019-05-23 17:13:40,650 - DEBUG - Start of program
2019-05-23 17:13:40,651 - DEBUG - Start of factorial(5)
2019-05-23 17:13:40,651 - DEBUG - i is 1, total is 1
2019-05-23 17:13:40,654 - DEBUG - i is 2, total is 2
2019-05-23 17:13:40,656 - DEBUG - i is 3, total is 6
2019-05-23 17:13:40,659 - DEBUG - i is 4, total is 24
2019-05-23 17:13:40,661 - DEBUG - i is 5, total is 120
2019-05-23 17:13:40,661 - DEBUG - End of factorial(5)
120
2019-05-23 17:13:40,666 - DEBUG - End of program
```

呼叫 factorial(5) 會正確返回 120，日誌訊息顯示了迴圈中所發生的事情，能直接指出問題的所在。

如您所見的，logging.debug() 的呼叫不只印出傳給它的字串，也包含了時間戳記和一個 DEBUG 的單字。

不要使用 print()來除錯

輸入 import logging 和 logging.basicConfig(level=logging.DEBUG, format= '%(asctime)s - % (levelname)s - % (message)s') 有點長，您可能想要呼叫 print() 來代替，但不要受這種誘惑哦！在除錯完成後，您要花更多時間從程式碼中把每條呼叫 print() 產生日誌訊息的程式碼刪除。日誌訊息的好處在於您可以隨意在程式中想要加就加入，隨後只要輸入一次 logging.disable(logging.CRITICAL) 的呼叫，就能停用日誌。不像 print() 還得要自己去一一刪除，logging 模組讓顯示與隱藏日誌訊息的切換變得很容易。

日誌的訊息是給程式設計師看的，並不是給使用者的。使用者不會因為您想要便於除錯，而想知道那些煩雜的字典值內容，把日誌訊息用在對的地方吧。對於使用者來說，他們想看到的訊息應該像是「找不到檔案」或是「輸入的內容不合法，請輸入數字」，這種訊息應該要用呼叫 print() 的方式來顯現，我們可不希望在停用日誌訊息之後，使用者就看不到這些有用訊息。

日誌層級

日誌層級（logging level）提供了一種以日誌訊息的重要性來分類的方式。日誌 5 個的層級如表 11-1 所示，從最不重要到最重要來排列。利用不同的日誌函式，訊息可依某種層級記錄到日誌中。

表 11-1　Python 中的日誌層級

層級	日誌函式	描述
DEBUG	logging.debug()	最低最不重要層級。用在小的細節。通常只在診斷有問題時才會查閱這層訊息。
INFO	logging.info()	用來記錄程式的一般事件或用來確認程式如想要的方式運作。
WARNING	logging.warning()	用來指出潛在的問題，目前雖不防礙程式執行，但將來可能會讓程式無法運作。
ERROR	logging.error()	用來記錄導致程式無法執行某些操作處理的錯誤。
CRITICAL	logging.critical()	最高最重要的層級，用來表示致命性的錯誤，此錯誤會引發程式整個當掉及停止。

日誌訊息會當成字串傳給這些函式來處理，而這個日誌層級僅是個建議，到最後還是得由您來決定日誌訊息的重要性是屬於那一層級。請在互動式 Shell 模式中輸入如下程式碼：

```
>>> import logging
>>> logging.basicConfig(level=logging.DEBUG, format=' %(asctime)s -
%(levelname)s - %(message)s')
>>> logging.debug('Some debugging details.')
2019-05-18 19:04:26,901 - DEBUG - Some debugging details.
>>> logging.info('The logging module is working.')
2019-05-18 19:04:35,569 - INFO - The logging module is working.
>>> logging.warning('An error message is about to be logged.')
2019-05-18 19:04:56,843 - WARNING - An error message is about to be logged.
>>> logging.error('An error has occurred.')
2019-05-18 19:05:07,737 - ERROR - An error has occurred.
>>> logging.critical('The program is unable to recover!')
2019-05-18 19:05:45,794 - CRITICAL - The program is unable to recover!
```

日誌層級的好處在於我們可以改變想看的日誌訊息的優先等級。將 logging.DEBUG 當作 level 關鍵字引數傳入 basicConfig() 函式內，就會顯示所有日誌層級的訊息了（DEBUG 為最低層級）。但在開發了那麼多的程式後，您可能只對錯誤等級的問題感興趣而已，在這種情況下，可將 basicConfig() 的 level 引數設定為 logging.ERROR，這樣只會顯示 ERROR 和 CRITICAL 層級的訊息，跳過 DEBUG、INFO 和 WARNING 訊息。

停用日誌

在對程式進後除錯完成之後，您可能就不想讓日誌訊息顯示在螢幕之上了，logging.disable() 函式可停用日誌，讓訊息不再出現，這樣就不必進入程式之中手動刪除所有的日誌訊息了。只要將日誌層級傳入 logging.disable() 中，就能停用該層級以下的所有日誌訊息，因此，如果想要停用所有日誌，只要在程式中加入 logging.disable(logging.CRITICAL) 即可。請在互動式 Shell 模式中輸入如下程式碼以實例示範：

```
>>> import logging
>>> logging.basicConfig(level=logging.INFO, format=' %(asctime)s -
%(levelname)s - %(message)s')
>>> logging.critical('Critical error! Critical error!')
2019-05-22 11:10:48,054 - CRITICAL - Critical error! Critical error!
>>> logging.disable(logging.CRITICAL)
>>> logging.critical('Critical error! Critical error!')
>>> logging.error('Error! Error!')
```

由於 logging.disable() 會停用在這指令之後的日誌訊息，因此您可能想要將它新增到程式中靠近 import logging 程式碼行的位置，這樣就很容找到它，並可依據需要注釋掉它或是取消注釋來啟用或停用日誌訊息。

將日誌訊息記錄到檔案

除了讓日誌訊息顯示在螢幕畫面上之外，還可將其寫入文字檔內存放。logging.basicConfig() 函式會接受 filename 關鍵字引數，如下列所示：

```
import logging
logging.basicConfig(filename='myProgramLog.txt', level=logging.DEBUG, format='%
(asctime)s - % (levelname)s - % (message)s')
```

日誌訊息會被儲存到 myProgramLog.txt 檔案中，然而日誌雖有用，若它們堆滿整個螢幕畫面，這樣會讓您難以看到程式的輸出。若將日誌訊息寫入檔案內，這樣讓螢幕畫面保持乾淨，又能儲存訊息，在執行程式後就可閱讀這些放在檔案中的訊息了，可用任何的文書編輯器（如記事本或 TextEdit 之類）來開啟這文字檔。

Mu 的 Debugger

「除錯器（Debugger）」是 Mu、IDLE 或其他編輯器中的一項功能，可逐一逐一行執行程式。除錯器會執行單一行程式碼，然後等待您確認再繼續。藉由這樣讓程式在「除錯器之下」執行，就可以照自己的時間，檢查程式執行時任一時間點的變數的值。這對於追蹤 bugs 來說，是很不錯的工具。

要啟用 Mu 的 debugger，請在視窗最上方的按鈕中點按 Run 按鈕旁邊的 **Debug** 鈕，隨即在底部會顯示輸出窗格，「Debug Inspector」窗格則會在視窗的右側開啟。此窗格會列出了程式中變數的目前值。如圖 11-1 所示，debugger 在程式執行第一行程式碼之前就先暫停住。可在 file editor 視窗中看到此行會以反白來突顯。

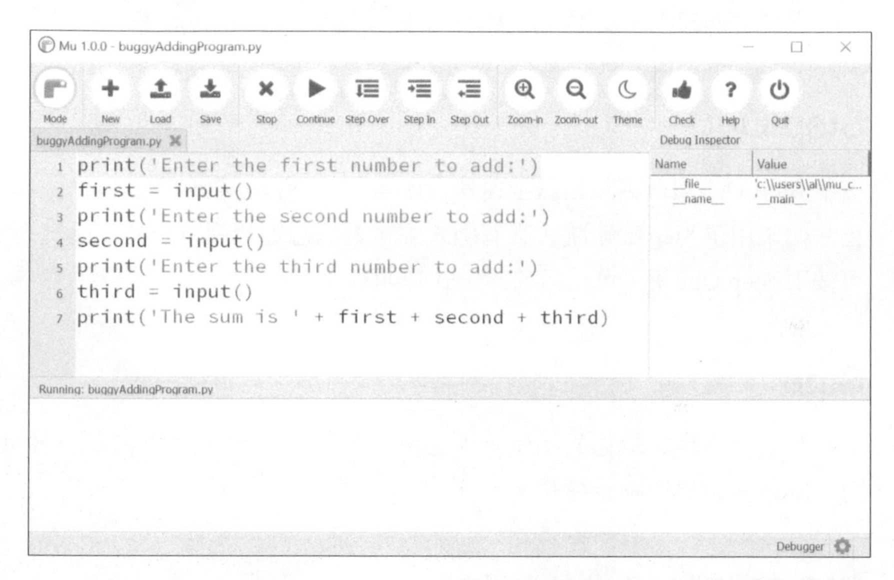

圖 11-1　Mu 在 debugger 中執行程式

Debug 模式中的編輯器視窗最上方會顯示下列這些新的按鈕：Continue、Step Over、Step In、Step Out。而顯示的 Stop 鈕也一樣可以使用。

Continue

按下 Continue 鈕會讓程式正常執行到結束，或執行到某個「中斷點」（本章後面會解說中斷點的用法）。如果您已完成了除錯而想讓程式正常繼續執行，就可按下 Continue 鈕。

Step In

按下 Step In 鈕會讓除錯器繼續執行下一行程式碼再暫停。如果下一行程式碼是呼叫函式，則除錯器就會「跳入」該函式，會跳入函式的第一行程式碼。

Step Over

按下 Step Over 鈕會執行下一行程式碼，與 Step In 按鈕很像，但如果下一行程式碼是呼叫函式，Over 按鈕會「跨過」該函式，函式的程式碼會全速執行，等從函式返回後即暫停。舉例來說，如果下一程式碼是呼叫 spam()，您其實不想關心內建 spam() 函式中的程式碼怎麼運作，只想傳給它的字串會印在螢幕上即可。出於這個理由，使用 Step Over 鈕比使用 Step In 鈕更頻繁。

Step Out

按下 Step Out 鈕會讓除錯器全速執行所有程式碼行，直到它從目前函式返回為止。如果用了 Step In 鈕跳入某個函式中，若只想繼續執行程式到函式返回，則可按下 Step Out 鈕，可從目前的函式呼叫裡走出來。

Stop

如果想要完全停止除錯的工作，不必繼續執行剩下的程式，就按下 Stop 鈕即可。Stop 鈕會馬上終止程式。

對數字相加程式的除錯

請開啟一個新的 file editor 視窗，輸入如下的程式碼：

```
print('Enter the first number to add:')
first = input()
print('Enter the second number to add:')
second = input()
print('Enter the third number to add:')
third = input()
print('The sum is ' + first + second + third)
```

然後將其儲存成 buggyAddingProgram.py 檔，先不開啟 debugger 除錯器，先執行一次，其輸出的結果如下：

```
Enter the first number to add:
5
Enter the second number to add:
3
Enter the third number to add:
42
The sum is 5342
```

這次程式並沒有當掉，但加總結果顯示是錯的，讓我們在開啟了 debugger 的情況下再次執行這程式。

按下 **Step Over** 鈕，程式啟動時會執行第一個 print() 的呼叫。我們不用進入執行 print() 函式的程式碼，應該使用 Step Over 鈕而不是 Step In 鈕（雖然 Mu 會阻止調試器進入 Python 的內建函式）。調試器此時會移至第 2 行，並在 file editor 視窗反白突顯第 2 行，如圖 11-2 所示。這裡顯示目前程式執行的位置。

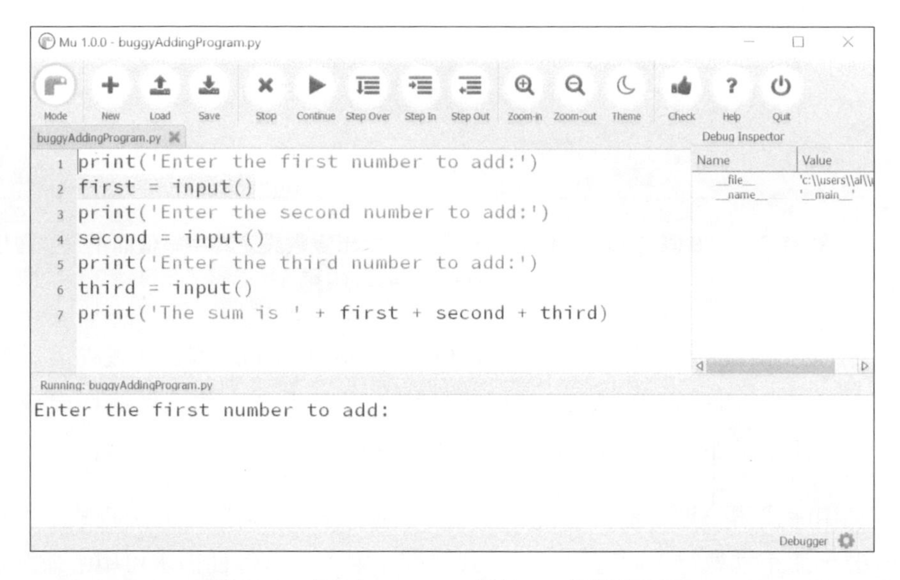

圖 11-2　按下 Step Over 鈕的 Mu 編輯器視窗

再次按下 **Step Over** 鈕來執行 input() 函式的呼叫。Mu 在輸出窗格中等待 input() 函式的輸入時，程式行的反白突顯會消失。這裡輸入 **5** 並按 Enter 鍵完成輸入。反白會再出次出現。

繼續按下 **Step Over** 鈕，然後輸入 **3** 和 **42** 作為接下來輸入的兩個數字。當除錯器執行到達第 7 行程式中的最後的 print() 函式呼叫，Mu 編輯器視窗會如圖 11-3 所示。

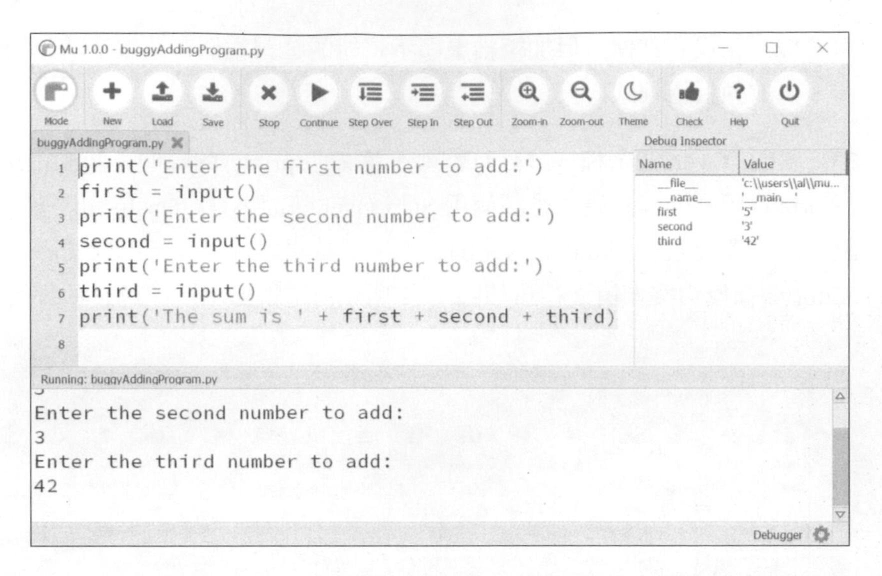

圖 11-3　在右側的 Debug Inspector 窗格顯示出變數設定為字串值而不是整數值，所以加總計算出錯

在 Debug Inspector 窗格中，可看到 first、second 和 third 變數都設成字串值 '5'、'3'、'42'，而不是整數值，當程式最後一行執行時，這三個字串變成連接起來，而不是加起來，因此出現了這樣錯誤的加總結果。

利用除錯器一步一止執行很有用，但可能也很慢，若除錯時，程式中大部分的要全速正常執行，而直到某行程式碼行才要停住，這種需求可用中斷點並配合除錯器來達成。

中斷點

「中斷點（breakpoint）」可設在特定的某行程式碼上，當程式執行到該行時，它會讓除錯器暫停。請開啟一個新的 File editor 視窗中，輸入以下程式儲存成 coinFlip.py，此程式內容為模擬投擲 1,000 次硬幣機率。

```
import random
heads = 0
for i in range(1, 1001):
 ❶ if random.randint(0, 1) == 1:
        heads = heads + 1
    if i == 500:
     ❷ print('Halfway done!')
print('Heads came up ' + str(heads) + ' times.')
```

呼叫 random.ranint(0, 1) ❶中有一半機率返回 0，一半機率返回 1，這可用來模擬 50/50 的硬幣拋擲，其中 1 代表正面。當不用除錯器執行程式時，它很快就會輸出如下內容：

```
Halfway done!
Heads came up 490 times.
```

如果開啟除錯器來執行這個程式，就需要按上千次 Step Over 鈕才會結束。如果您對程式執行到一半時的 heads 變數的值感興趣，等拋擲完 500 次（if I == 500），在程式行 print('Halfway done!') ❷上設定中斷點。要設定中斷點的方法是在 file editor 中該行左側行號前按一下滑鼠左鍵顯示紅點，如圖 11-4 所示。

圖 11-5　**在程式行左側行號前按一下會顯示紅點，即表示設定了中斷點**

請不要在 if 陳述句上設中斷點，因為 if 陳述句會在迴圈的每次重覆迭代中都執行，請在 if 陳述句內的程式碼上設中斷點，這樣除錯器只在 if 條件符合時才進入程式碼時才中斷。

設了中斷點的程式行會在行號旁邊顯示紅點，如果在除錯器下執行該程式，開始時會先暫停在第一行的程式碼，像一般情況這樣，但如果按下 Continue 鈕，程式即全速執行直到設了中斷點的程式行才停一下，隨後再按下 Continue、Step Over、Step In 或 Stop 鈕正常繼續。

如果想要清除掉中斷點，可在設了中斷點的那行程式碼紅點上按一下滑鼠左鍵，紅點即取消，以後除錯器也不會在該行程式中斷。

總結

本章中所介紹的斷言（assertion）、例外（exception）、日誌（logging）以及除錯器（debugger）等都是在發現和預防程式中錯誤的有用工具。用 Python 的 assert 陳述句實作的斷言是個健全性的檢查，用以確保程式不會有什麼明顯的錯誤，如果必要的條件沒有保持 True，則會顯示警告。斷言最好用在一出錯就當機停止的程式，不要用在那些可恢復的錯誤，這種錯誤以丟出例外來處理比較好。

例外可由 try 和 except 陳述句捕捉和處理。logging 模組則是在執行時可查閱程式碼內部的好方式，比使用 print() 函式方便許多，因為有不同的日誌層級，且能寫入文字檔中。

除錯器可讓您逐步執行一行程式碼，或是以正常全速執行，並讓除錯器暫停在設了中斷點的程式碼行上，透過除錯器，則可看到程式執行期間任何時候所有變數的值。

這些除錯工具和技術會幫您編寫出能正確運作的程式，雖然不小心在程式中引入缺陷是不可免，不論您有多久的設計編寫程式經驗。

習題

1. 編寫一條 assert 陳述句，假如 spam 變數是小於 10 的整數，就引發 AssertionError。
2. 編寫一條 assert 陳述句，假如 eggs 和 bacon 兩變數所含的字串相同（且不論大小寫），就引發 AssertionError（也就是說，'hello' 和 'hello' 判定相同，'goodbye' 和 'GOODbye' 也判為相同）。
3. 編寫一條 assert 陳述句，條件總是符合引發 AssertionError。
4. 為了能呼叫 logging.debug()，程式中必須加入哪兩行程式碼？
5. 為了讓 logging.debug() 將日誌訊息傳送到名為 progamLog.txt 檔案中，程式要加入哪兩行程式碼？

6. 請問第 5 個日誌層級是什麼？

7. 您要加入哪一行程式碼來停用程式中所有的日誌訊息？

8. 要顯示出同樣的訊息，為何用日誌訊息比用 print() 好？

9. 請問除錯器視窗中的 Step Over、Step In 和 Step Out 按鈕有何區別？

10. 請問按下 Continue 鈕後，除錯器會在什麼情況才會暫停下來？

11. 什麼是中斷點？

12. 在 Mu 內如何在某行程式碼上設定中斷點？

實作專題

為了練習與實作，請依照下列需求編寫設計程式。

對硬幣拋擲程式進行除錯

下列的程式是一個簡單的硬幣拋擲的猜測遊戲程式。玩家有兩次猜測機會（這是個簡單的遊戲）。但程式中有些 Bugs，讓程式執行幾次找出 Bugs，除錯修改讓程式正確執行。

```
import random
guess = ''
while guess not in ('heads', 'tails'):
    print('Guess the coin toss! Enter heads or tails:')
    guess = input()
toss = random.randint(0, 1) # 0 is tails, 1 is heads
if toss == guess:
    print('You got it!')
else:
    print('Nope! Guess again!')
    guesss = input()
    if toss == guess:
       print('You got it!')
    else:
        print('Nope. You are really bad at this game.')
```

第 12 章
從 Web 擷取資訊

有時候，我陷入沒有 Wi-Fi 的恐懼，才了解到我在電腦上所做的事是多麼依賴網路。很習慣地收發 Email、讀朋友的 Twitter，或回答：「在 Kurtwood Smith 演出 1987 的機器戰警之前，有演過主角嗎？」[1]這類問題。

由於電腦上這麼多的工作都要用到網路，如果您寫的程式也能上網就太好了。「網頁擷取（Web scraping）」這個術語指的是利用程式下載並處理網頁的內容。例如，Google 就用了很多網頁擷取程式來索引網頁，好讓搜尋引擎使用。在本章中，您將學到下列幾個模組，可讓您在 Python 中很容易就能擷取網頁的內容：

- **webbrowser**　Python 內建，可開啟瀏覽器連到指定的網頁。
- **requests**　可從網路上下載檔案和網頁。

[1] 答案是沒有。

■ **Bs4**　可解析 HTML 的網頁編寫格式。

■ **Selenium**　可啟動並控制 Web 瀏覽器。Selenium 模組能填寫表單，並模擬滑鼠游標在網頁中的點按動作。

程式專題：使用 webbrowser 模組的 mapIt.py

webbrowser 模組的 open() 函式可啟動新的瀏覽器，並開啟指定的 URL。請在互動式 Shell 模式中輸入如下程式碼：

```
>>> import webbrowser
>>> webbrowser.open('http://inventwithpython.com/')
```

Web 瀏覽器的標籤會開啟 URL 為 http://inventwithpython.com/ 的網頁，這大概是 webbrowser 模組能做的唯一事情。就算是這樣，open() 函式確實能讓一些有趣的事可能成真，舉例來說，有件煩瑣的事是將某條街道的地址複製到剪貼簿，並在 Google 地圖定位到這個地址的位置，這要花上幾個動作步驟，若寫一個簡單的程式腳本，利用剪貼簿中的內容在瀏覽器中自動載入到地圖。這樣的作法，您只需將地址複製到剪貼簿中，再執行程式腳本，地圖就能找到地址並載入。

程式要做到如下的事件：

1. 從命令提示行引數或剪貼簿內取得地址。
2. 開啟 Web 瀏覽器，連到該地址的 Google 地圖頁面。

也就是說，程式碼要能做到下列事情：

1. 從 sys.argv 讀取指令行引數。
2. 讀取剪貼簿中的內容。
3. 呼叫 webbrowser.open() 開啟外部瀏覽器。

請開啟一份新的 file editor 視窗來設計編寫本專題的程式，並儲存成 mapIt.py。

STEP 1：理解 URL 是什麼

根據附錄 B 中的指示，在建立 mapIt.py 後，在命令提示行中執行，如下所示：

```
C:\> mapit 870 Valencia St, San Francisco, CA 94110
```

這個程式腳本會取用命令提示行的引數而不是用剪貼簿的內容，但如果執行 mapIt.py 沒有用引數，程式就知道是要使用剪貼簿的內容。

首先要搞懂對指定的地址要使用怎麼樣的 URL 放入 Google 地圖中。當您在瀏覽器中開啟 http://maps.google.com 並找尋某個地址時，網址列中的 URL 看起來會像這樣：https://www.google.com/maps/place/870+Valencia+St/@37.7590311,-122.4215096,17z/data=!3m1!4b1!4m2!3m1!1s0x808f7e3dadc07a37:0xc86b0b2bb93b73d8。

地址就在 URL 中，但其中還有很多附加的文字。網站常在 URL 中加入額外的資料來協助追蹤造訪者或自訂網站內容，但如果試著只用 https://www.google.com/maps/place/870+Valencia+St+San+Francisco+CA/ 來連上地圖，您會發現一樣可連到正確的頁面。所以在程式中可設定為開啟一個瀏覽器，並且連上 'https://www.google.com/maps/place/your_address_string'（your_address_string 是指想要在地圖上找尋的地址）。

STEP 2：處理命令提示行的引數

請讓程式像下列這般：

```
#! python3
# mapIt.py - Launches a map in the browser using an address from the
# command line or clipboard.

import webbrowser, sys
if len(sys.argv) > 1:
    # Get address from command line.
    address = ' '.join(sys.argv[1:])

# TODO: Get address from clipboard.
```

在程式中的 #! 行之後需要匯入 webbrowser 模組，用來載入瀏覽器；而匯入 sys 模組則用來讀取可能的命令提示行引數。sys.argv 變數儲存了程式的檔名和命令提示行引數的串列，如果這個串列中不只有檔名，則 len(sys.argv) 的返回值就會大於 1，意思是說有提供了命令提示引數。

命令提示引數一般常用空格來分隔，但在這個例子中，我們想要把所有引數解譯為一個字串。由於 sys.argv 是字串的串列，因此可將它傳入 join() 方法來合併返回變成一個字串。我們不想要把程式的名稱出現在這個字串內，所以不要直接用 sys.argv，而是用 sys.argv[1:]，把這個陣列的第一個元素刪掉，這樣的表示式求值得到的字串會存放在 address 變數中。

如果執行程式時的命令提示行中輸入如下內容：

```
mapit 870 Valencia St, San Francisco, CA 94110
```

那 sys.argv 變數會含有像下列這樣的串列值：

```
['mapIt.py', '870', 'Valencia', 'St, ', 'San', 'Francisco, ', 'CA', '94110']
```

而 address 變數的內含字串是 '870 Valencia St, San Francisco, CA 94110'。

STEP 3：處理剪貼簿內容和啟動瀏覽器

請讓程式碼像下列這般：

```
#! python3
# mapIt.py - Launches a map in the browser using an address from the
# command line or clipboard.

import webbrowser, sys, pyperclip
if len(sys.argv) > 1:
    # Get address from command line.
    address = ' '.join(sys.argv[1:])
else:
    # Get address from clipboard.
    address = pyperclip.paste()

webbrowser.open('https://www.google.com/maps/place/' + address)
```

如果沒有命令提示行引數，程式會假設地址存放在剪貼簿中，可用 pypclip.paste() 來取得剪貼簿的內容，並將其儲存在 address 變數內。最後呼叫 webbrowser.open()，啟動外部瀏覽器連上 Google 地圖的 URL。

雖然設計編寫某些程式完成大型工作，節省數小時的時間成本是很讚的事，但使用程式來執行某個日常工作，省下幾秒鐘的時間也很不錯的，就像本範例連上地圖定位到指定的地址也很讓人滿足。表 12-1 比較了有 mapIt.py 和沒使用它時顯示地圖所要花費的步驟。

表 12-1　不用和使用 mapIt.py 連上地圖的步驟

手動連上地圖	使用 mapIt.py 連上地圖
1. 反白選取地址	1. 反白選取地址
2. 複製地址	2. 複製地址
3. 啟動 Web 瀏覽器	3. 執行 mapIt.py
4. 連上 http://maps.google.com	
5. 點按一下地址文字方塊	
6. 貼上地址	
7. 按 Enter 鍵	

這個 mapIt.py 程式讓工作變得簡單多了吧！

關於類似程式的一些想法

只要您有 URL，webbrowser 模組就可讓使用者不用開啟瀏覽器，而直接載入該 URL 的網站。其他程式可利用這個特質來完成如下的類似工作：

- 在獨立的瀏覽器標籤中開啟某個頁面中的所有連結。
- 使用瀏覽器開啟本地氣象的 URL。
- 開啟您常連上的幾個社群網站。

使用 requests 模組從 Web 下載檔案

requests 模組讓我們很容易從 Web 下載檔案，不必擔心那些像網路錯誤、連接出錯和資料壓縮等複雜的問題。requests 模組不是 Python 內建的模組，所以要先安裝。利用命令提示行執行 **pip install --user requests**（附錄 A 中有詳細說明如何安裝第三方模組的內容）。

會有 requests 模組是因為 Python 的 urllib2 模組用起來太過複雜，事實上，請用黑筆塗掉這段吧，忘掉我所提的 urllib2 模組，如果您想要從 Web 下載東西，就用 requests 模組就好了。

接著做個簡單的測試，確定 requests 模組已經正確安裝。請在互動式 Shell 模式視窗中輸入如下內容：

```
>>> import requests
```

如果沒有顯示錯誤訊息，則表示 requests 模組已正確成功安裝好了。

使用 requests.get() 函式下載某個網頁

requests.get() 函式接受某個要下載的 URL 字串，利用在 requests.get() 的返回值來呼叫 type()，就可看到它返回一個 Response 物件，其中包含了 Web 伺服器對請求做出的回應。隨後的內容會更詳細說明 Response 物件，但現在請先在互動式 Shell 模式中輸入如下程式碼，並保持電腦有連上網際網路的狀態：

```
   >>> import requests
❶ >>> res = requests.get('https://automatetheboringstuff.com/files/rj.txt')
   >>> type(res)
   <class 'requests.models.Response'>
❷ >>> res.status_code == requests.codes.ok
   True
   >>> len(res.text)
   178981
   >>> print(res.text[:250])
   The Project Gutenberg EBook of Romeo and Juliet, by William Shakespeare

   This eBook is for the use of anyone anywhere at no cost and with
   almost no restrictions whatsoever. You may copy it, give it away or
   re-use it under the terms of the Proje
```

這個 URL 指向某個網路上的文字檔頁面，其中含有整部 Romeo and Juliet 的電子書❶，它是由 Gutenberg 所提供的，藉由檢查 Response 物件的 status_code 屬性即可了解這個網頁的請求是否成功。如果該值為 requests.codes.ok ❷，那就表示一切順利（順便提一下，HTTP 協定中 "OK" 的狀態碼是 200。而您熟知的 404 狀態碼則是沒找到的意思）。

您可以在 https://en.wikipedia.org/wiki/List_of_HTTP_status_codes 網頁中找到關於 HTTP 狀態碼及其含義的完整清單。

如果請求成功，則下載的 Web 頁面是儲成字串放在 Response 物件的 text 變數內，此變數儲放了十分大量的字串內容，呼叫 len(res.text) 會顯示出已超過 178,000 字元的長度，所以在最後是呼叫 print(res.text[:250]) 來顯示其中前 250 個的字元內容。

如果請求失敗並顯示錯誤訊息，例如「Failed to establish a new connection（無法建立新連接）」或「Max retries exceeded（超過最大重試次數）」，請檢查您的網路連線是否有問題。連接伺服器有點複雜，在這裡筆者無法提供完整的可能問題清單。請利用引號中的錯誤訊息來進行網路搜尋，網路上可找出導致錯誤的常見原因。

錯誤檢測

如您所見，Response 物件有個 status_code 屬性，這個屬性中的 requests.codes.ok（變數的值為整數值 200）可用來檢查是否下載成功。檢查成功還有種簡單的方法，那就是在 Response 物件上呼叫 raise_for_status() 方法，如果下載檔案有錯則會丟出例外，如果下載成功則什麼都不做。請在互動式 Shell 模式中輸入如下程式碼：

```
>>> res = requests.get('https://inventwithpython.com/page_that_does_not_exist')
>>> res.raise_for_status()
Traceback (most recent call last):
  File "<stdin>", line 1, in <module>

  File "C:\Users\Al\AppData\Local\Programs\Python\Python37\lib\site-
packages\requests\models.py", line 940, in raise_for_status
    raise HTTPError(http_error_msg, response=self)
requests.exceptions.HTTPError: 404 Client Error: Not Found for url:
https://inventwithpython.com/page_that_does_not_exist.html
```

使用 raise_for_status() 方法是確定程式在下載失敗時會停止的一種好方式。會停下來真的是件好事：當程式發生不預期的錯誤時我們希望的就是程式能馬上停止。如果下載失敗對程式來說並不是什麼致命錯誤，則可使用 try 和 except 陳述句將 raise_for_status() 程式行包起來，讓它協助處理這個錯誤而不讓程式當掉。

```
import requests
res = requests.get('http://inventwithpython.com/page_that_does_not_exist')
try:
    res.raise_for_status()
except Exception as exc:
    print('There was a problem: %s' % (exc))
```

這例子中的 raise_for_status() 方法的呼叫會讓程式輸出如下的內容：

```
There was a problem: 404 Client Error: Not Found for url: https://
inventwithpython.com/page_that_does_not_exist.html
```

通常在呼叫 requests.get() 之後會再呼叫 raise_for_status()。因為您想確保下載真的成功後才讓程式繼續執行。

將下載的檔案儲存到硬碟

從這裡開始要說明使用標準的 open() 函式和 write() 方法，把 Web 頁面儲存到硬碟中的一個檔案內。不過這裡的內容與前面章節介紹的有些不同，首先是必須用「寫入二進位（write binary）」模式來開啟檔案，可用「wb」作為第二個引數傳入 open() 函式來開啟，這樣就會以寫入二進位模式開啟檔案。就算頁面是純文字的（例如，前一小節所下載的 Romeo and Juliet 的文字頁面），也需要寫入二進位資料，而不是寫入純文字資料，目的是為了儲存該文字中的「Unicode 編碼」。

若要將 Web 頁面寫入檔案之中，可用 for 迴圈和 Response 物件的 iter_content() 方法。

```
>>> import requests
>>> res = requests.get('https://automatetheboringstuff.com/files/rj.txt')
>>> res.raise_for_status()
>>> playFile = open('RomeoAndJuliet.txt', 'wb')
>>> for chunk in res.iter_content(100000):
        playFile.write(chunk)

100000
78981
>>> playFile.close()
```

iter_content() 方法在迴圈的每次重覆迭代中會返回一個磁碟區塊（chunk）的內容。每一磁碟區塊都是 bytes 資料類型，您要指定區塊含有多少個 bytes。通常指定 10 萬 bytes 是不錯的選擇，所將 100000 當成引數傳給 iter_content()。

RomeoAndJuliet.txt 檔會存在目前的工作目錄，請留意，雖然在網站上的檔名為 rj.txt，但存到您硬碟上的檔名會不同。requests 模組只會處理下載網頁內容，一旦網頁下載後就變成是程式中的資料了，就算在下載該網頁後網路離線了，該頁面的所有資料都仍然會在您電腦內。

write() 方法會返回代表寫入檔案的 bytes 的數字，在前述的例子中，第一個區塊含有 100,000 個 bytes，檔案剩下的部分只需 78,971 個 bytes 即可。

Unicode 編碼

Unicode 編碼的內容已超出本書的範圍，但您可以連到下列網址取得更多相關說明：

- Joel on Software: The Absolute Minimum Every Software Developer Absolutely, Positively Must Know About Unicode and Character Sets (No Excuses!): http://www.joelonsoftware.com/articles/Unicode.html
- Pragmatic Unicode: http://nedbatchelder.com/text/unipain.html

整理並復習一下剛才的內容，下載並儲存到檔案的完整過程如下所列：

1. 呼叫 requests.get()下載這個檔案。
2. 傳入 'wb' 作為第二個引數來呼叫 open()，以寫入二進位模式來開啟新的檔案。
3. 使用 Response 物件的 iter_content() 方法來進行迴圈。
4. 在每次重覆迭代中呼叫 write() 來將內容寫入檔案中。
5. 呼叫 close() 關閉檔案。

這就是關於 requests 模組應用的全部內容。相對於寫入純文字檔案的 open()／write()／close() 的處理步驟，for 迴圈和 iter_content() 的部分可能會較複雜，但這是為了確保 requests 模組就算在下載大型檔案時也不會花費太多記憶體。請連到 http://requests.readthedocs.org/ 網站取得更多 requests 模組的相關說明。

HTML

在您解構網頁之前，還需要學習一些 HTML 的基本知識。您也會學到怎麼利用 Web 瀏覽器的強大開發人員工具，這些工具會讓我們從 Web 擷取資訊變得更加容易。

學習 HTML 的資源

HTML（超文字標記語言）是編寫設計 Web 頁面的格式，本章假設讀者對 HTML 已有一些基本經驗，但假如您還需要初學指南的指引，推薦您連到下列網站：

- https://developer.mozilla.org/en-US/learn/html/
- https://htmldog.com/guides/html/beginner/
- https://www.codecademy.com/learn/learn-html

快速複習

假如您已有一段時日沒看過 HTML 了，這裡的內容是基礎知識的快速回顧。HTML 檔是個純文字檔，副檔名為 .html。這種檔案中的文字會被「標籤（tag）」圍住，標籤是以 <> 括號包住單字。標籤會告知瀏覽器以什麼樣的格式來顯示此頁面。以一個開始標籤和結束標籤包住某段文字來構成一個「元素（element）」，「文字（text）」（或稱 ner HTML）是在開始標籤和結束標籤之間的內容，舉例來說，下面的 HTML 在瀏覽器中會顯示出 Hello world! 字樣，其中 Hello 是用粗體字顯示。

```
<strong>Hello</strong> world!
```

這段 HTML 在瀏覽器中的樣子如圖 12-1 所示。

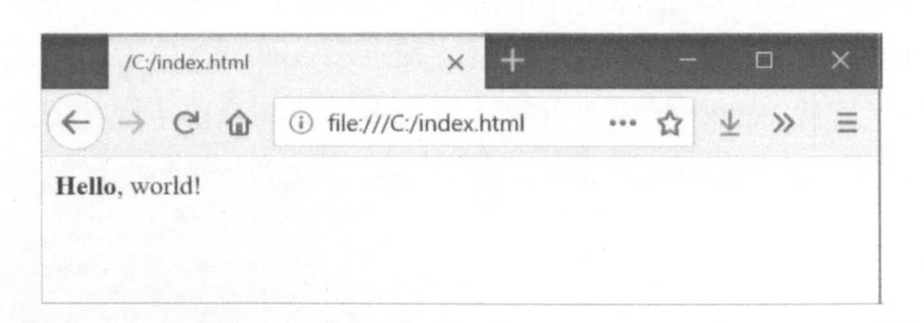

圖 12-1　瀏覽器所解譯顯示的 Hello world!

開始標籤 <strong> 是表示標籤所包住的文字要用粗體，而結束標籤 </strong> 是告知瀏覽器其粗體字到此結束。

HTML 中有很多不同的標籤，有些具有額外附加的功用，在 <> 括號內會以「屬性」的方式呈現，例如，<a> 標籤所包住一段文字會變成一個連結，而這段文字連結的 URL 是由 href 屬性來指定的。下列為一個實例：

```
Al's free <a href="http://inventwithpython.com">Python books</a>.
```

這段 HTML 在瀏覽器中的樣子如圖 12-2 所示。

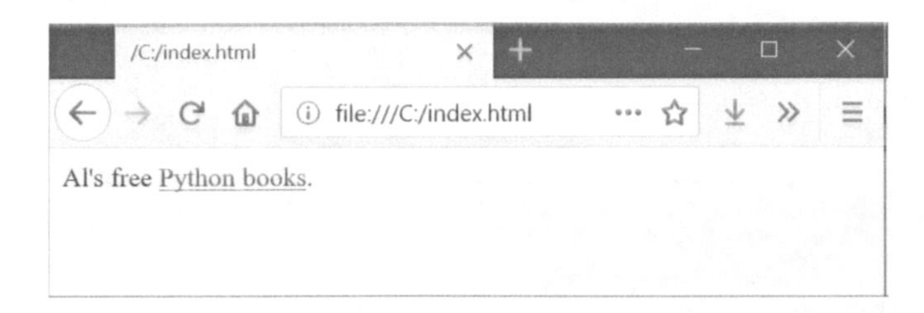

圖 12-2　瀏覽器中解譯顯示的連結

某些元素也具有 id 屬性，在頁面上的元素可用 id 屬性來指定其唯一性。在未來寫程式擷取資料時，會常需要依據 id 屬性來尋找該元素，因此利用瀏覽器的開發人員工具來搞清楚元素的 id 屬性，是編寫設計 Web 擷取程式必要的工作。

檢視網頁的 HTML 原始碼

您需要對程式要處理的網頁先檢視其 HTML 原始碼，檢視的方法是在瀏覽器的任一頁面上按下滑鼠右鍵（或在 macOS 系統上以 Ctrl-按一下），在展開的功能表中選取**檢視網頁原始碼**指令（在 IE 上指令為**檢視原始檔**），這樣即可檢視該頁面的 HTML 文字（如圖 12-3），這就是瀏覽器實際接收到的原始碼文字，瀏覽器會知道怎麼用這個 HTML 來解譯顯示網頁。

我強烈建議您檢視一些自己喜歡網站的 HTML 原始碼。當您在檢視原始碼時，假如不能完全看懂也沒關係，您不需要完全掌握 HTML 也能設計出簡單的 Web 擷取程式，因為您不是要設計編寫出一個網站來，HTML 的知識只要夠用，就能從已有的網站上擷取想要的資訊。

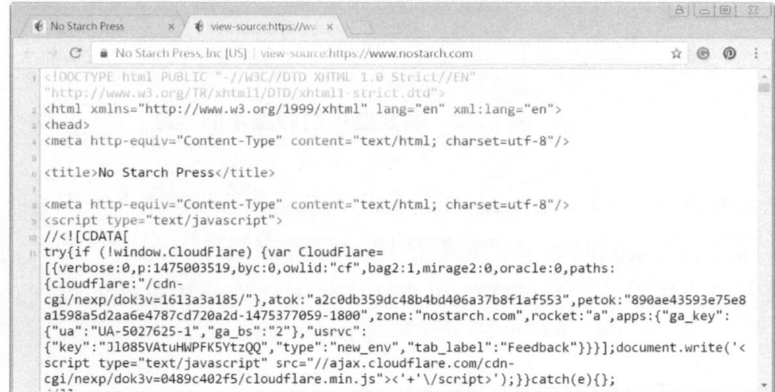

圖 12-3　檢視網頁原始碼

開啟瀏覽器的開發人員工具

除了檢視網頁的原始碼外，還可以利用瀏覽器提供的開發人員工具來檢查頁面的 HTML 碼。在 Windows 版的 Chrome 和 IE 中開發人員工具已內建了，按下 F12 鍵就能顯示（如圖 12-4），再次按下 F12 鍵即可關閉開發人員工具。在 Chrome 中也可按下右上角的「自訂及管理 Google Chrome」鈕展開功能表，選取**更多工具→開發人員工具**指令來叫出開發人員工具。在 macOS 中則可按下⌘-OPTION-I 鍵來打開 Chrome 的開發人員工具。

在 Firefox 中，不論在 Windows 和 Linux 都可按下 Ctrl-Shift-C，或在 macOS 中按下⌘-OPTION-C 鍵來開啟網頁開發者工具，其版面佈置幾乎與 Chrome 的開發人員工具一樣。

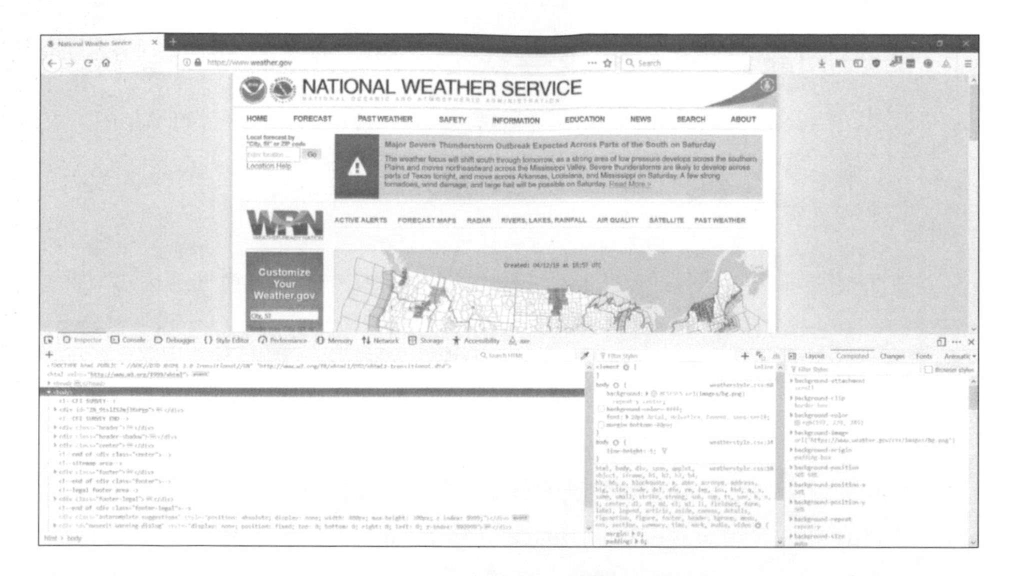

圖 12-4 Chrome 瀏覽器中的開發人員工具

在 Safari 中，開啟「偏好設定」視窗，並在「進階」面板內勾選「**在選單列中顯示"開發人員"選單**」項。在它啟用後就可按下⌘-OPTION-I 來叫出開發人員工具。

在瀏覽器內啟用或安裝了開發人員工具之後，可在網頁中任何部分按下右鍵，在展開的功能表中選取「**檢查**」指令，即可檢視頁面中該部分對應的 HTML 碼，這對於要在 Web 擷取程式中解析 HTML 會很有幫助。

不要使用正規表示式來解析 HTML

在某個字串中尋找定位特定的一段 HTML，這樣的工作似乎很適合用正規表示式，但我建議您不要這麼做。HTML 格式有很多不同的方式來表現，且都會被視為合法有效的 HTML 碼，若嘗試用正規表示式來捕捉所有這些可能的變化是不太可能的，也太過繁瑣而容易出錯，使用像 bs4 這種專門用來解析 HTML 的模組，就不容易引起錯誤了。

在 http://stackoverflow.com/a/1732454/1893164/ 中您可以找到更多元的討論，了解為何不用正規表示式來解析 HTML。

使用開發人員工具來尋找 HTML 元素

程式利用 requests 模組下載了一個網頁之後，會取得網頁的 HTML 內容並存成為一個字串值，接著您就要搞清楚這段 HTML 在哪個部分對應網頁上您想要的資訊。

這裡是開發人員工具可幫上忙的地方，假如您想要編寫設計一個程式，從 http://weather.gov/ 網頁取得天氣預報的資料。在編寫程式之前要先做一點研究，假如您連到這個網站並以郵遞區號為 94105 來尋找該區的天氣資訊，該網站會開啟一個頁面來顯示該地區的天氣預報資訊。

如果您想擷取該郵遞區號對應的氣溫資訊時，該怎麼做呢？請在頁面上氣溫資訊的位置按下滑鼠右鍵展開功能表（或在 macOS 上用 Ctrl-按一下），選取「**檢查**」指令，則會開啟開發人員工具視窗，並顯示該位置網頁的 HTML 原始碼。如圖 12-5 為開啟了開發人員工具視窗顯示最新預測的 HTML 碼。請留意，如果 https://weather.gov/ 網站在未來更改了網頁的設計，則需要重複此過程以檢查新的元素。

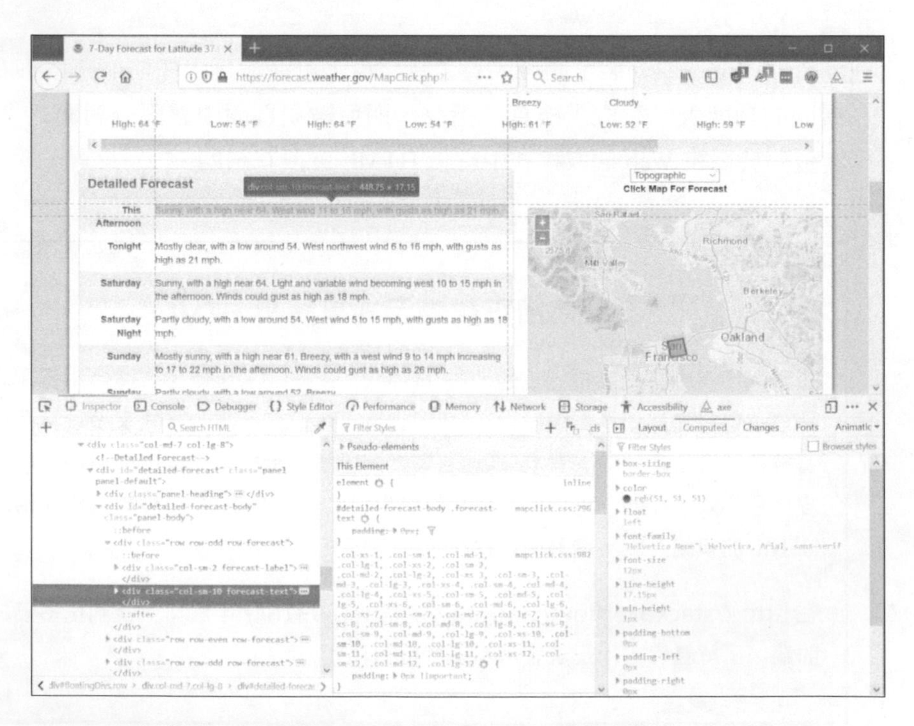

圖 12-5　使用開發人員工具檢查網頁中最新預測的 HTML 碼

藉由開發人員工具可看出網頁內負責預測部分的 HTML 碼是 <div class="col-sm-10 forecast-text" >Sunny, with a high near 64. West wind 11 to 16 mph, with gusts as high as 21 mph.</div>。這正是我們想要找的東西！似乎預測資訊放在<div>元素內，並帶有 forecast-text CSS 類別。在瀏覽器的開發人員工具視窗中對此元素按下右鍵，然後從快顯功能表中選取 **Copy→CSS Selector** 指令。這樣就能把像 'div.row-odd:nth-child(1) > div:nth-child(2)' 的字串複製到剪貼簿中。我們可以把這個字串用於 Beautiful Soup 的 select() 或 Selenium 的 find_element_by_css_selector() 方法，本章稍後會介紹這些功具。現在有了要搜尋的目標內容，Beautiful Soup 模組就能幫助我們在字串中找到它。

利用 bs4 模組解析 HTML

Beautiful Soup 是個模組，可用於從 HTML 網頁中擷取資訊（用於網頁擷取資訊時會比正規表示式好用）。BeautifulSoup 模組的名稱為 bs4（指 Beautiful Soup 的第 4 版）。若要安裝，請在命令提示行中執行 pip install --user beautifulsoup4（關於更多安裝第三方模組的說明，請參考附錄 A）。雖然安裝時所用的檔名為 beautifulsoup4，但在匯入時要使用 import bs4。

以本章來說，Beautiful Soup 的實例所解析（即分析確定其中某個部分）的是硬碟上的某個 HTML 檔。請在 Mu 中開啟一份新的 file editor 視窗，輸入如下的程式碼，並儲存成 example.html 檔，或是從 http://nostarch.com/automatestuff2/ 下載使用。

```
<!-- This is the example.html example file. -->

<html><head><title>The Website Title</title></head>
<body>
<p>Download my <strong>Python</strong> book from <a href="http://
inventwithpython.com">my website</a>.</p>
<p class="slogan">Learn Python the easy way!</p>
<p>By <span id="author">Al Sweigart</span></p>
</body></html>
```

如您所見，就是這個很簡單的 HTML 檔案都含有許多不同的標籤和屬性，若是更複雜的網站，那複雜的內容會更讓我們頭大。感恩有 Beautiful Soup 能讓處理 HTML 碼變得容易簡單許多。

從 HTML 建立一個 BeautifulSoup 物件

呼叫 bs4.BeautifulSoup() 函式需要傳入一個字串，該字串含有要解析的 HTML 原始碼。bs4.BeautifulSoup() 函式會返回一個 BeautifulSoup 物件。請在互動式 Shell 模式中輸入如下程式碼，並保持電腦有連上網際網路：

```
>>> import requests, bs4
>>> res = requests.get('http://nostarch.com')
>>> res.raise_for_status()
>>> noStarchSoup = bs4.BeautifulSoup(res.text, 'html.parser')
>>> type(noStarchSoup)
<class 'bs4.BeautifulSoup'>
```

這段程式碼是利用 requests.get() 函式從 No Starch Press 網站下載主頁，然後將回應結果的 text 屬性傳入 bs.BeautifulSoup()，它會返回 BeautifulSoup 物件，並指定到 noStarchSoup 變數中。

也可對 bs4.BeautifulSoup() 函式傳入一個 File 物件當作第二個引數，可從硬碟載入一個 HTML 檔，告知 Beautiful Soup 用哪一個 parser 來解析 HTML。

請在互動式 Shell 模式中輸入如下程式碼（請確定 example.html 檔有在目前的工作目錄內）：

```
>>> exampleFile = open('example.html')
>>> exampleSoup = bs4.BeautifulSoup(exampleFile, 'html.parser')
>>> type(exampleSoup)
<class 'bs4.BeautifulSoup'>
```

此處使用的 'html.parser' 解析器是 Python 內建的。但是，如果安裝了第三方的 lxml 模塊，則可使用速度更快的 'lxml' 解析器。按照附錄 A 中的說明執行 pip install --user lxml 即可安裝此模組。如果忘記放入第二個引數會引發警告訊息：UserWarning: No parser was explicitly specified。

有了 BeautifulSoup 物件之後，就能利用它的方法來尋找定位到 HTML 檔案中特定的部分了。

使用 select() 方法來尋找元素

我們可以透過呼叫 select() 方法並傳入要尋找元素的 CSS selector 字串，從 BeautifulSoup 物件中擷取網頁元素。選擇器（selector）很像正規表示式：可指定要尋找的模式，在這個範例中是在 HTML 頁面內尋找，而不是在一般文字字串內尋找。

對 CSS 選擇器語法的詳細說明已經超出本書要講解介紹的範圍（請連到 http://nostarch.com/automatestuff2/ 網頁的 Additional Online Resources，那裡有很好的選擇器教學指南），但下面有個對選擇器的簡單介紹。表 12-2 列舉了大多數常用的 CSS 選擇器模式。

表 12-2　CSS 選擇器的實例

傳給 select()方法的選擇器	會找到符合的…
soup.select('div')	所有名為<div>的元素
soup.select('#author')	所有 id 屬性 author 的元素
soup.select('.notice')	所有使用 CSS class 屬性名為 notice 的元素
soup.select('div span')	所有在<div>元素之內的<span>元素
soup.select('div > span')	所有直接在<div>元素之內的<span>元素，且中間沒有其他元素
soup.select('input[name]')	所有名稱為<input>且有個任意值 name 屬性的元素
soup.select('input[type="button"]')	所有名稱為<input>且有個值為 button 的 type 屬性的元素

不同的選擇器模式可組合起來運用，以形成更複雜的尋找比對。舉例來說，soup.select('p #author') 可尋找比對所有 id 屬性為 author 的元素，只要它也在 <p> 元素之內。除了自己寫上選擇器外，還可以對瀏覽器中的元素按下右鍵，然後選取**檢查**指令。開發人員工具視窗中對此元素按下右鍵，然後從快顯功能表中選取 **Copy→CSS Selector** 指令，把選擇器字串複製到剪貼簿並將其貼到您的程式碼內。

select() 方法會返回一個 Tag 物件的串列，這是 Beautiful Soup 表現 HTML 元素的方式。對 BeautifulSoup 物件中 HTML 碼的每次比對，串列中都會有一個 Tag 物件，Tag 值可傳入 str() 函式轉成 HTML 標籤的字串來顯示。Tag 值也有 attrs 屬性，可將該 Tag 的所有 HTML 屬性當成字典。請利用前面的 example.html 檔為例，在互動式 Shell 模式內輸入如下程式碼：

```
>>> import bs4
>>> exampleFile = open('example.html')
>>> exampleSoup = bs4.BeautifulSoup(exampleFile.read(), 'html.parser')
>>> elems = exampleSoup.select('#author')
>>> type(elems) # elems is a list of Tag objects.
<class 'list'>
>>> len(elems)
1
```

```
>>> type(elems[0])
<class 'bs4.element.Tag'>
>>> str(elems[0]) # The Tag object as a string.
'<span id="author">Al Sweigart</span>'
>>> elems[0].getText()
'Al Sweigart'
>>> elems[0].attrs
{'id': 'author'}
```

這段程式會從範例的 HTML 中取出 id="author" 的元素。我們用 select('#author') 來傳回所有 id="author" 的元素的串列。我們把這個 **Tag** 物件的串列儲存到 elems 變數中，而 len(elems) 會告知我們串列中只有一個 **Tag** 物件，也就是說只找到一個符合的。在這個元素上呼叫 getText() 方法會返回此元素的文字，或 inner HTML。元素的文字指的是在開始標籤和結束標籤之間的內容：在這個範例中，就是 'Al Sweigart'。

把元素傳入 str() 中會返回一個字串，此字串含有開始和結束標籤和該元素的文字。最後 attrs 給了一個字典，該字典內含有此元素的屬性 'id'，和 id 屬性的值 'author'。

您也可以從 BeautifulSoup 物件中取出 <p> 元素。請在互動式 Shell 模式中輸入如下程式碼：

```
>>> pElems = exampleSoup.select('p')
>>> str(pElems[0])
'<p>Download my <strong>Python</strong> book from <a href="http://
inventwithpython.com">my website</a>.</p>'
>>> pElems[0].getText()
'Download my Python book from my website.'
>>> str(pElems[1])
'<p class="slogan">Learn Python the easy way!</p>'
>>> pElems[1].getText()
'Learn Python the easy way!'
>>> str(pElems[2])
'<p>By <span id="author">Al Sweigart</span></p>'
>>> pElems[2].getText()
'By Al Sweigart'
```

這次 select() 會給出一個串列，含有 3 個比對符合的內容，我們將它們存放在 pElems 中，在 pElems[0]、pElems[1] 和 pElems[2] 上使用 str() 轉換，將變個元素展現成一個字串，並在每個元素上使用 getText() 來秀出它的文字。

從元素的屬性取得資料

Tag 物件的 get() 方法可使得從元素中獲取屬性值變得容易。對方法傳入屬性名稱的字串，則會返回該屬性的值。使用 example.html 為例，在互動式 Shell 模式中輸入以下的程式碼：

```
>>> import bs4
>>> soup = bs4.BeautifulSoup(open('example.html'), 'html.parser')
>>> spanElem = soup.select('span')[0]
>>> str(spanElem)
'<span id="author">Al Sweigart</span>'
>>> spanElem.get('id')
'author'
>>> spanElem.get('some_nonexistent_addr') == None
True
>>> spanElem.attrs
{'id': 'author'}
```

在這個範例操作裡，我們使用了 select() 來尋找所有 <span> 元素，然後將第一個比對符合的元素存放在 spanElem 變數中，將屬性名稱 'id' 傳入 get()，則返回此屬性的值 'author'。

程式專題：開啟所有搜尋結果

每次用 Google 搜尋某個主題後，我都不會一次只看某一個搜尋結果而已，通常用利用滑鼠按下搜尋結果的連結，或先按住 Ctrl 鍵再點按一下連結，這樣瀏覽器會開新的標籤來顯示連結的網頁，讓我等一會再查閱。我常需要用 Google 搜尋，所以這個工作流程（開瀏覽器，搜尋主題，在搜尋結果中點按幾個連結）就變得有點無趣。如果我只要在命令提示行中輸入要搜尋的主題，就能讓電腦幫我自動打開瀏覽器，並在新的標籤中顯示搜尋結果前幾個的連結網頁，那就太方便了。我們來設計編寫一個程式腳本，以 https://pypi.org/ 的 Python Package Index 的搜尋結果頁面為例來執行此項操作。雖然 Google 和 DuckDuck Go 常會採取一些措施來防範，使得抓取其搜尋結果頁面很難處厘，但此類程式仍可以適用於許多其他的網站。

下列為程式要完成的事項：

1. 從命令提示行引數中取得要搜尋主題的關鍵字。

2. 取得搜尋結果頁面。

3. 對每個搜尋結果的連結在瀏覽器中開新的標籤來顯示。

也就是說，程式碼要能處理下列這些事：

1. 從 sys.argv 中讀取命令提示行引數。

2. 使用 requests 模組取得搜尋結果的頁面。

3. 比對找出每個搜尋結果的連結。

4. 呼叫 webbrowser.open() 函式開啟 Web 瀏覽器。

請開啟一個新的 file editor 視窗，並儲存成 searchpypi.py 檔。

STEP 1：取得命行提示行引數，並請求搜尋頁面

在開始設計及編寫程式之前，首先要了解搜尋結果頁面的 URL，在進行搜尋後會在瀏覽器的位址列中，發現結果頁面的 URL 看起來會像 https://pypi.org/search/?q=<SEARCH_TERM_HERE> 這樣，requests 模組可下載這個頁面，然後可用 Beautiful Soup 找到 HTML 中搜尋結果的連結。最後則用 webbrowser 模組在瀏覽器開新的標籤顯示這些連結。

請讓您的程式像下列這般：

```
#! python3
# searchpypi.py - Opens several search results.

import requests, sys, webbrowser, bs4

print('Searching...') # display text while downloading the search result page
res = requests.get('http://pypi.org/search/?q=' + ' '.join(sys.argv[1:]))
res.raise_for_status()

# TODO: Retrieve top search result links.

# TODO: Open a browser tab for each result.
```

使用者在執行這個程式時，會在命令提示行引數中指定要搜尋的主題，這些引數會當成字串儲存在 sys.argv 串列中。

STEP 2：找到所有結果

現在要使用 Beautiful Soup 來從下載的 HTML 中，抽取出排在前面幾個的搜尋結果連結。但您要如何找出完成這項工作所需的選擇器呢？舉例來說，您不能只尋找所有的 <a> 標籤，因為在這個 HTML 中有許多連結用不到，您必須用瀏覽器的開發人員工具來檢閱搜尋結果的頁面，試著找到符合的選擇器，讓它可抽取出您想要的連結。

在為了 Beautiful Soup 所進行的搜尋後，可開啟瀏覽器的開發人員工具來檢閱該頁面上的連結元素，這些連結元素看起來複雜的嚇人，像下列這樣：<a class="package-snippet" href="HYPERLINK "view-source:https://pypi.org/project/xml-parser/"/project/xml-parser/">。

別擔心這個元素看起來複雜又嚇人，您只需要找到搜尋結果連結都會有的模式即可。

請讓您的程式像下列這般：

```
#! python3
# lucky.py - Opens several google search results.
import requests, sys, webbrowser, bs4
--省略--
# Retrieve top search result links.
soup = bs4.BeautifulSoup(res.text, features='html.parser')
# Open a browser tab for each result.
linkElems = soup.select('.package-snippet')
```

如果查看 <a> 元素，就會發現搜尋結果的連結都有：class="package-snippet"，檢閱完剩下的整個 HTML 原始碼後，發覺 package-snippet 類別只用在搜尋的結果連結內。您不必知道 CSS 類別 package-snippet 是什麼，或是它會做什麼，只需把它當成能夠找出想要的 <a> 元素的標記即可。我們可以從下載頁面的 HTML 文字來建立 BeautifulSoup 物件，並使用選擇器 '.package-snippet' 來尋找具有 package-snippet CSS 類別的元素中的所有的 <a> 元素。請留意，如果 PyPI 網站有更改其版面配置，則可能需要使用新的 CSS 選擇器字串來更新此程式，以傳給 soup.select() 來處理。到本書完稿為止，本程式的各個部分都是最新的內容。

STEP 3：對每個結果開啟 Web 瀏覽器

最後一步是要程式對搜尋結果開啟 Web 瀏覽器的標籤頁來顯示，請將下列的內容加到程式的最後面：

```
#! python3
# lucky.py - Opens several google search results.
import requests, sys, webbrowser, bs4
--省略--
# Open a browser tab for each result.
linkElems = soup.select('.package-snippet')
numOpen = min(5, len(linkElems))
for i in range(numOpen):
    urlToOpen = 'https://pypi.org' + linkElems[i].get('href')
    print('Opening', urlToOpen)
    webbrowser.open(urlToOpen)
```

預設的情況下，我們會用 webbrowser 模組在新的標籤中顯示前 5 個搜尋的結果，但話又說回來，使用者所搜尋的主題其搜尋結果可能少於 5 個，呼叫 soup.select() 會返回一個串列，該串列為找尋比對符合 '.package-snippet' 選擇器的所有元素，所以要開啟的標籤頁數量為 5，不然就是這個串列的長度（以較少的那一個為主）。

Python 內建的 min() 函式會返回傳入的整數或浮點數型別引數中最小的那一個（也有個內建的 max() 函式會返回傳入的引數中最大的那個）。我們可以用 min() 來找出小於 5 的連結數量，並將要開啟的連結數量存到 numOpen 變數中，隨後可呼叫 range(numOpen) 執行 for 迴圈。

在迴圈的每次迭代中使用了 webbrowser.open() 在 Web 瀏覽器內開啟新的標籤頁，請留意一點，返回的 <a> 元素的 href 屬性中並沒有初始的 https://pypi.org 部分，所以要把這部分連接到 href 屬性的字串中。

假設想要搜尋 PyPI 的「boring stuff」主題，並馬上開啟 5 個搜尋結果，只要在命令提示行中執行 searchpypi boring stuff 即可（請參考附錄 B 如何在命令提示行中執行程式）。

關於類似程式的一些想法

分開在多個標籤頁中瀏覽有其好處，可讓連結在新的標籤頁顯示，等稍後再來閱讀。一個能自動將幾個連結開啟顯示的程式，也很適合進行下列這些工作：

- 搜尋 Amazon 這類購物網站，開啟找到符合產品的頁面。
- 開啟某個產品的所有連結，方便檢閱研究。
- 搜尋 Flickr 或 Imgur 這類照片網站，開啟搜尋結果中的所有照片的連結。

程式專題：下載所有 XKCD 的漫畫圖片

部落格和其他常更新的網站都有一個首頁來放最新的貼文，和一個「舊貼文」或「前一篇」之類的按鈕，讓造訪者連到以前的貼文，然後這個貼文中也會有一個「前一篇」之類的按鈕，以此類推，建立一些按鈕可讓造訪者從最近的貼文到最早的貼文都能連到。如果您想要複製該網站的內容來讓離線也可閱讀，可以手動點按的方式至每個頁面中儲存，但這種手動的工作很無趣，所以想要設計編寫一個程式來完成這件事。

XKCD 是個很受歡迎的玩家漫畫網站，此網站很符合前述的結構（如圖 12-6）。首頁 http://xkcd.com/ 有一個「<Prev」鈕可讓使用者連到以前貼的漫畫。手動下載網站上的每張漫畫貼圖要花不少時間，但您可以設計編寫程式腳本，在幾分鐘之內就能完成這件事情。

以下是程式要做到的事情：

1. 載入 XKCD 首頁。
2. 儲存該頁的漫畫貼圖。
3. 連到前一張漫畫貼圖。
4. 重複這個動作直到第一張貼圖為止。

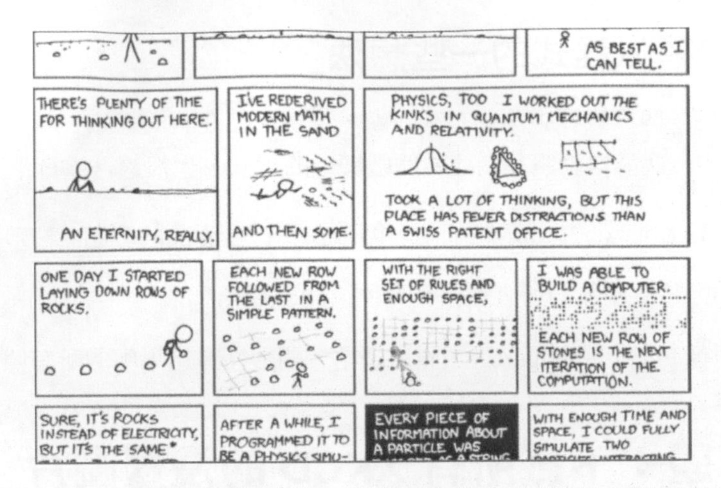

圖 12-6　XKCD 是個關於浪漫、挖苦、數學和程式語言的漫畫網站

也就是說，程式碼要做到下列事情：

1. 使用 requests 模組下載網頁。
2. 使用 Beautiful Soup 找到網頁中漫畫貼圖的 URL。
3. 使用 iter_content()下載漫畫貼圖，並儲存到硬碟中。
4. 找到前一張漫畫貼圖的連結 URL，然後重複這些處理。

請開啟一個新的 file editor 視窗，並儲存成 downloadXkcd.py 檔。

STEP 1：設計程式

假如您開啟瀏覽器的開發人員工具來檢閱頁面上的元素，就會發現下列的內容：

- 漫畫貼圖檔案的 URL 是由一個 <img> 元素的 href 屬性列出。
- <img> 元素放在 <div id="comic"> 元素之內。
- Prev 按鈕有個 rel 的 HTML 屬性，其值為 prev。
- 最早的第一張漫圖貼圖的 Prev 按鈕是連結到 http://xkcd.com/# URL，指示已沒有前一個頁面了。

請將程式編寫成如下所示這般：

```
#! python3
# downloadXkcd.py - Downloads every single XKCD comic.

import requests, os, bs4

url = 'http://xkcd.com'               # starting url
os.makedirs('xkcd', exist_ok=True)    # store comics in ./xkcd
while not url.endswith('#'):
    # TODO: Download the page.

    # TODO: Find the URL of the comic image.

    # TODO: Download the image.

    # TODO: Save the image to ./xkcd.

    # TODO: Get the Prev button's url.

print('Done.')
```

此範例中有一個 url 變數，起始值為 'http://xkcd.com'，隨後重覆更新（在 for 迴圈中更新）成為目前頁面的 Prev 鈕連結的 URL。在迴圈的每一步中就會下載 URL 上的漫畫貼圖。如果 URL 是以 '#' 結尾時就結束迴圈。

將圖檔下載到目前工作目錄中名為 xkcd 的資料夾中。呼叫 os.makedirs() 函式，確定這個資料夾有存在，並以關鍵字引數 exist_ok=True 在該資料夾已存在時防止函式丟出例外。剩下的程式碼則是注釋，列出了還要完成的程式大綱。

STEP 2：下載網頁

接著實作下載網頁的程式碼部分，程式碼如下所示：

```
#! python3
# downloadXkcd.py - Downloads every single XKCD comic.

import requests, os, bs4

url = 'http://xkcd.com'               # starting url
os.makedirs('xkcd', exist_ok=True)    # store comics in ./xkcd
while not url.endswith('#'):
    # Download the page.
    print('Downloading page %s...' % url)
    res = requests.get(url)
    res.raise_for_status()

    soup = bs4.BeautifulSoup(res.text, 'html.parser')

    # TODO: Find the URL of the comic image.
```

```
    # TODO: Download the image.

    # TODO: Save the image to ./xkcd.

    # TODO: Get the Prev button's url.

print('Done.')
```

一開始是印出 url，這樣子可讓使用者知道程式要下載的是哪個 URL 網頁，隨後是使用 requests 模組的 requests.get() 函式下載該頁面，就像以往，馬上會呼叫 Response 物件的 raise_for_status() 方法，如果下載有問題則丟出例外，並終止程式。若一切順利，則使用下載頁面的 HTML 碼文字建立一個 BeautifulSoup 物件。

STEP 3：尋找和下載漫畫貼圖

讓程式碼如下這般：

```
#! python3
# downloadXkcd.py - Downloads every single XKCD comic.

import requests, os, bs4

--省略--

    # Find the URL of the comic image.
    comicElem = soup.select('#comic img')
    if comicElem == []:
        print('Could not find comic image.')
    else:
        comicUrl = 'http:' + comicElem[0].get('src')
        # Download the image.
        print('Downloading image %s...' % (comicUrl))
        res = requests.get(comicUrl)
        res.raise_for_status()

    # TODO: Save the image to ./xkcd.

    # TODO: Get the Prev button's url.

print('Done.')
```

使用開發人員工具來檢查 XKCD 主頁後，就會知道漫畫貼圖的 <img> 元素是放在 <div> 元素中，其 id 屬性設為 comic，所以選擇器 '#comic img' 會從 BeautifulSoup 物件中抽取出正確的 <img> 元素。

有些 XKCD 頁面含有特殊的內容，不單只是個圖檔，那也沒關係，只要跳過這些不是圖檔的東西即可。如果選擇器沒有找到任何符合的元素，那麼 soup.select('#comic img') 會返回一個空的串列，若出現這樣的情況時，程式會印出一條錯誤訊息而不下載圖檔，然後繼續執行。

如果選擇器有找到符合的元素，則會返回一個含有 <img> 元素的串列，可從這個 <img> 元素中取得 src 屬性，將其傳入 requests.get() 來下載此漫畫貼圖的圖檔。

STEP 4：儲存圖檔並找前一張貼圖

請讓程式碼看起來像下列這般：

```
#! python3
# downloadXkcd.py - Downloads every single XKCD comic.

import requests, os, bs4

--省略--

        # Save the image to ./xkcd.
        imageFile = open(os.path.join('xkcd', os.path.basename(comicUrl)), 'wb')
        for chunk in res.iter_content(100000):
            imageFile.write(chunk)
        imageFile.close()

    # Get the Prev button's url.
    prevLink = soup.select('a[rel="prev"]')[0]
    url = 'http://xkcd.com' + prevLink.get('href')

print('Done.')
```

此時的漫畫貼圖會存在 res 變數內，接著需要將貼圖資料寫入硬碟的檔案中。

我們需要為本機圖檔準備一個檔名來傳入 open() 中，comicURL 的值像是 'http://imgs.xkcd.com/comics/heartbleed_explanation.png' 這樣，您可能注意到這看起來像檔案的路徑。事實上，在呼叫 os.path.basename() 時傳入 comicUrl 的話，它只會返回 URL 的最後檔名部分：'heartbleed_explanation.png'，您可以用它作為檔名，將貼圖存到硬碟中。使用 os.path.join() 來連接這個檔名和 xkcd 資料夾名稱，這樣程式就能在 Windows 系統中使用反斜線（\），而在 macOS 和 Linux 系統下用斜線（/）來分隔。現在這個最後階段下已取得檔名，就可以呼叫 open() 以 'wb' 模式來開啟一份新的檔案。

請回顧一下本章前面的內容，在儲存使用 requests 下載的檔案時，需要用迴圈處理 iter_content() 方法的返回值，在 for 迴圈中的程式碼會將一個區塊的圖片資料寫入檔案中（每次的區塊最多 10 萬 bytes），然後關閉這個檔案，如此一來圖檔就儲存在硬碟中了。

隨後的程式中選擇器 'a[rel="prev"] 會抽取出 rel 屬性設為 prev 的 <a> 元素，利用這個 <a> 元素中的 href 屬性能取得前一張漫畫貼圖的 URL，將其存放在 url 變數內，然後跳到 while 迴圈再會對這張漫畫貼圖開始下載存檔的過程。

此程式執行時輸出畫面如下所示：

```
Downloading page http://xkcd.com...
Downloading image http://imgs.xkcd.com/comics/phone_alarm.png...
Downloading page http://xkcd.com/1358/...
Downloading image http://imgs.xkcd.com/comics/nro.png...
Downloading page http://xkcd.com/1357/...
Downloading image http://imgs.xkcd.com/comics/free_speech.png...
Downloading page http://xkcd.com/1356/...
Downloading image http://imgs.xkcd.com/comics/orbital_mechanics.png...
Downloading page http://xkcd.com/1355/...
Downloading image http://imgs.xkcd.com/comics/airplane_message.png...
Downloading page http://xkcd.com/1354/...
Downloading image http://imgs.xkcd.com/comics/heartbleed_explanation.png...
--省略--
```

這個程式專題是個很不錯的範例，能解說程式可自動順著連結，從網路上擷取大量的資料。讀者可連到網路上的 Beautiful Soup 的文件來了解其更多的功能：http://www.crummy.com/software/BeautifulSoup/bs4/doc/。

關於類似程式的一些想法

下載網頁和跟隨連結是許多網路爬蟲程式（web crawling program）的基本。類似程式也能處理下列這些事情：

- 隨著網站的所有連結來將整個網站都備份起來。
- 複製討論區的所有訊息。
- 複製網路商城中所有產品的型錄。

requests 和 bs4 模組很好用，只要您能搞清楚要傳給 requests.get() 的 URL 就行了，不過有時候並不容易找到正確的 URL 網址，再著，以程式來瀏覽的網站可能還需要先登入，而 selenium 模組會讓我們編寫的程式具有執行這種複雜工作的能力。

使用 selenium 模組控制瀏覽器

selenium 模組能讓 Python 直接操控瀏覽器，以程式上的操作來點按連結、填寫登入的資訊，幾乎就像人在與網頁互動一樣。和 requests 與 bs4 相比，selenium 讓我們用更先進的方式與網頁互動，但因為它啟動了瀏覽器，假如您只想從網路下載些檔案，這會有點慢且不能在背景中執行。

不過，如果您需要以某種方式（取決於更新頁面的 JavaScript 程式碼）與網頁進行互動，則需要使用 selenium 而不是 requests。那是因為主要的電子商務網站（例如 Amazon）幾乎都有軟體系統能夠識別網站流量，看看是否為腳本程式在收集其資訊或註冊多個免費帳號。這些網站可能會在一段時間後拒絕提供網頁服務，因此破壞了您編寫的所有腳本程式。selenium 模組比 requests 模組更可能在這些站點上長期執行。

主要「告知」網站您在使用腳本程式的是使用者代理（user-agent）字串，它標識網絡瀏覽器，它包含在所有 HTTP 請求中。例如，requests 模組的使用者代理字串會像是 'python-requests/2.21.0'。可連到諸如 https://www.whatsmyua.info/ 之類的網站來查看您的使用者代理字串是什麼。使用 selenium，您更有可能以「人為」方式來處理，因為 selenium 的使用者代理不僅與一般瀏覽器相同（例如，'Mozilla/5.0 (Windows NT 10.0; Win64; x64; rv:65.0) Gecko/20100101 Firefox/65.0'），但流量模式相同：受 selenium 控制的瀏覽器會像一般瀏覽器一樣會下載圖檔、廣告、Cookie 和侵犯隱私的追蹤器。但是 selenium 仍有可能會被網站檢測到，一些主要的訂票和電子商務網站通常會阻擋由 selenium 控制的瀏覽器，以防止網頁資料被抓取。

啟動 selenium 控制的瀏覽器

接著講述的這些範例都會用到 FireFox 瀏覽器，會以它作為程式控制的瀏覽器，如果您的系統中還沒有 FireFox，可連到 http://getfirefox.com/ 免費下載來安裝。可從命令模式執行 pip install --user selenium 來安裝 selenium。附錄 A 提供了更多相關的安裝資訊。

匯入 selenium 的模組需要一點技巧，不是寫 import selenium，而是執行 from selenium import webdriver（為什麼 selenium 模組要用這種方式來設定呢？理由已超出本書的講述的範圍），匯入後就可用 selenium 啟動 FireFox 瀏覽器。請在互動式 Shell 模式中輸入如下內容：

```
>>> from selenium import webdriver
>>> browser = webdriver.Firefox()
>>> type(browser)
<class 'selenium.webdriver.firefox.webdriver.WebDriver'>
>>> browser.get('http://inventwithpython.com')
```

您有注意到當 webdriver.Firefox() 被呼叫時，FireFox 瀏覽器就啟動了，以 webdriver.Firefox() 的返回值來呼叫 type() 就可顯示出它具 WebDriver 資料型別。呼叫 browser.get('http://inventwithpython.com') 則會讓瀏覽器連接到網址 http://inventwithpython.com，最後瀏覽器顯示結果如圖 12-7 所示。

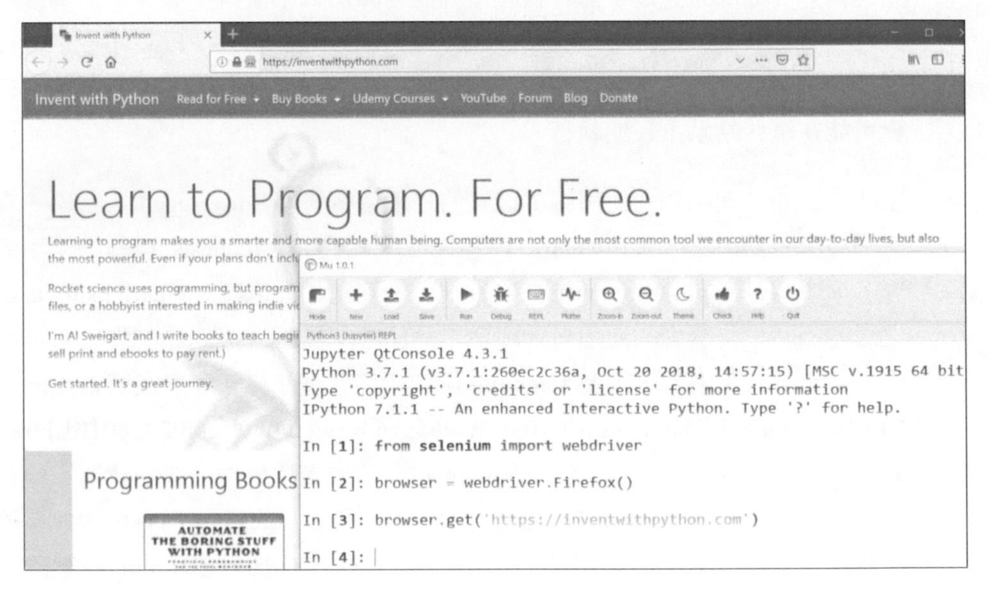

圖 12-7　在 IDLE 中呼叫 webdriver.Firfox() 和 get() 後，FireFox 瀏覽器開啟了

如果出現錯誤訊息「'geckodriver' executable needs to be in PATH.」，則需要先以手動下載 Firefox 的 webdriver，然後才能使用 selenium 對其進行控制。如果您的系統中安裝了 Firefox 以外的瀏覽器 webdriver，也一樣可以控制它們。

以 Firefox 來說，請連到 https://github.com/mozilla/geckodriver/releases 並下載適用於您的作業系統的 geckodriver（Gecko 是 Firefox 所使用的瀏覽器引擎的名

稱）。舉例來說，在 Windows 中，我們需要點選 geckodriver-v0.24.0-win64.zip 連結來下載，在 macOSl 則需要點選 geckodriver- v0.24.0-macos.tar.gz 連結來下載。較新的版本則會有稍微不同的連結。下載的 ZIP 檔中含有 geckodriver.exe（在 Windows）或 geckodriver（在 macOS 和 Linux）檔，我們可以把它的路徑放入系統 PATH 內。附錄 B 含有關於系統 PATH 的說明資訊，又或者您可以連到 https://stackoverflow.com/q/40208051/1893164 了解更多資訊。

以 Chrome 來說，請連到 https://sites.google.com/a/chromium.org/chromedriver/ 網站下載適用於您的作業系統的 ZIP 檔。這個 ZIP 檔將含有一個 chromedriver.exe（在 Windows 中）或 chromedriver（在 macOS 或 Linux 中）檔，我們可以把檔案的路徑放置在系統 PATH 內。

其他主要的 Web 瀏覽器也提供了 webdriver，我們通常會用「<browser name> webdriver」的關鍵字在網路上搜尋。

如果還是無法在 selenium 的控制下開啟新的瀏覽器，則可能是因為這個瀏覽器目前的版本與 selenium 模組不相容。解決方法是安裝較舊版本的 Web 瀏覽器，或是安裝較舊版本的 selenium 模組。可連結 https://pypi.org/project/selenium/#history 中找到 selenium 版本編號的清單。不幸的是，selenium 版本和某些瀏覽器之間的相容性還是有點問題，您可能要在網上針對您的瀏覽器和版本來搜尋可能的解決方案。附錄 A 提供了關於執行 pip 來安裝特定版本 selenium 的更多資訊（例如，可執行 pip install --user -U selenium == 3.14.1）。

尋找在頁面上的元素

WebDriver 物件有好幾種方法可用在頁面中尋找元素，它們被分成為 find_element_* 以及 find_elements_* 方法。find_element_* 方法會返回 WebElement 物件，這個物件是頁面中尋找比對符合的第一個元素。find_elements_* 則返回 WebElement_* 物件的串列，內含有尋找頁面中比對符合的所有元素。

表 12-3 列出了 find_element_* 和 find_elements_* 方法的幾個實例，它們是以 browser 變數中存放的 WebDriver 物件來呼叫。

表 12-3　selenium 的 WebDriver 方法，可用來尋找元素

方法名稱	返回的 WebElement 物件／串列
browser.find_element_by_class_name(name) browser.find_elements_by_class_name(name)	使用了 CSS 類別為 name 的元素
browser.find_element_by_css_selector(selector) browser.find_elements_by_css_selector(selector)	比對符合 CSS selector 的元素
browser.find_element_by_id(id) browser.find_elements_by_id(id)	比對符合 id 屬性值的元素
browser.find_element_by_link_text(text) browser.find_elements_by_link_text(text)	完全比對符合所提供的 text 的 <a> 元素
browser.find_element_by_partial_link_text(text) browser.find_elements_by_partial_link_text(text)	內含有提供的 text 的 <a> 元素
browser.find_element_by_name(name) browser.find_elements_by_name(name)	比對符合 name 屬性值的元素
browser.find_element_by_tag_name(name) browser.find_elements_by_tag_name(name)	比對符合標籤 name 的元素（不分大小寫，<a> 元素比對 'a' 和 'A' 都符合)

除了 *_by_tag_name() 方法之外，所有方法的引數都是有分大小寫的。如果頁面上沒有該方法可找到比對符合的元素，則 selenium 模組就會丟出 NoSuchElement 例外。如果您不想要在這個例外出現時程式就當掉，則可在程式碼中加入 try 和 except 陳述句來做例外處理。

一旦有了 WebElement 物件，就可藉由讀取表 12-4 中的屬性或呼叫其中的方法來取得更多應用。

表 12-4　WebElement 物件的屬性和方法

屬性或方法	描述
tag_name	標籤名稱，像 'a' 是指 <a> 元素
get_attribute(name)	元素的 name 屬性的值
text	在元素中的文字，例如在 <span>hello</span> 中的 'hello'
clear()	可清除輸入在文字欄位或文字區域元素中的文字
is_displayed()	如果元素為可見的就返回 True，不然就返回 False
is_enabled()	如果輸入元素有啟用則返回 True，不然就返回 False
is_selected()	如果核取方塊或選項鈕有被勾選則返回 True，不然就返回 False
location	是個字典，內含有 'x' 和 'y' 鍵 來表示頁面上元素的位置座標

舉例來說，開啟一個 file editor 視窗，輸入以下程式：

```
from selenium import webdriver
browser = webdriver.Firefox()
browser.get('http://inventwithpython.com')
try:
    elem = browser.find_element_by_class_name(' cover-thumb')
    print('Found <%s> element with that class name!' % (elem.tag_name))
except:
    print('Was not able to find an element with that name.')
```

這個例子會開啟 FireFox 並連到指定的 URL，在這個頁面上想要試著尋找到類別名稱為 ' cover-thumb' 的元素，如果找到此元素則用 tag_name 屬性將它的標籤名稱印出來，如果沒找到的話，則印出不一樣的訊息。

這個程式的輸出如下所示：

```
Found <img> element with that class name!
```

執行後發現有個元素含有類別名稱 ' cover-thumb'，其標籤的名稱是 'img'。

點按頁面

find_element_* 和 find_elements_* 方法所返回的 WebElement 物件都有一個 click()方法，可模擬滑鼠在該元素上點按一下。這個方法可用在點按連結、選取選項鈕，點按提交按鈕，或是觸發該元素被滑鼠點按時發生的任何事情。舉例來說，在互動式 Shell 模式中輸入如下程式碼：

```
>>> from selenium import webdriver
>>> browser = webdriver.Firefox()
>>> browser.get('https://inventwithpython.com')
>>> linkElem = browser.find_element_by_link_text('Read Online for Free')
>>> type(linkElem)
<class 'selenium.webdriver.remote.webelement.FirefoxWebElement'>
>>> linkElem.click() # follows the "Read Online for Free" link
```

這段程式會啟動 FireFox 並連到 http://inventwithpython.com，取得 <a> 元素文字為 Read Online for Free 的 WebElement 物件，然後模擬滑鼠點按此元素，就像您自己在頁面上點按此一連結一樣，瀏覽器會跳到這個連結的頁面。

填寫和提交表單

若想要對 Web 頁面中的文字欄位傳送按鍵，就要找到那個文字欄位的 <input> 或 <textarea> 元素，然後呼叫 send_keys() 方法即可。請在互動式 Shell 模式中輸入如下的實例：

```
>>> from selenium import webdriver
>>> browser = webdriver.Firefox()
>>> browser.get('https://login.metafilter.com')
>>> userElem = browser.find_element_by_id('user_name')
>>> userElem.send_keys('your_real_username_here')


>>> passwordElem = browser.find_element_by_id('user_pass')
>>> passwordElem.send_keys('your_real_password_here')
>>> passwordElem.submit()
```

只要在 MetaFilter 沒有在本書出版後改變網頁上 Username 和 Password 文字欄位的 id，那這上面的範例程式就能使用提供的文字來填入這些文字欄位中（請使用瀏覽器的開發人員工具來檢查其 id 是否有改變）。在任何元素上呼叫 submit() 方法都等同於按下該元素所在表單的 Submit 按鈕（您可以很容易地呼叫 emailElem.submit()，程式會做一樣的事情）。

> NOTE
> 盡可能避免把密碼放在程式碼中。如果密碼在硬碟中未加密，很容易讓密碼意外洩露給其他人。如果可能，請讓程式提示使用者來輸入，使用第 8 章中所介紹的 pyinputplus.inputPassword() 函式從鍵盤輸入密碼。

傳送特殊按鍵

selenium 有個模組可處理不能用字串值輸入的鍵盤按鍵，其功用很像轉義字元，這些值存放在 selenium.webdriver.common.keys 模組的屬性中，由於這個模組的名稱很長，所以在程式最頂端執行 from selenium.webdriver.common.keys import Keys 就會變比較容易，以這樣的方式匯入後，原本在程式中要寫入 from selenium.webdriver.common.keys 的地方則只要輸入 Keys 即可。表 12-5 列出了常用的 Keys 變數。

表 12-5　selenium.webdriver.common.keys 模組中常用的變數

屬性	意義
Keys.DOWN, Keys.UP, Keys.LEFT, Keys.RIGHT	鍵盤中的上下左右方向鍵
Keys.ENTER, Keys.RETURN	ENTER 和 RETURN 按鍵
Keys.HOME, Keys.END, Keys.PAGE_DOWN, Keys.PAGE_UP	HOME, END, PAGEDOWN 和 PAGEUP 按鍵

屬性	意義
Keys.ESCAPE, Keys.BACK_SPACE, Keys.DELETE	ESC, BACKSPACE 和 DELETE 按鍵
Keys.F1, Keys.F2,..., Keys.F12	鍵盤最上方的 F1 到 F12 的功能鍵
Keys.TAB	TAB 按鍵

例如，假設閃動的游標目前不在文字欄位中，按下 HOME 和 END 鍵可讓瀏覽器捲動到最頂端和最底端。請在互動式 Shell 模式中輸入如下內容，留意在呼叫 send_key() 後瀏覽器是怎麼捲動頁面的：

```
>>> from selenium import webdriver
>>> from selenium.webdriver.common.keys import Keys
>>> browser = webdriver.Firefox()
>>> browser.get('http://nostarch.com')
>>> htmlElem = browser.find_element_by_tag_name('html')
>>> htmlElem.send_keys(Keys.END)      # scrolls to bottom
>>> htmlElem.send_keys(Keys.HOME)     # scrolls to top
```

<html> 標籤是 HTML 檔中的基本標籤：HTML 檔案的完整內容都包在 <html> 和 </html> 標籤之間。呼叫 browser.find_element_by_tag_name('html') 是對一般 Web 頁面傳送按鍵的好位置，舉例來說，若想要當我們捲動到該頁面最底部時就載入新的內容時，在這樣的需求下此功能就很有用。

點按瀏覽器的按鈕

selenium 可利用下列的方法來模擬點按瀏覽器的各種按鈕：

- browser.back() 是點按「下一頁」按鈕。
- browser.forward() 是點按「上一頁」按鈕。
- browser.refresh() 是點按「更新」按鈕。
- browser.quit() 是點按「關閉」按鈕。

關於更多 selenium 的資訊

Selenium 能做的事遠超出本節所講述的功能，它能修改瀏覽器的 cookie，能擷取頁面快照，能執行自訂的 JavaScript 等，若想要了解這些功能的更多資訊，請連到：http://selenium-python.readthedocs.org/。

總結

大多數無聊的工作並不僅限於電腦中的檔案而已，若能設計編寫程式來下載網頁，就能讓程式的功能延展到網際網路上。requests 模組能讓下載變得簡單，加上 HTML 的概念和選擇器等基本知識，就可利用 BeautifulSoup 模組來解析下載的網頁內容。

若要全面自動化處理所有網頁相關的工作，則需要用到 selenium 模組，它可以直接控制瀏覽器，selenium 模組允許您自動登入網路和填寫表單，因為 Web 瀏覽器是在網路上收發資訊最常見的方式，所以 selenium 是程式人員工具箱中很重要的工具。

習題

1. 簡單描述 webbrowser、requests、bs4 和 selenium 模組有何不同。
2. 請說明 requests.get() 返回哪一種類型的物件？如何把下載的內容當成字串來存取使用？
3. 哪一個 requests 方法能檢查下載是否有成功？
4. 怎麼取得 requests 回應的 HTTP 狀態碼？
5. 怎麼把 requests 回應儲存到檔案中？
6. 按下什麼快速鍵可開啟 Web 瀏覽器的開發人員工具視窗呢？
7. 在開發人員工具中要怎麼查閱頁面上特定元素的 HTML 碼？
8. 若要找出 id 屬性為 main 的元素，CSS 選擇器的字串要寫什麼？
9. 若要找出 CSS 類別為 highlight 的元素，CSS 選擇器的字串要寫什麼？
10. 若要找出某個 <div> 元素中所有的 <div> 元素時，CSS 選擇器的字串要寫什麼？
11. 若要找出某個 <button> 元素，其 value 屬性是 favorite，CSS 選擇器的字串要寫什麼？

12. 假設您有一個 Beautiful Soup 的 Tag 物件是存放在 spam 變數內，Tag 物件的元素是 <div>Hello world!</div>。要怎麼從這個 Tag 物件中取出字串 'Hello world!' 呢？
13. 如何將某個 Beautiful Soup 的 Tag 物件的所有屬性儲存到 linkElem 變數中？
14. 執行 import selenium 沒有作用，那要怎麼正確匯入 selenium 模組呢？
15. 請問 find_element_* 和 find_elements_* 方法兩者有何不同？
16. 請問 selenium 的 WebElement 物件有哪些方法可模擬滑鼠的點按和鍵盤的按鍵？
17. 您可以在 Submit 按鈕的 WebElement 物件呼叫 send_keys(Keys.ENTER)，但利用 selenium 時，還有什麼更容易的方法來提交表單呢？
18. 如何使用 selenium 模擬滑鼠點按瀏覽器上的「下一頁」、「上一頁」和「更新」等按鈕。

實作專題

為了練習與實作，請依照下列需求編寫設計程式。

命令提示行郵件處理程式

請設計編寫一個程式，它能利用命令提示行來放入 Email 地址和文字字串，然後使用 selenium 登入到您的郵件信箱，將該字串當成郵件發信傳送到提供的 Email 地址（您可能要為這個程式建立一個獨立的 Email 帳號）。

這是為程式新增通知功能的好方法，您也可以設計類似的程式來使用 Facebook 或 Twitter 帳號來發送訊息。

照片影像網站的下載

請設計編寫一個程式，能存取像 Flickr 或 Imgur 之類的照片影像共享網站，搜尋某種類型的照片影像，然後下載所有搜尋結果的照片影像。您可以設計編寫一支程式來存取任何具有搜尋功能的照片影像網站。

2048

2048 是個簡單的遊戲，利用鍵盤的方向鍵的上、下、左、右來移動方塊，讓方塊合併。您可以藉由重覆地「上、右、下、左」模式來取得高分。請編寫一支程式，開啟 https://gabrielecirulli.github.io/2048/ 中的遊戲，不斷傳送鍵盤的「上、右、下、左」按鍵來自動玩遊戲。

連結驗證

請設計編寫一支程式，能對指定的 URL 下載該網頁中所有連結的頁面。程式要能夠標示出顯示 404 "Not Found" 狀態碼的頁面，並它們標示成斷鏈連結印出來。

第 13 章
處理 Excel 試算表

我們並不把試算表視為程式設計的工具，但現在幾乎每個人都會使用試算表把資訊組織成二維的資料結構，運用公式進行計算以及將輸出生成為圖表。在接下來的兩章中，我們會把 Python 整合到兩個目前很流行的試算表應用程式內：Microsoft Excel 和 Google Sheets。

Excel 是在 Windows 系統中最受歡迎且功能強大的試算表應用程式。Openyxl 模組能讓 Python 程式讀取和修改 Excel 試算表的檔案。舉例來說，有個無聊的工作需要從某個試算表中複製一些資料再貼到另一個試算表內；或者是要從試算表的幾千列之中挑選幾列，並依照某個條件來修改一些內容；再或者是要檢閱幾百個部門的預算試算表，從中找出赤字的內容。正因為是這類無聊又不需動太多腦筋的試算表處理工作，才需要以 Python 來幫您搞定。

雖然 Excel 是 Microsoft 公司很受歡迎的軟體，但也有一些免費的試算表應用程式可在 Widnows、macOS 或 Linux 中執行。像 LiberOffice Calc 和 OpenOffice Calc 等軟體都能處理 Excel 的試算表檔案格式，這也代表 openpyxl 模組也能處理來自這些軟體的試算表檔案。您可以從 https://www.libreoffice.org/ 和 http://www.openoffice.org/ 下載這些軟體來使用，就算您的電腦中已有了 Excel，可能會發現前述這兩套軟體其實也是很容易使用的。不過，本章中所用的範例和畫面都以 Windows 10 中的 Excel 2010 來實作。

Excel 檔案

首先來談一些基本的定義：Excel 試算表文件被稱之為活頁簿（workbook），而活頁簿則儲存在副檔名為.xlsx 的檔案中。每個活頁簿中可含有多個工作表（worksheet），而使用者正在使用的工作表（或是在關閉 Excel 前最後看到的那個表）則稱為使用中工作表（active sheet）。

每個工作表中都有欄（column，位址從字母 A 開始）和列（row，位址從數字 1 開始）。在指定的欄和列所形成的方格則稱為儲存格（cell）。每個儲存格都能放入數字或文字值，而儲存格所形成的網格和內含的資料就構成了一份「工作表」。

安裝 openpyxl 模組

Python 沒有內建 OpenPyXL，所以要先安裝，請參考附錄 A 中安裝第三方模組的說明，要安裝的模組名稱為 openpyxl。

本書使用的 OpenPyXL 是 2.6.2 版。請一定要執行 pip install --user -U openpyxl == 2.6.2 來安裝此版本，因為 OpenPyXL 較新的版本與書中某些資訊並不相容。安裝後要測試是否已正確裝好，請在互動式 Shell 模式中輸入如下指令：

```
>>> import openpyxl
```

如果安裝正確，則不會有任何錯誤訊息顯示。在互動式 Shell 模式中要執行本章的範例前，記得要先匯入 openpyxl 模組，否則會顯示錯誤訊息：NameError: name 'openpyxl' is not defined。

可連到 OpenPyXL 網站取得完整的相關文件：http://openpyxl.readthedocs.org/。

讀取 Excel 檔

本章中的範例會用到試算表 example.xlsx 檔，請將它儲放在根目錄或您的工作目錄中。當然您也可以自己建立這個範例試算表檔，或是從 http://nostarch.com/automatestuff2/ 下載。如圖 13-1 所示為 3 個預設的工作表，名為 Sheet1、Sheet2 和 Sheet3，這是 Excel 自動為新活頁簿建立的（不同作業系統和試算表軟體所提供的預設工作表數量可能會不同）。

圖 13-1　活頁簿中的工作表標籤在 Excel 左下角

範例檔中的 Sheet1 的內容如表 13-1 所示（如果您沒有從網站下載範例檔 example.xlsx，則要自己在工作表中輸入這些資料）。

表 13-1　example.xlsx 試算表中的資料

	A	B	C
1	4/5/2015 1:34:02 PM	Apples	73
2	4/5/2015 3:41:23 AM	Cherries	85
3	4/6/2015 12:46:51 PM	Pears	14
4	4/8/2015 8:59:43 AM	Oranges	52
5	4/10/2015 2:07:00 AM	Apples	152
6	4/10/2015 6:10:37 PM	Bananas	23
7	4/10/2015 2:40:46 AM	Strawberries	98

現在已有了範例試算表檔，就來看看怎麼使用 openpyxl 模組來操控它吧。

使用 openpyxl 模組來開啟 Excel 檔

一旦匯入了 openpyxl 模組，就能使用 openpyxl.load_workbook() 函式，請在互動式 Shell 模式中輸入如下內容：

```
>>> import openpyxl
```

```
>>> wb = openpyxl.load_workbook('example.xlsx')
>>> type(wb)
<class 'openpyxl.workbook.workbook.Workbook'>
```

openpyxl.load_workbook() 函式接受檔案名稱，然後傳回 workbook 資料型別的值，此 workbook 物件代表 Excel 檔，有點像 File 物件代表某個開啟的文字檔。

請記住一件事，example.xlsx 要放在目前的工作目錄中才能取用它，藉由匯入 os 模組和使用 os.getcwd() 函式就可得知目前的工作目錄是什麼，然後還可以使用 os.chdir() 切換改變目前的工作目錄。

從活頁簿中取得工作表

可藉由存取 sheetnames 屬性來取得活頁簿中所有工作表名稱的串列，請在互動環境中輸入如下內容：

```
>>> import openpyxl
>>> wb = openpyxl.load_workbook('example.xlsx')
>>> wb.sheetnames # The workbook's sheets' names.
['Sheet1', 'Sheet2', 'Sheet3']
>>> sheet = wb['Sheet3'] # Get a sheet from the workbook.
>>> sheet
<Worksheet "Sheet3">
>>> type(sheet)
<class 'openpyxl.worksheet.worksheet.Worksheet'>
>>> sheet.title # Get the sheet's title as a string.
'Sheet3'
>>> anotherSheet = wb.active # Get the active sheet.
>>> anotherSheet
<Worksheet "Sheet1">
```

每個工作表是由一個 Worksheet 物件所代表，我們可以透過中括號與工作表名稱字串（就像字典的鍵）來取得該物件。最後使用 Workbook 物件的 active 屬性來獲取活頁簿的使用中工作表。使用中工作表（active sheet）是指在 Excel 開啟活頁簿時出現的那個正在使用的工作表。在取得 Worksheet 物件之後，可利用 title 屬性取得其名稱。

從工作表中取得儲存格

當您有了 Worksheet 物件後，就可以利用其名稱來存取 Cell 物件，請在互動式 Shell 模式中輸入如下內容：

```
>>> import openpyxl
>>> wb = openpyxl.load_workbook('example.xlsx')
>>> sheet = wb['Sheet1'] # Get a sheet from the workbook.
>>> sheet['A1'] # Get a cell from the sheet.
<Cell 'Sheet1'.A1>
>>> sheet['A1'].value # Get the value from the cell.
datetime.datetime(2015, 4, 5, 13, 34, 2)
>>> c = sheet['B1'] # Get another cell from the sheet.
>>> c.value
'Apples'
>>> # Get the row, column, and value from the cell.
>>> 'Row %s, Column %s is %s' % (c.row, c.column, c.value)
'Row 1, Column B is Apples'
>>> 'Cell %s is %s' % (c.coordinate, c.value)
'Cell B1 is Apples'
>>> sheet['C1'].value
73
```

Cell 物件有個 value 屬性就是這個儲存格中所存放的值。Cell 物件也有 row、column 和 coordination 屬性來提供對該儲存格的位置訊息。

在這個範例中，存取儲存格 B1 的 Cell 物件的 value 屬性，會得到 'Apples' 字串。row 屬性是整數 1，column 屬性則是 'B'，而 coordination 屬性是 'B1'。

OpenPyXL 會自動解譯 A 欄中的日期，將其返回成 datetime 值，而不是字串。datetime 資料型別會在第 17 章進一步說明。

對程式來說，用字母來指定欄有點奇怪，特別在 Z 欄之後，欄位會以兩個字母開始：AA、AB、AC…等，在呼叫工作表的 cell() 方法時，可以傳入整數來替代 row 和 column 關鍵字引數，這樣也可取得儲存格。第一列和第一欄的整數為 1，不是 0。請在互動環境中輸入如下內容：

```
>>> sheet.cell(row=1, column=2)
<Cell 'Sheet1'.B1>
>>> sheet.cell(row=1, column=2).value
'Apples'
>>> for i in range(1, 8, 2): # Go through every other row:
        print(i, sheet.cell(row=i, column=2).value)

1 Apples
3 Pears
5 Apples
7 Strawberries
```

從這個例子中可看出，使用工作表的 cell() 方法，在傳入 row=1 和 column=2 時會取得儲存格 B1 的 Cell 物件，就和指定 sheet['B1'] 一樣。隨後使用了 cell() 方法和它的關鍵字引數來編寫 for 迴圈，印出一系列的儲存格的值。

假設您想順著 B 欄印出所有奇數列儲存格的值，可利用傳入 2 作為 range() 函式的「步進」引數，這樣可取得隔一列的儲存格（這裡就是指所有的奇數列）。for 迴圈的 i 變數會傳入成為 cell() 方法的 row 關鍵字引數，而 column 關鍵字則定在 2（代表第 2 欄，也就是 B 欄），請留意傳入的是整數 2 而不是字串 'B'。

可以利用 Worksheet 物件的 max_row 和 max_column 方法來確定工作表的內容大小。請在互動式 Shell 模式中輸入如下內容：

```
>>> import openpyxl
>>> wb = openpyxl.load_workbook('example.xlsx')
>>> sheet = wb['Sheet1']
>>> sheet.max_row # Get the highest row number.
7
>>> sheet.max_column # Get the highest column number.
3
```

請留意，max_column 方法會返回整數值，而不是返回在 Excel 中看到的字母欄位哦。

欄的字母和數字之間的轉換

若想要把欄的字母轉換成數字，可呼叫 openpyxl.utils.cell.column_index_from_string() 函式；若想把欄的數字轉換成字母，則可呼叫 openpyxl.utils.cell.get_column_letter()，請在互動式 Shell 模式中輸入如下內容：

```
>>> import openpyxl
>>> from openpyxl.utils import get_column_letter, column_index_from_string
>>> get_column_letter(1) # Translate column 1 to a letter.
'A'
>>> get_column_letter(2)
'B'
>>> get_column_letter(27)
'AA'
>>> get_column_letter(900)
'AHP'
>>> wb = openpyxl.load_workbook('example.xlsx')
>>> sheet = wb['Sheet1']
>>> get_column_letter(sheet.max_column)
'C'
>>> column_index_from_string('A') # Get A's number.
1
>>> column_index_from_string('AA')
27
```

從 openpyxl.utils 模組中匯入這兩個函式後，可呼叫 get_column_letter() 來傳入像 27 這樣的整數，則會返回第 27 欄的字母是什麼。column_index_string() 做的事則相反：傳入欄的字母代表，則會返回該欄的數字是多少。不必載入活頁簿也能用使用這些函式，但若載入活頁簿取得 Worksheet 物件，然後呼叫 Worksheet 物件的 get_max_column() 方法來取得工作表已使用最大欄位的數字整數，隨即放入 get_column_letter() 中則可傳回字母。

從工作表取得欄和列

可從 Worksheet 物件切片（slice）來取得工作表中以列、欄或某個矩形區域的 Cell 物件，隨後可以對這個切片範圍來進行迴圈以存取所有的儲存格。請在互動式 Shell 模式中輸入如下內容：

```
>>> import openpyxl
>>> wb = openpyxl.load_workbook('example.xlsx')
>>> sheet = wb['Sheet1']
>>> tuple(sheet['A1':'C3']) # Get all cells from A1 to C3.
((<Cell 'Sheet1'.A1>, <Cell 'Sheet1'.B1>, <Cell 'Sheet1'.C1>), (<Cell
'Sheet1'.A2>, <Cell 'Sheet1'.B2>, <Cell 'Sheet1'.C2>), (<Cell 'Sheet1'.A3>,
<Cell 'Sheet1'.B3>, <Cell 'Sheet1'.C3>))
❶ >>> for rowOfCellObjects in sheet['A1':'C3']:
❷ ...     for cellObj in rowOfCellObjects:
...         print(cellObj.coordinate, cellObj.value)
...     print('--- END OF ROW ---')

A1 2015-04-05 13:34:02
B1 Apples
C1 73
--- END OF ROW ---
A2 2015-04-05 03:41:23
B2 Cherries
C2 85
--- END OF ROW ---
A3 2015-04-06 12:46:51
B3 Pears
C3 14
--- END OF ROW ---
```

在這個範例中指定了以 A1 到 C3 的矩形範圍中的 Cell 物件，然後取得了一個 Generator 物件，這個物件則含有 A1 到 C3 的矩形範圍的 Cell 物件。為了讓我們看清楚 Generator 物件，可用 tuple() 方法將 Cell 物件在多元組（tuple）中顯示出來。

這個多元組含有三個多元組：一個代表一列，從指定區域範圍的最頂端到最底部。這三個內部多元組中每一個又包含指定區域範圍中一列的 Cell 物件，從最左側的儲存格到最右側。總而言之，工作表的這個切片包含了從 A1 到 C3 區域範圍的所有 Cell 物件，從左上角的儲存格開始到右下角的儲存格結束。

要印出這個範圍中的所有儲存格的值，要用到兩個 for 迴圈。外層的 for 迴圈巡遍這個切片中的每一列❶，然後再對每一列用內層 for 迴圈巡遍該列中每一個儲存格❷。

要存取指定的欄或列的儲存格中的值，也可用 Worksheet 物件的 rows 和 columns 屬性，這些屬性必須先使用 list() 函式轉換為串列，然後才能使用中括號和索引編號來存取。請互動式 Shell 模式中輸入如下內容：

```
>>> import openpyxl
>>> wb = openpyxl.load_workbook('example.xlsx')
>>> sheet = wb.active
>>> list(sheet.columns)[1] # Get second column's cells.
(<Cell 'Sheet1'.B1>, <Cell 'Sheet1'.B2>, <Cell 'Sheet1'.B3>, <Cell 'Sheet1'.
B4>, <Cell 'Sheet1'.B5>, <Cell 'Sheet1'.B6>, <Cell 'Sheet1'.B7>)
>>> for cellObj in list(sheet.columns)[1]:
        print(cellObj.value)


Apples
Cherries
Pears
Oranges
Apples
Bananas
Strawberries
```

利用 Worksheet 物件的 rows 屬性可取得一個多元組所構成的多元組。每個這些內部的多元組都代表一列，內含有該列的 Cell 物件。Columns 屬性也會給一個由多元組所構成的多元組，內部每個多元組都含有一欄中的 Cell 物件。以 example.xlsx 來說，範例中有 7 列 3 欄的內容，rows 會給一個由 7 個多元數所構成的多元組（每個內部的多元組含有 3 個 Cell 物件），而 columns 則會給一個由 3 個多元組所構成的多元組（每個內部的多元組含有 7 個 Cell 物件）。

要存取某個特定的多元組，可使用它在大的多元組中的索引足標。例如，要取得代表 B 欄的多元組，可用 list(sheet.columns)[1] 來表示。要取得代表 A 欄的多元組則可用 list(sheet.columns)[0] 來表示。在取得代表列或欄的多元組後，就可用 for 迴圈來巡遍整個物件，並印出其的值。

活頁簿、工作表、儲存格

在這裡做個快速的回顧，整理了從試算表檔案中讀取儲存格所要用到的相關函式、方法和資料型別：

1. 匯入 openpyxl 模組。
2. 呼叫 openpyxl.load_workbook() 函式。
3. 取得 Workbook 物件。
4. 使用 active 或 sheetnames 屬性。
5. 取得 Worksheet 物件。
6. 使用索引方法或工作表的 cell() 方法，傳入 row 和 column 關鍵字引數。
7. 取得 Cell 物件。
8. 讀取 Cell 物件的 value 屬性。

程式專題：從試算表中讀取資料

話說您有個試算表的資料是來自 2010 年美國人口普查，而有個無趣的工作是要看遍整份表格幾千列的資料，計算出總人口數和每個郡的普查統計區的數量（人口普查統計區只是個地理區域的概念，是為了人口普查的目的而定義的）。工作表中每一列代表一個人口普查統計區，我們將這份試算表檔案命名為 censuspopdata.xlsx，可從 http://nostarch.com/automatestuff2/ 網站下載使用。開啟的畫面如圖 13-2 所示。

雖然 Excel 是能計算多個選取儲存格的加總，但您還是要選取 3,000 個郡以上的儲存格才能加總，就算用手動的方式計算某個郡的人口只需幾秒鐘，整張試算表也得花上幾小時的時間。

在這個程式專題中是要設計編寫出一個程式腳本，可從人口普查的試算表檔案中讀取資料，並在幾秒鐘之內算出每個郡的統計值。

	A	B	C	D	E
1	CensusTract	State	County	POP2010	
9841	06075010500	CA	San Francisco	2685	
9842	06075010600	CA	San Francisco	3894	
9843	06075010700	CA	San Francisco	5592	
9844	06075010800	CA	San Francisco	4578	
9845	06075010900	CA	San Francisco	4320	
9846	06075011000	CA	San Francisco	4827	
9847	06075011100	CA	San Francisco	5164	

Population by Census Tract

Ready

圖 13-2　censuspopdata.xlsx 的畫面

以下是程式要做的事情：

1. 從 Excel 試算表中讀取資料。
2. 算出每個郡中普查統計區的數量。
3. 算出每個郡的總人口數。
4. 印出結果。

這也是指程式碼要能做到如下所列的事情：

1. 使用 openpyxl 模組開啟 Excel 檔並讀取儲存格。
2. 計算所有普查統計區和人口資料，將其儲存到一個資料結構中。
3. 使用 pprint 模組將該資料結構寫入一個副檔名為 .py 的文字檔內。

STEP 1：讀取試算表資料

在 censuspopdata.xlsx 試算表中只有一個名為 'Population by Census Tract' 的工作表，其中每一列都存放了某個普查統計區的資料。欄則分別是普查統計區的編號（CensusTract, A 欄）、州的縮寫（State, B 欄）、郡的名稱（County, C 欄）和普查統計區的人口數（POP2010, D 欄）。

請開啟一個新的 file editor 標籤視窗，輸入如下的程式碼，然後將檔案儲存成 readCensusExcel.py 檔。

```
   #! python3
   # readCensusExcel.py - Tabulates population and number of census tracts for
   # each county.

❶ import openpyxl, pprint
   print('Opening workbook...')
❷ wb = openpyxl.load_workbook('censuspopdata.xlsx')
❸ sheet = wb['Population by Census Tract']
   countyData = {}

   # TODO: Fill in countyData with each county's population and tracts.
   print('Reading rows...')
❹ for row in range(2, sheet.max_row + 1):
       # Each row in the spreadsheet has data for one census tract.
       state  = sheet['B' + str(row)].value
       county = sheet['C' + str(row)].value
       pop    = sheet['D' + str(row)].value

   # TODO: Open a new text file and write the contents of countyData to it.
```

這段程式碼有匯入 openpyxl 模組和 pprint 模組❶，可用 pprint 模組來印出最後郡的相關資料，隨後的程式碼中開啟了 censuspopdata.xlsx 檔❷，取得含有人口普查資料的工作表❸，開始以迴圈重覆迭代每一列❹。

請留意，這裡建立了一個 countyData 變數，其中含有計算的每個郡的人口和普查統計區的數量，在儲存東西到這個變數之前，請先決定其內部的資料要怎麼組織構造。

STEP 2：裝入資料結構中

儲存在 countyData 變數中的資料結構是個字典，以州（State）的縮寫為鍵（key），每一州的縮寫會對應到另一字典，其中的鍵為該州的郡名。每一郡的名稱又對應到一字典，該字典只有兩個鍵：'tracts' 和 'pop'。這些鍵會對應到普查統計區數量和該郡的人口數。舉例來說，該字典可能像下列這般：

```
{'AK': {'Aleutians East': {'pop': 3141, 'tracts': 1},
        'Aleutians West': {'pop': 5561, 'tracts': 2},
        'Anchorage': {'pop': 291826, 'tracts': 55},
        'Bethel': {'pop': 17013, 'tracts': 3},
        'Bristol Bay': {'pop': 997, 'tracts': 1},
        --省略--
```

如果前面的字典存放在 countyData 中，下列的表示式求值結果是：

```
>>> countyData['AK']['Anchorage']['pop']
291826
```

```
>>> countyData['AK']['Anchorage']['tracts']
55
```

一般來看，countyData 字典中的鍵像如下列這般：

```
countyData[state abbrev][county]['tracts']
countyData[state abbrev][county]['pop']
```

現在已知道了 countyData 是怎麼組織構造的，就能設計程式以郡的資料來填入。請將下列的程式碼加到範例程式的尾端：

```
#! python 3
# readCensusExcel.py - Tabulates population and number of census tracts for
# each county.

--省略--

for row in range(2, sheet.max_row + 1):
    # Each row in the spreadsheet has data for one census tract.
    state  = sheet['B' + str(row)].value
    county = sheet['C' + str(row)].value
    pop    = sheet['D' + str(row)].value

    # Make sure the key for this state exists.
 ❶ countyData.setdefault(state, {})
    # Make sure the key for this county in this state exists.
 ❷ countyData[state].setdefault(county, {'tracts': 0, 'pop': 0})

    # Each row represents one census tract, so increment by one.
 ❸ countyData[state][county]['tracts'] += 1
    # Increase the county pop by the pop in this census tract.
 ❹ countyData[state][county]['pop'] += int(pop)

# TODO: Open a new text file and write the contents of countyData to it.
```

所加入程式碼的最後兩行是執行實際的加總運算，在 for 迴圈的每次重覆迭代中，會對目前的郡累加 tracts 的值❸和 pop 的值❹。

還需要其他程式碼的原因是，只有 countyData 中存在的鍵才能讓我們取用它連結的值（也就是說，如果 'AK' 鍵不存在的話，countyData['AK']['Anchorage']['tracts'] +=1 會產生錯誤）。為了確保州的縮寫的鍵有存在，需要呼叫 setdefauft() 方法在 state 還不存在時先設定一個預設值❶）。

就像 countyData 字典需要一個字典作為每個州的縮寫的值，這些字典又再需要另一個字典作為每個郡的鍵的值❷，每個的這些字典又需要鍵 'tracts' 和 'pop'，它們的初始值為整數 0（如果這個字典的結構讓您產生混亂，可回去本節開始被所列出的字典實例）。

如果鍵已存在，setdefault() 不會做任何設定，因此在 for 迴圈的每次重覆迭代中呼叫它時不會產生問題。

STEP 3：將結果寫入檔案中

for 迴圈結束後，countyData 字典會含有所有的人口和普查統計區的訊息，並以郡（county）和州（state）為鍵。在這一刻您就可以設計更多程式碼，好將資料寫入文字檔或另一個 Excel 的工作表中。以現階段而言，我們只是使用 pprint.pformat() 函式來把變數字典的值當作是一個大型的字串，然後寫入 census2010.py 檔中。在程式最尾端加入下列程式碼（請確認沒有縮排，這樣的幾行程式碼就會在 for 迴圈之外）：

```
#! python 3
# readCensusExcel.py - Tabulates population and number of census tracts for
# each county.get_active_sheet
--省略--

for row in range(2, sheet.max_row + 1):
--省略--

# Open a new text file and write the contents of countyData to it.
print('Writing results...')
resultFile = open('census2010.py', 'w')
resultFile.write('allData = ' + pprint.pformat(countyData))
resultFile.close()
print('Done.')
```

pprint.pformat() 函式會產生一個字串，該字串已格式化整齊，且是有效合法的 Python 程式碼，將此字串輸出到 census2010.py 的文字檔中，這樣就等於利用 Python 程式生成一個 Python 程式！這種處理方式看起來有點複雜，但好處是您可以匯入 census2010.py，就像匯入其他 Python 模組一樣來取用該資料。請在互動式 Shell 模式中，將目前工作目錄切換到新建立 census2010.py 檔案所在的那個資料夾中，然後匯入使用：

```
>>> import os

>>> import census2010
>>> census2010.allData['AK']['Anchorage']
{'pop': 291826, 'tracts': 55}
>>> anchoragePop = census2010.allData['AK']['Anchorage']['pop']
>>> print('The 2010 population of Anchorage was ' + str(anchoragePop))
The 2010 population of Anchorage was 291826
```

readCensusExcel.py 程式是可以丟掉的程式碼：當您執行後把結果儲存在 census 2010.py 後，就不再需要再次執行這支程式了，不論何時，當我們需要用到郡（county）的資料時，直接 import census2010 就能取用。

手動加總計算這些資料可能要花數小時，但這支程式只要幾秒。利用 OpenPy XL 就可輕易地抽取存放在 Excel 試算表中的資訊，並對它們進行運算。讀者可從網站 http://nostarch.com/automatestuff2/ 下載本程式專題的完整程式碼檔案。

關於類似程式的一些想法

很多公司和組織單位都會使用 Excel 來儲存各種類型的資料，試算表會變得愈來愈大的情況屢見不鮮，解析 Excel 試算表的程式都有相似的結構：要載入試算表檔案，準備一些變數或資料結構，然後以迴圈遍訪試算表中每一列資料。這種程式大都會處理下列這些事情：

- 比對某個試算表中多列的資料。
- 開啟多個 Excel 檔案，跨試算表來比對資料。
- 檢測試算表是否有空列或無效的資料，如果有則產生警告訊息。
- 從試算表中讀取資料作為 Python 程式的輸入。

寫入 Excel 檔

OpenPyXL 也提供了一些寫入資料的方法，這表示您所設計的程式有能力可以建立和編修試算表檔案了。透過 Python 來建立一個內含數千列資料的試算表是非常容易的事情。

新建並儲存 Excel 檔案

呼叫 openpyxl.Workbook() 函式可建立一個新的空白 Workbook 物件。請在互動式 Shell 模式中輸入如下內容：

```
>>> import openpyxl
>>> wb = openpyxl.Workbook() # Create a blank workbook.
>>> wb.sheetnames # It starts with one sheet.
```

```
['Sheet']
>>> sheet = wb.active
>>> sheet.title
'Sheet'
>>> sheet.title = 'Spam Bacon Eggs Sheet' # Change title.
>>> wb.sheetnames
['Spam Bacon Eggs Sheet']
```

活頁簿會從一個名為 Sheet 的工作表開始，我們可以把新的字串指定到它的 title 屬性中，這樣就能改變工作表的名稱。

當修改 Workbook 物件或它的工作表和儲存格時，試算表並不會儲存，除非呼叫了 save() 活頁簿方法才會存檔。請在互動式 Shell 模式中輸入如下內容（記得將 example.xlsx 檔放在目前的工作目錄中）：

```
>>> import openpyxl
>>> wb = openpyxl.load_workbook('example.xlsx')
>>> sheet = wb.active
>>> sheet.title = 'Spam Spam Spam'
>>> wb.save('example_copy.xlsx') # Save the workbook.
```

在這個例子中我們變更了工作表的名稱，為了儲存變更的內容，我們把檔案名稱當成字串放入 save() 方法中，傳入的檔案名稱和最初開啟的檔名不同，是用 'example_copy.xlsx'，這樣就能將更改的內容儲存到另一份試算表檔案中。

當您編輯從檔案載入的試算表時，最好將把這個新開始或編輯過的試算表儲存成不同於原來載入的檔案名稱中，如果程式有誤，在新儲存的檔案中的資料出錯時，也不會影響到原來最初的試算表檔案，您還可以再叫出原始的檔案來進行補救處理。

建立和刪除工作表

使用 create_sheet() 和 del 運算子可在活頁簿中新建或刪除工作表。請在互動式 Shell 模式中輸入如下內容：

```
>>> import openpyxl
>>> wb = openpyxl.Workbook()
>>> wb.sheetnames
['Sheet']
>>> wb.create_sheet() # Add a new sheet.
<Worksheet "Sheet1">
>>> wb.sheetnames
['Sheet', 'Sheet1']
>>> # Create a new sheet at index 0.
```

```
>>> wb.create_sheet(index=0, title='First Sheet')
<Worksheet "First Sheet">
>>> wb.sheetnames
['First Sheet', 'Sheet', 'Sheet1']
>>> wb.create_sheet(index=2, title='Middle Sheet')
<Worksheet "Middle Sheet">
>>> wb.sheetnames
['First Sheet', 'Sheet', 'Middle Sheet', 'Sheet1']
```

create_sheet() 方法會返回一個新的名為 SheetX 的 Worksheet 物件，它預設是放在活頁簿最後一個工作表，不過，可利用 index 和 title 關鍵字引數來指定新工作表放入的位置和名稱。

繼續前述的例子，輸入如下內容：

```
>>> wb.sheetnames
['First Sheet', 'Sheet', 'Middle Sheet', 'Sheet1']
>>> del wb['Middle Sheet']
>>> del wb['Sheet1']
>>> wb.sheetnames
['First Sheet', 'Sheet']
```

我們可以用 del 運算子把活頁簿中的工作表刪除掉，處理方式就像我們從字典中刪除一個鍵－值對的資料一樣。

在活頁簿中新建或刪除工作表之後，請記得要用 save() 方法儲存變更。

將值寫入儲存格內

將值寫入儲存格中的方式很像將值寫入字典中對應的鍵（key）。請在互動式 Shell 模式中輸入如下內容：

```
>>> import openpyxl
>>> wb = openpyxl.Workbook()
>>> sheet = wb['Sheet']
>>> sheet['A1'] = 'Hello, world!' # Edit the cell's value.
>>> sheet['A1'].value
'Hello, world!'
```

如果把儲存格位址座標當成字串，就可像字典的鍵一樣，把它用在 Worksheet 物件中，指定要寫入那個位址座標的儲存格。

程式專題：更新試算表

這個程式專題要設計編寫的程式，是能更新生產銷售試算表中的儲存格內容。程式會遍訪整個試算表，找到指定類型的生產品，並更新其價格。請連到 http://nostarch.com/automatestuff2/ 網站下載此 produceSales.xlsx 範例試算表，開啟後如圖 13-3 所示。

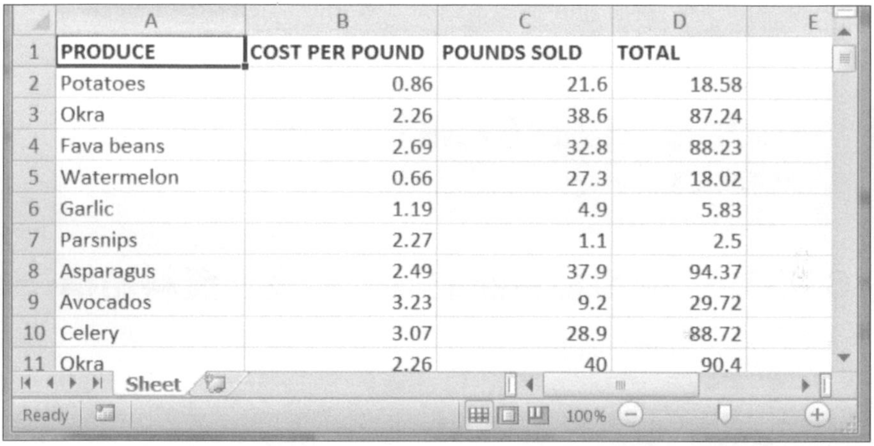

	A	B	C	D	E
1	PRODUCE	COST PER POUND	POUNDS SOLD	TOTAL	
2	Potatoes	0.86	21.6	18.58	
3	Okra	2.26	38.6	87.24	
4	Fava beans	2.69	32.8	88.23	
5	Watermelon	0.66	27.3	18.02	
6	Garlic	1.19	4.9	5.83	
7	Parsnips	2.27	1.1	2.5	
8	Asparagus	2.49	37.9	94.37	
9	Avocados	3.23	9.2	29.72	
10	Celery	3.07	28.9	88.72	
11	Okra	2.26	40	90.4	

Sheet　Ready　100%

圖 13-3　produceSales.xlsx 的試算表內容

每一列代表一次單獨的銷售記錄，而欄則分別是生產品的類型（PRODUCE, A 欄），每磅的成本（COST PER POUND, B 欄），銷售磅數（POUNDs SOLD, C 欄），和總計收入（TOTAL, D 欄）。在 TOTAL 欄之中則有設了 Excel 公式「=ROUND(B3*C3, 2)」，將每磅的成本乘上銷售磅數並取到小數第二位。有了這個公式後，如果 B 欄或 C 欄中的數值有變化，TOTAL 欄中的儲存格也會自動更新。

現在假設 Garlic、Celery 和 Lemon 的成本價格輸入有誤，那您面對的將是一項無聊的工作：巡遍整個試算表中幾千列的資料，並更改所有 Garlic、Celery 和 Lemon 列中每磅的成本價格（COST PER POUND, B 欄）。您不能只簡單地對成本價格進行取代，因為其他生產品也可能有相同的成本價格，您不會想要以這種錯誤的方式來更正。對於幾千列的資料，以手動的操作可能要花數小時，但若您設計出程式，則只要幾秒鐘就能搞定這件工作。

您設計的程式要做到下列事情：

1. 以迴圈方式遍訪所有列的記錄。
2. 如果該列是 Garlic、Celery 或 Lemon，則更新其成本價格。

這表示程式碼要能做到下列事情：

1. 開啟試算表檔案。
2. 對每一列比對檢查 A 欄的值是不是 Garlic、Celery 或 Lemon。
3. 如果是，則更新 B 欄中的成本價格。
4. 將這個試算表另存成一份新的檔案（為防萬一，這樣比較不會弄丟原來的試算表檔案）。

STEP 1：使用要更新的資訊來設立資料結構

需要更新的成本價格如下所示：

```
Celery      1.19
Garlic      3.07
Lemon       1.27
```

您可以這編寫程式：

```
if produceName == 'Celery':
    cellObj = 1.19
if produceName == 'Garlic':
    cellObj = 3.07
if produceName == 'Lemon':
    cellObj = 1.27
```

但這樣硬寫到生產品和更新的成本價格有點不優雅，萬一又有不同的成本要變更，或又有不同的生產品要更動時，就又要進入程式中修改很多程式碼。每次修改程式碼都有引發錯誤的風險。

更有彈性的做法是，將正確要更新的成本資訊儲存在字典中，在編寫程式碼時取用這個字典資料結構即可。請開新的 file editor 視窗中輸入如下程式碼：

```
#! python3
# updateProduce.py - Corrects costs in produce sales spreadsheet.

import openpyxl
```

```
wb = openpyxl.load_workbook('produceSales.xlsx')
sheet = wb['Sheet']

# The produce types and their updated prices
PRICE_UPDATES = {'Garlic': 3.07,
                 'Celery': 1.19,
                 'Lemon': 1.27}

# TODO: Loop through the rows and update the prices.
```

將這程式儲存為 updateProduce.py 檔。如果有需要再次更新試算表時，則要更動 PRICE_UPDATES 字典的內容，不用修改其他程式碼。

STEP 2：比對檢查所有列，更新成本價格

程式的下一個部分是以 for 迴圈遍訪整個試算表中每一列，請將下列程式碼新增到 updateProduce.py 的後面：

```
   #! python3
   # updateProduce.py - Corrects costs in produce sales spreadsheet.

   --省略--

   # Loop through the rows and update the prices.
❶ for rowNum in range(2, sheet.max_row):  # skip the first row
     ❷ produceName = sheet.cell(row=rowNum, column=1).value
     ❸ if produceName in PRICE_UPDATES:
           sheet.cell(row=rowNum, column=2).value = PRICE_UPDATES[produceName]

❹ wb.save('updatedProduceSales.xlsx')
```

因為第一列是標題，所以從第二列開始迴圈巡遍❶，第一欄的儲存格（A 欄）會存放到 produceName 變數中❷，如果 produceName 的值是 PRICE_UPDATES 字典中的一個鍵（key）❸，則這一列的成本價格要修改。正確的成本價格是 PRICE_UPDATES[produceName]。

請留意一件事，使用 PRICE_UPDATES 會讓程式碼變整潔很多，只需一條 if 陳述句，不用像 if produceName == 'Garlic' 寫程式碼就能更新所有種類的產品。因為程式中並沒有用硬寫死的生產品名稱，而是用 PRICE_UPDATES 字典在 for 迴圈中更新價格，所以如果生產銷售的試算表還需要有其他的更新，只需要修改 PRICE_UPDATES 字典，不用更改其他程式碼。

在巡遍了整份試算表檔案並修改之後，程式就會把 Workbook 物件儲存到 updateProduceSales.xlsx 檔中❹，並沒有覆蓋原來的試算表檔案，以防萬一程式出錯時也弄壞原來的試算表檔案。在確認修改的試算表都正確後，您就可以刪掉原始的那個試算表檔案。

您可以連到 http://nostarch.com/automatestuff2/ 網站下載此範例的完整程式碼。

關於類似程式的一些想法

因為有很多辦公人員都在用 Excel 試算表，所以能夠自動編輯和寫入 Excel 檔的程式會很有用，這類的程式還可以完成下列這些工作：

- 從某個試算表中讀取資料，寫入其他試算表的某個範圍。
- 從網頁、文字檔或剪貼簿中讀取資料，並將其寫入試算表中。
- 自動「清理」試算表中的資料。例如，可用正規表示式讀取多種格式的電話號碼，然後將它們轉換成單一種標準的格式。

設定儲存格的字型

對某些儲存格、列或欄來進行的字型格式設定，可幫您強調試算表中某些重點。舉例來說，在生產銷售的試算表中，程式可以對 Potato、Garlic 和 Parsnip 等列套入粗體，或是將每磅成本超過 5 美元的列都套入斜體。以手動方式為大型試算表中某些部分來設定字型格式是件冗長乏味的工作，但用程式來做可馬上解決。

若要自訂儲存格的字型格式，要先從 openpyxl.styles 模組匯入 Font() 函式。

```
from openpyxl.styles import Font
```

這行指令能讓您直接輸入 Font()，而不用寫 openpyxl.styles.Font() 這麼長（請參考本書第二章「匯入模組」的內容，複習一下這種類型的 import 陳述句）。

這裡示範一個實例，先建立一個新的活頁簿，再將 A1 儲存格的字型設為大小 24 點且斜體的格式。請在互動式 Shell 模式中輸入如下內容：

```
   >>> import openpyxl
   >>> from openpyxl.styles import Font
   >>> wb = openpyxl.Workbook()
   >>> sheet = wb['Sheet']
❶ >>> italic24Font = Font(size=24, italic=True) # Create a font.
❷ >>> sheet['A1'].font = italic24Font # Apply the font to A1.
   >>> sheet['A1'] = 'Hello world!'
   >>> wb.save('styled.xlsx')
```

在這個例子中，Font(size=24, italic=True) 返回一個 Font 物件，且指定存放到 italic24Font 中❶。Font() 的關鍵字引數 size 和 italic 設定了 Font 物件的樣式資訊。當 italic24Font 物件指定給 sheet['A1'].font 時❷，則所有的字型格式資訊就會套入儲存格 A1 中。

Font 物件

若想要設定 font 屬性，可傳關鍵字引數到 Font() 中。如表 13-2 所示為 Font() 函式常用的關鍵字引數。

表 13-2　Font() 常用的關鍵字引數

關鍵字引數	資料型別	描述
name	字串	字型名稱，如 'Calibri' 或 'Times New Roman'
size	整數	字型大小
bold	布林	True 為粗體
italic	布林	True 為斜體

您可以呼叫 Font() 來建立 Font 物件，並將這個 Font 物件存放到變數中，然後再將它指定給 Cell 物件的 font 屬性，舉例來說，下列的程式碼中建立了多個字型格式：

```
>>> import openpyxl
>>> from openpyxl.styles import Font
>>> wb = openpyxl.Workbook()
>>> sheet = wb['Sheet']

>>> fontObj1 = Font(name='Times New Roman', bold=True)
>>> sheet['A1'].font = fontObj1
>>> sheet['A1'] = 'Bold Times New Roman'

>>> fontObj2 = Font(size=24, italic=True)
>>> sheet['B3'].font = fontObj2
```

```
>>> sheet['B3'] = '24 pt Italic'
>>> wb.save('styles.xlsx')
```

這個範例裡將一個 Font 物件存放到 fontObj1 中，然後設定 Cell 物件 font 屬性為 fontObj1，接著又再建立另一個 Font 物件，然後再設定到第二個儲存格。執行此範例後，A1 和 B3 儲存格會套入自訂的字型格式，如圖 13-4 所示。

圖 13-4　套入自訂的字型格式

在儲存格 A1 中將字型 name 設為 'Times New Roman'，並將 bold 設為 True，文字就會變成粗體的 Times New Roman 來顯示，由於沒有設定 size 大小，所以會用 openpyxl 預設的 11 為大小 size。在儲存格式 B3 中將字型的大小 size 設為 24，且 italic 設為 True，由於沒有指定字型名稱，系統預設的字型為新細明體（不同的系統環境其預設字型不相同）。

公式

公式是以等號 = 開始，可設定由其他儲存格計算取得其結果的值。在本節中，會用到 openpyxl 模組，會以編寫程式的方式在儲存格中加入公式，例如：

```
>>> sheet['B9'] = '=SUM(B1:B8)'
```

這會把 =SUM(B1:B8) 公式當作 B9 儲存格的值，使得 B9 儲存格加入了一個公式來計算從 B1 到 B8 儲存格的加總，如圖 13-5 所示。

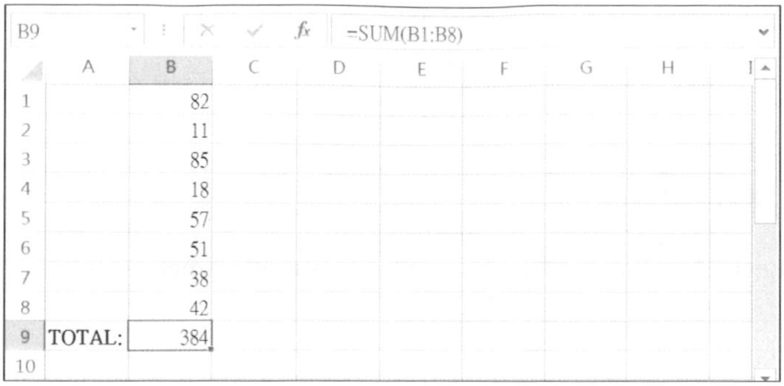

B9　=SUM(B1:B8)

	A	B	C	D	E	F	G	H
1		82						
2		11						
3		85						
4		18						
5		57						
6		51						
7		38						
8		42						
9	TOTAL:	384						
10								

圖 13-5　儲存格 B9 中含有一個公式，計算了 B1 到 B8 的加總

對儲存格設定公式的作法就和設定其他文字值一樣，請在互動式 Shell 模式中輸入如下內容：

```
>>> import openpyxl
>>> wb = openpyxl.Workbook()
>>> sheet = wb.active
>>> sheet['A1'] = 200
>>> sheet['A2'] = 300
>>> sheet['A3'] = '=SUM(A1:A2)'
>>> wb.save('writeFormula.xlsx')
```

在儲存格 A1 和 A2 中分別設定為 200 和 300 的值，而儲存格 A3 則設定一個公式 '=SUM(A1:A2)'，求出 A1 和 A2 的加總。如果在 Excel 中開啟這個試算表，A3 的值會顯示為 500。

雖然 Excel 公式對試算表提供了一定程度的程式化能力，但公式對更複雜的工作就很難控制了。舉例來說，就算您很熟悉 Excel 的公式，但想要搞懂下列 =IFERROR(TRIM(IF(LEN(VLOOKUP(F7, Sheet2!$A$1:$B$10000, 2, FALSE))>0, SUBSTITUTE(VLOOKUP(F7, Sheet2!$A$1:$B$10000, 2, FALSE), " ", ""),"")), "") 這段公式在做什麼是件很頭大的事，而 Python 的程式碼則可讀性好多了。

調整欄與列

在 Excel 中調整欄和列的大小很容易，只要以滑鼠按住欄列的邊緣拖曳調動大小即可。但如果您想要以儲存格的內容來設定欄或列的大小，或是希望對試算表大量的欄列設定其大小時，設計一支 Python 程式來處理會快很多。

欄和列也可隱藏起來，或是將它們「凍結」，這樣就可一直顯示在畫面上，如果在列印試算表時，也會出現在每頁上方（很適合當成表頭）。

設定列高和欄寬

Worksheet 物件中有 row_dimensions 和 column_dimensions 屬性可控制列高和欄寬。請在互動式 Shell 模式中輸入如下內容：

```
>>> import openpyxl
>>> wb = openpyxl.Workbook()
>>> sheet = wb.active
>>> sheet['A1'] = 'Tall row'
>>> sheet['B2'] = 'Wide column'
>>> # Set the height and width:
>>> sheet.row_dimensions[1].height = 70
>>> sheet.column_dimensions['B'].width = 20
>>> wb.save('dimensions.xlsx')
```

工作表的 row_dimensions 和 column_dimensions 有字典般的值，row_dimensions 含有 RowDimension 物件，而 column_dimensions 則有 ColumnDimension 物件。在 row_dimensions 之中可用列的編號來存取物件（如例子中的 1 或 2），而在 column_dimensions 之中可用欄的字母來存取物件（如例子中的 'A' 或 'B'）。

開啟的 dimensions.xlsx 試算表如圖 13-6 所示。

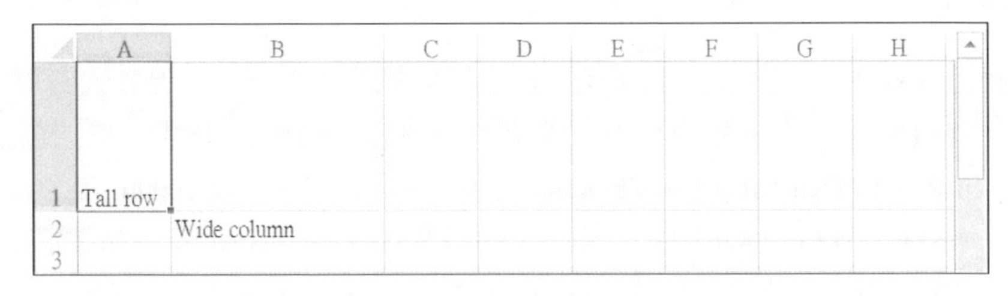

	A	B	C	D	E	F	G	H
1	Tall row							
2		Wide column						
3								

圖 13-6　列 1 和欄 B 設定了列高和欄寬

一旦有了 RowDimension 物件，就可設定其高度，當有了 ColumnDimension 物件，則可設定其寬度。列的高度可設定為 0 到 409 之間的整數或浮點數值，這個值表示高度的點數，一點相當於 1/72 英寸，預設的列高為 12.75。欄寬可設定為 0 到 255 之間的整數或浮點數值，這個值代表預設字元大小（11 點）可顯示在儲存格中的字元數量，預設的欄寬為 8.43 個字元。欄寬為 0 或列高為 0 的話會設為隱藏。

合併和取消合併儲存格

使用 merge_cells() 工作表方法，可將某一矩形範圍的區域中所有儲存格合併為單一個儲存格。請在互動式 Shell 模式中輸入如下內容：

```
>>> import openpyxl
>>> wb = openpyxl.Workbook()
>>> sheet = wb.active
>>> sheet.merge_cells('A1:D3') # Merge all these cells.
>>> sheet['A1'] = 'Twelve cells merged together.'
>>> sheet.merge_cells('C5:D5') # Merge these two cells.
>>> sheet['C5'] = 'Two merged cells.'
>>> wb.save('merged.xlsx')
```

merge_cells() 的引數是表示要合併的矩形範圍左上角和右下角的儲存格範圍，這是個字串：'A1:D3' 會把 12 個儲存格合併為一個。若要指定合併後儲存格的值，只要指定合併儲存格左上角儲存格的值即可。

執行這段程式碼後，merged.xlsx 檔如圖 13-7 所示。

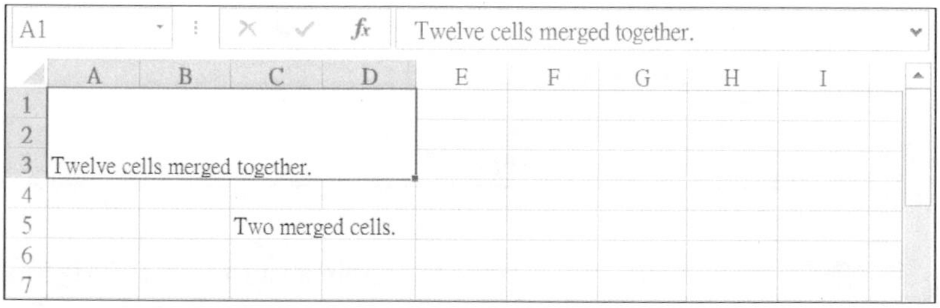

圖 13-7　在試算表中合併儲存格

若要取消合併儲存格，則要呼叫 unmerge_cells 工作表方法。請在互動式 Shell 模式中輸入如下內容：

```
>>> import openpyxl
>>> wb = openpyxl.load_workbook('merged.xlsx')
>>> sheet = wb.active
>>> sheet.unmerge_cells('A1:D3') # Split these cells up.
>>> sheet.unmerge_cells('C5:D5')
>>> wb.save('merged.xlsx')
```

若儲存了取消合併的變更，再查看這個試算表時，就會看到之前合併的儲存格已取消合併，回復到原來獨立的儲存格。

凍結窗格

因為太大而不能顯示在一個畫面上的試算表，「凍結」頂端幾列或最左側幾欄的方式對顯示捲動是蠻有幫助的。舉例來說，凍結的欄或列的表頭後，就算使用者捲動試算表時這些東西都還會在，這就稱之為凍結窗格（freeze panes）。在 OpenPyXL 中，每個 Worksheet 物件都有一個 freeze_panes 屬性，可設定為 Cell 物件或儲存格座標的字串。請留意一點，儲存格之上的所有列和其左側所有的欄都會凍結，但儲存格所在的列和欄則不會凍結。

若要解除凍結，可將 freeze_panes 設為 None 或 'A1'。如表 13-3 所示是 freeze_panes 設定的一些例子，並解說有那些欄和列被凍結。

表 13-3　凍結窗格的實例說明

freeze_panes 的設定	會被凍結的欄和列
sheet.freeze_panes = 'A2'	列 1
sheet.freeze_panes = 'B1'	欄 A
sheet.freeze_panes = 'C1'	欄 A 和欄 B
sheet.freeze_panes = 'C2'	列 1、欄 A 和欄 B
sheet.freeze_panes = 'A1' 或 sheet.freeze_panes = None	沒有凍結

請確定您有從網站 https://nostarch.com/automatestuff2/ 下載生產銷售的試算表 produceSales.xlsx 檔。接著請在互動式 Shell 模式中輸入如下內容：

```
>>> import openpyxl
>>> wb = openpyxl.load_workbook('produceSales.xlsx')
>>> sheet = wb.active
>>> sheet.freeze_panes = 'A2' # Freeze the rows above A2.
>>> wb.save('freezeExample.xlsx')
```

如果將 freeze_panes 屬性設為 'A2'，則列 1 就被凍結住一直顯示出來，第一列不管使用者向下捲動到哪裡都會一直顯示在畫面上，如圖 13-8 所示。

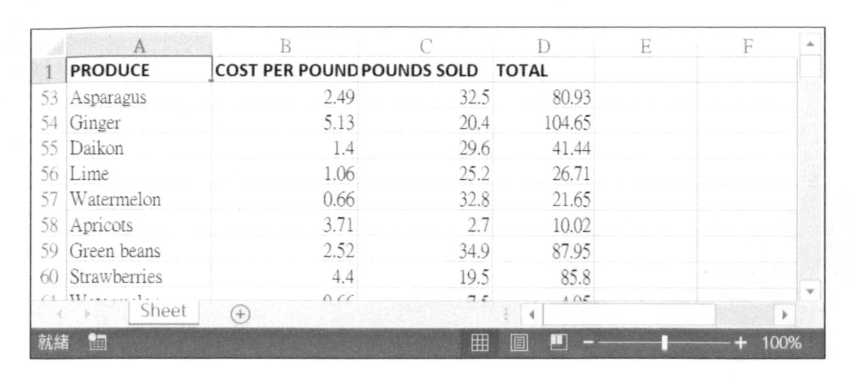

	A	B	C	D	E	F
1	PRODUCE	COST PER POUND	POUNDS SOLD	TOTAL		
53	Asparagus	2.49	32.5	80.93		
54	Ginger	5.13	20.4	104.65		
55	Daikon	1.4	29.6	41.44		
56	Lime	1.06	25.2	26.71		
57	Watermelon	0.66	32.8	21.65		
58	Apricots	3.71	2.7	10.02		
59	Green beans	2.52	34.9	87.95		
60	Strawberries	4.4	19.5	85.8		

圖 13-8　將 freeze_panes 屬性設為 'A2'，則列 1 就被凍結

圖表

OpenPyXL 模組有支援圖表功能，可用工作表中儲存格內的資料來建立直條圖、折線圖、XY 散佈圖和圓形圖等。若想要建立圖表，需要先做到下列這些事情：

1. 從選取的一個矩形範圍的儲存格中建立 Reference 物件。
2. 藉由傳入 Reference 物件來建立 Series 物件。
3. 建立 Chart 物件。
4. 將 Series 物件新增到 Chart 物件中。
5. 將 Chart 物件新增到 Worksheet 物件。可以選擇性指定圖表的左上角放在哪個儲存格的位置。

Reference 物件需要先講解一下，此物件是利用呼叫 openpyxl.chart.Reference() 函式並傳入 3 個引數來建立的：

1. 含有圖表資料的 Worksheet 物件。
2. 兩個整數的多元組（tuple），代表矩形範圍區域的左上角儲存格，該區域含有圖表資料：多元組中第一個整數是列，第二個整數是欄。請注意第一列是 1，不是 0 哦。
3. 兩個整數的多元組（tuple），代表矩形範圍區域的右下角儲存格，該區域含有圖表資料：多元組中第一個整數是列，第二個整數是欄。

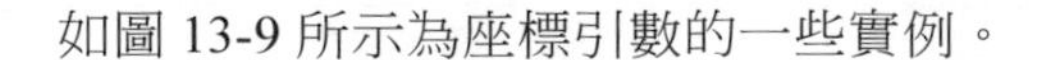
如圖 13-9 所示為座標引數的一些實例。

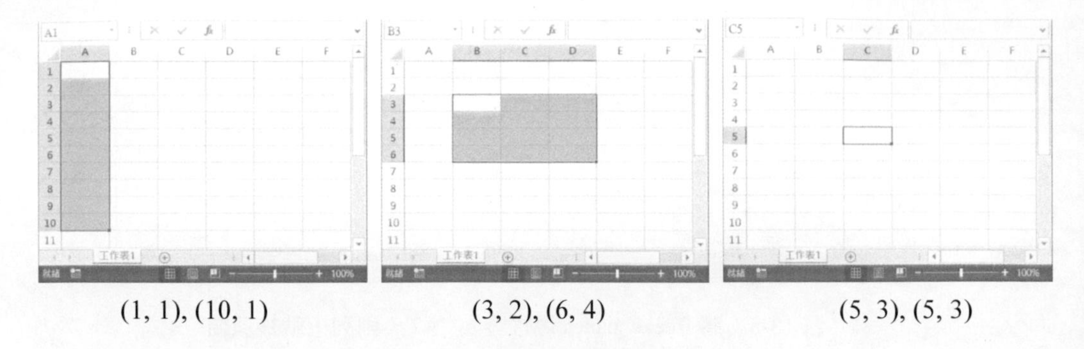

圖 13-9　兩個多元組的儲存格座標

請在互動式 Shell 模式中輸入如下內容：

```
>>> import openpyxl
>>> wb = openpyxl.Workbook()
>>> sheet = wb.active
>>> for i in range(1, 11): # create some data in column A
...     sheet['A' + str(i)] = i
...
>>> refObj = openpyxl.chart.Reference(sheet, min_col=1, min_row=1, max_col=1,
max_row=10)

>>> seriesObj = openpyxl.chart.Series(refObj, title='First series')

>>> chartObj = openpyxl.chart.BarChart()
>>> chartObj.title = 'My Chart'
>>> chartObj.append(seriesObj)

>>> sheet.add_chart(chartObj, 'C5')
>>> wb.save('sampleChart.xlsx')
```

執行上述程式後，開啟 sampleChart.xlsx 後如圖 13-10 所示。

我們藉由呼叫 openpyxl.chart.BarChart() 來建立了一個直條圖，您也可以呼叫 openpyxl.chart.LineChart()、openpyxl.chart.ScatterChart() 和 openpyxl.chart.PieChart() 來建立折線圖、散佈圖和圓形圖。

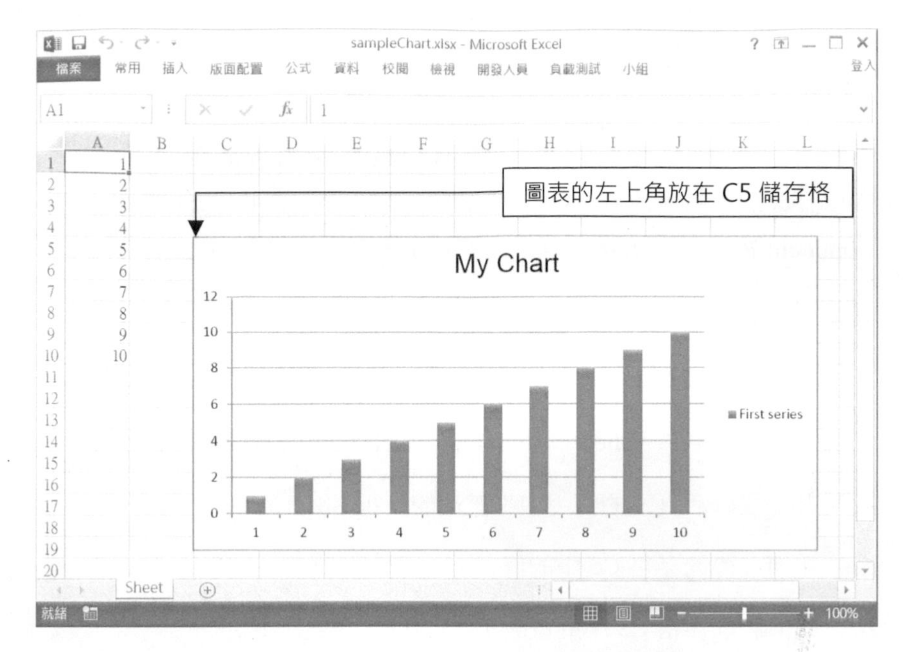

圖 13-10　在試算表中新增一個圖表的實例

總結

通常以程式來處理資訊是比較難不是處理的本身，較難是反而是要讓程式能取得正確格式的資料。一旦您將試算表載入 Python 後，就能提取和操作其中的資料，這比手動的方式要快很多。

您也可以建立試算表來當作程式的輸出。所以當您的同事要您把含有幾千條銷售合約的文字檔或 PDF 檔轉換成試算表檔時，您可以不用手動的方式無聊地複製貼上到 Excel 中了。

有了 openpyxl 模組和一些程式設計的知識，您會發覺處理大型試算表其實也沒什麼難的，只是塊小蛋糕啦，一口吃掉它吧！

下一章中，我們會介紹使用 Python 與另一個試算表軟體進行互動，這個試算表軟體就是著名的 Google 試算表。

習題

於對以下問題，請假設您已有一個 Workbook 物件存放在 wb 變數內，有一個 Worksheet 物件存放在 sheet 變數中，有一個 Cell 物件存在 cell，有一個 Comment 物件存在 comm 中，一個 Image 物件存放在 img 內。

1. 請問 openpyxl.load_workbook() 函式會返回什麼？
2. 請問 wb.sheetnames 活頁簿方法會返回什麼？
3. 怎麼取得名為 'Sheet1' 工作表的 Worksheet 物件？
4. 怎麼取得活頁簿的使用中工作表的 Worksheet 物件？
5. 如何取得儲存格 C5 中的值？
6. 如何將儲存格 C5 中的值設定為 "Hello" ？
7. 如何取得代表儲存格的列和欄的整數？
8. 工作表的 sheet.max_column 和 sheet.max_row 屬性有什麼功能？這些屬性的資料型別為何？
9. 如果要取得 'M' 欄的整數索引足標，要呼叫什麼函式？
10. 如果要取得第 14 欄的字串欄名，要呼叫什麼函式？
11. 怎麼取得從 A1 到 F1 的所有 Cell 物件的多元組（tuple）？
12. 如何將活頁簿儲存成 example.xlsx 檔？
13. 如何在一個儲存格中設定公式？
14. 如果要擷取的是儲存格公式的結果而不是儲存格中公式本身，則必須首先做什麼？
15. 怎麼設定第 5 列的列高為 100？
16. 怎麼隱藏 C 欄？
17. 什麼是凍結窗格？
18. 請問建立一個直條圖需要呼叫哪 5 個函式和方法？

實作專題

為了練習與實作，請依照下列需求編寫設計程式。

乘法表

請建立 multiplicationTable.py 程式，能從命令提示行中接受數字 N，在一個 Excel 試算表中建立一個 NXN 的乘法表。例如，假設如下這樣執行程式：

```
py multiplicationTable.py 6
```

此程式會建立一個如圖 13-11 所示的試算表。

	A	B	C	D	E	F	G	H
1		**1**	**2**	**3**	**4**	**5**	**6**	
2	**1**	1	2	3	4	5	6	
3	**2**	2	4	6	8	10	12	
4	**3**	3	6	9	12	15	18	
5	**4**	4	8	12	16	20	24	
6	**5**	5	10	15	20	25	30	
7	**6**	6	12	18	24	30	36	
8								
9								

圖 13-11　在試算表中生成乘法表

第一列和第 A 欄應該當作標籤，要套入粗體格式。

插入空白列的程式

請建立一個 blankRowInserter.py 的程式，這支程式能接受兩個整數和一個檔案名稱字串作為命令提示行的引數，我們將第一個整數稱為 N，第二個整數為 M。程式應該從第 N 列開始，在試算表中插入 M 個空列，舉例來說，如果執行如下程式：

```
python blankRowInserter.py 3 2 myProduce.xlsx
```

執行之前和之後的試算表檔案應如圖 13-12 所示。

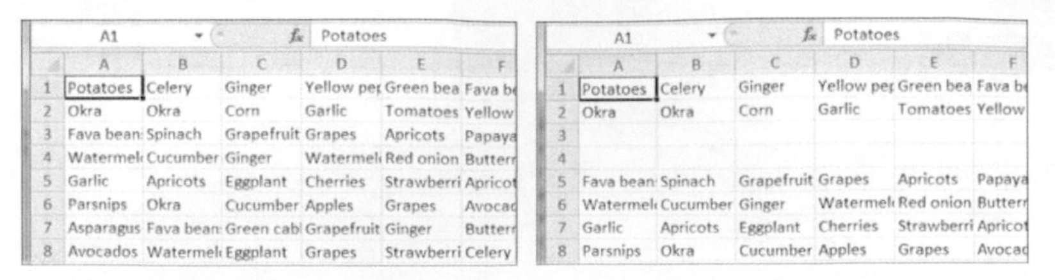

	A	B	C	D	E	F
1	Potatoes	Celery	Ginger	Yellow pe	Green bea	Fava b
2	Okra	Okra	Corn	Garlic	Tomatoes	Yellow
3	Fava bean	Spinach	Grapefruit	Grapes	Apricots	Papaya
4	Watermel	Cucumber	Ginger	Watermel	Red onion	Butter
5	Garlic	Apricots	Eggplant	Cherries	Strawberri	Apricot
6	Parsnips	Okra	Cucumber	Apples	Grapes	Avocad
7	Asparagus	Fava bean	Green cab	Grapefruit	Ginger	Butter
8	Avocados	Watermel	Eggplant	Grapes	Strawberri	Celery

	A	B	C	D	E	F
1	Potatoes	Celery	Ginger	Yellow pe	Green bea	Fava b
2	Okra	Okra	Corn	Garlic	Tomatoes	Yellow
3						
4						
5	Fava bean	Spinach	Grapefruit	Grapes	Apricots	Papaya
6	Watermel	Cucumber	Ginger	Watermel	Red onion	Butter
7	Garlic	Apricots	Eggplant	Cherries	Strawberri	Apricot
8	Parsnips	Okra	Cucumber	Apples	Grapes	Avocad

圖 13-12　執行之前（左側圖）和之後（右側圖）在第三列插入二列空白列

程式可以這樣設計：讀取試算表的內容，然後在寫入新的試算表時，使用 for 迴圈複製前 N 列的資料，對剩下的列，則在其列號加上 M，再寫入輸出的試算表中。

試算表的儲存格轉置程式

請設計一支可以轉置試算表中欄和列儲存格的程式。舉例來說，第 5 列第 3 欄的值將會轉置出現在第 3 列第 5 欄（反之亦然）。這程式要能對試算表中所有儲存格進行轉置。例如，轉置前和轉置後的試算表如圖 13-13 所示。

	A	B
1	ITEM	SOLD
2	Eggplant	334
3	Cucumber	252
4	Green cabl	238
5	Eggplant	516
6	Garlic	98
7	Parsnips	16
8	Asparagus	335
9	Avocados	84

	A	B	C	D	E	F	G	H	I
1	ITEM	Eggplant	Cucumber	Green cabl	Eggplant	Garlic	Parsnips	Asparagus	Avocados
2	SOLD	334	252	238	516	98	16	335	84

圖 13-13　轉置前（上方）和轉置後（下方）的試算表

程式可以這樣設計：利用巢狀嵌套的 for 迴圈將試算表中的資料讀取到一個串列的串列資料結構中，這個資料結構是用 sheetData[x][y] 表示欄 x 和列 y 位置

的儲存格，隨後在寫入新的試算表時，改變欄列的 x,y，以 sheetData[y][x] 寫入欄 y 而列變 x 位置的儲存格。

將文字檔寫入試算表

請設計一支程式可讀入幾個文字檔的內容（可自行建立這些文字檔），並將這些內容插入到一個試算表之中，文字的每一行寫入試表算的每一列。第一個文字檔的文字行將寫入欄 A 的儲存格，第二個文字檔則寫入欄 B 的儲存格，依此類推。

利用 File 物件的 readlines() 方法可返回一個字串的串列，每個字串就是文字檔中的一行，對於第一個文字檔，將第一行輸出到欄 1 列 1，而第二行輸出到欄 1 列 2，以上類推。下一個用 readlines() 讀入的文字檔則寫入欄 2 列 1…，再下一個則寫入欄 3 列 1…，以此類推。

將試算表寫入文字檔

請設計一支程式，執行的是前一程式相反的工作。此程式要開啟一個試算表，將欄 A 的儲存格寫入一個文字檔中，而欄 B 的儲存格則寫入第二個文字檔中，以此類推。

第 14 章

處理 Google 試算表

只要有 Google 帳號或 Gmail 地址，任何人都可以免費使用這套以 Web 為基礎的試算表應用程式—Google 試算表，這套軟體已經成為一套很有用且功能豐富應用程式，它更是 Excel 目前主要的競爭對手。Google 試算表有其自己的 API，但這套 API 在學習和使用上並不容易。本章主要介紹了 EZSheets 這套第三方模組，該模塊在 https://ezsheets.readthedocs.io/ 中有更多資料可參考。EZSheets 雖然並沒有官方 Google 試算表 API 的所有功能，但一般常見的試算表工作都能輕鬆完成。

安裝和設定 EZSheets

請開啟新的終端（命令提示字元）視窗並執行 pip install --user ezsheets 即可安裝 EZSheets。安裝過程中，EZSheets 還會把 google-api-python-client、google-auth-httplib2 和 google-auth-oauthlib 模組也安裝進去。這些模組允許我們的程式

登入到 Google 的伺服器並發出 API 請求。EZSheets 能處理與這些模組的互動，我們不需要擔心其內部的工作原理。

取得憑證和 Token 檔

在使用 EZSheets 之前，需要用您的 Google 帳號啟用 Google 試算表和 Google Drive API。請連到以下網頁，然後點按每個頁面頂端的「**啟用**」按鈕：

- https://console.developers.google.com/apis/library/sheets.googleapis.com/
- https://console.developers.google.com/apis/library/drive.googleapis.com/

我們還需要取得三個檔案，這些檔案應與使用 EZSheets 的 .py Python 腳本程式存放在同一個資料夾內：

- 名為 credentials-sheets.json 的憑證檔
- Google 試算表的 token，名為 token-sheets.pickle
- Google 雲端硬碟的 token，命名為 token-drive.pickle

憑證檔會生成 token 檔。取得憑證檔的最簡單方法是轉到位於 https://developers.google.com/sheets/api/quickstart/python/ 的 Google Sheets 的 Python Quickstart 頁面，然後點按藍色的 **Enable the Google Sheets API** 按鈕，如圖 14-1 所示。需要登入 Google 帳號才能看到此頁面。

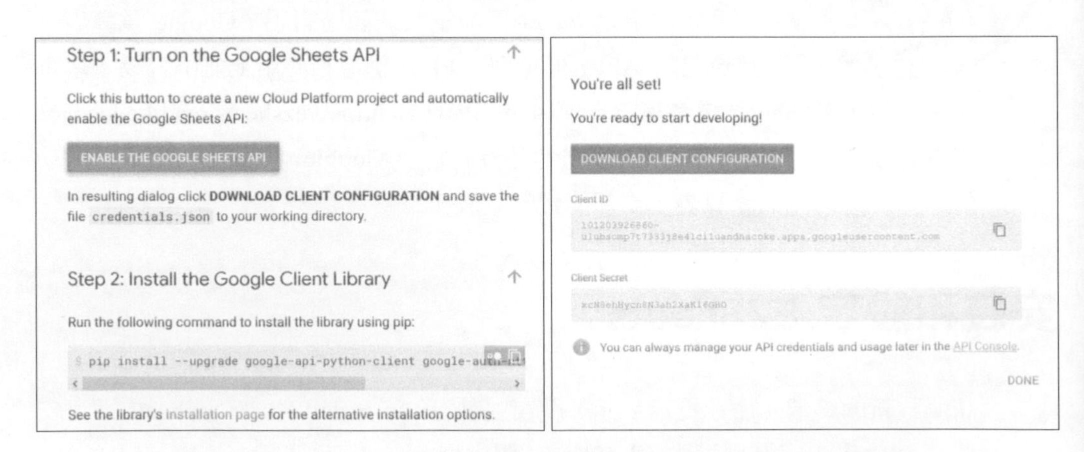

圖 14-1　取得 credentials.json 檔

按下此鈕後會開啟視窗，其中有個 **Download Client Configuration** 連結按鈕，按下後可下載 credentials.json 檔。請將此檔案重命名為 credentials-sheets.json，並將其放在與 Python 腳本程式相同的資料夾內。

一旦有了 credentials-sheets.json 檔之後，執行 import ezsheets 模組。首次匯入 EZSheets 模組時，會打開一個新的瀏覽器視窗，供您登入 Google 帳號。請按下**允許**鈕，如圖 14-2 所示。

圖 14-2　**允許** Quickstart **存取** Google **帳號**

關於 Quickstart 的訊息來自於您從 Google 試算表 Python Quickstart 頁面下載的憑證檔。請留意，此視窗會打開兩次：第一個用於 Google 試算表的存取，第二個用於 Google 雲端硬碟的存取。EZSheets 使用 Google 雲端硬碟存取權限來上傳、下載和刪除試算表。

在您登入並允許後，瀏覽器視窗會出現提示關閉的訊息，此時在與 credentials-sheets.json 相同的資料夾內會多出兩個 token-sheets.pickle 和 token-drive.pickle 檔。只要在第一次 import ezsheets 時經過這兩個處理過程就可以了。

如果在按下**允許**鈕後出現錯誤，且頁面似乎掛掉不動了，此時請先確定您是否有從本節開頭的連結啟用了 Google Sheets 和 Drive API。Google 的伺服器可能需要幾分鐘的時間來登錄此項更改，因此可能需要一點等待的時間，然後才能使用 EZSheets。

請勿與任何人共享憑證或 token 檔，對待這些檔案要像對待密碼一樣慎重。

撤消憑證檔

如果您不小心把憑證或 token 檔分享給別人了，雖然他們無法更改您的 Google 帳號密碼，但他們卻可以存取您的試算表。您可以連結 https://console.developers.google.com/ 上的 Google Cloud Platform 開發人員的主控台頁面來撤銷這些檔案。這裡需要登入到您的 Google 帳號才能查看此頁面。請點按左側欄上的**憑證**連結。然後，點按不小心分享出去的憑證項目旁邊的垃圾桶圖示鈕即可刪除，如圖 14-3 所示。

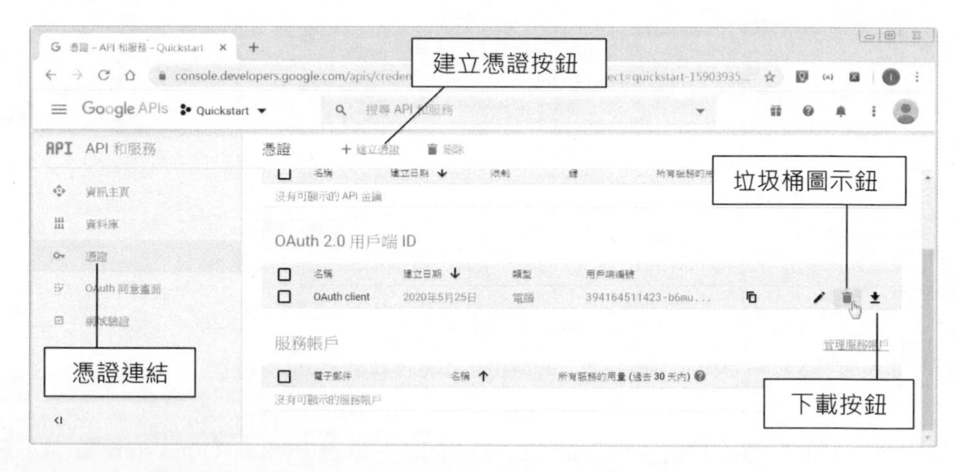

圖 14-3　Google Cloud Platform 開發人員的主控台的憑證頁面

要從此頁面生成新的憑證，請按下**建立憑證**鈕，然後選取 **OAuth 用戶端 ID**，如圖 14-3 所示。接下來，對於「應用程式類型」，選擇**電腦版應用程式**，然後為檔案指定名稱。新憑證會在頁面上列出，可點按下載圖示進行下載。下載的檔案會有冗長且複雜的檔名，應該把它重新命名為 EZSheets 會載入的預設檔名：credentials-sheets.json。我們還可以處理前面小節中提到所的啟用 Google Sheets API 按鈕所生成新的憑證。

Spreadsheet 物件

在 Google 試算表中，試算表（spreadsheet）可包含多個工作表（sheet，或稱 worksheet），而每個工作表中含有多個欄列組合而成的值。如圖 14-4 所示，這個試算表標題名稱為 Education Data，內含有三個工作表 Students、Classes 和 Resources。每個工作表的第一個欄位標籤為 A，而第一列的標籤為 1。

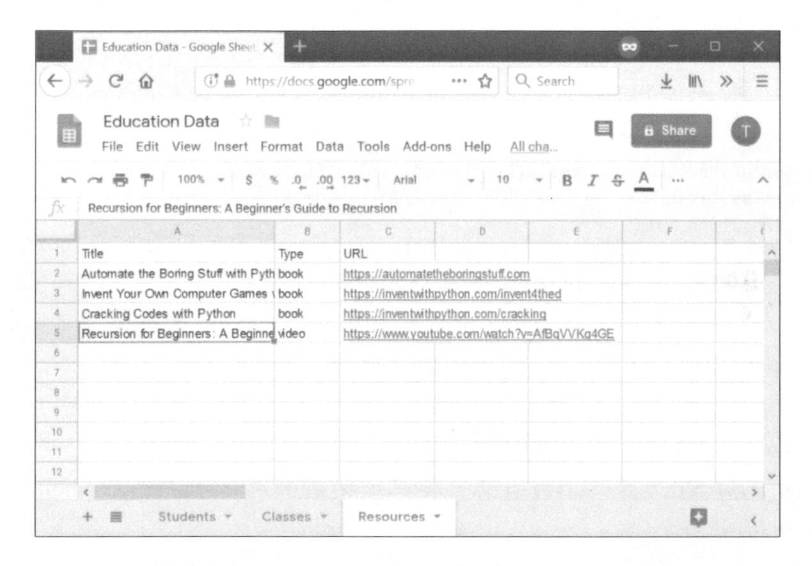

圖 14-4　Education Data 試算表中的三個工作表

雖然大部分的處理工作都涉及到修改 Sheet 物件，但也可以修改 Spreadsheet 物件，在下一小節中看到這些應用。

建立、更新和列出試算表

我們可以從現有的試算表、空白的試算表或上傳的試算表來建立新的 Spreadsheet 物件。要使用現有的 Google 試算表製作 Spreadsheet 物件，需要該試算表的 ID 字串。Google 試算表的唯一 ID 可以在網址中找出：spreadsheets/d/ 部分之後 /edit 部分之前。舉例來說，圖 14-4 中顯示的試算表的 URL 為 https://docs.google.com/spreadsheets/d/1J-Jx6Ne2K_vqI9J2SO-TAXOFbxx_9tUjwnkPC22LjeU/edit#gid=151537240/，因此其 ID 為 1J-Jx6Ne2K_vqI9JSO2 -TAXOFbxx_9tUjwnkPC22LjeU。

NOTE

本章中使用的特定試算表 ID 是筆者 Google 帳號的所建立的試算表。如果讀者直接把這個 ID 輸入到互動式 Shell 模式中，則此 ID 是無法使用的。請連到 https://sheets.google.com/，在您的帳號下建立試算表，然後從網址列中取得屬於您的 ID。

把屬於您的試算表 ID 當成字串傳入 ezsheets.Spreadsheet() 函式來取得 Spreadsheet 物件：

```
>>> import ezsheets
>>> ss = ezsheets.Spreadsheet('1J-Jx6Ne2K_vqI9J2SO-TAXOFbxx_9tUjwnkPC22LjeU')
>>> ss
Spreadsheet(spreadsheetId='1J-Jx6Ne2K_vqI9J2SO-TAXOFbxx_9tUjwnkPC22LjeU')
>>> ss.title
'Education Data'
```

為了方便起見，我們還可以透過把試算表的完整 URL 傳入函式來取得現有試算表的 Spreadsheet 物件。又或者，如果您的 Google 帳號中只有一個試算表有這樣的標題，則可以把試算表的標題當作字串傳入。

要製作一個新的、空白的試算表，可呼叫 ezsheets.createSpreadsheet() 函式，並把新試算表的標題當作字串傳入函式。舉例來說，在互動式 Shell 模式中輸入如下內容：

```
>>> import ezsheets
>>> ss = ezsheets.createSpreadsheet('Title of My New Spreadsheet')
>>> ss.title
'Title of My New Spreadsheet'
```

若想要上傳現有的 Excel、OpenOffice、CSV 或 TSV 試算表到 Googel 試算表軟體內，可將試算表的檔名傳入 ezsheets.upload() 內。請在互動式 Shell 模式中輸入如下內容，把其中的 my_spreadsheet.xlsx 改成讀者自己的檔案：

```
>>> import ezsheets
>>> ss = ezsheets.upload('my_spreadsheet.xlsx')
>>> ss.title
'my_spreadsheet'
```

您可以利用 listSpreadsheets() 函式把 Google 帳號中的試算表都列出來，請在上傳試算表之後，在互動式 Shell 模式中輸入如下內容：

```
>>> ezsheets.listSpreadsheets()
{'1J-Jx6Ne2K_vqI9J2SO-TAXOFbxx_9tUjwnkPC22LjeU': 'Education Data'}
```

listSpreadsheets() 函式會返回一個字典，其中的鍵（key）是試算表的 ID，而值（value）是各個試算表的標題。

一旦有了 Spreadsheet 物件，我們就可以使用它的屬性和方法來操控處理託管在 Google 試算表的線上試算表檔案。

Spreadsheet 屬性

雖然實際的資料是存放在試算表（spreadsheet）的各個工作表（sheet）內，但 Spreadsheet 物件具有以下可用於操控試算表本身的屬性：title、spreadsheetId、url、sheetTitles 和 sheets。請在互動式 Shell 模式中輸入以下內容：

```
>>> import ezsheets
>>> ss = ezsheets.Spreadsheet('1J-Jx6Ne2K_vqI9J2SO-TAXOFbxx_9tUjwnkPC22LjeU')
>>> ss.title          # The title of the spreadsheet.
'Education Data'
>>> ss.title = 'Class Data' # Change the title.
>>> ss.spreadsheetId  # The unique ID (this is a read-only attribute).
'1J-Jx6Ne2K_vqI9J2SO-TAXOFbxx_9tUjwnkPC22LjeU'
>>> ss.url            # The original URL (this is a read-only attribute).
'https://docs.google.com/spreadsheets/d/1J-Jx6Ne2K_vqI9J2SOTAXOFbxx_
9tUjwnkPC22LjeU/'
>>> ss.sheetTitles    # The titles of all the Sheet objects
('Students', 'Classes', 'Resources')
>>> ss.sheets         # The Sheet objects in this Spreadsheet, in order.
(<Sheet sheetId=0, title='Students', rowCount=1000, columnCount=26>, <Sheet
sheetId=1669384683, title='Classes', rowCount=1000, columnCount=26>, <Sheet
sheetId=151537240, title='Resources', rowCount=1000, columnCount=26>)
>>> ss[0]             # The first Sheet object in this Spreadsheet.
<Sheet sheetId=0, title='Students', rowCount=1000, columnCount=26>
>>> ss['Students']    # Sheets can also be accessed by title.
<Sheet sheetId=0, title='Students', rowCount=1000, columnCount=26>
>>> del ss[0]         # Delete the first Sheet object in this Spreadsheet.
>>> ss.sheetTitles    # The "Students" Sheet object has been deleted:
('Classes', 'Resources')
```

如果有人透過 Google 試算表網站修改了試算表的內容，則您的程式腳本可以利用呼叫 refresh() 方法來更新 Spreadsheet 物件以符合線上的資料：

```
>>> ss.refresh()
```

這不僅會更新 Spreadsheet 物件的屬性，也會更新它所包含 Sheet 物件內的資料。您對 Spreadsheet 物件所做的修改都會即時反映在線上的試算表中。

下載和更新試算表

我們可以下載多種格式的 Google 試算表：Excel、OpenOffice、CSV、TSV 和 PDF 等格式。也可以下載成 ZIP 檔，這個壓縮檔中會含有試算表資料的 HTML 檔。EZSheets 包含以下各個選項的功能：

```
>>> import ezsheets
>>> ss = ezsheets.Spreadsheet('1J-Jx6Ne2K_vqI9J2SO-TAXOFbxx_9tUjwnkPC22LjeU')
>>> ss.title
'Class Data'
>>> ss.downloadAsExcel() # Downloads the spreadsheet as an Excel file.
'Class_Data.xlsx'
>>> ss.downloadAsODS() # Downloads the spreadsheet as an OpenOffice file.
'Class_Data.ods'
>>> ss.downloadAsCSV() # Only downloads the first sheet as a CSV file.
'Class_Data.csv'
>>> ss.downloadAsTSV() # Only downloads the first sheet as a TSV file.
'Class_Data.tsv'
>>> ss.downloadAsPDF() # Downloads the spreadsheet as a PDF.
'Class_Data.pdf'
>>> ss.downloadAsHTML() # Downloads the spreadsheet as a ZIP of HTML files.
'Class_Data.zip'
```

請留意，CSV 和 TSV 格式的檔案只能有一個工作表；因此，如果以這種格式下載 Google 試算表，則只會得到第一個工作表。若想要下載其他工作表，則需要把 Sheet 物件的 index 屬性更改為 0。有關如何執行此操作的資訊，請參考本章後面「建立和刪除工作表」小節的內容。

下載函式全都會返回下載檔案名稱的字串。我們還可以透過把新的檔案名稱傳入下載函式來為試算表指定自己想要的檔案名稱：

```
>>> ss.downloadAsExcel('a_different_filename.xlsx')
'a_different_filename.xlsx'
```

這個函式會返回更新過的檔案名稱。

刪除試算表

若想要刪除試算表，可呼叫 delete() 方法：

```
>>> import ezsheets
>>> ss = ezsheets.createSpreadsheet('Delete me') # Create the spreadsheet.
>>> ezsheets.listSpreadsheets() # Confirm that we've created a spreadsheet.
{'1aCw2NNJSZblDbhygVv77kPsL3djmgV5zJZllSOZ_mRk': 'Delete me'}
>>> ss.delete() # Delete the spreadsheet.
>>> ezsheets.listSpreadsheets()
{}
```

delete() 方法會把試算表移到 Google 雲端硬碟的垃圾桶內，您可以連到 https://drive.google.com/drive/trash 來查看垃圾桶的內容。若想要永久刪除試算表，可傳入關鍵字引數 permanent 指定為 True：

```
>>> ss.delete(permanent=True)
```

一般來說，直接永久刪除試算表並不是好的作法，如果程式腳本有錯誤就不可能回復刪除的試算表。Google 雲端硬碟的免費版本也有好幾 GB 的空間可用，所以不用擔心空間不足，要釋放空間容量的問題。

Sheet 物件

Spreadsheet 物件會含有一個或多個 Sheet 物件。Sheet 物件代表的是每個工作表中各欄列的資料。我們可以利用中括號和整數索引足標值來存取這些工作表。Spreadsheet 物件的 sheets 屬性掌握了一個 Sheet 物件的多元組，其順序就是試算表中顯示的 Sheet 物件所放置的順序。若想要存取試算表中的 Sheet 物件，請在互動式中輸入以下內容：

```
>>> import ezsheets
>>> ss = ezsheets.Spreadsheet('1J-Jx6Ne2K_vqI9J2SO-TAXOFbxx_9tUjwnkPC22LjeU')
>>> ss.sheets # The Sheet objects in this Spreadsheet, in order.
(<Sheet sheetId=1669384683, title='Classes', rowCount=1000, columnCount=26>,
<Sheet sheetId=151537240, title='Resources', rowCount=1000, columnCount=26>)
>>> ss.sheets[0] # Gets the first Sheet object in this Spreadsheet.
<Sheet sheetId=1669384683, title='Classes', rowCount=1000, columnCount=26>
>>> ss[0] # Also gets the first Sheet object in this Spreadsheet.
<Sheet sheetId=1669384683, title='Classes', rowCount=1000, columnCount=26>
```

我們還可以使用中括號運算子和工作表名稱的字串來取得 Sheet 物件。Spread sheet 物件的 sheetTitles 屬性握有一個內含所有工作表標題的多元組。例如，在在互動式中輸入以下內容：

```
>>> ss.sheetTitles # The titles of all the Sheet objects in this Spreadsheet.
('Classes', 'Resources')
>>> ss['Classes'] # Sheets can also be accessed by title.
<Sheet sheetId=1669384683, title='Classes', rowCount=1000, columnCount=26>
```

有了 Sheet 物件之後，就可以使用 Sheet 物件的方法從中讀取或寫入資料，我們會在下一小節介紹。

讀取和寫入資料

就如同在 Excel 中一樣，Google 試算表的工作表內的欄列中含有存放了資料的儲存格。我們可以用中括號運算子指定儲存格來讀寫其資料。舉例來說，若想要建立一個新的試算表並在其中新增資料，請在互動式 Shell 模式中輸入以下內容：

```
>>> import ezsheets
>>> ss = ezsheets.createSpreadsheet('My Spreadsheet')
>>> sheet = ss[0] # Get the first sheet in this spreadsheet.
>>> sheet.title
'Sheet1'
>>> sheet = ss[0]
>>> sheet['A1'] = 'Name' # Set the value in cell A1.
>>> sheet['B1'] = 'Age'
>>> sheet['C1'] = 'Favorite Movie'
>>> sheet['A1'] # Read the value in cell A1.
'Name'
>>> sheet['A2'] # Empty cells return a blank string.
''
>>> sheet[2, 1] # Column 2, Row 1 is the same address as B1.
'Age'
>>> sheet['A2'] = 'Alice'
>>> sheet['B2'] = 30
>>> sheet['C2'] = 'RoboCop'
```

上述這些指令所生成的 Google 試算表看起來會像圖 14-5 這般。

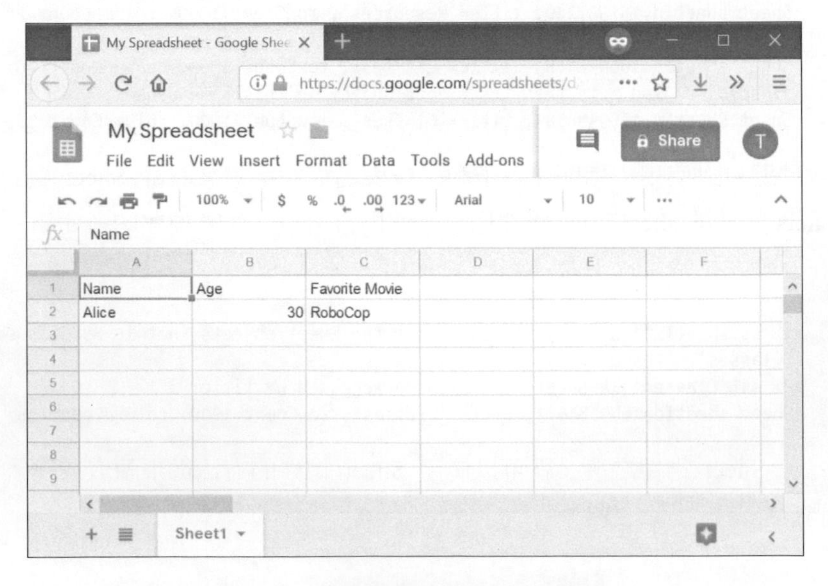

圖 14-5　以範例指令所建立的試算表

多位使用者可同時編修一個工作表。若想要更新 Sheet 物件中的本機資料，請呼叫其 refresh() 方法：

```
>>> sheet.refresh()
```

首次載入 Spreadsheet 物件時，會載入 Sheet 物件中的所有資料，因此可立即讀取資料。但是，把值寫入線上試算表需要連上網路，而且可能需要約一秒鐘左右的時間才能完成。如果您要更新數千個儲存格的資料，一次更新一個儲存格可能會很慢。

欄與列的定址

在 Excel 中的儲存格定址方式也可以用在 Google 試算表中。唯一的不同是，Python 是以 0 為起始的串列索引足標，而 Google 試算表則是以 1 為起始的欄和列：第一欄或列的索引足標值是 1 而不是 0。我們可以使用 convertAddress() 函式把 'A2' 字串式的位址轉換為 (欄, 列) 多元組式的位址（反之亦然）。getColumnLetterOf() 和 getColumnNumberOf() 函式還可以相互轉換字母和數字的位址。請在互動式 Shell 模式中輸入以下內容：

```
>>> import ezsheets
>>> ezsheets.convertAddress('A2') # Converts addresses...
(1, 2)
>>> ezsheets.convertAddress(1, 2) # ...and converts them back, too.
'A2'
>>> ezsheets.getColumnLetterOf(2)
'B'
>>> ezsheets.getColumnNumberOf('B')
2
>>> ezsheets.getColumnLetterOf(999)
'ALK'
>>> ezsheets.getColumnNumberOf('ZZZ')
18278
```

如果在程式碼中輸入位址，使用 'A2' 字串式的位址比較方便。但是，如果您要巡遍某一個範圍的位址且欄位需要以數字形式處理時，則 (欄, 列) 多元組式的位址會更方便。當需要在兩種格式之間進行轉換時，convertAddress()、getColumnLetterOf() 和 getColumnNumberOf() 函式是非常好用的。

讀取和寫入整欄與整列資料

如前面所述，一次把資料寫入一個儲存格通常會花費很長的時間。還好的是，EZSheets 有個 Sheet 方法可同時讀取和寫入整欄和整列資料。getColumn()、 getRow()、updateColumn() 和 updateRow() 方法會分別讀取和寫入欄和列的內容。這些方法向 Google 試算表伺服器發出更新試算表的請求，因此會要求您連上網際網路。在這裡的範例中，我們會把上一章的 produceSales.xlsx 上傳到 Google 試算表。前 8 列的內容如表 14-1 所示。

表 14-1　produceSales.xlsx 的前 8 列的內容

	A	B	C	D
1	PRODUCE	COST PER POUND	POUNDS SOLD	TOTAL
2	Potatoes	0.86	21.6	18.58
3	Okra	2.26	38.6	87.24
4	Fava beans	2.69	32.8	88.23
5	Watermelon	0.66	27.3	18.02
6	Garlic	1.19	4.9	5.83
7	Parsnips	2.27	1.1	2.5
8	Asparagus	2.49	37.9	94.37

若想要上傳試算表，可在互動式 Shell 模式中輸入如下內容：

```
>>> import ezsheets
>>> ss = ezsheets.upload('produceSales.xlsx')
>>> sheet = ss[0]
>>> sheet.getRow(1) # The first row is row 1, not row 0.
['PRODUCE', 'COST PER POUND', 'POUNDS SOLD', 'TOTAL', '', '']
>>> sheet.getRow(2)
['Potatoes', '0.86', '21.6', '18.58', '', '']
>>> columnOne = sheet.getColumn(1)
>>> sheet.getColumn(1)
['PRODUCE', 'Potatoes', 'Okra', 'Fava beans', 'Watermelon', 'Garlic',
--省略--
>>> sheet.getColumn('A') # Same result as getColumn(1)
['PRODUCE', 'Potatoes', 'Okra', 'Fava beans', 'Watermelon', 'Garlic',
--省略--
>>> sheet.getRow(3)
['Okra', '2.26', '38.6', '87.24', '', '']
>>> sheet.updateRow(3, ['Pumpkin', '11.50', '20', '230'])
>>> sheet.getRow(3)
['Pumpkin', '11.50', '20', '230', '', '']
>>> columnOne = sheet.getColumn(1)
>>> for i, value in enumerate(columnOne):
        # Make the Python list contain uppercase strings:
        columnOne[i] = value.upper()

>>> sheet.updateColumn(1, columnOne) # Update the entire column in one request.
```

getRow() 和 getColumn() 函式從特定列或欄中的每個儲存格擷取其資料值放入串列。請留意，空的儲存格會成為串列中的空白字串值。我們可以把第幾欄的數字編號或欄名字母傳入 getColumn()，告知要擷取之特定欄的資料。前面的範例中顯示 getColumn(1) 和 getColumn('A') 返回相同的串列內容。

updateRow() 和 updateColumn() 函式會以傳入該函式的值串列分別蓋過整列或整欄中的所有資料。在此範例中，第三列最初含有關 okra 的資料，但呼叫了 updateRow() 會把其中的值替換為關於 pumpkin 的資料。再呼叫 sheet.getRow(3) 來查看第三列中的新值。

接下來讓我們更新「produceSales」試算表。如果有許多要更新的儲存格，一次更新一個儲存格的速度有點慢。由於可以在一個請求中進行所有更改，因此以整欄或整列作為串列，以更新串列的方式來更新整欄或整列會快很多。

若想要一次取得所有列的內容，請呼叫 getRows() 方法以返回含有一系列串列的串列。外層串列中的內部串列分別代表工作表的單一列資料。我們可以修改資料結構中的值，以此來更改產品名稱（PRODUCE）、每磅售價（POUNDS SOLD）和某幾列的總成本（TOTAL）。請在互動式 Shell 模式中輸入以下內容，把其傳入 updateRows() 方法：

```
>>> rows = sheet.getRows() # Get every row in the spreadsheet.
>>> rows[0] # Examine the values in the first row.
['PRODUCE', 'COST PER POUND', 'POUNDS SOLD', 'TOTAL', '', '']
>>> rows[1]
['POTATOES', '0.86', '21.6', '18.58', '', '']
>>> rows[1][0] = 'PUMPKIN' # Change the produce name.
>>> rows[1]
['PUMPKIN', '0.86', '21.6', '18.58', '', '']
>>> rows[10]
['OKRA', '2.26', '40', '90.4', '', '']
>>> rows[10][2] = '400' # Change the pounds sold.
>>> rows[10][3] = '904' # Change the total.
>>> rows[10]
['OKRA', '2.26', '400', '904', '', '']
>>> sheet.updateRows(rows) # Update the online spreadsheet with the changes.
```

我們可以用一次的請求把從 getRows() 返回所有列的串列傳給 updateRows() 來更新整份工作表，這裡修改的是第 1 列和第 10 列的內容。

請留意，Google 試算表中列的末尾有空字串。這是因為上傳的工作表的欄數為 6，但是我們只有 4 欄資料。我們可以使用 rowCount 和 columnCount 屬性讀取工作表中的列數和欄數。然後，透過設定這些值來更改工作表中資料的大小。

```
>>> sheet.rowCount          # The number of rows in the sheet.
23758
>>> sheet.columnCount       # The number of columns in the sheet.
6
>>> sheet.columnCount = 4  # Change the number of columns to 4.
>>> sheet.columnCount       # Now the number of columns in the sheet is 4.
4
```

上求這些指令刪除了 produceSales 試算表中的第 5 和第 6 欄，如圖 14-6 所示。

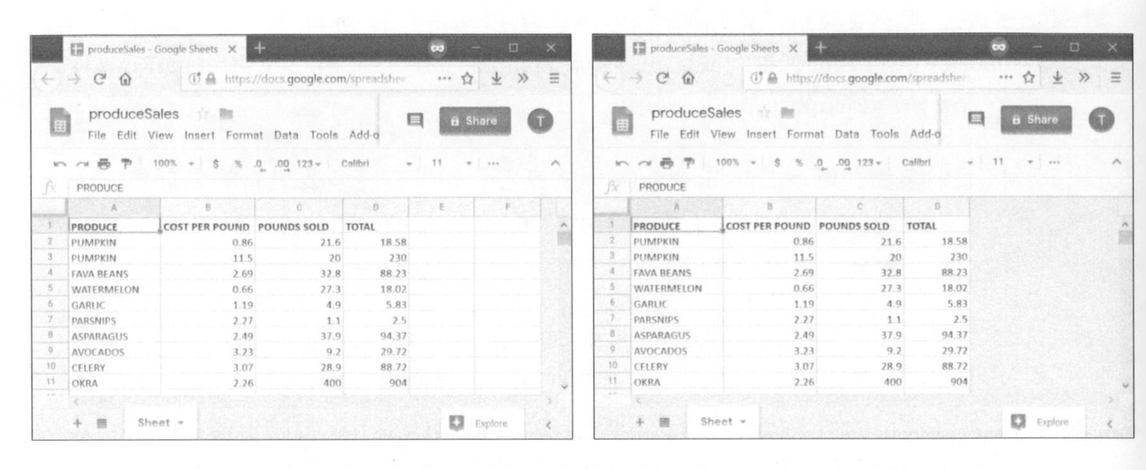

圖 14-6　將欄設為 4 之前（左圖）和之後（右圖）的畫面

根據 https://support.google.com/drive/answer/37603?hl=en/ 這裡的說明，Google 試算表中最多可以有 500 萬個儲存格。但是，最好讓工作表的大小設成與您所用到的大小相同，這樣可以最大程度地縮減更新資料所需的時間。

建立和刪除工作表

所有的 Google 試算表都是從一個名為 Sheet1（工作表 1）的工作表開始的。我們可以新增其他工作表到這個工作表的尾端，使用的是 createSheet() 方法，如果有傳入標題則會以此標題字串為工作表的名稱。另外還有一個可選擇性使用的引數，可指定新工作表的整數索引足標值。若想要建立一個試算表並新增一個工作表到其中，請在互動式 Shell 模式中輸入如下內容：

```
>>> import ezsheets
>>> ss = ezsheets.createSpreadsheet('Multiple Sheets')
>>> ss.sheetTitles
('Sheet1',)
>>> ss.createSheet('Spam') # Create a new sheet at the end of the list of
sheets.
```

```
<Sheet sheetId=2032744541, title='Spam', rowCount=1000, columnCount=26>
>>> ss.createSheet('Eggs') # Create another new sheet.
<Sheet sheetId=417452987, title='Eggs', rowCount=1000, columnCount=26>
>>> ss.sheetTitles
('Sheet1', 'Spam', 'Eggs')
>>> ss.createSheet('Bacon', 0) # Create a sheet at index 0 in the list of
sheets.
<Sheet sheetId=814694991, title='Bacon', rowCount=1000, columnCount=26>
>>> ss.sheetTitles
('Bacon', 'Sheet1', 'Spam', 'Eggs')
```

此述這些指令會在試算表中新增了三個新的工作表：Bacon、Spam 和 Eggs（除了預設的 Sheet1 外）。試算表中的工作表是有順序的，除非有在 createSheet() 傳入第二個引數來指定工作表順序的索引足標值，否則新的工作表會放在現有工作表的後端。以這裡的範例來看，建立索引足標值為 0，標題為 Bacon 的工作表，使 Bacon 變成試算表中的第一個工作表，而其他三張工作表會向後順移一個位置。這很像 insert() 串列方法的處理方式。

可以從畫面底部的標籤上看到新增的這些工作表，如圖 14-7 所示。

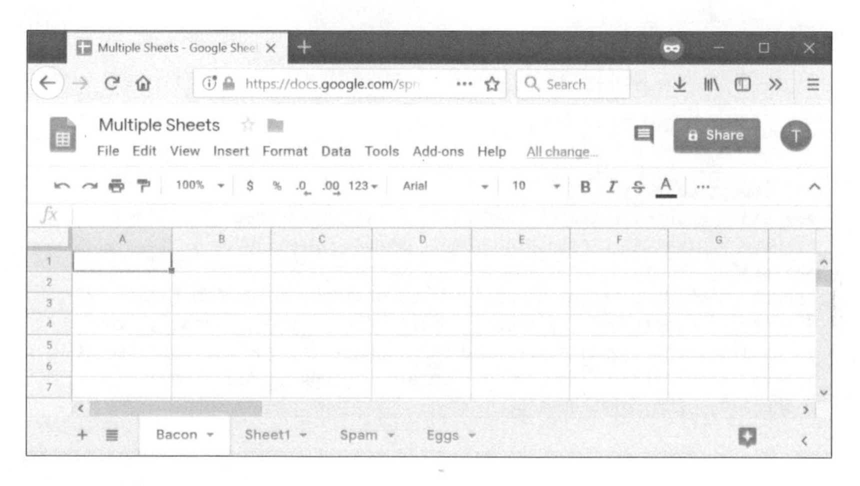

圖 14-7　新增了 Spam、Eggs 和 Bacon 工作表的這個 Multiple Sheets 試算表畫面

Sheet 物件的 delete() 方法會從試算表中把工作表刪除。如果只是想刪除工作表內的所有資料而不是要把工作表刪除掉，可呼叫 clear() 方法來清除所有儲存格內容，讓工作表變回空白。請在互動式 Shell 模式中輸入如下內容：

```
>>> ss.sheetTitles
('Bacon', 'Sheet1', 'Spam', 'Eggs')
>>> ss[0].delete() # Delete the sheet at index 0: the "Bacon" sheet.
>>> ss.sheetTitles
```

```
('Sheet1', 'Spam', 'Eggs')
>>> ss['Spam'].delete() # Delete the "Spam" sheet.
>>> ss.sheetTitles
('Sheet1', 'Eggs')
>>> sheet = ss['Eggs'] # Assign a variable to the "Eggs" sheet.
>>> sheet.delete() # Delete the "Eggs" sheet.
>>> ss.sheetTitles
('Sheet1',)
>>> ss[0].clear() # Clear all the cells on the "Sheet1" sheet.
>>> ss.sheetTitles # The "Sheet1" sheet is empty but still exists.
('Sheet1',)
```

刪除工作表是永久性的，刪除後資料是不能復原的。還好我們可以用 copyTo() 方法把工作表複製成另一個試算表來當作備份，下一小節會介紹其作法。

複製工作表

每個 Spreadsheet 物件都有個有序的串列，其中放的是各個依序排放的 Sheet 物件，我們可以使用此串列對工作表進行重新排序（如上一節所示）或是把它們複製到其他試算表內。若想要把 Sheet 物件複製到另一個 Spreadsheet 物件，請呼叫 copyTo() 方法來完成。把複製目的地的 Spreadsheet 物件當作引數傳入即可。若想要建立兩個試算表並把第一個試算表的資料複製到另一個工作表內，請在互動式 Shell 模式中輸入以下內容：

```
>>> import ezsheets
>>> ss1 = ezsheets.createSpreadsheet('First Spreadsheet')
>>> ss2 = ezsheets.createSpreadsheet('Second Spreadsheet')
>>> ss1[0]
<Sheet sheetId=0, title='Sheet1', rowCount=1000, columnCount=26>
>>> ss1[0].updateRow(1, ['Some', 'data', 'in', 'the', 'first', 'row'])
>>> ss1[0].copyTo(ss2) # Copy the ss1's Sheet1 to the ss2 spreadsheet.
>>> ss2.sheetTitles    # ss2 now contains a copy of ss1's Sheet1.
('Sheet1', 'Copy of Sheet1')
```

請留意，由於目的地的試算表（上述範例中為 ss2）內已有一個名為 Sheet1（工作表 1）的工作表，因此複製過去的工作表會被命名為 Copy of Sheet1（「工作表 1」的副本）。複製過去的工作表會顯示在目的地試算表中工作表的尾端。也可以更改其 index 屬性讓它在新試算表中重新排放其位置。

使用 Google 試算表配額

由於 Google 試算表是線上型的應用程式，因此可以同時讓多個使用者共享並輕鬆存取工作表。但這也意味著讀取和更新工作表會比處理存放在本機硬碟上的 Excel 檔要慢。此外，Google 試算表也限制了可執行讀寫操作的數量。

根據 Google 的開發人員指南，使用者每天只能建立 250 個新的試算表，而且免費的 Google 帳號每 100 秒可執行 100 個讀取和 100 個寫入的請求。若超過此配額會觸發 googleapiclient.errors.HttpError "Quota exceeded for quota group" 例外。EZSheets 會自動捉取此例外並重試請求。發生這種情況時，讀取或寫入資料的函式呼叫會需要幾秒鐘（有時甚至要花上一或兩分鐘）的時間才能返回。如果請求一直失敗（如果有另一個使用相同憑證的程式腳本也發出了請求，則有可能會生這種情況），EZSheets 會重新引發此例外。

這表示有時候 EZSheets 方法的呼叫可能要花上幾秒鐘才能返回。如果您要查看 API 使用情況或增加其配額，請連到 IAM 和管理的配額頁面，其網址為 https://console.developers.google.com/quotas/，以了解增加使用量的費用。如果您只是想自己處理 HttpError 例外，則可將 ezsheets.IGNORE_QUOTA 設定為 True，而 EZSheet 的方法會在遇到這些例外時觸發這些例外。

總結

Google 試算表是一套在網頁上執行的著名試算表應用程式。透過 EZsheets 這套第三方模組，我們可以下載、讀取和修改試算表。EZsheets 是以 Spreadsheet 物件來表示試算表，此物件中含有多個依照順序排放的 Sheet 物件。各個工作表中欄和列的資料可透過多種方式來讀取和寫入。

由於 Google 試算表很容易分享和多人協同編輯，所以處理速度較慢是它的劣勢：因為需要透過 web 請求來更新試算表，這得要花上幾秒的時間來處理。若以一般日常的應用來看，這種速度上的限制並不會影響到 Python 程式腳本使用 EZsheets。Google 試算表也限制了進行更改的頻率。

EZsheets 功能的詳細說明請參考：https://ezsheets.readthedocs.io/ 網站。

習題

1. 若想要以 EZsheets 存取 Google 試算表，需要有另 3 個檔案配合？
2. 請問 EZsheets 有哪 2 種物件的類型？
3. 請問要怎麼從 Google 試算表中建立一個 Excel 檔？
4. 請問要怎麼用現有的 Excel 檔來建立一個 Google 試算表？
5. ss 變數中存放了 Spreadsheets 物件。若要讀取標題為 Students 的工作表中讀取 B2 儲存格內的資料時，程式碼要怎麼寫？
6. 請問要怎麼查出第 999 欄的欄位代表字母？
7. 請問要怎麼找出工作表中的資料有用了多少列和欄？
8. 請問要怎麼刪除試算表？這種刪除方式是永久性的嗎？
9. 建立新的 Spreadsheet 物件和新的 Sheet 物件要使用什麼函式？
10. 如果太過頻繁使用 EZsheets 來進行讀寫請求，並超出了 Google 帳號所提供的配額時，這會發生什麼狀況？

實作專題

為了練習與實作，請依照下列需求編寫設計程式。

下載 Google 表單的資料

Google 表單允許我們建立簡單的線上表單，讓收集資訊變得更容易。表單上所填寫的資料都會存放在 Google 試算表內。以這個專案來說，寫一支程式能自動把使用者從表單提交的資訊下載下來。請連到 https://docs.google.com/forms/ 這裡開啟新建一份表單，開始時是空白的，請加上兩個欄位，讓使用者填寫姓名和 email 地址。隨後按下右上角的**傳送**鈕即可得到這份表單的連結，其連結網址就像 https://goo.gl/forms/QZsq5sC2Qe4fYO592/ 這般，請試著輸入幾個表單的回應範例。

在表單的**回覆**標籤中，請按下**建立試算表**按鈕來建立一個 Google 試算表，其中會存放使用者對表單的回應資料。您會看到這份試算表中第一列開始逐筆列出您回應的範例資料。接著請編寫一支 Python 腳本程式，使用 EZsheets 來收集這份試算表中這些 email 位址。

把試算表轉換成其他格式

我們可以用 Google 試算表應用程式把其中的試算表轉換成其他檔案格式來儲存。請編寫一支腳本程式，把要轉換的檔案傳入 upload() 中，等 Google 試算表上傳完畢之後，再使用 downloadAsExcel()、downloadAsODS()和其他函式，把試算表以其他檔案格式建立副本。

找出試算表中的錯誤

在豆子計數的辦公室忙了一天之後，我終於完成了統計所有豆子總數的試算表，並上傳到 Google 試算表中。這份試算表是公開在網路上的（但不能編輯），您可以使用以下程式碼取得這份試算表：

```
>>> import ezsheets
>>> ss = ezsheets.Spreadsheet('1jDZEdvSIh4TmZxccyy0ZXrH-ELlrwq8_YYiZrEOB4jg')
```

請連到 https://docs.google.com/spreadsheets/d/1jDZEdvSIh4TmZxccyy0ZXrH-ELlrwq8_YYiZrEOB4jg/edit?usp=sharing/ 來查閱此試算表。這份試算表格中第一張工作表內的三個欄位分別是 BEANS PER JAR、JARS 和 TOTAL BEANS。而 TOTAL BEANS 這一欄是 BEANS PER JAR 和 JARS 欄中數字的乘積。但這張工作表的 15,000 列中有一些錯誤存在。由於列數太多，無法以人工手動來檢查。好在我們可以編寫一支檢查總數的程式腳本。

這裡提示一下，讀者可以使用 ss[0].getRow(rowNum) 存取一列中的各個儲存格內容，其中 ss 是 Spreadsheet 物件，rowNum 是列編號。請記住，Google 試算表中的列號從 1 開始，而不是 0。儲存格的值是字串，因此需要轉換成整數才能讓程式碼使用和運算。表示式 int(ss[0].getRow(2)[0]) * int(ss[0].getRow(2)[1]) == int(ss[0].getRow(2)[2])，所代表的意思是如果該列的總數正確，則運算求值的結果為 True。將這段程式碼放入迴圈中來處理，可識別出工作表內的哪一列的總計結果有錯誤。

第 15 章
處理 PDF 與 Word 文件

PDF 與 Word 文件屬於 2 進位檔（binary file）格式，所以比純文字檔要複雜許多。除了文字之後，它們還存放了很多字型、色彩和版面配置等資訊。如果想要讓程式能讀取或寫入 PDF 和 Word 檔，需要做的就不只是把檔名傳給 open() 就好了。

還好 Python 提供了一些模組能讓處理 PDF 與 Word 文件變得容易。本章將介紹兩個模組：PyPDF2 和 Python-Docx。

PDF 文件

PDF 是 Portable Document Format（可攜式文件格式）的縮寫，使用「.pdf」為副檔名。雖然 PDF 支援許多功能，但本章僅把焦點放在最常用的兩項：從 PDF 讀取文字內容，和從已有的文件產生新的 PDF 檔。

用來處理 PDF 的模組為 PyPDF2，版本為 1.26 版。本章所介紹的程式都以此版本為主，未來若有新的版本時，有些功能可能會不相容。要安裝的話，可從命令提示字元視窗中執行 pip install –user PyPDF2==1.26.0。這個模組名稱有區分大小寫，所以 y 要小寫，其他是大寫（請參考附錄 A 關於第三方模組安裝的所有細節）。如果模組安裝正確，在互動式 Shell 模式下執行 import PyPDF2 時不會顯示錯誤訊息。

有問題的 PDF 格式

雖然 PDF 檔能保持文字版面配置，讓人很容易列印和閱讀，但軟體要直接將 PDF 解析成純文字並不容易，因此，PyPDF2 從 PDF 擷取文字時可能還是會出現些許錯誤，甚至根本打不開某些 PDF 檔。不幸的是，我們好像也沒有什麼辦法可搞定這種情況，PyPDF2 可能就是不能處理某些 PDF 檔。話雖如此，筆者至今還沒碰到不能用 PyPDF2 來開啟的 PDF 哦。

從 PDF 擷取文字

PyPDF2 不能從 PDF 文件中擷取圖形、圖表或其他媒體格式，但可以擷取文字，並將文字返回成 Python 的字串。為了要從頭開始學習 PyPDF2 的運作原理，我們以一個 PDF 範例來開始，如圖 15-1 所示。

請從 https://nostarch.com/automatestuff2/ 網站下載本書的範例相關檔案，其中就有這份 meetingminutes.pdf。請在互動式 Shell 模式中輸入如下內容：

```
   >>> import PyPDF2
   >>> pdfFileObj = open('meetingminutes.pdf', 'rb')
   >>> pdfReader = PyPDF2.PdfFileReader(pdfFileObj)
❶ >>> pdfReader.numPages
   19
❷ >>> pageObj = pdfReader.getPage(0)
❸ >>> pageObj.extractText()
   'OOFFFFIICCIIAALL BBOOAARRDD MMIINNUUTTEESS Meeting of March 7,
   2015          \n    The Board of Elementary and Secondary Education shall
   provide leadership and create policies for education that expand opportunities
   for children, empower families and communities, and advance Louisiana in an
```

```
increasingly competitive global market. BOARD of ELEMENTARY and SECONDARY
EDUCATION '
>>> pdfFileObj.close()
```

圖 15-1　PDF 範例，我們將從此檔擷取文字

首先是匯入 PyPDF2 模組，隨即以讀取二進位模式開啟 meetingminutes.pdf 檔，將它存放入 pdfFileObj 變數中，若要取得代表這個 PDF 的 PdfFileReader 物件，則要呼叫 PyPDF2.PdfFileReader() 並傳入 pdfFileObj。接著把 PdfFileReader 物件存放到 pdfReader 變數內。

這份文件的總頁數是放在 PdfFileReader 物件的 numPages 屬性中❶。這個範例檔共有 19 頁，但我們只要擷取第一頁的文字。

若要從一頁中擷取文字，需要使用 PdfFileReader 物件取得一個 Page 物件，此物件代表 PDF 中的一頁。可呼叫 PdfFileReader 物件的 getPage() 方法❷，對它傳入想要取得的頁碼（在我們的範例中要取得的是 0），這樣就可取得該頁的 Page 物件。

PyPDF2 在取得頁面上是以 0 開始的索引足標：0 是第一頁、1 是第二頁，以此類推。一般來說，文件中頁面編的頁碼可能都不同，舉例來說，假設有份文件是從很長的報告中抽取出只有 3 頁內容的 PDF 檔，這 3 頁分別是第 42、第 43 和第 44 頁，當我們想要擷取這個 PDF 檔中的第一頁文字時，所要呼叫的是 pdfFileReader.getPage(0)，而不是 getPage(42) 或 getPage(1)。

在取得 Page 物件之後，呼叫其 extractText() 方法，就會返回該頁文字的字串❸。文字擷取上並不是很完美：在這個範例 PDF 左上方直排的文字 Charles E. "Chas" Roemer, President，在函式返回的字串中並沒有看到，而且有些空白有時候也會不見了，但已擷取到最接近 PDF 頁面內所有的文字了，這對程式來說已很足夠。

解密 PDF

有些 PDF 檔會有編上密碼功能以防止他人偷看，只有在開啟文件時輸入密碼才能閱讀。請在互動式 Shell 模式中輸入如下內容，處理下載的 PDF 檔，此 PDF 檔有用了 rosebud 的密碼加密：

```
  >>> import PyPDF2
  >>> pdfReader = PyPDF2.PdfFileReader(open('encrypted.pdf', 'rb'))
❶ >>> pdfReader.isEncrypted
  True
  >>> pdfReader.getPage(0)
❷ Traceback (most recent call last):
    File "<pyshell#173>", line 1, in <module>
      pdfReader.getPage()
    --省略--
    File "C:\Python34\lib\site-packages\PyPDF2\pdf.py", line 1173, in getObject
      raise utils.PdfReadError("file has not been decrypted")
  PyPDF2.utils.PdfReadError: file has not been decrypted
  >>> pdfReader = PyPDF2.PdfFileReader(open('encrypted.pdf', 'rb'))
❸ >>> pdfReader.decrypt('rosebud')
  1
  >>> pageObj = pdfReader.getPage(0)
```

所有 PdfFileReader 物件都有個 isEncrypted 屬性，如果 PDF 檔有加密則是 True，如果不是則為 False❶。在檔案使用正確密碼解密之前，想要呼叫函式來讀取檔案的話，就會顯示錯誤訊息❷。

若要讀取有加密的 PDF 檔，就要呼叫 decrypt 函式並傳入密碼字串❸。在用正確密碼呼叫 decrypt() 之後，您會看到 getPage() 不會顯示錯誤訊息了。如果密碼錯誤，decrypt() 函式會返回 0，且 getPage() 會繼續顯示錯誤訊息。請留意一點，decrypt() 方法只解密 PdfFileReader 物件，而不是實際的 PDF 檔。在程式中止之後，硬碟上的 PDF 檔還是有加密的，程式下次再執行時仍要呼叫 decrypt()。

> NOTE
>
> 由於 PyPDF2 的 1.26.0 版本有一個 bug，在對加密的 PDF 呼叫 getPage() 之前要先呼叫 decrpt() 解密，不然再呼叫 getPage() 時顯示錯誤訊息：IndexError: list index out of range。這就是為什麼上述的範例中又再次開啟 PDF 檔建立新的 PdfFileReader 物件。

建立 PDF 檔

在 PyPDF2 模組中，與 PdfFileReader 物件相對的是 PdfFileWriter 物件，它能建立一個新的 PDF 檔。不過 PyPDF2 不能將隨便的文字寫入 PDF 中，無法像 Python 可隨意寫入純文字檔。PyPDF2 寫入 PDF 的功能僅限於從其他 PDF 中複製過來頁面，或旋轉頁面和對 PDF 檔案加密。

這個模組不能直接編輯 PDF，需要先建立一個新的 PDF，然後從已有的文件複製內容過去。本節的範例會遵照這一原則來處理：

1. 開啟一個或多個已存在的 PDF（來源 PDF），取得 PdfFileReader 物件。
2. 建立一個新的 PdfFileWriter 物件。
3. 將頁面從 PdfFileReader 物件複製到 PdfFileWriter 物件中。
4. 最後使用 PdfFileWriter 物件寫入輸出的 PDF 檔。

建立一個 PdfFileWriter 物件，只是在 Python 中建立了一個代表 PDF 文件的值而已，這並不是建立真的PDF 檔，若要實際真的生成檔案，還是要呼叫PdfFile Writer 物件的 write() 方法。

write() 方法接受一個普通的 File 物件，是以寫入二進位模式（wb）開啟。您可以用兩個引數來呼叫 Python 的 open() 函式來取得這樣的 File 物件：一個引數是要開啟的 PDF 檔名字串，另一個引數是 'wb'，代表該檔案是以寫入二進位模式開啟。

如果這裡的講解讓您有些迷惘，先別擔心，在接下的程式碼範例中會看到這整個運作的方法。

複製頁面

您可以使用 PyPDF2 從某個 PDF 文件中複製頁面到另一個 PDF 文件內，這能讓您組合多份 PDF 檔，移除不想要的頁面或調動頁面的順序。

請用瀏覽器連上 http://nostarch.com/automatestuff2/ 網站下載範例相關檔案，將 meetingminutes.pdf 和 meetingminutes2.pdf 放入 Python 目前的工作目錄中。在互動式 Shell 模式中輸入如下內容：

```
>>> import PyPDF2
>>> pdf1File = open('meetingminutes.pdf', 'rb')
>>> pdf2File = open('meetingminutes2.pdf', 'rb')
❶ >>> pdf1Reader = PyPDF2.PdfFileReader(pdf1File)
❷ >>> pdf2Reader = PyPDF2.PdfFileReader(pdf2File)
❸ >>> pdfWriter = PyPDF2.PdfFileWriter()

>>> for pageNum in range(pdf1Reader.numPages):
      ❹ pageObj = pdf1Reader.getPage(pageNum)
      ❺ pdfWriter.addPage(pageObj)

>>> for pageNum in range(pdf2Reader.numPages):
      ❹ pageObj = pdf2Reader.getPage(pageNum)
      ❺ pdfWriter.addPage(pageObj)

❻ >>> pdfOutputFile = open('combinedminutes.pdf', 'wb')
>>> pdfWriter.write(pdfOutputFile)
>>> pdfOutputFile.close()
>>> pdf1File.close()
>>> pdf2File.close()
```

以讀取二進位模式（'rb'）開啟這兩個 PDF 檔，將取得的兩個 File 物件指定到 pdf1File 和 pdf2File 變數內。呼叫 PyPDF.PdfFileReader() 並傳入 pdf1File，取得一個代表 meetingminutes.pdf 的 PdfFileReader 物件❶，隨後再次呼叫 PyPDF.PdfFileReader() 並傳入 pdf2File，取得代表 meetingminutes2.pdf 的 PdfFileReader 物件❷，隨即建立一個新的 PdfFileWriter 物件，代表一個空的 PDF 文件❸。

接著從兩個來源 PDF 中複製所有的頁面，將它們新增到 PdfFileWriter 物件中，在 PdfFileReader 物件上呼叫 getPage()，取得 Page 物件❹。隨後將這個 Page 物件傳給 PdfFileWriter 的 addPage() 方法❺，這些步驟先針對 pdf1Reader 進行處理，然後再對 pdf2Reader 進行處理。當您複製完成頁面之後，對 PdfFileWriter

的 write() 方法傳入一個 File 物件，寫入新的且取名為「combinedminutes.pdf」的 PDF 文件中❻。

NOTE
PyPDF2 不能在 PdfFileWriter 物件中間插入頁面，addPage() 方法僅能在尾端加入頁面。

現在這個範例已建立了一個新的 PDF 檔，這是把 meetingminutes.pdf 和 meetingminutes2.pdf 的頁面都合併到一個文件之中。請記住一件事，傳給 PyPDF.PdfFileReader() 的 File 物件是要以讀取二進位模式來開啟，也就是在 open() 的第二個引數要用 'rb'。同樣的，傳入 PyPDF.PdfFileWriter() 的 File 物件要以寫入二進位模式來開啟，也就是引數要用 'wb'。

旋轉頁面

利用 rotateClockwise() 和 rotateCounterClockwise() 方法，可將 PDF 文件的頁面旋轉 90 度（或 90 的整數倍數），對這兩個方法傳入 90、180 或 270 就可以了。請在 Python shell 中輸入如下內容，同時要記得將 meetingminutes.pdf 放在目前的工作目錄內：

```
  >>> import PyPDF2
  >>> minutesFile = open('meetingminutes.pdf', 'rb')
  >>> pdfReader = PyPDF2.PdfFileReader(minutesFile)
❶ >>> page = pdfReader.getPage(0)
❷ >>> page.rotateClockwise(90)
  {'/Contents': [IndirectObject(961, 0), IndirectObject(962, 0),
  --省略--
  }
  >>> pdfWriter = PyPDF2.PdfFileWriter()
  >>> pdfWriter.addPage(page)
❸ >>> resultPdfFile = open('rotatedPage.pdf', 'wb')
  >>> pdfWriter.write(resultPdfFile)
  >>> resultPdfFile.close()
  >>> minutesFile.close()
```

在這個範例中，我們用了 getPage(0) 來取得 PDF 的第一頁❶，隨後對該頁呼叫 rotateClockwise(90) ❷，並將旋轉過的頁面寫入一個新的 PDF 文件，儲存成 rotatedPage.pdf ❸。

存好的 PDf 檔內只有一頁，而且是順時針旋轉了 90 度，如圖 15-2 所示。rotateClockwise() 和 rotateCounterClockwise() 方法的返回值有很多訊息，您可以先忽略它們。

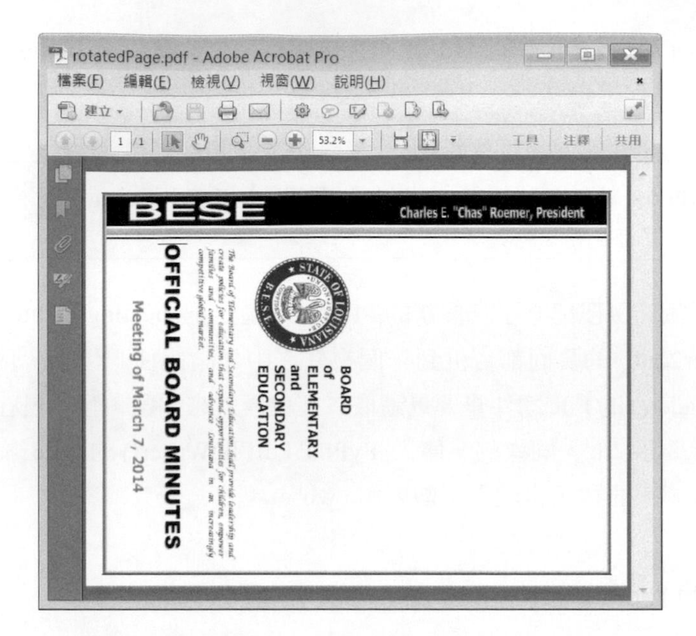

圖 15-2　rotatedPage.pdf 檔的頁面順時針旋轉 90 度

頁面重疊

PyPDF2 也可以將某一頁面內容重疊到另一頁上，這可以讓頁面上壓入公司的標誌、時戳或浮水印等內容，而且只針對程式指定的頁面壓入。

請連到 http://nostarch.com/automatestuff2/ 網站下載範例程式的相關檔案，將 watermark.pdf 和 meetingminutes.pdf 放在目前的工作目錄內，並在互動式 Shell 模式中輸入如下內容：

```
   >>> import PyPDF2
   >>> minutesFile = open('meetingminutes.pdf', 'rb')
❶ >>> pdfReader = PyPDF2.PdfFileReader(minutesFile)
❷ >>> minutesFirstPage = pdfReader.getPage(0)
❸ >>> pdfWatermarkReader = PyPDF2.PdfFileReader(open('watermark.pdf', 'rb'))
❹ >>> minutesFirstPage.mergePage(pdfWatermarkReader.getPage(0))
❺ >>> pdfWriter = PyPDF2.PdfFileWriter()
❻ >>> pdfWriter.addPage(minutesFirstPage)

❼ >>> for pageNum in range(1, pdfReader.numPages):
           pageObj = pdfReader.getPage(pageNum)
           pdfWriter.addPage(pageObj)

   >>> resultPdfFile = open('watermarkedCover.pdf', 'wb')
   >>> pdfWriter.write(resultPdfFile)
   >>> minutesFile.close()
   >>> resultPdfFile.close()
```

在這個範例中，我們建立了 meetingminutes.pdf 的 PdfFileReader 物件❶，呼叫了 getPage(0) 取得第一頁的 Page 物件，並將其存放在 minutesFirstPage 變數中❷。隨後建立了 watermark.pdf 的 PdfFileReader 物件❸，並在 minutesFirstPage 上呼叫 mergePage() ❹，傳入 mergePage() 的引數是 watermark.pdf 第一頁的 Page 物件。

現在我們已在 minutesFirstPage 上呼叫了 mergePage()，那麼 minutesFirstPage 就代表加了浮水印的第一頁，我們建立一個 PdfFileWriter 物件❺，並將加了浮水印的第一頁加入❻，隨後使用 for 迴圈巡遍 meetingminutes.pdf 剩下的頁面，將它們都加到 PdfFileWriter 物件中❼。最後開啟一個全新的 PDF 檔，再把 PdfFileWriter 的內容寫入這個檔案內。

如圖 15-3 所示為合併浮水印的結果，新的 PDF 檔為 watermarkedCover.pdf，內含了 meetingminutes.pdf 的全部內容，並在第一頁加了浮水印。

圖 15-3 原來的 PDF（左圖）、浮水印（中圖）和合併後的 PDF（右圖）

對 PDF 檔加上密碼

PdfFileWriter 物件也可以為 PDF 檔加上密碼保護，請在互動式 Shell 模式中輸入如下內容：

```
>>> import PyPDF2
>>> pdfFile = open('meetingminutes.pdf', 'rb')
>>> pdfReader = PyPDF2.PdfFileReader(pdfFile)
>>> pdfWriter = PyPDF2.PdfFileWriter()
>>> for pageNum in range(pdfReader.numPages):
```

```
        pdfWriter.addPage(pdfReader.getPage(pageNum))

❶ >>> pdfWriter.encrypt('swordfish')
   >>> resultPdf = open('encryptedminutes.pdf', 'wb')
   >>> pdfWriter.write(resultPdf)
   >>> resultPdf.close()
```

在呼叫 write() 方法儲存檔案之前先呼叫 encrypt() 方法，傳入密碼字串❶。PDF 檔有一個使用者密碼（僅限閱讀瀏覽這份 PDF）和一個擁有者密碼（有所有權限，能列印、加注解、擷取文字和其他功能）。使用者密碼和擁有者密碼分別是 encrypt() 的第一個和第二個引數，如果只傳入一個引數字串到 encrypt() 中，它會把這個字串當成兩者的密碼。

在這個例子中，我們把 meetingminutes.pdf 的頁面複製到 PdfFileWriter 物件，密碼用「swordfish」這個單字來對 PdfFileWriter 進行加密，並開啟一個取名為 encryptedminutes.pdf 的新 PDF 檔，將 PdfFIleWriter 物件的內容寫入到新的 PDF 中。任何人想要打開 encryptedminutes.pdf 檔都要輸入密碼才行。您可能想要刪除原來的檔案，但最好是在確認新的 PDF 檔有正確加入密碼，且內容無誤後才刪除原有的。

程式專題：從多個 PDF 檔中合併選取的頁面

假設您有個無趣的工作，需要把幾十個 PDF 檔合併成一個 PDF 檔，每個檔案都有個封面是第一頁，但您不想要在合併的檔案中重複出現這些封面，就算現在有不少免費的軟體可合併 PDF，但很多都只是簡單地把檔案併在一起而已，不能滿足去掉重複封面的需要。所以讓我們來設計一支 Python 程式，自訂需要合併到 PDF 中的頁面。

從綜觀全局的角來看，這支程式需要做到以下事情：

1. 能找到目前工作目錄中所有的 PDF 檔案。
2. 依照檔名排序，這樣能照順序新增這些 PDF。
3. 除了第一頁之外，將每個 PDF 的所有其他頁面都寫入輸出的檔案。

以實作的角度來看，程式碼要做到以下事情：

1. 呼叫 os.listdir() 找出目前工作目錄中的所有檔案，去掉非 PDF 檔。

2. 呼叫 Python 的 sort() 串列方法，將檔名按字母排序。
3. 建立 PdfFileWriter 物件給輸出的 PDF 檔用。
4. 以迴圈巡遍每個 PDF 檔，為它建立 PdfFileReader 物件。
5. 對每個 PDF 檔以迴圈巡遍除了第一頁以外的所有頁面。
6. 將頁面新增到輸出的 PDF 檔中。
7. 將輸出的 PDF 寫入一個取名為 allminutes.pdf 的檔案內。

針對此專題開啟一個新的 file editor 視窗，並將程式儲存為 combinePdfs.py 檔。

STEP 1：找出所有的 PDF 檔

第一步是讓程式取得目前工作目錄中所有副檔名為 .pdf 的檔案清單，並對它們排序。請讓程式像下列這般：

```
   #! python3
   # combinePdfs.py - Combines all the PDFs in the current working directory into
   # into a single PDF.

❶ import PyPDF2, os

   # Get all the PDF filenames.
   pdfFiles = []
   for filename in os.listdir('.'):
       if filename.endswith('.pdf'):
        ❷ pdfFiles.append(filename)
❸ pdfFiles.sort(key=str.lower)

❹ pdfWriter = PyPDF2.PdfFileWriter()

   # TODO: Loop through all the PDF files.

   # TODO: Loop through all the pages (except the first) and add them.

   # TODO: Save the resulting PDF to a file.
```

在 #! 這行和描述程式功用的注釋文字行之後，程式碼匯入了 os 和 PyPDF2 模組❶。呼叫 os.listdir('.') 會返回目前工作目錄中所有的檔案的串列，for 迴圈會巡遍這個串列，將副檔名為 .pdf 的檔案都 pdfFiles 中❷。隨後呼叫 sort() 時傳入 key = str.lower 關鍵字引數❸，讓串列依照字典順序排序。

程式建立了一個 PdfFileWriter 物件來存放合併後的 PDF 頁面❹。最後面的一些注釋簡單描述了程式剩下要進行的工作。

STEP 2：開啟每個 PDF 檔

在此步驟中，要讀取 pdfFiles 中的每個 PDF 檔，請在程式中加入如下內容：

```
#! python3
# combinePdfs.py - Combines all the PDFs in the current working directory into
# a single PDF.

import PyPDF2, os

# Get all the PDF filenames.
pdfFiles = []
--省略-

# Loop through all the PDF files.
for filename in pdfFiles:
    pdfFileObj = open(filename, 'rb')
    pdfReader = PyPDF2.PdfFileReader(pdfFileObj)
    # TODO: Loop through all the pages (except the first) and add them.

# TODO: Save the resulting PDF to a file.
```

for 迴圈會對每個 PDF 檔呼叫 open()，以 'rb' 為第二個引數，用讀取二進位模式來開啟。open()會返回一個 File 物件，此物件會傳給 PyPDF2.PdfFileReader() 來建立那個 PDF 檔的 PdfFileReader 物件。

STEP 3：新增每一頁內容

以迴圈巡遍每個 PDF 檔的每一頁（除第一頁封面之外），請在程式後面加入如下的內容：

```
#! python3
# combinePdfs.py - Combines all the PDFs in the current working directory into
# a single PDF.

import PyPDF2, os

--省略--

# Loop through all the PDF files.
for filename in pdfFiles:
--省略-
    # Loop through all the pages (except the first) and add them.
❶ for pageNum in range(1, pdfReader.numPages):
        pageObj = pdfReader.getPage(pageNum)
        pdfWriter.addPage(pageObj)

# TODO: Save the resulting PDF to a file.
```

for 迴圈中的程式碼會將每個 Page 物件複製到 PdfFileWriter 物件中，但請記得要跳過第一頁的封面。因為 PyPDF2 的 0 是第一頁，所以讓迴圈由 1 開始❶，然後向上遞增到 pdfReader.numPages 中的整數（但不含此整數）。

STEP 4：儲存結果

在這些巢狀嵌套的 for 迴圈完成後，pdfWriter 變數會存放一個 PdfFileWriter 物件，此物件合併了所有的 PDF 頁面，最後一步就是將此內容寫入硬碟的檔案中，請在程式加入如下內容：

```
#! python3
# combinePdfs.py - Combines all the PDFs in the current working directory into
# a single PDF.
import PyPDF2, os

--省略--

# Loop through all the PDF files.
for filename in pdfFiles:
--省略—
    # Loop through all the pages (except the first) and add them.
    for pageNum in range(1, pdfReader.numPages):
    --省略--

# Save the resulting PDF to a file.
pdfOutput = open('allminutes.pdf', 'wb')
pdfWriter.write(pdfOutput)
pdfOutput.close()
```

傳入 'wb' 到 open() 以寫入二進位模式開啟輸出的 PDF 檔案 allminutes.pdf，然後將取得的 File 物件傳入 write() 方法來建立真實的 PDF 檔，最後呼叫 close() 方法結束程式。

關於類似程式的一些想法

能夠利用其他的 PDF 檔中的頁面建立新的 PDF 檔，可讓您的程式具有完成下列事項的能力：

- 從某個 PDF 檔中擷取特定頁面。
- 重新調動 PDF 檔中頁面的前後順序。
- 建立一個 PDF 檔，只放入含有某些特定文字的頁面，文字可由 extractText() 來指定。

Word 文件

Python 可利用 docx 模組來建立和修改副檔名為 .docx 的 Word 文件。執行 pip install --user -U python-docx==0.8.10 可安裝此模組（請參考附錄 A 關於安裝第三方模組的相關說明）。

> NOTE
> 第一次用 pip 安裝 Python-Docx 時，請留意，安裝的是 python-docx，而不是 docx。安裝名稱為 docx 是指另一個模組，本書不會介紹。安裝後，在匯入 python-docx 模組時，要用的則是 import docx，而不是 import python-docx。

如果您的電腦中沒有 Word 這套軟體，LibreOffice Writer 和 OpenOffice Writer 都是不錯的免費替代品，它們都可在 Windows、macOS 和 Linux 中開啟 .docx 的檔案。您可以從 https://www.libreoffice.org 和 http://openoffice.org 網站下載來安裝。關於 Python-Docx 的完整說明文件在 https://python-docx.readthedocs.org/。雖然有 macOS 版本的 Word，但本章是以 Windows 系統的 Word 為例來介紹。

與純文字比起來，.docx 檔中有很多結構，這些結構在 Python-Docx 中是用三種不同的型別來表示。在最高一層的結構中，Document 物件代表整份文件，Document 物件則含有一個 Paragraph 物件的串列，代表文件中的段落（使用者在 Word 文件中輸入時，按下 Enter 或 Return 鍵就代表一個段落）。在每個 Paragraph 物件又含有一個 Run 物件的串列。如圖 15-4 所示為一句段落中有 4 個 Run 物件。

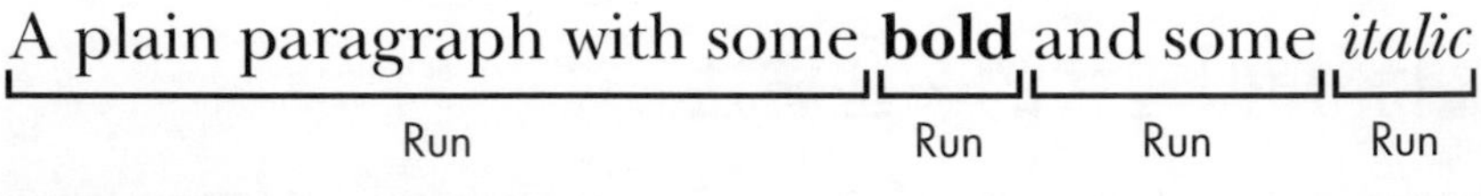

A plain paragraph with some **bold** and some *italic*

Run　Run　Run　Run

圖 15-4　一個 Paragraph 物件中標識出來的 4 個 Run 物件

Word 文件中的文字不單只是字串，它還含有與之相關的字型、大小、色彩和其他格式的資訊。在 Word 中，樣式為這些屬性的集合體。一個 Run 物件是指以相同樣式連續鄰接的文字。當文字樣式有變化的時候，就需要一個新的 Run 物件。

讀取 Word 文件

接下來嘗試使用 docx 模組吧！請連到 http://nostarch.com/automatestuff2/ 網站中下載程式相關檔案，其中 demo.docx 要放到 Python 目前工作目錄中，然後在互動式 Shell 模式中輸入如下內容：

```
  >>> import docx
❶ >>> doc = docx.Document('demo.docx')
❷ >>> len(doc.paragraphs)
  7
❸ >>> doc.paragraphs[0].text
  'Document Title'
❹ >>> doc.paragraphs[1].text
  'A plain paragraph with some bold and some italic'
❺ >>> len(doc.paragraphs[1].runs)
  4
❻ >>> doc.paragraphs[1].runs[0].text
  'A plain paragraph with some '
❼ >>> doc.paragraphs[1].runs[1].text
  'bold'
❽ >>> doc.paragraphs[1].runs[2].text
  ' and some '
❾ >>> doc.paragraphs[1].runs[3].text
  'italic'
```

在❶這行，我們在 Python 中開啟了一個 .docx 檔案，呼叫了 docx.Document()，傳入 demo.docx 檔名，這會讓它返回一個 Document 物件，它有 paragraphs 屬性，是 Paragraph 物件的串列。如果對 doc.paragraphs 呼叫 len()，則會返回 7，表示這個檔案中有 7 個 Paragraph 物件❷。每個 Paragraph 物件都有個 text 屬性，內含該段落中文字的字串（不含樣式資訊），其中第一個 text 屬性內含有 'DocumentTitle' ❸，第二個則含有 'A plain paragraph with some bold and some italic' ❹。

每個 Paragraph 物件也都有個 runs 屬性，它是 Run 物件的串列。Run 物件也有個 text 屬性，內含這個連續相同樣式的文字。我們來看看第二個 Paragraph 物件中的 text 屬性 'A plain paragraph with some bold and some italic'，對這個 Paragraph 物件呼叫 len()，結果告知我們有 4 個 Run 物件❺。第一個 Run 物件內有 'A plain paragraph with some ' ❻，隨後文字為粗體的樣式，所以 'bold' 開始新的 Run 物件❼，在這之後文字又回到非粗體的樣式，因此產生第三個 Run 物件 ' and some ' ❽，最後則是第四個 Run 物件 'italic' ❾，是斜體樣式。

有了 Python-Docx 模組，Python 程式就能從 .docx 檔案中讀取文字，就像其他字串值一樣地使用它。

從 .docx 檔案中取得所有的文字

如果您只關切 Word 文件中的文字內容，不想管樣式之類的資訊，就可利用 getText () 函式來擷取，此函式會接受一個 .docx 檔名，然後返回其中文字的字串。請開啟一個新的 file editor 視窗，輸入如下程式碼，存檔為 readDocx.py：

```
#! python3

import docx

def getText(filename):
    doc = docx.Document(filename)
    fullText = []
    for para in doc.paragraphs:
        fullText.append(para.text)
    return '\n'.join(fullText)
```

以 getText() 函式開啟 Word 文件，再用 for 迴圈巡遍 paragraphs 串列中所有的 Paragraph 物件，隨後將這些的文字新增到 fullText 串列內。當迴圈結束後，fullText 中的字串會連接在一起，且中間會以換行符號分隔。

readDocx.py 程式可以像其他模組這樣匯入使用。現在如果您只想取得某個 Word 文件中的文字，可輸入如下內容：

```
>>> import readDocx
>>> print(readDocx.getText('demo.docx'))
Document Title
A plain paragraph with some bold and some italic
Heading, level 1
Intense quote
first item in unordered list
first item in ordered list
```

在返回之前也可調整 getText() 來修改字串，舉例來說，要讓每一段落縮排，可將檔案中的 append() 呼叫改成：

```
fullText.append(' ' + para.text)
```

若想要在段落之間加入兩行間距，可改用 join() 來達成：

```
return '\n\n'.join(fullText)
```

如您所見，只需幾行程式碼就能寫出函式來讀取.docx 檔，並依照需求返回其內容字串。

設定 Paragraph 和 Run 物件的樣式

在 Windows 系統的 Word 中，可按下 Ctrl-Alt-Shift-S 鍵來顯示樣式窗格並查看其中樣式，如圖 15-5 所示。在 macOS 上則可按**檢視（View）→樣式（Styles）**功能表來檢視樣式窗格。

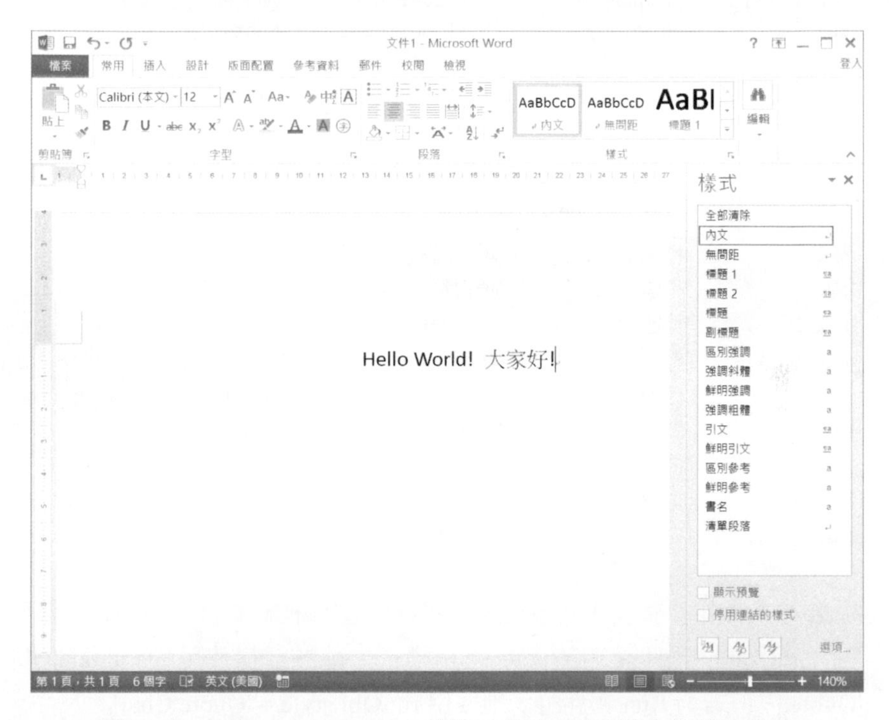

圖 15-5　按下 Ctrl-Alt-Shift-S 鍵顯示樣式窗格及其中的預設樣式

Word 和其他文書處理軟體都會用樣式，以維持相同類型文字段落在視覺顯示上的一致，且樣式也易於修改。舉例來說，可能您希望內文段落的字型大小都設為 11 點，字型用 Times New Roman，靠左對齊，右側不對齊的文字呈現。那麼可建立一個樣式將這些格式設定進去，將它套入文件中所有文字段落。隨後若想要改變已套入該樣式的文字段落的展現格式，只要修改樣式，則所有套入這個樣式的文字段落就會自動更新。

以 Word 文件來看，有三種類型的樣式：段落樣式可套入 Paragraph 物件，字元樣式則可套入 Run 物件，連結樣式則都可套入這兩種物件。可將 Paragraph 和 Run 物件的 style 屬性設為一個字串來套入樣式，此字串應該是 Word 中的樣式名稱。如果 style 為 None，則沒有樣式與 Paragraph 和 Run 物件關聯。

預設常用的 Word 樣式如下：

英文版的 Word：

```
'Normal'        'Heading5'       'ListBullet'       'ListParagraph'
'BodyText'      'Heading6'       'ListBullet2'      'MacroText'
'BodyText2'     'Heading7'       'ListBullet3'      'NoSpacing'
'BodyText3'     'Heading8'       'ListContinue'     'Quote'
'Caption'       'Heading9'       'ListContinue2'    'Subtitle'
'Heading1'      'IntenseQuote'   'ListContinue3'    'TOCHeading'
'Heading2'      'List'           'ListNumber'       'Title'
'Heading3'      'List2'          'ListNumber2'
'Heading4'      'List3'          'ListNumber3'
```

中文版的 Word 對應的樣式名稱：

'內文'	'標題 5'	'項目符號'	'清單段落'
'本文'	'標題 6'	'項目符號 2'	'巨集文字'
'本文 2'	'標題 7'	'項目符號 3'	'無間距'
'本文 3'	'標題 8'	'接續'	'引文'
'書名'	'標題 9'	'接續 2'	'副標題'
'標題 1'	'鮮明引文'	'接續 3'	'書目'
'標題 2'	'清單'	'清單號碼'	'標題'
'標題 3'	'清單 2'	'清單號碼 2'	
'標題 4'	'清單 3'	'清單號碼 3'	

如果對 Run 物件套入連結樣式，則需要樣式名稱最後加上 'Char'，舉例來說，對 Paragraph 物件設定 Quote 連結樣式，應該這樣使用 paragraphObj.style = 'Quote'，但若對 Run 物件時，則要用 runObj.style = 'Quote Char'。

在筆者結稿當下的 Python-Docx 版本（0.8.10）中，只能使用預設的 Word 樣式（中文樣式名稱目前也還不能用），和開啟的 .docx 檔案中已有的樣式，不能建立新的樣式，但這一點在未來的模組版本中可能會改變。

建立含有非預設樣式的 Word 文件

如果想要建立一份有用了非預設樣式的 Word 文件，可開啟一個空白的 Word 文件，按下樣式窗格下方的**新增樣式**鈕，自己建立樣式（如圖 15-6 所示為中文版 Windows 平台上新增樣式的情形）。

在開啟的「從格式建立新樣式」對話方塊中可輸入新樣式的名稱及進行相關設定。隨後回到互動式 Shell 模式中用 docx.Document() 開啟這個空白的 Word 文件，以它作為 Word 文件的基礎，這裡新增的樣式名稱就可在 Python-Docx 中取用了。

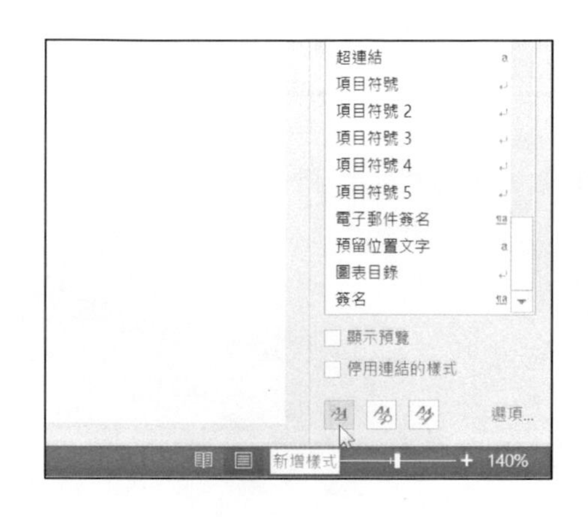

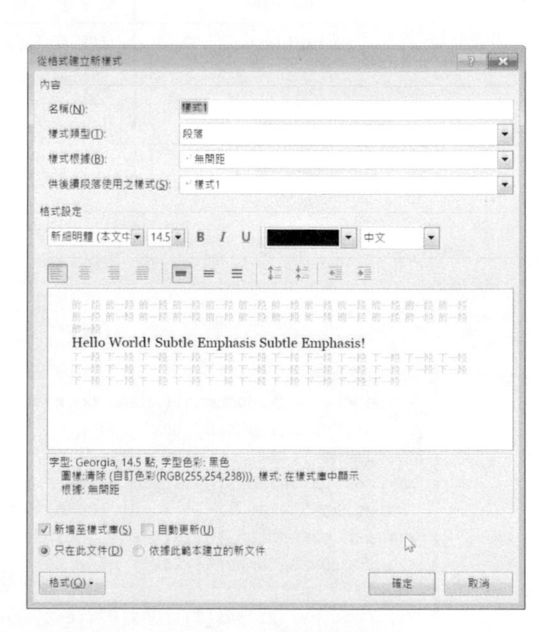

圖 15-6　按下「新增樣式」鈕和「從格式建立新樣式」對話方塊

Run 的屬性

利用 text 屬性，Run 可進一步套入樣式，每個屬性都可被設定為如下三個值之一：True（啟用該屬性，不論其他樣式是否已套入該 Run 物件中）、False（停用該屬性）或 None（預設為不論 Run 物件被設定為任何樣式都可以）。

表 15-1 列出了可以在 Run 物件上設定的 text 屬性。

表 15-1　常用的 Run 物件的 text 屬性

屬性	描述
bold	文字顯示為粗體
italic	文字顯示為斜體
underline	文字套上底線
strike	文字套上刪除線

屬性	描述
double_strike	文字套上雙刪除線
all_caps	英文字母首字大寫
small_caps	英文字母首字大寫，小寫字母縮小兩點
shadow	文字套入陰影
outline	文字套入外框，非實心顯示
rtl	文字由右至左書寫
imprint	文字套入內陰影效果
emboss	文字套入浮凸效果

舉例來說，為了改變 demo.docx 範例的樣式，請在互動式 Shell 模式中輸入如下內容：

```
>>> import docx
>>> doc = docx.Document('demo.docx')
>>> doc.paragraphs[0].text
'Document Title'
>>> doc.paragraphs[0].style # The exact id may be different:
_ParagraphStyle('Title') id: 3095631007984
>>> doc.paragraphs[0].style = 'Normal'
>>> doc.paragraphs[1].text
'A plain paragraph with some bold and some italic'
>>> (doc.paragraphs[1].runs[0].text, doc.paragraphs[1].runs[1].text,
doc.paragraphs[1].runs[2].text, doc.paragraphs[1].runs[3].text)
('A plain paragraph with some ', 'bold', ' and some ', 'italic')
>>> doc.paragraphs[1].runs[1].style = 'Quote Char'
>>> doc.paragraphs[1].runs[1].underline = True
>>> doc.paragraphs[1].runs[3].underline = True
>>> doc.save('restyled.docx')
```

這裡的例子中有用了 text 和 style 屬性，方便我們容易看到文件中段落內有什麼。我們會看到很容易將段落分出 Run 物件，並可單獨存取每個 Run。所以我們在第二個段落文字中取得第二和第四個 Run 來設定底線格式，並將結果存到新的檔案中。

restyled.docx 文件最上方的段落 Document Title 會套入 Normal（內文）樣式，而 Run 物件的文字 A plain paragraph with some 則套入 Quote（引文）樣式，對 bold 和 italic 單字這兩個 Run 物件指定 underline（底線）屬性為 True。如圖 15-7 所示為 restyled.docx 檔的樣子。

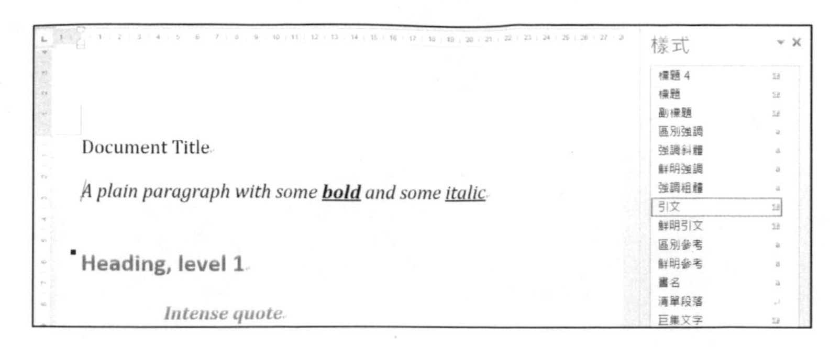

圖 15-7　restyled.docx 檔有套入 Quote 引文樣式和加上底線

請連到 https://python-docx.readthedocs.io/en/latest/ 網站，您可以查閱更多關於 Python-Docx 使用樣式的介紹說明。

寫入 Word 文件

請在互動式 Shell 模式中輸入如下內容：

```
>>> import docx
>>> doc = docx.Document()
>>> doc.add_paragraph('Hello world!')
<docx.text.Paragraph object at 0x0000000003B56F60>
>>> doc.save('helloworld.docx')
```

若想要建立自己的 .docx 檔，就要呼叫 docx.Document()，它會返回一個新的、空白的 Word Document 物件，再用 Document 物件的 add_paragraph() 方法將一段新的文字加到文件中，並返回新增 Paragraph 物件的參照。在新增完文字之後，對 Document 物件呼叫 save() 方法，傳入檔名字串，就可將 Document 物件儲存起來。

這樣會建立一個檔名為 helloworld.docx 的檔案，放在目前的工作目錄中，其開啟的樣貌如圖 15-8 所示。

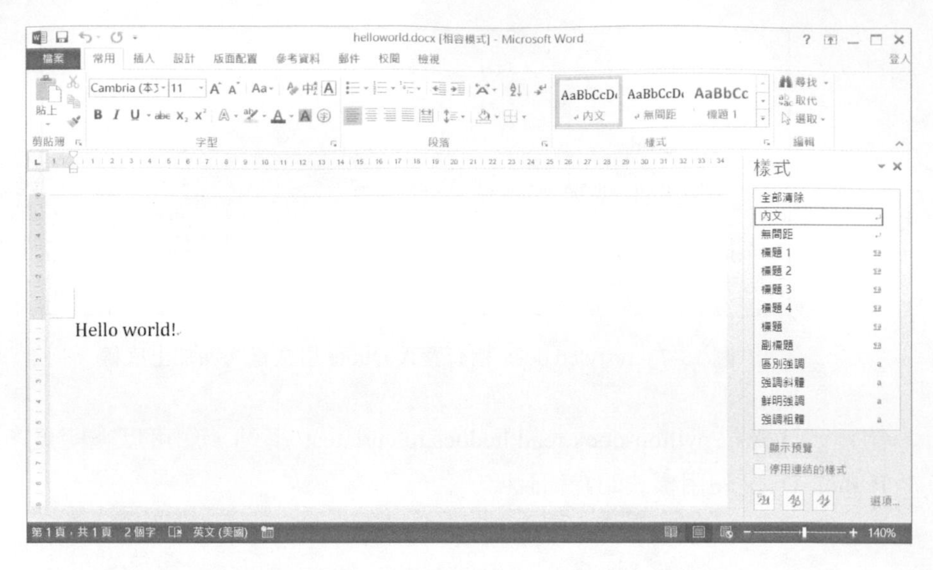

圖 15-8　使用 add_paragraph('Hello world!') 新增並建立的 Word 文件

您可以使用新的段落文字再次呼叫 add_paragraph() 方法來新增段落，又或者，若要在已有段落的尾端加入文字，可呼叫 Paragraph 物件的 add_run() 方法，傳入字串即可加入。請在互動式 Shell 模式中輸入如下內容：

```
>>> import docx
>>> doc = docx.Document()
>>> doc.add_paragraph('Hello world!')
<docx.text.Paragraph object at 0x000000000366AD30>
>>> paraObj1 = doc.add_paragraph('This is a second paragraph.')
>>> paraObj2 = doc.add_paragraph('This is a yet another paragraph.')
>>> paraObj1.add_run(' This text is being added to the second paragraph.')
<docx.text.Run object at 0x0000000003A2C860>
>>> doc.save('multipleParagraphs.docx')
```

執行後可得到如圖 15-9 所示的 Word 檔，請留意一件事，文字 This text is being added to the second paragraph.會被加到 paraObj1 中的 Paragraph 物件中，它是新增到 doc 內的第二段。add_paragraph() 和 add_run() 分別會返回 Paragraph 和 Run 物件，這樣您就不必再用另一步來擷取了。

請記住一件事，Python-Docx 的 0.8.10 版中，新的 Paragraph 物件只能新增在文件的尾端，新的 Run 物件則只能新增在 Paragraph 物件的尾端。

可再次呼叫 save() 方法來儲存剛才所做的處理。

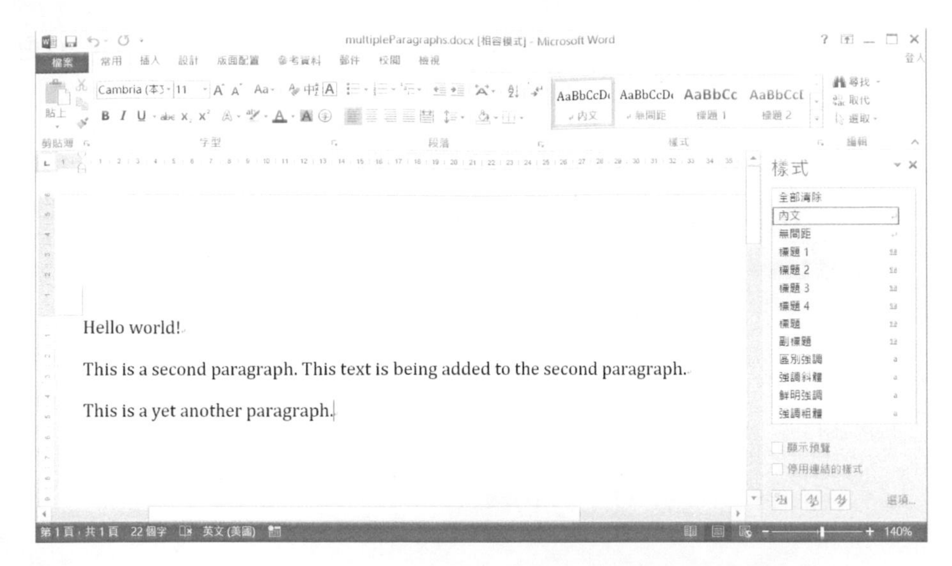

圖 15-9 新增了多個 Paragraph 和 Run 物件的 Word 文件

add_paragraph() 和 add_run() 都能接受選擇性的第二個引數，這選擇性的第二個引數代表要套入 Paragraph 和 Run 物件之樣式的名稱字串。舉例來說：

```
>>> doc.add_paragraph('Hello world!', 'Title')
```

這行指令會加入一段 Hello world!，並套入 Title（標題）樣式。

新增標題

可呼叫 add_heading() 來新增一段落，並套入一種標題樣式。請在互動式 Shell 模式中輸入如下內容：

```
>>> doc = docx.Document()
>>> doc.add_heading('Header 0', 0)
<docx.text.Paragraph object at 0x00000000036CB3C8>
>>> doc.add_heading('Header 1', 1)
<docx.text.Paragraph object at 0x00000000036CB630>
>>> doc.add_heading('Header 2', 2)
<docx.text.Paragraph object at 0x00000000036CB828>
>>> doc.add_heading('Header 3', 3)
<docx.text.Paragraph object at 0x00000000036CB2E8>
>>> doc.add_heading('Header 4', 4)
<docx.text.Paragraph object at 0x00000000036CB3C8>
>>> doc.save('headings.docx')
```

add_heading() 的引數為一個標題文字字串，和一個從 0～4 的整數。整數 0 代表標題套入 Title 標題樣式，用在文件的最頂端。整數 1～4 是套入不同的標題層級，1 為標題 1 的主標題，而 4 為最低層級的標題 4。add_heading() 會返回一個 Paragraph 物件，讓您不必再用另一步驟從 Document 物件來擷取。

儲存後的 headings.docx 檔案開啟後如圖 15-10 所示。

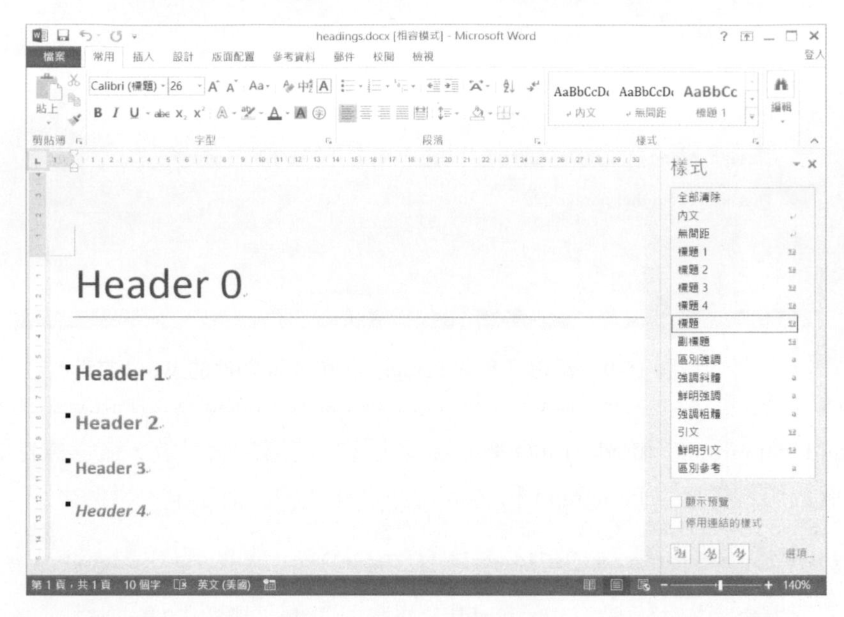

圖 15-10　headings.docx 文件中新增套入標題 0~4 層級樣式的文字

新增換行符號和分頁符號

若要新增換行符號（不是開始一個新的段落），可在 Run 物件上呼叫 add_break()方法，換行符號會出現在它的後面。如果想要加入分頁符號，則可將 docx.enum.text.WD_BREAK.PAGE 當作唯一引數傳入 add_break() 中，如下列程式碼所示：

```
>>> doc = docx.Document()
>>> doc.add_paragraph('This is on the first page!')
<docx.text.Paragraph object at 0x0000000003785518>
❶ >>> doc.paragraphs[0].runs[0].add_break(docx.enum.text.WD_BREAK.PAGE)
>>> doc.add_paragraph('This is on the second page!')
<docx.text.Paragraph object at 0x00000000037855F8>
>>> doc.save('twoPage.docx')
```

上述程式建立了一個有兩頁內容的 Word 文件，第一頁上是 This is on the first page!，第二頁上則是 This is on the second page!。雖然在第一頁的文字 This is

on the first page! 之後還有很多的空白，但在這個例子中，是因為在第一段的第一個 Run 之後插入了分頁符號❶，強制下一段落移到新的頁面。

新增圖片

在 Document 物件中有一個 add_picture() 方法，可讓我們在文件尾端加入圖片。假設在 Python 的目前工作目錄中有一個 zophie.png 的圖檔，您可以輸入如下程式碼，在文件的尾端插入 zophie.png，其寬度為 1 英寸，高度為 4 公分（Word 可同時使用英制和公制的單位）：

```
>>> doc.add_picture('zophie.png', width=docx.shared.Inches(1),
height=docx.shared.Cm(4))
<docx.shape.InlineShape object at 0x00000000036C7D30>
```

第一個引數為字串，代表圖片的檔名，可選擇性使用的 width 和 height 關鍵字引數能設定該圖片插入文件中的寬度和高度。如果省略可選擇性關鍵字引數，寬度和高度會用預設值，也就是原圖片的正常大小。

您可能會用熟悉的單位來指定圖片的高度和寬度，如英寸或公分，所以在指定 width 和 height 關鍵字引數時，可以利用 docx.shared.Inches() 和 docx.shared.Cm() 函式。

從 Word 文件建立 PDF 檔

PyPDF2 模組並不允許我們直接建立 PDF 檔，但是如果我們使用 Windows 並且安裝了 Microsoft Word，利用 Python 還是有方法能生成 PDF 檔的。只需要執行 pip install --user -U pywin32==224 來安裝 Pywin32 套件。使用這個和 docx 模組，就可以建立 Word 文件，隨後使用下列程式腳本將其轉換為 PDF 檔。

請開啟一個新的 file editor 標籤視窗，再輸入如下的程式碼，然後把這支程式儲存成 convertWordToPDF.py 檔：

```
# This script runs on Windows only, and you must have Word installed.
import win32com.client # install with "pip install pywin32"
import docx
wordFilename = 'your_word_document.docx'
pdfFilename = 'your_pdf_filename.pdf'

doc = docx.Document()
```

```
# Code to create Word document goes here.
doc.save(wordFilename)

wdFormatPDF = 17 # Word's numeric code for PDFs.
wordObj = win32com.client.Dispatch('Word.Application')
docObj = wordObj.Documents.Open(wordFilename)
docObj.SaveAs(pdfFilename, FileFormat=wdFormatPDF)
docObj.Close()
wordObj.Quit()
```

若想要寫出程式能生成帶有自己內容的 PDF 檔，則必須先使用 docx 模組來建立 Word 檔，然後再使用 Pywin32 套件的 win32com.client 模組將 Word 檔轉換成 PDF。請把 # Code to create Word document goes here. 這行注釋改換成呼叫 docx 函式來建立自己內容的 Word 文件，這份文件隨後會轉成 PDF 檔。

這裡所介紹的生成 PDF 方式看起來好像有點複雜，但事實證明，就算用專業軟體來處理，其解決方案同樣也是很複雜的。

總結

處理文字資訊不單只有純文字檔，實際上很有可能會用到 PDF 和 Word 檔。此時可利用 PyPDF2 模組來讀寫 PDF 檔，但遺憾的是從 PDF 文件中讀取文字並不是那麼完美，因為 PDF 檔的格式很複雜，某些 PDF 可能根本讀不出文字來。在這種情況下，只有等 PyPDF2 版本更新，希望新的版本能夠支援更多新的 PDF 功能。

Word 文件就好一些，可用 python-docx 套件的 docx 模組來讀取。我們可藉由 Paragraph 和 Run 物件來操控 Word 文件中的文字。可對這些物件設定樣式，但只能套用預設的那些樣式或文件中已有的樣式。另外也可新增段落、標題、換行符號或分頁符號，及圖片等，這些都只能加入到文件的尾端。

在處理 PDF 和 Word 文件時有不少限制，因為這些格式設計的本意原是為了要好好地展現給人們閱讀，而不是要讓軟體能輕鬆解析。下一章將討論儲存資訊的另外兩種常見格式：JSON 和 CVS 檔，這兩種格式就是設計給電腦用的，您會發現 Python 在處理這種格式上輕鬆容易許多。

習題

1. 不能直接把 PDF 檔名的字串傳入 PyPDF2.PdfFileReader() 函式，那要傳什麼到函式中呢？
2. 請問 PdfFileReader() 和 PdfFileWriter() 需要的 File 物件要以何種模式開啟？
3. 如何從 PdfFileReader 物件中取得第 5 頁的 Page 物件？
4. 哪一個 PdfFileReader 的屬性變數存放了 PDF 文件的頁數？
5. 如果 PdfFileReader 物件為用了密碼 swordfish 來加密的 PDF 文件，那要先做什麼才能從中擷取 Page 物件？
6. 要用什麼方法來旋轉 PDF 頁面？
7. 用哪一個方法返回檔案 demo.docx 的 Document 物件？
8. 請問 Paragraph 物件和 Run 物件有何不同？
9. 若 doc 變數存放 Document 物件，要怎麼從中取得 Paragraph 物件的串列？
10. 有哪種型別的物件具有 bold、underline、italic、strike 和 outline 屬性？
11. 請問 bold 屬性設為 True、False 或 None 有何分別？
12. 如何為新的 Word 文件建立 Document 物件？
13. 若 doc 變數存放了 Document 物件，那要如何新增一個文字段落 'Hello there!' 進去？
14. 有哪些整數可代表 Word 文件中可用的標題層級？

實作專題

為了練習與實作，請依照下列需求編寫設計程式。

PDF 偏執狂

利用第 9 章的 os.walk() 函式來設計一個程式腳本，巡遍資料夾中所有 PDF 檔（包含子資料夾），用命令提示行提供密碼對這些 PDF 加密。在原來的檔名加上 _encrypted.pdf 為後置，儲存每個加了密碼的 PDF 檔。在刪除原來的 PDF 檔之前，試著用程式開啟讀取這些加了密碼的檔案，確定有正確成功加密。

隨後設計一支程式，找出資料夾中所有加密的 PDF 檔（包含子資料夾），利用提供的密碼，開啟建立 PDF，去掉密碼另存新檔。如果有密碼錯誤，程式要印出訊息，並繼續處理下一個 PDF 檔直到所有都處理完成。

自訂邀請函並儲存成 Word 檔

假設您有一組客人名單的文字檔，這個 guests.txt 檔中每一行都是一個名字，如下所示：

```
Prof. Plum
Miss Scarlet
Col. Mustard
Al Sweigart
Robocop
```

設計一支程式，產生自訂的邀請函 Word 檔，如圖 15-11 所示。

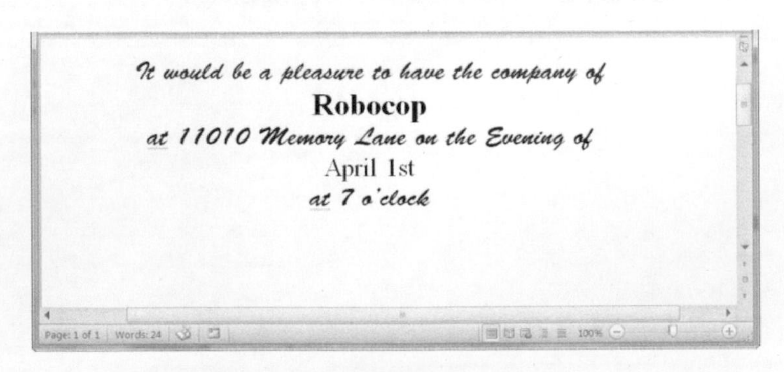

圖 15-11　自訂的邀請函 Word 文件

由於 Python-Docx 只能使用 Word 文件已有的樣式，所以您必須要先將這些樣式新增到一個空白的 Word 文件中，然後用 Python-Docx 開啟該文件，在生成的 Word 文件中，每份邀請函都要佔一頁，所以每份邀請函最後一段要呼叫 add_break() 來加入分頁符號。如此一來，只要開啟一個 Word 文件就能印出所有的邀請函了。

您可以連到 http://nostarch.com/automatestuff2/ 網站下載範例 guests.txt 檔。

暴力 PDF 密碼破解程式

假設有個加了密碼的 PDF 檔，您忘了密碼是什麼了，但只記得它是個英文單字，一直嘗試猜測忘掉的密碼來開 PDF 是很無聊的工作，因此設計一支程式，可嘗試所有可能的英文單字來解密這個 PDF 檔，直到找出開啟的密碼為止，這就是暴力 PDF 密碼攻擊。請從 http://nostarch.com/automatestuff2/ 網站下載範例 dictionary.txt 檔。這個字典檔內含 44,000 多個英文單字，每個單字佔一行。

請利用第 8 章學過的檔案讀取技巧來讀取這份檔案，建立一個單字字串的串列，使用迴圈巡遍此串列中的每個單字，將它傳入 decrypt() 方法解密，如果這個方法返回整數 0，則密碼為錯的，程式繼續嘗試下一個密碼單字，如果 decrypt() 返回整數 1，則密碼正確，程式要停止並印出破解的密碼。您在設計程式時要試著將每個單字的大小寫形式都用過（在筆者的筆電中，巡遍來自字典檔的所有 88,000 個大小寫的單字，只需幾分鐘就搞定，這就是為什麼在設定密碼時，最好不要只用簡單的英文單字當密碼的原因）。

第 16 章
處理 CSV 檔和 JSON 資料

在第 15 章中已學會了如何從 PDF 和 Word 文件中擷取文字，這些檔案都是二進行格式，需要透過特殊的 Python 模組來存取其資料。但 CSV 和 JSON 檔則不同，它們都是純文字檔的格式。使用一般文字編輯器或 Mu 等就可開啟查閱，不過 Python 也有專門的 csv 和 json 模組，每個模組都提供了一些函式可幫我們處理這些檔案格式的內容。

CSV 是「Comma-Separated Values」的縮寫，意思是以逗號分隔的值，CSV 檔是個簡化型的試算表，儲存為純文字的檔案格式。Python 的 csv 模組讓解析 CSV 檔變得更容易。

JSON（發音是 JAY-sawn 或 Jason，要怎麼發音並不重要，不管怎麼發音都會有人說您發錯了），是一種以 JavaScript 程式碼形式的格式，將資訊儲存在純文字檔中。JSON 是「JavaScript Object Notation」的縮寫，不需要懂 JavaScript 程式語言也可以使用 JSON 檔，學會 JSON 格式很有用，因為它常用許多 Web 應用程式之中。

csv 模組

CSV 檔中的一行代表的就是試算表中的一列，以逗號分隔了該列中的儲存格資料。舉例來說，在下載 http://nostarch.com/automatestuff2/ 網站的程式相關範例檔中有個 example.xlsx 試算表檔，存成 CSV 檔時看起來像下列這般：

```
4/5/2015 13:34,Apples,73
4/5/2015 3:41,Cherries,85
4/6/2015 12:46,Pears,14
4/8/2015 8:59,Oranges,52
4/10/2015 2:07,Apples,152
4/10/2015 18:10,Bananas,23
4/10/2015 2:40,Strawberries,98
```

我將用這個範例檔作為本章在互動式 Shell 模式中使用的範例，可連到前述的網站中下載本書的程式範例相關檔案，其中有個 example.csv，或者您也可以直接在文字編輯器輸入上述文字，存成 example.csv 即可。

CSB 檔內容很簡單，沒有 Excel 試算表的許多功能，舉例來說，CSV 檔中：

- 值是沒有型別的，所有東西都只是字串。
- 沒有字型大小或色彩等的格式設定。
- 沒有多個工作表在其中。
- 不能指定儲存格的寬度和高度。
- 不能合併儲存格。
- 不能嵌入圖片或圖表。

CSV 檔案的優點是簡單，很多種程式都廣泛支援 CSV 檔案格式，它可以在一般文字編輯器（包括 IDLE 文字編輯器）中查閱編輯，是一種直接展現試算表資料的方式。簡而言之，CSV 檔就是一個具有以逗號分隔資料值的文字檔。

由於 CSV 檔是文字檔，所以您可能會試著將內容讀入一個字串中，然後用第 9 章所學到的技巧來處理這個字串，例如，因為 CSV 檔中每個儲存格資料是以逗號分隔，也許您會對每行內容呼叫 split(',') 方法分割來擷取這些值，不過並非所有的 CSV 檔中的每個逗號都代表兩個儲存格內容之間的分界，CSV 檔也有自己的轉義字元，可允許逗號和其他字元當成值的一部分，split() 方法不太

能處理這種轉義字元，因為這些潛在的問題，所以還是建議您使用 csv 模組來處理 CSV 檔。

reader 物件

若要使用 csv 模組從 CSV 檔中讀取資料，則需要建立一個 reader 物件。reader 物件能讓您以重覆迭代巡遍 CSV 檔案中的每一行資料。請在互動式 Shell 模式中輸入如下內容，同時請將範例中會用到的 example.csv 檔存放到 Python 目前的工作目錄中：

```
❶ >>> import csv
❷ >>> exampleFile = open('example.csv')
❸ >>> exampleReader = csv.reader(exampleFile)
❹ >>> exampleData = list(exampleReader)
❺ >>> exampleData
   [['4/5/2015 13:34', 'Apples', '73'], ['4/5/2015 3:41', 'Cherries', '85'],
   ['4/6/2015 12:46', 'Pears', '14'], ['4/8/2015 8:59', 'Oranges', '52'],
   ['4/10/2015 2:07', 'Apples', '152'], ['4/10/2015 18:10', 'Bananas', '23'],
   ['4/10/2015 2:40', 'Strawberries', '98']]
```

csv 模組是 Python 內建的，不需要再安裝就可直接匯入❶。

若要用 csv 模組來讀取 CSV 檔，則先要用 open() 函式開啟❷，就像開啟其他任何的文字檔一樣，但不用在 open() 返回的 File 物件上呼叫 read() 或 readline() 方法，而是直接將它傳入 csv.reader() 函式❸，這樣會返回一個 reader 物件來讓您使用。請留意，您不能直接將檔名字串傳入 csv.reader() 函式哦。

要存取 reader 物件中的值，其最直接的方法就是將它轉換成普通的 Python 串列，也就是傳入 list() 函式來轉換❹。在這個 reader 物件上使用 list() 函式後會返回一個串列的串列，可將它存放到 exampleData 變數中，在互動式 Shell 模式中輸入 exampleData 就能顯示這個串列的串列❺。

現在已經將 CSV 檔以串列中的串列來呈現，所以就能用 exampleData[row][col] 表示式來存取特定列和欄中的值。其中 row 是 exampleData 中某個串列的索引足標，而 col 則是該串列中想要取得項目的索引足標。請在互動式 Shell 模式中輸入如下內容：

```
>>> exampleData[0][0]
'4/5/2015 13:34'
>>> exampleData[0][1]
'Apples'
```

```
>>> exampleData[0][2]
'73'
>>> exampleData[1][1]
'Cherries'
>>> exampleData[6][1]
'Strawberries'
```

exampleData[0][0] 會進入第一個串列，並取出第一個字串。exampleData[0][2] 則會進入第一個串列，取出第三個字串，以此類推。

以 for 迴圈讀取 reader 物件的資料

就以大型的 CSV 檔來說，您會想要在 for 迴圈中使用 reader 物件，這樣能避免將一整個文件一次塞進記憶體中。請在互動式 Shell 模式中輸入如下內容，以實例體會：

```
>>> import csv
>>> exampleFile = open('example.csv')
>>> exampleReader = csv.reader(exampleFile)
>>> for row in exampleReader:
        print('Row #' + str(exampleReader.line_num) + ' ' + str(row))

Row #1 ['4/5/2015 13:34', 'Apples', '73']
Row #2 ['4/5/2015 3:41', 'Cherries', '85']
Row #3 ['4/6/2015 12:46', 'Pears', '14']
Row #4 ['4/8/2015 8:59', 'Oranges', '52']
Row #5 ['4/10/2015 2:07', 'Apples', '152']
Row #6 ['4/10/2015 18:10', 'Bananas', '23']
Row #7 ['4/10/2015 2:40', 'Strawberries', '98']
```

在匯入 csv 模組並從 CSV 檔得到 reader 物件後，可以用迴圈巡遍 reader 物件中的每一列，每一列是一個值的串列，而每一個值代表著一個儲存格。

print() 函式會印出目前該列的編號和內容。若要取得列號，那就要用 reader 物件含有目前列編號的 line_num 變數。

reader 物件只能迴圈巡遍一次，若想要再一次讀取 CSV 檔，則需要呼叫 csv.reader 來建立 reader 物件。

writer 物件

writer 物件能將資料寫入 CVS 檔中，若要建立一個 writer 物件，就要用 csv.writer() 函式。請在互動式 Shell 模式中輸入如下內容：

```
   >>> import csv
❶ >>> outputFile = open('output.csv', 'w', newline='')
❷ >>> outputWriter = csv.writer(outputFile)
   >>> outputWriter.writerow(['spam', 'eggs', 'bacon', 'ham'])
   21
   >>> outputWriter.writerow(['Hello, world!', 'eggs', 'bacon', 'ham'])
   32
   >>> outputWriter.writerow([1, 2, 3.141592, 4])
   16
   >>> outputFile.close()
```

一開始是呼叫 open() 並傳入 'w'，以寫入模式開啟一份檔案❶，這樣也會建立一個物件，隨後把此物件傳入 csv.writer() ❷來建立一個 writer 物件。

在 Windows 系統中需要對 open() 函式的 newline 關鍵字引數傳入一個空白字串，為何要這樣做的技術原因已超出本書講述範圍，故此省略。如果忘了設定 newline 關鍵字引數，則 output.csv 中的行距則會變兩倍大，如圖 16-1 所示。

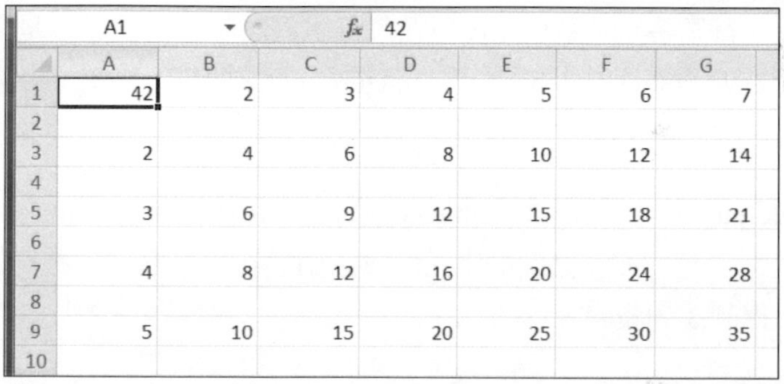

A1　fx 42

	A	B	C	D	E	F	G
1	42	2	3	4	5	6	7
2							
3	2	4	6	8	10	12	14
4							
5	3	6	9	12	15	18	21
6							
7	4	8	12	16	20	24	28
8							
9	5	10	15	20	25	30	35
10							

圖 16-1　如果沒有設定 newline=''，則 CSV 檔中的行距則會變兩倍

writer 物件的 writerow() 方法會接受一個串列引數，串列中的每個值會放在輸出的 CSV 檔中的各個儲存格內。writerow() 返回的值是寫入檔案中這一列的字元數（也包括換行字元）。

這段程式碼所產生的 output.csv 檔案如下所這般：

```
spam,eggs,bacon,ham
"Hello, world!",eggs,bacon,ham
1,2,3.141592,4
```

請留意一點，writer 物件自動轉義了 'Hello, world!' 中的逗號，在 CSV 檔案中用了雙引號，csv 模組不會讓您自己去處理這些特殊的情況。

delimiter 和 lineterminator 關鍵字引數

如果說您想要用定位點符號取代逗號來分隔儲存格內容，且希望有兩倍行距時，可在互動式 Shell 模式中輸入如下這般的內容：

```
   >>> import csv
   >>> csvFile = open('example.tsv', 'w', newline='')
❶ >>> csvWriter = csv.writer(csvFile, delimiter='\t', lineterminator='\n\n')
   >>> csvWriter.writerow(['apples', 'oranges', 'grapes'])
   24
   >>> csvWriter.writerow(['eggs', 'bacon', 'ham'])
   17
   >>> csvWriter.writerow(['spam', 'spam', 'spam', 'spam', 'spam', 'spam'])
   32
   >>> csvFile.close()
```

這裡改變了檔案中分隔符號（delimiter）和行尾終止符號（lineterminator），分隔符號是一列中儲存格之間分隔的字元，預設的情況下，CSV 檔的分隔符號為逗號。行尾終止符號就是出現在每行尾端的字元，預設下是換行符號。我們可以用 csv.writer() 的 delimiter 和 lineterminator 關鍵字引數來改變這些字元成不同的值。

傳入 delimeter='\t' 和 lineterminator='\n\n'，這樣會讓儲存格之間的分隔字元改成定位點字元，而行之間的字元變成兩個換行字元❶，隨後呼叫了 writerow() 三次而得到 3 列資料。

這個範例產生了一個 example.tsv 檔，其內容如下：

```
apples	oranges	grapes

eggs	bacon	ham

spam	spam	spam	spam	spam	spam
```

即然儲存格是由定位點 Tab 來分隔的，就把這個副檔名改成.tsv，表示是用定位點分隔的檔案。

DictReader 和 DictWriter CSV 物件

如果 CSV 檔中含有標題列，那麼使用 DictReader 和 DictWriter 物件會比使用 reader 和 writer 物件更方便處理。

reader 和 writer 物件是以串列來讀取和寫入 CSV 檔，而 DictReader 和 DictWriter 物件則是使用字典型別來處理讀寫的工作，並把 CSV 檔的第一列當作字典的鍵（key）。

請連到 http://nostarch.com/automatestuff2/網站下載本書程式相關範例檔，其中有個 exampleWithHeader.cvs 檔，這個檔案與 example.cvs 相同，但在第一列有 Timestamp、Fruit 和 Quantity 的欄位標題。

請在互動式 Shell 模式中輸入如下內容來讀取檔案：

```
>>> import csv
>>> exampleFile = open('exampleWithHeader.csv')
>>> exampleDictReader = csv.DictReader(exampleFile)
>>> for row in exampleDictReader:
...     print(row['Timestamp'], row['Fruit'], row['Quantity'])
...
4/5/2015 13:34 Apples 73
4/5/2015 3:41 Cherries 85
4/6/2015 12:46 Pears 14
4/8/2015 8:59 Oranges 52
4/10/2015 2:07 Apples 152
4/10/2015 18:10 Bananas 23
4/10/2015 2:40 Strawberries 98
```

在迴圈中，DicReader 物件把 row 設為字典物件，其中有從第一列的標題所衍生出來的鍵（從技術上來看，它把 row 設為 OrderedDict 物件，使用此物件就像使用字典一樣；兩者之間的區別不在本書討論的範圍）。使用 DictReader 物件意味著我們不需要其他程式碼來跳過第一列的標題資訊，因為 DictReader 物件已幫我們完成了這項工作。

假設我們嘗試在 example.csv 檔使用 DictReader 物件來處理，而這個物件在第一列中沒有欄位標題，因此 DictReader 物件會把 '4/5/2015 13:34'、'Apples' 和 '73' 當作字典的鍵。若想要避免這種情況的發生，可以在 DictReader() 函式傳入第二個引數，這個引數放入虛構的欄位標題名稱：

```
>>> import csv
>>> exampleFile = open('example.csv')
>>> exampleDictReader = csv.DictReader(exampleFile, ['time', 'name', 'amount'])
>>> for row in exampleDictReader:
...     print(row['time'], row['name'], row['amount'])
...
4/5/2015 13:34 Apples 73
4/5/2015 3:41 Cherries 85
4/6/2015 12:46 Pears 14
4/8/2015 8:59 Oranges 52
```

```
4/10/2015 2:07 Apples 152
4/10/2015 18:10 Bananas 23
4/10/2015 2:40 Strawberries 98
```

因為 example.csv 檔中的第一列並沒有欄位標題的文字，在這裡則是自己建立：'time'、'name' 和 'amount'。

DictWriter 物件使用字典來建立 CSV 檔：

```
>>> import csv
>>> outputFile = open('output.csv', 'w', newline='')
>>> outputDictWriter = csv.DictWriter(outputFile, ['Name', 'Pet', 'Phone'])
>>> outputDictWriter.writeheader()
>>> outputDictWriter.writerow({'Name': 'Alice', 'Pet': 'cat', 'Phone': '555-1234'})
20
>>> outputDictWriter.writerow({'Name': 'Bob', 'Phone': '555-9999'})
15
>>> outputDictWriter.writerow({'Phone': '555-5555', 'Name': 'Carol', 'Pet':'dog'})
20
>>> outputFile.close()
```

如果想要讓檔案中含有標題列，則可呼叫 writeheader() 來處理。如果沒有標題列，則可跳過呼叫 writeheader() 來忽略標題列。隨後使用 writerow() 呼叫，傳入以標題當作鍵和其資料為值的字典，逐列寫入 CSV 檔。

上述這段程式執行後的 output.csv 檔內容為：

```
Name,Pet,Phone
Alice,cat,555-1234
Bob,,555-9999
Carol,dog,555-5555
```

請留意，我們傳入 writerow() 中字典的「鍵－值對」順序並不影響處理，它們都是以給定 DicWriter() 的鍵為順序來排放。舉例來說，在寫入第四列時，就算把 Phone 鍵和值放在 Name 和 Pet 的鍵和值之前，在輸出時 Phone 的資料仍然放在最後。

另外也請注意，如果少放了一個鍵，例如 {'Name': 'Bob', 'Phone': '555-9999'} 中少放了 'Pet' 鍵－值對，則在 CSV 檔中這裡會放入空白。

程式專題：從 CSV 檔中刪除標題

假如說您有個無趣枯燥的工作，是要刪除數百個 CSV 檔中的第一行內容，也許您會想要將它們送進一個自動化的處理中，只留下資料而不要每欄頂端的標題。您可以用 Excel 開啟每個檔案，刪除第一列，再另存新檔，不過這得要花上數小時才能搞定。讓我們來設計一支程式來處理吧。

這支程式要開啟目前工作目錄中所有副檔名為 .csv 的檔案，讀取 CSV 檔的內容，並去掉第一列的內容重新寫入同檔名的檔案中。這會用新的、無標題的內容取代 CSV 原有的內容。

> NOTE
>
> 一如往常般，當您設計程式修改檔案時，一定要先備份這些檔案，以防萬一程式出錯沒照設計的方式運作時，這些檔案有所損失。

從整體的角度來看，這支程式要能做到下列這些事情：

1. 找出目前工作目錄中所有的 .csv 檔。
2. 讀取每個檔案的內容。
3. 跳過第一列，將檔案內容寫入新的 CSV 檔內。

在程式碼的實作角度來看，程式要做到下列這些事情：

1. 以迴圈巡遍從 os.listdir() 取得的檔案串列，跳過不是 .csv 的檔案。
2. 建立一個 CSV reader 物件，讀取該檔案的內容，利用 line_num 屬性確定跳過第一列。
3. 建立一個 CSV writer 物件，將讀取的資料寫入新的檔案。

請開啟一個新的 file editor 視窗，把這個程式專題儲存為 removeCsvHeader.py。

STEP 1：迴圈巡遍每個 CSV 檔

程式要做的第一件事，就是以迴圈巡遍目前工作目錄中所有的 CSB 檔名的串列。請讓 removeCsvHeader.py 程式像下列這般：

```
#! python3
# removeCsvHeader.py - Removes the header from all CSV files in the current
# working directory.

import csv, os

os.makedirs('headerRemoved', exist_ok=True)

# Loop through every file in the current working directory.
for csvFilename in os.listdir('.'):
    if not csvFilename.endswith('.csv'):
     ❶ continue    # skip non-csv files

    print('Removing header from ' + csvFilename + '...')

    # TODO: Read the CSV file in (skipping first row).

    # TODO: Write out the CSV file.
```

呼叫 os.makedir() 來建立 headerRemoved 資料夾，所有去掉標頭的 CSV 檔將會放入這個資料夾中。對 os.listdir('.') 進行 for 迴圈完成一部分的工作，跳過副檔名不是 .csv 的檔案，如果碰到非 CSV 檔，continue 陳述句❶會讓迴圈轉向下一個檔案。

為了讓程式執行時有些輸出，可印出一條訊息說明程式在處理哪一個 CSV 檔，隨後新增一些 TODO 注釋，說明程式其他還要完成的工作內容。

STEP 2：讀取 CSV 檔案

這支程式不會從原本的 CSV 檔案刪除第一列，而是會建立新的 CSV 檔副本，但不放第一列的內容。因為副本的檔名和原有檔名相同，所以副本會覆蓋原有舊檔。

此程式需要一種方法來得知處理的迴圈目前是否在處理第一列的內容，請在 removeCsvHeader.py 中加入下列程式碼：

```
#! python3
# removeCsvHeader.py - Removes the header from all CSV files in the current
# working directory.

--省略—

    # Read the CSV file in (skipping first row).
    csvRows = []
    csvFileObj = open(csvFilename)
    readerObj = csv.reader(csvFileObj)
```

```
    for row in readerObj:
        if readerObj.line_num == 1:
            continue    # skip first row
        csvRows.append(row)
    csvFileObj.close()

    # TODO: Write out the CSV file.
```

reader 物件的 line_num 屬性可用來確目前讀入 CSV 檔的哪一列。另一個 for 迴圈會巡遍 CSV reader 物件，返回的所有列但不包括第一列。所有列都會新增到 csvRows 中。

在 for 迴圈巡遍每一列時，程式碼會檢測 readerObj.line_num 是否設為 1，如果是則 continue，轉向下一列，不將它加入 csvRows 中。對於之後的每一列，條件判斷都為 False，所以都會加到 csvRows 中。

STEP 3：寫入 CSV 檔，但不包括第一列

進行到這一個步驟，csvRow 已存放了不包含第一列的所有列，該串列要寫入 headerRemoved 資料夾中的一個 CSF 檔案內。請將以下內容加入 removeCsv Header.py 中：

```
#! python3
# removeCsvHeader.py - Removes the header from all CSV files in the current
# working directory.
--省略--

# Loop through every file in the current working directory.
❶ for csvFilename in os.listdir('.'):
    if not csvFilename.endswith('.csv'):
        continue    # skip non-CSV files

    --省略--

    # Write out the CSV file.
    csvFileObj = open(os.path.join('headerRemoved', csvFilename), 'w',
                      newline='')
    csvWriter = csv.writer(csvFileObj)
    for row in csvRows:
        csvWriter.writerow(row)
    csvFileObj.close()
```

CSV writer 物件使用了 csvFilename（這也是在 CSV reader 物件中使用的檔名），將串列寫入 headerRemoved 中的一個 CSV 檔案，覆蓋原有的檔案。

建立 writer 物件之後，以迴圈巡遍存放在 csvRows 中的子串列，將每個子串列寫入該檔案內。

這段程式執行後，外層 for 迴圈❶會跳轉到 os.listdir('.') 中的下一個檔名，迴圈結束時，程式也結束了。

為了測試這程式是否正確，請到 http://nostarch.com/automatestuff2/ 網站下載範例相關檔案，其中有個 removeCsvHeader.zip 檔，請將它解壓縮到一個資料夾內，在該資料夾中執行 removeCsvHeader.py 程式，得到的輸出會像下列這般：

```
Removing header from NAICS_data_1048.csv...
Removing header from NAICS_data_1218.csv...
--省略--
Removing header from NAICS_data_9834.csv...
Removing header from NAICS_data_9986.csv...
```

這支程式會在每次從 CSV 檔中刪掉第一列時，印出處理的檔名。

關於類似程式的一些想法

對於 CSV 檔所設計的程式也很像針對 Excel 檔所設計的，因為都是試算表檔案，所以您也可以設計編寫能做到下列這些事的程式：

- 在某個 CSV 檔的不同列，或在多個 CSV 檔之間對資料進行比對。
- 從 CSV 檔複製特定的資料到 Excel 檔中，或反過來的複製。
- 檢查 CSV 檔案中無效不合法的資料或格式錯誤，並對使用者提出警示訊息。
- 從 CSV 檔案中讀取資料，當成 Python 程式的輸入。

JSON 和 API

JavaScript 物件標記法（JSON）是種滿流行的方式，可用來把資料格式化成大家易讀的字串。JSON 是 JavaScript 程式編寫資料結構的原生方式，通常很像 Python 的 pprint() 函式所產生的結果。您不需要學會 JavaScript 也能處理 JSON 格式的資料。

下面是 JSON 格式資料的一個實例：

```
{"name": "Zophie", "isCat": true,
 "miceCaught": 0, "napsTaken": 37.5,
 "felineIQ": null}
```

搞懂 JSON 格式是很有用的，現在許多網站都提供 JSON 格式的內容來作為程式與網站互動的方式，這就是大家熟知的提供「API（應用程式界面）」。存取 API 和藉由 URL 存取任何其他網站是一樣的，但不同的是 API 返回的資料其格式是給機器使用的（例如使用 JSON 格式），API 對我們人類來說並不容易閱讀。

許多網站都用 JSON 格式來提供資料，如 Facebook、Twitter、Yahoo、Google、Tumblr、Wikipedia、Flickr、Data.gov、Reddit、IMDb、Rotten Tomatoes、LinkedIn 和許多其他主流網站，都提供 API 讓程式可使用。有些網站需要登錄，都大都是免費的。您必須找到說明文件，了解程式需要請求什麼 URL 才能取得想要的資料，以及返回的 JSON 資料結構的通用格式。這些說明文件大都在提供 API 服務的網站上可找到，如果網頁中有「開發者（Developers）」之類的頁面，可連過去找找看。

使用 API，則可設計編寫程式完成下列這些工作：

- 從網站擷取原始資料（存取 API 通常比下載網頁再用 Beautiful Soul 解析 HTML 會更方便）。
- 自動從某個社群網路帳戶下載新的貼文，並發佈到另一個帳戶。舉例來說，可用 Tumblr 的貼文轉貼到 Facebook 中。
- 從 IMDb、Rotten Tomatoes 和 Wikipedia 提供的資料，儲存到電腦的文字檔中，為您喜歡的電影收藏建立屬於個人的電影百科全書。

請連到 http://nostarch.com/automatestuff2/ 網站的 Additional Online Resources 連結即可找到關於 JSON API 的實例。

JSON 並不是唯一可以把資料變成人類好閱讀的格式，還有其他幾種格式也能做到，例如 XML、TOML、YML、ÍNI 或過時的 ASN.1 等格式，以上的格式都可以把資料結構化呈現為人類好閱讀的文字。本書不會介紹這些格式，因為 JSON 已是目前最廣泛使用的格式，有第三方的 Python 模組可輕鬆地處理。

json 模組

Python 的 json 模組處理了 JSON 資料字串和 Python 從 json.loads() 和 json.dumps() 函式取得值之間轉換的相關細節。JSON 不能存放每一種 Python 值，其值只能是以下資料型別：字串、整數、浮點數、布林、串列、字典和 NoneType。JSON 不能表示 Python 特有的物件，如：File 物件、CSV reader 或 writer 物件、Regex 物件或 Selenium WebElement 物件。

使用 loads() 函式讀取 JSON

要把含有 JSON 資料的字串轉換成 Python 的值，就要將它傳給 json.loads() 函式（loads 的意思是指「load string」，不是「loads」）。請在互動式 Shell 模式中輸入如下這般的內容：

```
>>> stringOfJsonData = '{"name": "Zophie", "isCat": true, "miceCaught": 0,
"felineIQ": null}'
>>> import json
>>> jsonDataAsPythonValue = json.loads(stringOfJsonData)
>>> jsonDataAsPythonValue
{'isCat': True, 'miceCaught': 0, 'name': 'Zophie', 'felineIQ': None}
```

匯入 json 模組後，就可呼叫 loads()，對它傳入 JSON 資料字串，請留意，JSON 字串要用雙引號括住，之後將資料返回成一個 Python 字典。Python 字典是沒有順序性的，所以在印出 jsonDataAsPythonValue 時，鍵－值對（key-value pairs）可能以不同順序顯示。

使用 dumps 函式寫入 JSON

json.dumps() 函式（這裡指的是 "dump string"，而不是 "dumps"）函式會將某個 Python 值轉換成 JSON 格式的資料字串。請在互動式 Shell 模式中輸入如下這般的內容：

```
>>> pythonValue = {'isCat': True, 'miceCaught': 0, 'name': 'Zophie',
'felineIQ': None}
>>> import json
>>> stringOfJsonData = json.dumps(pythonValue)
>>> stringOfJsonData
'{"isCat": true, "felineIQ": null, "miceCaught": 0, "name": "Zophie" }'
```

這個值只能是以下基本 Python 資料型別中的一種：字典、串列、整數、浮點數、字串、布林或 None。

程式專題：取得目前的氣象資料

查閱天氣預報好像滿簡單的：開啟 Web 瀏覽器，按一下位址列，輸入氣象網站的 URL（或搜尋一下，然後點按連結），等待頁面載入，跳過所有的廣告等動作。

事實上，如果有支程式能下載今後幾天的天氣預報，並以純文字印出來，這樣就能跳過幾個無聊的步驟，縮短些許時間。這程式用到第 12 章所介紹的 requests 模組來從網站下載資料。

從整體來看，這程式要能做到下列這些事情：

1. 從命令提示列讀取請求氣象預報的地點。
2. 從 OpenWeatherMap.org 下載 JSON 天氣預報資料。
3. 將 JSON 資料字串轉換成 Python 的資料結構。
4. 印出今天和未來兩天的天氣預報。

因此，程式要能做到下列這些事情：

1. 連接 sys.argv 中的字串，取得地點。
2. 呼叫 requests.get() 下載天氣資料。
3. 呼叫 json.loads()，將 JSON 資料轉換成 Python 資料結構。
4. 印出天氣預報。

要完成專題，請開啟一個新的 file editor 視窗，並將其儲存成 getOpenWeather.py 檔。然後由瀏覽器連到 https://openweathermap.org/api/ 網站，簽入並取得免費的帳號來取得 API key，也稱為 app ID，這是為了取得 OpenWeatherMap 服務，此 key 為類似「30144aba38018987d84710d0e319281e」這樣的字串碼。除非想要每分鐘進行 60 次以上的 API 呼叫，不然這項服務無需付費。請保管好 API key，任何拿到這個 key 的人都可以編寫出程式取用您帳戶的呼叫配額。

STEP 1：從命令提示列引數取得地點

這支程式的輸入是來自命令提示列。請讓 getOpenWeather.py 程式看起來像下列這般：

```
#! python3
# getOpenWeather.py - Prints the weather for a location from the command line.

APPID = 'YOUR_APPID_HERE'

import json, requests, sys

# Compute location from command line arguments.
if len(sys.argv) < 2:
    print('Usage: getOpenWeather.py city_name, 2-letter_country_code')
    sys.exit()
location = ' '.join(sys.argv[1:])

# TODO: Download the JSON data from OpenWeatherMap.org's API.

# TODO: Load JSON data into a Python variable.
```

在 Python 中，命令提示列引數是存放在 sys.argv 串列裡。APPID 變數要設成您帳號的 API key。若沒有這個 key，程式就不能請求天氣服務。#! 行和 import 陳述句之後，程式會檢查是否有多個命令提示列引數（請回顧一下前面章節內容，sys.argv 中至少有一個元素 sys.argv[0]，就是 Python 程式腳本自己的檔名）。如果該串列中只有一個元素，那麼使用就沒有提供地點，程式要向使用者顯示「usage（程式用法）」訊息，然後結束程式。

OpenWeatherMap 服務要求查詢的格式設定為城市名稱、逗號和兩個字母的國家/地區代碼（例如美國為 US）。讀者可以到 https://en.wikipedia.org/wiki/ISO_3166-1_alpha-2 網站中找到這份代碼的清單。我們的程式腳本會顯示 JSON 文字中列出的第一個城市的天氣資訊。不幸的是，雖然 JSON 文字含有經度和緯度資訊可用來區分城市，但有的城市都有共用的名稱，例如 Portland, Oregon 和 Portland, Maine。

命令提示列引數是以空格分隔，如果命令提示列引數為 San Francisco, US，則 sys.argv 中會存放 ['getOpenWeather.py', 'San', 'Francisco,', 'US']，所以要呼叫 join() 方法將 sys.argv 中除第一個之外的字串連接起來，再將連接的字串存放到 location 變數中。

STEP 2：下載 JSON 資料

OpenWeatherMap.org 提供了 JSON 格式的即時天氣資訊。首先要到這個網站簽入並取得免費的 API key（這個 key 會限制請求的頻率，好讓網站頻寬夠用）。您的程式只要下載 https://api.openweathermap.org/data/2.5/forecast/daily?q=<Location>&cnt=3&APPID=<API key> 頁面，其中 <Location> 就是想取得天氣的城市地點，而 <API key> 則是您個人申請取得的 API key。請將以下程式碼加到 getOpenWeather.py 中。

```
#! python3
# getOpenWeather.py - Prints the weather for a location from the command line.

--省略--

# Download the JSON data from OpenWeatherMap.org's API.
url ='https://api.openweathermap.org/data/2.5/forecast/daily?q=%s&cnt=3&APPID=%s '
 % (location, APPID)
response = requests.get(url)
response.raise_for_status()

# Uncomment to see the raw JSON text:
#print(response.text)

# TODO: Load JSON data into a Python variable.
```

我們從命令提示列引數中取得 location，為了生成要連上的網站的網址，要用到 %s 佔位符號，將 location 變數中存放的字串插入 URL 字串的指定位置，其結果儲存在 url 中，並將 url 傳入 requests.get()。呼叫 requests.get() 會返回一個 Response 物件，可藉由 raise_for_status() 來檢查錯誤，如果沒有發生異常，則下載的文字會存放到 response.text 中。

STEP 3：載入 JSON 資料並印出天氣預報

response.text 成員變數存放了一個 JSON 格式資料的大型字串，若想要把它轉換成為 Python 值，就要呼叫 json.loads() 函式。這個 JSON 資料像下列這般：

```
{'city': {'coord': {'lat': 37.7771, 'lon': -122.42},
          'country': 'United States of America',
          'id': '5391959',
          'name': 'San Francisco',
          'population': 0},
 'cnt': 3,
 'cod': '200',
 'list': [{'clouds': 0,
```

```
            'deg': 233,
            'dt': 1402344000,
            'humidity': 58,
            'pressure': 1012.23,
            'speed': 1.96,
            'temp': {'day': 302.29,
                     'eve': 296.46,
                     'max': 302.29,
                     'min': 289.77,
                     'morn': 294.59,
                     'night': 289.77},
            'weather': [{'description': 'sky is clear',
                         'icon': '01d',
--省略--
```

您可以把 weatherData 傳入 pprint.pprint() 來查看這個資料，您也可以連到 http://openweathermap.org/ 網站找出關於這段文字的相關說明文件。舉例來說，線上說明文件會告訴您，'day' 後面的 302.29 是指白天的克耳文溫度，而不是攝氏或華氏的溫度。

您想要取得的天氣描述在 'main' 和 'description' 之後，為了要將它整齊地印出來，請在 getOpenWeather.py 中加入下列程式碼：

```
! python3
# getOpenWeather.py - Prints the weather for a location from the command line.

--省略--

# Load JSON data into a Python variable.
weatherData = json.loads(response.text)

# Print weather descriptions.
❶ w = weatherData['list']
print('Current weather in %s:' % (location))
print(w[0]['weather'][0]['main'], '-', w[0]['weather'][0]['description'])
print()
print('Tomorrow:')
print(w[1]['weather'][0]['main'], '-', w[1]['weather'][0]['description'])
print()
print('Day after tomorrow:')
print(w[2]['weather'][0]['main'], '-', w[2]['weather'][0]['description'])
```

請留意，程式碼把 weatherData['list'] 存放在 w 變數中，這會省下輸入的時間 ❶，可用 w[0]、w[1] 和 w[2] 來取得今天、明天和後天天氣的字典結構。這些字典都有 'weather' 鍵對應一個串列值，您想要的是第一個串列項（一個巢狀嵌套的字典，內含幾個鍵），索引足標為 0。在這裡，我們要印出存放在 'main' 和 'description' 鍵中的值，用連字符號來分隔。

如果用命令提示列引數 getOpenWeather.py San Francisco, CA 來執行這個程式，則輸出可能像如下這般：

```
Current weather in San Francisco, CA:
Clear - sky is clear

Tomorrow:
Clouds - few clouds

Day after tomorrow:
Clear - sky is clear
```

（天氣是我喜歡住在舊金山的原因之一！）

關於類似程式的一些想法

存取氣象資料可成為多種類型程式的基礎，您可設計類似的程式來達成下列這些工作：

- 收集幾個露營地點或郊遊路線的天氣預報，看看哪一個天氣最好。
- 設計一個程式能定期檢查天氣，並發布低溫警告（可參考第 17 章定時調度，第 18 章了如何發送 Email 的內容），讓您把植物移到室內。
- 從多個網站取得氣象的資料並顯示出來，同時計算和顯示多個天氣預報的平均值。

總結

CSV 和 JSON 是常見的資料格式，多用於儲存資料。它們都很容易讓程式解析，同時也能讓人易懂，所以它們常被用來當作簡式試算表或網路應用程式的資料。csv 和 json 模組大幅簡化了讀取和寫入 CSV 與 JSON 檔的處理過程。

前幾章所講解的都是教您如何用 Python 從各式各樣的檔案格式中解析資訊，最為常見的工作是接受多種格式的資料再解析它，並取得其中需要的特定資訊。這類工作往往很獨特，一般商用軟體並不能幫上什麼忙，藉由設計自己的程式腳本，可用電腦來處理大量以這種格式呈現的資料。

在第 18 章中，您將跳出資料格式，改為學習如何讓程式幫您通訊，像發送 Email 和文字訊息等處理。

習題

1. 有哪些功能是 Excel 試算表特有，而 CSV 試算表則沒有的？
2. 對 csv.reader() 和 csv.writer() 傳入什麼東西來建立 reader 和 writer 物件？
3. 對 reader 和 writer 物件來說，File 物件要以什麼模式開啟。
4. 什麼方法可接受一串列引數，並將其寫入 CSV 檔案中？
5. 請問 delimiter 和 lineterminator 關鍵字引數有何作用？
6. 什麼函式可接受一個 JSON 資料的字串，並返回一個 Python 資料結構？
7. 什麼函式可接受一個 Python 資料結構，並返回一個 JSON 資料的字串？

實作專題

為了練習與實作，請依照下列需求編寫設計程式。

Excel 轉 CSV 的程式

Excel 可將試算表另存成 CSV 檔，只要按幾下滑鼠就可辦到，但若有幾百個 Excel 檔要轉換為 CSV 檔時，就可能要花上幾小時才能搞定。請利用第 12 章的 openpyxl 模組，設計讀取目前工作目錄中所有的 Excel 檔，並輸出為 CSV 檔案的格式。

若 Excel 檔中有多個工作表，則必須為每個工作表建立一個 CSV 檔，其檔名取為 <Excel 檔名>_<工作表名稱>.csv，其中 <Excel 檔名> 是沒有副檔名的 Excel 檔名（例如用 'spam_data'，而不是用 'spam_data.xlsx'），而 <工作表名稱> 則是用 Worksheet 物件的 title 變數中的字串。

此程式會有多個巢狀嵌套的 for 迴圈，程式樣貌如下這般：

```
for excelFile in os.listdir('.'):
    # Skip non-xlsx files, load the workbook object.
    for sheetName in wb.get_sheet_names():
        # Loop through every sheet in the workbook.
        sheet = wb.get_sheet_by_name(sheetName)
```

```
    # Create the CSV filename from the Excel filename and sheet title.
    # Create the csv.writer object for this CSV file.

    # Loop through every row in the sheet.
    for rowNum in range(1, sheet.get_highest_row() + 1):
        rowData = []    # append each cell to this list
        # Loop through each cell in the row.
        for colNum in range(1, sheet.get_highest_column() + 1):
            # Append each cell's data to rowData.

        # Write the rowData list to the CSV file.

    csvFile.close()
```

請從 http://nostarch.com/automatestuff2/ 網站下載範例程式相關檔案，其中有個 excelSpreadsheets.zip 的壓縮檔，將這個檔解壓縮到程式所在的目錄中，可用這些檔案來測試程式。

第 17 章 保持時間、工作排程和程式啟動

您覺得坐在電腦前面手動執行程式還不錯，但若不是在盯著電腦時能自動幫您執行程式的話就更棒了。電腦中的時鐘可幫您排程調度，在指定的時間和日期才執行程式，或是定期執行想要的程式。舉例來說，程式每小時定期去抓取某個網站的資料來檢查其更動，或是在淩晨 4 點時執行需較耗費 CPU 的工作。Python 的 time 和 datetime 模組提供了這些函式來幫我們達成這些需求。

利用 subprocess 和 threading 模組，也可設計按時啟動其他程式來執行任務。一般來說，程式設計最快的方法是取用他人已寫好的應用程式來幫您搞定想要達成的任務。

time 模組

電腦的系統時鐘會設定為指定的日期、時間和時區。內建的 time 模組能讓 Python 程式讀取系統時鐘的目前時間。在 time 模組中的 time.time() 和 time.sleep() 函式是最有用的。

time.time() 函式

Unix 紀元（Unix epoch）是程式設計中常用來參照的時間：1970 年 1 月 1 日 0 點，世界標準時間（UTC）。time.time() 函式會返回從那一刻起的秒數，這是個浮點數值（請回顧一下，浮點數值只是個有小數點的數字）。這個數字稱之為 Unix 紀元時間戳。請在互動式 Shell 模式中輸入如下內容，以實例來體會這個時間函式：

```
>>> import time
>>> time.time()
1543813875.3518236
```

這裡的例子是筆者在 2018/12/2 日，大平洋標準時間 9:11 PM 時呼叫了 time.time()。返回值是 Unix 紀元起與 time.time() 被呼叫的那一刻之間的秒數。

紀元時間戳可用來分析程式碼，也就是評測一段程式碼的執行需要多少時間。如果在程式碼區塊起始處呼叫 time.time()，然後在結束時再次呼叫 time.time()，那就可以用第二個時間戳減掉第一個時間戳，取得兩次呼叫之間所經過的時間值。舉個例來說明，請開啟一個新的 file editor 視窗，然後輸入如下程式：

```
   import time
❶ def calcProd():
       # Calculate the product of the first 100,000 numbers.
       product = 1
       for i in range(1, 100000):
           product = product * i
       return product

❷ startTime = time.time()
   prod = calcProd()
❸ endTime = time.time()
❹ print('The result is %s digits long.' % (len(str(prod))))
❺ print('Took %s seconds to calculate.' % (endTime - startTime))
```

在❶行中定義了 calcProd() 函式，以迴圈巡遍 1 到 99999 的整數，並返回它們相乘的積。在❷行中呼叫了 time.time()，將結果存放在 startTime 中，隨後呼叫 calcProd()，接著再次呼叫 time.time()，將結果存放在 endTime 內❸。最後印出 calcProd()返回的乘積的長度❹，以及執行 calcProd() 所花費的時間❺。

將這支程式儲存為 calcProd.py，然後執行，其結果如下這般：

```
The result is 456569 digits long.
Took 2.844162940979004 seconds to calculate.
```

NOTE

另一個可以解析程式碼的方法是利用 cProfile.run() 函式，與簡單的 time.time() 相比，此函式提供了更多詳細的資訊。cProfile.run() 函式的相關說明請連到 https://docs.python.org/3/library/profile.html 網站查閱。

time.time() 的返回值很有用，但內容不是給我們人類閱讀的。time.time() 函式所返回的字串是用來描述目前的時間。我們還可以選擇性傳入自 Unix 紀元以來的秒數（由 time.time() 返回）來取得這個秒數的時間字串值。請在互動式 Shell 模式中輸入以下內容：

```
>>> import time
>>> time.ctime()
'Mon Jun 15 14:00:38 2020'
>>> thisMoment = time.time()
>>> time.ctime(thisMoment)
'Mon Jun 15 14:00:45 2020'
```

time.sleep()函式

如果想要讓程式暫停一下，可呼叫 time.sleep() 函式，並傳入想要讓程式暫停的秒數。請在互動式 Shell 模式中輸入如下內容：

```
>>> import time
>>> for i in range(3):
    ❶ print('Tick')
    ❷ time.sleep(1)
    ❸ print('Tock')
    ❹ time.sleep(1)
Tick
Tock
Tick
Tock
```

```
   Tick
   Tock
❺ >>> time.sleep(5)
```

for 迴圈會印出 Tick ❶，暫停一秒❷，再印出 Tock ❸，暫停一秒❹，再印出 Tick，暫停…如此類推，直到 Tick 和 Tock 都印出 3 次。

time.sleep() 函式會堵塞住一也就是說，它不會返回或讓程式執行其他程式碼，直到傳入 time.sleep() 的秒數過去。例如，若輸入 time.sleep(5) ❺，則會待 5 秒後才會看到下一個 >>> 提示符號顯示。

數字的四捨五入

在處理時間上，您可能會常碰到小數點後有很多數字的浮點數值，為了讓這些值更易於處理，可利用 Python 內建的 round() 函式將它們縮短，此函式會依照指定的精度來四捨五入到某個浮點數值位數，只要傳入要捨入的數字，再加上可選擇性使用的第二個引數，指示要取到小數後第幾位數就可以了。如果省略第二個引數，round() 會四捨五入到最接近的整數值。請在互動式 Shell 模式中輸入如下內容：

```
>>> import time
>>> now = time.time()
>>> now
1543814036.6147408
>>> round(now, 2)
1543814036.61
>>> round(now, 4)
1543814036.6147
>>> round(now)
1543814037
```

在匯入 time 模組之後，將 time.time() 指定存到 now 中，再呼叫 round(now, 2) 取捨入到小數後第二位，而 round(now, 4) 則是取捨入到小數後第四位，最後的 round(now) 則取捨入到最接近的整數。

程式專題：超級碼表

話說您要記錄在還沒有自動化的無聊工作上花了多少時間，而您又沒有真的碼表時，要在筆電或手機中找到一個免費、沒內建廣告、且不會把您的瀏覽記錄傳給行銷人員的碼表來使用，好像不太容易（在您安裝 App 時同意某些權限和條款時，早已做了上述您不喜歡的事，但您又真的有看過長長的權限和條款的同意說明嗎？）。現在您可以自己設計一支 Python 的簡單碼表程式來使用，省掉上述的麻煩事。

從整體的角度來看，這程式要做到下列事項：

1. 記錄從按下 Enter 鍵開始到再次按下 Enter 鍵所經過的時間，每次按 Enter 鍵都是新的「一圈」。
2. 印出幾圈、總花費時間和一圈的時間。

這表示程式要能做到下列工作：

1. 在程式開始時呼叫 time.time() 取得當下時間，並存成一個時間戳，在每一圈開始時也一樣。
2. 記錄圈數，每次使用者按下 Enter 鍵時就加 1。
3. 利用時間戳相減取得花費的時間。
4. 處理 KeyboardInterrupt 例外，這樣使用者可按下 Ctrl-C 鍵中斷程式。

請開啟一個新的 file editor 標籤視窗，把這個範例程式存成 stopwatch.py 檔。

STEP 1：設定程式記錄時間

碼表程式需要用到目前時間，所以要匯入 time 模組。程式在呼叫 input() 之前要先對使用者印出一些簡短的使用說明，而計時器可在使用者按下 Enter 鍵開始，然後程式碼會開始記錄單一圈的時間。

請在 file editor 視窗中輸入如下這般的程式碼，並加入 TODO 注釋作為剩餘要繼續寫的程式暫留位置：

```
#! python3
# stopwatch.py - A simple stopwatch program.

import time

# Display the program's instructions.
print('Press ENTER to begin. Afterwards, press ENTER to "click" the stopwatch.
Press Ctrl-C to quit.')
input()                    # press Enter to begin
print('Started.')
startTime = time.time()    # get the first lap's start time
lastTime = startTime
lapNum = 1

# TODO: Start tracking the lap times.
```

現在我們已經在程式碼中顯示了使用說明，就開始第一圈，記下時間，並將圈數設為 1。

STEP 2：記錄並印出一點的時間

在這一步，我們要設計編寫程式，開始每個新的一圈，並計算前一圈花了多少時間，然後計算自啟動碼表後經過的總時間。我們會顯示單一圈的時間和總時間，為每個新的一圈新增圈數的計數。請將以下的程式碼加入程式後端：

```
  #! python3
  # stopwatch.py - A simple stopwatch program.

  import time

  --省略--

  # Start tracking the lap times.
❶ try:
  ❷ while True:
         input()
       ❸ lapTime = round(time.time() - lastTime, 2)
       ❹ totalTime = round(time.time() - startTime, 2)
       ❺ print('Lap #%s: %s (%s)' % (lapNum, totalTime, lapTime), end='')
         lapNum += 1
         lastTime = time.time() # reset the last lap time
❻ except KeyboardInterrupt:
      # Handle the Ctrl-C exception to keep its error message from displaying.
      print('\nDone.')
```

如果使用者按下 Ctrl-C 鍵則停止碼表，拋出 KeyboardInterrupt 例外，若程式的執行中沒有 try 陳述句，則程式會當掉。為了防止程式當掉，我們將這部分的程式包在一個 try 陳述句中❶，並會在 except 子句中處理例外❻。因此在按下

Ctrl-C 鍵所引發的例外時，程式就會跳轉到 except 子句來印出 Done，而不是顯示 KeyboardInterrupt 的當掉錯誤訊息。在按下 Enter 或 Ctrl-C 之前，執行都會在一個無窮迴圈中重複❷，呼叫 input() 並等待，直到使用者按下 Enter 鍵結束一圈。當一圈結束時，我們會用目前時間 time.time() 減去該圈的 lastTime，算出該圈花了多少時間❸，程式也會用目前時間 time.time() 減去該圈的 start Time，算出總共的花費時間❹。

由於這些時間的計算結果其小數位數都很長（如 4.766272783279419），所以在❸和❹行都用 round() 函式來捨入到小數位數第二數。

在❺行中會印出圈數、總花費的時間和單一圈所花的時間。由於使用者在呼叫 input() 按下 Enter 鍵時會印出一個換行符號，所以我們對 print() 函式傳入 end=''，避免輸出重複的空行。在印出單一圈的訊息後，對計數器 lapNum 加 1，將 lastTime 設為目前時間（這是下一圈的開始時間），為下一圈的起始時間做好準備。

關於類似程式的一些想法

追蹤時間讓程式多了不少應用的可能性，雖然可以下載現成的 APP 或應用程式來做到其中的一些事，但自己設計編寫程式的好處是免費且不受廣告或其他無用功能的干擾。可設計類似的程式來完成下列這些工作：

- 建立一個簡單的工時記錄應用程式，當輸入某個人名時，用目前的時間記錄下進入和離開的時間。
- 為程式新增一項功能，讓它能顯示某項處理開始到結束所花的時間，例如利用 requests 模組進的下載（請參考第 12 章）。
- 間歇地檢查程式已經了多久時間，為使用者提供一個取消耗時太長工作的機會。

datetime 模組

time 模組用於取得 Unix 紀示時間戳來進行處理，但若要以更方便的格式來顯示日期，或對日期進行算術運算（例如，找出 205 天前的日期為何，或 123 天後是什麼日期），那就要用 datetime 模組了。

datetime 模組有自己的 datetime 資料型別，datetime 值代表著一個特定的時刻。請在互動式 Shell 模式中輸入如下內容：

```
  >>> import datetime
❶ >>> datetime.datetime.now()
❷ datetime.datetime(2019, 2, 27, 11, 10, 49, 55, 53)
❸ >>> dt = datetime.datetime(2019, 10, 21, 16, 29, 0)
❹ >>> dt.year, dt.month, dt.day
  (2019, 10, 21)
❺ >>> dt.hour, dt.minute, dt.second
  (16, 29, 0)
```

呼叫 datetime.datetime.now() ❶會返回一個 datetime 物件❷，代表目前的日期和時間，這是依照的是您電腦所用的系統時鐘。此物件含有目前時刻的年、月、日、時、分、秒和微秒，也可傳入代表年、月、日、時、分和秒的整數值到 datetime.datetime() 函式❸中來取得特定時間的 datetime 物件。這些整數會存在 datetime 物件的 year、month、day ❹、hour、minute 和 second ❺屬性中。

Unix 紀元時間戳（epoch timestamp）可用 datetime.datetime.fromtimestamp() 轉換成 datetime 物件。Datetime 物件的日期和時間會依據本地時區來轉換。請在互動式 Shell 模式中輸入如下內容：

```
>>> datetime.datetime.fromtimestamp(1000000)
datetime.datetime(1970, 1, 12, 5, 46, 40)
>>> datetime.datetime.fromtimestamp(time.time())
datetime.datetime(2019, 10, 21, 16, 30, 0, 604980)
```

呼叫 datetime.datetime.fromtimestamp() 並傳入 1000000，會返回一個代表 Unix 紀元後 1000000 秒時刻的 datetime 物件。若傳入 time.time() 目前時間的 Unix 紀元時間戳，則會返回目前時間的 datetime 物件。因此 datetime.datetime.now() 和 datetime.datetime.fromtimestamp(time.time()) 都是做一樣的事情，都會返回目前時間的 datetime 物件。

datetime 物件可用比較運算子來進行比較，看哪個時間較早。較後面（較晚）的 datetime 物件是「較大」的值。請在互動式 Shell 模式中輸入如下內容：

```
❶ >>> halloween2019 = datetime.datetime(2019, 10, 31, 0, 0, 0)
❷ >>> newyears2020 = datetime.datetime(2020, 1, 1, 0, 0, 0)
   >>> oct31_2019 = datetime.datetime(2019, 10, 31, 0, 0, 0)
❸ >>> halloween2019 == oct31_2019
   True
❹ >>> halloween2019 > newyears2020
   False
❺ >>> newyears2020 > halloween2019
   True
   >>> newyears2020 != oct31_2019
   True
```

對 2019 年 10 月 31 日的第一個時刻（午夜）建立一個 datetime 物件，並存放到 halloween2019 變數中❶。再為 2020 年 1 月 1 日的第一個時刻建立一個 datetime 物件，並存放到 newyears2020 中❷，隨後又將 2019 年 10 月 31 日的午夜時刻建立一個物件，並存放到 oct31_2019 變數內。比較 halloween2019 和 oct31_2019，它們是相等的❸，比較 newyears2020 和 halloween2019，則 newyears2020 比 halloween2019 大（晚）❹❺。

timedelta 資料型別

datetime 模組還提供了 timedelta 資料型別，它代表的是一段時間，而不是某個時刻。請在互動式 Shell 模式中輸入如下內容：

```
❶ >>> delta = datetime.timedelta(days=11, hours=10, minutes=9, seconds=8)
❷ >>> delta.days, delta.seconds, delta.microseconds
  (11, 36548, 0)
  >>> delta.total_seconds()
  986948.0
  >>> str(delta)
  '11 days, 10:09:08'
```

想要建立 timedelta 物件，就要用 datetime.timedelta() 函式，此函式會接受關鍵字引數 weeks、days、hours、minutes、seconds、milliseconds 和 microseconds 等，但沒有 month 和 year 關鍵字引數，原因是「月」和「年」是依靠特定月和年的可變的時間。timedelta 物件擁有的總共期間以天、秒、微秒來表示，這些數字分別在 days、seconds 和 microseconds 屬性中。total_second() 方法會返回只以秒表示的期間。將某個 timedelta 物件傳到 str() 內會返回格式整齊且人好閱讀的字串。

在這個例子中，我們把關鍵字引數傳到 datetime.delta() 中，指定 11 天、10 小時、9 分和 8 秒的期間，返回的 timedelta 物件存放在 delta 變數內❶，這個 timedelta 物件的 days 屬性為 11，seconds 屬性為 36548（10 小時、9 分、8 秒的期間，以秒來表示）❷。呼叫 total_seconds() 能返回 11 天、10 小時、9 分和 8 秒的期間總共是 986,948 秒。最後將這個 timedelta 物件傳入 str() 轉換成一個字串，明確說明了這段期間的內容。

數學運算子可用來對 datetime 值進行日期的運算，例如，要計算今天之後第 1,000 天的日期為何。請在互動式 Shell 模式中輸入如下內容：

```
>>> dt = datetime.datetime.now()
>>> dt
datetime.datetime(2018, 12, 2, 18, 38, 50, 636181)
>>> thousandDays = datetime.timedelta(days=1000)
>>> dt + thousandDays
datetime.datetime(2021, 8, 28, 18, 38, 50, 636181)
```

這裡第一步是建立目前時刻的 datetime 物件，並存放到 dt 變數中，隨後是建立一個代表期間為 1,000 天的 timedelta 物件，並存放到 thousandDays 變數內。dt 與 thousandDays 相加可得到一個代表現在之後 1,000 天的 datetime 物件。Python 會完成日期的相加運算，得到 2018 年 12 月 18 日之後 1,000 天的是 2021 年 8 月 28 日。這種運算很有用，因為要從某個特定日期計算 1,000 天後的日期，要先記住每個月有幾天、閏年的因素和其他有的沒的細節，這都是超出人腦的運算範圍了。用 datetime 模組就能幫我們處理這些問題，不再傷腦筋。

利用 + 和 - 運算子可對 timedelta 物件和 datetime 物件或其他 timedelta 物件進行加和減的運算。利用 * 和 / 運算子也能對 timedelta 物件進行乘或除以某個整數或浮點數的運算。請在互動式 Shell 模式中輸入如下內容來體會：

```
❶ >>> oct21st = datetime.datetime(2019, 10, 21, 16, 29, 0)
❷ >>> aboutThirtyYears = datetime.timedelta(days=365 * 30)
   >>> oct21st
   datetime.datetime(2019, 10, 21, 16, 29)
   >>> oct21st - aboutThirtyYears
   datetime.datetime(1989, 10, 28, 16, 29)
   >>> oct21st - (2 * aboutThirtyYears)
   datetime.datetime(1959, 11, 5, 16, 29)
```

這個例子中，我們建立了一個 2019 年 10 月 21 日的 datetime 物件❶，另外建立了一個約 30 年期間（假設一年 365 年）的 timedelta 物件❷。從 oct21st 中減掉 aboutThirtyYears 可得到一個表示 2019 年 10 月 21 日往前 30 年的 datetime 物件

日期。從 oct21st 中減掉 2 * aboutThirtyYears，取得一個表示 2019 年 10 月 21 日往前 60 年的 datetime 物件日期。

暫停到某個指定日期

time.sleep() 方法可依照傳入特定秒數暫停程式。藉由 while 迴圈，可讓程式暫停到某個特定的日期。舉例來說，下列的程式碼會一直在迴圈，直到 2016 年 10 月 31 日：

```
import datetime
import time
halloween2016 = datetime.datetime(2016, 10, 31, 0, 0, 0)
while datetime.datetime.now() < halloween2016:
    time.sleep(1)
```

呼叫 time.sleep(1) 會暫停 Python 程式 1 秒，這樣電腦不會浪費 CPU 的處理週期，一遍又一遍檢查時間，相反地，while 迴圈只是在每秒檢查一次，直到 2016 年 10 月 31 日（或您指定的時間）才跳出 while 迴圈繼續後面的執行。

datetime 物件轉換成字串

Unix 紀元時間戳和 datetime 物件對我們人來說並不好閱讀，若利用 strftime() 方法將 datetime 物件顯示成字串，就好讀多了（strftime() 函式中 f 代表的是格式 format）。

這個 strftime() 方法使用的指令類似於 Python 的字串格式化，表 17-1 列出了完整的 strftime() 指令。

表 17-1　strftime() 指令

strftime 指令	意義
%Y	有世紀的年份，如 '2014'
%y	沒有世紀的年份，如 '00' 到 '99' (1970 到 2069)
%m	數字代表的月份，'01' 到 '12'
%B	完整月份名稱，如 'November'
%b	縮寫的月份名稱，如 'Nov'
%d	一個月的第幾天，'01' 到 '31'
%j	一年的第幾天，'001 '到 '366'

strftime 指令	意義
%w	星期幾，'0' (Sunday) 到 '6' (Saturday)
%A	星期幾的全名，如 'Monday'
%a	星期幾的縮寫，如 'Mon'
%H	小時（24 小時制），'00' 到 '23'
%I	小時（12 小時制），'01' 到 '12'
%M	分鐘，'00' 到 '59'
%S	秒，'00' 到 '59'
%p	'AM' 或 'PM'
%%	'%' 字元

對 strftime() 傳入一自訂格式的字串，其中含有格式代指令（和任何需要的斜線、冒號等），strftime() 會返回格式化後的字串，代表 datetime 物件的資訊。請在互動式 Shell 模式中輸入如下內容來體會：

```
>>> oct21st = datetime.datetime(2019, 10, 21, 16, 29, 0)
>>> oct21st.strftime('%Y/%m/%d %H:%M:%S')
'2019/10/21 16:29:00'
>>> oct21st.strftime('%I:%M %p')
'04:29 PM'
>>> oct21st.strftime("%B of '%y")
"October of '19"
```

在這個實例中，先建立了一個 2019 年 10 月 21 日下午 4 點 29 分的 datetime 物件，並存放到 oct21st 中。對 strftime() 傳入自訂的格式指令串 '%Y/%m/%d %H:%M:%S'，會返回以斜線分隔的 2019、10 和 21，以及用冒號分隔 16、29 和 00 的字串。如果傳入 '%I:%M %p'，則返回 '04:29 PM'。傳入 "%B of '%y"，則返回 "October of '19"。請留意，strftime() 不是以 datetime.datetime 為開頭來呼叫哦。

字串轉換成 datetime 物件

假如有個字串的日期資訊是 '2019/10/21 16:29:00' 或 'October 21, 2019'，需要將它轉換成 datetime 物件時，可呼叫 datetime.datetime.strptime() 函式來處理。strptime() 函式和 strftime() 方法的功用剛好相反，但自訂的格式字串都用相同的指令，和 strftime() 一樣。必須將格式字串傳入 strptime() 中才能讓它知道怎麼解析日期字串（strptime() 中的 p 是指解析 parse）。

請在互動式 Shell 模式中輸入如下：

```
❶ >>> datetime.datetime.strptime('October 21, 2019', '%B %d, %Y')
datetime.datetime(2019, 10, 21, 0, 0)
>>> datetime.datetime.strptime('2019/10/21 16:29:00', '%Y/%m/%d %H:%M:%S')
datetime.datetime(2019, 10, 21, 16, 29)
>>> datetime.datetime.strptime("October of '19", "%B of '%y")
datetime.datetime(2019, 10, 1, 0, 0)
>>> datetime.datetime.strptime("November of '63", "%B of '%y")
datetime.datetime(2063, 11, 1, 0, 0)
```

若想要從 'October 21, 2019' 字串取得 datetime 物件，可將 'October 21, 2019' 當成第一個引數，而對應的自訂格式字串 '%B %d, %Y' 當成第二個引數傳入 strptime() ❶。附有日期資訊的字串需要準確對應自訂的格式字串，不然 Python 會因為不能辨識而拋出 ValueError 例外。

複習 Python 的時間函式

在 Python 之中，日期和時間可能會牽涉好幾種不同的資料型別和函式。下列彙整了代表時間的 3 種不同型別的值：

- Unix 紀元時間戳（time 模組中會使用）是個浮點數值或整數值，表示從 1970 年 1 月 1 日零時（UTC）開始算來的秒數。
- datetime 物件（屬於 datetime 模組）含有一些整數值，存放在 year、month、day、hour、minute 和 second 等屬性中。
- timedelta 物件（屬於 datetime 模組）代表的是一段期間，而不是某個特定的時點。

下列整理了時間函式及其引數和返回值：

- time.time() 函式返回一個浮點數值，代表目前時間點的 Unix 紀元時間戳。
- time.sleep(seconds) 函式會讓程式暫停 seconds 引數指定的秒數。
- datetime.datetime(year, month, day, hour, minute, second) 函式返回引數指定時點的 datetime 物件。如果沒有提供 hour、minute 或 second 等引數，其預設為 0。
- datetime.datetime.now() 函式會返回目前時刻的 datetime 物件。

- datetime.datetime.fromtimestamp(epoch) 函式會返回 epoch 時間戳引數所代表時刻的 datetime 物件。
- datetime.timedelta(weeks, days, hours, minutes, seconds, milliseconds, microseconds) 函式會返回一個代表某段期間的 timedelta 物件，該函式的關鍵字引數都是可選擇使用性的，不包括 month 或 year。
- timedelta 物件可呼叫 total_seconds() 方法返回其物件所代表的秒數。
- strftime(format) 方法會返回一個字串，可用 format 字中的自訂格式來表示 datetime 物件所代表的時間。詳細格式指令請參考表 17-1。
- datetime.datetime.strptime(time_string, format) 函式會返回一個 datetime 物件，時間由 time_string 指定，並利用 format 字串引數來解析。詳細格式指令請參考表 17-1。

多執行緒

為了要介紹多執行緒（multithreading）的概念，讓我們來看一個實例的情況。假設您想要在一段時日後或在特定時點下執行某個排程的程式碼，您在程式啟動時新增了如下內容：

```
import time, datetime

startTime = datetime.datetime(2029, 10, 31, 0, 0, 0)
while datetime.datetime.now() < startTime:
    time.sleep(1)

print('Program now starting on Halloween 2029')
--省略--
```

這段程式是指定要在 2029 年 10 月 31 日執行，當還沒到指定時間前，都一直重複著 time.sleep(1)。直到 time.sleep() 的迴圈結束前，也就是到 2029 年 10 月 31 日前，這程式其他後的部分什麼都不能做。因為 Python 程式在預設情況下是單一執行緒。

若要想了解什麼是執行緒，就要回顧第 2 章關於控制流程的內容，當時您想像程式的執行就像把手指頭指到一行程式碼上，然後再往下一行移動，或是流程控制陳述句讓它跳轉去別的位置執行。單執行緒的程式指的就是只有一隻「手指頭」，而多執行緒的程式則有多隻「手指頭」。手指仍然移動到控制流程陳

述句定義的下一行程式碼，但這些手指可在程式的不同地方同時執行著不同的程式碼行（講解到目前為止，書中的所有程式都一直屬於單執行緒的）。

不必讓所有程式碼都在等待，直到 time.sleep() 函式迴圈完成，您可以使用 Python 的 threading 模組，在單獨的執行緒中執行延遲或排程的程式碼。這個單獨的執行緒會因為 time.sleep() 而暫停，同時，程式還可在原來的執行緒中做其他的工作。

若要取得單獨的執行緒，先要呼叫 threading.Thread() 函式建立一個 Thread 物件。請開啟一個新 file editor 視窗，在其中輸入如下的內容，並儲存成 threadDemo.py 檔：

```
   import threading, time
   print('Start of program.')

❶ def takeANap():
       time.sleep(5)
       print('Wake up!')

❷ threadObj = threading.Thread(target=takeANap)
❸ threadObj.start()

   print('End of program.')
```

在❶這行中定義了函式，要在新的執行緒中使用。為了建立一個 Thread 物件，我們呼叫了 threading.Thread()，傳入關鍵字引數 target=takeANap ❷，這代表著要在新的執行緒中呼叫 takeANap() 函式。請注意一點，關鍵字引數是 target=takeANap，而不是 target=takeANap()，這是因為您要將 takeANap() 函式本身當作引數，而不是呼叫 takeANap() 來傳入它的返回值。

我們把 threading.Thread() 建立的 Thread 物件存放在 threadObj 中，然後呼叫 threadObj.start() ❸來建立新的執行緒，並開始在新的執行緒中執行目標函式。如果執行此程式，其輸出如下這般：

```
Start of program.
End of program.
Wake up!
```

這結果可能會讓人有些疑惑，如果 print('End of program') 是程式的最後一行，您可能會認為這是應該在最後才印出的內容，但 Wake up! 卻在它後面，這是因為當 threadObj.start() 呼叫時，threadObj 的目標函式是執行在一個新的執行緒中，可把它看成是第二根手指頭，指到 takeANap() 函式的開始處，而程式本身的主執行緒則繼續 print('End of program.')，隨即新執行緒已執行 time.sleep(5) 的呼叫，暫停了 5 秒，隨後從 5 秒小睡醒來，印出 'Wake up!'，然後從 takeANap() 函式返回。按照時間的順序，'Wake up!' 才是最後印出的內容。

一般來說，程式在檔案中最後一行程式碼執行後結束（或呼叫 sys.exit()），但 threadDemo.py 這程式有兩個執行緒，第一個是最初的主執行緒，是從程式起始處開始，在 print('End of program') 後結束，而第二個新的執行緒則是在呼叫 threadObj.start() 時建立的，開始於 takeANap() 函式的起始處，在 takeANap() 返回後結束。

在程式的所有執行緒結束之前，Python 程式是不會中止的，所以在執行 threadDemo.py 這個範例時，就算最初的主執行緒已結束，但第二個新執行緒還在執行 time.sleep(5)。

傳入引數到執行緒的目標函式內

如果想要在新執行緒中執行的目標函式有引數，可將目標函式的引數傳入 threading.Thread() 中。舉例來說，如果想要在自己的執行緒中執行以下的 print() 呼叫：

```
>>> print('Cats', 'Dogs', 'Frogs', sep=' & ')
Cats & Dogs & Frogs
```

這個 print() 呼叫有三個正常的引數：'Cats'、'Dogs' 和 'Frogs'，以及一個關鍵字引數：sep=' & '。正常引數可當成一個串列，傳給 threading.Thread() 中的 args 關鍵字引數；而另一個關鍵字引數則可當成字典，傳給 threading.Thread() 中的 kwargs 關鍵字引數。

請在互動式 Shell 模式中輸入如下：

```
>>> import threading
>>> threadObj = threading.Thread(target=print, args=['Cats', 'Dogs', 'Frogs'],
kwargs={'sep': ' & '})
>>> threadObj.start()
Cats & Dogs & Frogs
```

為了確定 'Cats'、'Dogs' 和 'Frogs' 引數有傳給新執行緒中的 print()，我們把 args=['Cats', 'Dogs', 'Frogs'] 傳入 threading.Thread()。為了確定 'sep': ' & ' 關鍵字引數有傳給新執行緒中的 print()，我們把 kwargs={'sep': ' & '} 傳入 threading.Thread()。

呼叫 threadObj.start() 時會建立一個新的執行緒來執行 print() 函式，它會傳入 'Cats'、'Dogs' 和 'Frogs' 作為引數，以及 ' & ' 作為 sep 關鍵字引數。

下列建立新執行緒時呼叫 print() 的方式是錯誤的：

```
threadObj = threading.Thread(target=print('Cats', 'Dogs', 'Frogs', sep=' & '))
```

這行程式最後會呼叫 print()，並將它的返回值（print() 返回值都是 None）當成 target 關鍵字引數，而它並不是傳入 print() 這個函式本身。當您要對新執行緒中函式傳入引數，就要用 threading.Thread() 函式的 args 和 kwargs 關鍵字引數。

並行的議題

雖然可以輕鬆地建立多個執行緒，讓它們同時執行，但多執行緒也可能會引發並行問題。如果這些執行緒同時讀寫變數，就會產生互相干擾，因而產生並行問題。並行問題不容易一致性地重現，在除錯時很麻煩。

多執行緒程式設計本身就是個很大型的主題，也超出了本書所設定的範圍，您所要記住的重點是：為了避免並行問題，絕不能讓多執行緒讀寫相同的變數。當您建立一個新的 Thread 物件時，要確定其目標函式只使用該函式內的區域變數，這樣可避免程式中難以除錯的並行問題。

> NOTE
> 請連到 http://nostarch.com/automatestuff2/ 網站的 Additional Online Resources 連結，其中有更多關於多執行緒的初學教材。

程式專題：多執行緒的 XKCD 下載程式

在第 12 章中所設計的程式是要從 XKCD 網站下載所有的 XKCD 漫畫圖片，這是個單執行緒的程式：它一次下載一張漫畫圖片，程式執行的大部分時間都用在建立網路連接來開始下載、和將下載的圖片寫入硬碟中，如果您有寬頻網路，單執行緒程式並沒有充分發揮可用的網路頻寬。

多執行緒程式中能讓有些執行緒在下載漫畫圖片，同時另外一些執行緒則在建立網路連接，或將漫畫圖片寫入硬碟內。它會更有效地運用網路連接，更快速地下載網站上的漫畫圖片。請開啟一個 file editor 標籤視窗，並儲存為 threaded DownloadXkcd.py 檔，您來設計修改這程式，新增多執行緒的運用。經過全面修改設計的程式原始碼可連到 http://nostarch.com/automatestuff2/ 網站下載。

STEP 1：修改程式來使用函式

這程式大部分來自第 12 章相同的程式碼，所以我會跳過 Requests 模組和 Beautiful Soup 程式碼部分的解說，需要完成的主要修改部分是匯入 threading 模組，並定義 downloadXkcd() 函式，此函式接受傳入開始和結束的漫畫圖片編號當作引數。

舉例來說，呼叫 downloadXkcd(140, 280) 時會迴圈執行下載程式碼，下載漫畫圖片為 http://xkcd.com/140、http://xkcd.com/141、http://xkcd.com/142…等，直到 http://xkcd.com/279 才停止。您所建立的每個執行緒都會呼叫 download Xkcd()，並傳入不同範圍的漫畫圖片編號來進行下載。

將下列程式碼新增入 threadedDownloadXkcd.py 程式中：

```
   #! python3
   # threadedDownloadXkcd.py - Downloads XKCD comics using multiple threads.

   import requests, os, bs4, threading
❶ os.makedirs('xkcd', exist_ok=True) # store comics in ./xkcd

❷ def downloadXkcd(startComic, endComic):
    ❸ for urlNumber in range(startComic, endComic):
           # Download the page.
           print('Downloading page http://xkcd.com/%s...' % (urlNumber))
        ❹ res = requests.get('http://xkcd.com/%s' % (urlNumber))
           res.raise_for_status()

        ❺ soup = bs4.BeautifulSoup(res.text)

           # Find the URL of the comic image.
        ❻ comicElem = soup.select('#comic img')
           if comicElem == []:
               print('Could not find comic image.')
           else:
            ❼ comicUrl = comicElem[0].get('src')
               # Download the image.
               print('Downloading image %s...' % (comicUrl))
            ❽ res = requests.get(comicUrl)
               res.raise_for_status()

               # Save the image to ./xkcd.
               imageFile = open(os.path.join('xkcd', os.path.basename(comicUrl)), 'wb')
```

```
            for chunk in res.iter_content(100000):
                imageFile.write(chunk)
            imageFile.close()

    # TODO: Create and start the Thread objects.
    # TODO: Wait for all threads to end.
```

匯入需要的模組後，第❶行建立了一個目錄來儲存漫畫圖檔，隨即定義 downloadXkcd()❷，以 for 迴圈巡遍指定範圍中的所有編號❸，並下載每個頁面❹。使用 Beautiful Soup 查閱每頁 HTML❺來找出漫畫圖片❻。如果頁面上沒有漫畫圖片，就印出一條訊息，不然就取得圖片的 URL❼並下載圖片❽。最後將圖片儲存到建立的目錄內。

STEP 2：建立並啟動執行緒

現在已定義了 downloadXkcd() 函式，我們可建立多執行緒，在每個執行緒呼叫 downloadXkcd() 函式，從 XKCD 網站下載不同編號範圍的漫畫圖片。請將下列程式碼加到 multidownloadXkcd.py 中，放在 downloadXkcd() 函式之後：

```
#! python3
# threadedDownloadXkcd.py - Downloads XKCD comics using multiple threads.

--省略--

# Create and start the Thread objects.
downloadThreads = []          # a list of all the Thread objects
for i in range(0, 140, 10):  # loops 14 times, creates 14 threads
    start = i
    end = i + 9
    if start == 0:
        start = 1 # There is no comic 0, so set it to 1.
    downloadThread = threading.Thread(target=downloadXkcd, args=(start, end))
    downloadThreads.append(downloadThread)
    downloadThread.start()
```

首先是建立一個空的串列 downloadThreads 來幫我們追蹤到底建立了多少個 Thread 物件，隨後開始 for 迴圈，在每次迴圈中會利用 threading.Thread() 建立 Thread 物件，並將它加到串列中，再呼叫 start() 開始在新執行緒中執行 downloadXkcd()。由於 for 迴圈把變數 i 設為 0 到 140，步進值為 10，所以 i 在第一次重複迭代時為 0，第二次重複迭代時為 10，第三次為 20…，以此類推。因為我們把 args=(start, end) 傳入 threading.Thread()，所以第一次重複迭代時，傳給 downloadXkcd() 的兩個引數是 1 和 9，第二次為 10 和 19，第三次為 20 和 29…，以此類推。

當呼叫了 Thread 物件的 start() 方法時，新的執行緒就開始執行 downloadXkcd() 中的程式碼，而主執行緒則繼續 for 迴圈下一次的重複迭代，建立下一個執行緒。

STEP 3：等待所有執行緒結束

主執行緒正常往前執行，而同時建立了其他執行緒來下載漫畫圖片，但有些在主執行緒的程式碼，我們希望在所有下載執行緒都完成後才執行。我們可利用呼叫 Thread 物件的 join() 方法來「定住」，直到所有執行緒都完成才放行。使用 for 迴圈來巡遍 downloadThreads 串列中的所有 Thread 物件，主執行緒可呼叫其他每個執行緒的 join() 方法。請將下列程式段加到本專題程式的尾端：

```
#! python3
# threadedDownloadXkcd.py - Downloads XKCD comics using multiple threads.

--省略--

# Wait for all threads to end.
for downloadThread in downloadThreads:
    downloadThread.join()
print('Done.')
```

等所有 join() 的呼叫都返回後，才會印出 'Done' 字串。如果某個 Thread 物件已經結束，則呼叫它的 join() 方法時會立即返回。若還想要延伸擴充這支程式，再加入一些程式在所有漫畫圖片都下載後才執行，那就用新的程式碼取代最後那行 print('Done.')。

從 Python 啟動其他應用程式

利用 Python 內建的 subprocess 模組中的 Popen() 函式，就可啟動電腦中的其他應用程式（Popen() 函式名稱中的 P 是指 process，處理程序）。假如您開啟了一個應用程式的多個事例（instances），每個事例都是同一程式的不同處理程序，舉例來說，如果您同時啟動了 Web 瀏覽器的多個視窗，每個視窗都是 Web 瀏覽器程式的不同處理程序。如圖 17-1 所示，這是同時開啟多個小算盤處理程序的例子。

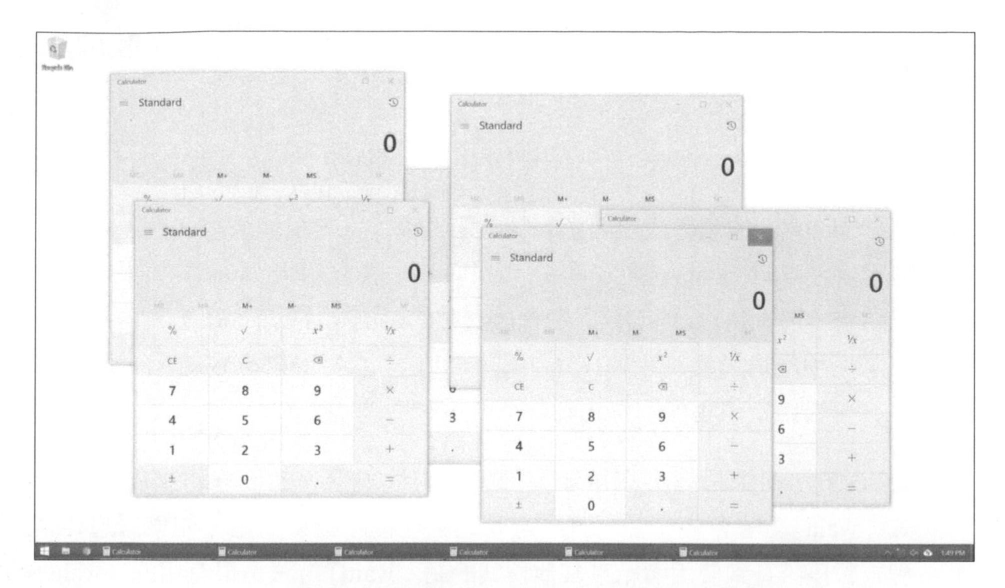

圖 17-1　相同的小算盤程式，有六個正在執行的處理程序

每個處理程序可有多個執行緒。不像執行緒，處理程序不能直接讀寫另一個處理程序的變數。如果您想像多執行緒是多個手指頭在追蹤原始程式碼，那麼同一個程式開啟多個處理程序就像是有多個朋友拿著原始程式碼的獨立副本，您們都獨立執行相同的程式。

如果想在 Python 程式腳本中啟動另一個外部程式，就將該程式的檔名傳入 subprocess.Popen()（在 Windows 系統中，對**開始**功能表中應用程式項目按下滑鼠右鍵，從展開的功能表中選取「**內容**」項，就能看到應用程式的真實檔案名稱。若在 macOS 系統中，按住 Ctrl 鍵再按一下應用程式，然後選取「**顯示套件內容**」項，找到執行檔的路徑）。Popen() 函式隨後就會馬上返回。請記住，啟動的程式和您的 Python 程式是在不同的執行緒中執行。

若是在 Windows 系統中，請在互動式 Shell 模式中輸入如下內容：

```
>>> import subprocess
>>> subprocess.Popen('C:\\Windows\\System32\\calc.exe')
<subprocess.Popen object at 0x0000000003055A58>
```

若在 Ubuntu Linux 系統中，可輸入如下內容：

```
>>> import subprocess
>>> subprocess.Popen('/usr/bin/gnome-calculator')
<subprocess.Popen object at 0x7f2bcf93b20>
```

若在 macOS 系統內，則過程有些不同。請參考本章後面的「使用預設的應用程式來開啟檔案」內容。

返回值是個 Popen 物件，它有兩個好用的 poll() 和 wait() 方法。

可把 poll() 方法想像成是問您的朋友是否執行完您給他的程式碼。如果這個處理程序在呼叫 poll() 時仍在執行，poll() 方法就會返回 None。如果該處理程序已結束，則 poll() 會返回該處理程序整數的退出碼（exit code）。退出碼用來說明處理程序是無錯結束的（退出碼為 0），或是出錯導致結束（退出碼不是 0，一般為 1，但可能因程式而有所不同）。

wait() 方法則像是等著您朋友執行完他的程式碼，然後您再繼續執行您的程式。wait() 方法會先定住，直到啟動的處理程序結束為止。如果您想要讓您的程式暫停，直到使用者結束其他程式的話，wait() 方法是很有用的。wait() 的返回值是處理程序的整數的退出碼。

若是在 Windows 系統中，請在互動式 Shell 模式中輸入如下內容，請留意，呼叫 wait() 方法會定住，直到結束啟動的小畫家：

```
  >>> imort subprocess
❶ >>> calcProc = subprocess.Popen('c:\\Windows\\System32\\mspaint.exe')
❷ >>> calcProc.poll() == None
  True
❸ >>> paintProc.wait() # Doesn't return until MS Paint closes.
  0
  >>> paintProc.poll()
  0
```

在這個例子中，我們開啟了小畫家程式❶，在它還在執行時檢查了 poll() 是否返回 None，因為處理程序還在執行，所以返回的是 None❷；隨後關閉小畫家，並對已結束的處理程序呼叫 wait()❸。wait() 和 poll() 都返回 0，說明處理程序都在沒有錯誤的情況下結束了。

NOTE

與小畫家不同，如果您在 Windows 10 上使用 subprocess.Popen() 執行小算盤 calc.exe，即使小算盤 App 仍在執行，wait() 也會立即返回。這是因為 calc.exe 啟動小算盤 App 後就立即關閉自身。Windows 的小算盤 App 是屬於「Trusted Microsoft Store App」，其詳細資訊超出了本書討論的範圍。總而言之，程式可以特定於某種應用和作業系統的方式來執行。

對 Popen() 傳入命令提示列引數

使用 Popen() 建立處理程序時，可對處理程序傳入命令提示列引數。若想要做到這一點，可對 Popen() 傳入單一引數的串列。這個串列中的第一個字串是要啟動的程式執行檔的檔名，其他所有後續的字串則是該程式啟動時傳給該程式的命令提示列引數。實際上，這個串列會當成是啟動程式的 sys.argv 的值。

大多數有圖形使用介面（GUI）的應用程式，不像以命令提示列或終端機程式那樣可以使用命令提示列引數。但大多數的 GUI 應用程式會接受一個引數，代表應用程式啟動時要馬上開啟的檔案。舉例來說，如果您是在 Windows 系統中，請建立一個簡單的純文字檔 C:\Users\Al\hello.txt，然後在互動式 Shell 模式下輸入：

```
>>> subprocess.Popen(['C:\\Windows\\notepad.exe', 'C:\Users\Al\hello.txt'])
<subprocess.Popen object at 0x00000000032DCEB8>
```

這不僅是會啟動記事本而已，也會開啟 C:\Users\Al\hello.txt。

工作排程器、launchd 和 cron

如果您是電腦玩家級的老手，那應該知道 Windows 上的工作排程器，macOS 上的 launchd，或 Liunx 上的 cron 排程程式。這些工具都有很好的說明文件，也很可靠，都允許我們安排應用程式在特定時間啟動。如果想要多了解它們，可連到網站 http://nostarch.com/automatestuff2/ 的 Additional Online Resources 連結，找到相關更多說明與教學文件。

利用作業系統內建的排程工具，您不必自己設計時鐘檢查程式來排定您的程式，但如果只想要讓程式稍作暫停，可用 time.sleep() 函式，或者不想用作業系統的排程工具，程式碼中可用迴圈來呼叫 time.sleep(1)，直到某特定日期和時間才停止。

使用 Python 開啟網站

webbrowser.open() 函式可從程式中啟動 Web 瀏覽器，連到指定的網站，不需要用到 subprocess.Popen() 來開啟瀏覽器。詳細內容請參考本書第 12 章的「程式專題：使用 webbrowser 模組的 mapIt.py」。

執行其他 Python 程式腳本

就像啟動其他任何的應用程式一般，您也可以在 Python 中啟動另一個 Python 程式腳本。只需要在 Popen() 中傳入 python.exe 執行檔名，並將想要執行的.py 程式腳本的檔名當作引數傳入即可。舉例來說，下列內容將會執行第 1 章介紹過的 hello.py 腳本：

```
>>> subprocess.Popen(['C:\\Users\\<YOUR USERNAME>\\AppData\\Local\\Programs\\
Python\\Python38\\python.exe', 'hello.py'])
<subprocess.Popen object at 0x000000000331CF28>
```

對 Popen() 傳入一個串列，其中含有 Python 執行檔的路徑和檔名的字串，另一個是程式腳本檔名的字串。如果要啟動的腳本要用到命令提示列引數，就要將它們新增到串列內，放在腳本檔名後面。一般預設情況下，在 Windows 之中，Python 的執行檔放在 C:\Users\<YOURUSERNAME>\AppData\Local\Programs\Python\Python38\python.exe.，在 macOS 中則是在 /Library/Frameworks/Python.framework/Versions/3.8/bin/python3，而在 Linux 中則是在 /usr/bin/python3.8。

與將 Python 程式匯入成為一個模組有所不同，如果 Python 程式啟動了另一個 Python 程式，那這兩者都是在獨立的處理程序中執行，不能分享彼此的變數。

使用預設的應用程式來開啟檔案

連按二下電腦上的 .txt 檔時，會自動開啟與.txt 副檔名關聯的應用程式。電腦系統中已設定了一些預設副檔名的關聯。若利用 Popen()，則 Python 也可用這種方式來開啟檔案。

每個作業系統都有個程式，其作用等於連按二下檔案來開啟它。在 Windows 系統中是 start 程式，在 macOS 上是 open 程式，而在 Ubuntu Linux 上是 see 程式。請在互動式 Shell 模式中輸入如下內容，根據作業系統別，對 Popen() 傳入 'start'、'open' 或 'see'：

```
>>> fileObj = open('hello.txt', 'w')
>>> fileObj.write('Hello world!')
12
>>> fileObj.close()
>>> import subprocess
>>> subprocess.Popen(['start', 'hello.txt'], shell=True)
```

在這裡例子中，我們把 Hello world! 寫入一個新的檔案 hello.txt 中，隨後呼叫 Popen() 傳入串列，其中有程式名稱（在此例子中，是用 Windows 的 'start'）和檔名，另一個是 shell=True 關鍵字引數，這只在 Windows 系統中有需要用到。作業系統已設了相關檔案的關聯，會知道用什麼應用程式來開啟什麼類型的檔名，例如，會用記事本來開啟 hello.txt 的文字檔。

在 macOS 中，open 程式用來開啟文件檔和應用程式。如果您有 Mac，請在互動環境中輸入如下內容：

```
>>> subprocess.Popen(['open', '/Applications/Calculator.app/'])
<subprocess.Popen object at 0x10202ff98>
```

計算機應用程式會開啟。

程式專題：簡易型倒數計時程式

就和很難找到簡易的碼表程式一樣，也不容找到簡易型的倒數計時程式。接著就讓我們來設計編寫一個倒數計時程式，在倒數結束時會發出警示。

從整體的角度來說，程式要做到下列事項：

1. 從 60 開始倒數。
2. 倒數至 0 時播放音效檔（alarm.wav）。

這表示程式實作上要做到下列幾點：

1. 在顯示倒數的每個數字之間，要呼叫 time.sleep()暫停一秒。
2. 呼叫 subprocess.Popen() 以預設的程式來播放音效檔。

請開啟一個 file editor 標籤視窗，並儲存成 countdown.py 檔。

STEP 1：倒數計時

這支程式需要用到 time 模組的 time.sleep() 函式，也要用到 subprocess 模組的 subprocess.Popen() 函式。請輸入如下內容，並存成 countdown.py：

```
#! python3
```

```
# countdown.py - A simple countdown script.

import time, subprocess

❶ timeLeft = 60
while timeLeft > 0:
   ❷ print(timeLeft, end='')
   ❸ time.sleep(1)
   ❹ timeLeft = timeLeft - 1

# TODO: At the end of the countdown, play a sound file.
```

匯入 time 和 subprocess 模組後，建立 timeLeft 變數並存放倒數計數剩下的秒數。這裡是從 60 開始倒數❶，或者您可以依據需要更改這個值，又或是用命令提示列引數來設定。

在 while 迴圈中顯示剩餘秒數❷，暫停一秒❸，再遞減 timeLeft 變數的值❹，隨後再次迴圈。只要 timeLeft 大於 0，迴圈就繼續。在這之後，倒數計時就結束了。

STEP 2：播放音效檔

雖然有第三方模組可播放各種聲音檔，但最快速且簡便的方法是啟動使用者電腦上已有的任何播放聲音的應用程式。作業系統對 .wav 副檔名的關聯，就會知道要啟動什麼應用程式來播放該檔案了。這個 .wav 檔很容易改成其他聲音檔格式，例如 .mp3 或 .ogg 等。

您可以使用電腦中已有的任何音效檔來當作倒數計時結束的播放檔案，也可以從 http://nostarch.com/automatestuff2/ 網站上下載範例相關檔，其中有個 alarm.wav 也可使用。

請在程式中加入如下內容：

```
#! python3
# countdown.py - A simple countdown script.

import time, subprocess

--省略--

# At the end of the countdown, play a sound file.
subprocess.Popen(['start', 'alarm.wav'], shell=True)
```

當 while 迴圈結束後，alarm.wav（或是您指定的聲音檔）就會播放，告知使用者倒數計數已結束。在 Windows 系統中，要確定傳入的 Popen() 的串列內有 'start'，並傳入關鍵字引數 shell=True。若是是在 macOS 系統內，則要傳入 'open'，而不是 'start'，且要去掉 shell=True。

除了播放音效檔之外，您可在某個檔案中儲存一條訊息，例如：Break time is over!，然後在倒數計時結束時用 Popen() 來開啟該檔案。這會以關聯的程式開啟該檔案並顯示在一獨立的視窗中。又或者，您可以在倒數計時結束時，利用 webbrowser.open() 函式開啟並連上某個網站。不像是網路上找到的一些免費倒數計時應用程式，您自己設計的倒數計時程式的警示方法可自己選擇。

關於類似程式的一些想法

倒數計時算是繼續執行程式前簡單的延遲，這種應用可用在其他方面：

- 利用 time.sleep() 給使用者一個機會可按下 Ctrl-C 鍵中斷操作，例如刪除檔案等。您的程式可以印出 "Press Ctrl-C to cancel"，然後用 try 和 except 陳述句處理所有 KeyboardInterrupt 例外異常。
- 對長時間的倒數計時，可用 timedelta 物件來算出直到某個時間點（例如生日？結婚紀念日？）的天、時、分和秒數。

總結

對像 Python 等許多程式語言來說，Unix 紀元（1970 年 1 月 1 日零時，UTC）是個標準的參考時間點。雖然 time.time() 函式模組返回一個 Unix 紀元時間戳（也就是自 Unix 紀元以來的秒數的浮點數值），但 datetime 模組更適合執行日期的運算、格式化和解析日期資訊的字串。

time.sleep() 函式會定住（即不返回）若干秒，它可用於程式中的暫停。但若想要排程調度程式在某個特定時點才啟動，http://nostarch.com/automatestuff2/上的教學指南提供了一些現有作業系統已有的排程工具說明。

threading 模組可用來建立多執行緒，如果想要下載多個檔案或同時執行其他工作，這個模組很有幫助。但一定要確定執行緒只讀寫區域變數，不然會遇到並行問題。

最後要說明的是，Python 程式可用 subprocess.Popen() 函式來啟動其他外部應用程式。命令提示列引數可傳入給 Popen()，用指定的應用程式來開啟指定的檔案。另外也可用 Popen() 啟動 start、open 或 see 程式，利用系統中檔案的關聯，自動依照副檔名的關聯來啟動對應的應用程式，藉由這些應用程式，Python 程式可利用其功能，滿足您自動化的各種需求。

習題

1. 什麼是 Unix 紀元？
2. 什麼函數會返回自 Unix 紀元以來的秒數？
3. 怎麼讓程式暫停 5 秒？
4. 請問 round() 函式會返回什麼？
5. 請問 datetime 物件和 timedelta 物件有何分別？
6. 使用 datetime 模組來算出 2019 年 1 月 7 日是星期幾？
7. 假如您有個 spam() 函式，如何在一個獨立的執行緒中呼叫此函式並執行其中的程式碼？
8. 為了避免多執行緒的並行問題，應該注意什麼事？

實作專題

為了練習與實作，請依照下列需求編寫設計程式。

修飾美化碼表

請擴充本章介紹的碼表程式，使用 rjust() 和 ljust() 字串方法來「美化」輸出（在第 6 章有介紹這些方法的使用方式）。碼表的輸出不要像下列這般：

```
Lap #1: 3.56 (3.56)
Lap #2: 8.63 (5.07)
Lap #3: 17.68 (9.05)
Lap #4: 19.11 (1.43)
```

請將碼表輸出美化成下列這般：

```
Lap # 1:  3.56 (  3.56)
Lap # 2:  8.63 (  5.07)
Lap # 3: 17.68 (  9.05)
Lap # 4: 19.11 (  1.43)
```

請注意一件事，對 lapNum、lapTime 和 totalTime 等整數和浮點數型別的變數使用字串版本，以便對它們呼叫字串方法。

接著使用第 6 章有介紹的 pyperclip 模組，將文字輸出複製到剪貼簿中，方便使用者將輸出快速貼到文字檔或是 Email 之中。

Web 漫畫圖片的排程下載

請設計編寫一支程式能檢查幾個 Web 漫畫網站，如果自程式上次造訪以來，漫畫圖有更新的話就自動下載。作業系統的排程工具（Windows 中是工作排程器，macOS 上是 launchd，而 Linux 上是 cron）可以每天執行您的 Python 程式一次，Python 程式本身可下載漫畫圖片，然後將它複製到桌面上，讓您更容易看到。有了這種操作方式，您就不必自己查看網站是否有更新了（在 http://nostarch.com/automatestuff2/ 網站上有一份 Web 漫畫圖片網站的清單）。

第 18 章

發送 Email 和文字簡訊

檢查與回覆Email真的佔用了大量的時間。當然，您不能只寫支程式來處理所有的Email，因為每封訊息都還是要自己看過才能回應。不過，當您知道怎麼設計編寫收發Email的程式後，就可以自動化很多與Email有關的工作。

舉例來說，也許您有個試算表，其中放了許多客戶的資料記錄，您想要依據他們的年齡和住址的資訊，對每個客戶發送不同格式的 Email。商用軟體可能無法滿足您所有的需求，好在您可以自己設計程式來發送這些Email，節省許多手動人工的複製貼上 Email 的時間。

您也可以設計程式來發送 Email 和文字簡訊（SMS）來提醒某些事情，就算您不在電腦上也能收到。如果您想要自動化處理的某項工作要花幾小時，您不會想要每分每秒都呆在電腦前等待和檢查程式狀態的，相反地，當程式在完成工作後會自動發封簡訊通知您，讓您不必守在電腦旁邊，可去做更重要的事。

本章會介紹 EZGmail 模組的功能，是以 Gmail 帳號來傳送和閱讀 email 的好方法，另外本章也會使用標準 SMTP 和 IMAP 電子郵件協定的 Python 模組。

> **警告**
>
> 我強烈建議讀者為發送或接收 email 的所有程式腳本設定一個單獨的電子郵件帳號。這能防止程式中的錯誤影響您個人電子郵件帳號（例如，刪除電子郵件或意外向連絡人發送了垃圾郵件）。最好先進行一次嘗試性的執行，方法是注釋掉程式中實際發送或刪除電子郵件的程式碼部分，然後以臨時的 print() 呼叫來替換。如此一來您就可以在實際執行程式之前對其進行測試。

使用 Gmail API 來收發電子郵件

Gmail 在電子郵件客戶端的市佔率大約是三成，讀者很可能至少就有一個以上 Gmail 電子郵件地址。因為有額外的安全性和反垃圾郵件措施，透過 EZGmail 模組控制 Gmail 帳號比透過 smtplib 和 imapclient 來控制更容易，這會在本章後面討論說明。EZGmail 是筆者開發的一個模組，可在官方 Gmail API 的基礎上運用，這個模組可讓我們輕鬆活用 Python 中的 Gmail 功能。請連到 https://github.com/asweigart/ezgmail/ 網站尋找關於 EZGmail 的完整資訊。EZGmail 不是由 Google 開發與 Google 也無關；在 https://developers.google.com/gmail/api/v1/reference/ 網站可找到正式的 Gmail API 相關文件。

若想要安裝 EZGmail，請在 Windows 上執行 pip install --user --upgrade ezgmail（或在 macOS 和 Linux 上用 pip3）。--upgrade 選項會確定我們安裝的是套件的最新版本，線上服務（如 Gmail API）版本會不斷更新變化，若要想使用它來進行互動，更新是必需的。

啟用 Gmail API

在寫程式之前，必須先到 https://gmail.com/ 上註冊 Gmail 電子郵件帳號。然後，連到 https://developers.google.com/gmail/api/quickstart/python/，點按該頁面上的 **Enable the Gmail API** 按鈕，然後填寫和點選顯示的表單中的項目。

填選完成之後，頁面將顯示一個 credentials.json 檔案的連結，我們需要下載這份檔案並將其放到 .py 檔相同的資料夾中。certificate.json 檔內含有 Client ID 和

Client Secret 資訊，您應該把這些內容看成像 Gmail 的密碼一樣重要，不要與其他任何人共享這些資訊。

隨後到互動式 Shell 模式中輸入如下程式碼：

```
>>> import ezgmail, os
>>> os.chdir(r'C:\path\to\credentials_json_file')
>>> ezgmail.init()
```

請確認有把目前工作目錄設定為 credentials.json 所在的資料夾路徑，而且有連上網際網路。ezgmail.init() 函式會打開您的瀏覽器並連到 Google 登入頁面。

輸入您的 Gmail 地址和密碼，此頁面會提示「這個應用程式未經驗證」警告訊息，不用緊張，按下**進階**連結後再按下**前往「Quickstart」(不安全)**（如果不想要在編寫 Python 程式時出現這些訊息，則需要學習關於 Google app 認證處理，這部分的內容已超出本書討論範圍）。當「將權限授予「Quickstart」」頁面出現時，按下**允許**鈕然後關閉瀏覽器頁面。

這樣會生成一個 token.json 檔，可讓 Python 程式腳本能夠存取您輸入的 Gmail 帳號。如果瀏覽器找不到現有的 token.json 檔，它會打開登入頁面。透過使用 credentials.json 和 token.json，Python 程式腳本可以從 Gmail 帳號發送和讀取電子郵件，無需在程式碼中放入 Gmail 帳號的密碼。

從 Gmail 帳號傳送電子郵件

一旦有了 token.json 檔，EZGmail 模組就能使用一個簡單的函式呼叫來傳送電子郵件：

```
>>> import ezgmail
>>> ezgmail.send('recipient@example.com', 'Subject line', 'Body of the email')
```

如果電子郵件中有附加檔案，則可在 send() 函式中放上額外的引數清單：

```
>>> ezgmail.send('recipient@example.com', 'Subject line', 'Body of the email',
['attachment1.jpg', 'attachment2.mp3'])
```

請留意，Gmail 有安全性和反垃圾郵件的功能，Gmail 可能不會重複發送具有完全相同文字（因為可能是垃圾郵件）的電子郵件，也可能不會傳送含有 .exe 或 .zip 檔案附件的電子郵件（因為這可能是病毒）。

我們還可以提供可選擇性使用的關鍵字引數 cc 和 bcc 來發送副本和密件副本：

```
>>> import ezgmail
>>> ezgmail.send('recipient@example.com', 'Subject line', 'Body of the email',
cc='friend@example.com', bcc='otherfriend@example.com,someoneelse@example.com')
```

如果需要知道 token.json 檔案中到底配置了哪個 Gmail 地址，可以檢查 ezgmail. EMAIL_ADDRESS。請留意，只能在呼叫 ezgmail.init() 或任何其他 EZGmail 函式之後才能使用此變數：

```
>>> import ezgmail
>>> ezgmail.init()
>>> ezgmail.EMAIL_ADDRESS
'example@gmail.com'
```

請把 token.json 檔看成和密碼有相同的重要性。如果其他人取得了此檔案，則可以存取您的 Gmail 帳號（雖然他們無法更改您的 Gmail 密碼）。若想要移除先前發布的 token.json 檔案，請連到 https://security.google.com/settings/security/permissions?pli=1/ 並移除對 Quickstart 應用程式的存取權。我們需要執行 ezgmail.init() 並再次執行登入處理來取得新的 token.json 檔案。

從 Gmail 帳號讀取電子郵件

Gmail 會把相互回覆的電子郵件組織到一個對話信件群組中。當我們透過網路瀏覽器或某個應用程式登入 Gmail 時，實際上是在查閱電子郵件主旨，而不是單一封電子郵件（即使該主旨只含有一封電子郵件）。

EZGmail 具有 GmailThread 和 GmailMessage 物件，分別代表對話緒群組和單封電子郵件。GmailThread 物件具有 messages 屬性，其中包含了 GmailMessage 物件的串列。unread() 函式會返回所有未讀電子郵件的 GmailThread 物件串列，然後把它傳到 ezgmail.summary() 來印出串列中對話緒群組的匯總摘要：

```
>>> import ezgmail
>>> unreadThreads = ezgmail.unread() # List of GmailThread objects.
>>> ezgmail.summary(unreadThreads)
Al, Jon - Do you want to watch RoboCop this weekend? - Dec 09
Jon - Thanks for stopping me from buying Bitcoin. - Dec 09
```

summary() 函式可用來顯示電子郵件對話緒群組的快速摘要，但是若想要存取特定訊息（和部分訊息），則需要檢測 GmailThread 物件的 messages 屬性。messages 屬性包含組成對話緒的 GmailMessage 物件串列，而這些物件具有描

述電子郵件的 subject（主旨）、body（正文）、timestamp（時間戳）、sender（發件人）和 recipient（收件人）等屬性：

```
>>> len(unreadThreads)
2
>>> str(unreadThreads[0])
"<GmailThread len=2 snippet= Do you want to watch RoboCop this weekend?'>"
>>> len(unreadThreads[0].messages)
2
>>> str(unreadThreads[0].messages[0])
"<GmailMessage from='Al Sweigart <al@inventwithpython.com>' to='Jon Doe
<example@gmail.com>' timestamp=datetime.datetime(2018, 12, 9, 13, 28, 48)
subject='RoboCop' snippet='Do you want to watch RoboCop this weekend?'>"
>>> unreadThreads[0].messages[0].subject
'RoboCop'
>>> unreadThreads[0].messages[0].body
'Do you want to watch RoboCop this weekend?\r\n'
>>> unreadThreads[0].messages[0].timestamp
datetime.datetime(2018, 12, 9, 13, 28, 48)
>>> unreadThreads[0].messages[0].sender
'Al Sweigart <al@inventwithpython.com>'
>>> unreadThreads[0].messages[0].recipient
'Jon Doe <example@gmail.com>'
```

與 ezgmail.unread() 函式很類似，ezgmail.recent() 函式會返回 Gmail 帳號中最新的 25 個對話緒信件群組。我們可以傳入一個可選擇性使用的 maxResults 關鍵字引數來更改此限制：

```
>>> recentThreads = ezgmail.recent()
>>> len(recentThreads)
25
>>> recentThreads = ezgmail.recent(maxResults=100)
>>> len(recentThreads)
46
```

從 Gmail 帳號搜尋電子郵件

除了使用 ezgmail.unread() 和 ezgmail.recent() 之外，我們還可以搜尋特定的電子郵件，方法與在 https://gmail.com/ 搜尋郵件方塊中輸入查詢目標的方式相同，呼叫 ezgmail.search() 即可搜尋：

```
>>> resultThreads = ezgmail.search('RoboCop')
>>> len(resultThreads)
1
>>> ezgmail.summary(resultThreads)
Al, Jon - Do you want to watch RoboCop this weekend? - Dec 09
```

這裡的 search() 呼叫應該產生與在搜尋郵件方塊中輸入 RoboCop 來搜尋有相同的結果，如圖 18-1 所示。

圖 18-1　在 Gmail 網頁中的搜尋郵件方塊

與 unread() 和 recent() 很類似，search() 函式返回 GmailThread 物件的串列。我們還可以把在搜尋郵件方塊中輸入的任何特殊搜尋運算子傳入 search() 函式，例如：

- **'label:UNREAD'**　未讀的電子郵件
- **'from:al@inventwithpython.com'**　來自 al@inventwithpython.com 的郵件
- **'subject:hello'**　主旨中帶有 hello 字樣的電子郵件
- **'has:attachment'**　帶有檔案附件的電子郵件

您可以在 https://support.google.com/mail/answer/7190?hl=zh_CN/ 上找到搜尋運算子的完整清單。

從 Gmail 帳號下載附件

GmailMessage 物件具有附件屬性，該屬性是郵件中附件的檔案名稱串列。我們可以把這些名稱中的任何一個傳入 GmailMessage 物件的 downloadAttachment() 方法來下載檔案，也可以用 downloadAllAttachments() 一次下載所有這些附件檔案。在預設的情況下，EZGmail 會把附件存放到目前的工作目錄中，但我們也可以加上額外的 downloadFolder 關鍵字引數傳給 downloadAttachment() 和 downloadAllAttachments()。例如：

```
>>> import ezgmail
>>> threads = ezgmail.search('vacation photos')
>>> threads[0].messages[0].attachments
['tulips.jpg', 'canal.jpg', 'bicycles.jpg']
>>> threads[0].messages[0].downloadAttachment('tulips.jpg')
>>> threads[0].messages[0].downloadAllAttachments(downloadFolder='vacation2019')
['tulips.jpg', 'canal.jpg', 'bicycles.jpg']
```

如果附件的檔名已存在目錄中，則下載的附件檔會自動覆蓋同檔名的檔案。

EZGmail 還有許多其他的功能，請連到 https://github.com/asweigart/ezgmail/ 網站就能找到完整的文件說明。

SMTP

如同 HTTP 是電腦用來處理網際網路傳送網頁的協定，SMTP（Simple Mail Transfer Protocol，簡單郵件傳輸協定）是用來發送 Email 的協定。SMTP 規定了電子郵件應用要用什麼格式化、怎麼加密、在郵件伺服器之間如何傳遞，以及在您按下傳送鈕後，電腦要處理的所有相關細節。不過您並不需要全都知道這些技術的細節，因為 Python 的 smtplib 模組會將它們簡化成幾個函式來讓您使用。

SMTP 只負責對別人傳送電子郵件，另外一個協定 IMAP 則負責收回給您的電子郵件，在本章後的 IMAP 小節中會介紹。

除了 SMTP 和 IMAP 之外，現今大多數網頁式的電子郵件廠商都採取了更多的安全措施，以防止垃圾郵件、網路釣魚和其他惡意電子郵件的使用。這些措施可能會防礙 Python 程式腳本使用 smtplib 和 imapclient 模組登入到電子郵件帳號。還好大多數的服務都有 API 和特定的 Python 模組可允許程式腳本對其進行存取。本章主要是介紹 Gmail 的模組。若是使用其他的電子郵件廠商，則需要查閱其線上相關文件說明。

傳送 Email

您可能對利用 Outlook、Thunderbird 或網站式電子郵件，如 Gmail 或 Yahoo 信箱等傳送 Email 的過程很熟悉，不過，Python 並沒有像這些服務一樣有個漂亮的圖形使用介面。取而代之的是要呼叫函式來執行 SMTP 的每個重要步驟，如下列在互動式 Shell 模式中呈現的例子。

> **NOTE**
> 不要在互動式 Shell 模式中輸入這個例子來執行，因為 smtp.example.com、bob@example.com、MY_SECRET_PASSWORD 和 alice@example.com 等都是假的，只是用來佔位示範之用。這段程式碼僅是示範 Python 傳送 Email 的整個過程。

```
>>> import smtplib
>>> smtpObj = smtplib.SMTP('smtp.example.com', 587)
>>> smtpObj.ehlo()
(250, b'mx.example.com at your service, [216.172.148.131]\nSIZE 35882577\
n8BITMIME\nSTARTTLS\nENHANCEDSTATUSCODES\nCHUNKING')
>>> smtpObj.starttls()
(220, b'2.0.0 Ready to start TLS')
>>> smtpObj.login('bob@example.com', 'MY_SECRET_PASSWORD')
(235, b'2.7.0 Accepted')
>>> smtpObj.sendmail('bob@example.com', 'alice@example.com', 'Subject: So
long.\nDear Alice, so long and thanks for all the fish. Sincerely, Bob')
{}
>>> smtpObj.quit()
(221, b'2.0.0 closing connection ko10sm23097611pbd.52 - gsmtp')
```

在下一小節中，我們會探討每一個步驟，那時您再用真的 Email 帳號資訊來替換佔位的假資料，連接並登入到 SMTP 伺服器中傳送電子郵件和從伺服器中切斷連接。

連接到 SMTP 伺服器

如果您曾設定 Thunderbird、Outlook 或其他程式來連接到您的電子郵件帳號，您可能知道怎麼配置 SMTP 伺服器和連接埠。這些設定會因為 Email 廠商而有所不同，可連到網路搜尋「＜您的 Email 廠商＞SMTP 設定」，就能找到相關的伺服器和連接埠訊息。

SMTP 伺服器的網域名稱通常是 Email 廠商的網域名稱，前面再加上 SMTP。舉例來說，Gmail 的 SMTP 伺服器是 smtp.gmail.com。表 18-1 列出一些常用的 Email 廠商及其 SMTP 伺服器（連接埠是個整數值，幾乎都是 587 號，此埠號由命令加密標準 TLS 所使用）。

表 18-1　Email 廠商及其 SMTP 伺服器

廠商	SMTP 伺服器網域名稱
Gmail*	smtp.gmail.com
Outlook.com/Hotmail.com*	smtp-mail.outlook.com
Yahoo Mail*	smtp.mail.yahoo.com
AT&T	smpt.mail.att.net (port 465)
Comcast	smtp.comcast.net
Verizon	smtp.verizon.net (port 465)

*會有安全措施阻擋 Python 使用 smtplib 模組登入這些伺服器，但 EZGmail 模組可以繞過 Gmail 帳號的阻擋難題。

取得 Email 廠商的網域名稱和連接埠資訊後，呼叫 smtplib.SMTP() 來建立一個 SMTP 物件，傳入網域名稱為字串引數，傳入連接埠號為整數引數。SMTP 物件代表已與 SMTP 伺服器的連接，它有些傳送 Email 的方法，例如，下列例子中呼叫建立了 SMTP 物件，已連接到 Gmail：

```
>>> smtpObj = smtplib.SMTP('smtp.example.com', 587)
>>> type(smtpObj)
<class 'smtplib.SMTP'>
```

type(smtpObj) 所顯示的是指 smtpObj 中存放了一個 SMTP 物件。您需要這個 SMTP 物件來呼叫其方法以登入並傳送 Email。如果呼叫 smtplib.SMTP() 失敗，您的 SMTP 伺服器有可能不支援 TLS 埠號 587。在這種情形下可改用 smtplib.SMTP_SSL() 和 465 埠來建立 SMTP 物件。

```
>>> smtpObj = smtplib.SMTP_SSL('smtp.example.com', 465)
```

NOTE

如果沒有連上網路，Python 會丟出 socket.gaierror: [Errno 11004] getaddrinfo failed，或類似的例外異常警示。

就您的程式來看，TLS 和 SSL 之間的分別並不重要，只需要知道您的 SMTP 伺服器是用哪種加密標準，這樣才能順利連接。在後續的所有互動環境的範例中，smtpObj 變數內所存放的 SMTP 物件都會是由 smtplib.SMTP() 或 smtplib.SMTP_SSL() 函式建立返回的。

傳送 SMTP 的 "Hello" 訊息

取得 SMTP 物件後，可呼叫名字很怪的 ehlo() 方法，對 SMTP 郵件伺服器「打聲招呼」。這種招呼是 SMTP 中的第一步，對於建立連接到伺服器是很重要的。您不需要了解這些協定的細節，只需確定在取得 SMTP 後，第一件事就是呼叫 ehlo() 方法，不然以後的其他呼叫都會出現錯誤。下列是呼叫 ehlo() 方法和其返回的實例：

```
>>> smtpObj.ehlo()
(250, b'mx.example.com at your service, [216.172.148.131]\nSIZE 35882577\
n8BITMIME\nSTARTTLS\nENHANCEDSTATUSCODES\nCHUNKING')
```

如果在返回的多元組（tuple）中，第一項是整數 250（SMTP 中代表「成功」的代碼），則表示打招呼的連接成功了。

啟動 TLS 加密

如果您連接到 SMTP 伺服器的 587 埠（就是要用 TLS 加密），接著需要呼叫 starttls() 方法，這樣才能對連接啟動 TLS 加密。如果連接到的是 465 埠（使用 SSL 加密），則加密已設好了，可跳過這一步。

以下是 starttls() 方法的例子：

```
>>> smtpObj.starttls()
(220, b'2.0.0 Ready to start TLS')
```

starttls() 會讓 SMTP 連接處在 TLS 模式，返回值 220 是指伺服器已準備好了。

登入 SMTP 伺服器

當您已進行到 SMTP 伺服器的加密連接後，就可以呼叫 login() 方法，以您的郵件帳號和密碼來登入了。

```
>>> smtpObj.login(' my_email_address@gmail.com ', ' MY_SECRET_PASSWORD ')
(235, b'2.7.0 Accepted')
```

傳入的第一個引數是 Email 地址字串，而第二個引數是密碼。返回值「235」是表示授權驗證成功。如果密碼錯誤，則 Python 系統就會丟出例外異常 smtplib.SMTPAuthenticationError。

> **警告**
>
> 將密碼放在程式的原始碼中要很小心，如果有人複製了您的程式，那他們就能存取您的電子郵件了！呼叫 input() 讓使用者輸入密碼是比較好的作法，每次執行程式時輸入密碼雖然不怎麼方便，但卻不會在未加密的檔案中留下您的密碼，這樣駭客或筆電被偷也不容易取得您的密碼資料。

傳送 Email

登入到 Email 廠商的 SMTP 伺服器後，就可呼叫 sendmail() 方法來傳送 Email 了。sendmail() 方法的呼叫實例如下所示：

```
>>> smtpObj.sendmail(' my_email_address@gmail.com ', ' recipient@example.com ',
'Subject: So long.\nDear Alice, so long and thanks for all the fish.
Sincerely, Bob')
{}
```

sendmail()方法需要三個引數：

- 您的 Email 地址字串（電子郵件的 "from" 地址）。
- 收件人的 Email 地址字串，或多個收件人的地址字串（電子郵件的 "to" 地址）。
- Email 的內文字串。

Email 的內文字串必須要以 'Subject: \n' 開頭來當作郵件的主旨，其中的 '\n' 換行符號會把主旨和郵件的內文分隔。

sendmail() 的返回值是個字典。這個字典對 Email 傳送失敗的每個收件人都會有一個「鍵－值對」。若字典是空的，就表示對所有收件人都成功傳送郵件了。

切斷 SMTP 伺服器連線

確定在完成傳送 Email 後，可呼叫 quit() 方法，讓程式切斷與 SMTP 伺服器的連線。

```
>>> smtpObj.quit()
(221, b'2.0.0 closing connection ko10sm23097611pbd.52 - gsmtp')
```

返回值 221 表示連線結束。

要回顧複習連接和登入伺服器、傳送 Email 和切斷連接的所有步驟，可重新參考本章「傳送 Email」這小節的內容。

IMAP

就如同 SMTP 是用在傳送 Email 的協定，IMAP（Internet Message Access Protocol，網路訊息存取協定）規範了如何與 Email 服務廠商的伺服器通訊，和收取傳送到您 Email 信箱的郵件。Python 雖內建了一個 imaplib 模組，但第三方的 imapclient 模組更容易使用。本章簡介了怎麼使用 IMAPclient 的內容，其完整的說明文件則可連到網站 https://imapclient.readthedocs.io/ 查閱。

imapclient 模組從 IMAP 伺服器下載的 Email 其格式十分複雜，您可能會想將它們從這種複雜的格式轉換成簡單的字串，還好 pyzmail 模組能替我們完成解析這些郵件的辛苦工作。在 http://www.magiksys.net/pyzmail/ 網站可找到關於 PyzMail 的完整說明文件。

請從終端機視窗中安裝 imapclient 和 pyzmail。若在 Windows 中，請用 pip install --user -U imapclient==2.1.0 和 pip install --user -U pyzmail36== 1.0.4 來安裝（或在 macOS 和 Linux 中使用 pip3 來安裝）。附錄 A 有提供了如何安裝第三方模組的操作說明。

使用 IMAP 取得和刪除 Email

在 Python 中要尋找和收取 Email 是要花幾個步驟的過程，需要第三方模組 imap client 和 pyzmail 的協助。這裡有個實例可讓您了解全貌，包含從登入 IMAP 伺服器、尋找 Email、收取 Email，然後從中擷取 Email 的文字。

```
>>> import imapclient
>>> imapObj = imapclient.IMAPClient('imap.gmail.com', ssl=True)
>>> imapObj.login(' my_email_address@gmail.com ', ' MY_SECRET_PASSWORD ')
'my_email_address@gmail.com Jane Doe authenticated (Success)'
>>> imapObj.select_folder('INBOX', readonly=True)
>>> UIDs = imapObj.search(['SINCE 05-Jul-2019'])
>>> UIDs
[40032, 40033, 40034, 40035, 40036, 40037, 40038, 40039, 40040, 40041]
>>> rawMessages = imapObj.fetch([40041], ['BODY[]', 'FLAGS'])
>>> import pyzmail
>>> message = pyzmail.PyzMessage.factory(rawMessages[40041]['BODY[]'])
>>> message.get_subject()
'Hello!'
>>> message.get_addresses('from')
[('Edward Snowden', 'esnowden@nsa.gov')]
>>> message.get_addresses('to')
[(Jane Doe', 'jdoe@example.com')]
>>> message.get_addresses('cc')
[]
>>> message.get_addresses('bcc')
[]
>>> message.text_part != None
True
>>> message.text_part.get_payload().decode(message.text_part.charset)
'Follow the money.\r\n\r\n-Ed\r\n'
>>> message.html_part != None
True
>>> message.html_part.get_payload().decode(message.html_part.charset)
'<div dir="ltr"><div>So long, and thanks for all the fish!<br><br></div>-
Al<br></div>\r\n'
>>> imapObj.logout()
```

您不必強記這些步驟，在後續細談每一步之後，您再回過頭來看這個例子的概述，就可加強記憶。

連接到 IMAP 伺服器

就如同您需要一個 SMTP 物件連接到 SMTP 伺服器並傳送 Email 一樣，您也需要一個 IMAPClient 物件連接到 IMAP 伺服器來收取 Email。首先，您要取得 Email 廠商郵件伺服器的 IMAP 伺服器網域名稱，這個和 SMTP 伺服器的網域名稱不同。表 18-2 列出了幾個常見 Email 廠商的 IMAP 伺服器。

表 18-2　常見 Email 廠商的 IMAP 伺服器

Email 廠商	IMAP 伺服器網域名稱
Gmail*	imap.gmail.com
Outlook.com/Hotmail.com*	imap-mail.outlook.com
Yahoo Mail*	imap.mail.yahoo.com
AT&T	imap.mail.att.net
Comcast	imap.comcast.net
Verizon	incoming.verizon.net

*會有安全措施阻擋 Python 使用 imapclient 模組登入這些伺服器。

取得 IMAP 伺服器網域名稱之後，呼叫 imapclient.IMAPClient() 函式來建立一個 IMAPClient 物件，大多數 Email 廠商會要求 SSL 加密，請傳入 ssl=True 關鍵字引數，請在互動式 Shell 模式中輸入如下內容：

```
>>> import imapclient
>>> imapObj = imapclient.IMAPClient('imap.example.com', ssl=True)
```

在接下來的小節中，所有在互動式 Shell 模式中使用的例子，imapObj 變數都含有 imapclient.IMAPClient() 函式返回的 IMAPClient 物件。在這裡上下文中所指的客戶端（client）是連接到伺服器的物件。

登入到 IMAP 伺服器

取得 IMAPClient 物件後，呼叫它的 login() 方法，並傳入使用者帳號（一般是指您的 Email 地址）和密碼字串。

```
>>> imapObj.login(' my_email_address@gmail.com ', ' MY_SECRET_PASSWORD ')
'my_email_address@gmail.com Jane Doe authenticated (Success)'
```

> **警告**
>
> 請記住，永遠不要把密碼寫入程式碼中！應該讓程式從 input() 來取得輸入的密碼。

如果 IMAP 伺服器不接受帳號和密碼的組合，Python 會丟出 imaplib.error 例外異常。

尋找 Email

登入之後，要真的取得您要的 Email 還有二個步驟。第一個是先要選取尋找的資料夾，然後才呼叫 IMAPClient 物件的 search() 方法，傳入 IMAP 搜尋的關鍵字字串。

選取資料夾

幾乎所有的帳號預設都有一個 INBOX 資料夾，但也可呼叫 IMAPClient 物件的 list_folders() 方法取得所有資料夾的串列，這會返回一個多元組的串列，每個多元組都含有一個資料夾的資訊。繼續在互動式 Shell 模式中輸入如下內容：

```
>>> import pprint
>>> pprint.pprint(imapObj.list_folders())
[(('\\HasNoChildren',), '/', 'Drafts'),
 (('\\HasNoChildren',), '/', 'Filler'),
 (('\\HasNoChildren',), '/', 'INBOX'),
 (('\\HasNoChildren',), '/', 'Sent'),
--省略-
 (('\\HasNoChildren', '\\Flagged'), '/', 'Starred'),
 (('\\HasNoChildren', '\\Trash'), '/', 'Trash')]
```

每個多元組的三個值，例如 (('\\HasNoChildren',), '/', 'INBOX')，其意義如下：

- 此資料夾的旗標的多元組（精確來說，這些旗標所代表的意義已超出本書討論的範圍，您可放心先忽略這個專有名詞。）
- 名稱字串中用來分隔父資料夾和子資料夾的分隔符號。
- 這個資料夾的全名字串。

先要選取一個資料夾來搜尋，可呼叫 IMAPClient 物件的 select_folder() 方法，傳入資料夾的名稱字串即可選取。

```
>>> imapObj.select_folder('INBOX', readonly=True)
```

可忽略掉 select_folder() 的返回值，如果資料夾不存在，則 Python 會丟出 imaplib.error 例外異常。

readonly=True 關鍵字引數能防止我們在隨後的方法呼叫中，有不小心修改或刪除掉資料夾中任何 Email 的動作。除非您真的確定要刪除 Email，不然把 readonly 設為 True 是比較保險的作法。

執行尋找

選取資料夾後，就能用 IMAPClient 物件的 search() 方法來尋找 Email 了。search()的引數是個字串串列，每個格式化的字串串列為 IMAP 搜尋鍵（Search key）。表 18-3 列出了常用的各種搜尋鍵。

請留意一件事，在處理旗標和搜尋鍵上，某些 IMAP 伺服器的實作方式可能會有些不同，可能都要在互動模式中試一下，看看其實際的動作回應是什麼。

在傳入 search() 方法的串列引數中，可用多個 IMAP 搜尋鍵字串。返回的訊息會比對符合所有的搜尋鍵，如果想比對任一個搜尋鍵，則可用 OR 搜尋鍵。在 NOT 和 OR 搜尋鍵之後分別都會跟著一個和兩個完整的搜尋鍵。

表 18-3　搜尋鍵

搜尋鍵	意義
'ALL'	返回此資料夾中所有的郵件。如果您在一個很大的資料夾請求返回所有訊息，那可能會碰到 imaplib 大小受限的回應。詳情請參考「大小限制」小節的說明。
'BEFORE date', 'ON date', 'SINCE date'	這三個搜尋鍵分別返回 date 之前、當天和之後 IMAP 伺服器所接收的訊息。日期必需要用像 05-Jul-2015 這樣的格式。還有，'SINCE 05-Jul-2015' 會比對找出符合 7 月 5 日當天和之後的訊息，但 'BEFORE 05-Jul-2015' 則只比對找出符合 7 月 5 日之前的訊息，不含 7 月 5 日的。
'SUBJECT string', 'BODY string', 'TEXT string'	返回 string 出現在主旨、內文或兩者之中的訊息。如果 string 中有空格，則用雙引數括住，如：'TEXT "search with spaces"'。
'FROM string', 'TO string', 'CC string', 'BCC string'	返回所有訊息中 string 分別出現在 "from" 郵件地址、"to" 郵件地址、"cc" 郵件地址，或 "bcc" 郵件地址中。如果 string 中有多個 Email 地址，就用空格分開，並用雙引號括住，如： 'CC "firstcc@example.com secondcc@example.com"'.

搜尋鍵	意義
'SEEN', 'UNSEEN'	返回含有或不包含 \Seen 旗標的所有訊息。如果 Email 已被 fetch() 方法呼叫存取過（稍後會介紹），或是您已在 Email 程式或瀏覽器中點按過，就會有 \Seen 旗標。較常用的說法是 Email 已讀，而不是已看，但意思是相同的。
'ANSWERED', 'UNANSWERED'	返回已有或還沒有 \Answered 旗標的所有訊息。當某封信被回覆過時，就會有個 \Answered 旗標。
'DELETED', 'UNDELETED'	返回含有或沒有\Deleted 旗標的所有訊息。Email 訊息由 delete_messages() 方法刪除後會有個 \Deleted 旗標，並不會真的永久刪除，直到用了 expunge() 方法（詳見「刪除 Email」）。請留意有些像 Gmail 的 Email 廠商會自動清除刪除的郵件。
'DRAFT', 'UNDRAFT'	返回含有或沒有 \Draft 旗標的所有訊息。草稿訊息通常會放在另一個 Drafts 資料夾中，而不是放在 INBOX 資料夾內。
'FLAGGED', 'UNFLAGGED'	返回含有或沒有 \Flagged 旗標的所有訊息。這個旗標一般是用來標示Email為 "重要" 或 "緊急" 時才會使用。
'LARGER N', 'SMALLER N'	返回大於或小於 N 個位元組的所有訊息。
'NOT search-key'	返回 search-key 不會返回的所有訊息。
'OR search-key1 search-key2'	返回符合第一個或第二個 search-key 的所有訊息。

下列是呼叫 search() 方法的一些實例及其描述：

- imapObj.search(['ALL'])。返回目前選取資料夾中的所有郵件訊息。
- imapObj.search(['ON 05-Jul-2019'])。返回在 2019 年 7 月 5 日傳送來的所有郵件訊息。
- imapObj.search(['SINCE 01-Jan-2019', 'BEFORE 01-Feb-2019', 'UNSEEN'])。返回從 2019 年 1 月傳送來所有還沒讀的郵件訊息（請注意，這裡指從 1 月 1 日到 2 月 1 日，但並不包括 2 月 1 日哦）
- imapObj.search(['SINCE 01-Jan-2019', 'FROM alice@example.com'])。返回從 2019 年 1 月 1 日以來，由 alice@example.com 傳送來的所有郵件訊息。
- imapObj.search(['SINCE 01-Jan-2019', 'NOT FROM alice@example.com']) 。返回從 2019 年 1 月 1 日以來，不是由 alice@example.com 傳送來的所有其他郵件訊息。

- imapObj.search(['OR FROM alice@example.com FROM bob@example.com'])。返回由 alice@example.com 或 bob@example.com 傳送來的所有郵件訊息。
- imapObj.search(['FROM alice@example.com', 'FROM bob@example.com'])。這是個騙人的例子，此搜尋不會返回任何東西。因為郵件訊息必須比對符合所有搜尋關鍵字詞，因此只能有一個 "FROM" 郵件地址，因為郵件訊息不可能來自 alice@example.com，又來自 bob@example.com。

search() 方法不是返回 Email 本身，而是返回 Email 的唯一 ID（UID），這是個整數值。可利用此 UID 傳入 fetch() 方法來取得 Email 內容。

繼續在互動式 Shell 模式中的例子，輸入如下內容：

```
>>> UIDs = imapObj.search(['SINCE 05-Jul-2019'])
>>> UIDs
[40032, 40033, 40034, 40035, 40036, 40037, 40038, 40039, 40040, 40041]
```

在這個例子中，search()返回了郵件訊息的 ID 串列（找出從 7 月 5 日以來收到的郵件訊息），並儲存在 UIDs 變數中。UIDs 串列在您電腦上返回的與這裡顯示的會不一樣，在特定 Email 帳號中 UID 是唯一的。如果您稍後把 UID 傳給其他函式來呼叫使用，請用您在電腦中收到的 UID 值，而不是書上看到的。

大小限制

如果您搜尋比對找出太大量的 Email，Python 可能會丟出「imaplib.error: got more than 10000 bytes.」的例外異常，如果發生這種狀況，就必須先切斷再重新連接 IMAP 伺服器重試。

這個限制是防止 Python 程式耗用太多記憶體。很遺憾的是，預設的大小限制太小了，可執行如下的程式碼，把限制從 10,000 bytes 改成 10,000,000 bytes：

```
>>> import imaplib
>>> imaplib._MAXLINE = 10000000
```

這樣應該就能避免錯誤例外異常再次出現，也許您在設計編寫每個 IMAP 程式中都要加上這兩二行。

收取 Email 並標示為已讀

取得 UID 的串列後，可呼叫 IMAPClient 物件的 fetch() 方法來取得實際的 Email 內容。

UID 串列是 fetch() 方法的第一個引數，而第二個引數應該是 ['BODY[]']，它告知 fetch() 要下載 UID 串列中指定 Email 的所有內文。

繼續以互動環境中例子來示範：

```
>>> rawMessages = imapObj.fetch(UIDs, ['BODY[]'])
>>> import pprint
>>> pprint.pprint(rawMessages)
{40040: {'BODY[]': 'Delivered-To: my_email_address@gmail.com\r\n'
                   'Received: by 10.76.71.167 with SMTP id '
--省略--
                   '\r\n'
                   '------=_Part_6000970_707736290.1404819487066--\r\n',
        'SEQ': 5430}}
```

請匯入 pprint 模組，再把 fetch() 的返回值（存放在 rawMessages 變數中）傳入 pprint.pprint() 中，整齊美觀地把它印出來。您在這例子中看到的是這個返回值的訊息是個巢狀嵌套字典，其中以 UID 當成鍵（key）。每條郵件訊息都存成一個字典，其中包含兩個鍵：'BODY[]' 和 'SEQ'。'BODY[]' 鍵對應到 Email 的實際內文，而 'SEQ' 鍵對應的是序列編號，它和 UID 的功能很相似，您不用太管它。

如同您所見的，在 'BODY[]' 鍵中的訊息內容有些難讀，此格式稱之為 RFC 822，是專為 IMAP 伺服器的讀取而設計的。您並不需要搞懂 RFC 822 格式內容，本章後續介紹的 pyzmail 模組會幫您搞定它。

當您選定了要搜尋的資料夾後，可用 readonly=True 關鍵字引數來呼叫 select_folder()。這麼做的用意是防止意外刪掉 Email，但也意味著您用 fetch()方法取得 Email 時，它們不會標示為已讀。若確定想要在取得郵件時也標示上已讀，則需要把 readonly=False 傳入 select_folder()。如果所選定的資料夾已處在唯讀狀態，可用另一個 select_folder() 呼叫來重新選取目前的資料夾，並用 readonly =False 關鍵字引數：

```
>>> imapObj.select_folder('INBOX', readonly=False)
```

從原始訊息中取得 Email 地址

對於只想讀取 Email 的人來說，fetch() 方法返回的原始訊息還是不太好閱讀，pyzmail 模組能解析這些原始訊息，將它們當成 PyzMessage 物件返回，讓郵件的 subject（主旨）、body（內文）、To（收件人）欄位、From（寄件人）欄位和其他部分用 Python 程式輕鬆存取。

繼續在互動環境中例子來示範（您要用自己郵件帳號的 UID，而不是下面顯示例子中的 UID）：

```
>>> import pyzmail
>>> message = pyzmail.PyzMessage.factory(rawMessages[40041]['BODY[]'])
```

首先是匯入 pyzmail 模組，隨後傳入原始訊息的 'BODY[]' 區段，呼叫 pyzmail.PeekMessage.factory() 函式來建立一個 Email 的 PyzMessage 物件（請留意，前置的 b 所代表的是 bytes 值而不是字串值），結果存放在 message 變數中。此時 message 中含有一個 PyzMessage 物件，它有幾個方法可以很容易取得 Email 的主旨行，以及所有寄件人和收件人的地址。get_subject() 方法將主旨返回成一個簡單的字串。get_addresses() 方法對傳入的欄位返回一個地址的串列。舉例來說，此方法的呼叫可能像下列這般：

```
>>> message.get_subject()
'Hello!'
>>> message.get_addresses('from')
[('Edward Snowden', 'esnowden@nsa.gov')]
>>> message.get_addresses('to')
[(Jane Doe', 'my_email_address@gmail.com')]
>>> message.get_addresses('cc')
[]
>>> message.get_addresses('bcc')
[]
```

請留意，get_addresses() 的引數是 'from'、'to'、'cc' 或 'bcc'。get_addresses() 的返回值是個多元組的串列，每個多元組含有兩個字串：第一個是與此 Email 地址關聯的名稱，第二個是 Email 地址本身。如果請求的欄位中沒有地址，get_addresses() 會返回一個空的串列。在這個例子裡，'cc' 和 'bcc' 欄位都沒有地址，所以返回空串列。

從原始訊息中取得內文

Email 可以是純文字、HTML 或兩者混合。純文字的 Email 只含有文字，而 HTML 的 Email 則可有色彩、字型、圖片和其他功能，使得 Email 看起來像個小網頁。如果 Email 僅是純文字，它的 PzyMessage 物件會把 html_part 屬性設成 None；而如果 Email 只有 HTML 格式，則 PzyMessage 物件會把 text_part 屬性設成 None。

其他方面，text_part 或 html_part 會有個 get_payload() 方法會將 Email 的內文返回成 bytes 資料型別（bytes 資料型別已超出本書介紹範圍），但這還不是我們可使用的字串值。嗯！最後一步是對 get_payload() 返回的 bytes 值呼叫 decode() 方法，此方法接受一個引數：這條訊息的字元編碼，存放在 text_part.charset 或 html_part.charset 屬性中。到最後會返回郵件內文的字串。

繼續互動式 Shell 模式中的示範實例：

```
❶ >>> message.text_part != None
   True
   >>> message.text_part.get_payload().decode(message.text_part.charset)
❷ 'So long, and thanks for all the fish!\r\n\r\n-Al\r\n'
❸ >>> message.html_part != None
   True
❹ >>> message.html_part.get_payload().decode(message.html_part.charset)
   '<div dir="ltr"><div>So long, and thanks for all the fish!<br><br></div>-Al
   <br></div>\r\n'
```

我們正在處理的 Email 含有純文字和 HTML 內容，因此儲存在 message 中的 PyzMessage 物件的 text_part 和 html_part 屬性都不等於 None❶❸。對郵件訊息的 text_part 呼叫 get_payload()，然後在 bytes 值上呼叫 decode()，就會返回 Email 文字版本的字串❷。對郵件訊息的 html_part 呼叫 get_payload() 和 decode()，返回的是電子郵件 HTML 版本的字串❹。

刪除 Email

若想要刪除 Email，就向 IMAPClient 物件的 delete_messages() 方法傳入郵件訊息 UID 的串列，這樣會讓 Email 標上 \Delete 旗標。呼叫 expunge() 方法即可永久刪除目前選取資料夾中有 \Delete 旗標的所有 Email。請看以下在互動環境中的例子：

```
❶ >>> imapObj.select_folder('INBOX', readonly=False)
❷ >>> UIDs = imapObj.search(['ON 09-Jul-2019'])
  >>> UIDs
  [40066]
  >>> imapObj.delete_messages(UIDs)
❸ {40066: ('\\Seen', '\\Deleted')}
  >>> imapObj.expunge()
  ('Success', [(5452, 'EXISTS')])
```

在這個範例中，我們呼叫了 IMAPClient 物件的 select_folder() 方法，傳入 'INBOX' 作為第一個引數，選取了收件匣這個資料夾，也傳入 readonly=False 關鍵字引數❶，這樣就能刪除 Email 了。搜尋收件匣中某特定日期收到的郵件訊息，將返回的 UID 存到 UIDs 變數中❷；呼叫 delete_messages() 並傳入 UIDs，返回一個字典，該字典中每個鍵－值對是一個郵件訊息 ID 和訊息旗標的多元組，它現在應該含有 \Delete 旗標❸。隨後呼叫 expunge() 永久刪除有 \Delete 旗標的 Email。如果清除成功，會返回一條成功的訊息。請留意，有些像 Gmail 這類 Email 廠商，會自動清除用 delete_messages() 刪除的 Email，而不等 IMAP 客戶端呼叫 expunge()。

切斷 IMAP 伺服器連接

如果程式已完成了取得和刪除 Email 的處理，可呼叫 IMAPClient 的 logout() 方法來切換與 IMAP 伺服器的連接。

```
>>> imapObj.logout()
```

如果程式執行了幾分鐘或更長時間，IMAP 伺服器可能會超時或自動切斷。在這種情況下，接下來程式對 IMAPClient 物件的方法呼叫就會丟出例外異常的訊息，如下所示：

```
imaplib.abort: socket error: [WinError 10054] An existing connection was forcibly
closed by the remote host
```

在這種情形下，程式需要呼叫 imapclient.IMAPClient() 來再次連接。

嗯！好了。雖然經歷一翻學習，但您已有方法能讓 Python 程式登入到 Email 帳號，並收取 Email。想要回顧所有步驟的話，可隨時回到前面小節「使用 IMAP 取得和刪除 Email」來複習。

程式專題：向會員傳送會費提醒 Email

假設您「自願」為「強制自願俱樂部」追蹤會員會費繳交情況，這項工作確實有個無聊，要維護一個試算表，並登記每個月誰繳交了會費，且要用 Email 提醒還沒交的會員。您可不要自己一一查閱試算表中的資料，看誰沒繳交，然後複製貼上 Email 來寄送郵件哦。沒錯！設計一個程式腳本來幫您搞定是比較好的作法。

以整體的角度來看，程式要能做到下列這些事項：

1. 從 Excel 試算表中讀取資料。
2. 找出上個月所有沒交會費的會員。
3. 找出這些會員的 Email 地址，對他們傳送提醒繳交會費的郵件。

從程式實作的角度來看，程式碼要能做到下列幾點：

1. 使用 openpyxl 模組開啟並讀取 Excel 檔的儲存格（請參考第 13 章）。
2. 建立一個字典，內含沒交會費的會員資料。
3. 呼叫 smtplib.SMTP()、echo()、startls() 和 login()，登入 SMTP 伺服器。
4. 對沒交會費的所有會員，呼叫 sendmail() 方法，傳送 Email 提醒。

請開啟一個新的 file editor 標籤視窗，存成 sendDuesReminders.py 檔。

STEP 1：開啟 Excel 檔

假設用來登記會費的 Excel 試算表如圖 18-2 所示，存放在 duesRecords.xlsx 的檔案中。此範例檔可連到 http://nostarch.com/automatestuff2/ 網站下載。

Member	Email	Jan 2014	Feb 2014	Mar 2014	Apr 2014	May 2014	Jun 2014
Alice	alice@example.com	paid	paid	paid	paid	paid	
Bob	bob@example.com	paid	paid	paid	paid		
Carol	carol@example.com	paid	paid	paid	paid	paid	paid
David	david@example.com	paid	paid	paid	paid	paid	paid
Eve	eve@example.com	paid	paid	paid			
Fred	fred@example.com	paid	paid	paid	paid	paid	paid

圖 18-2　登記會費是否有繳交的 Excel 試算表

此試算表中包含有每位成員的姓名和 Email 地址，每個月有一欄來登記會員繳交會費的狀態。在會員交了會費後，儲存格會記為 paid。

程式需要開啟 duesRecords.xlsx 檔，藉由讀取 sheet.max_column 屬性取得最近一個月的欄（請參考第 13 章來了解用 openpyxl 模組存取 Excel 試算表儲存格的相關資訊）。請在 file editor 標籤視窗中輸入如下程式：

```
#! python3
# sendDuesReminders.py - Sends emails based on payment status in spreadsheet.

import openpyxl, smtplib, sys

# Open the spreadsheet and get the latest dues status.
❶ wb = openpyxl.load_workbook('duesRecords.xlsx')
❷ sheet = wb.get_sheet_by_name('Sheet1')
❸ lastCol = sheet.max_column
❹ latestMonth = sheet.cell(row=1, column=lastCol).value

# TODO: Check each member's payment status.

# TODO: Log in to email account.

# TODO: Send out reminder emails.
```

匯入 openpyxl、smtplib 和 sys 模組後，開啟 duesRecords.xlsx 檔取得 Workbook 物件，並存放到 wb 變數中❶。隨後取得 Sheet1 工作表的 Worksheet 物件，並存到 sheet 變數中❷。在有了 Worksheet 物件後，就可存取欄、列和儲存格的內容。我們把最後一欄存到 lastCol 變數中❸，然後用列號 1 和 lastCol 來存取記錄中最近月份的儲存格，取得儲存格的值後存到 lastesMonth 內❹。

STEP 2：搜尋所有還未付會費的會員

一旦確定了最近一個月的欄數（儲存在 lastCol），就可以用迴圈巡遍該欄從第一列（是有欄位標題的）到最後一列的所有儲存格，看看哪些會員在記錄中儲存格內有 paid 字樣。如果沒交會費的，就可從該列的第一和第二欄中分別取得會員姓名和 Email。這些資訊會放入 unpaidMembers 字典中，它記錄下最近一個月還沒有交會費的所有會員。請將下列的程式碼加入專題的範例檔 sendDues Reminder.py 中。

```
   #! python3
   # sendDuesReminders.py - Sends emails based on payment status in spreadsheet.

   --省略--

   # Check each member's payment status.
   unpaidMembers = {}
❶ for r in range(2, sheet.max_row() + 1):
    ❷ payment = sheet.cell(row=r, column=lastCol).value
       if payment != 'paid':
         ❸ name = sheet.cell(row=r, column=1).value
         ❹ email = sheet.cell(row=r, column=2).value
         ❺ unpaidMembers[name] = email
```

這段程式碼設定了空的 unpaidMembers 字典，然後以迴圈巡遍從第一列之後的所有列❶，將每一列最近月份儲存格中的值存放到 payment 中❷。如果 payment 不等於 'paid'，則該列第一欄儲存格的值存放到 name 中❸，該列第二欄儲存格的值則存放到 email 中❹，name 和 email 會新增到 unpaidMembers 字典內❺。

STEP 3：傳送自訂的 Email 來提醒

取得所有沒交會費的會員名單後，就可對他們傳送 Email 來提醒了。請將下列程式碼新增到專題程式檔案中，但要放入您真實的 Email 帳號和 Email 廠商的資訊：

```
#! python3
# sendDuesReminders.py - Sends emails based on payment status in spreadsheet.

--省略--

# Log in to email account.
smtpObj = smtplib.SMTP('smtp.gmail.com', 587)
smtpObj.ehlo()
```

```
smtpObj.starttls()
smtpObj.login(' my_email_address@gmail.com ', sys.argv[1])
```

呼叫 smtplib.SMTP() 並傳入 Email 廠商的網域名稱和埠號，建立一個 SMTP 物件，再呼叫 ehlo() 和 starttls()，隨後再呼叫 login()，傳入您的 Email 地址和 sys.argv[1]，sys.argv[1] 會存放由命令提示列引數輸入的密碼字串。在每次執行程式時，把密碼當成命令提示列引數輸入，避免在原始程式中輸入密碼。

程式登入到您的 Email 帳號後，就要巡遍 unpaidMembers 字典所有內容，對每位會員的 Email 傳送個人的提醒郵件。請將下列程式碼加到專題程式 sendDues Reminder.py 中：

```
#! python3
# sendDuesReminders.py - Sends emails based on payment status in spreadsheet.

--省略--

# Send out reminder emails.
for name, email in unpaidMembers.items():
 ❶ body = "Subject: %s dues unpaid.\nDear %s,\nRecords show that you have not
paid dues for %s. Please make this payment as soon as possible. Thank you!'" %
(latestMonth, name, latestMonth)
 ❷ print('Sending email to %s...' % email)
 ❸ sendmailStatus = smtpObj.sendmail('my_email_address@gmail.com', email, body)

 ❹ if sendmailStatus != {}:
        print('There was a problem sending email to %s: %s' % (email,
        sendmailStatus))
smtpObj.quit()
```

這段程式碼會迴圈巡遍 unpaidMembers 中的 name 和 Email，對每位沒交會費的會員，用最新月份和會員的姓名來自訂一份提醒郵件訊息，並儲存在 body 內❶。我們印出正向該會員傳送 Email 的字樣❷，然後傳入 Email 地址和自訂的郵件訊息來呼叫 sendmail()，返回值存放到 sendmailStatus 中❸。

請回憶一下，如果 SMTP 伺服器在傳送某個 Email 若失敗的話會回報錯誤訊息，sendmail() 會返回一個非空的字典值。可用 for 迴圈在最後部分檢查返回字典是否非空❹，如果非空，則印出收件人的 Email 和返回的字典內容。

在程式完成傳送所有 email 後，會呼叫 quit() 方法來斷開與 SMTPserver 的連接。

如果執行這個程式，其輸出應該像下列這般：

```
Sending email to alice@example.com...
Sending email to bob@example.com...
Sending email to eve@example.com...
```

收件人會收到提醒他們忘了交會費的 Email，這封 Email 看起就像是您手動發送的一樣。

使用 SMS Email Gateways 傳送簡訊

大多數的人手機都放在身邊，而不是電腦，所以與 Email 相比，簡訊通知可能更直接可靠。此外，簡訊的長度較短，讓人更可能閱讀。

發送簡訊的最簡單（但不是最可靠）的方法就是使用 SMS（簡訊服務）email gateway，手機電信商會把電子郵件伺服器設定為透過電子郵件接收文字，然後把這些文字當作文字簡訊轉發給收件人。

我們可以在編寫程式時使用 ezgmail 或 smtplib 模組來發送這些電子郵件。電話號碼和電話公司的電子郵件伺服器組成了收件人的電子郵件地址。電子郵件的主旨和內文會是文字簡訊的正文。舉例來說，要把文字發送給電話號碼為 415-555-1234 的 Verizon 客戶，其簡訊電子郵件地址為 4155551234@vtext.com。

您可以在網路上搜尋「sms email gateway 廠商名稱」來找到手機電信商的 SMS email gateway 服務，表 18-4 列出了一些目前主流的廠商資訊。許多電信商都有單獨的電子郵件伺服器可用於 SMS（簡訊）和 MMS（多媒體訊息服務），SMS 訊息內容限制在 160 個字元，而 MMS 沒有字元多寡的限制。如果要發送照片，則必須使用 MMS 並將檔案附加到電子郵件中。

如果您不知道收件人的手機電信商，可嘗試使用 carrier lookup 網站來查詢，這類網站能以電話號碼找出其的電信營運廠商。查詢這些網站的最佳方法是在網路的搜尋引擎中搜尋「find cell phone provider for number（查手機門號）」。這些網站大都可以讓我們免費查詢電話門號的哪家廠商的（但是如果您需要透過其 API 查詢數百或數千支電話號碼，則可能需要付費）。

表 18-4　手機廠商的 SMS Email Gateways

電信商	SMS gateway	MMS gateway
AT&T	number@txt.att.net	number@mms.att.net
Boost Mobile	number@sms.myboostmobile.com	同 SMS
Cricket	number@sms.cricketwireless.net	number@mms.cricketwireless.net
Google Fi	number@msg.fi.google.com	同 SMS
Metro PCS	number@mymetropcs.com	同 SMS
Republic Wireless	number@text.republicwireless.com	同 SMS
Sprint	number@messaging.sprintpcs.com	number@pm.sprint.com
T-Mobile	number@tmomail.net	Same as SMS
U.S. Cellular	number@email.uscc.net	number@mms.uscc.net
Verizon	number@vtext.com	number@vzwpix.com
Virgin Mobile	number@vmobl.com	number@vmpix.com
XFinity Mobile	number@vtext.com	number@mypixmessages.com

雖然 SMS email gateway 是免費且容易使用，但它們還是有幾個主要缺點：

- 無法保證文字會立即或完整到達。
- 無法知道文字是否沒傳到。
- 文字的收件人不能回覆。
- 如果發送過多的 email，SMS gateway 可能會阻擋，而且還不知道所謂的「太多」是指多少封的電子郵件。
- SMS gateway 今天成功發送了一條簡訊並不表示明天也能成功。

當只是偶爾想要發送一些非緊急的訊息，透過 SMS gateway 發送文字是還不錯的選擇。但如果需要更可靠的服務，請使用非電子郵件式的 SMS gateway 服務，如下一小節所介紹的內容。

使用 Twilio 傳送簡訊

在本節中，您會學到怎麼註冊免費的 Twilio 服務，並用它的 Python 模組傳送簡訊。Twilio 是個 SMS 網路服務，也就是說它是種讓您利用程式傳送簡訊的服務，雖然每個月傳送的簡訊數量有限制，且文字前會加上 Sent from a Twilio trial account，但這個試用服務也許能滿足您個人程式上的需要。免費試用沒有期限，日後也不需擔心要升級到付費的套餐。

Twilio 不是唯一的 SMS 網路服務供應商，如果您不喜歡用 Twilio，可連上網路搜尋 free sms gateway、python sms api 或 twilio alternatives 等，搜尋替代的服務方案。

註冊 Twilio 帳號之前，要先安裝 twilio 模組。在 Windows 中使用 pip install --user --upgrade twilio 安裝（在 macOS 和 Linux 中請使用 pip3）。附錄 A 詳細介紹了第三方模組的安裝步驟。

> NOTE
> 本節的內容主要是針對美國的簡訊發送為主。Twilio 確實也在美國以外的國家提供手機簡訊服務，但本書並沒有介紹這部分的細節。Twilio 模組及其功能在美國以外的國家也一樣適用。更多相關的資訊，請上 http://twilio.com/ 網站查閱。

註冊 Twilio 帳號

連到 http://twilio.com/ 並填寫註冊表單，註冊了新帳號之後，您需要授權驗證一支手機號碼，將簡訊傳給這個手機號碼來授權驗證。請連到 Verified Caller IDs 頁面並新增一支您要用的電話號碼。Twilio 會傳送一個代碼到這個電話號碼，您需要使用這個代碼來進行驗證（這項授權驗證是必要的，為防有人利用此服務向任意手機發送垃圾簡訊）。成功授權驗證後，您就可以用 twilio 模組對這支電話傳送簡訊了。

Twilio 提供的試用帳號含有一支電話號碼，它會作為簡訊的發送者。您會需要兩項訊息：您的帳號 SID 和 auth token（授權圖騰）。您登入 Twilio 帳號後，可在 Dashboard 頁面上找到這些資訊。從 Python 程式登入時，這些值會作為您 Twilio 使用者名稱和密碼。

傳送簡訊

當您安裝好 twilio 模組，註冊了 Twilio 帳號，授權驗證了您的手機號碼，登記了 Twilio 當作發訊者的電話號碼，並取得了帳號的 UID 和 auth token，您就已經準備好可以利用 Python 程式腳本來傳送簡訊了。

與所有的註冊步驟相比，實際的 Python 程式真的很簡短，先保持電腦有連上網際網路，並在互動式 Shell 模式中輸入如下內容，使用您註冊申請的真實資料來填入 accountSID、authToken、myTwilioNumber 和 myCellPhone 變數的值：

```
❶ >>> from twilio.rest import Client
  >>> accountSID = 'ACxxxxxxxxxxxxxxxxxxxxxxxxxxxxxxxx'
  >>> authToken = 'xxxxxxxxxxxxxxxxxxxxxxxxxxxxxxxx'
❷ >>> twilioCli = Client(accountSID, authToken)
  >>> myTwilioNumber = '+14955551234'
  >>> myCellPhone = '+14955558888'
❸ >>> message = twilioCli.messages.create(body='Mr. Watson - Come here - I want to
  see you.', from_=myTwilioNumber, to=myCellPhone)
```

輸入最後一行的不久之後，您的手機會收到一封簡訊，內容為：Sent from your Twilio trial account - Mr. Watson - Come here - I want to see you.。

因為 twilio 模組的設定方式，匯入時它需要寫入 from twilio.rest import Client，而不僅是 import twilio 這麼簡單❶。將帳號的 SID 存放到 accountSID，授權圖騰存在 authToken 中，然後傳入 accountSID 和 authToken 來呼叫 Client()，它會返回一個 Client 物件❷。此物件有個 message 屬性，而此屬性又有個 create() 方法可用來傳送簡訊。就是這個方法會讓 Twilio 的伺服器傳送簡訊出去。把您的 Twilio 號碼和手機號碼分別存到 myTwilioNumber 和 myCellPhone 變數內，然後呼叫 create()，傳入關鍵字引數指出簡訊的內文、發訊人的號碼（myTwilioNumber）和收訊人的號碼（myCellPhone）❸。

create() 方法所返回的 Message 物件中含有已傳送簡訊的相關資訊。在互動式 Shell 模式中繼續前面的例子，輸入相關內容會得到如下的結果：

```
>>> message.to
'+14955558888'
>>> message.from_
'+14955551234'
>>> message.body
'Mr. Watson - Come here - I want to see you.'
```

to、from_ 和 body 屬性分別存放了手機號碼，Twilio 號碼和簡訊內容。請留意一點，傳送手機號碼是在 from_ 屬性中，from 尾端有個底線 _，而不是 from 而已。這是因為 from 是 Python 的關鍵字（例如，您在 from modulename import * 形式的 import 陳述句中有用到 from 這個關鍵字），所以不能當成屬性名稱來用。在互動式 Shell 模式中繼續使用前面的例子，輸入相關內容會得到如下的結果：

```
>>> message.status
'queued'
>>> message.date_created
datetime.datetime(2019, 7, 8, 1, 36, 18)
>>> message.date_sent == None
True
```

status 屬性應該會含有一個字串，如果簡訊被建立和傳送，date_created 和 date_sent 屬性會含有一個 datetime 物件。如果已收到簡訊，而 status 屬性卻設為 'queued'，date_sent 屬性設為 None，這好像有點怪，因為您先將 Message 物件存放在 message 變數中，然後簡訊才真的被傳送出去，您需要重新取得 Message 物件，查看它最新的 status 和 date_sent 屬性。每個 Twilio 訊息都有唯一的字串 ID（SID），可用來取得 Message 物件的最新狀態。在互動環境繼續前面的例子，輸入相關內容會得到如下的結果：

```
   >>> message.sid
   'SM09520de7639ba3af137c6fcb7c5f4b51'
❶ >>> updatedMessage = twilioCli.messages.get(message.sid)
   >>> updatedMessage.status
   'delivered'
   >>> updatedMessage.date_sent
   datetime.datetime(2019, 7, 8, 1, 36, 18)
```

輸入 message.sid 會顯示此訊息的 SID，將此 SID 傳入 Twilio 客戶端的 get() 方法❶，可取得一個內含最新訊息的 Message 物件。在這個新的 Message 物件中，status 和 date_sent 屬性就會是最正確的狀態。

status 屬性會設定為下列的字串之一：'queued'、'sending'、'sent'、'delivered'、'undelivered' 或 'failed'。這些狀態如字面的意思所示，如果還想更深入掌握其細節，可連到 http://nostarch.com/automatestuff2/ 網站查閱。

從 Python 收取簡訊

有件遺憾的事要提一下，若想要用 Twilio 來收取簡訊，這會比用它來傳送還要更複雜一些。Twilio 需要先有個網站，並執行自己的 Web 應用程式才能做到。這已超出本書範圍，但您可以連到 http://nostarch.com/automatestuff2/ 網站的 Additional Online Resources 查閱。

程式專題：「Just Text Me」模組

最常使用您的程式來傳送簡訊的人可能就是您自己。當您不在電腦旁邊時，手機的簡訊是通知您的最好方式。如果您已用程式自動化了某項無聊工作，需要執行數小時，您可以設定在它完成時發一封簡訊通知您。或者是定時執行某個程式，此程式有時會與您交流，例如取得天氣預報資訊，就用簡訊提醒您要帶雨傘。

舉一個簡單的例子來說，下列是個 Python 小程式，內含有 textmyself() 函式，會把傳入的字串引數當成簡訊傳送出去。請開啟一個新的 File editor 視窗，輸入下列程式碼，使用您申請的帳號 SID、auth token 和電話號碼放入程式中。儲存成 textMyself.py 檔。

```
   #! python3
   # textMyself.py - Defines the textmyself() function that texts a message
   # passed to it as a string.

   # Preset values:
   accountSID = 'ACxxxxxxxxxxxxxxxxxxxxxxxxxxxxxxxx'
   authToken = 'xxxxxxxxxxxxxxxxxxxxxxxxxxxxxxxx'
   myNumber = '+15559998888'
   twilioNumber = '+15552225678'

   from twilio.rest import Client

❶ def textmyself(message):
  ❷ twilioCli = Client(accountSID, authToken)
  ❸ twilioCli.messages.create(body=message, from_=twilioNumber, to=myNumber)
```

此程式存放了帳號 SID、auth token、傳送電話號碼和收訊電話號碼，然後定義了 textmyself() 函式接收訊息引數❶，建立 Client 物件❷，並用您傳入的訊息呼叫 create() ❸。

如果您想要讓其他程式使用 textmyself() 函式，只要將 textMyself.py 檔放在和其他程式相同的目錄中，這樣您就可以在其他程式中使用該函式了。只要想在程式中傳送簡訊，就可在程式中加入如下的程式內容：

```
import textmyself
textmyself.textmyself('The boring task is finished.')
```

註冊登入 Twilio 和設計編寫簡訊程式碼只要做一次，隨後從任何其他程式中傳送簡訊，只需兩行程式就搞定。

總結

藉由網際網路和手機網路，我們有很多種不同的通訊交流方式，但大多以 Email 和簡訊為主。您的程式可以透過這些管道來溝通，因而有了很強的通知功能，甚至可以設計程式來執行在不同的電腦上，相互直接利用 Email 溝通，一支程式用 SMTP 傳送 Email，另一支程式則用 IMAP 收信。

Python 的 smtplib 模組提供了一些函式，可利用 SMTP 藉由 Email 廠商的 SMTP 伺服器傳送 Email。同樣地，第三方的 imapclient 和 pyzmail 模組讓您存取 IMAP 伺服器，並取回傳送給您的 Email。雖然 IMAP 比 SMTP 複雜一些，但功能也很強，允許我們搜尋特定的 Email、下載、解析 Email，並擷取主旨和內文當成字串值。

由於安全性和預防垃圾郵件的原故，某些主流的電子郵件服務（例如 Gmail）不允許我們使用標準的 SMTP 和 IMAP 協定來存取其服務。EZGmail 模組可作為 Gmail API 的便捷套件，讓 Python 程式腳本可存取 Gmail 帳號的郵件。我強烈建議您為程式腳本設立一個單獨的 Gmail 帳號，以防止程式中的潛在錯誤不會對您真正的 Gmail 帳號造成問題。

文字簡訊與 Email 有點不同，SMS 簡訊不像 Email 只需透過網際網路就可以，傳送簡訊不僅需要網路，還需要別的東西來支援。還好有 Twilio 這樣的服務提供了模組，讓我們可以透過程式來傳送簡訊。一旦完成了初始設定的過程，只用幾行程式碼就能傳送簡訊了。

搞定這些模組，就能針對特定需要來設計程式，在某些情況下傳送通知簡訊或提醒。有了以上的技術，現在您的程式就能對外溝通了！

習題

1. 傳送 Email 的協定是什麼？檢查和接收 Email 的協定又是哪一個？
2. 必須要呼叫哪四個 smtplib 函式／方法才能登入 SMTP 伺服器？
3. 必須要呼叫哪兩個 imapclient 函式／方法才能登入 IMAP 伺服器？

4. 請問 imapObj.search() 要傳入什麼樣的引數？
5. 如果您的程式碼收到錯誤訊息：got more than 10000 bytes，您要怎麼做？
6. 這個 imapclient 模組是負責連接到 IMAP 伺服器和搜尋 Email 時使用的。那麼什麼模組負責讀取 imapclient 收回的 Email 呢？
7. 使用 Gmail API 時，知道什麼是 credentials.json 和 token.json 檔嗎？
8. 在 Gmail API 中，thread 和 message 物件有何不同？
9. 使用 ezgmail.search() 時，要怎麼搜尋出帶有附件檔的郵件呢？
10. 在傳送簡訊前，您需要從 Twilio 取得哪三種資訊才能設定？

實作專題

為了練習與實作，請依照下列需求編寫設計程式。

隨機分配例行工作的 Email 程式

請設計編寫一支程式能接受一份 Email 地址的清單串列，以及一份需要做的例行工作清單串列，並隨機把例行工作分配出去。使用 Email 來通知每個人分配到的例行工作。如果您想挑戰設計更難點的程式，請記錄每個人之前被分配到的工作內容，這樣可確保程式下次不會分配到相同的工作。還可設計另一種功能，就是能安排程式每週會自動執行一次。

這裡有個提示可參考：如果將每份串列傳入 random.choice() 函式，它會從該串列中返回一個隨機選擇的項目，您的程式可能像這樣：

```
chores = ['dishes', 'bathroom', 'vacuum', 'walk dog']
randomChore = random.choice(chores)
chores.remove(randomChore)    # this chore is now taken, so remove it
```

帶傘的提醒程式

在第 12 章中已介紹了如何使用 requests 模組從 http://weather.gov/ 網站擷取資料。請設計一支程式，在早上快醒來時執行，檢查當天天氣預報看是否會下雨。如果會下雨則讓程式用簡訊提醒您出門前要帶傘。

自動取消訂閱

設計編寫一支程式能掃描您的 Email 帳號，在所有郵件中找到取消訂閱的連結，並自動在瀏覽器中開啟。此程式要登入到您的 Email 廠商的 IMAP 伺服器，並下載所有 Email。可利用 Beautiful Soup（第 12 章有介紹）檢查所有出現的取消訂閱（unsubscribe）的 HTML 連結標籤。

取得這些 URL 的串列後，可利用 webbrowser.open() 在瀏覽器中自動開啟這些 URL 連結。

我們還是需要手動操作並完成一些額外的步驟，從這些郵件清單串列中取消訂閱。在大多數情況下只需要按一下連結來確認而已。

這個程式腳本讓您不需一一檢查所有的 Email，再找到取消訂閱的連結。您可以把這程式轉給朋友們使用，讓他們能針對他們的 Email 帳號來執行（請確定您的 Email 信箱密碼沒寫入原始程式碼中）。

利用 Email 控制您的電腦

請設計編寫一支程式，每 15 分鐘會檢查 Email 信箱，取得用 Email 傳送的所有指令，並自動執行這些指令。例如，BitTorrent 是個點對點的網路下載系統，利用免費的 BitTorrent 軟體（如 qBittorrent）就可在家用電腦中下載大型的檔案。如果您用 Email 對此程式傳送一個（要合法的哦）BitTorrent 連結，此程式會檢查 Email，發現此訊息並提取連結，然後啟動 qBittorrent 開啟下載檔案。利用這種方式，就算您不在家也能讓家裡的電腦幫您下載，當您回家後就下載完成了。

第 17 章介紹了怎麼使用 subprocess.Popen() 函式來啟動電腦上的程式，舉例來說，下列是呼叫要啟動 qBittorrent，並開啟一個 torrent 檔：

```
qbProcess = subprocess.Popen(['C:\\Program Files (x86)\\qBittorrent\\
qbittorrent.exe', 'shakespeare_complete_works.torrent'])
```

當然，您會希望此程式確定郵件是來自於您自己寄的，尤其是現在駭客很容易假造 from 的郵件地址，因此您會想要對郵件有個密碼來確認。此程式要讀了郵件後要刪掉，以免每次檢查 Email 帳號時重複執行。再加個額外的功能，讓程式每次執行指令時會用 Email 或簡訊通知您。程式執行時您不一定在電腦前，所以利用日誌函式（請參考第 11 章）寫入文字檔日誌是不錯的記錄方法，日後可讓您檢查是否發生錯誤。

qBittorrent（和其他的 BitTorrent 應用程式）有個功能在下載完成後可以自動退出。第 15 章介紹了如何使用 Popen 物件的 wait() 方法可確定啟動的應用程式何時已結束。呼叫 wait() 方法會「定住」，直到 qBittorrent 停止，然後程式才繼續以 Email 或簡訊通知您下載完成。

這程式還能加入其他更多的功能哦，如果您練習時遇到問題，可連到 https://www.nostarch.com/automatestuff2/ 網站的「Download the files used in the book」下載本書的範例相關程式檔案，其中有個 torrentStarter.py 檔為實作範例的原始程式碼，可用來參考。

第 19 章
處理影像圖片

如果您有用數位相機，或用手機上傳照片到臉書，那就可能常要和數位影像圖檔打交道，會使用像基本的微軟小畫家、調色盤等軟體，甚至會用更高階的 Adobe Photoshop 來處理影像圖片。假如要處理編輯的影像圖片數量非常多，以手動的方式來完成是十分冗長無聊的工作。

在 Python 裡有 Pillow 這套第三方支援的模組可以協助處理影像圖檔，這套模組有不少功能可以協助我們更容易地對影像圖檔進行裁切、改變大小或調整內容，其功能就像使用微軟小畫家或 Adobe Photoshop 這類軟體一樣。編寫個 Python 程式就可以全自動地幫我們搞定上百上千張的影像圖檔。只要執行 pip install --user -U pillow==6.0.0 安裝 Pillow 即可使用，附錄 A 有關於安裝模組更詳細的說明。

電腦影像圖檔的基礎

為了能順利處理好影像圖檔，我們需要先學一些基本觀念，如電腦及 Pillow 是怎麼處理影像圖檔內的彩色及座標。在繼續之前，請先安裝好 Pillow 模組，關於安裝第三方模組的說明，可參考附錄 A。

色彩與 RGBA 值

電腦程式通常在影像圖檔中是以 RGBA 值來代表色彩。RGBA 值是一組由紅 R、綠 G、藍 B 和 Alpha（或透明度）的數值來代表色彩，這組數值是 0~255 的整數。這些 RGBA 值分別指定到影像各別的像素（pixel）中，而像素是指螢幕能顯示單一色彩的最小點（可想而知，螢幕上有數百萬個像素點），像素的 RGB 設定值就是它要顯示的色彩。影像的 RGBA 值中還有一個 Alpha 值，如果影像顯示在有背景的桌布或圖片上，這個 Alpha 值就決定了影像顯示時背景能「穿透」的多寡。

在 Pillow 中，RGBA 是一組由四個整數值組成的多元組（tuple），舉例來說，紅色是用（255, 0, 0, 255）來代表，這組數值代表有最大（255）的紅色，而沒有（0）綠和藍色，且 Alpha 值最大（255），代表著完全不透明（背景最不能穿透）。綠色用（0, 255, 0, 255），而藍色則以（0, 0, 255, 255）來表示。白色是以三色混合的組合，即（255, 255, 255, 255），而黑色則都沒有色彩的（0, 0, 0, 255）來表示。

假如 Alpha 值為 0，不論其 RGB 值是多少，則該色彩就看不見了，也就是說，看不見的紅色（255, 0, 0, 0）和看不見的黑色（0, 0, 0, 0），兩者看起來都是一樣的。

Pillow 模組用了 HTML 所定的標準色彩名稱。表 19-1 列出了一些標準色彩的名稱和其代表的數值。

Pillow 的 ImageColor.getcolor() 函數可以讓我們不用背色彩的 RGBA 值，可直接用色彩名稱來指定色彩。此函數的第一個參數用色彩名稱的字串值，第二個參數用 'RGBA' 字串，就會返回該色彩名稱的 RGBA 值多元組。

表 19-1　標準色彩名稱和其 RGBA 值

名稱	RGBA 值	名稱	RGBA 值
White	(255, 255, 255, 255)	Red	(255, 0, 0, 255)
Green	(0, 128, 0, 255)	Blue	(0, 0, 255, 255)
Gray	(128, 128, 128, 255)	Yellow	(255, 255, 0, 255)
Black	(0, 0, 0, 255)	Purple	(128, 0, 128, 255)

想要了解 ImageColor.getcolor() 函數的功用，在互動式 Shell 模式中輸入以下的程式碼：

```
❶ >>> from PIL import ImageColor
❷ >>> ImageColor.getcolor('red', 'RGBA')
  (255, 0, 0, 255)
❸ >>> ImageColor.getcolor('RED', 'RGBA')
  (255, 0, 0, 255)
  >>> ImageColor.getcolor('Black', 'RGBA')
  (0, 0, 0, 255)
  >>> ImageColor.getcolor('chocolate', 'RGBA')
  (210, 105, 30, 255)
  >>> ImageColor.getcolor('CornflowerBlue', 'RGBA')
  (100, 149, 237, 255)
```

首先，要從 PIL❶引入 ImageColor 模組（不是從 Pillow，後面會說明原因）。傳給 ImageColor.getcolor() 的色彩名稱不分大小寫，傳入 'red' ❷和 'RED' ❸都是得到相同的 RGBA 值多元組。接著可試試不常見的色彩名稱，例如 'chocolate' 和 'CornflowerBlue'。

Pillow 支援很多色彩名稱，以英文字母排序，從 'aliceblue' 到 'whitesmoke'，在 https://www.nostarch.com/automatestuff2/ 的 Additional Online Resources 連結中可找到超過一百種的標準色彩名稱的完整清單。

座標與方框多元組（Box tuple）

影像的像素是用 x 和 y 座標來指定的，分別指定其水平和垂直位置。原點（origin）是影像左上角的像素，以 (0, 0) 符號來指定，第一個 0 表示 x 座標，以原點處為 0，從左向右遞增；第二個 0 表示 y 座標，原點處為 0，從上而下遞增。這個 y 值要留意一下：其座標是向下遞增，與數學課中使用的 y 座標相反哦。此座標系統的例子如圖 19-1 所示。

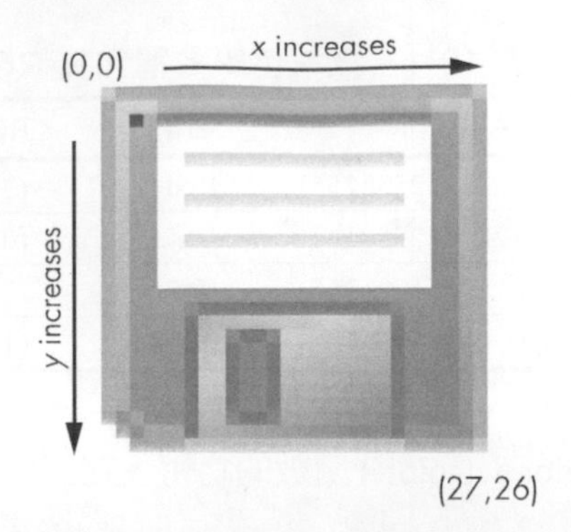

圖 19-1　27×26 的影像圖片的 x 和 y 座標，此圖片為古老的儲存裝置：磁碟片

很多 Pillow 的函式和方法都需要用 box tuple 作為引數，這表示 Pillow 需要一個有四個整數座標的多元組，用來表示影像圖片中的矩形方框範圍。四個整數的意義分別列示如下：

- 左：方框最左側的 x 座標。
- 上：方框最上方的 y 座標。
- 右：方框最右側的右一個的 x 座標。此整數一定要比左側的整數大。
- 下：方框最下方的下一個的 y 座標。此整數一定要比上方的整數大。

請注意，方框的座標是以左和上座標為起始，但右下角座標則超出右和下座標。舉例來說，圖 19-2 所示的例子中黑色方框的座標多元組是 (3, 1, 9, 6)。

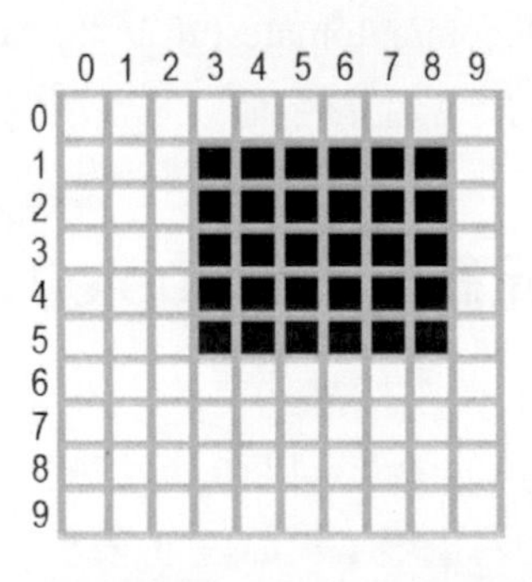

圖 19-2　黑色方框的座標多元組是 (3, 1, 9, 6)

使用 Pillow 來處理影像圖片

即然已學會了 Pillow 中色彩和座標的運作方式，接著就用 Pillow 來處理影像圖片吧。圖 19-3 中的影像圖片將會用在本章後續所有在互動式 Shell 模式互動環境中示範，您可以到 https://www.nostarch.com/automatestuff2/ 下載取用。

圖 19-3　我的貓 Zophie，照片上看起來胖了 10 磅重（對貓來說是胖了）

將這個 Zophie.png 影像檔放到 Python 目前的工作目錄中，您就可以把 Zophie 的影像圖載入到 Python 中，如下這般：

```
>>> from PIL import Image
>>> catIm = Image.open('zophie.png')
```

若想要載入影像圖片，就要由 Pillow 匯入 Image 模組，並傳入影像檔名稱來呼叫 Image.open()，隨後就可以將載入的影像圖片存放到 catIm 變數中。Pillow 的模組名稱為 PIL，為的是與舊的 Python Imaging Library 向下相容，這也就是為何要用 from PIL import Image，而不是 from Pillow import Image 的原因。由於 Pillow 的開發者所設計 Pillow 模組的方式，您必須使用 from PIL import Image 的陳述句來匯入，不能用 import PIL。

如果影像檔不在目前的工作目錄，就要呼叫 os.chdir() 函式來切換，將工作目錄切換到含有影像檔所在的資料夾。

```
>>> import os
>>> os.chdir('C:\\folder_with_image_file')
```

Image.open() 函式的返回值是 Image 物件資料型別，是 Pillow 將影像圖片表示成為 Python 值的方法。可傳入檔名字串來呼叫 Image.open()，把影像圖片（任何圖檔格式）載入成一個 Image 物件。藉由 save() 方法，可把 Image 物件的所有修改都能儲存到影像圖檔中（也是任何圖檔格式都可以）。所有的旋轉、調大小、裁切、繪製和其他相關的影像處理，都要透過 Image 物件上的方法呼叫來完成。

為了讓本章的範例更簡潔，我假設您已匯入了 Pillow 的 Image 模組，並把 Zophie 的影像檔存放到 catIm 變數中。要確定 zophie.png 檔已放到目前的工作目錄內，讓 Image.open() 函式能找得到，不然就必須要在 Image.open() 的傳入字串引數中加上完整的絕對路徑。

處理 Image 資料型別

Image 物件有幾個好用的屬性，提供了載入影像圖檔的基本資訊：它的寬度和高度、檔名和圖檔格式（如 JPEG、GIF 或 PNG）。

舉例來說，在互動式 Shell 模式互動環境中輸入如下內容：

```
  >>> from PIL import Image
  >>> catIm = Image.open('zophie.png')
  >>> catIm.size
❶ (816, 1088)
❷ >>> width, height = catIm.size
❸ >>> width
  816
❹ >>> height
  1088
  >>> catIm.filename
  'zophie.png'
  >>> catIm.format
  'PNG'
  >>> catIm.format_description
  'Portable network graphics'
❺ >>> catIm.save('zophie.jpg')
```

從 zophie.png 取得一個 Image 物件並存放到 catIm 變數之後，我們可看到該物件的 size 屬性是個多元組（tuple），內含該影像的寬度和高度的像素值❶，我們可以將該多元組中的值指定給 width 和 height 變數❷，以便分別存取其寬度❸和高度❹。filename 屬性為該原始檔的檔名，format 和 format_description 屬性則是描述此原始圖檔的影像圖檔格式的字串（format_description 較詳細）。

範例的最後是傳入 'zophie.jpg' 來呼叫 save() 方法，就會以新的檔名 zophie.jpg 來儲存到硬碟中❺，Pillow 看到副檔名為 .jpg，就會自動以 JPEG 圖檔格式來儲存圖檔。現在硬碟中會有兩個影像圖檔：zophie.png 和 zophie.jpg。雖然這些檔案都是內容相同的影像圖片，但它們儲存格式不同。

Pillow 還提供了 Image.new() 函式，此函式會返回 Image 物件，很像 Image.open()，不過 Image.new() 返回的物件是空白的影像圖片。Image.new() 可使用的引數如下：

- 'RGBA' 字串，會將色彩模式設為 RGBA（還有其他模式，但本書並沒有討論介紹）。
- 大小，是兩個整數多元組，當作新影像圖的寬度和高度。
- 影像圖開始時所用的背景色彩，是一個表示 RGBA 值的四個整數多元組。您可以用 ImageColor.getcolor() 函式的返回值當作這個引數。另外 Image.new() 也支援傳入標準色彩名稱的字串。

舉例來說，在互動式 Shell 模式互動環境中輸入如下內容：

```
  >>> from PIL import Image
❶ >>> im = Image.new('RGBA', (100, 200), 'purple')
  >>> im.save('purpleImage.png')
❷ >>> im2 = Image.new('RGBA', (20, 20))
  >>> im2.save('transparentImage.png')
```

在這個例子中，我們建立了一個 Image 物件，大小為 100 像素的寬度、200 像素的高度，背景色為紫色（purple）❶。隨後把它儲存成 purpleImage.png 檔。接著再次呼叫 Image.new() 建立另一個 Image 物件，這次傳入大小為 (20, 20)，沒有指定背景色❷。如果沒有指定背景色引數，預設的色彩是看不見的黑色 (0, 0, 0, 0)，因此第二個影像圖是透明的背景色，最後把這個大小為 20×20 的透明正方形存成 transparentImage.png 檔。

裁切影像圖片

裁切影像圖片是指在圖片內選取一個方框範圍，再刪掉方框以外的所有東西。Image 物件的 crop() 方法會接受一個方框多元組，並返回代表裁切後影像的 Image 物件。不是在原影像圖片上進行裁切，也就是說，原來的 Image 物件原封不動，crop() 方法會返回一個新的 Image 物件。請留意一點，方框多元組 box tuple（這裡是指裁切的區域）包含了左上角起始欄列的像素，但不包括右下角的右側那一欄和下方那一列的像素。

請在互動式 Shell 模式互動環境中輸入如下內容：

```
>>> from PIL import Image
>>> catIM = Image.open('zophie.png')
>>> croppedIm = catIm.crop((335, 345, 565, 560))
>>> croppedIm.save('cropped.png')
```

這個例子會取得一個新的 Image 物件，是個裁切後的影像圖片，存放在 croppedIm 變數內，隨後用 croppedIm 的 save() 將裁切後的影像圖存入 cropped.png 檔內。新的 cropped.png 檔會從原始影像來建立，如圖 19-4 所示。

圖 19-4　新的影像圖片只剩原始影像圖裁切的部分

將影像圖複製和貼上到其他影像圖中

copy() 方法會返回一個新的 Image 物件，它和原來 Image 物件一樣。如果需要修改影像圖，同時也希望保有原來版本影像不變，這個方法很有用。舉例來說，在互動式 Shell 模式互動環境中輸入如下內容：

```
>>> from PIL import Image
>>> catIm = Image.open('zophie.png')
>>> catCopyIm = catIm.copy()
```

catIm 和 catCopyIm 變數內含兩個獨立的 Image 物件，影像圖片內容則相同。catCopyIm 中已存了一個 Image 物件，您可以隨意修改此物件，將它存入新的檔案中，原來的 zophie.png 都不會有改變。接著舉個例子說明，我們試著用 paste() 方法來修改 catCopyIm。

paste() 方法在 Image 物件中呼叫，將另一個影像圖貼到它上面。我們繼續在互動環境中輸入如下內容：

```
>>> faceIm = catIm.crop((335, 345, 565, 560))
>>> faceIm.size
(230, 215)
>>> catCopyIm.paste(faceIm, (0, 0))
>>> catCopyIm.paste(faceIm, (400, 500))
>>> catCopyIm.save('pasted.png')
```

首先是對 crop() 傳入一個方框多元組，指定裁切 zophie.png 中某個方框，這剛好會切出貓咪的臉。這會建立一個新的 Image 物件，大小為 230×215 的大小，並存放在 faceIm 變數中。此時我們可將 faceIm 貼到 catCopyIm 中，paste() 方法有兩個引數：一個「來源」Image 物件，一個包含 x 和 y 座標的多元組，指出來源 Image 物件貼到目的主 Image 物件時左上角的位置。這個例子中，我們在 catCopyIm 上兩次呼叫 paste()，第一次傳入 (0, 0)，第二個傳入 (400, 500)。這會把 faceIm 貼兩次到 catCopyIm 中：第一次是把 faceIm 貼到左上角 (0, 0) 起始位置，第二次是貼到左上角 (400, 500) 起始位置。最後把修改過的 catCopy Im 存到 pasted.png 檔中，如圖 19-5 所示。

圖 19-5　裁切臉部貼上二次的結果

NOTE

雖然方法的名稱是 copy() 和 paste()，但 Pillow 中的這兩個方法並不會用到電腦中的剪貼簿功能。

請留意一點，paste() 方法在原來影像圖上修改其 Image 物件，但不會返回貼上後影像圖的 Image 物件。如果想要呼叫 paste()，又還想要保持原始影像圖還沒修改的版本，就需要先複製影像圖片，然後才在複製出來的副本中呼叫 paste() 方法。

假設想要用 Zophie 貓咪的臉貼滿整個影像圖，如圖 19-6 這般，則可使用兩個 for 迴圈來作出這樣的效果。繼續在互動式 Shell 模式中輸入如下內容：

```
   >>> catImWidth, catImHeight = catIm.size
   >>> faceImWidth, faceImHeight = faceIm.size
❶ >>> catCopyTwo = catIm.copy()
❷ >>> for left in range(0, catImWidth, faceImWidth):
        ❸ for top in range(0, catImHeight, faceImHeight):
              print(left, top)
              catCopyTwo.paste(faceIm, (left, top))
   0 0
   0 215
   0 430
   0 645
   0 860
   0 1075
   230 0
   230 215
   --省略--
   690 860
   690 1075
   >>> catCopyTwo.save('tiled.png')
```

在這個實例中，我們把 catIm 的高度和寬度存到 catImWidth 和 catImHeight 中，在❶這行中，我們取得了 catIm 的副本，並存放到 catCopyTwo 內，此時有了一個副本可以貼上，就可以開始迴圈處理，將 faceIm 貼到 catCopyTwo 中了。外層 for 迴圈的 left 變數是從 0 開始，遞增值為 faceImWidth（也就是 230）❷。內層 for 迴圈的 top 變數從 0 開始，遞增值為 faceImHeight（也就是 215）❸。這個巢狀嵌套的 for 迴圈產生了 left 和 top 值，把 faceIm 影像依照網格般貼到 catCopyTwo 的 Image 物件內，如圖 19-6 所示。為了看到這個 for 迴圈的運作情況，我們印出了 left 和 top 值，了解其貼上的座標位置。等貼上完成後，將修改的 catCopyTwo 儲存到 titled.png 檔內。

圖 19-6　巢狀嵌套 for 迴圈的 paste()，貼滿貓臉

調整影像圖片的大小

可在 Image 物件上呼叫 resize() 方法，它會返回指定寬度和高度的新 Image 物件。resize() 方法接受兩個整數多元組當作為引數，代表返回新影像圖的新高度和新寬度。請在互動式 Shell 模式互動環境中輸入如下內容：

```
  >>> from PIL import Image
  >>> catIm = Image.open('zophie.png')
❶ >>> width, height = catIm.size
❷ >>> quartersizedIm = catIm.resize((int(width / 2), int(height / 2)))
  >>> quartersizedIm.save('quartersized.png')
❸ >>> svelteIm = catIm.resize((width, height + 300))
  >>> svelteIm.save('svelte.png')
```

我們把 catIm.size 多元組的兩個值指定給 width 和 height 變數❶，在範例中後續我們使用 width 和 height，而不是 catIm.size[0] 和 catIm.size[1]，這樣讓程式碼更具可讀性。

第一個 resize() 呼叫是傳入 int(width / 2) 當作新的寬度，int(height / 2) 當作新的高度❷，所以 resize() 會返回只有原始影像圖一半寬和高度的 Image 物件，是原始影像四分之一的大小。resize() 方法的多元組引數只接受整數值，這也就是為什麼要用 int() 對兩個除以 2 的值取整數的原因。

這個例子中調整大小的處理保持了相同比例的寬度和高度，但傳入 resize() 中的新寬度和新高度不必與原始影像圖成比例，svelteIm 變數存放了一個 Image 物件，寬度與原始影像圖相同，但高度拉高了 300 像素❸，讓 zophie 貓咪變得苗條一些。

請注意，resize() 方法不會在原始影像圖片中修改 Image 物件，而是會返回一個新的 Image 物件。

影像的旋轉和翻轉

影像圖片可以用 rotate() 方法來旋轉，此方法會返回旋轉後的新 Image 物件，並維持原始影像 Image 物件不變。rotate() 的引數是個整數或浮點數，用來代表影像要逆時針旋轉的度數。請在互動式 Shell 模式互動環境中輸入如下內容：

```
>>> from PIL import Image
>>> catIm = Image.open('zophie.png')
>>> catIm.rotate(90).save('rotated90.png')
>>> catIm.rotate(180).save('rotated180.png')
>>> catIm.rotate(270).save('rotated270.png')
```

請留意這個例子，我們對呼叫 rotate() 返回的 Image 物件接連直接呼叫 save() 方法。第一個 rotate() 和 save() 的呼叫是個逆時針旋轉 90 度的新 Image 物件，並儲存到 rotated90.png 檔中。第二和第三個呼叫所做的也類似，只是轉了 180 和 270 度而已，其結果如圖 19-7 所示。

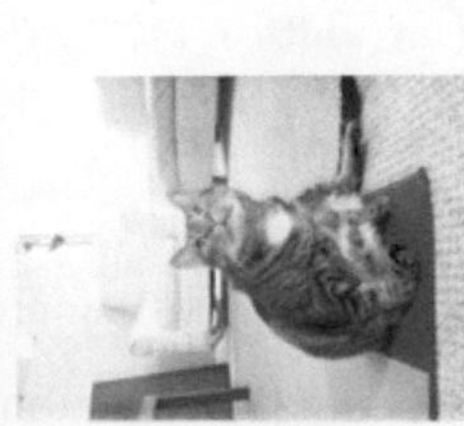

圖 19-7　原始影像圖片（最左側）和逆時針旋轉 90、180、270 度的結果

當影像旋轉了 90 或 270 度時，寬度和高度會產生變化，如果旋轉成其他角度，影像圖的原始大小會保持。在 Windows 系統中會用黑色的背影來填補旋轉所造成的空隙，如圖 19-8 所示。在 macOS 系統中則會以透明像素填補空隙。

rotate() 方法有個可選擇性的 expand 關鍵字引數，如果設定為 True，就會放大整個影像圖的版面尺度，以配合能放入旋轉後的新影像。請在互動式 Shell 模式互動環境中輸入如下內容：

```
>>> catIm.rotate(6).save('rotated6.png')
>>> catIm.rotate(6, expand=True).save('rotated6_expanded.png')
```

第一次呼叫是把影像圖片旋轉 6 度，並儲存成 rotated6.png（如圖 19-8 左側的圖）。第二次呼叫除了把影像圖片旋轉 6 度外，也將 expand 設為 True，儲存成 rotated6_expanded.png（如圖 19-8 右側的圖）。

圖 19-8　影像圖片旋轉 6 度（左圖）和設定了 expand 為 True 的結果（右圖）

利用 transpose() 方法還能做到鏡像翻轉的結果。對 transpose() 方法傳入 Image.FLIP_LEFT_RIGHT 或 Image.FLIP_TOP_BOTTOM 就能做到這種左右和上下鏡像翻轉的效果。請在互動式 Shell 模式互動環境中輸入如下內容：

```
>>> catIm.transpose(Image.FLIP_LEFT_RIGHT).save('horizontal_flip.png')
>>> catIm.transpose(Image.FLIP_TOP_BOTTOM).save('vertical_flip.png')
```

像 rotate() 方法一樣，transpose() 方法會建立一個新的 Image 物件，這個例子中我們傳入 Image.FLIP_LEFT_RIGHT，讓影像左右水平翻轉，再將這張圖儲存成 horizontal_flip.png。接著傳入 Image.FLIP_TOP_BOTTOM，讓影像上下垂直翻轉，再儲存成 vertical_flip.png。結果如圖 19-9 所示。

圖 19-9　原始影像圖片（左圖）、水平翻轉（中圖）、垂直翻轉（右圖）

修改單個像素

單像像素的色彩可利用 getpixel() 和 putpixel() 方法取得和設定。這兩個方法都接受一個代表像素 x 和 y 座標的多元組。putpixel() 方法還可接受一個多元組引數，用它當作像素的色彩值，這個色彩引數是四個整數的 RGBA 多元組或三個整數的 RGB 多元組。請在互動式 Shell 模式互動環境中輸入如下內容：

```
  >>> from PIL import Image
❶ >>> im = Image.new('RGBA', (100, 100))
❷ >>> im.getpixel((0, 0))
  (0, 0, 0, 0)
❸ >>> for x in range(100):
          for y in range(50):
           ❹ im.putpixel((x, y), (210, 210, 210))
  >>> from PIL import ImageColor
❺ >>> for x in range(100):
          for y in range(50, 100):
           ❻ im.putpixel((x, y), ImageColor.getcolor('darkgray', 'RGBA'))
  >>> im.getpixel((0, 0))
  (210, 210, 210, 255)
  >>> im.getpixel((0, 50))
  (169, 169, 169, 255)
  >>> im.save('putPixel.png')
```

在❶這行中，先取得一個 100×100 的透明正方形的新影像圖片，對一些座標呼叫 getpixel() 會返回(0, 0, 0, 0)，因為這是個透明的影像圖片❷。要對影像圖片中的像素填色，可使用巢狀嵌套的 for 迴圈，巡遍影像圖片上半部的所有像素❸，用 putpixel() 設定每個像素的色彩❹。這個例子中我們傳入 putpixel() 的 RBG 多元組為 (210, 210, 210)，也就是灰色。

假設我們想要讓影像的下半部變深灰色，但不知深灰色的 RGB 多元組數值，putpixel() 方法是不接受像 'dakgray' 這種以英文標準色彩名稱的傳入，所以您要先用 ImageColor.getcolor() 來取得 'dakgray' 的色彩多元組。以迴圈巡遍影像的下半部像素❺，對 putpixel() 傳入 ImageColor.getcolor() 的返回值❻，您就會得到一個上半部是淺灰色，而下半部是深灰色的影像圖，如圖 19-10 所示。再對某些座標呼 getpixel()，確定指定的像素色彩是否符合您想要的，最後把影像圖儲存入 putPixel.png 檔內。

圖 19-10　putPixel.png 的影像圖片

當然，在影像圖片一次繪入一個像素並不太方便，如果想要繪製圖案形狀，則要用到本章稍後會介紹的 ImageDraw 函式。

程式專題：加上標誌

假設您有件無聊的工作，要調整數千張影像圖片的大小，還要在每張圖的角落加入一個標誌浮水印。若使用一般的繪圖軟體（如小畫家之類的），要完成這份工作得要花上很長的時間。除非花幾百美元的購買像 Photoshop 這種能批次處理影像圖片的套裝軟體，不然，就讓我們自己設計編寫一支程式腳本來完成這份工作吧！

假設圖 19-11 是要加到每張影像圖片右下角的浮水印標誌，這是個有白邊的黑貓圖案，圖片中其餘部分為透明的。

圖 19-11　要加到影像圖片中的浮水印標誌

從整體來看，程式要做到下列這些事情：

1. 載入浮水印標誌影像圖片。
2. 以迴圈巡遍工作目錄中的所有 .png 和 .jpg 檔。
3. 檢查影像圖片是否寬度和高度大於 300 像素。
4. 如果大於，則將寬度或高度中較大的一個減小為 300 像素，並按照比例縮小一個尺度。
5. 在角落貼上標誌影像圖片。
6. 將變更的影像圖片儲存到另一個資料夾。

從程式實作的角度來看，程式碼要做到下列幾件事：

1. 開啟 catlogo.png 檔成為 Image 物件。
2. 迴圈巡遍 os.listdir('.') 返回的字串。
3. 利用 size 屬性取得影像的寬度和高度。
4. 計算調整後影像圖片的新高度和寬度。
5. 呼叫 resize() 方法來調整影像大小。
6. 呼叫 paste() 方法貼上標誌。
7. 呼叫 save() 方法用原來的檔名儲存上述的修改。

STEP 1：開啟標誌影像圖片

針對這個專題，請開啟一個新的 file editor 標籤視窗，輸入以下的程式碼內容，並儲存成 resizeAndAddLogo.py 檔：

```
   #! python3
   # resizeAndAddLogo.py - Resizes all images in current working directory to fit
   # in a 300x300 square, and adds catlogo.png to the lower-right corner.

   import os
   from PIL import Image

❶ SQUARE_FIT_SIZE = 300
❷ LOGO_FILENAME = 'catlogo.png'
```

```
❸ logoIm = Image.open(LOGO_FILENAME)
❹ logoWidth, logoHeight = logoIm.size

  # TODO: Loop over all files in the working directory.

  # TODO: Check if image needs to be resized.

  # TODO: Calculate the new width and height to resize to.

  # TODO: Resize the image.

  # TODO: Add the logo.

  # TODO: Save changes.
```

在程式開始時設定 SQUARE_FIT_SIZE ❶和 LOGO_FILENAME ❷常數，讓程式在將來更容易修改。如果您要加入的標誌不是這個貓的標誌，或者要輸出影像圖片要縮小的最大值不是 300 像素，此時只要開啟這個程式碼，修改一下這裡的常數值就可搞定（又或者您還可以讓這些常數值從命令提示列引數中取得）。若沒有設定這些常數，那麼就要在程式中搜尋找出所有 300 和 'catlogo.png'，然後改換成其他的值。總而言之，使用常數能讓程式更好維護和運用。

Image.open() 會返回標誌 Image 物件❸，為了加強易讀性，logoIm.size 的寬和高的值會指定到 logoWidth 和 logoHeight 變數中❹。

此程式的其他部分目前都以 TODO 來注釋，帶出了整支程式的框架。

STEP 2：巡遍所有檔案並開啟影像圖檔

到這階段，要搜尋找出目前工作錄目中的每個 .png 和 .jpg 檔，請留意一件事，您不會想要把浮水印標誌圖加到標誌圖本身的檔案中，所以程式碰到有 LOGO_FILENAME 之類的檔名時要跳過不處理。請在程式中加入如下內容：

```
  #! python3
  # resizeAndAddLogo.py - Resizes all images in current working directory to fit
  # in a 300x300 square, and adds catlogo.png to the lower-right corner.

  import os
  from PIL import Image

  --省略--

  os.makedirs('withLogo', exist_ok=True)
  # Loop over all files in the working directory.
❶ for filename in os.listdir('.'):
    ❷ if not (filename.endswith('.png') or filename.endswith('.jpg')) \
```

```
        or filename == LOGO_FILENAME:
      ❸ continue # skip non-image files and the logo file itself

  ❹ im = Image.open(filename)
    width, height = im.size
--省略--
```

第一步是呼叫 os.makedirs() 建立一個資料夾 withLogo，用來存放完成、加了標誌的影像圖檔，不會覆蓋原始的影像圖檔。關鍵字引數 exit_ok=True 會防止當 os.makedirs() 建立資料夾時 withLogo 已存在的話會丟出例外異常。在使用 os.listdir('.') 巡遍工作目錄中的所有檔案時❶，較長的 if 陳述句❷是用來檢查每個 filename 是否以 .png 或 .jpg 為副檔名，如果不是，或該檔案是標誌本身的話，迴圈會跳過不處理，使用 continue 繼續處理一下個檔案❸。如果 filename 是以 .png 或 .jpg 為副檔名（且不是標誌圖檔本身），則可將它開啟為 Image 物件❹，並設定 width 和 height。

STEP 3：調整影像圖的大小

只在寬度和高度超過時 SQUARE_FIT_SIZE（在這個例子中是設 300 像素），程式才會調整影像圖的大小，所以把所有大小調整的相關程式碼都放在一個檢查 width 和 height 變數的 if 陳述句內。請在程式中繼續加入如下內容：

```
#! python3
# resizeAndAddLogo.py - Resizes all images in current working directory to fit
# in a 300x300 square, and adds catlogo.png to the lower-right corner.

import os
from PIL import Image

--省略--

    # Check if image needs to be resized.
    if width > SQUARE_FIT_SIZE and height > SQUARE_FIT_SIZE:
        # Calculate the new width and height to resize to.
        if width > height:
          ❶ height = int((SQUARE_FIT_SIZE / width) * height)
            width = SQUARE_FIT_SIZE
        else:
          ❷ width = int((SQUARE_FIT_SIZE / height) * width)
            height = SQUARE_FIT_SIZE

        # Resize the image.
        print('Resizing %s...' % (filename))
      ❸ im = im.resize((width, height))

--省略--
```

如果影像圖片確實需要調整大小，就要先了解它是太寬還是太高。如果 width 大於 height，則高度要依照寬度比例縮小❶，此比例是目前寬度除以 SQUARE_FIT_SIZE 後的值。新的高度值是這個比例乘以目前的高度值。因為除法運算子會返回浮點數值，而 resize() 一定要放整數，所以要記得把結果用 int() 函式轉成整數。最後的新 width 值就設為 SQUARE_FIT_SIZE。

如果 height 大於或等於 width（這兩種情況都在 else 子句中處理），那就進行相同的計算處理，只要交換 height 和 width 變數的位置即可❷。

在 width 和 height 放入了新的尺寸大小數值後，就可傳入 resize() 方法，返回的 Image 物件會存放到 im 中❸。

STEP 4：加上標誌，並儲存變更

不論影像圖片是否要調大小，標誌都要貼到右下角。標誌貼上的確切位置是由影像圖片和標誌圖的大小來決定的。圖 19-12 示範了怎麼計算貼上位置的例子。貼上標誌圖的左側座標是影像圖片寬度減去標誌寬度，上方座標則是影像圖片高度減去標誌圖片的高度。

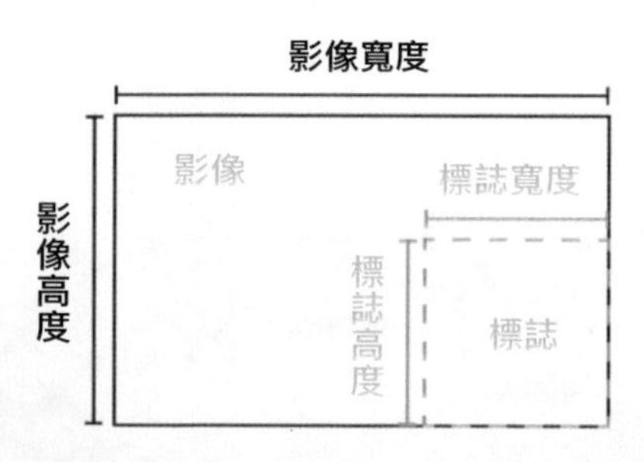

圖 19-12　標誌加入的位置是影像圖的寬／高度減去標誌圖的寬／高度

程式碼將標誌圖貼到影像圖片中，且會儲存修改後的 Image 物件。請在程式中加入下列程式碼：

```
#! python3
# resizeAndAddLogo.py - Resizes all images in current working directory to fit
# in a 300x300 square, and adds catlogo.png to the lower-right corner.

import os
from PIL import Image

--省略--
```

```
    # Check if image needs to be resized.
    --省略--

    # Add the logo.
❶  print('Adding logo to %s...' % (filename))
❷  im.paste(logoIm, (width - logoWidth, height - logoHeight), logoIm)

    # Save changes.
❸  im.save(os.path.join('withLogo', filename))
```

新的程式碼會輸出一條訊息，告知使用者標誌圖已加入了❶，將 logoIm 貼到 im 中計算的座標位置❷，並把修改變更儲存到 withLogo 目錄的 filename 內❸。如果執行這支程式，zophie.png 檔是工作目錄中唯一的影像圖檔，輸出應用會是這樣：

```
Resizing zophie.png...
Adding logo to zophie.png...
```

zophie.jpg 影像圖片會變成 225×300 像素的圖片，如圖 19-13 所示。請記得要傳入 logoIm 當成第三個引數，不然 paste() 方法不會貼上透明的像素。此程式能在短短幾分鐘就搞定幾百張的影像圖片，並加上標誌圖片。

圖 19-13　zophie.jpg 調整了大小並加上標誌圖（左圖），如果沒有傳入 logoIm 當成第三個引數，則透明像素會變成白色不透明（右圖）

關於類似程式的一些想法

能夠批次處理影像圖片或修改圖片大小，這樣的功能在很多應用中都會用到。接著請設計編寫類似的程式，讓其能完成下列的工作：

- 對影像圖片加上文字或網站 URL。
- 對影像圖片加上時間戳記。
- 依據影像圖片的大小，將影像圖複製或移動到不同的資料夾中。
- 對影像圖片加上一個幾乎透明的沒水印，防止他人的盜用。

在影像圖片中繪製圖案

如果想要在影像圖片中繪製線條、矩形、圓形或其他簡單形狀，可使用 Pillow 的 ImageDraw 模組。請在互動式 Shell 模式互動環境中輸入如下內容：

```
>>> from PIL import Image, ImageDraw
>>> im = Image.new('RGBA', (200, 200), 'white')
>>> draw = ImageDraw.Draw(im)
```

首先是匯入 Image 和 ImageDraw，隨後建立新的 Image 物件，在這個例子中是個 200×200 的白色影像圖片，將這個 Image 物件存放到 Im 變數中，隨即將此 Image 物件傳入 ImageDraw.Draw() 函式以取得到一個 ImageDraw 物件。這個物件有一些方法可在 Image 物件上繪製各種圖案形狀和文字。將 ImageDraw 物件存放到 draw 變數中，這樣就可以在接下來的實例中使用它。

繪製圖案形狀

下列的 ImageDraw 方法可在影像圖片上繪製各種圖案形狀，這些方法的 fill 和 outline 引數是選擇性可指定或不指定，如果沒有指定，則預設為白色。

點（Points）

point(xy, fill) 方法可繪製單個像素，xy 引數代表要繪製點的串列，此串列可以是 x 和 y 座標的多元組的串列，例如：[(x, y), (x, y), …]，或是沒有多元組的 x 和 y 座標的串列，例如：[x1, y1, x2, y2, …]。fill 引數則是點的色彩，是個

RGBA 多元組或是色彩的字串，例如 'red'。fill 引數是可選擇性使用的，不一定要放入。

線（Lines）

line(xy, fill, width) 方法可繪製一條或一系列的線條。xy 是一個多元組的串列，例如：[(x, y), (x, y), …]，或是一個整數串列，例如：[x1, y1, x2, y2, …]。每個點都是繪製在線上的連接點。可選擇性使用的 fill 引數是線條的色彩，是個 RGBA 多元組或是色彩的字串。可選擇性的 width 引數是線條的寬度，如果沒指定，則預設為 1。

矩形（Rectanges）

rectangle(xy, fill, outline) 方法可繪製一個矩形。xy 是一個多元組的串列，其形式為 (left, top, right, bottom)。left 和 top 值指定了矩形左上角的 x 和 y 座標，right 和 bottom 則是指定了矩形右下角的座標。可選擇性使用的 fill 引數是填入矩形的色彩。可選擇性的 outline 引數則是矩形的框線色彩。

橢圓（Ellipses）

ellipse(xy, fill, outline) 方法可繪製一個橢圓。如果橢圓的寬度和高度一樣，則會繪製出正圓。xy 引數是個方框多元組 (left, top, right, bottom)，代表正好包住橢圓的矩形。可選擇性使用的 fill 引數是填入橢圓的色彩。可選擇性的 outline 引數則是橢圓的框線色彩。

多邊形（Polygons）

polygon(xy, fill, outline) 方法可繪製一個多邊形。xy 是一個多元組的串列，例如：[(x, y), (x, y), …]，或是一個整數串列，例如：[x1, y1, x2, y2, …]，代表多邊形的連接點。最後一對座標會自動連接到第一對座標。可選擇性使用的 fill 引數是填入多邊形的色彩。可選擇性的 outline 引數則是多邊形的框線色彩。

繪製的範例

請在互動式 Shell 模式互動環境中輸入如下內容：

```
>>> from PIL import Image, ImageDraw
>>> im = Image.new('RGBA', (200, 200), 'white')
>>> draw = ImageDraw.Draw(im)
❶ >>> draw.line([(0, 0), (199, 0), (199, 199), (0, 199), (0, 0)], fill='black')
❷ >>> draw.rectangle((20, 30, 60, 60), fill='blue')
❸ >>> draw.ellipse((120, 30, 160, 60), fill='red')
❹ >>> draw.polygon(((57, 87), (79, 62), (94, 85), (120, 90), (103, 113)),
fill='brown')
❺ >>> for i in range(100, 200, 10):
        draw.line([(i, 0), (200, i - 100)], fill='green')

>>> im.save('drawing.png')
```

建立一個 200×200 的白色影像圖的 Image 物件後，將它傳入 ImageDraw.Draw() 中取得 ImageDraw 物件，此繪圖物件存入 draw 變數內，然後再對 draw 呼叫繪圖的方法。在這個例子中，我們在影像圖的邊框繪製上黑色框線❶；繪製一個藍色的矩形，左上角在 (20, 30)、右下角在 (60, 60) ❷；繪製一個紅色的橢圓，由 (120, 30) 到 (160, 60) 的矩形來定義大小❸；繪製一個棕色的多邊形，有五個頂點❹；繪製一些綠色的線條，以 for 迴圈來繪製❺。最後存入 drawing.png 檔中，如圖 19-14 所示。

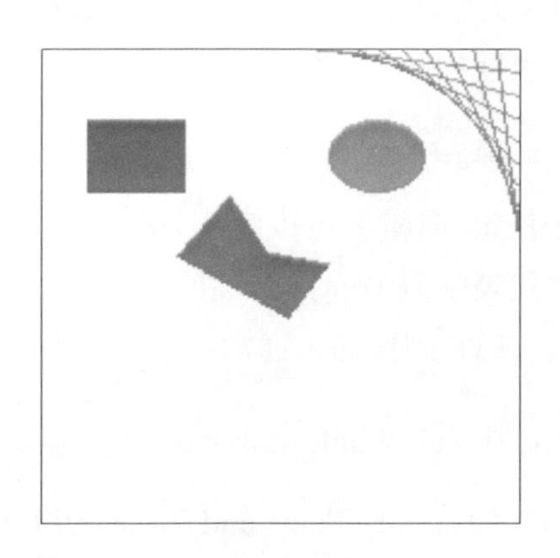

圖 19-14　**繪製的範例** drawing.png

ImageDraw 物件還有其他幾個繪製圖案形狀的方法，相關完整的說明文件請連到 http://pillow.readthedocs.org/en/latest/reference/ImageDraw.html 參考。

繪製文字

ImageDraw 物件還有個 text() 方法，可用來繪製文字。text() 方法有四個引數：xy、text、fill 和 font。

- xy 引數是兩個整數多元組，用來指定文字繪製時的左上角位置。
- text 引數為想要寫入的文字字串。
- 可選擇性的 fill 引數是文字的色彩。
- 可選擇性使用的 font 引數是個 ImageFont 物件，可用來設定文字的字型和大小。在後續內容中會更詳細介紹。

由於很難預先知道一段文字區塊在指定的字型下的大小，所以 ImageDraw 模組也提供了 textsize() 方法，此方法的第一個引數是要估量的文字字串，第二個引數則是可選擇性的 ImageFont 物件。textsize() 方法會返回一個兩整數的多元組，用來代表如果以指定的字型寫入影像時，其文字的寬度和高度。利用這個寬度和高度就能幫您精確掌握繪製的文字在影像圖上的位置。

text() 的前三個引數很簡單，在使用 text() 對影像圖繪製文字之前，讓我們先研究一下可選擇性的第四個引數 ImageFont 物件。

text() 和 textsize() 都可接受這個可選擇性的 ImageFont 物件，把它當成最後一個引數。若想要建立這種物件，可先執行以下指令：

```
>>> from PIL import ImageFont
```

現在已匯入 ImageFont 模組，可以呼叫 ImageFont.truetype() 函式，有兩個引數。第一個引數是代表字型 TrueType 檔的字串，是硬碟中實際的字型檔名稱。TrueType 字型檔有 .TTF 副檔名，通常在以下資料夾中可找到：

- 在 Windows 系統中：C:\Windows\Fonts。
- 在 macOS 系統中：/Library/Fonts and /System/Library/Fonts
- 在 Linux 系統中：/usr/share/fonts/truetype

在 TrueType 字型檔的字串引數中，實際上不需要輸入這些路徑，因為 Python 會自動在這些目錄路徑中搜尋字型。如果找不到指定的字型，Python 會顯示錯誤訊息。

ImageFont.truetype() 的第二個引數是個代表字型大小點數的整數（是字的點數大小，不是像素哦）。請記住，Pillow 建立的 png 影像圖預設解析度為每英寸 72 像素，一點為 1/72 英寸。

請在互動式 Shell 模式中輸入如下內容，以您的作業系統中實際的資料夾名稱來替換範例中的 FONT_FOLDER：

```
   >>> from PIL import Image, ImageDraw, ImageFont
   >>> import os
❶ >>> im = Image.new('RGBA', (200, 200), 'white')
❷ >>> draw = ImageDraw.Draw(im)
❸ >>> draw.text((20, 150), 'Hello', fill='purple')
   >>> fontsFolder = 'FONT_FOLDER' # e.g. 'Library/Fonts'
❹ >>> arialFont = ImageFont.truetype(os.path.join(fontsFolder, 'arial.ttf'), 32)
❺ >>> draw.text((100, 150), 'Howdy', fill='gray', font=arialFont)
   >>> im.save('text.png')
```

匯入 Image、ImageDraw、ImageFont 和 os 模組後，先建立 Image 物件，大小為 200×200 白色影像圖片❶，並藉由這個 Image 物件取得 ImageDraw 物件❷，我們用 text() 在(20, 150)座標位置以紫色繪製 Hello 字樣❸，在這次呼叫 text() 中沒有傳入可選擇性的第四個引數，所以這段文字的字型和大小沒有自訂。

要設定字型和大小，先要把資料夾路徑名稱存到 fontsFolder 變數中，然後再呼叫 ImageFont.truetype()，傳入我們想要用的字型.TTF 檔，隨後是代表字型大小點數的整數值❹。將 ImageFont.truetype() 返回的 Font 物件存放到 arialFont 變數中，隨後把變數傳入 text() 當作第四個關鍵字引數。在❺這行呼叫 text() 在座標位置 (100, 150) 繪製了 Howdy 字樣，是用灰色、32 點的 Arial 字型。

最後儲存成 text.png 檔，如圖 19-15 所示。

圖 19-15　繪製文字的範例 text.png

總結

影像圖是由像素的集合所組成，每個像素都具有代表色彩的 RGBA 值，可利用 x 和 y 座標來指定位置。兩種常見的影像圖檔格式為 JPEG 和 PNG，pillow 模組可處理這兩種圖檔和其他格式。

當影像被載入為 Image 物件時，它的寬度和高度當作為兩個整數多元組，它存放在 size 屬性中。Image 資料型別的物件也有一些方法可進行常見的影像處理：crop()、copy()、paste()、resize()、rotate() 和 transpose() 等。要把 Image 物件儲存為影像圖檔的話，就要呼叫 save() 方法。

若想要讓程式在影像圖片中繪製圖案形狀，就要用 ImageDraw 的方法來繪製點、線、矩形、橢圓和多邊形等。此模組也提供了一些方法，可讓您用選擇的字型和大小來繪製文字。

雖然像 Photoshop 這種高階（又昂貴）的應用程式提供了自動批次處理的功能，但您可以設計 Python 腳本程式，不花錢就能完成各種相同的修改處理。在前述的章節內容中，您設計編寫的 Python 程式已有能力處理純文字檔、試算表、PDF 和其他格式了，現在利用 Pillow 模組，您設計的程式就能擴展延伸到影像處理的工作。

習題

1. 什麼是 RGBA 值？
2. 怎麼使用 Pillow 模組取得 'CornflowerBlue' 的 RGBA 值？
3. 什麼是方框多元組？
4. 有哪個函式可開啟 zophie.png 圖檔返回一個 Image 物件？
5. 如何取得一個 Image 物件的影像圖的寬度和高度？
6. 呼叫什麼方法來裁切擷取一個 100×100 的影像圖的 Image 物件，但不包含它左下角的四分之一？
7. 對 Image 物件修改處理後，要用什麼方法儲存成影像圖檔？

8. 什麼模組含有 Pillow 繪製圖案形狀的方法？
9. 如果 Image 物件沒有繪製圖案的方法，什麼物件才有？如何建立取得這種物件？

實作專題

為了練習與實作，請依照下列需求編寫設計程式。

擴充和修改本章程式專題的程式範例

本章的 resizeAndAddLogo.py 程式範例使用 PNG 和 JPEG 檔，但 Pillow 還支援許多其他圖檔格式，請擴充 resizeAndAddLogo.py 程式，讓它也能處理 GIF 和 BMP 檔。

另一個小問題是，原程式只有在圖檔的副檔名為小寫時，程式才修改 PNG 和 JPEG 檔案，例如，程式會處理 zophie.png，但不處理 zophie.PNG。請修改程式，讓副檔名的檢查變成不區分大小寫，都能處理。

最後，加入到右下角的標誌圖本來只是個小小的圖片標誌，但如果此影像圖與標誌圖本身差不多大，覆蓋上去的結果會變成類似圖 19-16 所示。請修改 resize AndAddLogo.py 程式，使得影像必須至少是標誌圖的兩倍大寬度和高度時，才能貼上標誌圖，不然就要跳過加入標誌圖的處理。

圖 19-16　如果影像圖本身沒有比標誌圖大，貼上結果會很難看

在硬碟中找出照片資料夾

我有個不太好的習慣，從數位相機把照片檔上傳到硬碟的暫時資料夾後，常就忘了這些資料夾，如果有一支程式能幫我掃描整顆硬碟，找出這些被遺忘的「照片資料夾」就太好了。

請設計一支程式，能巡遍硬碟上的每個資料夾，找出可能的「照片資料夾」。當然，第一件事是要先定義什麼是「照片資料夾」，假設是超過半數檔案都是照片檔的任何資料夾就是「照片資料夾」。再來是定義什麼是檔案算是照片檔？

首先，照片檔必須有副檔名為 .png 或 .jpg 的檔案，此外，照片算是大型的影像圖片，所照片檔的寬度和高度都必須大於 500 像素，這算是個安全的假設，因為大多數的數位相機的照片檔，其寬度和高度都是幾千萬像素的。

下列這段程式為提示用的粗略程式框架：

```
#! python3 #
Import modules and write comments to describe this program.

for foldername, subfolders, filenames in os.walk('C:\\'):
    numPhotoFiles = 0
    numNonPhotoFiles = 0
    for filename in filenames:
        # Check if file extension isn't .png or .jpg.
        if TODO:
            numNonPhotoFiles += 1
            continue    # skip to next filename

        # Open image file using Pillow.

        # Check if width & height are larger than 500.
        if TODO:
            # Image is large enough to be considered a photo.
            numPhotoFiles += 1
        else:
            # Image is too small to be a photo.
            numNonPhotoFiles += 1

    # If more than half of files were photos,
    # print the absolute path of the folder.
    if TODO:
        print(TODO)
```

當程式執行時，它應該在畫面上印出所有照片資料夾的絕對路徑。

自訂的座位卡

在第 13 章中有個實作專題，是利用純文字檔的客人名單來建立自訂的邀請函。以此專題來附加延伸，使用 Pillow 模組，為客人建立自訂的座位卡圖片。請由 http://nostarch.com/automatestuff2/ 下載檔案 guests.txt，對其中列出的客人生成有客人名字和一些鮮花裝飾的影像圖片檔。在下載的相關範例檔案中，也含有一個公共版權的鮮花影像圖可使用。

為了確定每個座位卡大小相同，在影像圖的邊框加上黑色框線，這樣在影像圖列印出來時，可沿著邊框裁剪下來。Pillow 建立的 PNG 檔會設定為解析度每英寸是 72 像素。因此 4×5 英寸的卡片要 288×360 像素的影像圖片。

第 20 章

以 GUI 自動化來控制鍵盤和滑鼠

了解和活用試算表編修、下載檔案和執行程式的各種 Python 模組，對我們是很有幫助的，但有時候就是找不到模組可對應您要操作的應用程式。在電腦中能自動化處理工作的最強工具，就是設計寫出程式直接控制鍵盤和滑鼠，這程式能控制其他應用程式，對它們傳送虛擬的鍵盤按鍵和滑鼠點按動作，就像您自己坐在電腦前與應用程式互動一樣。

這種技術稱為「圖型使用者介面自動化（graphical user interface automation）」，或簡稱「GUI 自動化」。有了 GUI 自動化的協助，您的程式就能像一個真人坐在電腦前一樣做任何事情，但是它可不會把咖啡不小心潑到鍵盤上哦。

請把 GUI 自動化看成是對一台機器手臂進行程式化，設計編寫程式到機器手臂，讓它幫您按鍵盤和移動滑鼠。這項技術對很多以無腦式的點按或填寫某些表格的作業是很有用的支援。

有些公司銷售創新（且價格昂貴）的「自動化解決方案」，通常標榜的是以機器式處理自動化（RPA, robotic process automation）的形式來銷售。這類產品實際上與您使用 pyautogui 模組建立的 Python 程式腳本並沒有什麼不同，pyautogui 模組中有一些函式可模擬滑鼠移動游標、點按和捲動滾輪等。本章只介紹了 PyAutoGUI 中一部分功能應用而已，完整的說明文件可連到 http://pyautogui.readthedocs.org/ 查閱。

安裝 pyautogui 模組

pyautogui 模組可對 Windows、macOS 和 Linux 系統傳送虛擬按鈕和滑鼠點按。Windows 和 macOS 的使用者可以直接用 pip 來安裝 PyAutoGUI。不過 Linux 的使用者在第一次安裝時可能還需要再補裝一些其他相互依賴的模組。請開啟終端視窗，輸入如下指令：

- sudo apt-get install scrot
- sudo apt-get install python3-tk
- sudo apt-get install python3-dev

若想要安裝 PyAutoGUI，請執行 pip install --user pyautogui 即可。sudo 與 pip 不要一起使用，因為您在安裝模組到 Python 時作業系統可能正在使用其中某項功能，因而導致與依賴於原本配置的程式腳本發生衝突。不過在使用 apt-get 安裝應用程式時，就應該要使用 sudo 指令。

附錄 A 有介紹安裝第三方模組的完整資訊。要測試 PyAutoGUI 是否有正確安裝，可在互動式 Shell 模式下輸入 import pyautogui，看看有沒有錯誤訊息就知道了。

> **警告**
>
> 不要在您的程式存檔時取名為 pyautogui.py。不然，當您執行 import pyautogui 時，Python 匯入的是您的程式而不是 PyAutoGUI 模組，而且還會出現諸如：AttributeError: module 'pyautogui' has no attribute 'click' 這類的錯誤訊息。

在 macOS 中設定輔助應用程式

為了安全起見，macOS 在一般的情況下是不允許程式控制滑鼠游標或鍵盤的。若想要讓 PyAutoGUI 在 macOS 上執行，則必須把執行 Python 程式腳本的程式設定為輔助應用程式（accessibility application）。若沒有經過這個步驟的設定，您的 PyAutoGUI 函式呼叫會是無效的。

無論您是從 Mu、IDLE 還是終端機來執行 Python 程式，都必須應用程式開啟。然後打開「系統偏好設定」，然後轉到「輔助使用」標籤。目前開啟的應用程式會顯示在「允許下列 App 控制您的電腦」標籤下。點選 Mu、IDLE、終端機或您用來執行 Python 程式腳本的任何應用程式。系統會提示您輸入密碼以確認這些修改。

別走太快，保持在對的路上

在您邁入使用 GUI 自動化之前，您要先知道如何避免可能發生的問題，Python 會以超快的速度來移動滑鼠和按下鍵盤按鍵，事實上有可能太快而導致其他程式跟不上。如果出了問題，但您的程式還繼續移動滑鼠，這可能更難搞清楚程式在做什麼，或是怎麼從出錯中回復。就像迪士尼電影「魔法師的學徒」中的魔法掃把，它不斷地對米奇的浴缸灌水一然後水滿了就溢出來），就算完美地執行了您的指令，您的程式還是可能失去控制。如果程式自己移動滑鼠，要停止可能很難，您不能點按 Mu 編輯器視窗來關閉程式的執行。還好有幾種方法可防止或能回復 GUI 自動化所引起的問題。

暫停與失效安全防護

如果您的程式中有 bug，而且無法使用鍵盤和滑鼠游標將其關閉，則可以使用 PyAutoGUI 的失效安全防護（fail-safe）功能。快速將滑鼠游標滑到螢幕的四個角落之一。PyAutoGUI 函式呼叫在執行其操作後都會有十分之一秒的延遲，這樣能讓您有足夠的時間把滑鼠游標移到某個角落。如果 PyAutoGUI 之後發現滑鼠游標是在某個角落上，則會引發 pyautogui.FailSafeException 例外異常。非 PyAutoGUI 指令則沒有這種十分之一秒的延遲。

若您發現自己就是在需要停止 PyAutoGUI 程式的處境，只要捉住時機滑動滑鼠游標到螢幕的角落就能停止。

藉由登出關閉所有程式

若想要停止去控制的 GUI 自動化程式，最簡單的方法就是「登出」系統，這樣會關閉所有執行的程式。在 Windows 和 Linux 系統中，登出的快速鍵是 Ctrl-Alt-Del 鍵。在 macOS 系統內，快速鍵是 ⌘-SHIFT-OPTION-Q。登出的話，您會遺失還沒儲存的工作，但至少不用等電腦完全重開機的時間。

控制滑鼠的移動

在本節的內容中，您會學到怎麼使用 pyautogui 來移動滑鼠游標，追蹤它在螢幕畫面上的位置，但您要先搞懂 pyautogui 如何處理座標的。

pyautogui 的滑鼠游標函式使用 x、y 座標，如圖 20-1 所示為電腦螢幕畫面的座標系統，它與 19 章中介紹的影像圖片座標系統很類似。原點的 x、y 都是 0，在螢幕的左上角。x 座標向右遞增，y 座標向下遞增。所有座標都是正整數，沒有負數座標。

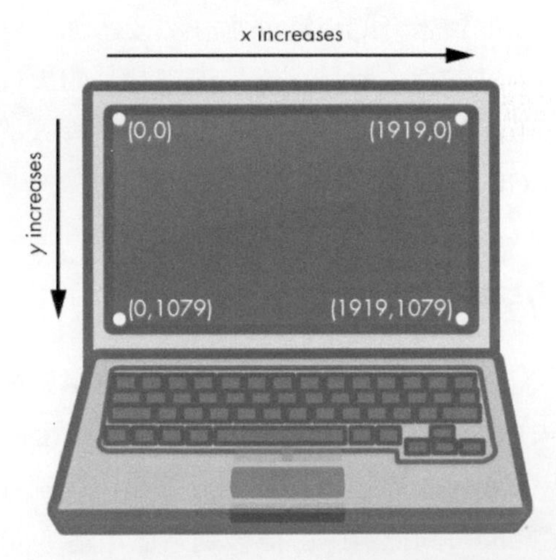

圖 20-1　解析度為 1920×1080 的電腦螢幕上的座標系統

解析度是指螢幕的寬度和高度由多少個像素所組成，如果螢幕的解析度設為 1920×1080，則左上角的座標為 (0, 0)，右下角的座標為 (1919, 1079)。

pyautogui.size() 函式返回螢幕的寬度和高度像素數值的兩個整數多元組。請在互動式 Shell 模式下輸入如下內容：

```
>>> import pyautogui
>>> wh = pyautogui.size() # Obtain the screen resolution.
>>> wh
Size(width=1920, height=1080)
>>> wh[0]
1920
>>> wh.width
1920
```

在解析度為 1920×1080 的電腦中，pyautogui.size() 會返回 (1920, 1080)，根據螢幕解析度的不同，其返回值也不一樣。size() 返回的 Size 物件是一個已命名的多元組。已命名多元組具有數值索引足標（如一般的多元組）和屬性名稱（如物件）：wh [0] 和 wh.width 都是指螢幕的寬度（已命名多元組超出了本書的範圍。您只需記住，使用上與一般多元組是一樣的）。

移動滑鼠游標

現在已學了螢幕的座標系統，接著就來移動滑鼠游標吧！pyautogui.moveTo() 函式會將滑鼠游標馬上移到螢幕指定的座標位置。代表 x、y 座標的整數值分別是此函式的第一個和第二個引數。還有個可選擇性的 duration 整數或浮點數關鍵字引數，能指定將滑鼠游標移到目標位置所需的秒數，如果不指定，預設值為 0，會馬上移到（在 PyAutoGui 函式中，所有 duration 關鍵字引數是可選擇性的，要不要用都可以）。請在互動式 Shell 模式下輸入如下內容：

```
>>> import pyautogui
>>> for i in range(10):  # Move mouse in a square.
...     pyautogui.moveTo(100, 100, duration=0.25)
...     pyautogui.moveTo(200, 100, duration=0.25)
...     pyautogui.moveTo(200, 200, duration=0.25)
...     pyautogui.moveTo(100, 200, duration=0.25)
```

在這個例子中是以提供的座標位置，用正方形的模式順時針移動滑鼠游標，共移動 10 次。每次移動期間都設為 0.25 秒，因為關鍵字引數 duration=0.25，如果在 pyautogui.moveTo() 中沒有指定第三個引數，則滑鼠游標會馬上瞬移到指定的點位上。

pyautogui.move() 函式則會移動滑鼠游標到與目前相對的位置。下面的例子同樣以正方形的模式移動滑鼠游標，只是它從程式碼開始執行時以滑鼠游標目前所在位置來移動：

```
>>> import pyautogui
>>> for i in range(10):
...     pyautogui.move(100, 0, duration=0.25)   # right
...     pyautogui.move(0, 100, duration=0.25)   # down
...     pyautogui.move(-100, 0, duration=0.25)  # left
...     pyautogui.move(0, -100, duration=0.25)  # up
```

pyautogui.move() 也接受 3 個引數：向右水平移動多少像素、向下垂直移動多少像素，和花多少時間完成移動（此為可選擇性）。若對第一和第二個引數放入負整數，則會向左和向上移動。

取得滑鼠游標的位置

利用呼叫 pyautogui.position() 函式可確定滑鼠游標的位置座標值，它會返回函式在呼叫當下滑鼠游標 x、y 座標位置的多元組。請在互動式 Shell 模式下輸入如下內容：

```
>>> pyautogui.position() # Get current mouse position.
Point(x=311, y=622)
>>> pyautogui.position() # Get current mouse position again.
Point(x=377, y=481)
>>> p = pyautogui.position() # And again.
>>> p
Point(x=1536, y=637)
>>> p[0] # The x-coordinate is at index 0.
1536
>>> p.x # The x-coordinate is also in the x attribute.
1536
```

理所當然，您的返回值是依照您電腦上滑鼠游標的所在位置來決定的。數值會與上述範例中的數值不同。

控制滑鼠的互動

現在您已學會如何由程式移動滑鼠游標，並知道怎麼取得它的座標位置，接下來就是要學按一下、拖曳和捲動等滑鼠操作。

按一下滑鼠

想要對電腦傳送虛擬的滑鼠按一下動作，就要用到 pyautogui.click() 方法。預設的情況下，按一下是指按一下滑鼠的左鍵，按下發生在游標目前所在的座標位置。如果希望按一下是在游標目前座標位置以外的其他地方，則可傳入 x、y 座標當成第一和第二個引數。

如果要指定按下的滑鼠按鍵，要用到 button 關鍵字引數，其值分別為 'left'、'middle' 或 'right'。舉例來說，pyautogui.click(100, 150, button='left') 是指在座標 (100, 150) 的位置按一下滑鼠左鍵。而 pyautogui.click(200, 250, button='right') 是指在座標 (200, 250) 的位置按一下滑鼠右鍵。

請在互動式 Shell 模式下輸入如下內容：

```
>>> import pyautogui
>>> pyautogui.click(10, 5) # Move mouse to (10, 5) and click.
```

執行後您會看到滑鼠游標移到螢幕左上角的位置按一下左鍵。完整的「按一下」是按下滑鼠左鍵後放開，同時不移動位置。您也可以呼叫 pyautogui.mouseDown() 按下滑鼠左鍵，再呼叫 pyautogui.mouseUp() 放開滑鼠左鍵，這樣也算作出完整「按一下」的動作。這些函式的引數和 click() 相同。事實上，click() 函式只是把這兩個函式的呼叫封裝起來方便使用罷了。

另外還更方便的應用，pyautogui.doubleClick() 函式執行按二下滑鼠左鍵，然後放開。pyautogui.rightClick() 和 pyautogui.middleClick() 則分別代表按下右鍵和按下中間鍵。

拖曳滑鼠游標

「拖曳」是指移動滑鼠游標，同時按住滑鼠按鍵不放。例如，拖曳資料夾中的檔案圖示到其他資料夾中，完成搬移檔案的動作。或是在日曆應用程式中拖曳日期來調動預約的行程。

PyAutoGUI 提供了 pyautogui.dragTo() 和 pyautogui.drag() 函式，會把滑鼠游標拖曳到新的位置，或相對於目前位置的其他位置。dragTo() 和 drag() 的引數與 moveTo() 和 move() 相同：x 座標／水平移動，y 座標／垂直移動，和可選擇性使用的時間間隔（在 macOS 上，如果滑鼠游標移動太快，拖曳會出錯，最好是設定 duration 關鍵字引數，給一點時間間隔）。

接下來要試試這些函式的用法，請開啟一個繪圖軟體，如 Windows 上的小畫家，macOS 上的 Paintbrush，或 Linux 上的 GNU Paint 等（如果沒有繪圖軟體，也可找線上繪圖工具，如 http://sumopaint.com/）。我們將使用 PyAutoGUI 在這些應用程式中繪圖。

讓滑鼠游標停在繪圖應用程式的畫布上，同時選取鉛筆或畫筆工具，在新的 file editor 標籤視窗中輸入如下內容，存成 spiralDraw.py 檔：

```
  import pyautogui, time
❶ time.sleep(5)
❷ pyautogui.click()    # click to make the window active.
  distance = 300
  change = 20
  while distance > 0:
   ❸ pyautogui.drag(distance, 0, duration=0.2)   # Move right
   ❹ distance = distance - change
   ❺ pyautogui.drag(0, distance, duration=0.2)   # Move down
   ❻ pyautogui.drag(-distance, 0, duration=0.2)  # Move left
      distance = distance - change
      pyautogui.drag(0, -distance, duration=0.2)  # Move up
```

執行這程式時，會有 5 秒的延遲停留❶，讓您選取鉛筆或畫筆工具，並讓滑鼠游標移到畫布上，隨即 spiralDraw.py 會控制滑鼠游標，按一下繪圖軟體視窗變使用中狀態❷。在使用中狀態的視窗，這時我們的操作（如打字或拖曳滑鼠游標）都會在這個視窗有反應。使用中視窗也被稱為焦點或前景視窗。進入繪圖軟體視窗後，spiralDraw.py 就會向內畫出正方形螺旋狀的圖案，如圖 20-2 所示。雖然也可以使用第 19 章中討論的 Pillow 模組來建立方形螺旋圖案，但透過控制滑鼠游標在小畫家中繪製圖案，是可以利用小畫家的各種筆刷樣式，如圖 20-2 所示。右側以及其他進階功能（例如漸層色或圖形填滿功能），我們可以自己預先選好筆刷設定（或讓您的 Python 程式碼選取這些設定），然後執行這支螺旋繪圖程式。

程式中的 distance 從 200 開始，所以在 while 迴圈的第 1 個重覆迭代中，第 1 次呼叫 drag() 會把游標向右拖曳 200 像素，花了 0.2 秒❸，隨後 distance 降會為 180 像素（change 為 20）❹，第 2 次呼叫 drag() 會把游標向下拖曳 180 像素❺，第 3 次呼叫 drag() 會把游標向左拖曳 180 像素（用負數 -180）❻，distance 再降至 160，最後一次呼叫 drag() 會把游標向上拖曳 160 像素。每次重覆迭代，滑鼠游標都會向右、向下、向左、向上拖曳，distance 值都會遞減直到小於 0 就停止迴圈。利用這段迴圈就能拖曳滑鼠畫出向內縮小的方形螺旋圖案。

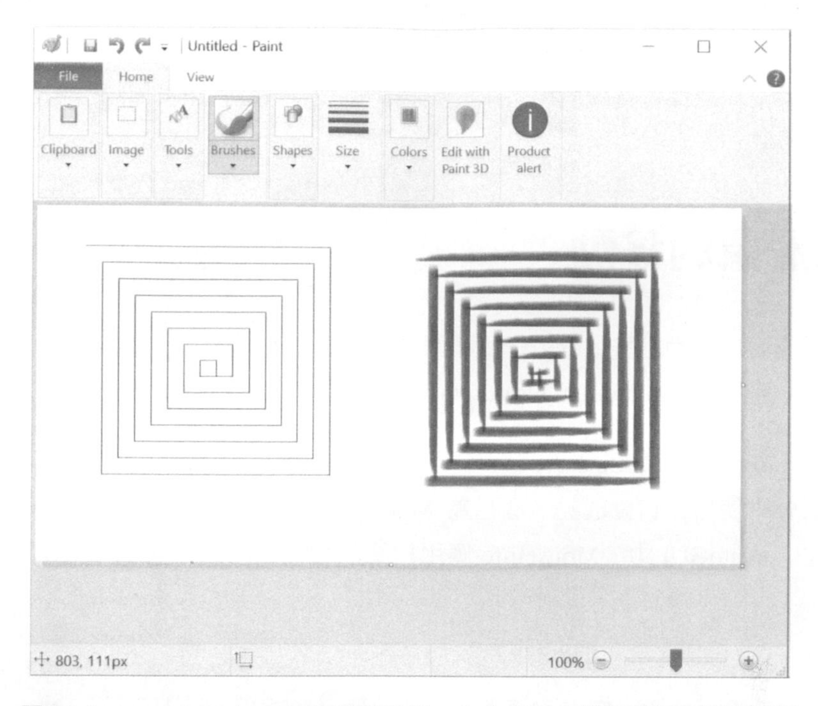

圖 20-2　pyautogui.drage() 的應用實例，在小畫家中使用不同的筆刷繪製

若以手動來繪出這樣的正方形螺旋圖案有點難，要畫得很慢才有可能很準確。但使用 pyautogui 來幫忙，幾秒就搞定！

> **NOTE**
>
> 在撰寫本書時，PyAutoGUI 還不能將滑鼠游標點按或按下鍵盤操作發送到某些程式，例如防毒軟體（這是為了防止病毒操控停用防毒軟體）或 Windows 上的電玩遊戲（這類遊戲使用不同的方法來接收滑鼠游標和鍵盤輸入）。讀者可以在 https://pyautogui.readthedocs.io/ 上查看線上的說明文件，查看這些功能是否有什麼變化。

滑鼠游標的捲動

最後一個 pyautogui 函式是 scroll()，對它傳入整數引數，指出向上和向下捲動多少單位，這個單位在每個作業系統和應用程式都不太一樣，所以您要先測試，看看在您的應用程式中捲動多少。

捲動是在滑鼠游標目前的位置發生。傳入正整數代表向上捲動，傳入負整數代表向下捲動。把游標停在 Mu 編輯器視窗上，在其中輸入如下內容：

```
>>> pyautogui.scroll(200)
```

如果滑鼠游標位在視窗中可以向上捲動的文字欄位內，則會看到 Mu 視窗會向上捲動。

規劃滑鼠的移動

編寫可以自動點按螢幕的程式，難題之一就是要找到您想要點按對象的 x 座標和 y 座標。pyautogui.mouseInfo() 函式可以幫助您搞定這個難題。

pyautogui.mouseInfo() 函式是在互動式 Shell 模式中呼叫，而不是作為程式的一部分來使用。它會啟動一個名為 MouseInfo 的小型應用程式，這個程式已包含在 PyAutoGUI 中。MouseInfo 應用程式的視窗開啟後如圖 20-3 所示。

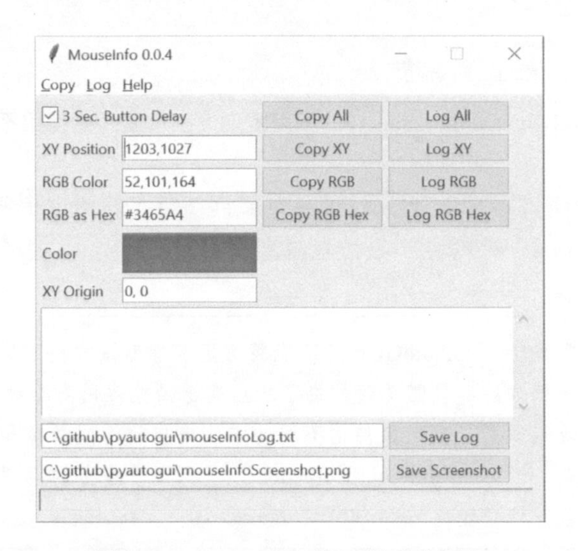

圖 20-3　MouseInfo 應用程式的視窗

請在互動式 Shell 模式中輸入如下內容：

```
>>> import pyautogui
>>> pyautogui.mouseInfo()
```

這樣 MouseInfo 視窗會顯示出來。該視窗為我們提供關於滑鼠游標目前位置的資訊，以及滑鼠游標下方像素的色彩值，是以三個整數 RGB 多元組和十六進制值來呈現。色彩本身會顯示在視窗的 Color 方塊中。

為了幫助我們記錄此座標或像素資訊，可以點按上面 8 個 Copy 或 Log 按鈕之一來收集資訊。Copy All、Copy XY、Copy RGB 和 Copy RGB Hex 按鈕會把其各自的資訊複製到剪貼簿內。Log All、Log XY、Log RGB 和 Log RGB Hex 按鈕會將其各自的資訊寫入 MouseInfo 視窗中間的大型文字方塊，您可以透過點按 Save Log 按鈕把大型文字方塊中的文字都儲存起來。

預設的情況下，3 Sec. Button Delay 核取方塊是有勾選的。這樣的情況下，點按 Copy 或 Log 按鈕與進行複製或記錄之前會有三秒鐘的延遲，這可以讓您利用這麼短時間把滑鼠游標移到所需位置。取消勾選此核取方塊，把滑鼠游標移至所需位置，然後按下 F1 至 F8 鍵也能複製或記錄滑鼠游標的位置資訊，這種方塊可能會更容易收集資訊。請查看 MouseInfo 視窗頂端的 Copy 和 Log 功能表，可找出對應按鈕的快速鍵是哪幾個。

舉例來說，不勾選 3 Sec. Button Delay 核取方塊，然後把滑鼠游標移到螢幕任一位置，按下 F6 鍵，請留意，此時在 MouseInfo 視窗中間的大型文字方塊中就會顯示滑鼠游標的 x 和 y 座標，隨後就能在 PyAutoGUI 程式腳本中使用這個座標值。

想要了解更多關於 MouseInfo 的資訊，請連到 https://mouseinfo.readthedocs.io/ 這裡查閱完整的說明文件。

螢幕的相關工作

您所設計的 GUI 自動化程式不需要盲目按一下和輸入，透過 PyAutoGUI 的螢幕截圖功能，可依據目前螢幕的內容建立圖檔。這些函式也可返回一個 Pillow 的 Image 物件，內含目前的螢幕的內容。如果您是跳著讀這本書，則可能要回去看第 19 章，先安裝 Pillow 才能繼續本節的內容。

在 Linux 系統中，scrot 程式需要先安裝，這樣才能在 PyAutoGUI 中使用螢幕截圖的函式。在終端視窗中，請執行 **sudo apt-get install scrot** 來安裝程式。如果您用 Windows 或 macOS 系統，則請忽略這個安裝。

取得螢幕截圖

若想要在 Python 取得螢幕截圖，就要呼叫 pyautogui.screenshot() 函式，請在互動式 Shell 模式中輸入如下內容：

```
>>> import pyautogui
>>> im = pyautogui.screenshot()
```

im 變數會存放一個螢幕截圖的 Image 物件，現在可以呼叫 im 變數中的 Image 物件的方法，就像使用所有其他 Image 物件一樣，第 19 章有更多關於 Image 物件的資訊。

分析螢幕截圖

話說您的 GUI 自動化程式中，有個步驟是要按一下灰色按鈕，在呼叫 click() 方法之前，可先取得螢幕截圖，先查看要按一下的位置的像素是什麼色彩，如果它的色彩不是灰色按鈕，那麼程式可能哪裡出錯了，也許視窗有了意外的移動，或是彈出式對話方塊擋住了那個按鈕。此時應該停下來（因為有可能會點按下錯誤的東西而造成嚴重錯誤），程式應該要能「看到」它在沒有按下對的東西時會自動停下來。

您可以使用 pixel() 函式取得螢幕上特定像素的 RGB 色彩值。請在互動環境中輸入如下內容：

```
>>> import pyautogui
>>> pyautogui.pixel((0, 0))
(176, 176, 175)
>>> pyautogui.pixel((50, 200))
(130, 135, 144)
```

對 pixel() 函式傳入座標的多元組，如 (0, 0) 或 (50 , 200) 等，函式就會返回影像圖中這個座標位置的像素色彩。pixel() 函式的返回值是個 RGB 多元組，內容為三個整數，分別代表紅綠藍的色值（沒有第四個值 alpha，因為螢幕截圖是完全不透明的）。

如果螢幕中指定的 x、y 座標位置的像素與指定的色彩比對相吻合，PyAutoGUI 摸 pixelMatchesColor() 函式就會返回 True，傳入函式的第一個和第二個引數是整數，對應 x、y 座標，第三個引數是個內含三個整數的多元組，是螢幕像素要比對吻合的 RGB 色彩值。請在互動環境中輸入如下內容：

```
   >>> import pyautogui
❶ >>> pyautogui.pixel((50, 200))
   (130, 135, 144)
❷ >>> pyautogui.pixelMatchesColor(50, 200, (130, 135, 144))
   True
❸ >>> pyautogui.pixelMatchesColor(50, 200, (255, 135, 144))
   False
```

在取得螢幕截圖，並使用 pixel() 函式取得特定座標位置像素色彩的 RGB 多元組之後❶，將同樣的座標和 RGB 多元組傳入 pixelMatchesColor() 函式❷中比對吻合會返回 True，隨後改變 RGB 多元組中的某個值，再用同樣的座標呼叫 pixelMatchesColor() ❸，這次不吻合而返回 False。您的 GUI 自動化程式在呼叫 click() 之前，用這種方法來確定會是很有用的作法。請留意，指定座標位置的色彩應該要「完全」比對吻合，就算只有一點點差異（例如，若是 (255, 255, 254) 而不是 (255, 255, 255)），函式也還是會返回 False。

影像圖片的識別

但如果事先不知道要按一下哪個位置時要怎麼辦呢？那就使用影像圖片識別功能吧。對 PyAutoGUI 提供想要按一下的影像圖片，讓它幫您找出座標位置。

舉例來說，如果我們以前已取得螢幕截圖，截取了提交按鈕的圖片，並存成 submit.png 檔，那麼 locateOnScreen() 函式會返回此圖片所在的座標位置。若想要了解 locateOnScreen() 函式的運作方式，請先截取螢幕上某一塊區域的圖片，並存成圖檔，在互動 Shell 模式中輸入如下內容，用您所截取的螢幕圖片的圖檔名稱取代下面的 'submit.png'：

```
>>> import pyautogui
>>> b = pyautogui.locateOnScreen('submit.png')
>>> b
Box(left=643, top=745, width=70, height=29)
>>> b[0]
643
>>> b.left
643
```

locateOnScreen() 函式返回的是 Box 物件，此物件是個命名多元組，分別代表螢幕上首次找到符合該圖片時左上角的 x、y 座標，以及其寬度和高度。如果您用自己的螢幕截圖，在自己的電腦上測試，則返回值和上述的例子會不一樣。

如果螢幕上沒找到符合該圖片的內容，locateOnScreen() 函式會返回 None。請留意，在比對螢幕和您傳入的影像圖片時，是要完全比對符合才行，就算只素一個像素，locateOnScreen() 函式會引發 ImageNotFoundException 例外異常。如果您變更了螢幕的解析度，螢幕截圖的圖片也是會與之前螢幕截圖的圖片不相符。在作業系統中可以變更螢幕顯示比例的設定，如圖 20-4 所示。

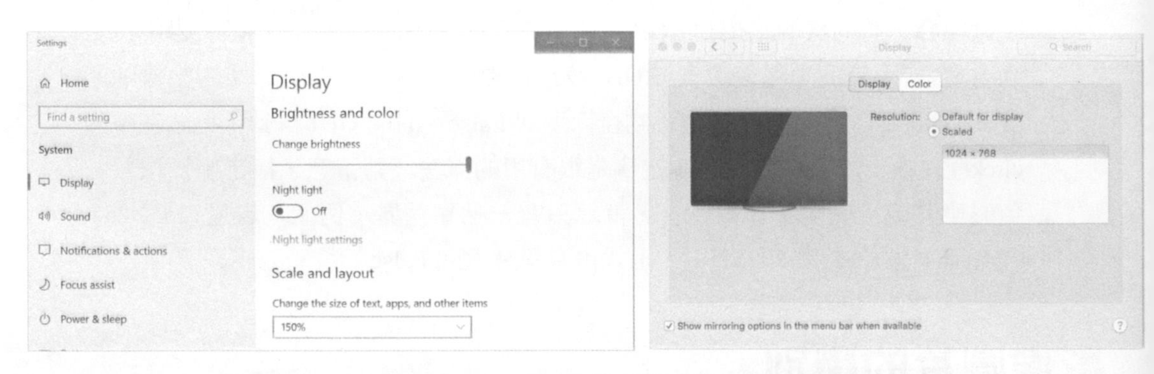

圖 20-4　圖左為 Window 10 和圖右為 macOS 的螢幕顯示比例設定

如果此截圖的圖檔在螢幕上有很多處比對都吻合，locateAllOnScreen() 函式會返回一個 Generator 物件，可將此物件傳入 list() 返回一個有四個整數多元組的串列。請在互動 Shell 模式中繼續前述的例子實作，輸入如下內容（請用您截取的部分螢幕圖片的圖檔名稱取代下面的 'submit.png'）：

```
>>> list(pyautogui.locateAllOnScreen('submit.png'))
[(643, 745, 70, 29), (1007, 801, 70, 29)]
```

每個四整數多元組代表了螢幕上比對吻合的區域，如果圖片只找到一個符合，那麼用 list() 和 locateAllOnScreen() 返回的串列則只有一個多元組。

一旦我們取得圖片所螢幕區域的四整數多元組後，就可以把多元組傳入 click() 在此區域的中心點按一下。在互動 Shell 模式輸入如下內容：

```
>>> pyautogui.click((643, 745, 70, 29))
```

這裡介紹一個快捷方法，我們可以直接把螢幕截圖的檔名傳入 click() 函式來完成上述點按的操作：

```
>>> pyautogui.click('submit.png')
```

moveTo() 和 dragTo() 函式也能接受傳入螢幕截圖檔名的方式。請記住，如果在螢幕上找不到符合圖片時，locateOnScreen() 會引發例外異常，所以最好要在 try 陳述句中呼叫：

```
try:
    location = pyautogui.locateOnScreen('submit.png')
except:
    print('Image could not be found.')
```

如果沒有使用 try 和 except 陳述句，一旦引發例外異常時就會讓程式當掉。由於我們不能確定程式都能找到螢幕上符合截圖的位置，所以在 try 和 except 陳述句中呼叫 locateOnScreen() 還是最好的作法。

取得視窗資訊

影像圖片的識別在螢幕上尋找比對上算是較弱的方法。只要有一個像素的色彩不同，pyautogui.locateOnScreen() 就不能比對找出該圖片的位置。如果我們要要尋找的是某個特定視窗在螢幕上的位置，則可以使用 PyAutoGUI 的 window 函式，其功能更快、更可靠。

> NOTE
>
> 從 0.9.46 版開始，PyAutoGUI 的 window 函式僅適用於 Windows 系統，不適用於 macOS 或 Linux。這些函式來自 PyAutoGUI 內的 PyGetWindow 模組。

取得使用中視窗

螢幕上的使用中視窗（active window）是指目前位於前台並接受鍵盤輸入的視窗。如果您目前正在使用 Mu 編輯器編寫程式碼，則 Mu 編輯器視窗就是使用中視窗。在螢幕上的所有視窗中，一次只有一個是處於使用中的狀態。

在互動式 Shell 模式中，呼叫 pyautogui.getActiveWindow() 函式以取得 Window 物件（在 Windows 系統中執行時，從技術上來講是指 Win32Window 物件）。

取得 Window 物件後，就可以擷取物件的所有屬性，這些屬性包括其大小、位置和標題：

- **left, right, top, bottom**　視窗某一側的 x 或 y 座標的單個整數值。

- **topleft, topright, bottomleft, bottomright**　視窗某個角落 (x, y) 座標的兩個整數的命名多元組。
- **midleft, midright, midleft, midright**　視窗某一側中間 (x, y) 座標的兩個整數的命名多元組。
- **width, height**　視窗的維度（寬、高）之一的單個整數值，單位為像素。
- **size**　視窗大小 (寬, 高) 的兩個整數的命名多元組。
- **area**　代表視窗區域面積的單個整數值，單位為像素。
- **center**　視窗中央 (x, y) 座標的兩個整數的命名多元組。
- **centerx, centery**　視窗中央 x 或 y 座標的單個整數值。
- **box**　視窗方塊 (left, top, width, height) 的四個整數的命名多元組。
- **title**　視窗頂端標題列中的文字字串。

若想要從 window 物件中取得視窗的位置、大小和標題資訊，可在互動式 Shell 模式中輸入如下內容：

```
>>> import pyautogui
>>> fw = pyautogui.getActiveWindow()
>>> fw
Win32Window(hWnd=2034368)
>>> str(fw)
'<Win32Window left="500", top="300", width="2070", height="1208", title="Mu
1.0.1 - test1.py">'
>>> fw.title
'Mu 1.0.1 - test1.py'
>>> fw.size
(2070, 1208)
>>> fw.left, fw.top, fw.right, fw.bottom
(500, 300, 2070, 1208)
>>> fw.topleft
(256, 144)
>>> fw.area
2500560
>>> pyautogui.click(fw.left + 10, fw.top + 20)
```

現在我們可以使用這些屬性來算出視窗內的精確座標值。如果我們知道要點按的按鈕一直都會位於視窗左上角的向右 10 像素和向下 20 像素的位置，而且目前視窗的左上角是位於螢幕座標 (300, 500)，則可呼叫 pyautogui.click(310, 520) 來點按此按鈕，或者如果 fw 中含有視窗的 Window 物件，則可呼叫 pyautogui.

click(fw.left + 10, fw.top + 20) 來點按該按鈕。如此一來，我們就不必依靠速度較慢、可靠性較低的 locateOnScreen() 函式來找出按鈕的座標位置。

其他取得視窗的方法

雖然 getActiveWindow() 對於取得在函式呼叫時處於使用中狀態之視窗是很有用的，但我們還是需要用其他函式來取得螢幕上其他視窗的 Window 物件。

以下四個函式會返回 Window 物件的串列。如果這些函式找不到視窗，則會返回一個空串列：

- **pyautogui.getAllWindows()**　返回螢幕上每個可見視窗的 Window 物件串列。
- **pyautogui.getWindowsAt(x, y)**　返回每個在點 (x, y) 的可見視窗的 Window 物件串列。
- **pyautogui.getWindowsWithTitle(title)**　返回視窗標題列中含有 title 字串的可見視窗的 Window 物件串列。
- **pyautogui.getActiveWindow()**　返回目前使用中（正在接收鍵盤輸入）視窗的 Window 物件。

PyAutoGUI 還有個 pyautogui.getAllTitles() 函式，該函式會返回每個可見視窗標題字串的串列。

操控視窗

視窗屬性不僅告知我們視窗的大小和位置，還能做很多事情。我們也可以設定其值來調整視窗大小或移動視窗的位置。舉例來說，在互動式 Shell 模式中輸入如下內容：

```
   >>> import pyautogui
   >>> fw = pyautogui.getActiveWindow()
❶ >>> fw.width # Gets the current width of the window.
   1669
❷ >>> fw.topleft # Gets the current position of the window.
   (174, 153)
❸ >>> fw.width = 1000 # Resizes the width.
❹ >>> fw.topleft = (800, 400) # Moves the window.
```

首先我們用 Window 物件的屬性來找出視窗的大小❶和位置❷。然後在 Mu 編輯器視窗中呼叫這些函式，這個編輯器視窗就會移動其位置❹，且其寬度會變窄❸。如圖 20-5 所示。

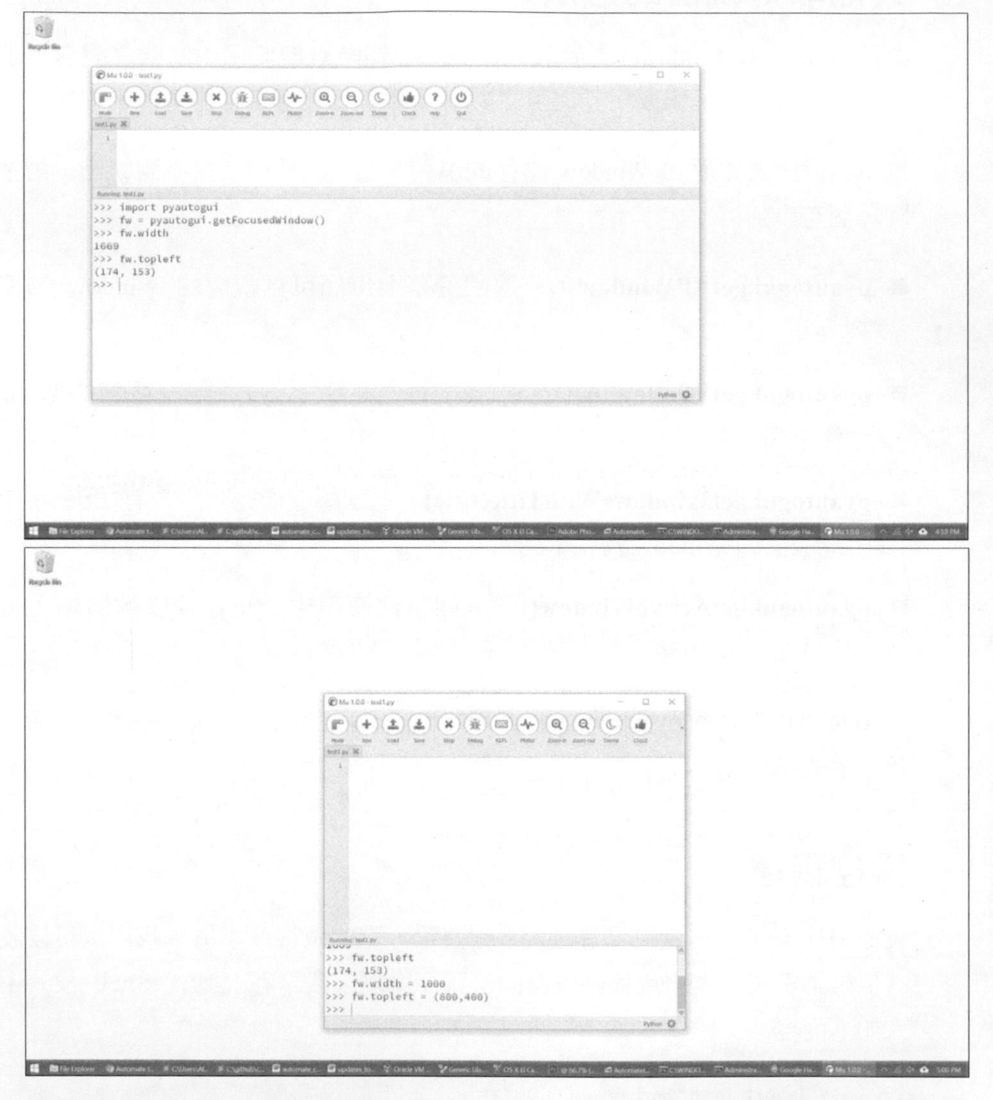

圖 20-5　原本的 Mu 視窗（上圖），使用 Window 物件的屬性來移動和變窄後（下圖）

我們還可以找出和改變視窗的最小化、最大化和使用中狀態。請試著在互動式 Shell 模式中輸入以下內容：

```
   >>> import pyautogui
   >>> fw = pyautogui.getActiveWindow()
❶ >>> fw.isMaximized # Returns True if window is maximized.
   False
❷ >>> fw.isMinimized # Returns True if window is minimized.
   False
❸ >>> fw.isActive # Returns True if window is the active window.
   True
❹ >>> fw.maximize() # Maximizes the window.
   >>> fw.isMaximized
   True
❺ >>> fw.restore() # Undoes a minimize/maximize action.
❻ >>> fw.minimize() # Minimizes the window.
   >>> import time
   >>> # Wait 5 seconds while you activate a different window:
❼ >>> time.sleep(5); fw.activate()
❽ >>> fw.close() # This will close the window you're typing in.
```

isMaximized❶、isMinimized❷和 isActive❸屬性內含 Boolean 值，指出視窗目前是否處於該狀態下。maximum()❹、minimum()❻、activate() ❼和 restore() ❺方法可更改視窗的狀態。使用 maximum() 或 minimal() 把視窗最大化或最小化後，restore() 方法可以讓視窗還原回到以前原本的大小和位置。

close() 方法❽會關閉視窗。請謹慎使用此方法，因為此方法可能會繞過要求您在退出應用程式之前儲存所做工作的所有訊息對話方塊。

請連到 https://pyautogui.readthedocs.io/ 網站查閱關於 PyAutoGUI 視窗控制功能的完整說明文件。這些功能的 PyGetWindow 模組可以從 PyAutoGUI 獨立出來使用，https://pygetwindow.readthedocs.io/ 中有更多的說明。

控制鍵盤

PyAutoGUI 也有些函式可對電腦傳送虛擬的鍵盤按鍵，讓您能填寫表單，或在應用程式中輸入文字。

從鍵盤傳送一個字串

pyautogui.write() 函式可對電腦傳送虛擬的鍵盤按鍵，這些按鍵會產生什麼效果，決定權在取得焦點的使用中視窗和文字輸入方塊。所以，您可能要先對文字輸入方塊傳送一次滑鼠的按一下以取得使用中的焦點。

舉個簡單的例子來說明，讓我們使用 Python 全自動在記事本視窗中輸入 Hello world! 字樣。首先是開啟一個新的記事本視窗，把它放在螢幕的左上角位置，讓 PyAutoGUI 可在正確的位置按一下以取得使用中的焦點。接著在互動式 Shell 模式中輸入如下內容：

```
>>> pyautogui.click(100, 100); pyautogui.write('Hello world!')
```

請留意一點，在同一行中放了兩條命令，並以分號隔開，這能讓您在互動環境下依序執行兩條命令，不用在執行一條命令後又要回互動式 Shell 視窗中，這防止了您在呼叫 click() 和 write() 之間，有可能取錯視窗的作用中焦點，而使這個例子在錯的視窗中輸入文字。

Python 先會在 (100, 100) 座標位置傳送虛擬滑鼠按一下動作，這會按一下記事本視窗，從作用中焦點移到記事本視窗內，再用 write() 對此記事本視窗傳送輸入 Hello world! 文字，其結果如圖 20-6 所示。現在有了能幫您打字的程式了。

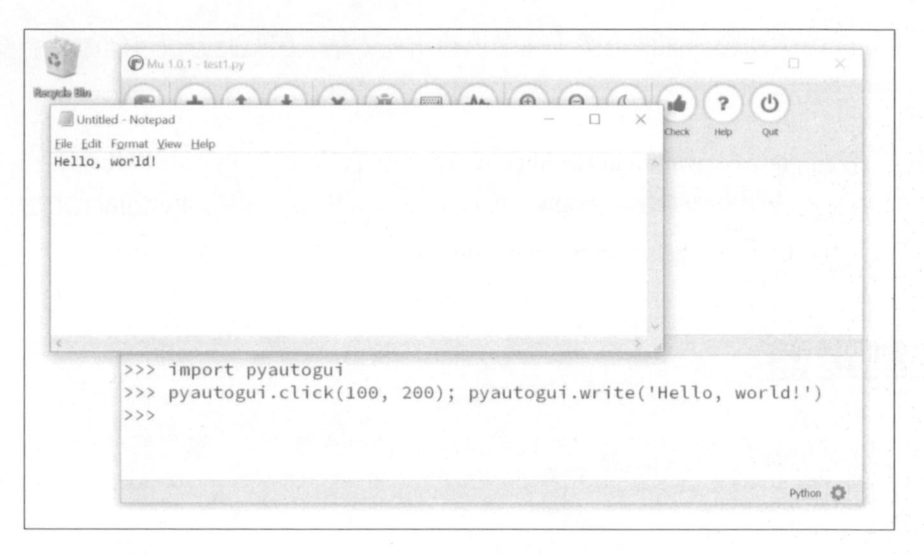

圖 20-6　使用 PyAutogGUI 按一下記事本視窗並輸入 Hello world!

在預設的情況下，write() 函式會馬上打出完整的字串，不過您可以傳入可選擇性用或不用的第二個引數，在每個字元之間留些時間間隔，例如，pyautogui.write('Hello world!', 0.25)，這會在打出 H 後等 0.25 秒再打出 e，再等 0.25 秒後打出…，以此類推。這種漸進式的打字機效果，對於比較慢的應用程式會很有用，它們可能處理按一下後的速度並不夠快，跟不上 PyAutoGUI 的反應。

對於 A 或 ! 之類的字元，PyAutoGUI 會自動模擬按住 Shift 鍵的輸入。

鍵盤按鍵名稱

不是所有的鍵盤按鍵都很容易用單個文字字元來代表，舉例來說，怎麼把 Shift 鍵或←向左鍵用單個字元來代表呢？在 PyAutoGUI 中，這些按鍵會以短字串值來代表：'esc' 代表 Esc 鍵，'enter' 代表 Enter 鍵。

不是用單個字串引數，而是以字串的串列來傳入 write() 函式，例如，以下是先按 a 鍵，再按 b 鍵，然後按二次←向左鍵，再按 X 和 Y 鍵：

```
>>> pyautogui.typewrite(['a', 'b', 'left', 'left', 'X', 'Y'])
```

因為按了二次←向左鍵來移動輸入游標，所以打字的結果是 XYab。在表 20-1 中列出了 PyAutoGUI 的鍵盤按鍵字串，可用這些字串來傳入 write() 函式，模擬任何的按鍵組合。

也可查閱 pyautogui.KEYBOARD_KEYS 串列，看看 PyAutoGUI 能接受的所有可能的按鍵字串。'shift' 字串指的是鍵盤左邊的 Shift 鍵，它等於 'shiftleft'。'ctrl'、'alt'、'win' 字串也一樣指的是鍵盤左側的鍵。

表 20-1　PyAutoGUI 的鍵盤按鍵字串

鍵盤按鍵字串	意義
'a', 'b', 'c', 'A', 'B', 'C', '1', '2', '3', '!', '@', '#' 等等	單個字元的按鍵
'enter'（或 'return' 或 '\n'）	代表 Enter 鍵
'esc'	代表 Esc 鍵
'shiftleft', 'shiftright'	代表鍵盤上左側和右側的 Shift 鍵
'altleft', 'altright'	代表鍵盤上左側和右側的 Alt 鍵
'ctrlleft', 'ctrlright'	代表鍵盤上左側和右側的 Ctrl 鍵
'tab'（或 '\t'）	代表 Tab 鍵
'backspace', 'delete'	代表 Backspace 和 Delete 鍵
'pageup', 'pagedown'	代表 Page Up 和 Page Down 鍵
'home', 'end'	代表 Home 和 End 鍵
'up', 'down', 'left', 'right'	代表向上、向下、向左、向右鍵
'f1', 'f2', 'f3' 等等	代表 F1 到 F12 鍵

鍵盤按鍵字串	意義
'volumemute', 'volumedown', 'volumeup'	代表靜音、調小音量、調大音量、暫停鍵（有些鍵盤沒有這些按鍵，但您的作業系統仍能處理這些模擬的按鍵）
'pause'	代表 Pause 鍵
'capslock', 'numlock', 'scrolllock'	代表 Caps Lock、Num Lock 和 Scroll Lock 鍵
'insert'	代表 INS 或 Insert 鍵
'printscreen'	代表 PRTSC 或 Print Screen 鍵
'winleft', 'winright'	代表鍵盤左側和右側的 WIN 鍵（在 Windows 系統）
'command'	代表 Command (⌘) 鍵（在 macOS 系統）
'option'	代表 OPTION 鍵（在 macOS 系統）

按下和釋放鍵盤按鍵

就像使用 mouseDown()和 mouseUp()函式一樣，pyautogui.keyDown() 和 pyautogui.keyUp() 會對電腦傳送虛擬的鍵盤按鍵的按下和釋放動作，它們會依據引數傳送按鍵字串（請參考表 20-1）。從方便使用的角度來看，pyautogui 提供了 pyautogui.press() 函式，用它就等於呼叫了前述的二個函式，模擬完整的鍵盤按鍵的按下和釋放。

執行下列這行程式，它會印出美元符號的字元（代表按住 Shift 鍵再按 4 鍵）：

```
>>> pyautogui.keyDown('shift'); pyautogui.press('4'); pyautogui.keyUp('shift')
```

這行程式代表按下 Shift 鍵不放，再按下（並釋放）4，然後再釋放 Shift 鍵。如果您要在文字輸入方塊中輸入一個字串，typewrite() 函式就很適合使用，但對於接受單個按鍵命令的某些應用程式來說，使用 press() 函式會更簡單。

快速鍵組合

「快速鍵（Hotkey）」或「快捷鍵（shortcut）」都是種按鍵的組合，大都是用來呼叫某項應用程式的功能。複製選取的內容，最常用的快速鍵是 Ctrl-C（在 Windows 或 Linux 上）或 ⌘-C（在 macOS 上）。使用者按住 Ctrl 鍵不放，再按 C 鍵，然後釋放 C 鍵和 Ctrl 鍵。若要用 PyAutoGUI 的 keyDown() 和 keyUp() 函式來做，則要輸入如下內容：

```
pyautogui.keyDown('ctrl')
pyautogui.keyDown('c')
pyautogui.keyUp('c')
pyautogui.keyUp('ctrl')
```

這好像有點複雜，我們可以用 pyautogui.hotkey() 函式來替代，它能接受多個按鍵字串引數，依序按下再反序釋放。例如以 Ctrl-C 快速鍵來說，程式只要像下列這樣輸入：

```
pyautogui.hotkey('ctrl', 'c')
```

對於更複雜的快速鍵組合，這個函式會很好用。在 Word 中，Ctrl-Alt-Shift-S 快速鍵組合代表功能是顯示樣式窗格。您不必寫 8 次不同的函式呼叫（4 次 keyDown() 和 4 次 keyUp()），您只要呼叫 hotkey('ctrl', 'alt', 'shift', 's') 即可。

設定您的自動化程式腳本

GUI 自動化程式腳本是讓無聊的工作能自動化處理的好方法，但是程式腳本也可能很挑剔、不好編寫。如果視窗放置在桌面上的錯誤位置或意外彈出視窗，您的程式腳本就有可能會在螢幕上點按了錯誤的內容。以下是設定 GUI 自動化程式腳本的一些技巧：

- 每次執行程式腳本時，請使用相同的螢幕解析度，好讓視窗的位置不變。
- 程式腳本所點按的應用程式視窗應該要最大化顯示，以便每次執行程式腳本時其按鈕和功能表都位於同一位置。
- 在處理等待內容載入時加入多一點暫停的時間；我們不希望程式腳本在應用程式準備就緒之前就開始點按。
- 使用 locateOnScreen() 尋找要點按的按鈕和功能表，而不要依賴 XY 座標。如果程式腳本找不到要點按的內容，請讓程式停止執行，而不是繼續盲目地點按。
- 使用 getWindowsWithTitle() 確定程式腳本所點按的應用程式視窗是您要的且存在，然後使用 activate() 方法讓該視窗置於前台的使用中狀態。

- 使用第 11 章中的 logging 模組來儲存程式腳本所完成操作的日誌記錄檔案。如此一來，假如您必須在處理過程中途停止程式腳本，則接下來可以將其更改為從停止的地方再次開始處理。
- 在程式腳本中盡可能多加入一些檢查。請思考一下，如果出現意外的彈出視窗或您的電腦網路連線失敗時，程式要怎麼處理這些失敗的後續動作。
- 程式腳本在初次啟動時要對其監督檢查，以確保所有動作都能正常執行。

您可能還想在程式腳本的開頭放置一個暫停，以便讓使用者設定程式腳本會點按的視窗。PyAutoGUI 有個 sleep() 函式，其作用與 time.sleep() 相同（這樣就不必在程式腳本中再加入一行 import time）。還有一個 countdown() 函式，此函式可印出倒計時的數字，以便讓使用者更直觀地看到程式腳本在持續執行。請在互動式 Shell 模式中輸入以下內容：

```
>>> import pyautogui
>>> pyautogui.sleep(3) # Pauses the program for 3 seconds.
>>> pyautogui.countdown(10) # Counts down over 10 seconds.
10 9 8 7 6 5 4 3 2 1
>>> print('Starting in ', end=''); pyautogui.countdown(3)
Starting in 3 2 1
```

這些技巧能協助 GUI 自動化程式腳本更容易使用，且在碰到不可預測的情況時有能力可回復。

彙整與複習 PyAutoGUI 的函式

本章介紹了很多不同的函式，下面彙整了相關的說明，讓您快速複習參考：

- **moveTo(x, y)**　會把滑鼠游標移到指定的 x、y 座標位置。
- **move(xOffset, yOffest)**　會把滑鼠游標由目前位置移到相對 xOffset, yOffest 的位置。
- **dragTo(x, y)**　按下滑鼠左鍵拖曳。
- **drag(xOffset, yOffset)**　按下滑鼠左鍵拖曳至相對目前位置。
- **click(x, y, button)**　模擬滑鼠按一下（預設是滑鼠左鍵）。
- **rightClick()**　模擬按下滑鼠右鍵。

- **middleClick()**　模擬按下滑鼠中間鍵。
- **doubleClick()**　模擬按二下滑鼠左鍵。
- **mouseDown(x, y, button)**　模擬在 x, y 位置按下滑鼠指定按鍵不放。
- **mouseUp(x, y, button)**　模擬在 x, y 位置釋放按下滑鼠指定按鍵。
- **scroll(units)**　模擬滑鼠滾輪捲動畫面。正的引數代表向上捲動，負的引數代表向下捲動。
- **write(message)**　模擬鍵盤打字，鍵入指定字串的字元。
- **write([key1, key2, key3])**　模擬鍵盤打字，鍵入給定的按鍵字串。
- **press(key)**　模擬按下並釋放鍵盤按鍵。
- **keyDown(key)**　模擬按住鍵盤給定的按鍵。
- **keyUp(key)**　模擬釋放鍵盤給定的按鍵。
- **hotkey([key1, key2, key3])**　模擬依序按下給定的按鍵字串，然後再反序釋放按鍵。
- **screenshot()**　會返回螢幕截圖的 Image 物件（請參考第 19 章關於 Image 物件的相關說明）。
- **getActiveWindow()**、**getAllWindows()**、**getWindowsAt()** 和 **getWindowsWithTitle()**　這些函式會返回 Window 物件，此物件能在桌面上調整應用程式視窗的大小和位置。
- **getAllTitles()**　返回桌面上每個視窗的標題列文字的字串串列。

驗證碼和計算機倫理

驗證碼（Completely Automated Public Turing test to tell Computers and Humans Apart，縮寫為 CAPTCHA）是指那些要求我們識別出變形圖片中字母來輸入，或識別出圖片中消防栓照片並點選的小型測試。這些測試對我們人類來說雖然很煩人卻很容易通過，但對於軟體來說幾乎是不可能處理的。閱讀完本章後，您會發現編寫程式腳本是多麼容易的事，例如，寫出自動化程式來註冊數十億個免費電子郵件帳號，或向某些使用者傳送騷擾性訊息。驗證碼的測試需要用人類來識別才能通過，因而緩解了程式自動化所造成負面的情況。

但是，並非所有網站都實施驗證碼測試，而且沒有道德的程式設計師很容易破解濫用。程式設計是一項強大而讓人興奮的技能，您可能會濫用此技能來謀取個人利益，甚至只是為了炫耀其技術能力。但是這個就像沒有鎖的門並不是讓人侵入的，程式執行後的責任也落在了程式設計師的身上。繞過系統造成傷害、侵犯隱私或獲取不當利益的技巧並非明智之舉。我希望我寫這本書的努力是讓讀者成為最有生產力的好人，而不是圖利個人的自私鬼。

程式專題：自動填寫表單

在那些無趣的工作中，填寫表單算是最煩人的。在這最後一章的最後一個程式專題裡，現在正是時候要來搞定它了。話說您在試算表中有很大量的資料，需要重複把它們輸入到另一個應用程式的表單介面中，而您又沒有助理或實習生幫您完成，雖然有些應用程式有匯入功能，可讓您載入含有資料的試算表，但有時似乎沒有什麼方法，只能無腦地一直點按和輸入幾個小時來完成這無聊的工作。都已經讀到最後一章了，您「當然」知道會有其他方法可幫您搞定。

本章題的表單假設是 Google Docs 表單，您可以連到 http://autbor.com/form，內容如圖 20-7 所示。

從整體來看，程式要做到下列這些事項：

1. 按一下表單的第一個文字方塊。
2. 巡遍表單的內容，在每個輸入方塊中鍵入資訊。
3. 按一下「提交（Submit）」鈕。
4. 用下一組資料重複這個過程。

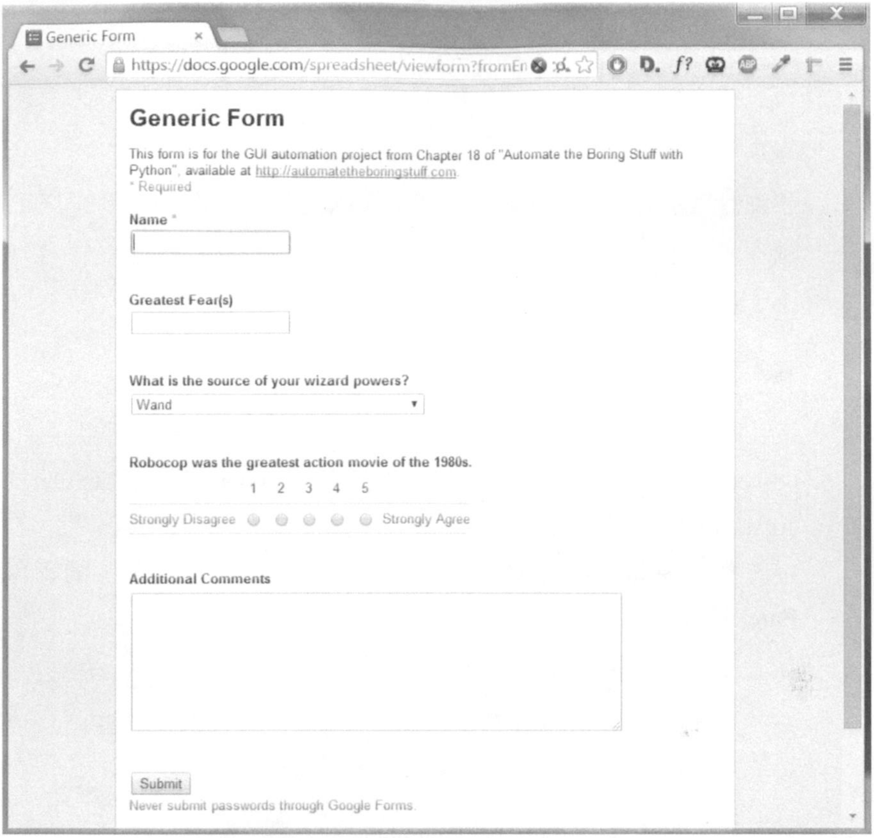

圖 20-8　程式專題用到的表單

這表示程式碼要能做到下列事項：

1. 呼叫 pyautogui.click() 函式，按一下表單和提交按鈕。
2. 呼叫 pyautogui.write() 函式，在文字輸入方塊中鍵入文字。
3. 處理 KeyboardInterrupt 例外異常，這樣使用者可按下 Ctrl-C 鍵結束離開。

請開啟一個新的 file editor 視窗，把它存成 formFiller.py 檔。

STEP 1：搞清楚有哪些步驟

在設計程式之前，您需要先搞清楚填寫一次表單時，需要哪些鍵盤按鍵和滑鼠按一下的動作。透過呼叫 pyautogui.mouseInfo() 啟動的應用程式可幫您搞清楚精確的滑鼠游標座標位置，您只需要知道第一個文字輸入方塊的座標，在按一下這個輸入方塊後，就可用 Tab 鍵把作用中焦點移到下一個輸入方塊內。這讓您不必找出表單中每個文字輸入方塊的 x、y 座標位置。

下面是在表單中輸入資料的相關步驟：

1. 將鍵盤焦點移到 Name 輸入方塊上，以便在按下鍵盤按鍵時可在該方塊中鍵入文字。
2. 鍵入名稱（Name），然後按下 Tab 鍵。
3. 鍵入最害怕的事項（Greatest Fears），然後按下 Tab 鍵。
4. 按 ↓ 向下鍵展開下拉方塊，按下適當的次數來選取項目（wizard and powers source）：按一次 ↓ 向下鍵是選 wand，二次是 amulet，三次是 crystal ball，四次是 money。選取後，按下 Tab 鍵（請留意一點，在 macOS 中，您需要為每次選項目時多按一次 ↓ 向下鍵。對某些瀏覽器則要按 Enter 鍵）。
5. 按 → 向右鍵，選取 RoboCop 問題的答案。按一次是選 2，按二次是選 3，按三次是選 4，按四次是選 5，或按空白鍵選 1（預設是反白），選取後，按下 Tab 鍵。
6. 鍵入附加的註解（additional comments），然後按 Tab 鍵。
7. 按 Enter 鍵，點按「提交（Submit）」鈕。
8. 在提交表單後，瀏覽器會轉到下一個頁面，而您需要按一下連結以返回到表單頁面。

由於不同作業系統中的不同瀏覽器，執行起來可能與前述的步驟有些不同，所以在執行前，要先確定這些按鍵組合是否真的適用於您的電腦系統。

STEP 2：設定座標

連到 https://autbor.com/form 網站，在瀏覽器中載入範例表單（如圖 20-7）。

請讓您的程式碼如下這般的內容：

```
#! python3
# formFiller.py - Automatically fills in the form.
```

```
import pyautogui, time

# TODO: Give the user a chance to kill the script.

# TODO: Wait until the form page has loaded.

# TODO: Fill out the Name Field.

# TODO: Fill out the Greatest Fear(s) field.

# TODO: Fill out the Source of Wizard Powers field.

# TODO: Fill out the RoboCop field.

# TODO: Fill out the Additional Comments field.

# TODO: Click Submit.

# TODO: Wait until form page has loaded.

# TODO: Click the Submit another response link.
```

此時您需要輸入此表單的真實資料，在現實世界中，這些資料可能來自於試算表、純文字檔或某網站，都可能需要另外的程式碼，把資料載入到程式內。對於這個程式專題，只需將這些資料以寫死硬編入到某個變數中，在這支程式中加入了如下的程式碼：

```
#! python3
# formFiller.py - Automatically fills in the form.

--省略--

formData = [{'name': 'Alice', 'fear': 'eavesdroppers', 'source': 'wand',
             'robocop': 4, 'comments': 'Tell Bob I said hi.'},
            {'name': 'Bob', 'fear': 'bees', 'source': 'amulet', 'robocop': 4,
             'comments': 'n/a'},
            {'name': 'Carol', 'fear': 'puppets', 'source': 'crystal ball',
             'robocop': 1, 'comments': 'Please take the puppets out of the
             break room.'},
            {'name': 'Alex Murphy', 'fear': 'ED-209', 'source': 'money',
             'robocop': 5, 'comments': 'Protect the innocent. Serve the public
             trust. Uphold the law.'},
           ]

--省略--
```

formData 串列內含 4 個字典，針對 4 個不同的名字。每個字典都含有文字欄位的名字當作「鍵（key）」，而回應當作「值（value）」。最後是設定 PyAuto GUI 的 PAUSE 變數，在每次呼叫函式後等待 0.5 秒。此外也提醒使用者要按一下瀏覽器，讓視窗變成使用中狀態。在程式的 formData 指定陳述句之後加入如下的內容：

```
pyautogui.PAUSE = 0.5
print('Ensure that the browser window is active and the form is loaded!')
```

STEP 3：開始鍵入資料

for 迴圈會重覆迭代 formData 串列中的每個字典，把字典中的值傳入 PyAutoGui 函式來使用，然後在文字輸入方塊中鍵入。

在程式中加入如下內容：

```
#! python3
# formFiller.py - Automatically fills in the form.

--省略--

for person in formData:
    # Give the user a chance to kill the script.
    print('>>> 5-SECOND PAUSE TO LET USER PRESS CTRL-C <<<')
 ❶ time.sleep(5)

--省略--
```

就以一個很小的安全功能來說，此程式腳本有 5 秒暫停❶可讓使用者中斷停止，如果發現程式在做一些預期之外的事時，讓使用者有機會按下 Ctrl-C 鍵（或將滑鼠游標移到螢幕的左上角，這能引發 FailSafeException 例外異常）來中斷停止程式的執行。在等待頁面載入的程式碼之後，加入以下內容：

```
#! python3
# formFiller.py - Automatically fills in the form.

--省略--

 ❶ print('Entering %s info...' % (person['name']))
 ❷ pyautogui.write(['\t', '\t'])

    # Fill out the Name field.
 ❸ pyautogui.write(person['name'] + '\t')

    # Fill out the Greatest Fear(s) field.
 ❹ pyautogui.write(person['fear'] + '\t')

--省略--
```

這裡加入了 print() 呼叫，好讓終端視窗能顯示出程式目前執行的狀態，讓使用者知道執行的進展❶。

由於程式已知道表單載入了，就可呼叫 pyautogui.write(['\t', '\t'])，按二下 Tab 鍵，把焦點移到 Name 文字輸入方塊❷。然後再次呼叫 write() 把 person['name'] 中的字串鍵入❸。字串尾端加了 '\t' 字元，模擬按下 Tab 鍵，可以將輸入焦點跳到下一個輸入方塊 Greatest Fear(s) 中。再一次呼叫 write()，在這輸入方塊中把 person['fear'] 內的字串鍵入，隨後也是使用 Tab 鍵跳到表單的下一個輸入方塊內❹。

STEP 4：處理下列方塊和選項按鈕

「…wizard powers」問題的下拉方塊和 RoboCop 欄位的選項按鈕，處理起來比文字輸入方塊需要用更多技巧，若使用滑鼠點按這些選項，您需要搞清楚每個可能選項的 x、y 座標，但使用鍵盤的方向鍵來選取會比較容易。

請在程式中加入如下內容：

```
#! python3
# formFiller.py - Automatically fills in the form.

--省略-

    # Fill out the Source of Wizard Powers field.
 ❶ if person['source'] == 'wand':
     ❷ pyautogui.write(['down', '\t'] , 0.5)
    elif person['source'] == 'amulet':
        pyautogui.write(['down', 'down', '\t'] , 0.5)
    elif person['source'] == 'crystal ball':
        pyautogui.write(['down', 'down', 'down', '\t'] , 0.5)
    elif person['source'] == 'money':
        pyautogui.write(['down', 'down', 'down', 'down', '\t'] , 0.5)

    # Fill out the RoboCop field.
 ❸ if person['robocop'] == 1:
     ❹ pyautogui.write([' ', '\t'] , 0.5)
    elif person['robocop'] == 2:
        pyautogui.write(['right', '\t'] , 0.5)
    elif person['robocop'] == 3:
        pyautogui.write(['right', 'right', '\t'] , 0.5)
    elif person['robocop'] == 4:
        pyautogui.write(['right', 'right', 'right', '\t'] , 0.5)
    elif person['robocop'] == 5:
        pyautogui.write(['right', 'right', 'right', 'right', '\t'] , 0.5)

--省略--
```

取得下拉方塊使用中焦點後（請回憶一下，您設計了程式碼，在填寫 Greatest Fear(s) 輸入方塊的 '\t' 模擬了 Tab 鍵），按↓向下鍵就可移到下拉方塊選擇清單的下一項。依據 person['source'] 中的值，您的程式會送出幾次按↓向下鍵，然後再跳到下一個輸入方塊。如果這個使用者字典中的 'source' 值是 'wand' ❶，則模擬按一次↓向下鍵（選了 Wand 項），並再按 Tab 鍵跳轉❷。如果 'source' 值是 'amulet，則模擬按二次↓向下鍵，並再按 Tab 鍵跳轉，其他可能選項則以此類推。在呼叫 write() 中 0.5 這個引數讓每次按鍵之間留下 0.5 秒的暫停，好讓程式在表單中的移動不會太快。

RoboCop 問題的選項按鈕為單選，可用按 → 向右鍵來選擇，或者，如果您想選第一個選項❸，就直接按空白鍵❹。

STEP 5：提交表單和等待

表單中 Additional comments 的輸入方塊可以使用 person['comments'] 當成引數傳入 write() 函式來填寫，您可以多輸入個 '\t' 來模擬 Tab 鍵，可將使用中焦點移到下一個文字輸入方塊或提交按鈕上，當提交按鈕取得使用中焦點後，呼叫 pyautogui.press('enter')，模擬按下 Enter 鍵來提交表單。在提交表單之後，程式會等待 5 秒鐘，等待下一頁面的載入。

在新頁面載入之後，會有一個 Submit another response 連結，按下會讓瀏覽器跳轉到下一個新的、空白的表單輸入頁面。在前述的 STEP 2 中已將這個連結的座標位置當成多元組存放在 submitAnotherLink 變數中，所以將這些座標傳入 pyautogui.click() 來按一下這個連結。

新的表單準備好之後，程式腳本的外層 for 迴圈會繼續下一次的重覆迭代，又在表單中輸入下一個人的資訊。

請把下列內容加入程式中完成您的程式專題：

```
#! python3
# formFiller.py - Automatically fills in the form.

--省略--

    # Fill out the Additional Comments field.
    pyautogui.write(person['comments'] + '\t')

    # "Click" Submit button by pressing Enter.
    time.sleep(0.5) # Wait for the button to activate.
    pyautogui.press('enter')
```

```
    # Wait until form page has loaded.
    print('Submitted form.')
    time.sleep(5)

    # Click the Submit another response link.
    pyautogui.click(submitAnotherLink[0], submitAnotherLink[1])
```

在主要的 for 迴圈完成後，程式應該就已填入每個人的資訊。在這個例子中，只有放 4 個人的資訊要填入，但若有 4,000 個人要填寫入表單，那設計編寫一支程式來完成這項工作會節省您很多輸入的時間。

顯示訊息方塊

到目前為止，我們所編寫的程式大都是用純文字的輸出（透過 print() 函式）和輸入（透過 input() 函式）。不過 PyAutoGUI 程式會把整個電腦桌面當作遊樂場。程式執行所在的是以文字型的視窗為主，無論用的是 Mu 還是終端機視窗都是這種文字型的視窗，都可能會隨著 PyAutoGUI 程式的點按和與其他視窗互動而迷失。如果 Mu 或終端機視窗被隱藏在其他視窗下，則可能很難從使用者那裡取得輸入和輸出。

為了解決這個問題，PyAutoGUI 提供了彈出式的訊息方塊，可以向使用者提供通知並從中接收輸入。這裡有四個訊息方塊的函式可用：

- **pyautogui.alert(text)**　顯示 text，且有一個「確定（OK）」鈕。
- **pyautogui.confirm(text)**　顯示 text，且有一個「確定（OK）」和一個「取消（Cancel）」鈕，根據點按的按鈕返回 "OK" 或 "Cancel"。
- **pyautogui.prompt(text)**　顯示 text 且有提供使用者鍵入的文字的方塊，並以字串形式返回。
- **pyautogui.password(text)**　與 prompt() 相同，但是輸入時顯示的是星號，以便讓使用者可以輸入敏感資訊，例如密碼。

這些函式還第二個參數可選擇性使用，該參數接受一個字串值，可當作訊息方塊標題列中的標題。除非使用者點按上面的按鈕，否則這些函式不會返回任何值，因此也能當作是在 PyAutoGUI 程式的暫停狀態。請在互動式 Shell 模式中輸入以下內容：

```
>>> import pyautogui
>>> pyautogui.alert('This is a message.', 'Important')
'OK'
>>> pyautogui.confirm('Do you want to continue?') # Click Cancel
'Cancel'
>>> pyautogui.prompt("What is your cat's name?")
'Zophie'
>>> pyautogui.password('What is the password?')
'hunter2'
```

這些彈出式的訊息方塊如圖 20-8 所示。

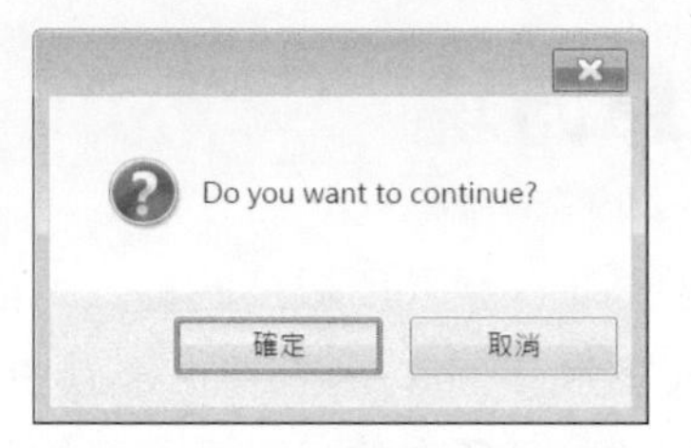

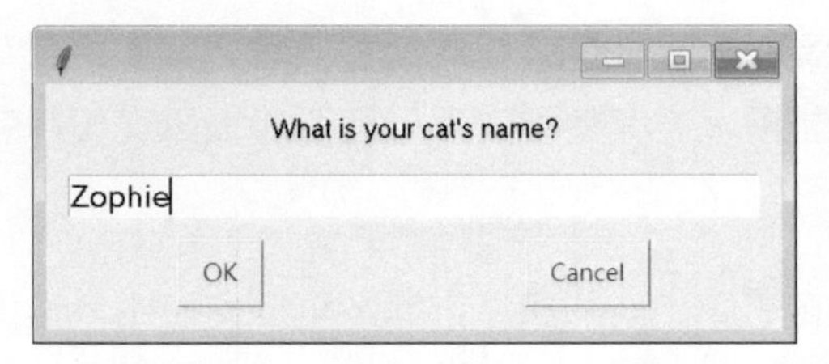

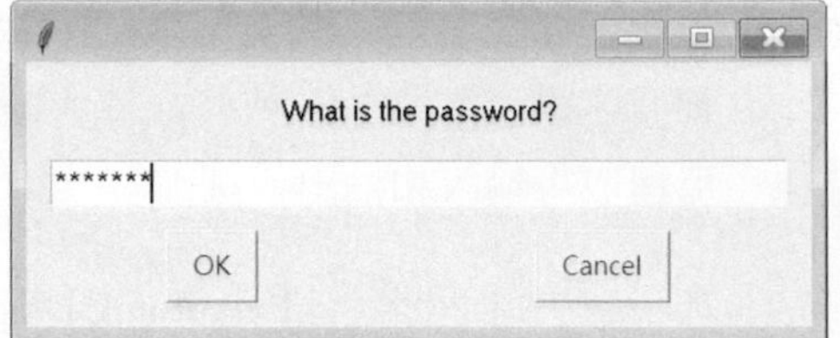

圖 20-8　從左上到右下分別是 alert()、confirm()、prompt() 和 password() 建立的視窗

當程式的其餘部分透過滑鼠游標和鍵盤與電腦互動時，這些函式可用來當作通知或向使用者提問要求輸入。這些函式的完整線上說明文件可連到 https://pymsgbox.readthedocs.io 網站查閱。

總結

利用 pyautogui 模組能讓您藉由控制滑鼠和鍵盤來和電腦上的應用程式互動交流，達成 GUI 自動化應用。雖然這種方式很有彈性，可達成任何使用者所做的事情，但還是有不足的地方，那就是這些程式對於要點按和鍵入的對象還是無法自己判斷處理，需要有人來指引才辦得到。在設計 GUI 自動化程式時，要試著確保程式在用了不當的命令時會馬上當掉，雖然程式當掉很討厭，但總比程式有了錯誤還在繼續執行來得好。

使用 PyAutoGUI 就能讓您在螢幕上移動滑鼠游標、模擬滑鼠的點按、模擬鍵盤的按鍵和使用快速鍵等。pyautogui 模組也能檢查比對螢幕畫面上的色彩，讓 GUI 自動化程式對螢幕畫面的內容有足夠的認識，能檢查比對不同之處。您還可以提供 PyAutoGUI 一個螢幕截圖，讓它找出您想要點按區域的座標值。

您可以把這些 PyAutoGUI 功能進行組合應用，在電腦中把一些不用動腦的重覆性工作都自動化。實際上，看著滑鼠游標自己移動，然後再看著文字自己在畫面中填入，這是多麼讚的事呀！為何不節省下時間舒服地坐在那看著程式自動幫您搞定工作呢？看著自己設計出來的程式能幫您省去無聊工作的時間，一定可以給您前所未有的滿足感。

習題

1. 如何引發 PyAutoGUI 的失效安全防護來中斷程式的執行？
2. 要用什麼函式來返回目前螢幕的解析度？
3. 要用什麼函式來返回目前滑鼠游標的所在座標？
4. 請問 pyautogui.moveTo() 和 pyautogui.move() 函式有何不同？
5. 什麼函式能模擬滑鼠拖曳？
6. 呼叫什麼函式能模擬鍵盤鍵入 "Hello world!" 字串？
7. 如何模擬按下←向左鍵？
8. 如何把目前螢幕的畫面內容存成圖檔，並取名為 screenshot.png？
9. 什麼程式碼可設定每次呼叫 PyAutoGUI 函式後能暫停 2 秒鐘？
10. 如果要在 Web 瀏覽器中自動執行點按和鍵入，那要使用 PyAutoGUI 還是 Selenium 呢？
11. 什麼樣的情況會讓 PyAutoGUI 容易出錯？
12. 如何找出螢幕上視窗標題中含有文字「記事本」的視窗之大小？
13. 要如何才能使 Firefox 瀏覽器處於使用中的狀態，而且位於螢幕上其他各個視窗的前端？

實作專題

為了練習與實作，請依照下列需求編寫設計程式。

裝忙程式

很多即時通訊程式是藉由滑鼠游標有沒移動（一段時間，例如 10 分鐘），來判斷您是否有空閒或是已離開電腦。也許您想從電腦桌前偷溜一段時間，但又不想讓別人看到您的即時通訊軟體轉成空閒（離線）狀態，請設計一支程式，每隔十分鐘會動一下滑鼠，這種移動應該很小，以便在程式腳本執行時，就算您在使用電腦，它也不會對您造成困擾。

使用剪貼簿來讀取文字輸入欄位

雖然可以使用 pyautogui.write() 把按鍵輸入傳送到應用程式的文字輸入欄位，但是不能單獨使用 PyAutoGUI 來讀取文字輸入欄位中已經存在的文字。使用 Pyperclip 模組就能做到這件事。您可以使用 PyAutoGUI 取得文字編輯器（例如 Mu 或記事本）的視窗，透過點按將其帶到螢幕的前端，在文字輸入欄位中點按，接著傳送 Ctrl-A 或 ⌘-A 快速鍵的「全選」功能和傳送 Ctrl-C 或 ⌘-C 快速鍵的「複製到剪貼簿」功能。隨後透過 Python 程式腳本執行 import pyperclip 和 pyperclip.paste() 來讀取剪貼簿中的文字。

按照此過程來編寫程式，從視窗的文字輸入欄位中複製文字。使用 pyautogui.getWindowsWithTitle('Notepad')（或任何一個您選用的文字編輯器）以取得 Window 物件。此 Window 物件的 top 和 left 屬性能告訴我們這個視窗的位置在哪裡，而 activate() 方法會確保該視窗是位於螢幕畫面的最前端。隨後可以透過使用 pyautogui.click() 對 top 和 left 屬性值加 100 或 200 像素（這裡假設是鍵盤焦點所在的位置）來點按文字編輯器的主要文字輸入欄位。呼叫 pyautogui.hotkey('ctrl', 'a') 和 pyautogui.hotkey('ctrl', 'c') 選取所有文字並將其複製到剪貼簿中。最後，呼叫 pyperclip.paste() 從剪貼簿中擷取文字並將其貼上到您的 Python 程式內。從取得的文字中可以根據需要來使用此字串，現在這支程式則只需將其傳給 print() 印出即可。

請留意，PyAutoGUI 的 window 函式僅在 Windows 上且是 PyAutoGUI 1.0.0 版以上才有效，而且不適用於 macOS 或 Linux。

即時通訊機器人

Google Talk、Skype、Yahoo Messenger、AIM 和其他一些即時通訊軟體通常會有專用的協定，讓別人很難利用編寫 Python 模組來與這些程式軟體互動。但就算它們都有其專有的協定，也不能阻止您設計 GUI 自動化工具。

Google Talk 應用程式有個搜尋列，可讓您在輸入朋友清單中的使用者名稱並按下 Enter 鍵時會開啟一個訊息視窗，鍵盤使用焦點自動會移到那個新的視窗中。其他即時通訊軟體也有相似的處理方式來開啟新的訊息視窗。請設計編寫一支程式，在朋友清單中選定的一組人傳送出一條通知訊息。程式應該要能處理例外異常─如朋友離線，聊天視窗出現在螢幕不同的位置，或確認對話方塊打斷輸入訊息等異常情況。程式需要使用螢幕截圖，指引程式能與 GUI 互動，並在模擬鍵盤按鍵傳送之前，使用各種檢查比對方式來確認。

> NOTE
> 您可能要建立一些假的帳號來進行測試，這樣就不會在設計程式時，不小心打擾了真正的朋友。

玩 Game 機器人教學指南

在 http://nostarch.com/automatestuff2/ 網中的 Additional Online Resources 內，有個不錯的主題「How to Build a Python Bot That Can Play Web Games」。這份教學指南說明了如何使用 Python 建立一個 GUI 自動化程式來玩 Sushi Go Round 的 Flash 遊戲。這個遊戲需要點按在正確的按鈕，填寫客戶的壽司訂單。填寫對的訂單越快，分數越高。這個玩 Game 的任務很適合 GUI 自動化程式，因為作弊就能得高分。這份教學指南中含有本章介紹的很多主題內容，也談到 PyAutoGUI 的基本影像圖片辨識功能。這個機器人的原始程式碼放在 https://github.com/asweigart/sushigoroundbot/ 網站中。有關玩 Game 機器人的視訊影片，請連到 https://youtu.be/lfk_T6VKhTE 觀看。

附錄

附錄 A　安裝第三方模組

除了 Python 內建的標準程式庫之外，很多其他的開發者也設計了一些自己的模組，可進一步延展了 Python 的功能。安裝第三方模組的主要方法是使用 Python 的 pip 工具，這套工具會從 Python 軟體協會的網站 https://pypi.python.org/，以安全加密的方式下載 Python 模組，並安裝到您的電腦中。PyPI 或 Python 套件索引就像是 Python 模組的免費應用程式商店中的目錄。

PIP 工具

在 Windows 和 macOS 中的 pip 會跟著 Python 3.4 自動安裝進去，但在 Linux 中則要單獨安裝。透過在終端機視窗中執行 pip3，就可查出 Linux 是否已安裝 pip 工具。如果已安裝就會顯示 pip3 的位置，如果還沒安裝就不會顯示任何內容。若要在 Ubuntu 或 Debian Linux 上安裝 pip3，要開啟一個新的終端視窗，輸入 sudo apt-get install python3-pip。若要在 Fedora Linux 上安裝 pip3，就在終端視窗中輸入 sudo yum install python3-pip。為了要能安裝這個套件，需要輸入電腦的系統管理員密碼。

pip 工具是在終端機（或稱命令提示字元）視窗內執行的，而不是在 Python 的互動式 Shell 中執行。在 Windows 系統中，請從開始功能表中執行「命令提示字元」來開啟。在 macOS 系統內，則請從 Spotlight 執行終端機。在 Ubuntu Linux 中，則請從 Ubuntu Dash 中執行終端機或按下 Ctrl-Alt-T 快速鍵。

如果沒有把 pip 的資料夾位置設定在 PATH 環境變數內，則在終端機中用 pip 之前，要先以 cd 命令切換到該資料夾中才能執行。如果想要在 Windows 系統中找出您的使用者名稱，可執行 echo %USERNAME%，在 macOS 或 Linux 中則執行 whoami 即可。找出使用者名稱後，執行 cd pip 資料夾，其中 pip 資料夾在 Windows 系統的預設位置就是 C:\Users\<USERNAME>\AppData\Local\Programs\Python\Python37\Scripts。在 macOS 的位置是 /Library/Frameworks/Python.framework/Versions/3.7/bin/。在 Linux 則是 /home/<USERNAME>/.local/bin/。隨後，您就可以在正確的資料夾位置中執行 pip 工具。

安裝第三方模組

pip 工具的執行檔在 Windows 中稱為 pip，在 macOS 和 Linux 中則稱為 pip3。請在命令提示字元中，傳入 install 命令，後面跟著要安裝的模組名稱。舉例來說，在 Windows 中輸入 pip install --user MODULE，其中 MODULE 就是指模組的名稱。

因為在未來第三方模組的更新可能會向下不相容，所以我建議您安裝本書中使用的確切版本，如本節後面所述。您可以在模組名稱的尾端加上 -U MODULE == VERSION 以安裝某個特定版本。請留意，此命令行選項中是有兩個等號。例如，pip install --user -U send2trash == 1.5.0 安裝 send2trash 模組的 1.5.0 版本。

可從 https://nostarch.com/automatestuff2/ 下載本書的隨附壓縮檔，解開後可找到適用於您作業系統的 automate-xxx-requirements.txt 文字檔，其中列出書中用到的第三方模組和其確切版本。執行以下命令即可安裝本書用到的所有模組：

- 在 Windows 中：

```
pip install --user -r automate-win-requirements.txt --user
```

- 在 macOS 中：

```
pip3 install --user -r automate-mac-requirements.txt --user
```

- 在 Linux 中：

```
pip3 install --user -r automate-linux-requirements.txt --user
```

以下列出的清單中包含本書中所使用的第三方模組和其確切版本。如果您只想在電腦中安裝其中某個模組，則可以分別輸入這些命令。

- pip install --user send2trash==1.5.0
- pip install --user requests==2.21.0

- pip install --user beautifulsoup4==4.7.1
- pip install --user selenium==3.141.0
- pip install --user openpyxl==2.6.1
- pip install --user PyPDF2==1.26.0
- pip install --user python-docx==0.8.10 (install python-docx, not docx)
- pip install --user imapclient==2.1.0
- pip install --user pyzmail36==1.0.4
- pip install --user twilio
- pip install --user ezgmail
- pip install --user ezsheets
- pip install --user pillow==6.0.0
- pip install --user pyobjc-framework-Quartz==5.2 (on macOS only)
- pip install --user pyobjc-core==5.2 (on macOS only)
- pip install --user pyobjc==5.2 (on macOS only)
- pip install --user python3-xlib==0.15 (on Linux only)
- pip install --user pyautogui

NOTE

macOS 的使用者：pyobjc 模組需要近 20 分鐘以上的時間來安裝，所以當安裝需要的時間很長，別緊張，多點耐心等一下吧。您也可以只安裝 pyobjc-core 核心模組，這會縮減整體的安裝時間。

在安裝模組之後，可以在互動式 Shell 模式內執行 import MouleName 來測試是否有成功安裝。如果沒有出現錯誤訊息，則表示模組已成功安裝。

如果您已經安裝了模組，但想將該模組更新到 PyPI 中可用的最新版本，請執行 pip install --user -U MODULE（或者在 macOS 和 Linux 上執行 pip3 install --user -U MODULE）。--user 選項會把模組安裝在您的 home 目錄內。這樣能避免在為所有使用者安裝時可能會遇到的潛在權限錯誤。

Selenium 和 OpenPyXL 模組的最新版本可能與本書所使用的版本向下不相容。另一方面，Twilio、EZGmail 和 EZSheets 模組需要與線上服務互動，這幾個模組則可能需要使用 pip install --user -U 命令安裝最新版本。

> NOTE
>
> 如果在執行 pip 時遇到權限錯誤，本書的第一版建議使用 sudo 命令：sudo pip install module。這並不是個好的作法，因為它會把模組安裝到作業系統使用的 Python 安裝檔案內。您的作業系統在執行 Python 程式腳時可能會一起處理一些與系統相關的工作，如果把模組安裝到這個 Python 安裝檔案內，則可能會與現有模組發生衝突，因而造成難以修復的錯誤。安裝 Python 模組時還是不要使用 sudo 命令。

為 Mu 編輯器安裝模組

Mu 編輯器有自己的 Python 環境，與傳統的 Python 安裝環境不同。若想要安裝模組來讓 Mu 在啟動程式腳本時使用這些模組，必須透過點按 Mu 編輯器右下角的齒輪圖示來叫出 Admin 面板。在這個面板中，點按 Third Party Packages 標籤，然後按照該標籤上安裝模組的說明進行操作。把模組安裝到 Mu 中的作法，可能還是開發中的初期功能，這裡的說明有可能會因為 Mu 版本在未來更新後而有所改變。

如果您不能從 Admin 面板安裝模組，也可以開啟終端機視窗，執行 pip 工具來針對 Mu 編輯器進行安裝。您可以使用 pip 的 --target 命令選項來指定 Mu 模組的資料夾。在 Windows 系統中，這個資料夾位置在 C:\Users\<USERNAME>\AppData\Local\Mu\pkgs 中。在 macOS 內，則是/Applications/mu-editor.app/Contents/Resources/app_packages。在 Linux 中則不用指定 --target 引數，只要照常執行 pip3 即可。

舉例來說，從 https://nostarch.com/automatestuff2/下載本書的隨附壓縮檔，解開後可找到適用於您作業系統的 automate-xxx-requirements.txt 文字檔，執行下列的安裝：

- 在 Windows 中：

```
pip install -r automate-win-requirements.txt --target "C:\Users\USERNAME\
AppData\Local\Mu\pkgs"
```

■ 在 macOS 中：

```
pip3 install -r automate-mac-requirements.txt --target /Applications/
mu-editor.app/Contents/Resources/app_packages
```

■ 在 Linux 中：

```
pip3 install --user -r automate-linux-requirements.txt
```

如果您只要安裝某一個模組，照常用 pip（或 pip3）命令並配合加上 --target 引數和資料夾位置即可。

附錄 B　執行程式

如果您在 Mu 的 file editor 標籤視窗中開啟了一個程式檔，要執行是很簡單的，只要按下 F5 鍵或點按視窗最上方的 Run 鈕即可。這是在編寫程式時執行程式最簡便的方法。不過每次都要開啟 Mu 來執行已完成的程式好像有點麻煩，其實執行 Python 程式腳本還有更方便的方法，就看您是使用哪一個作業系統。

從終端機視窗中執行程式

開啟終端機視窗時（像 Windows 的命令提示字元或 macOS 和 Linux 上的終端機），就會看到一個幾乎空白的視窗畫面，我們可以在其中輸入文字命令。我們可以從終端機上執行程式，但如果還不習慣，原因可能是在終端機（也稱為命令行）中下命令給電腦有點令人害怕，這種操作方式與圖形使用者界面不同，文字模式的操作並不會提供任何相關提示。

若想要在 Windows 中開啟終端機視窗，點按開始鈕展開功能表，輸入命令提示字元，按下 Enter 鍵即可。在 macOS 中，點按右上角的 Spotlight 圖示，輸入終端機再按下 Enter 鍵。若在 Ubuntu Linux 中，則可按下 WIN 鍵開啟 Dash，再輸入終端機和按下 Enter 鍵。在 Ubuntu 中按下快速鍵 Ctrl-Alt-T 也可開啟終端機視窗。

和互動式 Shell 模式中 >>> 提示符號很類似，終端機也會顯示一個提示符號等待我們輸入命令。在 Windows 中會顯示目前所在的完整資料夾目錄：

```
C:\Users\Al>your commands go here
```

在 macOS 中，提示符號顯示的是您的電腦名稱、一個冒號、目前的工作目錄（如果是 home 目錄則是以 ~ 表示）和您的使用者名稱，再加上一個 $ 符號：

```
Als-MacBook-Pro:~ al$ your commands go here
```

在 Ubuntu Linux 中，提示符號與 macOS 的很相似，只是使用者名稱和 @ 符號顯示在前面：

```
al@al-VirtualBox:~$ your commands go here
```

這些提示符號都是可以自訂更改的，但不在本書討論的範圍。

當您要輸入命令，像在 Windows 中輸入 python 或在 macOS 和 Linux 中輸入 python3，終端機會檢查您目前所在目錄中是否有這個名稱的程式，如果找不到，則會檢查在 PATH 環境變數指定的資料夾路徑。我們可以把環境變數想成整個系統的變數。若想要看到存放在 PATH 環境變數中的值，請在 Windows 中執行 echo %PATH%，在 macOS 和 Linux 中執行 echo $PATH。以下是 macOS 系統的一個執行範例：

```
Als-MacBook-Pro:~ al$ echo $PATH
/Library/Frameworks/Python.framework/Versions/3.7/bin:/usr/local/bin:/usr/
bin:/bin:/usr/sbin:/sbin
```

在 macOS 中，pyhon3 程式檔是位在 /Library/Frameworks/Python.framework/Versions/3.7/bin 資料夾內，我們不用輸入 /Library/Frameworks/Python.framework/Versions/3.7/bin/python3 或切換到這個資料夾內就可執行，在任何資料夾中都能直接執行 python3，終端機會從 PATH 環境變數存放的資料夾中找得到。把某個程式的資料夾路徑指定到 PATH 環境變數是很方便的捷徑。

如果要執行 .py 的程式檔，則必須輸入 python（或 python3）空一格後再接 .py 的檔名來執行。這樣就會啟動 Python，轉到 Python 中來執行 .py 檔中的程式碼。等 Python 程式執行完畢後，又會回到終端機的提示符號。舉例來說，在 Windows 中執行一個簡單的 Hello, world! 程式，它看起來會像下列這般：

```
Microsoft Windows [Version 10.0.17134.648]
(c) 2018 Microsoft Corporation. All rights reserved.

C:\Users\Al>python hello.py
Hello, world!

C:\Users\Al>
```

如果只執行 python（或 python3）而沒有加上程式檔名，則會開啟 Python 的互動式 Shell 模式。

在 Windows 系統中執行 Python 程式

除了在終端機視窗內執行 Python 程式腳本外，還有其他幾種方法可讓我們在 Windows 中執行 Python 程式。直接按下 WIN-R 鍵開啟執行對話方塊，在其中輸入 py C:\path\to\your\pythonScript.py，如圖 B-1 所示。這個 py.exe 程式安裝在 C:\Windows\py.exe，其路徑已在 PATH 環境變數內，另外在執行程式檔時，可選擇性輸入或不輸副檔名 .exe，程式一樣都可執行。

圖 B-1　執行對話方塊

這種方法的缺點是必須輸入程式腳本檔的完整路徑。另外，從執行對話方塊執行 Python 程式腳本，會打開一個新的終端機視窗來顯示其輸出結果，該視窗會在程式結束時自動關閉，由於速度太快一閃而逝，您可能會錯過輸出結果。

要解決這個問題，可建立批次檔腳本來解決這些問題，批次檔腳本是副檔名為 .bat 的小型文字檔，可執行多個終端命令，就和 macOS 與 Linux 中的 Shell 腳本一樣。我們可以使用文字編輯器（如記事本）來建立這種檔案。

若要建立一個批次檔，可先建立一個新的純文字檔，裡面要放入下列命令：

```
@py.exe C:\path\to\your\pythonScript.py %*
@pause
```

以您電腦中程式的絕對路徑來替代上面的路徑，將這個文字檔的副檔名改成 .bat（例如，pythonScript.bat）。命令開頭的 @ 符號會阻止這條命令顯示在終端視窗中，而且 %* 會把批次檔名之後輸入的所有命令行引數轉發到 Python 程式腳本，隨即 Python 程式腳本會讀取 sys.argv 串列中的命令行引數。這個批次檔讓您在每次執行時不用輸入 Python 程式的完整絕對路徑。此外，@ pause 會在 Python 程式腳本執行結束後加上「按任意鍵繼續...」文字，以防止程式視窗消失得太快。我建議您將所有批次檔和 .py 文件放置在 PATH 環境變變中已經有設定的某個資料夾內，例如 C:\ Users\<USERNAME>。

設定了執行 Python 程式腳本的批次檔後，就無需開啟終端機視窗再輸入 Python 腳本的完整檔案路徑和名稱。相反地，只需按 WIN-R 鍵，在執行對話方塊中輸入 pythonScript（不需要 .bat 副檔名也可以），然後按 Enter 鍵即可執行。

在 macOS 系統中執行 Python 程式

在 macOS 中，只要建立一個副檔名為 .command 的文字檔，就可以建立 shell 腳本來執行 Python 程式。利用文字編輯器如 TextEdit 來建立一個新的檔案，然後輸入如下內容：

```
#!/usr/bin/env bash
python3 /path/to/your/pythonScript.py
```

把這個副檔名為 .command 的文字檔儲存到您的 home 資料夾中（例如，在我的電腦中是 /Users/al）。在終端機中，執行 chmod u+x yourScript.command，使它成為可執行的檔案。這樣就可以點按 Spotlight 圖示（或按下⌘-空白鍵）並輸入 yourScript.command 來執行 shell 腳本程式，如此就能轉到 Python 中執行您的 Python 程式。

在 Ubuntu Linux 系統中執行 Python 程式

在 Ubuntu Linux 中，從 Dash 功能表執行 Python 程式腳本需要進行很多設定。假設我們有一個要從 Dash 執行的 /home/al/example.py 程式腳本（您的 Python 腳本可能位在其他文件夾中，且檔名不同）。首先要使用如 gedit 這類文字編輯器來建立具有以下內容的新檔名：

```
[Desktop Entry]
Name=example.py
Exec=gnome-terminal -- /home/al/example.sh
Type=Application
Categories=GTK;GNOME;Utility;
```

把這個檔案儲存到 /home/<al>/.local/share/applications（請把al改換為您系統的使用者名稱），檔名取為 example.desktop。如果文字編輯器沒有顯示 .local 資料夾（因為以 . 句點開頭的資料夾通常都是隱藏的），則必須將其儲存到主資料夾（例如 /home/al），並打開終端機視窗以 mv /home/al/example.desktop/home/al/.local/share/applications 命令搬移檔案。

當 example.desktop 檔移到 /home/al/.local/share/applications 資料夾後，就可以按下鍵盤的快速鍵開啟 Dash，並輸入 example.py（或在 Name 欄位輸入您要執行的程式檔名）來執行。這個會開啟一個終端機視窗（特別是 gnome-terminal 程式），該視窗會執行 /home/al/example.sh 的 Shell 腳本，此腳本檔我們將在其後續內容說明怎麼建立。

請在文字編輯器中建立一個新的檔案，並輸入如下內容：

```
#!/usr/bin/env bash
python3 /home/al/example.py
bash
```

把這個檔案儲存到 /home/al/example.sh 中。這是個 shell 腳本檔：用來執行一系列終端命令的腳本。這個shell腳本檔會執行 /home/al/example.py 這支Python 程式，然後執行 bash shell 程式。若最後一行沒有 bash 命令，Python 程式腳本結束後，終端視窗馬上就會關閉，您會錯過在螢幕畫面上呼叫 print() 函式所印出的所有文字。

我們還需要對這個 shell 腳本加上執行的權限，因此請在終端機視窗中執行以下命令：

```
al@ubuntu:~$ chmod u+x /home/al/example.sh
```

設定好 example.desktop 和 example.sh 檔案後，現在就可以透過按下鍵盤的 WIN 鍵並輸入 example.py 來執行這支程式腳本（或您在 example.desktop 檔的 Name 欄位中所輸入的任何檔名）。

執行 Python 程式時停用 assert

您可以停用 Python 程式中的 assert 陳述句來提升一點執行的效能。若從終端機視窗中執行 Python 時，在 python 或 python3 後面和.py 檔之前加上一個 -O 引數，這樣能在執行程式時跳過 assert 檢查。

附錄 C　習題解答

這個附錄含有每章習題的解答，我強烈建議您花些時間演練這些習題，程式設計不只是背語法和函式名稱而已，就像學外語一樣，愈多的練習會讓收獲愈大。也許很多網站都含有程式設計的練習題，您可以連結到 http://nostarch.com/automatestuff2/ 網站的相關連結中找這些網站來試試。

習題中的實作專案並沒有一定的正確解答程式。只要您的程式執行後達到專案所要求的內容，就可認為這支程式是正確的。不過，如果您想要查閱已完成專案的範例檔，可以連到 https://nostarch.com/automatestuff2/ 網站，其中有個「Download the files used in the book」連結可讓您下載。

第 1 章

1. 運算子是 +、-、*、/。值是 'hello'、-88.8、5。
2. 變數是 spam，字串是 'spam'。字串通常是以引號括住。
3. 本章所介紹的三種資料型別是整數、浮點數、字串。
4. 表示式是值和運算子的組合，所有表示式都運算求解（歸併）成單一個值。
5. 表示式運算求解成一個值，而陳述句則不是。
6. 變數 bacon 設為 20。表示式 bacon + 1 並沒有對 bacon 重新指定值（重新指定值需要一個指定值陳述句：bacon = bacon + 1）。
7. 兩個表示式都運算求值成字串 'spamspamspam'。
8. 變數名稱不能用數字起始。
9. int()、float() 和 str() 函式會返回傳入值的整數、浮點數和字串型的版本。
10. 這個表示式會出錯是因為 99 是個整數，只有字串能用+運算子與其他字串連接。正確的方式是：'I have eaten ' + str(99) + ' burritos.'。

第 2 章

1. True 和 Flase，要用大寫的 T 和 F，其他是小寫字母。
2. and、or 和 not。
3. True and True 是 True。
   True and False 是 False。
   False and True 是 False。
   False and False 是 False。
   True or True 是 True。
   True or False 是 True。
   False or True 是 True。
   False or False 是 False。
   not True 是 False。
   not False 是 True。

4. False
   False
   True
   False
   False
   True
5. ==、!=、<、>、<= 和 >=。
6. == 是等於運算子，比較兩個值，運算求值結果是布林值，而 = 是指定運算子，是用來把值存放到變數中。
7. 條件是表示式，用來控制流程陳述句，運算求值結果為布林值。
8. 三個陳述句區塊是 if 陳述句中的全部內容，與 print('bacon') 和 print('ham') 這兩行。

```
print('eggs')
if spam > 5:
    print('bacon')
else:
    print('ham')
print('spam')
```

9. 程式碼：

```
if spam == 1:
    print('Hello')
elif spam == 2:
    print('Howdy')
else:
    print('Greetings!')
```

10. 按下 Ctrl-C 鍵可停止陷入無窮迴圈中的程式。
11. break 陳述句會讓執行從迴圈跳出，接在迴圈之後執行。continue 陳述句則會讓執行跳到迴圈開始之處執行。
12. 它們都是做相同的事，呼叫 range(10) 產生的範圍是從 0 到 10（但不包括 10），range(0, 10) 明確指示迴圈從 0 開始，range(0, 10, 1) 明確指示迴圈每次重覆迭代時變數遞增 1。
13. 程式碼：

```
for i in range(1, 11):
    print(i)
```

和：

```
i = 1
while i <= 10:
    print(i)
    i = i + 1
```

14. 此函式的呼叫方式為：spam.bacon()。

第 3 章

1. 函式可減少重覆的程式碼，讓程式更短，更易閱讀，更好修改。
2. 函式中的程式碼是在函式被呼叫時才執行，而不是在函式定義時執行。

3. def 陳述句定義了（也就是建立了）函式。
4. 函式包含 def 陳述句和在 def 子句中的程式碼。呼叫函式會讓程式執行轉入函式內，呼叫函式運算求值結果為該函式的返回值。
5. 有一個全域區域作用範疇，而在呼叫函式時會建立一個區域作用範疇。
6. 函式返回時區域作用範疇會被銷毀，其中所有的變數都會被丟掉。
7. 返回值是呼叫函式運算求值的結果，就像所有其他值一樣，返回值可當作表示式的一部分。
8. 如果函式沒有用 return 陳述句，返回值會是 None。
9. global 陳述句會強制函式中的變數參照到全域變數。
10. None 的資料型別是 NoneType。
11. import 陳述句匯入了 areallyourpetsnamederic 模組（這並不是真的 Python 模組）
12. 此函式可用 spam.bacon() 呼叫。
13. 將可能引發錯誤的程式碼放在 try 子句中。
14. 可能引發錯誤的程式放在 try 子句中，發生錯誤時要執行的程式碼則放在 except 子句中。

第 4 章

1. 空的串列值，這個個串列，不含任何串列項目，跟空字串值 '' 很像。
2. spam[2] = 'hello'（請注意，串列中的第三個值其索引足標為 2，因為第一個值的索引足標為 0）。
3. 'd'（請注意，'3' * 2 結果是 '33'，它被傳入 int() 後再除以 11，最終運算求值結果為 3，在使用值的地方都能用表示式）。
4. 'd'（負數的索引足標會從尾端倒數回來）。
5. ['a', 'b']
6. 1
7. [3.14, 'cat', 11, 'cat', True, 99]
8. [3.14, 11, 'cat', True]
9. 串列連接是用 + 運算子，複製是用 * 運算子（和字串是一樣的）。
10. append() 只會把值加入到串列的尾端，而 insert()可將值插入到串列的任一位置。
11. del 陳述句和 remove() 串列方法都可從串列中刪除值。
12. 串列和字串都可傳入 len() 中，都有索引足標和切片，可用於 for 迴圈、連接或複製，並與 in 和 not in 運算子一起使用。
13. 串列是可以修改的，可新增值、刪除值和修改值。多元組則是不可修改的，它們不能變更。多元組使用的是小括號 (和)，而串列用的是中括號 [和]。
14. (42,)（尾端的逗號是必要的）。
15. 分別使用 tuple() 和 list() 函式。
16. 內含串列值的參照。
17. copy.copy() 函式會對串列進行淺的複製，而 copy.deepcopy() 函式會對串列進行深的複製，換句話說，只有 copy.deepcopy() 會複製串列內的所有串列。

第 5 章

1. 兩個大括號：{ }

2. {'foo': 42}
3. 儲存在字典中的項目是無序的，而串列中的項目則是有序的。
4. 會顯示 KeyError 錯誤。
5. 沒有不同。in 運算子檢查某個值是否為字典中的一個鍵（key）。
6. 'cat' in spam 會檢查字典中是否有個 'cat' 鍵，而 'cat' in spam.values() 則是檢查 spam 字典中是否有某個鍵對應的值為 'cat'。
7. spam.setdefault('color', 'black')
8. pprint.pprint()

第 6 章

1. 轉義字元代表字串值中的某些字元，這些字元用別的方式很難或不可能在程式碼中輸入顯示出來。
2. \n 是換行字元，\t 為定位點字元。
3. \\ 轉義字元代表一個反斜線。
4. Howl's 中的單引號沒有問題，因為用了雙引數來括住字串。
5. 多行字串讓您可在字串中使用換行字元，而不必用 \n 轉義字元。
6. 這些表示式運算求值結果為：
   'e'
   'Hello'
   'Hello'
   'lo world!
7. 這些表示式運算求值結果為：
   'HELLO'
   True
   'hello'
8. 這些表示式運算求值結果為：
   ['Remember,', 'remember,', 'the', 'fifth', 'of', 'November.'
   'There-can-be-only-one.'
9. 分別使用 rjust()、ljust() 和 center() 字串方法。
10. ljust() 和 rjust() 方法分別從字串的左側和右側移除空白字元。

第 7 章

1. re.compile() 函式會返回 Regex 物件。
2. 會使用原始字串是為了讓反斜線 / 不用轉義。
3. search() 方法會返回 Match 物件。
4. group() 方法會返回比對符合文字的字串。
5. 分組 0 是整個比對符合的，分組 1 含有第一組括號，分組 2 含有第二組括號。
6. 句號和括號可用反斜線來轉義：\.、\(、\)。
7. 如果正規表示式沒有分組，就返回字串的串列。如果正規表示式有分組，則返回字串的多元組的串列。
8. | 字串表示比對符合兩個組中的「任一個」即可。
9. ? 字串表示為「比對符合前面分組 0 次或 1 次」，或用表示非貪婪比對。
10. + 為比對符合 1 次或多次。* 為比對符合 0 次或多次。

11. {3} 為比對前面分組精確符合 3 次事例。{3, 5}為比對符合 3 至 5 次事例。
12. 字元分類的速記 \d、\w 和 \s 分別比對符合一個數字、單字和空白字元。
13. 字元分類的速記 \D、\W 和 \S 分別比對符合一個不是數字、單字、空白字元的字元。
14. 「.*」會執行貪婪比對，「.*?」會執行非貪婪比對。
15. [0-9a-z] 或 [a-z0-9]。
16. 把 re.I 或 re.IGNORECASE 當作第二個引數傳入 re.compile()，讓比對時不區分大小寫。
17. 「.」字元通常比對符合任一字元，但換行字元除外。如果 re.DOTALL 當成第二個引數傳入 re.compile() 後，那麼.也會比對換行字元。
18. sub()呼叫會返回 'X drummers, X pipers, five rings, X hens' 字串。
19. re.VERBOSE 當作第二個引數則允許傳入 re.compile() 的字串有加入空格和注釋。
20. re.compile(r'^\d{1,3}(,\d{3})*$')，但也是有其他正規表示式字串可生成類似的正規表示式。
21. re.compile(r'[A-Z][a-z]*\sWatanabe')
22. re.compile(r'(Alice|Bob|Carol)\s(eats|pets|throws)\s(apples|cats|baseballs)\.', re.IGNORECASE)

第 8 章

1. 不是。PyInputPlus 是第三方模組，且不是 Python 標準程式庫內建的模組。
2. 這種選擇性運用能讓程式碼更簡短：只要輸入 pyip.inputStr() 即可，而不用輸入 pyinputplus.inputStr()。
3. inputInt() 函式返回整數值，而 inputFloat() 函式返回浮點數值。返回的不同之處是 4 和 4.0。
4. 呼叫 pyip.inputInt(min=0, max=99)。
5. 正規表示式字串的串列不是明確允許就是拒絕。
6. 函式會引發 RetryLimitException。
7. 函式會返回 'hello' 值。

第 9 章

1. 相對路徑是指相對於目前工作目錄。
2. 絕對路徑是從根目錄開始，例如：/ 或 C:\。
3. 在 Windows 中，其求值結果為 WindowsPath('C:/Users/Al')。在別的作業系統中，其求值為不同種類的 Path 物件，但路徑都相同。
4. 表示式 'C:/Users' / 'Al' 的結果是錯誤訊息，因為不能用 / 運算子來結合兩個字串。
5. os.getcwd() 函式會返回目前工作目錄。os.chdir() 函式能切換目前工作目錄。
6. . 資料夾是指目前資料夾，.. 是指父資料夾。
7. C:\bacon\eggs 是目錄名稱，而 spam.txt 是基本名稱。
8. 'r' 字串為唯讀模式，'w' 為寫入模式，'a' 為新增模式。
9. 已有的檔案用寫入模式開啟，原有內容會被刪除且完全蓋過去。

10. read() 方法把檔案的全部內容當成一個字串返回。readlines() 返回的是字串串列，檔案中每一行是一個字串。
11. shelf 值很像字典值，它有鍵和值，也有類似同名於字典的 keys() 和 values() 方法。

第 10 章

1. shutil.copy() 函式會複製一個檔案，而 shutil.copytree() 會複製整個資料夾和其所有內容。
2. shutil.move() 函式可用來重新對檔案改名字，和檔案的搬移。
3. send2trash 函式會把檔案或資料夾移到資源回收筒，而 shutil 函式則會永久刪除檔案和資料夾。
4. zipfile.ZipFile() 函式就像 File 物件的 open() 函式，第一個引數是檔案名稱，第二個引數是開啟 ZIP 檔案的模式（唯讀、寫入、新增）。

第 11 章

1. assert spam >= 10, 'The spam variable is less than 10.'
2. assert eggs.lower() != bacon.lower(), 'The eggs and bacon variables are the same!' 或 assert eggs.upper() != bacon.upper(), 'The eggs and bacon variables are the same!'
3. assert False, 'This assertion always triggers.'
4. 若想要呼叫 logging.debug()，必須要在程式開端先加入下列內容：
   import logging
   logging.basicConfig(level=logging.DEBUG, format=' %(asctime)s - %(levelname)s - %(message)s')
5. 若想要使用 logging.debug() 把日誌訊息傳送到 programLog.txt 檔中，就必須在程式開端先加入下列內容：
   import logging
   logging.basicConfig(filename='programLog.txt', level=logging.DEBUG, format=' %(asctime)s - %(levelname)s - %(message)s')
6. DEBUG、INFO、WARNING、ERROR 和 CRITICAL。
7. logging.disable(logging.CRITICAL)
8. 可停用日誌訊息，不必刪除日誌函式的呼叫。可選擇性停用層級較低的日誌訊息。可建立日誌訊息，因為日誌訊息提供了時間戳記。
9. Step In 按鈕會讓除錯器進入函式呼叫，Step Over 按鈕會快速執行函式的呼叫，不會進入函式一步一步執行。Step Out 按鈕會快速執行函式所在餘下的程式碼，直到走出目前所在的函式為止。
10. 在按下 Continue 按鈕後，除錯器會在程式尾端或中斷點停一下。
11. 中斷點設在某行程式上，在程式執行到該行時，會讓除錯器暫停下來。
12. 若想要在 Mu 中設定中斷點，只要在程式行左側的編號上按一下，讓紅點顯示出來即可。

第 12 章

1. webbrowser 模組有個 open() 方法，它能啟動 web 瀏覽器，開啟指定 URL。requests 模組則可從網路下載檔案和頁面。BeautifulSoup 模組能解析 HTML。最後，selenium 模組可啟動並控制瀏覽器。
2. requests.get() 函式返回一個 Response 物件，它有個內含下載內容字串的 text 屬性。
3. 如果下載發生問題，raise_for_status() 方法會丟出例外異常，如果下載成功，則什麼都不會進行。
4. Response 物件的 status_code 屬性內含 HTTP 狀態碼。
5. 以 'wb'（寫入二進位）模式來在您電腦上開啟新的檔案後，使用 for 迴圈重覆迭代巡遍 Response 物件的 iter_content() 方法，把各段內容寫入該檔案中。下列為實例：

```
saveFile = open('filename.html', 'wb')
for chunk in res.iter_content(100000):
    saveFile.write(chunk)
```

6. 在 Chrome 中按下 F12 鍵可開啟開發人員工具。在 Firefox 中按下 Ctrl-Shift-C 鍵（在 Windows 和 Linux 中）或 ⌘-OPTION-C（在 macOS 中）可開啟開發人員工具。
7. 對頁面上的元素按下滑鼠右鍵，從展開的功能表中選取「**檢查**」指令。
8. '#main'
9. '.highlight'
10. 'div div'
11. 'button[value="favorite"]'
12. spam.getText()
13. linkElem.attrs
14. selenium 模組是由 from selenium import webdriver 匯入的。
15. find_element_* 方法會把第一個比對符合的元素返回，當作 WebElement 物件。find_elements_* 方法會把所有比對符合的元素返回，當作 WebElement 物件。
16. click() 和 send_keys() 方法分別模擬滑鼠按一下和鍵盤按鍵。
17. 對於表單中的任何一個物件呼叫 submit() 方法將會提交表單。
18. forward()、back() 和 refresh() 等 WebDriver 物件方法模擬了瀏覽器工具列上的按鈕。

第 13 章

1. openpyxl.load_workbook() 函式會返回一個 Workbook 物件。
2. sheetnames 屬性有一個 Worksheet 物件。
3. 執行 wb['Sheet1']。
4. 使用 wb.active。
5. sheet['C5'].value 或 sheet.cell(row=5, column=3).value
6. sheet['C5'] = 'Hello' 或 sheet.cell(row=5, column=3).value = 'Hello'
7. cell.row 和 cell.column
8. 它們會分別返回試算表中最大欄和最大列的整數值。
9. openpyxl.cell.column_index_from_string('M')

10. openpyxl.cell.get_column_letter(14)
11. sheet['A1':'F1']
12. wb.save('example.xlsx')
13. 公式的設定和值一樣，將儲存格的 value 屬性設定為公式文字的字串。請記得公式要加=號為起始。
14. 在呼叫 load_workbook()時，傳入的 data_only 關鍵字引數設為 True。
15. sheet.row_dimensions[5].height = 100
16. sheet.column_dimensions['C'].hidden = True
17. 凍結窗格是被凍結的欄或列，就算使用者捲動試算表時這些東西都還會在螢幕上，當成標題或表頭是很有用的。
18. openpyxl.chart.Reference()、openpyxl.chart.Series()、openpyxl.chart.BarChart()、chartObj.append(seriesObj) 和 add_chart()。

第 14 章

1. 若想要存取 Google 試算表，您需要給 Google 試算表用的憑證檔、token 檔，以及給 Google 雲端硬碟的 token 檔。
2. EZSheets 有 ezsheets.Spreadsheet 和 ezsheets.Sheet 物件。
3. 呼叫 Spreadsheet 的 downloadAsExcel() 方法。
4. 呼叫 ezsheets.upload() 函式並傳入 Excel 檔的檔名。
5. 存取 ss['Students']['B2']。
6. 呼叫 ezsheets.getColumnLetterOf(999)。
7. 存取 Sheet 物件的 rowCount 和 columnCount 屬性。
8. 呼叫 Sheet 的 delete() 方法。只有傳入 permanent=True 關鍵字引數時刪除才會變成永久性的。
9. createSpreadsheet() 函式和 createSheet() 方法分別會建立 Spreadsheet 和 Sheet 物件。
10. EZSheets 會限制您的方法呼叫。

第 15 章

1. File 物件是由 open() 返回。
2. 對 PdfFileReader() 使用讀取二進位（'rb'），對 PdfFileWriter() 使用寫入二進位（'wb'）。
3. 呼叫 getPage(4) 將返回 Page 物件的第 5 頁，因為編號 0 是指第 1 頁。
4. 在 PdfFileReader 物件中，numPages 變數存放了頁數的整數值。
5. 呼叫 decrypt('swordfish')。
6. rotateClockwise() 和 rotateCounterClockwise()。旋轉度數是以整數引數來傳入。
7. docx.Document('demo.docx')
8. 文件中含有很多段落，段落從一個新的行開始，含有多個 Run 物件。Run 物件是段落內連續的字元分組。
9. 使用 doc.paragraphs。
10. Run 物件有這些變數（不是 Paragraph）。
11. 不論樣式的粗體要設成什麼，True 會讓 Run 物件成粗體，False 則不是粗體。None 則讓 Run 物件使用該樣式的粗體設定。

12. 呼叫 docx.Document() 函式。
13. doc.add_paragraph('Hello there!')
14. 整數 0、1、2、3、4。

第 16 章

1. 在 Excel 中試算表的值可以是字串以外的資料型別，儲存格可以有不同的字型、大小或色彩，儲存格可以有不同的寬度和高度，相鄰的儲存格可以合併，可嵌入圖片和圖表。
2. 傳入一個 File 物件，此物件是由呼叫 open() 取得。
3. 對 Reader 物件，File 物件需要以讀取二進位（'rb'）來開啟，對 Writer 物件，則要用寫入二進位（'wb'）開啟。
4. writerow()方法。
5. delimiter 引數可改變一列中儲存格分隔所用的字串，lineterminator 引數可改變列與列之間分隔的字串。
6. json.loads()。
7. json.dumps()。

第 17 章

1. 很多日期和時間程式都使用的參考時間點，這個時間點為 1970 年 1 月 1 日，UTC。
2. time.time()
3. time.sleep(5)
4. 返回傳入引數最接近的整數值，例如，round(2.4) 會返回 2。
5. datetime 物件代表一個特定的時間點。Timedelta 物件則代表一段時間。
6. 執行 datetime.datetime(2019, 1, 7).weekday() 會返回 0。這代表星期一，因為 datetime 模組的 0 代表星期一、1 代表星期二，依此類推，直到 6 代表星期日。
7. threadObj = threading.Thread(target=spam)
   threadObj.start()
8. 確定在某個執行緒中執行的程式碼不會與另一個執行緒中的程式碼讀寫相同的變數。

第 18 章

1. 分別是 SMTP 和 IMAP。
2. smtplib.SMTP()、smtpObj.ehlo()、smptObj.starttls()和 smtpObj.login()。
3. imapclient.IMAPClient() 和 imapObj.login()。
4. IMAP 關鍵字引數的字串串列，如：'BEFORE <date>'、'FROM <string>' 或 'SEEN'。
5. 指定一個較大的整數到 imaplib._MAXLINE 變數，例如 10000000。
6. pyzmail 模組會讀取下載的郵件。
7. 在存取 Gmail 時，credentials.json 和 token.json 檔會告知 EZGmail 模組要用哪一個 Google 帳號。

8. 一條訊息代表一封電子郵件，而涉及多封電子郵件的來回對話則是一個對話緒群組。
9. 傳入 search() 的字串中包含 'has:attachment' 文字。
10. 您將需要 Twilio 帳戶 SID 號碼，身份驗證 token 號碼和您的 Twilio 電話號碼。

第 19 章

1. RGBA 值是四個整數的多元組，每個整數的範圍是從 0 到 255。四個整數對應色彩的紅、綠、藍和 alpha 值（透明度）。
2. 函式呼叫 ImageColor.getcolor('CornflowerBlue', 'RGBA') 會返回 (100, 149, 237, 255)，這是該色彩的 RGBA 值。
3. 方框多元組（box tuple）是四個整數的多元組：分別是左方的 x 座標、上方的 y 座標、寬度、高度。
4. Image.open('zophie.png')
5. imageObj.size 是兩個整數的多元組，為寬度和高度。
6. imageObj.crop(0, 50, 50, 50)。請留意，傳入 crop() 的是個方框多元組，不是四個獨立的整數引數。
7. 呼叫 Image 物件的 imageObj.save('new_filename.png') 方法。
8. ImageDraw 模組含有在影像圖片中繪圖的程式碼。
9. ImageDraw 物件有一些繪製圖案形狀的方法，例如：point()、line()、rectangel() 等。這些物件是把 Image 物件傳入 ImageDraw.Draw() 函式後所返回的。

第 20 章

1. 把滑鼠游標移到螢幕畫面的左上角，座標為 (0, 0)。
2. pyautogui.size() 會返回兩個整數的多元組，代表螢幕的寬度和高度。
3. pyautogui.position() 會返回兩個整數的多元組，分別代表滑鼠游標的 x 和 y 座標值。
4. moveTo() 函式會把滑鼠游標移到螢幕指定的絕對座標所在位置，而 move() 函式會以目前游標座標來做相對的位移。
5. pyautogui.dragTo() 和 pyautogui.drag()。
6. pyautogui.write('Hello world!')
7. 傳入鍵盤按鍵字串的串列到（例如：'left'）pyautogui.write()，或傳入單個鍵盤按鍵字串到 pyautogui.press()。
8. pyautogui.screenshot('screenshot.png')。
9. pyautogui.PAUSE = 2。
10. 應該使用 Selenium 來控制 Web 瀏覽器，而不是 PyAutoGUI。
11. PyAutoGUI 會盲目點按和鍵入，且不能確定是否在正確的視窗中點按和鍵入。意外彈出視窗或錯誤可能會使程式腳本偏離正常的處理，並要求您將其關閉。
12. 呼叫 pyautogui.getWindowsWithTitle('Notepad') 函式。
13. 執行 w = pyatuogui.getWindowsWithTitle('Firefox')，然後再執行 w.activate()。

Python 自動化的樂趣｜搞定重複瑣碎&單調無聊的工作 第二版

作　　者：Al Sweigart
譯　　者：H&C
企劃編輯：蔡彤孟
文字編輯：王雅雯
設計裝幀：張寶莉
發 行 人：廖文良

發 行 所：碁峰資訊股份有限公司
地　　址：台北市南港區三重路 66 號 7 樓之 6
電　　話：(02)2788-2408
傳　　真：(02)8192-4433
網　　站：www.gotop.com.tw
書　　號：ACL058100
版　　次：2020 年 08 月二版
　　　　　2024 年 07 月二版十二刷
建議售價：NT$680

國家圖書館出版品預行編目資料

Python 自動化的樂趣：搞定重複瑣碎&單調無聊的工作 / Al Sweigart 原著；H&C 譯. -- 二版. -- 臺北市：碁峰資訊, 2020.08
面；　公分
譯自：Automate the Boring Stuff with Python: Practical Programming for Total Beginners, 2nd Edition
ISBN 978-986-502-597-7(平裝)
1.Python(電腦程式語言)
312.32P97　　109011890